I0891149

www.ingramcontent.com/pod-product-compliance
Lightning Source LLC
LaVergne TN
LVHW080805011026
849160LV00015B/1534

9780943235318

من طريق الحرير الجديد
إلى
الجسر البري العالمي

مارس ٢٠١٦
مؤسسة إكزكتف انتلجنس ريفيو

التقرير الخاص الصادر من مؤسسة إكزكتف إنتلجنس ريفيو
Executive Intelligence Review

من طريق الحرير الجديد إلى الجسر البري العالمي

الطبعة العربية الأولى: آذار / مارس 2016
First Arabic printing March 2016
ترجمة:
حسين العسكري
Hussein Askary

تحرير النسخة العربية:
علي شرف
Ali Sharaf

ISBN: 978-0-943235-31-8

Swedhydro AB
info@swedhydro.com
P.O. Box 6057, 12906 Hägersten, Sweden

Third English Printing February 2015

EIPSP-2014-1-4-0-STD

Cover Design: Chance McGee

Front Cover: Lower right: China's Yutu rover on the Moon (CNTV); lower left: a maglev train in Germany (Wikimedia Commons); top: camels in the desert—Copyright: <http://www.123rf.com/ profile_dimol> dimol / 123RF Stock Photo

Back Cover: The World Land-Bridge Network map (Alan Yue, Asuka Saito/EIRNS 2014).

Credits:

Project Manager: Marcia Merry Baker
Production Manager: Robert Bowen
Editor: Nancy Spannaus
Copyeditor: Ronald Kokinda
Cartography and Design: Asuka Saito, Alan Yue

المحتويات

مقدمة الطبعة العربية

خطة سلام لجنوب غرب آسيا

هيلجا تسيب ـ لاروش
by Helga Zepp-LaRouche

٢٦ فبراير ٢٠١٦

قد تكون مصادفة سعيدة أو عناية سماوية أن تصدر الطبعة العربية لهذا التقرير «من طريق الحرير إلى الجسر البري العالمي» في ذات الوقت مع التوصل إلى اتفاق وقف إطلاق النار في سوريا. إن الاتفاق الذي تم التوصل إليه بين وزير الخارجية الأمريكي جون كيري ووزير الخارجية الروسي سيرجي لافروف قد يكون بداية لوضع نهاية للحرب المستمرة منذ خمس سنوات، والتي كلفت حياة مئات الآلاف من البشر. لكن بالنظر إلى التعقيدات العديدة للوضع في المنطقة، فإن على الجميع أن يعي أن مجرد توقيع عقد لوقف القتال سيكون أمرا هشا إلى درجة أنه لن يكون قادرا على الديمومة ومواجهة أية استفزازات من قبل نفس القوى التي كانت مسؤولة عن اندلاع الحرب.

إن السبيل الوحيد لضمان سلام دائم لجميع أمم جنوب غرب آسيا هو إطلاق خطة تنمية شاملة، والتي لن تكون لمجرد إعادة بناء المدن والقرى التي دمرتها الحرب، بل وأيضا خطة تتبنى طريقة أكثر جذرية لتعود هذه المنطقة ـ التي كانت مهدا للحضارات والتي نشأت فوقها في عصور مختلفة من الزمن أعظم الثقافات ـ وتكون مرة أخرى أكثر منطقة تقدما في العالم. يجب أن تكون النية معقودة على إطلاق القدرات المبدعة لسكان المنطقة، ورفع مستواهم الإنتاجي إلى مستوى أوربا أوالولايات المتحدة أوالصين.

إن هذا الأمر ممكن بكل تأكيد، خاصة بوجود التعاون بين روسيا والصين والهند، وهي دول تعتبر جارة للمنطقة، والتي تستطيع بشكل جماعي وبالتعاون مع دول المنطقة تحقيق تلك التنمية. إذا تم تنفيذ مشاريع التنمية الواردة في هذا التقرير، والتي يمكن أن تبدأ حرفيا من يوم غد، حتى تصبح ثمار السلام ملموسة لجميع الأطراف في المنطقة، فإن ترافق وقف إطلاق النار في سوريا مع تنفيذ ما يمكننا تسميته «خطة مارشال ـ طريق الحرير» بدون حرب باردة سيكون ذلك حدثا يغير قواعد اللعبة العالمية.

في هذه اللحظة التي تهدد فيها أزمة اللاجئين بأن تتحول إلى أزمة إنسانية غير مسبوقة، والتي قد تدمر روابط الاتحاد الأوربي وربما حتى وجوده، فإن رؤية الأمل لتنمية منطقة جنوب غرب آسيا وأفريقيا هي الوسيلة الوحيدة لتغيير مسار هذه الوضعية. ففي اللحظة التي يوشك فيها النظام المالي للمنظومة الأطلسية على الإنهيار، يكون منظور إعادة بناء منطقة شرق المتوسط وجنوب غرب آسيا لتكون جسرا بين آسيا وأوربا وأفريقيا بمثابة المحرك الوحيد للنمو الإقتصادي لمنع أوربا والولايات المتحدة من الإنزلاق نحو هاوية الفوضى.

لهذا السبب، يتوقف مصير البشرية كلها على تحقيق هذا البرنامج التنموي.

مقدمة المترجم

تمت ترجمة هذا التقرير في آخر عام ٢٠١٥ وبداية ٢٠١٦ في ظل ظروف يصعب وصفها، حيث كان العالم العربي يتأرجح ما بين اليأس والأمل في ظل مجموعة حروب أهلية وإقليمية وعالمية. إن إصرارنا على إصدار هذه الترجمة العربية للتقرير، الذي يعتبر دليلا لنظام عالمي عادل وجديد، هدفه ليس فقط بعث الأمل بين شعوب الدول العربية التي يشهد لها التاريخ بإنجازات ثقافية وعلمية وفلسفية في الماضي، بل وأيضا أن نضع بين يدي المواطنين والباحثين في مجال الإقتصاد والسياسة والعلوم وأمام السياسيين والحكومات العربية مرجعا تعليميا يلخص تجارب عدد كبير من الأمم التي مرت عليها ظروف تشبه الظروف التي تمر على العالم العربي اليوم، لكنها تمكنت من الخروج منها وبناء مستقبل أفضل لشعوبها. كما أن في هذا التقرير دروس حول تجارب أمم بدأت ببناء اقتصادها وحضارتها على نحو سليم لكن ارتدت على أعقابها بعد حين وانتهجت سياسات أدت إلى تخريب ما بنته، وتغيرت طريقة تفكير شعوبها وساستها بحيث بدأت تعود إلى نقطة الصفر مجددا.

كما نضع بين يدي القارئ العربي وصفا دقيقا لطبيعة النظام العالمي الجديد الذي بدأ ينبثق من خلال تأسيس مجموعة دول البريكس، وإعلان الصين بالذات عن نيتها التعاون مع جميع دول العالم لبناء الحزام الإقتصادي لطريق الحرير الجديد. وهذا ما قدمه الرئيس الصيني شي جينبينج في زيارته إلى المملكة العربية السعودية ومصر وإيران في آخر شهر كانون الثاني / يناير المنصرم لدول المنطقة كبديل للحروب والدمار، داعيا إياها للإنضمام إلى هذا المشروع العظيم.

كما أن هذا التقرير هو دليل يوضح عبر أكثر من ٢٠٠ خريطة وصورة توضيحية دقيقة أهم مشاريع البنية التحتية الأساسية في العالم والتي ستغير خريطة العالم الاقتصادية والثقافية والسياسية خلال المائة عام القادمة. ورفعنا مشروع طريق الحرير الجديد درجة ليصبح «الجسر البري العالمي» الذي سيربط قارات أفريقيا وأمريكا ببقية أجزاء العالم بريا. ووضعنا النظريات العلمية والإقتصادية المؤسسة لهذه الفكرة بشكل مفصل في الجزء الثاني من التقرير.

لقد حافظنا في هذه الطبعة العربية على النص الأصلي تماما، باستثناء الجزء السادس المتعلق بمنطقة جنوب غرب آسيا والعالم العربي، إذ قمنا بتحديثه نظرا للظروف التي سادت في المنطقة بين تاريخ كتابة التقرير الأصلي في خريف عام ٢٠١٤ واليوم، وأضفنا إليه ملحقا يتضمن خطتنا العامة لإعادة إعمار سوريا بعد الحرب.

توجد مسألة مهمة ينبغي توضيحها للقارئ العربي حتى لا يساء فهم الإشارات المتكررة إلى «النظام الأمريكي» بشكل إيجابي في الفصول المختلفة. إن عالم الاقتصاد ليندون لاروش ومعظم كتاب هذا التقرير هم من المواطنين الأمريكيين الوطنيين، الذين لا تسرهم ما وصلت إليه حال السياسات الأمريكية والوضعية السياسية والاقتصادية و الثقافية من انحطاط في العقود الخمسة الأخيرة، وهم معارضون لهذه السياسات بشدة. لكنهم في ذات الوقت واعون لوجود «أمريكا» أخرى ونظام اقتصادي أمريكي آخر جعل من الولايات المتحدة أمة عظيمة ومثالا يحتذى في العالم إلى أن جاء اليوم الذي قتل فيه الرئيس جون كينيدي في نوفمبر ١٩٦٣. إن «النظام الأمريكي للإقتصاد السياسي» (The American System of Political Economy)، كما شرحه لاروش في كتابه المترجم إلى اللغة العربية «أتريد أن تعرف كل شيء عن علم الاقتصاد» يشير إلى النظام الذي قاد إلى تحويل الولايات المتحدة بعد انتصارها على الإمبراطورية البريطانية في ثورة ١٧٧٦ وما تلاها من حروب، إلى دولة

صناعية متقدمة.

لكن مرت الولايات المتحدة بمراحل مختلفة وصراعات دموية مثل الحرب الأهلية الأمريكية من أجل المحافظة على هذا «النظام». لكن آخر من مثّل «أمريكا الحقيقية» هذه هما الرئيسان فرانكلن روزفيلت قبيل وأثناء الحرب العالمية الثانية والرئيس كينيدي لغاية اغتياله في ١٩٦٣. بعد ذلك التاريخ أخذت الولايات المتحدة منحى كارثيا في سياساتها الاقتصادية والخارجية التي أوصلتها هي والعالم عموما إلى حافة الهاوية الحالية. تلك السياسات تمت وتتم بالتنسيق مع الإمبراطورية البريطانية وهي نسخة من السياسات الاستعمارية السابقة. لذلك يسمي البعض هذه العلاقة الخاصة بين بريطانيا والولايات المتحدة في الأدبيات السياسية «الإمبراطورية الأنجلوأمريكية». وهذا ما دفع لاروش إلى تأسيس حركة سياسية نشيطة معارضة لهذه السياسات منذ نهاية الستينات، والتي أصبحت مؤسسة إكزكتف إنتلجنس ريفيو ناطقة بإسمها منذ عام ١٩٧٤. لذلك وجب التوضيح.

وأبقينا على الإشارات إلى المصادر في هامش النص في الكثير من الأحيان باللغة الإنجليزية في حالة لم يكن ذلك المصدر مترجما إلى اللغة العربية. وللأمانة الموضوعية، ولعدم وجود قوائم مفردات علمية وهندسية واقتصادية موحدة باللغة العربية، فقد التزمنا قدر جهدنا بما هو متوفر في القواميس الورقية والألكترونية مع الاحتفاظ بالمصطلح أو المفردة أو الإسم باللغة الإنجليزية بين هلالين إلى جانب المفردة العربية. وقد تركنا أيضا المفردات الواردة داخل بعض الرسوم التوضيحية والخرائط باللغة الأصلية لصغر المساحة لكن عوضنا القارئ العربي عن ذلك بتوسيع الشرح الوارد مع هذه الصور والخرائط.

حسين العسكري
المترجم وكاتب الجزء السادس
٢٩ فبراير / شباط ٢٠١٦

الجزء الأول

المقدمة

طريق الحرير الجديد يقود العالم نحو مستقبل البشرية!

الاقتصاد القادم لطاقة الدمج باستخدام هيليوم ـ٣

بقلم: هيلجا تسيب لاروش
by Helga Zepp-LaRouche

آب / أغسطس ٢٠١٤

حينما قرر كتاب هذه الدراسة في العام الماضي أن يشرعوا بتأسيس مفهوم جديد للسلام في القرن الحادي والعشرين من خلال انتاج نسخة منقحة لبرنامج الجسر البري العالمي ـ بعد ٢٣ عام من إصدار مقترح الجسر البري الاوراسيوي ـ كانت نيتهم أن لا يعرضوا فقط مفهوما جديدا لإعادة بناء الاقتصاد العالمي، بل وأيضا أن يقدموا في ذات الوقت استراتيجية لتفادي الحروب، وذلك على خلفية الأزمة الاستراتيجية الحادة القائمة. سبب ذلك هو أنه في الأعوام التي مرت بين الدراستين، قد اشتد خطر وقوع حرب نووية متعمدة أو حتى بالصدفة بشكل كبير. إن محاولة دمج اوكرانيا بالاتحاد الاوربي، بدوافع جيوسياسية، ليتم بذلك إدخالها في منطقة نفوذ حلف الناتو كأمر واقع، قد أطلقت العنان لسلسلة من المواجهات المتصاعدة. ومن شأن هذه المواجهات أن تؤدي في أسوأ الاحتمالات إلى فناء الجنس البشري. لكن بالإضافة إلى ذلك، تشتعل نيران الحروب في مجمل دول منطقة جنوب غرب آسيا تقريبا. اندلعت تلك النيران بسبب حروب مؤسسة على الأكاذيب حول ما تسمى أنظمة مارقة، وتم بذر بذور العنف الذي بعث إلى الحياة وحش الهايدرا ذات المليون رأس التي سوت مهد الحضارات بالأرض وخلقت جحيما حقيقية في المنطقة، بل وأصبحت تمثل تهديدا وجوديا للغرب ذاته.

إن عواقب سياسة "تغيير الأنظمة" هذه قد ألقت في الماضي القريب أجزاء كبيرة من أفريقيا في أتون الفوضى، وداست على تلك القارة بعجلات حروب الإرهاب والحروب الأهلية. وتلوح في الأفق كذلك صراعات جيوستراتيجية في منطقة المحيط الهادئ أيضا والتي لديها القدرة على إشعال حروب اقليمية وأكثر. وبما أنه لم يتم القيام بأي شيء لعلاج الأسباب التي أدت إلى انهيار مصرف ليمان براذرز في عام ٢٠٠٨، فإن البنوك العملاقة قد اصبحت أكبر بمعدل ٣٠ إلى ٤٠ ٪ عن ما كانت عليه في ذلك الوقت، وما زالت مديونيتها هائلة، بل وازدادت حدة. أما فقاعة المشتقات المالية فقد نمت لتقترب من مستوى ٢ كوادرليون دولار، مما يعني أن أزمة نظامية قد تندلع في أية لحظة.

وفي هذا الوقت بالذات وبوجود الوضع الاستراتيجي الذي صورناه هنا واحتمال تفشي خطر الفوضى، فإن كارثة استراتيجية كبرى ستكون بحكم المؤكدة. هكذا يجد العالم كله نفسه في وضعية مثيرة للإنذار إلى درجة أن المرء لا يسعه إلا أن يتسائل كيف ترك المسؤولون عن ما يسمى بمنظومة القيم الغربية الأوضاع تنحدر إلى هذه النقطة.لقد علق البابا فرانسيس ـ الذي وصف النظام المالي والاقتصادي العالمي على أنه "لا يطاق"ـ على الوضعية هذه في

أوراسيا: المسارات الرئيسية، ومسارات ثانوية منتخبة للجسر البري الأوراسيوي

EIR

تمثل هذه الخارطة المخطط العام لخطة الجسر البري الأوراسيوي التي طرحها معهد شيللر في بداية التسعينات. قارن بين هذه الخارطة والوضعية الحالية لشبكة الجسر البري العالمي في الصفحة ٢٩

مقابلة مع صحيفة لافانغوارديا الاسبانية مؤخرا بقوله: "لكي يبقى هذا النظام حيا، يجب شن الحروب مثلما فعلت الامبراطوريات الكبرى من قبل. لكن البشرية لا تحتمل حربا عالمية ثالثة، لذلك يتم الاستعاضة عنها بحروب إقليمية."

بالرغم من أن المرء ليس بقادر على أن يعبر عن المشكلة بأحسن مما عبر عنها البابا، لكنه في هذه المرة قد أساء تقدير مستوى الطاقة الشيطانية التي يمتلكها نظام العولمة الذي لن يتردد في استخدام كل الأسلحة المتوفرة لديه للدفاع عن امتيازاته. فبعد مئة عام من الحرب العالمية الاولى نجد أنفسنا في وضعية جيوسياسية مشابهة جدا لتلك التي سادت قبل تلك الحرب، باستثناء أنه توجد اليوم أسلحة نووية سيقود استخدامها إلى محو الجنس البشري من الوجود.

البديل موجود

لقد تم في هذه الأثناء خلق بديل للنظام عبر الأطلسي المنهار، إذ أدت محاولات النظام استخدام المؤسسات فوق الوطنية مثل صندوق النقد الدولي والبنك الدولي ومنظمة التجارة العالمية، ومعاهدة الشراكة عبر المحيط الهادئ ومعاهدة التجارة والاستثمار الاطلسية وغيرها من الأدوات النقدية لنظام العولمة لتوسيع امبراطوريته العالمية، نقول أدت إلى تشكل معارضة لم يكن متوقعا أن تبرز مثلما فعلت الان. في مدة أقل من عام تم خلق تحالف اممي يقوم ببناء نظام اقتصادي موازي بخطوات عملاقة، وهو نظام مسخر بشكل حصري لبناء

الاقتصاد الحقيقي، على عكس النظام الذي يهدف إلى تعظيم الارباح المالية المضاربية. يضم هذا النظام البديل أكثر من نصف سكان العالم اليوم.

إن مجتمع الأمم الجديد هذا يمثل مركز قوة مبني على النمو الاقتصادي، وفوق كل شيء على التقنيات المتقدمة، وهو مجتمع ينتمي إلى المستقبل كما دل على ذلك نجاح البرنامج الصيني لاستكشاف القمر الذي يركز على فكرة جلب كميات كبيرة من نظير الهيليوم -٣ من القمر إلى الأرض وذلك لاستخدامه في الاقتصاد المستقبلي المبني على طاقة الدمج النووي. إن هذا البرنامج يفتح الطريق امام ثورة علمية وتقنية من شأنها أن ترفع بنسبة أضعاف مضاعفة كثافة تدفق الطاقة في كل من عملية الانتاج على كوكب الارض وكذلك توفير الوقود اللازم للسفر عبر الفضاء، وبذلك يمهد الطريق إلى مرحلة جديدة في عملية ارتقاء العنصر الانساني.

توصل الرئيسان الروسي بوتين والصيني شي في شانغهاي في مايو عام ٢٠١٤ إلى مجموعة من الاتفاقيات الثنائية. ونشر الاثنان اعلان نوايا لتأسيس بنية اقتصادية جديدة في منطقة اسيا والمحيط الهادئ.

لقد تم اتخاذ الخطوة الاولى نحو نظام اقتصادي عالمي جديد حينما أعلن الرئيس الصيني شي جينبينج (Xi Jinping) في مؤتمر عقد في كازاخستان في شهر يوليو/ تموز ٢٠١٣، أن الصين ستبني "حزاما اقتصاديا لطريق الحرير" الجديد عبر آسيا الوسطى إلى أوربا بناء على ميراث طريق الحرير التاريخي. ومن بعد ذلك، وفي شهر اكتوبر/ تشرين الأول أصدر الرئيس الصيني أثناء زيارة لاندونيسيا وماليزيا مبادرة لضم جميع دول جنوب شرق آسيا في مشروع بناء "طريق الحرير البحري".

في اجتماع القمة الذي جمع الرئيس الروسي فلاديمير بوتين مع الرئيس الصيني شي في شانغهاي في ٢٠ مايو/ أيار ٢٠١٤ وأثناء الزيارة الرسمية لبوتين إلى الصين بمناسبة انعقاد "المؤتمر الرابع للتباحث وإجراءات بناء الثقة في آسيا" (CICA) يوم ٢١ مايو في شانجهاي أيضا، تم التوقيع على اتفاقيات شاملة للتعاون بين القوتين العظميين، وكان من بينها اتفاقية لتوريد الغاز الطبيعي الروسي الى الصين لمدة ٣٠ سنة بالإضافة إلى ٤٦ بروتوكول ثنائي إضافي. قام الرئيسان في ختام القمة بإصدار إعلان نوايا مشترك يشير إلى أن الدولتين تتمنيان خلق بنية اقتصادية جديدة في منطقة اسيا والمحيط الهادئ، وتعارضان التدخل في الشؤون الداخلية للأمم الأخرى، وأنهما تنويان التنسيق قدر الامكان في تعاملهما مع قضايا السياسة الخارجية المهمة التي يتفقان حولها.

وذكر الطرفان، من بين أمور أخرى، هدفا واحدا من بين أهداف هذا التعاون كالتالي: "زيادة فاعلية التعاون في قطاعات التقنيات العالية، والمشاريع ذات الاولوية في الأستخدام العالمي للطاقة النووية، والطيران المدني، وبرنامج للتعاون في البحوث الأساسية في رحلات الفضاء ومراقبة الأرض بواسطة الاقمار الصناعية، والملاحة باستخدام الاقمار الصناعية، والبحث العلمي في مجال رحلات الفضاء المأهولة في الفضاء الخارجي العميق." من جهة اخرى شدد الطرفان على ضرورة تجنب عسكرة الفضاء، و اعتبرا بناء قواعد للدفاع الصاروخي على أنها "تشكل عامل زعزعة لاستقرار العالم". وطرحا من بين اهداف التعاون أيضا البحوث الابتكارية وتطوير التقنيات الزراعية وزيادة الانتاج الزراعي. كما عبر الطرفان عن نيتهما

إصلاح البنية المالية العالمية.

يمكن وصف اتفاقية توريد الغاز الطبيعي لمدة ٣٠ عام بقيمة اجمالية تبلغ ٤٠٠ مليار دولار بالاتفاقية التاريخية. كما سيتم تعميق التعاون بين البلدين في مجال البترول، وسيتم تطوير مناجم الفحم الروسية عبر مشاريع مشتركة. وسيتم بناء محطات توليد طاقة في روسيا لتزويد الصين بالكهرباء. كما سيتعاون الطرفان في تنفيذ مشاريع البنية التحتية والنقل والمياه وحماية الطبيعة.

لكن الأهمية الأكبر تكمن في إعراب الرئيس الروسي بوتين عن دعمه للمبادرة الاستراتيجية للرئيس شي لتوسيع طريق الحرير الجديد. ونص البيان المشترك للرئيسين على ما يلي: "تدرك روسيا الأهمية الكبرى للمبادرة الصينية لبناء الحزام الاقتصادي لطريق الحرير، وتثمن بشكل خاص استعداد الجانب الصيني لأخذ مصالح روسيا في الاعتبار عند تطويره وانجازه. سيقوم الجانبان بالبحث عن فرص إضافية لدمج منظور الحزام الاقتصادي لطريق الحرير مع مفهوم الاتحاد الاقتصادي الاوراسيوي. ولأجل تحقيق هذا الهدف ينوي الطرفان تعميق التعاون بين الهيئات ذات العلاقة لانجاز المشروعين كلاهما، وخاصة فيما يتعلق بتطوير طرق النقل والبنية التحتية".

قمة دول البريكس

تمت بعد ذلك دعوة دول أخرى إلى عملية التعاون هذه وذلك في مؤتمر القمة الرابع لمجموعة سيكا (CICA) في شانجهاي في ٢١ مايو. وفي يوم ١٦ يوليو/تموز عقدت القمة السادسة لدول البريكس في مدينة فورتاليزا البرازيلية. وانضم إليها في اليوم التالي قادة دول أمريكا اللاتينية. بهذا تم تمثيل ٤٨٪ من سكان المعمورة في ذلك الاجتماع.

في قمة البريكس ذاتها، وأيضا في سلسلة من المباحثات الثنائية ومتعددة الأطراف داخل وخارج القمة، اتفق قادة دول المجموعة على خلق نظام اقتصادي ومالي جديد كليا يمثل بديلا أساسيا لاقتصاد المقامرة المتمثل بنظام العولمة الحالي الذي يركز على تعظيم أرباح القلة وإفقار مليارات البشر. وقد تضمن "إعلان فورتاليزا" المكون من ٧٢ نقطة الصاعقة الحقيقية المتمثلة بإعلان تأسيس بنية مالية جديدة. وقد تم إطلاق هذه البنية الجديدة من خلال تأسيس "بنك التنمية الجديد" (NDB) برأسمال أولي يبلغ ٥٠ مليار دولار أمريكي، وايضا الإعلان عن "اتفاقية احتياطي العملة" (CRA) بميزانية أولية تبلغ ١٠٠ مليار دولار لمساعدة الدول المشاركة في الدفاع عن نفسها ضد هروب الأموال وغيره من أشكال الحرب المالية.

كانت الصين قد قررت مسبقا تأسيس "البنك الآسيوي للاستثمارات في البنية التحتية" (AIIB) وبرأسمال أولي مقداره ١٠٠ مليار دولار، ودعت إليه اكثر من ٣٠ دولة لتكون عضوا مؤسسا في البنك.ونقلت وكالة الانباء الصينية شينخوا عن جين ليقون، الذي عينته وزارة المالية الصينية ليترأس عملية تأسيس البنك، ما يلي: "إن وسائل بنك التنمية الاسيوي والبنك الدولي قاصرة عن تلبية الحاجة المتعاظمة للبنية التحتية... سيفتح بنكنا قناة تمويل جديدة للدول النامية، خاصة تلك الدول ذات الدخل المحدود... في زيارته إلى اندونيسيا في اكتوبر ٢٠١٣، اقترح الرئيس الصيني شي جينبينج تأسيس بنك آسيوي لاستثمارات البنية التحتية لدعم عملية الاندماج الاقتصادي". كما أكد الأمين العام للمركز الصيني للمبادلات الاقتصادية العالمية أن "البنك الآسيوي لاستثمارات البنية التحتية" سيكون منصة مفتوحة يسهل الوصول إليها، وهو يرحب بمشاركة كل الدول حتى وإن لم تكن آسيوية، مثل الولايات المتحدة والدول الاوربية.

حتى هذه اللحظة أعربت حكومات مجموعة "آسيان" (تجمع أمم دول جنوب شرق

آسيا) عن نيتها المشاركة في "البنك الآسيوي لاستثمارات البنية التحتية" وذلك في مؤتمر القمة في ميانمار، وكان من بينها كوريا الجنوبية وتايلاند، اللتان قاومتا الضغوط الأمريكية التي طالبتهما بعدم القيام بذلك. في سياق مؤتمرات القمة هذه تم الاتفاق على التعاون بين الدول المختلفة لتنفيذ عدد كبير من المشاريع، وعلى رأسها تنمية الطاقة النووية في روسيا والصين والهند والبرازيل والارجنتين وجنوب أفريقيا. بالإضافة إلى ذلك تم الاتفاق على مشاريع عملاقة رائدة مثل بناء "قناة بنما ثانية" تقوم الصين ببنائها في نيكاراجوا لربط المحيطين الأطلسي والهادئ، وكذلك بناء شبكة سكك حديد قارية تربط ما بين البرازيل وبيرو. إن تعداد المشاريع التي تم الاتفاق على بنائها بين مجموعة الأمم هذه في مجالات البنية التحتية والطاقة والصناعة والزراعة والبحث العلمي والتعليم في هذه المدة القصيرة قد وصل إلى حجم يحجب بظله الاستثمارات الامريكية

Creative Commons

قادة دول مجموعة البريكس: بوتين (روسيا)، مودي (الهند)، روسيف (البرازيل)، شي (الصين)، زوما (جنوب افريقيا)، اثناء لقاء القمة في البرازيل في منتصف يوليو، حيث وافقوا على تاسيس نظام اقتصادي ومالي جديد يمثل بديلا لاقتصاد كازينو المقامرات لنظام العولمة الحالي.

والاوربية في ذات المجالات خلال الثلاثين عام الماضية مجتمعة. إن الادعاءات القائلة بأن روسيا هي مجرد "قوة إقليمية"، وأن الصين "سوق عمالة رخيصة"، وهي تصريحات تم إطلاقها في مؤتمرات وندوات عقدت على عجالة في مؤسسات بحثية غربية كرد فعل على هذه التطورات التي قيل انها ستكون فقط ذات تأثير طفيف على دول البريكس، يمكن اعتبارها مجرد لكمات في الهواء.

ذلك لأنه يوجد في واقع الأمر اليوم نظامان ماليان مبنيان على مبادئ مختلفة تماما. الأول هو النظام المالي عبر الأطلسي المبني كهيكل امبريالي يحاول باستمرار أن يوسع مناطق نفوذه عبر مؤسسات فوق ـ وطنية تهدد سيادة الأمم الأخرى. ويفرض هذا النظام سياسة تغيير الانظمة السياسية للحكومات التي ترفضه، ويصر على انصياع الجميع "لإجماع" ما، ويستخدم في تحقيق ذلك وسائل وطرق توحي للوهلة الأولى بقوة هذه النظام ويبث شعورا من انعدام القدرة على المقاومة في الشعوب المغلوبة بهذه الطريقة، لكنه لا يلبث أن ينتهي كما انتهت كل الامبراطوريات الغابرة. حالما تتبدد هالة القوة، إما لأن النظام المالي الامبريالي بات مفلسا أو لأن الشعوب تبدأ بإدراك فراغ القيم المفروضة من أعلى من أي محتوى، تختفي حينها قدرة هذا النظام على الترهيب والابتزاز.

أما النظام الذي بدأ بالبروز من مجموعة أمم البريكس والأمم المرتبطة بها، فإنه يؤسس نفسه على مبادئ مختلفة تماما. وقد عبر رئيس الوزراء الهندي ناريندرا مودي عن ذلك أقوى تعبير في الجلسة الافتتاحية لقمة البريكس، حيث قال: "إن مجموعة البريكس مؤسسة عالمية فريدة من نوعها. إنها بالدرجة الأولى توحد مجموعة من الأمم ليس على أساس ما تملك اليوم من رفاهية أو هويات مشتركة، بل على أساس قدراتها المستقبلية الكامنة. على هذا، فإن فكرة البريكس ذاتها مترافقة من الآن مع المستقبل". وشدد مودي على أن النسبة العالية من الشباب في الهند، على سبيل المثال، يمثل قدرة كامنة هائلة للمستقبل، واقترح تشكيل منتدى

تابع للبريكس خاص بالعلماء الشباب "يوفر تدريبا لتعليم جميع لغات أممنا". ووجه مودي دعوة قائلا: "الحضور الكرام، إن لدينا فرصة لتعريف المستقبل - ليس فقط لبلداننا، بل وأيضا لكل العالم... أنا أعتبر ذلك تحديا عظيما."

اعتبر اصحاب الرؤى المستقبلية، مثل عالم الفضاء الريادي الالماني - الامريكي كرافت ايريكه، في الصورة، السفر في الفضاء واستيطان الكواكب الاخرى والكون على انها المرحلة الطبيعية القادمة لعملية ارتقاء البشرية. يشرح ايريكه في الصورة كيفية تصميم مستشفى فضائي يدور في مدار حول الارض.

المستقبل يلوح في الفضاء الخارجي

توصل نيكولاس كوزانوس (Nicholas of Cusa)، مؤسس العلوم الطبيعية الحديثة ومبدع طريقة علمية ثورية، في القرن الخامس عشر إلى قناعة بأن كل إنسان يريد البحث في العلوم عليه أن يكون قادرا على إعادة انتاج كامل عملية ارتقاء الكون تقريبا في ذهنه بكل مستويات نموها الأساسية، وأن وجهة النظر هذه ستجعل من السهل عليه تحديد ماهي الخطوة التالية الواجب اتخاذها في مجال التقدم العلمي.

أما اليوم فإن الاكتشاف الضروري القادم، الذي سيحدد مستقبل العالم كله، هو ترويض مصدر الطاقة الذي سيهب البشرية الطاقة وضمان توفر المواد الخام الضرورية لالاف الأعوام القادمة. وذلك هو استغلال طاقة الدمج النووي (Fusion) باستخدام نظير عنصر هيليوم - ٣. لذلك يمكن اعتبار نجاح مهمة هبوط مركبة "تشانج اي ٣" الصينية على سطح القمر وانزال العربة الجوالة "يوتو" (Yutu) خطوة جبارة في طريق تحقيق هذا الهدف. ستقوم الصين هذا العام (٢٠١٤) بإرسال المهمة التالية "تشانغ اي ٤"، تحضيرا لإرسال العربة "تشانغ اي ٥" عام ٢٠١٧، التي يخطط لها أن تبدأ التأسيس لمرحلة التنقل المكوكي بين الأرض والقمر باستمرار، وذلك تحضيرا لمرحلة استغلال القمر صناعيا في المستقبل. سيضع ذلك في متناول يد الانسان عملية فصل النظير هيليوم - ٣ بكميات كبيرة لإعادتها إلى الأرض واستخدامها في اقتصاد عصر الدمج النووي.

يلعب النظير هيليوم -٣ دورا بارزا في التعاون العلمي بين دول البريكس، خاصة بين روسيا والصين والهند، لأنه باعتباره وقودا لمفاعلات الدمج النووي، بخلاف الديوتيريوم - تريتيوم، لا تنتج عنه النيوترونات النشيطة التي تسبب مشاكل تآكل كبيرة للمواد التي تصنع منها المفاعلات، بل تنتج عنه بروتونات ذات شحنات موجبة، وهو ما يساهم في تحقيق ثورة في توليد الطاقة. فبدلا من انتاج الطاقة بالطرق التقليدية عبر استخدام البخار أو التوربينات التي تؤدي إلى فقدان كمية كبيرة من الطاقة، سيصبح من الممكن تحويل الطاقة الناجمة عن عملية الدمج النووي مباشرة إلى كهرباء بكفاءة عالية جدا.

لكن روسيا هي الأخرى تخطط، وفق ما ورد عن الوكالة الفيدرالية الروسية للفضاء (Roscosmos)، لإرسال مهمة للفضاء بين عامي ٢٠١٦ و ٢٠١٧، والتي يفترض بها أن تخلق الأرضية لاستغلال القمر صناعيا. تتعلق المرحلة الاولى ببناء البنية التحتية الآلية لإتاحة العمل على القمر مثل الرافعات النقالة والات الحفر ومكائن نصب الكابلات. وبعد هبوط مركبة الانزال "لونا جلوب ١" والمركبة "لونا جلوب ٢" في عام ٢٠١٦، سيتم انزال المركبة الحاوية "لونا ريسورس"، التي تم تطويرها بالتعاون مع منظمة بحوث الفضاء الهندية (ISRO)، والتي ستصل إلى سطح القمر وتقوم بتنفيذ عدة مهام منها إرساء عربة الفضاء الهندية على سطح القمر.

إن التعاون الجاري بين الصين وروسيا والهند هو من مميزات العهد الجديد للبشرية، والذي سنقوم فيه بالتركيز على الأهداف المشتركة للانسانية، بدلا من الخوض في الحروب الجيوسياسية. بضمان أمن الطاقة للعشرة الاف عام القادمة على أساس استخدام الهيليوم -٣ في مفاعلات الدمج النووي، وباستخدام التقنيات المتلازمة مع هذه العملية مثل شعلة بلازما الدمج النووي التي ستساعد في توفير احتياجات العالم من المواد الخام وتحويل كل انواع المواد إلى

نظائر (isotopes) التي بالامكان إعادة تركيبها حسب الحاجة، فإن الجنس البشري سيصل إلى منصة (platform) اقتصادية جديدة كليا على اساس كثافة تدفق طاقة عالية جدا. هذه المنصة الاقتصادية الجديدة ستؤذن بفجر جديد للبشرية. إن استغلال الهيليوم ـ٣ في اقتصاد الدمج النووي سيكون العامل الذي سيغير قواعد اللعبة والذي سيحدث ثورة في جميع العلاقات في العلوم والاقتصاد والسياسة على سطح الأرض وفي المنظومة الشمسية.

مما لا جدال فيه هو أن استمرار نمط التفكير الجيوسياسي الذي قاد إلى حربين عالميتين في القرن العشرين، قد يؤدي إلى حرب عالمية ثالثة نووية هذه المرة، سوف تتسبب في انقراض الجنس البشري. فبدلا من النظر إلى صعود الصين باعتباره تهديدا للمصالح الجيوسياسية المزعومة للغرب، وبالتالي قد ننجر، كما حذر رئيس أركان الجيش الأمريكي السابق الجنرال مارتن ديمبسي مرارا، إلى "فخ ثوكوديدس" (Thucydides Trap) الاستراتيجي، علينا أن نتزود بمفهوم جديد ونقلة نوعية تأخذ بعين الاعتبار المنظور التنموي للجنس البشري ككل.

Schiller Institute

غلاف كتيب أصدره معهد شيللر في بداية التسعينات ويروج لفكرة «المثلث الانتاجي»، بأذرعه اللولبية الممتدة الى جنوب وشرق اوربا.

نظام اقتصادي جديد

وصف عالم الفضاء الالماني الامريكي الرائد كرافت ايريكه (Krafft Ehricke) منحنى عملية الإرتقاء الطويلة باعتبارها عملية تطور عمودية، بدأت فيها الحياة بالانتشار في بادئ الأمر من المحيطات إلى البر بمساعدة عملية التمثيل الضوئي متمثلة بعالم النباتات، ومن ثم قاد ذلك الأمر إلى بروز الأنواع الحياتية الأكثر تعقيدا وذات القدرة الأعلى للتمثيل الغذائي بكثافة تدفق طاقة أعلى. ثم وصف كيف أن العنصر البشري، باعتباره أعلى صور عملية الارتقاء إلى الآن، استوطن في بادي الأمر شواطئ البحار وضفاف الانهار، ومن ثم باستخدام الطرق والقنوات وأخيرا سكك الحديد والبنى التحية الحديثة جعل المزيد والمزيد من الأراضي المغلقة والحبيسة من قارات الكرة الأرضية مفتوحة أمامه.

لكن ما زالت هذه العملية غير مكتملة بعد ـ وهذا بعينه هدف الجسر البري العالمي الذي نعرضه في هذه الدراسة، وهو تحقيق تنمية البنية التحتية لقارات كوكب الأرض. علاوة على ذلك رأى كرافت ايريكه في السفر الى الفضاء الخارجي وفي عملية التنمية الصناعية للقمر بالذات، نقطة الانطلاق لتجول الانسان في المجموعة الشمسية وحتى احتمال السفر إلى ما وراءها. كان كرافت ايريكه مقتنعا بأن ارتقاء الجنس البشري لن يصل إلى مرحلة البلوغ بشكل حقيقي إلا بواسطة الرحلات المأهولة في الفضاء؛ بمعنى أن "التحدي العظيم المتمثل بقدر الانسانية الحتمي للخروج خارج نطاق الأرض"، كما سماه ايريكه، هو وحده الذي سيرفع البشرية إلى الغرض الحقيقي من وجودها وقدرها. وهذا يعني أن تستخدم البشرية قوة العقل لديها ـ باعتبارها النوع الوحيد من الكائنات المعروفة (لحد الآن) التي تتمتع بهذه القدرة ـ لكي تستجيب عمليا للمبادي الكونية القابلة للبرهنة، وليس لعالم الحواس الخداع. بقيامه بذلك يكون النوع البشري قادرا على تحقيق قفزات كبيرة في علاقته مع هذا الكوكب والفضاء القريب المحيط به بحيث يجعل هذه العلاقة متناغمة مع النظام الكوني.

قد يكون أهم ما ساهم به عالم الاقتصاد ليندون لاروش (Lyndon LaRouche) هو تطويره لمصطلح "الاقتصاد الفيزيائي" اللايبنتزي (Leibnizian) ـ نسبة للعالم الرياضي والفيزيائي الألماني غوتفريد فيلهيلم لايبنتز ـ ووضعه لنظرية علمية للاقتصاد تتواءم مع القوانين الحقيقية للتطور في الكون الفيزيائي.

إن أحد المفاهيم الأساسية التي طرحها لاروش هو أنه حتى يتمكن العنصر البشري من استدامة وجوده لا بد من "ارتفاع الكثافة السكانية النسبية المحتملة" على أساس رفع "كثافة تدفق الطاقة" في العملية الانتاجية، لأنه في أية مرحلة ما من مراحل التنمية الاقتصادية يحدث

نضوب نسبي للموارد. إن مجمل تاريخ تطور البشرية، خاصة في العشرة آلاف سنة الماضية التي ارتفعت فيها نسبة السكان المحتملة من بضعة ملايين إلى أكثر من سبعة مليارات، يبرهن على العلاقة التناسبية بين الصفة اللاانتروبية (anti-entropic) للابداع الانساني من جهة والمبادئ الكونية المعروفة للكون الفيزيائي من جهة أخرى.

إن استغلال موارد الهيليوم -٣ فوق القمر من أجل تشغيل اقتصاد الدمج النووي على كوكب الأرض يذكرنا بشكل مشوق بالفكرة المثيرة للجدل بين أفلاطون ونيكولاس كوزانوس حول ما إذا كانت الأفكار تمتلك وجودا مسبقا موجودا بالفعل في الكون الموضوعي، وجودا مستقلا عن الانسان، أم إن كان فقط الإبداع الانساني هو القادر على خلق هذه الأفكار. إن موارد الهيليوم -٣ الموجودة على القمر هي في الحالة الجدلية الأولى مجرد رواسب متراكمة على الطبقة العليا من تربة القمر. فقط القدرة الابداعية الانسانية التي يمكنها ان تتقن المعرفة بطاقة الدمج النووي، تستطيع أن تحول هذه النظائر إلى وقود يمكنه أن يتجاوز بقوته حتى تلك الطاقة الموجودة في التفاعلات الاندماجية في الشمس ذاتها.

لكن البشرية قد وصلت الان إلى نقطة انعطاف ليس فقط من الناحية العلمية، بل وايضا من ناحية التاريخ العالمي؛ أي أن نهاية الجيوبوليتيك ضرورية من أجل بقاء النوع البشري.
قبل سقوط جدار برلين بقليل اقترح ليندون لاروش تنفيذ برنامج تنمية البنية التحتية الذي سماه "المثلث الانتاجي باريس - برلين - فيينا"، وجعل هذا المثلث المحرك العلمي ونقطة الانطلاق لإنشاء ممرات تنمية لإحداث نقلة في اقتصاديات دول مجموعة الكوميكون (الاتحاد السوفيتي ودول اوربا الشرقية).

حينما انهار الاتحاد السوفيتي في عام ١٩٩١ واختفى الستار الحديدي قامت مجاميع من معهد شيللر (Schiller Institute) بتوسيع وتطوير هذا البرنامج ليصبح فكرة الجسر البري الاوراسيوي. هكذا برزت فكرة ربط المراكز السكانية والصناعية الاوربية بآسيا عبر ما تسمى "ممرات التنمية"، لكي يتم إعطاء الأقاليم والدول الحبيسة في القارة الاوراسيوية نفس مزايا الموقع التي تتمتع بها الأقاليم الواقعة على شواطئ المحيطات وضفاف الانهار.

خلال الثلاث وعشرين سنة التي مرت منذ ذلك التاريخ، تم عرض هذه الفكرة ليس فقط في العديد من المؤتمرات والندوات في مدن في كل أنحاء العالم فحسب، بل وتم أيضا توسيعها أكثر لتتحول إلى فكرة الجسر البري العالمي. لقد أصبح تحقيق فكرة ربط الشعوب عبر هذا "الجسر البري العالمي" هو المنظور الواقعي الآن والذي يبرز من خلال التعاون بين أمم مجموعة البريكس وأمريكا اللاتينية ودول مجموعة "آسيان" (اتحاد دول جنوب شرق آسيا)، والذي ينبغي أن تنضم إليه الولايات المتحدة وأوربا وأفريقيا فورا.

إن ما تعنيه فكرة وضع استراتيجية جديدة للبشرية من الآن وصاعدا هو القدرة على رؤية العنصر البشري باعتباره اتحادا، ورؤية هذا الاتحاد من منظور التنمية المشتركة. إذا فكرنا بهذه الطريقة فإننا لن نجد تناقضا البتة، كما يرى الشاعر الفيلسوف فريديريك شيللر (Friedrich Schiller) ذلك، بين قدسية السيادة الوطنية التي يضمنها قانون الامم وميثاق الأمم المتحدة، وبين هوية المواطن العالمي الذي يضع نصب عينيه مصلحة البشرية أولا. ذلك لأن هذه الوحدة تكمن في التنمية الأعلى للجميع؛ وذلك يعني أن التوافق في الكون الأكبر (macrocosm) يتطلب التنمية القصوى لجميع الأكوان الصغرى (microcosm) لمنفعتهم المتبادلة، حسبما ما يقول كوزانوس.

يشير هذا أيضا إلى نموذج جديد للتعاون بين أمم العالم. ما يعنيه هذا هو أن جميع منظمات المعاهدات والتحالفات يجب أن تكون شاملة للجميع، أي أن لا تكون من أجل المصالح الأمنية والاقتصادية لبعض الأمم بينما يتم إقصاء غيرها من الأمم. ولكن، حتى وإن كان الأساس هو دعم التنمية المشتركة، إلا أن عليها أن تحترم المستويات المختلفة من التنمية والتاريخ والثقافة

والأنظمة الاجتماعية، وفوق كل شيء احترام السيادة الوطنية لبعضها البعض. هذه هي فكرة كوزانوس في التعددية في الوحدة. كما ويجب أن يكون مصدر الإلهام هو شعور المحبة تجاه فكرة جمعية أمم، وفكرة البشرية باعتبارها جنسا مبدعا.

علينا أن نتعلم كيف ننظر إلى البشرية من ذات المنظور الذي رآها من خلاله رواد الفضاء الامريكي والاوربي والروسي والصيني، وكما عبر عن ذلك أروع تعبير رواد الفضاء الذين خطوا الخطوات الأولى على سطح القمر:

"الحقيقة هي أن عملية الارتقاء تحدث الآن في الفضاء الخارجي كما تحدث بنفس القدر على الأرض. لقد اثبت الإنسان أنه كنوع لديه الإرادة لأن يتمسك بقرار العيش في بيئات تختلف تماما عن تلك التي ارتقى منها نوعنا ـ محميين بدرع من الحياة حوالينا حتى نحمي الحياة التي بداخلنا. لكن الرغبة في الخروج هناك الى الفضاء الخارجي موجودة. لقد اثبتنا ذلك. لقد تم ثني منحنى الارتقاء الانساني".[١]

الهوامش

[١] "Apollo ١١: Apollo For All Mankind".
[https://www.youtube. com/watch?v=HxgoV٩IMgCg]

سيل من مبادرات البريكس

يوليو - سبتمبر ٢٠١٤

إندفع سيل من البيانات الرسمية قبل وأثناء ومباشرة بعد انعقاد اجتماع قمة دول البريكس (البرازيل وروسيا والهند والصين وجنوب أفريقيا) الذي انعقد في فورتاليزا بالبرازيل في ١٤-١٦ يوليو ٢٠١٤، وتم الإعلان في تلك البيانات عن توقيع اتفاقيات لبناء مشاريع بنية تحتية عملاقة وإجراءات تمويل وائتمانات جديدة. وإذا أخذنا هذه المبادرات ككل، فإنها تشكل نقطة ارتكاز لرفع الكوكب بأكمله ودفعه نحو مسار جديد للتنمية. تعطي مصفوفة التطورات التالية، وإن لم تكن كاملة تماما، صورة سريعة لعالم جديد في طور التكوين. تنقسم هذه الشبكة إلى اتفاقيات ائتمانية جديدة ومشاريع فعلية.

١. مؤسسات ائتمانية جديدة

بنك التنمية الجديد التابع لبريكس واتفاقية احتياطي الطوارئ: تضمن "إعلان فورتاليزا" التصريح التاريخي عن قيام دول البريكس بالاتفاق على تأسيس "بنك التنمية الجديد" (New Development Bank) لتمويل مشاريع البنية التحتية وغيرها من مشاريع التنمية في الدول الأعضاء وحتى في غيرها من الدول النامية. سيكون مقر البنك في شانغهاي في الصين، على أن تتولى الهند الرئاسة الدورية الأولى لمدة ٦ سنوات. سيكون لدى "بنك التنمية الجديد" رأسمال أولي معتمد بقيمة ١٠٠ مليار دولار، وبرأسمال مودع من قبل الدول الأعضاء قيمته ٥٠ مليار دولار، تساهم فيه الدول المؤسسة بحصص متساوية.

ودعى إعلان فورتاليزا إلى تأسيس "بنية مالية عالمية جديدة أكثر فاعلية في التغلب على تحديات التنمية."

أما إتفاقية البريكس "لتفاهم إحتياطي الطوارئ" (CRA) فإنها تهدف إلى "مساعدة الدول الاعضاء على تفادي ضغوط السيولة القصيرة الأمد". كما أنها ترمي إلى تقوية شبكة الأمان المالية العالمية وتكميل التفاهمات العالمية الموجودة من قبل.

التعاون بين الصين ودول مجموعة أمريكا اللاتينية والبحر الكاريبي (سيلاك): في ١٧ يوليو ناقش اجتماع قادة الدول والممثلين الخاصين لمجموعة "سيلاك" مع الرئيس الصيني شي جينبينج مسألة تعميق العلاقات بين الطرفين على أساس "المساواة والمنفعة المشتركة والتعاون المتبادل والتنمية الثنائية". وقد حضر في ذلك الاجتماع رئيسا البرازيل والصين

وممثلوا رباعية قيادة مجموعة "سيلاك" (كوستاريكا وكوبا والاكوادور وأنتيجوا ـ باربودا) وممثلون عن جميع دول أمريكا الجنوبية. واتفق الحاضرون على تأسيس "منتدى الصين وأمريكا اللاتينية والكاريبي"، بتفويض لوضع خطة تنمية بين أعضاء المنتدى للأعوام ٢٠١٥ ـ ٢٠١٩.

وطرح الرئيس الصيني ثلاث آليات لتمويل المشاريع: أولاها، صندوق مخصص لتمويل مشاريع البنية التحتية يبدأ بعشرة مليارات دولار ليرتفع تدريجيا لغاية ٢٠ مليار ويخطط لبدأ العمل به بحلول عام ٢٠١٥. والآلية الثانية هي مد خط إئتمانات ميسرة من البنوك الصينية إلى دول مجموعة "سيلاك" بحجم يبلغ ١٠ مليار دولار. والثالثة تتمثل بتأسيس صندوق تنمية صيني ـ أمريكي لاتيني ـ كاريبي برأسمال ٥ مليار دولار للاستثمار في مجالات يتم تحديدها لاحقا.

وقد شكل هذا الإعلان وصيغته حول هذه الصناديق والمشاريع نقطة انفصال جذرية عن شروط صندوق النقد والبنك الدوليين.

جمعية الطاقة لدول البريكس: في ١٥ يوليو أعلن الرئيس الروسي فلاديمير بوتين في عاصمة البرازيل عن خطط لتأسيس "جمعية طاقة" خاصة بدول البريكس، والتي ستتضمن احتياطيا من الوقود النووي ومعهدا لسياسات الطاقة.

٢. المشاريع الكبرى

أمريكا الجنوبية والوسطى

قناة نيكاراجوا: أعلن الرئيس دانيل اورتيجا في السابع من يوليو عن المسار الذي ستتخذه "القناة العظمى الواصلة بين المحيطات"، وهو مشروع كبير يربط ما بين المحيط الهادئ والبحر الكاريبي حيث سيصبح هذا المشروع نقطة ارتكاز لعملية تنمية حوض البحر الكاريبي بأكمله. تساهم الشركات الصينية المختصة بإدارة مشاريع المياه وسكك الحديد والنقل الجوي وتصميم الموانئ باعتبارها شريكا في المشروع. كما توجد في مجموعة الشركات هذه شركات صينية ومؤسسات قامت في السابق بتصميم مشروع سد الوديان الثلاثة العظيم (Three Gorges Dam). وانطلقت أعمال المسح الجيولوجي للمشروع بعد ثلاثة أسابيع فقط من صدور الإعلان، وأصبح المشروع بالتدريج يتحول إلى مهمة تعبئة وطنية أساسية في نيكاراجوا.

التعاون بين روسيا ونيكاراجوا: توقف الرئيس الروسي فلاديمير بوتين، في طريقه إلى قمة البريكس في البرازيل، في نيكارجوا يوم ١١ يوليو حيث ناقش مسألة تزويد نيكاراجوا بالمعدات الزراعية الروسية، وكذلك نصب منظومة الملاحة باستخدام الاقمار الصناعية (GLONASS) روسية الصنع والشبيهة بمنظومة "جي بي اس" العالمية. كما ناقش بوتين مسألة التعاون في مجالات عديدة أخرى.

التعاون الروسي الكوبي: في ذات اليوم، ١١ يوليو، وقع الرئيس بوتين ١٠ اتفاقيات تعاون مع الحكومة الكوبية، من بينها مشروع تحديث ميناء ماربيل، وبناء مطار حديث كليا، وإنشاء ٤ وحدات طاقة جديدة في محطتي طاقة ماكسيمو جوميز وشرق هافانا الحراريتين، بالإضافة إلى استكشاف موارد النفط والغاز في المياه الكوبية.

توسيع التعاون الروسي الارجنتيني: في أثناء زيارته الرسمية للأرجنتين في ١٢ يوليو، وقع الرئيس بوتين اتفاقيات جديدة في مجال الطاقة والفضاء

IAEA

وافقت روسيا والارجنتين على التعاون في بناء عدة محطات نووية في الارجنتين. في الصورة، محطة ايمبالسي النووية في الارجنتين.

والزراعة والاتصالات والتعاون العسكري مع رئيسة الأرجنتين كريستينا فيرنانديز دي كيرشنر. وكان من بين أهم تلك الاتفاقيات اتفاقيات التعاون في مجالات الطاقة النووية التي تضمنت صفقة تنص على تصميم وبناء وتشغيل محطات طاقة ومراكز بحوث نووية، بالإضافة إلى تفكيك غيرها عند انتهاء مدة خدمتها، وبناء محطات تحلية مياه تعمل بالطاقة النووية. كما قدمت شركة روساتوم (Rosatom) مقترحا تقنيا وتجاريا للمشاركة في بناء محطة الطاقة النووية الارجنتينية "أتوتشا ٣".

سكة حديد بيرو ـ البرازيل القارية: اتفقت الصين والبرازيل وبيرو في ١٧ يوليو على البدء في دراسة جدوى لبناء خط سكة حديد قارية (يعبر قارة أمريكا الجنوبية) ويربط ما بين الساحل الأطلسي للبرازيل بساحل المحيط الهادئ في بيرو. وستقوم فرق من الفنيين بإجراء الدراسات وعمليات المسح على الأرض، على أن تقدم كل دولة بيانات عن أساليب العمل والموارد المتوفرة والجدول الزمني للمشروع.

وذكرت رئيسة البرازيل ديلما روسوف لوسائل الإعلام أنها والرئيس الصيني شي قد أوليا اهتماما خاصا بالفرصة المتاحة أمام الصين لتقديم عرض لبناء ذلك الجزء من سكة الحديد الذي يمتد داخل الأراضي البرازيلية من مشروع "سكة حديد البرازيل ـ بيرو القارية، التي تعتبر مشروعا حيويا لتوحيد دول أمريكا الجنوبية، وأيضا باعتباره منفذا للصادرات البرازيلية إلى آسيا." وذكر نص البيان المشترك بين الرئيسين هذا المشروع الواصل بين أقاليم لوكاس دو ريوفيردي ـ ماتو جروسو ـ كامبينورتي ـ جوايس الرابط بين المحيطين، منوها إلى أنه أحد المشاريع التي يشجع البلدان المستثمرين في القطاعات الحكومية والخاصة لكلي البلدين على المشاركة فيها.

وطلبت بوليفيا هي الأخرى من الصين المساعدة في تطوير الجزء المار ببوليفيا لممر سكة حديد قارية بديلة تمر عبر البرازيل ـ بوليفيا ـ بيرو، وذلك حسب تصريح للرئيس البوليفي ايفو موراليس.

التعاون الصيني الكوبي: تم توقيع ٢٩ اتفاقية في مجالات الطاقة والنقل والبحث العلمي والزراعة والاتصالات السلكية واللاسلكية وتنمية البنية التحتية من قبل المسؤولين الكوبيين والصينيين أثناء زيارة الرئيس شي جينبينج إلى كوبا في ٢٣ ـ ٢٤ يوليو. أهم هذه الاتفاقيات هو مد خط ائتماني لتمويل بناء محطة متعددة الأغراض في ميناء سانتياجو دي كوبا، واتفاقية إطارية لمشاركة شركة النفط الوطنية الصينية في تطوير حقل سيبوروكو النفطي، ومذكرة تفاهم وقعها وزيرا صناعة البلدين لتطوير قطاع الصناعة الكوبي.

التعاون الروسي البوليفي في مجال الطاقة النووية وتنمية البنية التحتية: في ١٦ يوليو، عرض الرئيس بوتين التعاون مع بوليفيا لتطوير "برنامج شامل للطاقة النووية" للأغراض السلمية. ويتضمن العرض نقل التكنولوجيا والتدريب الدائم للعاملين البوليفيين في المراحل المختلفة للبرنامج. كما ستساعد روسيا في بناء محطات طاقة كهرومائية وحرارية. وسيزور مدراء شركات روسية قريبا بوليفيا لمناقشة هذه المشاريع. كما سيزور ممثلون عن شركة النفط الروسية "روسنيفت" بوليفيا لمناقشة الاستثمار في مشاريع النفط البوليفية.

عرض الرئيس الصيني شي في يوم ١٦ يوليو على الرئيس البوليفي ايفو موراليس المساعدة في بناء القمر الصناعي البوليفي الثاني. وكانت الشركة الصينية (Great Wall Industry Corporation) قد بنت القمر الصناعي البوليفي الأول "توباك كاتاري" الذي تم إطلاقه من الصين في شهر ديسمبر ٢٠١٣.

البرازيل وروسيا، تبادل تجاري وتعاون عسكري ونووي: وقع الرئيس الروسي بوتين ورئيسة البرازيل ديلما روسوف في ١٤ يوليو اتفاقية للعمل المشترك باتجاه مضاعفة حجم التجارة بين البلدين ليصل إلى ١٠ مليارات دولار سنويا. وتتضمن الاتفاقيات الثنائية السبعة

UN/ Devra Berkowitz
الرئيسي البوليفي ايفو موراليس، يظهر في الصورة وهو يتحدث في مبنى الامم المتحدة، يتفاوض حاليا مع روسيا لتطوير "برنامج شامل للطاقة النووية"

Marcelo Camargo/Agencia Brasil
أعلنت البرازيل والصين عن تاسيس «شراكة استراتيجية حقيقية» اثناء لقاءات الطرفين في البرازيل في منتصف يوليو. في الصورة، الرئيس شي جينبينج والرئيسة ديلما روسيف.

Press Information Bureau of India

رئيس الوزراء الهندي مودي يحيي الرئيس الصيني شي جينبينج وزوجته في بداية اجتماع القمة بين الطرفين في الهند في ١٧ سبتمبر.

بناء منظومة دفاع جوي تشارك فيه القوات المسلحة البرازيلية مع الجيش الروسي في استخدام المنظومة الروسية "بانتسير - إس ١" لصورايخ أرض جو، التي ترغب البرازيل في شرائها. كما تتضمن اتفاقية لتوسيع منشآت المنظومة الملاحية الروسية "جلوناس" باستخدام الاقمار الصناعية في البرازيل.

كما وقع ممثل القطاع النووي الروسي جومارت عليف والشركة البرازيلية "كامارجو كورّيا" مذكرة تفاهم لتوسيع التعاون الثنائي في مجال إنتاج الطاقة النووية. تتضمن المذكرة بناء منشأة تخزين للوقود المنضب، وبناء منشآت هندسية وتكنولوجية في محيط محطة "أنجرا" النووية البرازيلية المشتغلة حاليا، واتفاق شراكة في بناء محطة نووية جديدة في البرازيل.

البرازيل والصين، تطوير البنية التحتية، تعاون علمي وعسكري: في الاجتماع الذي انعقد في ١٧ يوليو بين الرئيس الصيني ورئيسة البرازيل تم توطيد "شراكة استراتيجية حقيقية"، حيث تم توقيع عدة اتفاقيات ثنائية شملت تمويل مشاريع بناء وتطوير البنية التحتية في داخل البرازيل، وتعميق التعاون بينهما في مجال الفضاء ليشمل مشاريع مشتركة بين الطرفين في مجال الأقمار الصناعية مع دول افريقية، وبيع طائرات نفاثة برازيلية للصين، وتكثيف التبادل في مجال التعليم والبحث العلمي، وقيام الصين ببناء محطة نهر "ريو تاباخوس" للطاقة الكهرومائية.

كما يخطط الطرفان للمضي قدما في برنامجهما المشترك "قمر الفضاء الخاص بموارد الأرض" (CBERS) حيث سيضيفان قمرا صناعيا ثانيا، ويخططان لإرسال المزيد من الأقمار الصناعية في المستقبل. وأطلق البلدان سلسلة مكونة من أربعة مراحل من الأقمار الصناعية لمراقبة الأرض بالاستشعار عن بعد حيث بنت البرازيل المركبة الفضائية وزودتها الصين بعربة الإطلاق.

الارجنتين والصين، تعاون لتنمية البنية التحتية والطاقة النووية: وقع الرئيس الصيني أثناء زيارته للأرجنتين في ١٨ - ٢١ يوليو، على اتفاقية مع الرئيسة كريستينا فيرنانديز "لشراكة استراتيجية شاملة" بين البلدين. وتم توقيع ١٩ اتفاقية في مجالات الطاقة النووية والبنية التحتية والاتصالات والنقل والزراعة بين البلدين. تضمنت هذه الاتفاقيات تمويلا بقيمة ٤،٧ مليار دولار لمجمع الطاقة الكهرومائية "نيستور كيرشنر - خورخي ثيبيرنيك" في سانتا كروز، و ٢،٥ مليار دولار لصيانة وتحديث خط سكة حديد بيلجرانو - كارجاس، و ١١ مليار دولار لاتفاقية مبادلة عملة بين البنوك المركزية للبلدين. في يوم ٢ سبتمبر وقع رئيس الشركة الصينية للطاقة النووية (CNNC) ورئيس شركة الطاقة النووية الأرجنتينية (ANA, SA) على اتفاقية قيمتها ٢ مليار دولار تقوم الصين وفقها بتوفير تمويل بشروط تفضيلية لبناء المفاعل النووي الرابع بقدرة ٧٦٠ ميجاواط في محطة الطاقة النووية الأرجنتينية "أتوتشا ٣".

فنزويلا والصين، تعاون اقتصادي في الطاقة والبنية التحتية: أثناء زيارة الرئيس الصيني شي جينبينج في ٢٢ يوليو إلى كاركاس، تم توقيع ٣٨ اتفاقية ثنائية في الاجتماع الثالث عشر للجنة العليا المشتركة للبلدين في سياق "تحالف استراتيجي شامل".

وتخص الاتفاقيات مجالات استكشاف الموارد النفطية والزراعة والاستثمارات الصناعية والعلوم والتكنولوجيا لتقوية "التنمية الاجتماعية الاقتصادية للبلدين". ووقعت الصين أيضا اتفاقية لإرسال قمر صناعي ثاني من نوع (VRSS) لمراقبة الأرض بالتحسس عن بعد إلى فنزويلا. وكانت الصين قد أرسلت القمر الأول في عام ٢٠١٢.

توصلت روسيا والصين في نهاية شهر يوليو الى اتفاق للعمل المشترك على تطوير المفاعلات النووية العائمة. هنا لوحة فنية تصور محطة نووية روسية عائمة.

الصين والمكسيك، سكة حديد وميناء ناياريت: أعلن سيزار دوارتي

حاكم ولاية تشيواوا المكسيكية في ٢ سبتمبر أن بنك التنمية الصيني سيوفر مليار دولار أمريكي لتمويل مشروع سكة حديد ناياريت ـ تشيواوا ـ نيو مكسيكو، بحيث يتم الشروع بالبناء في نهاية عام ٢٠١٤. سكة الحديد هذه هي جزء من "الممر الاقتصادي للشمال" ويتكون من بناء ميناء بويرتو ناياريت الذي سيكون حين اكتماله خلال ٣ سنوات أكبر ميناء عميق في أمريكا اللاتينية. وتوقعت حكومة ولاية ناياريت أن يتم وضع أن حجر الأساس لما تسميه "أول مشروع للتحالف الصيني المكسيكي" من قبل الرئيس الصيني شي والرئيس المكسيكي اينريكي بينيا نيتو شخصيا.

Kyushu Railway Company

عرض رئيس الوزراء الياباني شينزو ابي اثناء زيارته للهند في مطلع سبتمبر مساعدة الهند ماليا وتقنيا وتشغيليا لبناء منظومة قطار الرصاصة الياباني في الهند. في الصورة، بعض القطارات السريعة للاسطول الياباني.

أوراسيا

المشاريع الاقتصادية الهندية الصينية المشتركة: توصل رئيس الوزراء الهندي ناريندرا مودي والرئيس الصيني شي جينبينج أثناء زيارة الأخير إلى الهند في ١٧-٢٠ سبتمبر، إلى عقد أكثر من ١٠ صفقات اقتصادية مهمة، وتعهدا بحل الخلافات الحدودية القديمة بين البلدين. وكان من بين الاتفاقيات التعاون والتنسيق في مجال العلوم النووية، وبالأخص تطوير المفاعلات النووية التي تستعمل وقود الثوريوم. تخطط الهند لبناء أول نموذج لمفاعل ثوريوم بطاقة ٣٠٠ ميجاواط بحلول عام ٢٠١٦، لتقوم من بعد بزيادة حجم وعدد المفاعلات الجديدة. وتعمل الصين على بناء مفاعل نووي تجريبي باستخدام وسادة كريات الوقود الصلبة بطاقة ١٠٠ ميجاواط بحلول عام ٢٠٢٤، ليتم استخدامها فعليا بحلول ٢٠٣٥. وتم توقيع تعهد لبناء خط سكة حديد أسرع بين مدينتي مايسوري وتشيناي الهنديتين عبر بانجلور لإتاحة وصول المزيد من الادوية المصنعة في الهند إلى السوق الصينية، بالإضافة إلى مبادرات أخرى.

كما عقدت محادثات بين الطرفين حول الممر التجاري بنغلاديش ـ الصين ـ الهند ـ ميانمار الذي سيربط ميناء كولكاتا الهندي بمدينة كونمينج عاصمة مقاطعة يونان الصينية.

عموما، دارت المناقشات حول العمل المشترك لبناء "الحزام الاقتصادي لطريق الحرير" و مشروع "القرن الحادي والعشرين لطريق الحرير البحري"، اللذان أعلن عنهما الرئيس الصيني شي في عام ٢٠١٣.

مشروع التنمية الاقتصادي بين روسيا وكوريا الشمالية والجنوبية: افتتح مسؤولون من روسيا وكوريا الشمالية وكوريا الجنوبية في ١٨ يوليو ميناء راجين (كوريا الشمالية) وهو ميناء قامت روسيا ببنائه على أحدث طراز ليرتبط مع سكة حديد تم بناؤها مؤخرا من راجين إلى روسيا.

تؤيد روسيا انضمام الهند وباكستان الى منظمة شانغهاي للتعاون كعضوين كاملين. تبين الصورة درع المنظمة.

التعاون النووي بين روسيا والصين: في ٢٨ يوليو، وقع فرع الصادرات لشركة الطاقة النووية الروسية روساتوم اوفرسيز (Rosatom Overseas) مذكرة تفاهم مع الصين في سبيل تقريب البلدين في جهد مشترك لتطوير تقنية المفاعلات النووية العائمة (FNPP). تتجه روسيا نحو إكمال أول مفاعل نووي من جملة أسطول من المفاعلات النووية البحرية العائمة صغيرة الحجم ليتم وضعها على عوامات لتوليد الطاقة السلمية وتحلية مياه البحر. وتشكل ستة من المفاعلات العائمة هذه محور نقاش بين روسيا والهند أيضا. وقال رئيس فرع الصادرات في روساتوم جومارت عليف أن بمقدور هذه المفاعلات الصغيرة توفير "مصدر للطاقة يعول عليه، ليس فقط للمراكز السكانية النائية، بل وأيضا للمنشآت الصناعية الضخمة مثل منصات التنقيب عن النفط".

روسيا والصين، خطوط الغاز بين سيبيريا والصين: وصل الرئيس الصيني شي في الأول من سبتمبر إلى مدينة ياكوتسك الروسية لحضور مراسيم انطلاق مشروع بناء أول جزء (الخط الشرقي بين الصين وروسيا) لأنبوب بطول ٤٠٠٠ كلم، وهو جزء من مشروع "طاقة

سيبيريا" العملاق الذي تم التوقيع عليه خلال القمة التي جمعت الرئيس بوتين والرئيس شي في روسيا في ٢١ مايو ٢٠١٤. وأعلنت روسيا في ١٧ سبتمبر عن التوصل لصفقة جديدة تخص "الخط الغربي بين روسيا والصين" لتزويد الصين بالغاز الطبيعي لمدة ٣٠ عام ويتم التوقيع عليها في نوفمبر من السنة ذاتها.

مشروع القطار السريع موسكو ـ كازان: أعلنت شركة سكك الحديد الروسية في ٣١ يوليو عن بدء المفاوضات مع شركات البناء والاستثمار الصينية حول الشراكة في بناء خط سكة حديد للقطارات عالية السرعة بين موسكو وكازان. ومن الشركاء المحتملين في هذا المشروع "شركة الاستثمارات الصينية" (China Investment Corp.) التي ستقوم بالإضافة إلى المشاركة في هذا المشروع بالمشاركة في بناء "الممر الاوراسيوي السريع" كله بين العاصمة الروسية موسكو والصينية بكين.

الهند تتسلم قطارات سريعة من اليابان: وقع رئيس الوزراء الهندي ناريندرا مودي في الأول من سبتمبر على اتفاقية مع رئيس الوزراء الياباني شينزو آبي في طوكيو تستلم الهند بموجبها الدعم المالي والتقني والتشغيلي لإدخال قطارات "الرصاصة" السريعة اليابانية إلى الشبكة الهندية. كما تعهد آبي باستثمار ٣٥ مليار دولار في الهند خلال الأعوام الخمسة القادمة، ما يعني مضاعفة الاستثمارات اليابانية في القطاعين العام والخاص الهنديين. وسيسرع الطرفان من وتيرة المحادثات حول إمكانية بيع الطائرات البرمائية اليابانية للقوة البحرية الهندية.

الهند ونيبال، اتفاقية الطاقة الكهرومائية: وقعت الهند ونيبال اتفاقية تقوم بموجبها الشركة الهندية المختصة بالبنية التحتية جي أم آر (GMR) ببناء مشروع طاقة كهرومائية بقدرة ٩٠٠ ميجاواط على نهر كارنالي في نيبال. من المقرر أن يبدأ إنتاج الكهرباء في عام ٢٠٢١ لفائدة البلدين. ما تعنيه هذه الاتفاقية هو إنهاء فترة طويلة من التنازع بين البلدين حول حقوق تطوير الطاقة الكهرومائية. وتبلغ القدرة الكامنة لنيبال من الطاقة الكهرومائية حوالي ٤٠ ألف ميجاواط، لم يتم استغلال سوى ٥٠٠ ميجاواط منها. جاءت هذه الاتفاقية التي تعتبر طفرة في العلاقات بين البلدين بعد زيارة مودي إلى نيبال في ٣ـ٤ أغسطس حيث تعهد بتنفيذ خطة أطلق عليها اسم (HIT) تتكون من بناء طرق سريعة وخطوط شبكات المعلوماتية وشبكات النقل. بالنسبة لمشروع السد الكهرومائي، ستحصل نيبال على حصة ٢٧٪ من الأصول في البداية، ثم تحصل على الملكية الكاملة للمشروع خلال ٢٥ عام من تاريخ بدء المحطة بتوليد الطاقة الكهربائية. وستحصل نيبال على ١٢٪ من الطاقة مجانا، بينما يتم تصدير الباقي إلى الهند، واحتمالا إلى بنجلاديش.

روسيا تدعم عضوية الهند وباكستان في منظمة شانغهاي للتعاون: تنوي منظمة شانغهاي للتعاون جعل الهند وباكستان عضوين كاملين في قمتها التي ستنعقد في العام المقبل، حسب تصريح المتحدث باسم الرئاسة الروسية الكرملين يوري اوشاكوف في ١٢ سبتمبر ٢٠١٤. سيتم عقد القمة في المدينة الروسية اوفا في ٩ـ١٠ يوليو ٢٠١٥، تزامنا مع قمة دول البريكس وسوف تترأس روسيا كلتا القمتين. قال الرئيس الروسي أن "أولويات رئاستنا لهذه القمة تتمثل بتعزيز دور المنظمة باعتبارها آلية للأمن الاقليمي، والتأسيس لعلاقات كبرى وإنسانية متعددة الاطراف، وتستهدف تبني رؤى مشتركة للتعامل مع القضايا العالمية الملحة".

جنوب وجنوب شرق آسيا

اجتماع الصين وآسيان في ميانمار: اجتمع وزراء خارجية دول مجموعة آسيان (اتحاد دول جنوب شرق آسيا) في ميانمار في ١٠ أغسطس وبمشاركة ممثلين عن الصين والهند وروسيا والولايات المتحدة والاتحاد الاوربي واليابان وكوريا الجنوبية واستراليا. ووفق ما نشرته صحيفة ديلي تايمز الباكستانية توصلت دول الآسيان (وهي بروناي وتايلندا وسنغافورة

وكمبوديا ولاوس واندونيسيا وماليزيا والفلبين وفيتنام وميانمار) إلى اتفاقية لتعميق شراكتهم الاستراتيجية ويدخل في ضمن ذلك العمل المشترك في المشروع الصيني "طريق الحرير البحري للقرن الحادي والعشرين"، بالإضافة إلى مشاريع تنموية في حوض نهر ميكونج. ورحبت الصين بجميع دول الآسيان العشرة للمشاركة كأعضاء مؤسسين في البنك الآسيوي لاستثمارات البنية التحتية. وكانت تايلند اول من قبل هذه الدعوة.

طريق الحرير البحري ـ معرض الصين وآسيان في نانينج: عقد المعرض الصناعي الدولي المشترك بين الصين ودول اسيان (CAEXPO) في ١٦-١٩ سبتمبر في مدينة نانينج، عاصمة مقاطعة جوانجشي الصينية، تحت شعار "نبني معا طريق الحرير البحري للقرن الحادي والعشرين"، وشاركت فيه ٤٦٠٠ شركة. شاركت في المعرض ١٢٥٩ شركة من دول الآسيان التي تتوسع تجارتها مع الصين بنسبة ١٠٪ سنويا.

أكبر سد في جنوب شرق آسيا ـ على نهر سالوين: وقعت الشركة الصينية لبناء السدود "شركة الوديان الثلاثة" (Three Gorges Dam Corporation) في ١٦ سبتمبر عقدا مع "شركة آي جي إي" الميانمارية لبناء أكبر سد في جنوب شرق آسيا على نهر ثانلوين (سالوين).

منتدى العلماء الشباب لدول البريكس: اقترح رئيس الوزراء الهندي مودي تأسيس مثل هذا المنتدى في قمة فورتاليزا في ١٥ يوليو. وبنى اقتراحه على اساس "أن البريكس يجب أن لا تتمحور حول لقاءات القمة بين الزعماء"، وأن الشباب في دول البريكس عليهم تولي زمام المبادرة في توسيع التواصل بين الشعوب. وستكون مهمة المنتدى تأسيس معاهد "لتعليم اللغات التي تتحدث بها أممنا"، حسب قوله، ومحاولة ايجاد وسائل لتأسيس جامعة تابعة لدول البريكس.

الممر الاقتصادي بين الصين وسنغافورة: تم عقد أول مؤتمر للمؤسسات البحثية العاملة في هذا المشروع في ١٢ سبتمبر، حيث توصل رؤساء بلديات المدن الواقعة على طول مسار الممر إلى توافق حول مبادرة في اجتماعهم الذي انعقد بالتزامن مع جلسات متعلقة بجوانب مرتبطة بطريق الحرير البحري والتي انعقدت في المعرض الصناعي الدولي للصين ودول الآسيان هذا العام (٢٠١٤) في إقليم جوانجشي زوانج ذي الحكم الذاتي في الصين والذي يعتبر معبرا إلى جنوب شرق آسيا.

ملخص الفكرة هو أن يبدأ ممر التنمية المكون من سكك الحديد والطرق السريعة من مدينة نانينج وكونمينج في الصين، ليتجه جنوبا عبر شبه الجزيرة الهندوصينية بحيث يربط الصين بفيتنام ولاوس وكمبوديا وتايلند وماليزيا وسنغافورة. صادقت كل من الصين وتايلند على بناء خطوط سكك حديد تربط بانكوك بشمال وشمال شرق تايلند، التي تعتبر جزءا من ممر الصين ـ سنغافورة. وتجري الصين مفاوضات مع حكومة لاوس لبناء قسم المشروع الذي يمر عبر لاوس.

youtube/euronews

توجه الرئيس المصري عبدالفتاح السيسي في اول زيارة له خارج مصر الى روسيا في منتصف اغسطس، حيث ناقش طيفا واسعا من اتفاقيات التجارة والاستثمارات. في الصورة، القائد العام للقوات المسلحة المصرية في موسكو قبيل انتخابه رئيسا.

إفريقيا

توسيع التجارة المصرية الروسية: بدأ التعاون بين روسيا ومصر بالتوسع بعد اللقاء الذي جمع الرئيس فلاديمير بوتين بالرئيس المصري عبدالفتاح السيسي في مدينة سوتشي الروسية في ١٢ أغسطس. تركز جزء مهم من الاجتماع على موضوع تجارة المواد الغذائية. كما عبر بوتين عن استعداد بلاده لدعم مصر في بناء محطة طاقة نووية في الضبعة. بعد ذلك ترأس وزير التجارة والصناعة المصري منير فخري عبدالنور في ١٠ سبتمبر وفدا مكونا من رجال الأعمال المصريين من مصنعي المواد الغذائية إلى روسيا.

اتفاقيات جنوب افريقيا مع روسيا: التقى رئيس جنوب افريقيا جاكوب زوما في ٢٨ أغسطس

Russian Presidential press and Information Office

زار رئيس جنوب افريقيا جاكوب زوما روسيا في نهاية شهر اغسطس، حيث ناقش هو والرئيس الروسي صفقات طاقة نووية واستثمارات عديدة اخرى.

بالرئيس الروسي فلاديمير بوتين في نوفو اوجاريوفو، وهي إحدى ضواحي موسكو، للتداول في أجندة أعمال تركز على التجارة والاستثمارات. عرض الجانب الروسي المساعدة في بناء صناعة نووية متكاملة في جنوب افريقيا، وذلك في ضوء إعلان الرئيس زوما في شهر يونيو عن عزم بلاده توسيع برنامجها النووي على نحو واسع.

مشروع مصنع فولاذ صيني ـ جنوب أفريقي: أقر وزير التجارة والصناعة الجنوب أفريقي الدكتور روب ديفيس في ١٢ سبتمبر أن شركة "مجموعة هيباي للحديد والفولاذ" الصينية (Hebei Iron and Steel Group) ستقوم بتطوير السعة الانتاجية للفولاذ في جنوب أفريقيا بالتعاون مع الشركة الحكومية الجنوب أفريقية "شركة التنمية الصناعية" (IDC)، في مقاطعة ليمبوبو بالقرب من فالابوروا حيث توجد مخزونات كبيرة من الماجنيتايت. سيبدأ البناء في عام ٢٠١٥، وسيكون الهدف الأولي لمصانع الفولاذ الجديدة انتاج ٣ ملايين طن سنويا من الفولاذ المستخدم في أعمال البناء، ليصل إلى ٥ ملايين طن بحلول عام ٢٠١٩. بتوقيع هذه الصفقة ستصبح جنوب افريقيا قادرة على استعادة قدرتها المستقلة على انتاج الفولاذ، وهو ما فقدته في حملة الخصخصة التي استمرت من عام ٢٠٠١ إلى ٢٠٠٤ حينما تم بيع شركتها الحكومية "شركة الحديد والفولاذ" (ISCOR) لشركة ارسيلور متال (Arcelore Mittal) التي تمثل كارتيل الكومونويلث البريطاني. وفق الصفقة الصينية ستملك "شركة التنمية الصناعية" ٤٩٪ من المشروع الجديد.

اتفاقيات زيمبابوي مع الصين: التقى الرئيس الصيني شي جينبينج في ٢٥ أغسطس برئيس زمبابوي روبرت موجابي في الصين. ووقع الطرفان مجموعة من اتفاقيات التعاون الاقتصادي.

الهند وجنوب أفريقيا، مشاريع زراعية: حث وزير الزراعة الجنوب أفريقي سينزيني زوكوانا في تصريح له يوم ١١ سبتمبر مزارعي جنوب أفريقيا على الاستفادة من المزايا التي يقدمها بنك التنمية التابع لدول البريكس، خاصة في مجال الصناعات الغذائية والزراعة. ورد تصريح الوزير أثناء ندوة تعقد لأول مرة تحت مسمى "الاسبوع الهندي ـ جنوب أفريقي"، وهي ندوة استمرت أسبوعا وبدأت في مومباي في ٩-١٠ سبتمبر ثم انتقلت إلى جورجاون في ١١-١٢ سبتمبر. وقدمت جنوب أفريقيا نماذج لتقنيات متعلقة بالصناعات الغذائية والقطاع الزراعي. والتقى زوكوانا بوزير الزراعة الهندي شري مودان سينج لمناقشة تمويل دول البريكس لمشاريع الزراعة والأغذية.

شبكة الجسر البري العالمي
نقاط الربط والممرات الأساسية

شبكة الجسر البري العالمي ـ نقاط الربط والممرات الرئيسية

* تشير إلى أن المشروع تم إقرار بنائه أو تحت الانشاء أو تم إنجازه.

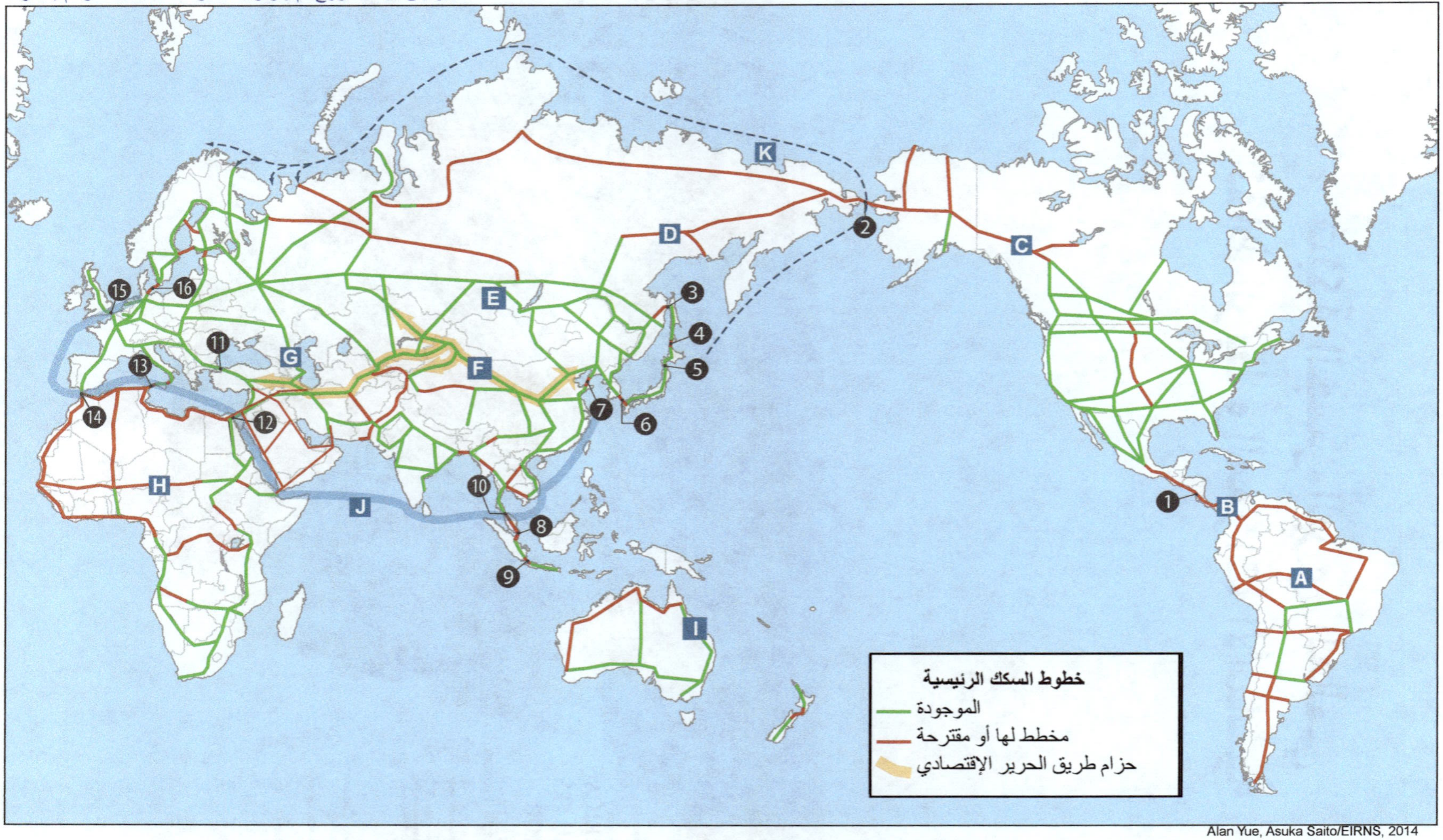

Alan Yue, Asuka Saito/EIRNS, 2014

روابط

1. *قناة نيكاراجوا العظمى العابرة للمحيطات
2. نفق مضيق بيرينج
3. رابط بين جزيرة ساخالين والأراضي الروسية
4. نفق هوكايدو ـ ساخالين
5. * نفق سايكان
6. نفق اليابان ـ كوريا تحت البحر
7. * نفق بوهاي
8. جسر مضيق مالاكا
9. جسر مضيق سوندا (إندونيسيا)
10. قناة برزخ كرا (تايلند)
11. * نفق سكك حديد البوسفور
12. * توسيع قناة السويس
13. رابط إيطاليا ـ تونس
14. مضيق جبل طارق
15. * القنال الانجليزي
16. * رابط شبه الجزيرة الاسكندنافية بالقارة الاوربية

ممرات

- A * سكة حديد بيرو ـ البرازيل القارية
- B فجوة دارين، سكة حديد مابين الامريكتين
- C خط سكة حديد آلاسكا ـ كندا وبقية الولايات الـ 48 الأمريكية
- D رابط مضيق بيرينج
- E الممرات عبر السيبيرية
- F * الحزام الاقتصادي لطريق الحرير
- G * ممر النقل العالمي الشمالي ـ الجنوبي
- H * خطوط السكك عبر القارة الأفريقية
- I سكة الحديد الدائرية الاسترالية
- J * طريق الحرير البحري
- K * الممر البحري الشمالي

ملاحظة: تظهر المواقع الجغرافية والممرات هنا بشكل بياني فقط حيث قد تندمج أكثر من سكة حديد واحدة في الممر لتشكل خطا واحدا في حالة إذا كانت الخطوط الرئيسية متوازية وقريبة من بعضها. تبين الخرائط الموجودة داخل فصول التقرير تفاصيل أكبر لهذه الخطوط الرئيسية.

شبكة الجسر البري العالمي
نقاط الربط والممرات الأساسية

* تشير إلى أن المشروع تم إقرار بنائه أو تحت الانشاء أو تم إنجازه.

نورد هنا شرحا لحالة كل من المعالم السبعة وعشرين المعروضة في الخارطة على الصفحة المقابلة. كل واحد من هذه المشاريع هو ذو أهمية كبرى بالنسبة للشبكة العالمية للنقل والتنمية التي بدأت تتشكل عالميا.

نقاط الربط

1 * قناة نيكاراجوا العظمى الرابطة للمحيطات

بدأ العمل في شهر ديسمبر ٢٠١٤ في بناء القناة العابرة لأراضي نيكاراجوا (من البحر الكاريبي) لتربط ما بين المحيط الأطلسي والمحيط الهادئ. سيكون طول القناة ٢٧٨ كيلومتر حيث ستمتد من مصب نهر بريتو على ساحل المحيط الهادئ في جنوب غرب نيكاراجوا إلى مصب نهر بونتا جوردا في جهة البحر الكاريبي, وسيمر ١٠٤,٦ كلم منها عبر بحيرة نيكاراجوا. تم تخطيط وإعداد خرائط هذه القناة قبل ١١٨ عام من قبل مهندسين أمريكيين. لكن المبادرة الجديدة اتخذت في ٧ يوليو ٢٠١٤ من قبل الرئيس دانييل اورتيجا ووانج جينج رئيس شركة (HKND) الصينية. بدأت أعمال المسح الجيولوجي في أغسطس. وسيقوم ٥٠٠٠٠ عامل ببناء هذا المشروع المتكامل الذي يتضمن بناء مينائين ومطار دولي ومصانع إسمنت وحديد وصلب، بالإضافة إلى بنى تحتية أخرى. يتوقع إنجاز المشروع في غضون ٥ أعوام.

2 نفق مضيق بيرينج

يمكن جسر الهوة بين آلاسكا الأمريكية وسيبيريا الروسية عبر نفق طوله ٨٥ كلم تحت مضيق بيرينج (Bering Strait)، بحيث يمكن ربط منظومة النقل القارية الاوراسيوية بالمنظومة الامريكية (الشمالية والجنوبية). سيتطلب ذلك بناء ٣٠٠٠ كلم من سكك الحديد الجديدة في اوراسيا و ١٠٠٠ كلم في شمال أمريكا في ظروف مناخية قاسية في القارتين لإكمال عملية الربط. يعود اقتراح بناء معبر على مضيق بيرينج إلى القرن التاسع عشر. لكن حصلت الفكرة على دفعة في كبيرة أبريل عام ٢٠٠٧ حينما تم عقد مؤتمر في موسكو ونظمه "المجلس الروسي لدراسة القوى الانتاجية" (SOPS) وتمت فيه دعوة الأمم الصناعية الكبرى في العالم لإجراء دراسات جدوى للمشروع. وحصل التصميم الهندسي الذي وضعه المجلس للمشروع على الجائزة الأولى في المعرض الصناعي العالمي في شانغهاي عام ٢٠١٠. وذكر البروفيسور وانج مينجشو من الأكاديمية الصينية للهندسة في مايو ٢٠١٤ أن المناقشات حول المشروع جارية بين الصين وروسيا.

3 رابط بين جزيرة ساخالين والأراضي الروسية

تبلغ أضيق نقطة عرض لمضيق تتار الذي يفصل جزيرة ساخالين عن الأراضي الروسية ٧,٣ كلم. سيسهم هذا الرابط ـ إذا تمت إضافة رابط آخر من جنوب جزيرة ساخالين إلى اليابان عبر نفق ـ بربط اليابان بالأراضي الاوراسيوية وشبكة سكك الحديد الواقعة قرب المحطة النهائية لخط بايكال ـ آمور الرئيسي. تم البدء بحفر نفق تحت مضيق تتار في بداية الخمسينات من القرن العشرين لكن توقف العمل فيه بعد مدة وجيزة. تدرس روسيا عدة خيارات الآن منها بناء نفق أو جسر سكك حديد، أو بوابة بحرية (سد). قد يتضمن تصميم البوابة البحرية، وهو سد عملاق متحرك تسير فوقه وسائط نقل، عملية تحويل مياه مصب نهر آمور من بحر اليابان إلى بحر اوخوتسك بالإضافة إلى مشاريع التحكم بالفيضانات أعلى النهر، مما يعتبر انجازا هندسيا عملاقا سيساعد روسيا والصين على السيطرة على الفيضانات على طول نهر آمور.

4 نفق هوكايدو ـ ساخالين

سيقوم هذا النفق أو الجسر بربط الجزيرة الروسية ساخالين بجزيرة هوكايدو اليابانية، ممتدا لمسافة ٤٥ كلم عبر مضيق لابيروس. بإضافة الرابط بين ساخالين والأراضي الروسية في الشمال، سيوفر هذا المعبر خطا لسكك الحديد بين اليابان والجسر البري الاوراسيوي. سيكون نفق ساخالين ـ هوكايدو أقصر من من نفق سايكان ـ هوكايدو بين الجزيرتين اليابانيتين.

5 * نفق سايكان

يمتد هذا النفق لسكك الحديد الذي تم افتتاحه في عام ١٩٨٨، تحت مضيق تسوجارو حيث يربط ما بين الجزيرة اليابانية الرئيسية هونشو بهوكايدو في شماله. يعتبر النفق حاليا أطول وأعمق نفق في العالم حيث يبلغ اجمالي طوله ٥٣,٨٥ كلم يقع ٢٣,٣ كلم منه تحت قاع البحر، وتمر عجلات القطارات في عمق ١٠٠ متر تحت قاع البحر. بعد أن تمت أعمال المسح الأولى للمشروع في عام ١٩٤٦، تم اعتبار مشروع نفق سايكان مشروعا حيويا للحفاظ على الوحدة القوية لليابان.

6 نفق اليابان ـ كوريا تحت البحر

سيعبر هذا النفق المقترح المضيق الكوري ليربط اليابان بكوريا الجنوبية عبر الجزر الواقعة في المضيق ومنها جزيرتا إيكي وتسوشيما. تبلغ مسافة العبور عند أضيق نقطة في المضيق حوالي ١٢٨ كلم. تم اقتراح بناء هذا النفق أول مرة قبل حوالي مئة عام، لكنه لم يؤخذ على محمل الجد إلا في عام ٢٠٠٩ عندما تم تشكيل فريق عمل يرأسه هوه مون ـ دو، المدير السابق "لمجلس الوحدة الوطنية" في كوريا الجنوبية. إن التعاون في هذا المشروع ذي الفائدة المشتركة للطرفين سيساعد على تخفيف حدة التوتر السياسي بين البلدين.

7 * نفق بوهاي

سوف يمر هذا النفق المقترح لمسافة ١٠٠ كلم تحت مضيق بوهاي، ويتسع لسكة قطارات عالية السرعة بين مدينيتين صينيتين يبلغ تعداد سكان كل منهما أكثر من ٧ ملايين نسمة. تقع مدينة داليان في الجانب الشمالي من المضيق، وهي مدينة مينائية كبرى في مقاطعة لياونينج ذات النشاط الصناعي المكثف، بينما تعتبر مدينة يانتاي مركزا للصناعات في مقاطعة شاندونج. تقابل المدينتان بعضهما عبر مدخل خليج بوهاي في أقصى شمال البحر الأصفر بين الصين وشبه الجزيرة الكورية. وتتربع على خليج بوهاي مدينة كبرى أخرى هي مدينة تيانجين بسكانها البالغ عددهم ١٤ مليون نسمة، وتبعد مسافة ١٣٠ كلم إلى الجنوب الشرقي من العاصمة بكين. أعلن "مجلس الدولة" الصيني في أغسطس عام ٢٠١٤ عن التزامه بالمشروع، وقد يبدأ العمل بالمشروع أثناء الخطة الخمسية الثالثة عشر التي تبدأ عام ٢٠١٦ وتنتهي في عام ٢٠٢٠. سيكون هذا النفق أطول نفق تحت سطح البحر في العالم، وسيستغرق بناؤه عشرة أعوام، وفقا لما ذكره البروفيسور وانج مينغشو العضو بأكاديمية الهندسة الصينية.

8 جسر مضيق مالاقة

سيكون الجسر الذي سيربط ماليزيا بإندونيسيا أطول جسر مبني فوق بحر في العالم. بالاستفادة من جزيرة روبات الواقعة في منتصف المضيق، سيمتد الجسر لمسافة ٤٨,٧ كلم من تيلوك جونج في ولاية مالاقة الماليزية إلى هذه الجزيرة، ومن ثم إلى دوماي في جزيرة سومطرة ـ وهي مسافة إجمالية تقدر بحوالي ٧١ كلم. بعد أن تم اقتراح بناء هذا الجسر في عام ١٩٩٥، تعثر المشروع بسبب الأزمة المالية العالمية، لكن في عام ٢٠٠٦ وافق "بنك الصادرات والواردات" الصيني (EX-IM Bank) على توفير التمويل. تقوم شركات صينية ومن دول أخرى بالتباحث حول المشروع، ومن بين تلك الشركات المتعاقدين الدنماركيين الذين بنوا جسر اوراسوند (Øresund) بين الدنمارك والسويد.

9 جسر مضيق سوندا (إندونيسيا)

تم اقتراح بناء هذا الجسر لكي يختصر المسافة بين جزيرتي سومطرة وجاوة البالغة ٢٧,٣ كلم ـ ويعيش في هاتين الجزيرتين ٨٠٪ من سكان إندونيسيا. يتمثل المشروع ببناء منظومة من الجسور عبر مضيق سوندا بين بحر جاوة والمحيط الهندي. سيتم تثبيت باعين (spans) رئيسيين بين دعامتين بطول ٦,٤ كلم و ٤ كلم على جزيرة سانجيانج في المضيق. ويعتبر النشاط الزلزالي في المنطقة من أهم التحديات الني تواجه المشروع. سيساعد الجسر ـ عبر تقليص عدد الساعات التي يتطلبها العبور بالمراكب بين الجزيرتين ـ على تعزيز النشاط الزراعي وخلق حركة صناعية جديدة في إندونيسيا التي تعد من كبرى الأمم الآسيوية بسكانها البالغ عددهم ٢٥٠ مليون نسمة.

10 قناة برزخ كرا (تايلند)

تعود فكرة شق هذه القناة إلى القرن السابع عشر، لكن المصالح الاستعمارية وقفت دائما كعائق في طريق تنفيذها. ستساعد هذه القناة في تخفيف الضغط عن عنق الزجاجة البحري المتمثل بمضيق مالاقة (الواقع بين سومطرة الاندونيسية وشبه جزيرة مالاي الماليزية) الذي يعد الخط البحري الوحيد بين المحيطين الهندي والهادئ. تم إحياء الفكرة مجددا في عام ١٩٨٣ في مؤتمر عقد في بانكوك برعاية "صندوق ميتسوبيشي العالمي

للبنية التحتية" ومؤسسة إكزكتف أنتلجنس ريفيو (EIR) - التي أصدرت هذا التقرير الذي بين يدي القارئ ـ ومسؤولين في الحكومة والجيش التايلندي. تمت تنحية هذا المشروع جانبا في خضم الأزمات المالية المتتالية، لكنه عاد اليوم ليصبح موضع اهتمام كجزء من عملية بعث الروح في مشاريع البنية التحتية التي تقودها مجموعة البريكس. ستمتد قناة كرا بين ٥٠ و ١٠٠ كلم اعتمادا على أي مسار ستسلك، وعليها أن تجتاز مسافة ٧٥ كلم من سلسلة من المرتفعات العالية.

11 * نفق سكك حديد البوسفور

يمثل هذا النفق أول نفق مخصص كليا لسكك الحديد يربط بين أوربا وآسيا حيث يعبر مضيق البوسفور عند مضيق إسطنبول. تم افتتاح النفق في اكتوبر ٢٠١٣ في الذكرى التسعين لتأسيس الجمهورية التركية وتم وصفه "بطريق الحرير الحديدي". يمثل النفق وسكك الحديد حاليا خدمة نقل جماعي تنقل حوالي ٣ ملايين راكب يوميا، لكن الخطط المستقبلية ترمي إلى إضافة خطوك سكك حديد لقطارات سريعة لنقل المسافرين وشحن البضائع، بالإضافة إلى توصيله بخط القطار السريع الرابط بين إسطنبول وأنقرة. تم اقتراح المشروع أول مرة في عام ١٨٦٠، لكن بقيت الفكرة تنتظر إيجاد حلول لمعضلة عمق المياه وتحديات أخرى. يتصف مشروع النفق البالغ طوله ١٣,٦ كلم بوجود أعمق بنية أنابيب غاطسة في العالم. تم تثبيت النفق المكون من خط أنابيب مزدوج على قاع البحر بعمق ٥٦ متر تحت سطح البحر. كما تمت إضافة ٢,٤ كلم من الانفاق بطريقة "القطع والتغطية". كما تم حفر ٩,٨ كلم من الانفاق للخدمات ومخارج الطوارئ.

12 * توسيع قناة السويس

إستؤنف العمل في مشروع شق قناة سويس ثانية في صيف عام ٢٠١٤ بطول ٧٢ كلم، وكذلك بناء محور عملاق للخدمات اللوجستية على أعلى مستوى عالمي بمساحة ٤٧ كلم مربع يحيط بالقناة المزدوجة. ستسمح القناة الجديدة بحركة تنقل السفن في الاتجاهين، وهو الامر الذي لم تكن تسمح به القناة الأولى نظرا لضيقها. سيؤدي هذا إلى تقليص عدد ساعات المرور للسفن عبر قناة السويس من ١١ ساعة إلى ٣ ساعات. أصبحت هذه القناة مصدرا للتعبئة الوطنية في مصر، والركيزة الأساسية لمنظور تنمية شاملة نشيطة ستشمل تأثيراتها عملية التنمية في كل شمال أفريقيا وجنوب غرب آسيا وطريق الحرير البحري. وقد تم تمويل المشروع بموارد داخلية بلغت ٨ مليار دولار ساهم بها الشعب المصري والحكومة دون الاعتماد على مصادر التمويل الخارجية مما يعتبر طفرة في فكرة تمويل مشاريع البنية التحتية باستخدام الائتمانات الوطنية، بحيث تساهم في استقلالية القرار الاقتصادي للأمم.

13 رابط إيطاليا ـ تونس

يتطلب ربط هذين البلدين ببعضهما البعض وربط أفريقيا بأوربا (١) ربط البر الإيطالي بجزيرة صقلية و (٢) عبور مسافة ١٥٥ كلم التي تفصل صقلية عن تونس باستخدام أربعة جزر اصطناعية يمكن بناؤها باستخدام الركام الناتج عن الحفر. سيكون الرابط الأول المتمثل بجسر مضيق ميسينا أطول جسر معلق بباع واحدة في العالم حيث سيمتد من ريجيو كالابريا على اليابسة الايطالية إلى ميسينا في صقلية. أما بالنسبة للرابط البالغ ١٥٠ كلم بين صقلية وتونس فقد تم اقتراح تصميم مكون من خمسة أنفاق ـ إثنين للمسافرين وشحن البضائع في كل من الاتجاهين، أما الخامس فسيكون للخدمات والطوارئ. كما توجد

خطة بديلة ومكملة للأنفاق تتمثل "بجسر البحر المتوسط" الذي سيستخدم الجزر الاصطناعية كنقاط ارتكاز لتغطية جزء من المسافة. قام بنشر هذا التصميم في سبتمبر عام ٢٠١٤ المهندس الإيطالي اينزو سيفييرو (Enzo Siviero) وهو بروفيسور علوم هندسة وبناء ويعمل أيضا مستشارا لجامعة تونغجي في شانغهاي.

14 مضيق جبل طارق

سيبلغ طول النفق المقترح بين مدينتي طريفة الإسبانية وطنجة المغربية ٤٠ كلم بعمق ٣٠٠ متر تحت سطح البحر. سيقلص النفق مدة السفر بين برشلونة والدار البيضاء إلى أقل من ٨ ساعات، ويساهم في ربط شبكة القطارات السريعة الاوربية بالشبكة الأفريقية. تم تقديم دراسة جدوى مفصلة فوضتها حكومتا اسبانيا والمغرب للاتحاد الاوربي في عام ٢٠٠٩، لكن لم يتم اتخاذ أي قرار بشأنها بعد.

15 * القنال الانجليزي

تم افتتاح نفق القنال في عام ١٩٩٤، وهو يمتد لمسافة ٥٠ كلم بين أنجلترا وفرنسا. يمر النفق ـ الذي تم اقتراح حفره أول مرة في عام ١٨٠٠ ـ تحت مضيق دوفر ويقبع في أوطأ نقطة يصلها على عمق ٧٥ تحت قاع البحر. يحمل "نفق القناة" سكة حديد قطار يوروستار السريع الذي يخدم مدن لندن وباريس وبروكسل، بالإضافة إلى قطارات نقل السيارات بين فولكستون وكالاي. لازال نفق القناة حتى عام ٢٠١٤ يتصف باحتوائه على أطول مسافة تحت قاع البحر، بالرغم من أن نفق سايبان الياباني أطول منه ككل وأكثر عمقا.

16 * رابط شبه الجزيرة الاسكندنافية بالقارة الاوربية

تربط منظومة من الجسور والانفاق ـ بعضها تم تشغيله والآخر تحت الإنشاء او التفاوض ـ بين شبه الجزيرة الاسكندنافية والبر الرئيسي لغرب اوربا، وذلك عبر شبه جزيرة يوتلاند والجزر الدنماركية. تم أولا إنجاز نفق سكك الحديد المسمى "جسر الحزام العظيم" بطول ١٨ كلم في عام ١٩٩٨ بين أكبر جزيرتين دنماركيتين. بينما تم في عام ٢٠٠٠ إكمال "رابط اوراسوند الثابت" ذي الثلاثة أقسام (Øresund Fixed Link) بين مدينة مالمو السويدية والعاصمة الدنماركية كوبنهاجن، مما أتاح امكانية التنقل بالقطارات والسيارات بين الدنمارك والسويد والنرويج من جهة وبقية أجزاء اوربا من جهة أخرى. يتم حاليا بناء نفق فيمارن بيلت (Fehmarnbelt) الذي سيربط الجزر الدنماركية بألمانيا مباشرة. هذا النفق الذي يبلغ طوله ١٧,٦ كلم سيكون أطول نفق قطارات وسيارات انبوبي غاطس في العالم (بخلاف الأنفاق المحفورة حفرا). كما تسعى دول الشمال الاوربي لتطوير شبكة الطرق وسكك الحديد التي تربطها بروسيا وشبكة سكك الحديد القارية الروسية. لقد صمم جيولوجيون فنلنديون مشاريع أنفاق للعبور بين الشرق والغرب عبر مضيق بوتنيا (Botnia) بين السويد وفنلندا، بالإضافة إلى نفق تحت بحر البلطيق من فنلندا إلى استونيا جنوبا ومنها إلى شبكة سكك البلطيق إلى وارشو.

Figure 4
ARTIST'S CONCEPTUAL VIEW OF THE PROPOSED ALASKA-CANADA RAILROAD NEAR LAKE KLUANE, YUKON

Source: Cooper Consulting Co., 2002 J. Craig Thorpe

الممرات

A * سكة حديد بيرو ـ البرازيل القارية

يتم الآن إجراء دراسات الجدوى لهذا المشروع، وذلك بعد توقيع الاتفاق بين بيرو والبرازيل والصين في ١٧ يوليو لبناء خط سكة حديد عبر امريكا الجنوبية من كامبينورتي وجوايس في بيرو إلى ريوفيردي وماتو جروسو في البرازيل. سيكون هذا أول خط سكة حديد يعبر القارة، ويعكس قرار الالتزام بإطلاق ممرات تنمية. كان قد تم في عام ١٨٩٨ التخطيط لطريق بديل عابر للقارة بين الرازيل وبوليفيا التي تريد الآن البدء بدراسة ما قد يصبح ممرا ثانيا.

B فجوة داريان، سكة حديد مابين الامريكتين

إن بناء ممر لخطوط سكك الحديد وطرق سيارات ويمر "بفجوة داريان" (Darien Gap) ـ التي تتكون من مساحات شاسعة من المستنقعات والغابات على برزخ بنما وتتخلل المنطقة الحدودية بين بنما وكولومبيا بين خليج داريان في البحر الكاريبي وخليج بنما على جانب المحيط الهادئ ـ سيسمح أخيرا بتنفيذ الطريق الذي طال انتظاره والذي سيربط سكك الحديد بين القارتين الامريكيتين بدءا من آلاسكا في أقصى الشمال إلى تيرا ديل فويجو (Tierra Del Fuego) في أقصى جنوب أمريكا الجنوبية. كانت "لجنة سكك الحديد عبر القارية" (Intercontinental Railway Commission) تحت إشراف حكومة الرئيس

Source: Cooper Consulting Co., 2005 J. Craig Thorpe

الأمريكي وليام ماكنلي قد وضعت خططا كاملة لهذا المشروع في تسعينات القرن التاسع عشر. في الوقت الحاضر لا يمر حتى الطريق السريع الأمريكي (Pan American) عبر هذه المنطقة. ويمتد هذا الطريق السريع - وهو عبارة عن سلسلة من الطرق التي تجتاز أمريكا الشمالية والوسطى والجنوبية طولا وعرضا - ويبلغ طوله ٤٨٠٠٠ كلم، لكن ينقطع كليا في "حاجز داريين" لمسافة طولها ١٠٠ كلم. إن سبب عدم جسر هذه الهوة هي ليست التحديات التي تواجهها عملية بناء السكك أو الطرق في مناطق المستنقعات. بل يعود سبب تعطيل هذا الممر إلى حملات المناوئين للتنمية تحت شعارات بيئية.

C خط سكة حديد آلاسكا - كندا وبقية الولايات الـ ٤٨ الأمريكية

سيكون طول خط سكة حديد يمتد من آلاسكا عبر كندا إلى الولايات الأمريكية الـ ٤٨ الواقعة جنوبا حوالي ٢٢٨٠ كلم إذا اتبع خطا مباشرا كالذي تم تحديده في عملية مسح مستعجلة في عام ١٩٤٢ من قبل فيلق الهندسة العسكرية الأمريكي. كانت الخطة جزءا من عملية طوارىء حربية، لكن عملية البناء لم تبدأ أبدا. في الأعوام السبعين اللاحقة تمت إعاقة المشروع من قبل قوى معادية للتنمية في القارة الأمريكية. لكن أصبحت مسألة "بناء الحلقة المفقودة" أمرا ملحا الآن. وأجريت مؤخرا دراسات عن المشروع قامت بها "شركة سكك الحديد القطبية" (Arctic Railway Corp) الكندية وغيرها من الشركات. يعتبر هذا الممر حيويا للأمريكتين، إذ يتجه شمالا عبر نفق مضيق بيرينج ليلتحق بالقارة الاوراسيوية.

D رابط مضيق بيرينج

تنص "استراتيجية سكك الحديد لعام ٢٠٣٠" الروسية على إنشاء خط سكك حديد من الخط الرئيسي بايكال - آمور (BAM) إلى مقاطعة تشوكوتكا ذات الحكم

الذاتي والواقعة على مضيق بيرينج، حيث سيتفرع من هناك خط آخر باتجاه بحر اوخوتسك (Okhotsk). تم بناء المرحلة الاولى من المشروع (وأول قطار بضائع تحرك عام ٢٠١٤): خط آمور ـ ياكوتسك الرئيسي الذي يمر شمالا من خط سكة الحديد السيبيرية (ويتقاطع مع خط بايكال ـ آمور) باتجاه ضفة نهر لينا (Lena) على الجانب المقابل لياكوتسك. أما بقية الثلاثة آلاف كيلومتر من سكة الحديد من نهر لينا إلى مضيق بيرينج فستعبر سلاسل جبلية قاسية ومتجمدة في شرق سيبيريا. يتصور بعض المصممين الروس ممرا ثانيا بمحاذاة نهر لينا متجها شمالا من ياكوتسك ومنتهيا في الطريق البحري الشمالي عند ميناء تيكسي (Tiksi). سيفتح الممر السيبيري إلى مضيق بيرينج، بالتوازي مع نظيره في أمريكا الشمالية، إمكانيات هائلة للتنمية في أقصى الشمال، مشعا من هناك على كل الكرة الأرضية.

E الممرات عبر السيبيرية

كان خط سكة الحديد الروسية العابرة لسيبيريا (Trans-Siberian Railway) الذي تم بناؤه في ما بين الأعوام ١٨٩١-١٩١٦ أول خط سكة حديد اوراسيوية قارية. تمتد السكة لمسافة ٩٢٨٩ كلم من موسكو إلى فلاديفوستوك، حيث تنحرف قليلا إلى الجنوب من بحيرة بايكال ومن ثم تتبع الخط الحدودي بين روسيا والصين بمحاذاة نهري آمور وأوسوري في أقصى الشرق. تقع على ضفاف الأنهار الكبرى التي يمر بها الخط السيبيري القاري ثلاثة مدن سيبيرية كبيرة تعداد سكان كل منها أكثر من مليون نسمة: وهي أومسك على نهر ايرتيش، ونوفوسيبيرسك على نهر أوب، وكراسنويارسك على نهر ينيساي. يتكون الخط القاري السيبيري من مسارين ويشغل بالكهرباء بشكل كامل. تتمحور بعض أفكار بناء ممر تنمية اوراسيوي جديد في روسيا حول إضافة خط قطار سريع الى سكة الحديد السيبيرية بالاستفادة من نفس حقوق استخدام الأراضي للسكة القديمة.

يفترق خط بايكال ـ آمور الرئيسي (BAM) عن الخط السيبيري في وسط شرق سيبيريا ويمر ببحيرة بايكال من ضفتها الشمالية، ليستمر إلى بحر اليابان. تم بناء هذا الخط ذي المسار الواحد في الأعوام ١٩٧٤-١٩٩١، لكن لم يتم إكمال حفر نفق سيفيروموسكي البالغ طوله ١٥ كلم إلا في عام ٢٠٠٤ ليتم بذلك تجاوز تحويلة شديدة الانحدار طولها ٥٤ كلم، وليسمح بذلك بشحن ٦ ملايين طن من البضائع سنويا بين الخط السيبيري وخط بايكال ـ آمور الرئيسي. وتم بناء خطوط ثانوية من خط بايكال ـ آمور الرئيسي إلى مناطق غنية بمخزونات المواد الخام، والبعض الآخر من الخطوط هو الآن في مرحلة التخطيط.

سيمر الخط "السيبيري الشمالي" (SevSib) لقطارات شحن البضائع، المرسوم باللون الأحمر فوق الرمز (E) في الخارطة أعلاه، باتجاه الشرق من جبال الأورال، ليندمج بخط بايكال ـ آمور الرئيسي بين مدينة تايشيت وبحيرة بايكال. إن فكرة هذين الخطين (بايكال ـ آمور والسيبيري الشمالي) بالإضافة إلى "ممر بيلكومور" (Belkomur) المخطط له من جبال الاورال إلى البحر الأبيض، تنبع كلها من الخطط التي تم وضعها في عام ١٩٢٨ لإنشاء "الخط الروسي الشمالي العظيم" بطول ١٠٠٠٠ كلم في اتجاه قطري مائل يعبر القارة كلها من مورمانسك في شبه جزيرة كولا في أقصى الشمال الغربي لروسيا وإلى مضيق تتار المقابل لجزيرة ساخالين على المحيط الهادئ.

F * الحزام الاقتصادي لطريق الحرير

دعا الرئيس الصيني شي جينبنج في خطاب ألقاه في كازاخستان في ٧ سبتمبر من عام ٢٠١٣ إلى تطوير "الحزام الاقتصادي لطريق الحرير" (Silk Road Economic Belt). يتعلق هذا المفهوم ببناء ممرات مكونة من سكك الحديد ونشاطات زراعية وصناعية ومشاريع مياه وطاقة وتشييد البنية التحتية للتجارة، بحيث يمتد الحزام، حسب وصف الرئيس شي "من المحيط الهادي إلى بحر البلطيق" ـ مستفيدا بذلك من طريق الحرير القديم. وقّع مسؤولون يمثلون ٢٤ مدينة من ٨ دول في نوفمبر عام ٢٠١٣ على اتفاقية "الحزام الاقتصادي لطريق الحرير". وتقع هذه الدول الثمانية على مسار طريق الحرير. يجري العمل حاليا على تنفيذ مشاريع في أقسام عديدة من هذا "الحزام" الذي يتفرع في ثلاثة اتجاهات انطلاقا من مقاطعة سينكيانج (Xinjiang) في غرب الصين: ممر رئيسي يمر عبر دول آسيا الوسطى ومنها إلى إيران وتركيا، ومسار جنوبي يمر عبر باكستان إلى ساحل بحر العربي، وشمالي عبر كازاخستان إلى روسيا وشمال أوربا. في أكتوبر ٢٠١٤ ناقشت شركات سكك حديد صينية وروسية حكومية بناء رابط شمالي كبير، وتم توقيع مذكرة تفاهم حول مسودة تصميم هندسي "لممر نقل اوراسيوي عالي السرعة من موسكو إلى بكين". يمر "الحزام الاقتصادي لطريق الحرير" عبر ١٨ بلد آسيوي وأوربي، ويؤثر في عدد من السكان يبلغ ٣ مليارات نسمة.

G * ممر النقل العالمي الشمالي ـ الجنوبي

"ممر النقل العالمي الشمالي الجنوبي" (North-South Transport Corridor) هو طريق نقل ونشاط اقتصادي متعدد الوسائل (multimodal) يمتد من الهند بحرا إلى ميناء تشابهار في أقصى جنوب شرق إيران، ومن هناك يتجه شمالا بواسطة سكك الحديد إلى آسيا الوسطى، أو باتجاه الشمال الغربي عبر ساحل بحر قزوين الغربي عبر آذربيجان إلى روسيا، ومن ثم إلى شمال اوراسيا. تم إبرام الاتفاقية في عام ٢٠٠٠ بين روسيا وإيران والهند، والعمل جاري حاليا على تنفيذ هذا المشروع. توجد بالإضافة إلى هذا الممر أفكار تطرحها دوائر سياسية واقتصادية في روسيا والصين لممرات شمالية ـ جنوبية تميل أكثر الى الشرق من هذا الممر، مثل مقترح إنشاء سكك حديد نحو الباكستان من خط سكة الحديد السيبيرية (لا يوجد في الخريطة أعلاه) ومن "الحزام الاقتصادي لطريق الحرير" على التوالي.

H * خطوط السكك عبر القارة الأفريقية

تعتبر مسألة بناء شبكة سكك حديد عابرة للقارة الافريقية مهمة عالمية عاجلة، متمثلة ببناء خط شرقي ـ غربي من جيبوتي إلى دكار (أو بورت سودان ـ داكار)، وأيضا الخط الذي نوقش مرارا وتكرارا في السابق من القاهرة إلى رأس الرجاء الصالح (جنوب أفريقيا). لكن تم طرح واقع هذه الرؤية مجددا من قبل رئيس الوزراء الصيني لي كيقيانج (Li Keqiang) في شهر مايو عام ٢٠١٤ في الزيارة التي قام بها لأربعة دول أفريقية، وطرح فيها هدف ربط جميع العواصم الأفريقية بسكك حديد القطارات السريعة في سبيل دفع عملية الترابط والتنمية في عموم أفريقيا. وكان قد تم عرض تصور مطابق لهذا في عام ١٩٨٠ من قبل "مؤسسة طاقة الدمج" (Fusion Energy Foundation) التي أسسها ليندون لاروش، وتتضمن بناء مشاريع مياه وطاقة نووية وبنى تحتية أساسية. تم نشر تلك

الفكرة في كتاب (The Industrialization of Africa).

I سكة الحديد الدائرية الاسترالية

سيتم ربط الأطراف المترامية من استراليا من مدن كبرى وموانئ بواسطة شبكة سكك حديد قارية عالية السرعة، مما سيفتح أرجاء شاسعة من المناطق الداخلية "النائية" أمام أنشطة مكثفة للزراعة والتعدين والإسكان. يوجد حاليا خط سكك حديد تقليدي (standard) يتجه من الشرق إلى الغرب في جنوب القارة الاسترالية، وآخر من الشمال إلى الجنوب يمر عبر مركز القارة. تهدف الخطة المطروحة إلى تطوير خط سريع لشحن البضائع عبر الولايتين الشرقيتين ملبورن وداروين، ليستمر شمالا ومن ثم نزولا إلى الجانب الغربي من ولاية بيرث بحيث يلتقي بالخط الشرقي - الغربي الموجود حاليا. كما سيتم تطوير هذا الخط الحالي وخط الشمال - جنوب من المعيار التقليدي إلى السرعة العالية. سيجعل هذا الخط إيصال شحنات البضائع من ملبورن إلى داروين ممكنا في أقل من ٢٤ ساعة، بينما ستتمكن خدمات النقل البحري السريعة المقترحة من توصيل أية شحنة بضائع من أي مكان في أستراليا إلى كبريات الموانئ الآسيوية في أقل من أربعة أيام.

J * طريق الحرير البحري

دعا الرئيس الصيني شي جينبينج لبناء "طريق حرير بحري" أثناء زيارة له إلى اندونيسيا في اكتوبر عام ٢٠١٣. غرض هذا الطريق هو تعزيز التنمية المشتركة عبر التجارة على طول مسار الخطوط البحرية لجنوب اوراسيا من المحيط الهادئ إلى شرق أفريقيا والبحر الأبيض المتوسط والشواطئ الشرقية للمحيط الأطلسي. وأشار الرئيس شي إلى أن هذا الهدف هو عينه الذي كانت الصين تسعى إليه تاريخيا عبر الرحلات البحرية الشهيرة للأميرال الصيني زينج هي (Zheng He) في القرن الخامس عشر. إن التعهد ببناء "طريق الحرير البحري" أصبح الآن خطة نشيطة تتضمن مشاريع بناء أو توسيع الموانئ، وتوسيع القنوات (مثل بناء قناة السويس الثانية). تم على سبيل المثال في سبتمبر ٢٠١٤ إفتتاح أعمال بناء "ميناء مدينة كولومبو" في سريلانكا، للمشاركة بشكل فعال في مشروع طريق الحرير البحري. وقامت الصين بتمويل مشروع بناءه.

K * الممر البحري الشمالي

يبلغ طول "مسار بحر الشمال" أو "الممر شمال - شرق" الذي يبدأ من الموانئ الآسيوية ويتجه شمالا عبر مضيق بيرينج ثم غربا عبر الساحل القطبي لروسيا وإلى موانئها في أقصى الشمال الغربي، حوالي ٥٢٠٠ كلم، واقصر بحوالي ٩ أيام من شحن البضائع من آسيا إلى أوربا عبر جنوب القارة الاوراسيوية. تستثمر روسيا بشكل مكثف في تطوير "مسار البحري الشمالي"، حيث قامت بنصب أنظمة ملاحة جديدة، وشغلت كاسحات الجليد وأنشأت محطات إنقاذ. تدعم الصين مسألة زيادة استخدام هذا المسار في التجارة، وتؤيدها في ذلك المصالح المرتبطة بالشحن البحري وسكك الحديد في فنلندا والدول الاسكندنافية. لقد تم بناء سكك قطارات جديدة من فنلندا إلى الموانئ الروسية في أرخانجيلسك ومورمانسك اللتي تعتبر جزءا من "مسار البحري الشمالي". إذا قامت روسيا ببناء ممري بيلكومور أو بارينتسكومور المقترحين من جبال الاورال إلى المواني الشمالية الغربية، ستزداد حركة النقل في هذا الاتجاه كثافة. بحريا، سيمكن لمسارات الشحن البحري أن تستمر باتجاه الغرب إلى ايرلندا (وميناءها العملاق "شانون" المقترح بناؤه) والجزر البريطانية على مسار ما يسمى طريق الجسر القطبي إلى امريكا الشمالية والممر الشمالي الغربي الشهير

(Northwest Passage). أما على البر، تركز التنمية الاقتصادية الروسية حاليا بموازاة "مسار البحري الشمالي" على مشاريع استكشاف الموارد النفطية والغاز. إن أبعد سكة حديد في شمال الكرة الأرضية تمر اليوم عبر شبه جزيرة يامال الروسية الغنية بالغاز. يتطلع المتفائلون إلى بناء سكة حديد موازية وعلى طول "مسار البحري الشمالي" وتسمى سكة الحديد هذه "الخط الرئيسي القريب من القطب" الذي خطط له منذ زمن بعيد، وأيضا بناء تجمعات سكنية ومدن على الجبهة القطبية من روسيا.

الجزء الثاني

معايير التقدم

كثافة تدفق الطاقة: المقياس الكوني للتقدم

بقلم: جيسون روس
By Jason Ross

يوليو ٢٠١٤

أرسى ليندون لاروش بين الأعوام ١٩٤٨-١٩٥٢ أسس تقدم علم الاقتصاد بشكل جذري، وهي طفرة مكنته من أن يصبح صاحب اكثر التوقعات الاقتصادية دقة في عالمنا اليوم[1]. إن هذه الطفرة في فهم ما سماها وزير الخزانة الأمريكية الأول اليكساندر هاملتون (Alexander Hamilton) «القدرات الانتاجية لليد العاملة» تجعله قادرا على طرح نصائح وإرشادات متناهية الكفاءة حول أمور الاقتصاد العالمية. غرض هذا الفصل من التقرير هو شرح بعض المفاهيم الأساسية لطريقة السيد لاروش في فهم علم الاقتصاد، ومن بينها وأهمها مفهوم «كثافة تدفق الطاقة» (Energy Flux Density) باعتبارها مقياسا للقيمة الاقتصادية.

كتب عالم الطبيعيات الاوكراني الروسي فلاديمير فيرنادسكي، الصورة، في مقالته الصادرة عام ١٩٤٣ بعنوان «الفكر كظاهرة كوكبية» التالي: «كان اكتشاف النار هو اول حالة امتلك فيها كائن عضوي حي احدى قوى الطبيعة وسيطر عليها ليصبح سيدها. مما لاشك فيه، كما نرى اليوم، أن ذلك الاكتشاف هو اساس ارتفاع اعداد البشر في المدة التي تلت ذلك الاكتشاف، وهو اساس قدراتنا الحالية».

القواعد الأساسية أولا: الكيمياء الفيزيائية أصل الاقتصاد

يتمتع الإنسان، بخلاف جميع أشكال الحياة المعروفة لدينا، بالقدرة على اكتشاف المعرفة بالكون الذي حولنا واستخدام تلك المعرفة، وكذلك اكتشاف الوظائف الاجتماعية بين البشر في سبيل تغيير علاقتنا بالطبيعة وببني البشر من حولنا. يتم ذلك بشكل فريد عبر عملية الاكتشافات الابداعية في مجالي العلوم والفنون، وعبر أشكال من تنظيم العلاقات الاجتماعية لتكون قادرة على تنمية وتطبيق هذه الاكتشافات. حتى نتمكن من رؤية مثل هذا التقدم من وجهة النظر الأكثر شمولا علينا أن نراها عبر الكيمياء الطبيعية (الفيزيائية)، من أبسط جذورها وهي استخدام النار لأول مرة، إلى بزوغ فجر استخراج وصهر المعادن والطفرات العلمية في علم الكيمياء، وإلى التطورات الحديثة في مجال المغناطيسية الكهربائية والعلوم النووية.نعرف بعض حقب النمو في التاريخ عبر خصائص المعرفة الكيميائية في تلك الحقبة: مثلا، العصر الحجري، أو العصر البرونزي (بدأ حوالي سنة ٣٢٠٠ قبل الميلاد)، أو العصر الحديدي (بدأ في اوربا في عام ١٢٠٠ قبل الميلاد). البشر وحدهم لديهم شيء اسمه الاقتصاد، لأنهم هم وحدهم القادرون على تغيير نمط حياتهم من جيل إلى آخر. إن مصدر هذه التغيرات - أي الاكتشافات الابداعية لمبادئ علمية وثقافية جديدة - هو جوهر القيمة الاقتصادية، والمصدر الصحيح لأصول علم خاص بالاقتصاد. يقف الفكر الاوليجاركي في الجانب المضاد لعملية التقدم الانسانية الطبيعية هذه ويحاربها.

ضد البشرية: زيوس في مواجهة بروميثيوس

لا يمكن فهم التاريخ أو العلوم أو الثقافة باعتبارها فرعا من فروع المعرفة إلا بفهم أحد أهم الصراعات ذات العلاقة بهذا الموضوع بين وجهتي نظر متناقضتين للثقافة الانسانية: ذلك هو الصراع ما بين زيوس وبروميثيوس. عادة ما يساء فهم هذه القصة باعتبارها مجرد أسطورة، كما جاءت مثلا في مسرحية الكاتب المسرحي اليوناني اسخيلوس. تتطرق هذه الرواية إلى جذور المعرفة الانسانية بالعلوم والاقتصاد، وأيضا قصة المعارضة التي ابدتها الاوليجاركية ضد هذا التطور. منع الإله الاولمبي زيوس بني البشر الفانين من استخدام النار حتى يبقيهم ضعفاء وتحت سيطرته، (وبفعلته هذه كتب على البشرية نفسها بالفناء في واقع الأمر بمنعه أي تقدم ممكن للحضارة)، ليحتفظ هو بالنار لنفسه وحده. لكن بروميثيوس، باعتباره صديقا للبشر، أخذ قبسا من نار من سماء زيوس وجلبها لبني البشر. وعقابا له على فعلته هذه، لقي بروميثيوس أشد العذاب على يد زيوس، تعذيبا صُمّم ليستمر إلى الأبد. لكن بروميثيوس لم يندم على ما فعله. إن الاستخدام الإرادي للنار ـ أول تكنولوجيا ـ هو ما يميز البشر عن سائر الكائنات الحية. يصف بروميثيوس وضعية البشر قبل أن يهبهم النار والمعرفة كالتالي:

«قبل كل شيء، حتى وإن كانت لديهم عيون يشاهدون بها، إلا أنهم لم يكونوا يبصرون. كانت لديهم آذان، لكن كانوا كالخيالات في الاحلام يهيمون بلا هدف طوال اليوم، و يخلطون الأشياء كلها بفوضى عارمة. لم تكن لديهم معرفة لا ببناء البيوت من اللبن بحيث تواجه اتجاه الشمس، ولا عمل الأخشاب، بل كانوا يسكنون تحت الأرض كأسراب النمل في كهوف لا تدخلها أشعة الشمس. لم يكونوا يعرفون أية إشارة على تبدل الفصول من الشتاء إلى الربيع ذي الأزهار أوالصيف ذي الثمار التي كانوا يعتاشون منها، لكن كانوا يؤدون كل شيء بلا حكمة، إلى أن علمتهم كيف يتبينون أوقات طلوع وغروب النجوم التي يصعب التمييز بينها. نعم، والارقام أيضا، أم العلوم، اخترعتها لهم، وكذلك ربط الحروف ببعضها ـ أم الفنون المبدعة والآله الملهمة للشعراء ـ حتى يحتفظوا بكل شيء في ذاكرتهم. أنا كنت أول من أخضع البهائم المتوحشة ووضعها تحت الطوق والسرج، حتى تحمل أثقل الأحمال بدلا من الانسان، وربطت الخيول إلى العربة وجعلتها مطياعة للعنان.»

بدلا من أن يكونوا عبيدا للجهل والخرافة والرغبات الطائشة لزيوس، أصبح البشر قادرين على استخدام هذه الهدايا المعرفية التي قدمها لهم بروميثيوس لتقود طريقهم نحو المستقبل، ولكي تزيد سلطانهم على الطبيعة عبر قدرة الاكتشاف. إن أعظم العلوم، وهو علم الاقتصاد، يتعلق بدراسة الموضوع الأساسي المتمثل بتلك القدرة الفريدة لنوعنا على زيادة مستواه الحياتي وقدرته على تغيير علاقته بالطبيعة وبنفسه. كيف يمكن قياس التقدم الاقتصادي؟

الجدول 1

كثافة الطاقة في انواع الوقود

مصدر الوقود	كثافة الطاقة (J/g)
حرق الخشب	١,٨ x ١٠⁴
حرق الفحم	٢,٧ x ١٠⁴
حرق البترول/ ديزل	٤,٦ x ١٠⁴
حرق مخلوط هيدروجين و اكسوجين \ (الكتلة الكاملة)	١,٣ x ١٠⁴
حرق مخلوط هيدروجين و اكسوجين \ كتلة الهيدروجين فقط	١,٢ x ١٠⁵
الوقود النووي العادي	٣,٧ x ١٠⁹
الطاقة الانشطارية المباشرة - يورانيوم ٢٣٥	٨,٢ x ١٠¹⁰
دمج الديوتيريوم - التريتيوم	٣,٢ x ١٠¹¹
إفناء المادة المضادة	٩,٠ x ١٠¹³

كثافة الطاقة في الوقود. ان التحول من الخشب الى تفاعلات المادة والمادة المضادة هو كبير جدا الى درجة أن التقدم يجب حسابه بتغيير المراتب العددية. حدثت اكبر طفرة على الإطلاق عند التحول من الطاقة الكيميائية الى العمليات النووية.

Electricity Consumption vs GDP, per capita

الشكل 1

استهلاك الطاقة بالمقارنة باجمالي الناتج المحلي لكل فرد.

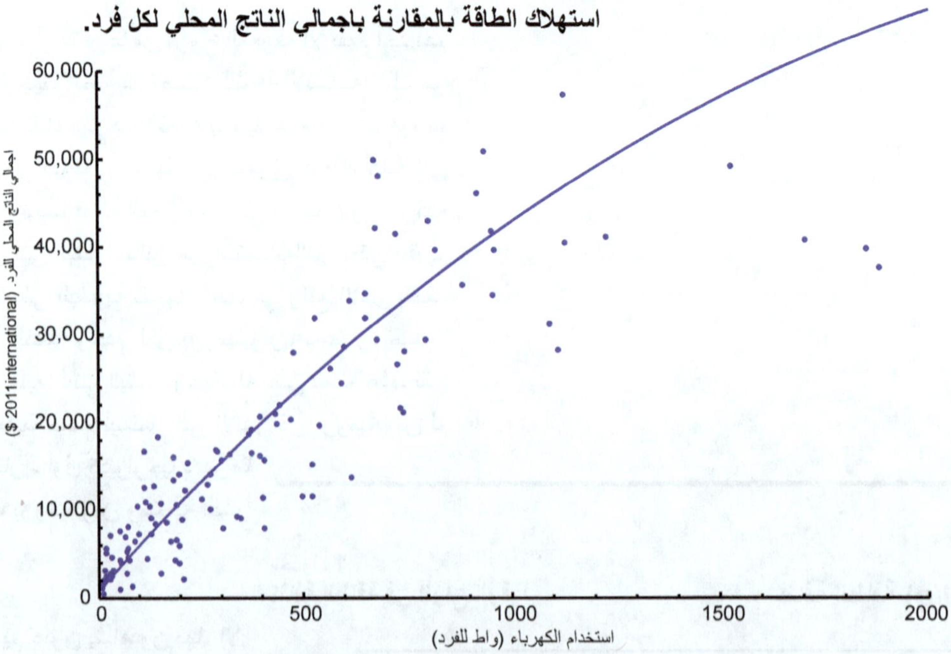

EIRNS/Jason Ross, using 2010 data from World DataBank.

ان العلاقة المتبادلة ما بين استهلاك كل فرد للطاقة الكهربائية واجمالي الناتج المحلي واضحة بشكل مثير. ان الاصرار على ان تستخدم دول العالم النامية "التقنيات المناسبة" هو اصرار على ابقاء هذه الامم في حالة فقر ابدي. تم تضمين جميع الدول التي تتوفر احداثياتها (N=129). وتم استقطاع الخط البياني لاستثناء الحالات الناشزة. يمثل الخط البياني محصلة تكعيبية مثالية.

كثافة تدفق الطاقة: استخدام نار البشرية

لنبدأ بأول هبات بروميثيوس، النار، التي يقول عنها أن «الانسان سيتعلم منها كل الفنون». إن التمييز في علم الآثار بين البشر والقرود يأتي من أول ظهور لمواقد النار القديمة التي استخدمت للسيطرة على قوة النار لتحسين حياة اولئك الذين امتلكوا تلك القوة الحديثة في ذلك العهد. من تلك النقطة فصاعدا لم يعد ممكنا تمييز العنصر البشري فقط من الناحية العضوية، أو باعتبارها جزءا من عملية الارتقاء العضوي (البيولوجي) ـ أصبح الارتقاء عبر القدرات الابداعية للعقل العامل الحاسم هنا، وتضاءل دور البيولوجيا من ناحية الأهمية بالمقارنة بقوة الفكر.

منذ ذلك الوقت، أصبح جوهر النمو الاقتصادي ممثلا بالقدرة على السيطرة على أنواع «نار» ذات مستوى أرقى وباستمرار. في بادئ الأمر جاءت انواع من النار الكيميائية الأكثر قوة: من الخشب إلى الفحم، ومن الفحم الى الفحم الحجري، ومن هناك إلى البترول والغاز الطبيعي. لم تقم هذه الأنواع الأرفع من النار برفع درجة حدة وكثافة قدرة النار فحسب، بل وأيضا فتحت مجالات جديدة للسيطرة على المواد الطبيعية واستخدامها. تطورت علوم المعادن (ميتالورجيا) وتطوير المادة والكيمياء الفيزيائية كلها في عملية ديناميكية متداخلة مع تطوير أشكال جديدة من النار.

رفعت الاكتشافات العلمية الثورية في بداية القرن العشرين الستار عن قدرات كامنة هائلة، تجتاز مرحلة التفاعلات الكيمياوية المجردة: التكافؤ الأساسي بين المادة والطاقة، كما يتم

تمثيله في مجالات الانشطار النووي والدمج النووي وتفاعلات «المادة والمادة المضادة». كل واحدة من هذه السلسلة من التفاعلات النسبية (التي تعبر عن التكافؤ الذي وضعه آينشتاين بين الكتلة والطاقة) تعمل بالتوالي وبشكل مستمر عند مستويات أعلى من تدفق الطاقة، ومجموع التفاعلات الكامل يرتفع بعدة درجات رقمية عن مجمل مجموعة التفاعلات الكيميائية المتتالية. بينما يكون مفيدا عادة التعبير عن هذا التفاوت باستخدام الفرق الهائل بين الطاقة الناتجة عن التفاعلات النووية وتلك الناتجة عن التفاعلات الكيميائية (بوحدات الكيلوطن والميجاطن من مادة تي ان تي المتفجرة)، إلا أنه يجب الانتباه إلى أن الفرق الكمي الذي يتم قياسه هو نتيجة حيز أعلى من الفعل ومختلف اختلافا نوعيا.

تجعلنا قدرة السيطرة على كثافات أعلى من الطاقة قادرين على زيادة ما يسميه ليندون لاروش «كثافة تدفق الطاقة» لاقتصاد ما، حيث يتم قياس ذلك عبر نسبة كثافة استخدام الطاقة في هيئة التقنيات المطبقة، مثل تلك التقنية المتمثلة باستخدام حزمة أشعة ليزر لقطع المعادن بالمقارنة بطاحونة المياه من القرن الثامن عشر. يمكن وضع قياس عام لقيمة كثافة تدفق الطاقة من خلال قياس كمية الطاقة المستخدمة من قبل كل فرد مقسومة على وحدة المساحة الاجمالية للاقتصاد ككل. يمكن تبسيط مفهوم كثافة تدفق الطاقة في مثال السكين في المطبخ: حينما يمسك الفرد سكينا لقطع قطعة لحم مثلا، تتدفق كمية من الطاقة من ذراعه وقبضة يده إلى مقبض السكين ومنه إلى حد السكين. لكن الطاقة التي تتدفق من قبضة اليد هي ليست ذاتها التي تقطع اللحم، بل حد السكين الذي يكثف هذه الطاقة في مساحة أصغر مئة مرة أو أكثر من مساحة مقبض السكين، ويطبقها على وحدة مساحة عمل هي قطعة اللحم، بحيث تزداد كفاءة عملية القطع مئة مرة بين المقبض وحد السكين. أما التقنية المطبقة التي تجعل تركيز كثافة تدفق الطاقة يرتفع مئة مرة فهو اختراع السكين. تترافق هذه القدرة المتصاعدة مع حدوث تغيرات نوعية في كل أرجاء المجتمع ـ تقنيات جديدة، وموارد جديدة، مستويات أعلى من المعيشة، وفوق كل شيء اقتصاديات جديدة. (طالع الجدول رقم ١).

بادئا ذي بدء، فكر في كمية الطاقة الحيوية/البيولوجية التي يستخدمها جسم الإنسان، وهي حوالي ١٠٠ واط بالمعدل (تعادل تغذية بنسبة ٢٠٠٠ سعرة). قبل استخدام النار، كانت جميع الأعمال (التي تنجزها عضلات الانسان) تتم بمعدل ١٠٠ واط لكل فرد. قارن ما بين هذه النسبة وتلك التي يمكن تعقبها في التنمية التاريخية للشعوب. على سبيل المثال، عند تأسيس الولايات المتحدة الامريكية، كان الاقتصاد المعتمد على نار الحطب في ذلك الوقت يوفر ما مقداره ٢٤٠٠-٣٠٠٠ واط لكل فرد. على هذا الأساس، كان كل فرد في ذلك الاقتصاد يمثل تطبيقا محتملا للطاقة مقداره أكثر بـ ٣٠ ضعف من مجتمع بلا نار. من الواضح أن هذا لا يعني فقط المزيد من الطاقة المنتجة من ناحية الكم، بل يمثل نوعية من الطاقة قادرة على تمكين الناس من خلق حالات جديدة للمادة والكيمياء، وهي حالات لا يمكن خلقها أبدا فقط باستخدام القوة العضلية وحدها[٢]. بحلول عشرينيات القرن العشرين، كان لدى الولايات المتحدة واقتصادها المشغل باستخدام الفحم مستوى لاستخدام الطاقة يعادل ٥٠٠٠ واط لكل فرد، مما يعني أن كل فرد في الاقتصاد مثّل قدرة تفوق بنسبة الضعف قدرة الفرد العضو في اقتصاد مشغل بالحطب. هذه الطاقة دعمت الآلات ووسائط النقل وأيضا انتاج الكهرباء في بداياتها مما غير مجرى حياة المجتمع تغييرا جذريا بالتوازي مع تطور الكيمياء الحديثة.

بحلول السبعينيات، كانت نسبة استهلاك الطاقة في الولايات المتحدة ـ التي أضيف إليها استخدام البترول والغاز الطبيعي وتطبيقات أولية للطاقة النووية ـ قد وصلت إلى معدل ١٠ آلاف واط للفرد، أي مضاعفة جديدة لتلك النسبة التي كانت موجودة قبل خمسين عام.في كل واحدة من النقلات هذه، تضاءل استخدام مصدر الوقود الذي كان يستخدم في المرحلة

التي سبقتها، ليتم استخدامها في نطاقات غير محركات الاحتراق، مثل استخدام الخشب للبناء والبترول لصناعة البلاستيك وغيرها من الصناعات البتروكيمياوية، بينما اتسع نطاق الموارد المتاحة. في اقتصاديات اليوم التي دخلت فيها التقنيات الكهرومغناطيسية والنووية جزئيا، أصبحت معادن الأتربة النادرة (rare earth) موردا جديدا. أما الوقود الممتاز لمفاعلات الدمج النووي مثل هيليوم ـ ٣ الموجود على سطح القمر فيتم النظر إليه من قبل المؤسسات ذات بعد النظر مثل برنامج الفضاء الصيني ليكون وقودا لاقتصاد المستقبل الذي سيكون فعلا مبنيا على الدمج النووي، وسيجعلنا قادرين على انتاج المعادن من الخزين غير المركز في مناطق شاسعة من الأرض التي تعتبر اليوم فقيرة بالمعادن مقارنة بالمناطق ذات خزين المعادن المستخرج بنجاح اليوم.

وإذا أخذنا هذه التحولات في الطاقة بالحسبان، فلن يكون مفاجئا لنا أن نرى أن معدل استهلاك الطاقة للفرد ونمو الثروة (التي تقاس بوحدة الناتج الاجمالي المحلي ولو كان معيارا خاطئا في واقع الأمر) متلازمان بشكل كبير، كما هو واضح في «الشكل ١». لو لم يتم كبح التقدم الحاصل في مجال الطاقة النووية، ولو كانت طاقة الدمج قد تم تحقيقها كما كان مخطط لها سابقا، فلن يكون من قبيل المبالغة توقع وصول معدل استهلاك الطاقة للفرد الامريكي في أول جيل من القرن الحالي إلى مستوى ٤٠ ألف واط. تثير مثل هذه القدرات الكامنة حيرة المرء، وتجعله يدرك أن معدل استهلاك الطاقة العالمي اليوم لا يتجاوز ٢٤٠٠ واط للفرد هو أمر غير مقبول إطلاقا لأنه لا يزيد على ما كانت عليه الحال في الولايات المحدة حين تأسيسها قبل ٢٠٠ عام. إلى جانب «كثافة تدفق الطاقة»، طوّر لاروش مقياسا اقتصاديا اساسيا ثانيا وهو يخص العلاقات الديمغرافية للاقتصاد التي تتأثر نموا بزيادة مستويات كثافة تدفق الطاقة. هذا المعيار الذكي يتجاوز الأخطاء الاساسية الشائعة التي تواجهها القياسات الماكرواقتصادية التقليدية.

مقياس كوني للاقتصاد: الكثافة السكانية النسبية المحتملة

يسعى معظم علماء الاقتصاد إلى تحديد انتاجية اقتصاد وطني ما باستخدام مقاييس تقوم بجمع حاصل القيمة المالية للمكونات المختلفة للاقتصاد، مما ينتج عنه قياسات مثل «اجمالي الناتج المحلي». مشكلة طريقة كهذه هي ذات وجهين:

١. قد لا تكون بعض النشاطات الاقتصادية التي يتم حسابها في «إجمالي الناتج المحلي» مفيدة أو ضرورية لدفع الاقتصاد إلى مراحل أكثر تقدما وتطورا، حتى انها قد تكون مضرة وإن لم يكن بعضها غير قانوني حاليا (مثل المخدرات والألواح الشمسية والدعارة وأصناف الترفيه المنحطة والقمار والوقود الحيوي والمضاربات المالية).

٢. بدلا من النظر إلى النشاط الاقتصادي بحد ذاته كما هو (وهو ما يمثله مقياس اجمالي الناتج المحلي في أحسن الحالات) يكون من الضروري أن ننظر الى النشاط الاقتصادي في سياق عملية التنمية ككل. هل يتضمن مقياسنا في داخله القدرات الاقتصادية التي بمقدورنا أن نصل إليها؟ هل يقيس التقدم ذاته؟

بدلا من طريقة الانطلاق من القاعدة إلى القمة، طور السيد لاروش مفهوما مثيرا ببساطته لفهم الاقتصاد ككل ـ «الكثافة السكانية النسبية المحتملة» (Potential Relative Population Density). الكثافة السكانية هي المقياس المألوف لعدد السكان مقسوما على الكيلومترات المربعة من الأرض. يجب اعتبار هذا المقياس «نسبيا»، تبعا لنوعية الأرض وقدرة البشر على إضفاء تحسينات عليها واستصلاحها. فإذا أخذنا هذا الأمر بالحسبان،

سيكون علينا أن ننظر إلى المستوى «المحتمل» لكثافة سكانية نسبية: أي، كم هو عدد الناس الذين قد يستطيع مجتمع أو اقتصاد ما إعالتهم في مساحة ما من الأرض؟ مالذي يحدد هذه القيمة؟

إن ما يحد الكثافة السكانية النسبية المحتملة في حدود هي المبادئ العلمية المعروفة لدى ذلك المجتمع، وقدرة ذلك المجتمع على تطبيق تلك الاكتشافات على أرض الواقع. إن الطفرات التي حصلت في مجال الكيمياء الطبيعية غيرت كل واحدة منها مستوى الكثافة السكانية النسبية المحتملة، لأنها أدخلت تحسينات على القدرات الانتاجية النسبية لليد العاملة، مثلما فعلت الزراعة (بضمن ذلك طرق السقي) وطواحين الهواء (قبل قرون) وتأسيس العلم الحديث عبر أعمال فيليبو برونيليسكي (Filippo Brunelleschi) ونيكولاس كوزانوس ويوهانيس كيبلر (Johannes Kepler)، وكما فعلت نظرية الجراثيم الخاصة بعلاج الأمراض، واللقاحات، والمحركات البخارية ومحركات الاحتراق الداخلي، وعملية انتاج الفولاذ باستخدام طريقة بيسيمر (Bessemer) ومن بعد استخدام الاوكسجين، وكذلك طرق الانتاج القياسية والمكننة، هذا إذا أردنا ذكر بعض منها فقط. إذن، ما يحدد مستوى الكثافة السكانية النسبية المحتملة هو العلاقة الترابطية بين مجموعة من الاكتشافات والإطار الحضاري لتطبيقها. فبدلا من جمع وإضافة النشاطات الاقتصادية الجارية حاليا (حتى وإن كانت نشاطات مرغوبة)، يستطيع مقياس الكثافة السكانية النسبية المحتملة أن يدلنا على النشاطات الاقتصادية المحتملة والحياة الانسانية التي يستطيع الاقتصاد أن يدعمها. إن معدل نمو الكثافة السكانية النسبية المحتملة هو أحسن معيار لارتفاع القيمة الاقتصادية.

هل يجب علينا أن نتقدم؟ لا توجد حدود للنمو!

بينما لا يقدر أي شخص عاقل أن ينكر أهمية وضرورة التكنولوجيا في جعل أحسن نواحي الحياة الحديثة والمتقدمة ممكنة، إلا أن البعض قد يجادل بأنه لا حاجة بعد اليوم لاستمرار التقدم التكنولوجي، وأننا قد وصلنا الى مستوى كافي يسد احتياجاتنا، وأنه ربما قد يشكل تزايد النشاط الاقتصادي خطرا علينا لأنه يستهلك المزيد من الموارد الطبيعية المحدودة. هذه هي بعض المخاوف المزعومة التي كانت وراء إصدار كتاب «حدود النمو» (The Limits to Growth) في عام ١٩٧٢. هذا الكتاب المضحك الذي افترض عدم حصول أي تقدم تكنولوجي (في مجال طاقة الدمج النووي مثلا)، وضع نموذجا للاقتصاد العالمي واستنتج أنه في غضون عقود قليلة، وبسبب المشاكل المتفاقمة مثل التلوث وندرة الموارد وشحة الغذاء، ستؤدي بمجملها إلى وصولنا إلى الحد الأقصى الممكن من السكان في العالم، ومن بعده سيحدث انحدار. المفارقة هي أن ما أثبته مؤلفوا الكتاب ـ الذين كانوا يريدون وقف التنمية الاقتصادية لاسباب ودوافع غير التي ذكروها في كتابهم ـ في الواقع هو أنه بدون التقدم التكنولوجي لن يكون للبشرية فرصة للبقاء، ومن ثم استخدموا هذا الاستنتاج للمطالبة بوقف التقدم التكنولوجي! لكن على نقيض ادعاءاتهم، ما برهن عليه هؤلاء الكتاب هو ضرورة استمرار التقدم ـ وهي عملية يجب أن تستمر إلى ما لا نهاية.

ما يقف بوجه هذا التقدم هو ما يجري حاليا من ممارسات بلهاء مثل التصديع الهيدروليكي (fracking) لطبقات الأرض لاستخراج الترسبات النفطية والغاز. ولأن معظم الموارد البترولية التي كان يسهل الوصول إليها قد تم استغلالها من قبل أو يجري استغلالها حاليا، يصبح من الضروري بذل جهد (فيزيائي) أكبر فأكبر للحصول على ذات الكمية من الموارد. قد يعطي بئر تصديع هيدروليكي عائدا ماليا لمن يستثمر فيه، إلا أن عملية التصديع كسياسة هي ذات قيمة اقتصادية سالبة. تصور «تكلفة الفرصة البديلة» بالمعنى الأوسع: كان بالإمكان

بناء عدد أكبر من مفاعلات الانشطار النووي واستثمار ما مطلوب من موارد لتحويل نظرية الدمج النووي إلى واقع، بحيث سيتم خلق طيف جديد كليا من الموارد والفعاليات الكامنة. لكن بدلا من ذلك نقوم اليوم ببذل جهد أكبر للحصول على المورد القديم. يسمى هذا بالمفهوم الاقتصادي: «تضاؤل قيمة المردود».

إن التقدم ضرورة أساسية من ناحية الواجب الأخلاقي لتحسين الظروف المعيشية غير المقبولة لقسم كبير من المجتمع الانساني الذي يعيش حاليا تحت رحمة الفقر وغير قادر على المساهمة فكريا في الاحتفاء بالاكتشافات العلمية وتطويرها باعتبارها ميراثا مشتركا للبشرية جمعاء، وأيضا من الناحية الفيزيائية البحتة. إن وجود عدد سكان متزايد (ويزداد تعليما جيدا) أمر ضروري لمعالجة التحديات الكبرى التي تواجه البشرية، مثل الدفاع عن كوكب الأرض ضد الكويكبات السيارة والمذنبات التائهة، أو الإدارة طويلة الأمد للظروف المناخية المتغيرة. من هذه الناحية، على الإنسان أن يبدأ من حيث انتهى المجال الحيوي (البيوسفير).

درس من البيوسفير: التطور أمر جوهري

تعتقد الايديولوجيا «الخضراء» اعتقادا راسخا بأن تصرفات الانسان بالذات هي أمر «غير طبيعي»، وكأن النوع الانساني ليس جزءا من العالم الطبيعي. علاوة على ذلك، لا تنطبق الفضائل «الطبيعية» المزعومة التي يتغنى بها منظرو الفكر الأخضر ـ مثل التقاليد والثبات والأبدية والركود والتوازن ـ إطلاقا على ما هو معروف عن البيوسفير (المجال الحيوي لكوكب الأرض)، على الأقل في الحقب الارتقائية (evolutionary) الطويلة. على العكس من ذلك تماما: إذ أن تاريخ كوكبنا ومجاله الحيوي هو تاريخ من التطور الارتقائي الذي يشابه التطور الاقتصادي الانساني في نواحي عديدة مثيرة للدهشة.

على سبيل المثال، لنأخذ مفهوم «كثافة تدفق الطاقة» ونطبقه على البيوسفير. نقوم أولا بقياس نسب التمثيل الغذائي لدى الحيوانات والنباتات بوحدات تدفق الطاقة بالمقارنة مع كتلة اجسامها (واط / كيلوغرام). على سبيل المثال، تستخدم الزواحف عادة ٠,٣ واط /كلغ، بينما تستخدم الثدييات ٤ واط/كلغ، أي بفارق مرتبة رقمية كاملة. وكما هو موضح في «الشكل ٢»، يتطابق تطور «التكنولوجيات» الحيوية الجديدة على مر الزمان مع ارتفاع نسبة مرور الطاقة لكل كتلة بدنية ـ مثل ظهور البذور بدلا من الأبواغ بالنسبة للنباتات، والاستحرار الداخلي (endothermy) أي التحول الى الدم الحار بالنسبة للحيوانات. ما يعنيه هذا هو أن الأشكال الجديدة من الحياة تتطلب معدلات أكبر من تدفق الطاقة على مدى الزمان الإرتقائي. لكن عملية التطور هذه لم تتم بشكل سلس. فكما هو ملاحظ في «الشكل ٣» نرى أن الهيمنة النسبية للكائنات الحية البرمائية ثم الزواحف ثم الطيور وأخيرا الثدييات (بقياس مدى تنوع الانواع الحياتية لكل صنف[٣] تشهد طفرات ملحوظة من هيمنة البرمائيات إلى هيمنة الزواحف ثم الطيور وأخيرا الثديات. بالإضافة إلى كون الأنواع الجديدة المتطورة من الكائنات الحية ذات تنوع داخلي أكبر (تمتلك الثدييات تنوعا احيائيا أكبر من صنف الزواحف الذي سبقها في عملية التطور) ، إلا أن هذه التحولات لا تحدث تدريجيا، بل في شكل حقب انتقالية للحياة، تشابه عصور الانسان الحجرية والبرونزية والحديدية.

إن هذه الأمثلة المقتضبة جدا[٤] على التغيرات التي تطرأ عبر الزمن الإرتقائي تعكس صورة الاقتصاد الانساني في ناحيتين أساسيتين: (١) تبين هذه التغيرات ارتفاعا في كثافة تدفق الطاقة (والتنوع) بمرور الزمن، و (٢) لا تكون هذه الارتفاعات سلسة، وتحدث عادة وكأنها طفرات انفصالية كلما تم تقديم «تكنولوجيا» حيوية جديدة. إن هذا أمر شبيه بشكل مثير للتطور الاقتصادي الانساني إذ يعبر عن وجود ارتفاع زمني مستمر في نسبة استخدام الطاقة لكل

الشكل 2

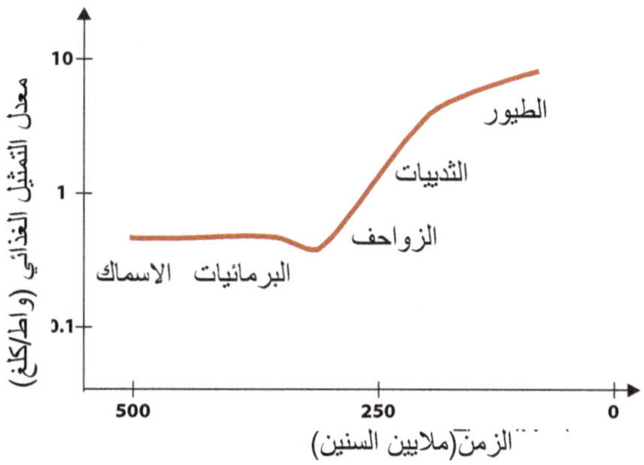

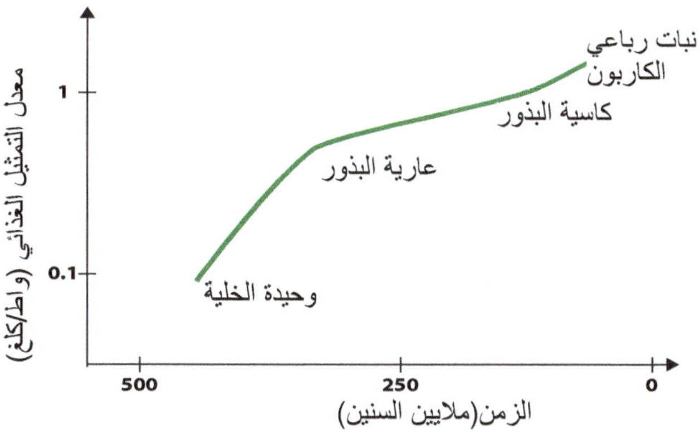

E.J. Chaisson (adapted)

بمرور الوقت ارتفع معدل تدفق الطاقة مقسوما على كل غرام من كتلة الجسم، لكل من الأنواع الحياتية المعتمدة على التمثيل الضوئي مثل النباتات و التمثيل الغذائي في الحيوانات. حينما نعاين هذا الارتفاع في ضوء تحولات عضوية معينة، مثل تطور البذور في النباتات، والاستقلال عن الماء أو درجة حرارة البيئة المحيطة بالنسبة للحيوانات، فاننا نفهم ان هذا الارتفاع هو ليس ارتفاعا عاما، انما هو ارتفاع تدفعه تحسنات معينة في عملية ارتقاء الحياة.

الشكل ٣

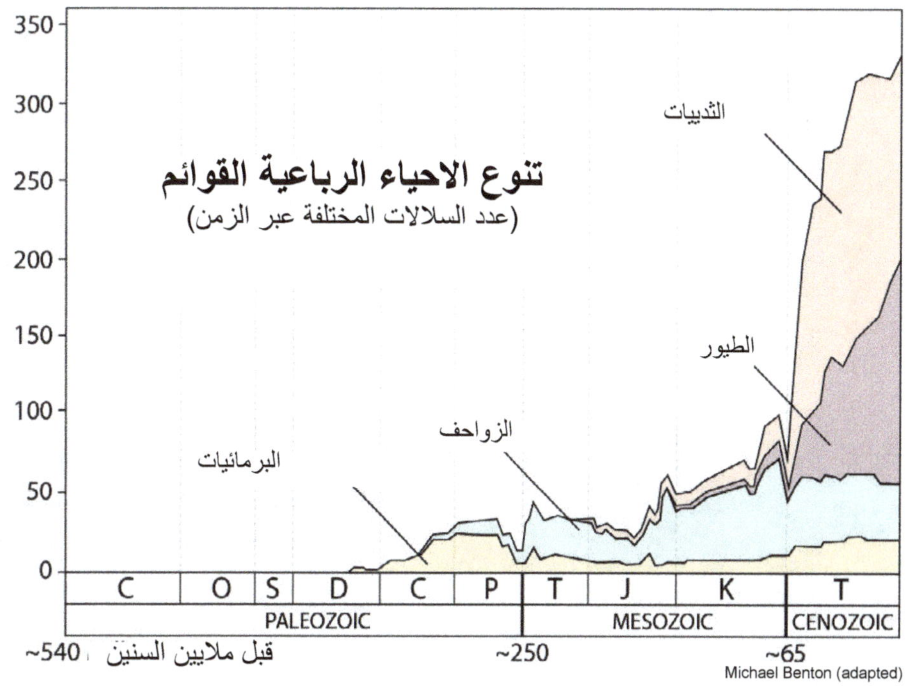

Michael Benton (adapted)

عملية معممة لتتابع انواع الفقريات المهيمنة كما يظهر ذلك من مقارنة اعداد السلالات المعروفة لكل نوع عبر الزمن الجيولوجي.

فرد، وهذا الارتفاع ينجم بدوره عن تكنولوجيات جديدة تحول تلك النسبة بشكل سريع جدا. لا يمكن أن يوجد أمر أكثر «طبيعية» من التغيرات الثورية في التقنيات المستخدمة، حينما يعمل البشر كنوع واحد بطريقة تشمل البيوسفير كله. كل شيء في الطبيعة في حالة تغير - كل التضاريس وكل المناخات والغابات وكل أنواع الحياة تتغير. العالم هو حديقتنا، ولنا أن نطوره بما يخدم مستقبلنا الانساني بأفضل وجه.

الخلاصة

إن الطفرات في الفكر الاقتصادي التي حققها ليندون لاروش تمنحه (وتمنح اولئك الذين يدرسون أعماله) بصيرة ثاقبة بخصوص العمليات الاقتصادية والتاريخ أيضا. إن أولئك الذين لا يودون أن يعتبروا أنفسهم أفرادا فاعلين تاريخيا وأصحاب مسؤولية لضمان استمرار عملية التطور للنوع الانساني، قد لا يودون أن يتبنوا هذه الطريقة. لكن أولئك الجادين في سعيهم لتحسين حال البشرية سيجدون الكثير من الفوائد في التعامل مع علم الاقتصاد من وجهة نظر ودروس هذا الرجل الحكيم. ما كان تأليف هذا التقرير ليتم إلا من خلال تبني رؤيته.

الهوامش

[١] كتب لاروش بشكل موسع حول اكتشافه، وبالذات كتابه الصادر عام ١٩٨٤ بعنوان "هل تود أن تعرف كل شيء
عن علم الاقتصاد؟"، ومترجم إلى اللغة العربية.

[٢]: هل بمقدورك أن تطبخ اللحم بضربه بهراوة، أم تخبز خبزك بإلقاء حجر عليه؟ وهل تستطيع ان تنتج نحاسا من مادة الملكايت باستخدام عضلاتك، بدون استخدام نار الفحم؟

[٣] تتفادى هذه الطريقة الصعوبة المتمثلة بمحاولة تقدير الكتلة البدنية الاجمالية للأصناف المختلفة، اعتمادا على البقايا المتحجرة النادرة نسبيا.

[٤] لمتابعة أكثر تعمقا للمفاهيم المعروضة باختصار هنا، يمكن مطالعة مقالة بينجامين دينيستن (Benjamin Deniston) بعنوان "كثافة تدفق الطاقة البيوسفيرية" الصادر في مجلة العلوم والتكنولوجيا الأمريكية (٢١st Century Science and Technology) عدد ربيع عام ٢٠١٣.

مبدأ ممر التنمية

سبتمبر ٢٠١٥

يبين لنا تاريخ الحضارة الانسانية أن التنمية الاقتصادية والعصرنة حدثا بشكل عام بمحاذاة ممرات طبيعية أو اصطناعية، يعود بعضها إلى آلاف السنين حينما برزت طرق التجارة الأولى، وبعضها الآخر صنعته الانهار أو الأشرطة الساحلية. في العصور الأخيرة، وفرت القنوات التي حفرها الإنسان والطرق وسكك الحديد الأساس لمثل هذه الممرات، التي نمت حولها المدن والصناعات والمراكز السكانية. إن من الحقائق اللافتة للنظر هو أنه بحلول عام ١٩٩٥ كان ٢٥٪ من كامل عدد سكان اوراسيا و ٧٠٪ من سكان المناطق الحضرية فيها يتمركزون على طول ثلاثة ممرات نقل رئيسية فقط، يبلغ عرض كل واحدة منها ١٠٠ كيلومتر وتربط اوربا بالصين. يمكن ملاحظة ذات الظاهرة في الأجزاء الأخرى من العالم. تمت البرهنة على دور سكك الحديد في خلق امكانيات بناء ممرات تنمية جديدة، خاصة عبر الأقاليم الداخلية الحبيسة للقارات بشكل نموذجي عبر إكمال «سكة الحديد القارية» في الولايات المتحدة عام ١٨٦٩. تبع ذلك بناء سكة الحديد السيبيرية في روسيا، وبالتزامن مع ذلك كانت توجد شبكة متطورة ومتشابكة من سكك الحديد في غرب أوربا مما ساهم بشكل أساسي في جعلها مركزا عالميا للتقدم العلمي والتكنولوجي.

إن مفهوم ممر سكك الحديد هو ليس كما يظن «الحس العام» أنه موجود ببساطة من أجل نقل المسافرين والبضائع «من هذه النقطة إلى تلك». هذه هي فعلا من الممارسات الشائعة في أجزاء عديدة من العالم حيث تقوم الشركات الكبرى ببناء خطوط سكك حديد من المناجم إلى الموانئ من أجل استخراج الثروات الطبيعية من الأرض لتصديرها، وترفض عادة استخدام أي جزء من الثروة التي يتم جنيها في تنمية السكان المحليين. أما في الدول الصناعية تنطبق نفس الفكرة على عملية بناء سكك القطارات من أجل نقل الناس إلى كازينوهات القمار أو المنتجعات. على العكس من ذلك، ينبغي أن يتم اعتبار الممر بمثابة مركز لتركيز الصناعات والزراعة والامكانيات العلمية وحتى السكان أنفسهم.

على الضد من الدعايات السائدة حول «الانفجار السكاني» المزعوم اليوم، فإن قلة عدد السكان بكثافة كافية في مناطق عديدة من العالم هي سبب نقص التنمية وبقاء الناس في حالة من الفقر. هذا هو الحال الملموس في أجزاء واسعة من اسيا، ولكن حتى في أفريقيا واستراليا والامريكتين، وحتى في أوربا ذاتها. الواقع هو أنه لا بد من وجود كثافة معينة من السكان بمهارات معينة وتقسيم للعمل لخلق قاعدة لرفع المستوى الحياتي للسكان والقدرات الانتاجية لليد العاملة. بدون ذلك التركيز السكاني يصبح، على سبيل المثال، بناء البنية التحتية الأساسية «باهض التكلفة» ـ أي حين يتعلق الأمر ببناء أنظمة النقل وانتاج وتوزيع الطاقة وتوفير المياه والاتصالات والتعليم ، وكل هذه الأمور ضرورية لتطوير القدرات الانتاجية. إذا قارنا، مثلا، بين معدل الكلفة المقدرة لكل فرد ولكل أسرة لتوفير خدمات البنية التحتية

الحديثة لوحدة من السكان (لنقل مليون نسمة) يعيشون بشكل مشتت على مساحة واسعة من الأراضي في الريف، وبين نفس عدد السكان داخل مدينة واحدة، سيظهر الفرق جليا في التكلفة لصالح السكان المتركزين في المدينة بخلاف المبعثرين في الريف.

قام عالم الاقتصاد ليندون لاروش في كتابه المعنون «هل تود أن تتعلم كل شيء عن علم الاقتصاد؟» بتطوير المفهوم الاقتصادي والعلمي لهذا المثال المبسط، عبر مقياسه الذي سماه «الكثافة السكانية النسبية المحتملة». يخرجنا هذا المقياس من عالم «حساب عدد الرؤوس»، وينقلنا إلى القاعدة العلمية لقياس الاقتصاد، أو انتاجية اليد العاملة. يطور لاروش هذا المقياس مرحلة بعد مرحلة. أولا، هناك

مقطع بياني لمفهوم ممر التنمية

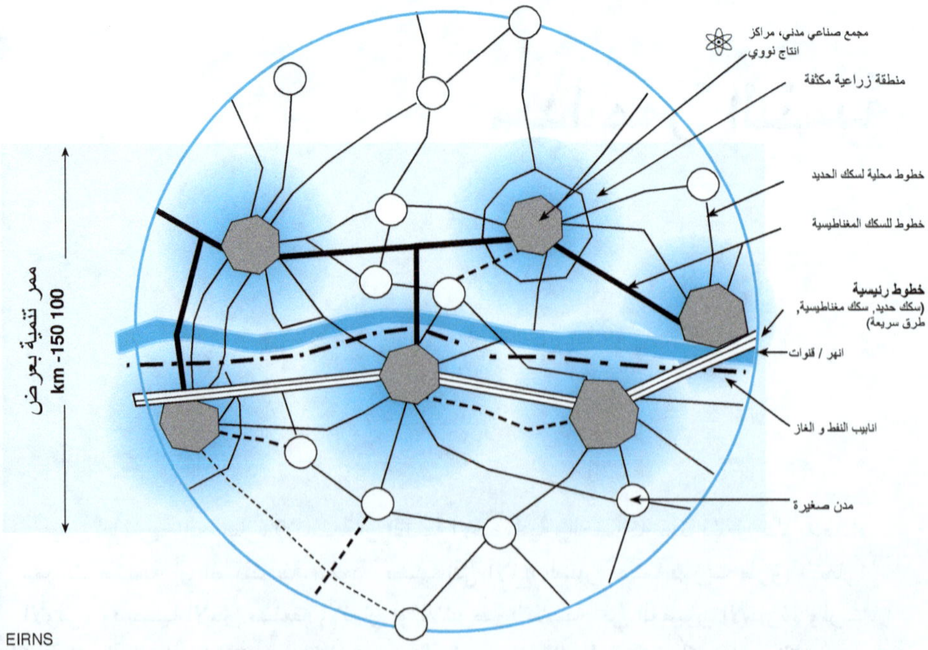

EIRNS

ان ممر التنمية، الذي يبدو في خرائط هذا التقرير على شكل خطوط تمتد بين الاقاليم والقارات، هو في واقع الحال حزام بعرض ١٠٠-١٥٠ كيلومتر ويتكون من خطوط رئيسية لسكك الحديد والطرق تحيط بها خطوط نقل الطاقة (الكهرباء والنفط والغاز) وانابيب او قنوات المياه وسلسلة من المناطق الصناعية والزراعية والمدن الجديدة، ومراكز انتاج الطاقة النووية والبحث العلمي.

العدد الفعلي للسكان في مساحة ما. لكن ليس كل المناطق الجغرافية متشابهة أو متساوية لأن لكل واحدة منها درجة متفاوتة من صلاحية السكن وفقا للحالة الطبيعية للأرض (صحراء أم غابات) وكيف تمت معاملة الأرض من خلال سكنى البشر فيها، وأي نوع من التكنولوجيا متوفر للاستخدام. هذه العوامل الثلاثة تحدد القيمة النسبية للكيلومتر المربع الواحد من الأرض.

ثانيا، عادة ما يوجد تفاوت ما بين عدد السكان الذين من المحتمل إعالتهم بذلك المستوى الموجود من التكنولوجيا، وبين عدد السكان الفعلي الموجود حاليا. يوجه لاروش اهتمامه نحو العدد المحتمل (الكامن)، والذي يشكل - حين نضيفه للاعتبارات الثلاث الآنفة الذكر - ما يسميه الكثافة السكانية النسبية المحتملة. لكن لاروش يشدد على أن الأمر يتجاوز ذلك، إذ أن الكم الذي ينبغي أن نقيسه هو ليس ببساطة الكثافة السكانية النسبية المحتملة الحالية، بل «معدل زيادة» الكثافة السكانية النسبية المحتلمة. من وجهة النظر العلمية هذه، بمقدور كوكب الأرض، في مستويات التكنولوجيا المتوفرة حاليا أو المتوقعة قريبا، أن يعيل عشرات المليارات من البشر عند مستويات حياتية عالية بدون اكتظاظ أو أي من الكوارث المرعبة التي تدعي الحركة البيئية أنها تهددنا اليوم. وسيكون ممكنا في ذات الوقت تعزيز وتحسين جمالية كوكب الأرض والمنفعة المرجوة منه. من أجل إعطاء صورة ذهنية عن «ممر البنية التحتية»، يمكننا أن نتصوره باعتباره حزاما بريا مستمرا بعرض ١٠٠ كلم تقريبا، متمحور حول خط رئيسي لسكك الحديد. ثم تمتد بالتوازي مع سكة الحديد خطوط نقل الطاقة الكهربائية ذات الجهد العالي، وأنابيب نفط وغاز، وأنظمة نقل المياه وقنوات الري، وخطوط الاتصالات بالالياف البصرية، وغير ذلك. بهذه الطريقة سيمكن خلق أحسن الظروف المطلوبة لكل أنواع النشاط الصناعي والزراعي والتعدين والإسكان الحضري ضمن الممر. يمكن أن يمتد أي عدد كان من الشرايين من قلب الممر في كل الاتجاهات لتزويد المناطق المحيطة به بالموارد الضرورية. بظهور ونمو المراكز الحضرية الجديدة ضمن نطاق الممر ستكون النتيجة خلق «عقد لؤلؤ» مكون من المدن والبلدات تحيط بها مناطق للزراعة والبستنة والغابات الكثيفة ومناطق استجمام تتخللها بلدات وقرى أصغر. تتضمن الفوائد الاقتصادية لتنمية مثل هذه الممرات زيادة كفاءة خطوط البنية التحتية ذاتها وكذلك تأثيرها الاقتصادي.

يخلق النسيج الكثيف للمراكز السكانية والنشاطات الزراعية والصناعية الواقعة على طول خطوط سكك الحديد تأثيرا اقتصاديا «مضاعِفا» في واقع الحال، بمعنى أنها ترفع درجة استغلالها واستخدامها بحيث تقلص كلفة كل وحدة من الوحدات المنقولة عبرها. من خلال هذا النوع من التنمية تأخذ سكة الحديد بين نقطتين دور «حزام انتاج» عملاق يتم فيه إضافة قيمة

مضافة جديدة لجزء من السلع بينما هي تتحرك من نقطة إلى أخرى.

في واقع الأمر، تؤدي ممرات البنية التحتية إلى نوع من «الارتجاع الإيجابي» (positive feedback) كنتيجة لكثافة السكان والتنمية وموارد الطاقة. أولا، توفر عملية «رزم» (bundling) وسائط النقل والطاقة والمياه والاتصالات وغيرها من البنى التحتية الأساسية على طول المسار ظروفا مثالية لنمو حزام من الزراعة والصناعة والمراكز السكانية المكثفة على طول ذلك المسار. وثانيا، يؤدي نمو درجة وكثافة النشاط الاقتصادي على كامل طول مثل هذا المسار إلى زيادة الكفاءة والإنتاجية وصافي التاثير الاقتصادي الإيجابي للتحسينات التي تجرى على البنية التحتية زيادة عظيمة. ينطبق ذات الأمر على جميع الاستثمارات المنتجة الاخرى. يتناقض هذا الأمر مع الطريقة السلبية المعاكسة التي تحبذ النشاطات الاستثمارية في «الواحات» أو «الجزر» الاقتصادية.

١٧٩١: اكتشاف طريقة جديدة لتمويل البنية التحتية

بقلم: باول جالاجر و مايكل كيرش
By Paul Gallagher and Michael Kirsch

سبتمبر ٢٠١٤

١ .المحافظة على نظام بنكي تجاري منفصل: مبدأ جلاس ستيجال

إن إصدار كميات كبيرة من الائتمانات بين الدول لتمويل بناء منصات (platforms) البنية التحتية الكبرى والحديثة يتطلب أولا وجود قوانين فصل وتقنين البنوك على شاكلة قانون "جلاس ستيجال" في تلك الدول. بغياب مثل هذا القانون ستواجه البنوك الكبرى في كل الدول المنضوية تحت المنظومة الأطلنطية انهيارا جديدا. علاوة على ذلك، ومن الناحية التاريخية كان يتم تمويل مثل هذه المشاريع المحفزة للانتاجية على المستوى الوطني والعالمي دائما عبر الائتمانات الوطنية. على سبيل المثال، إذا تم إصدار مثل هذه الائتمانات الى البنوك مباشرة (سواء أكانت خاصة أو حكومية) وإن كانت هذه البنوك مرتبطة بأسواق الأسهم والسندات ومراكز جني الأرباح في اسواق الاوفشور المالية، أو إن كان جزء كبير من أصولها موجودا في نشاطات المخاطرة العالية في الأوراق والمشتقات المالية، فإن تلك الإئتمانات سوف تتجه إلى أسواق المضاربة هذه بدلا من استثمارها في بناء البنية التحتية والمشاريع الانتاجية. بخلاف ذلك، إذا كانت البنوك التجارية المرخص لها حكوميا محمية ومنظمة بقوانين بحيث تبقى خارج أسواق المضاربات المالية، فإن تلك البنوك ستشارك في مشاريع البنية التحتية عبر التمويل الخاص النشيط.

إن مبدأ جلاس ستيجال ـ الذي يعني نشاطات بنكية تجارية صارمة مبنية على التوسط بين المودعين والمقترضين من الشركات والأفراد والأسر بدعم وحماية نظام مصرفي وطني ـ هو فكرة أمريكية تاريخيا وأصلا. [ماهو قانون جلاس ستيجال ؟ طالع الصفحة التالية ـ المترجم]. قام أول وزير خزانة أمريكي، أليكساندر هاملتون بتحديد تعريف البنوك الحكومية والخاصة، التي كان من واجب الدولة الأمريكية الوليدة أن تشجع على تأسيسها، في تقريره المعنون "تقرير حول البنك الوطني" (Report on a National Bank).عرّف هاملتون البنوك باعتبارها وسيطا لاستثمار المدخرات التي قد تكون مكتنزة ومعطلة، وإقراضها للشركات في خدمة المصلحة العليا للولايات المتحدة. وبينما كان بنك انجلترا قد تأسس بشكل أساسي لغرض تقديم القروض مباشرة للحكومة البريطانية، إلا أن الغرض من بنك الولايات المتحدة الذي أسسه هاملتون كان تشجيع الصناعات والبنى التحتية الناشئة. وبينما كانت البنوك الاستثمارية الاوربية مهتمة بالدرجة الأساس بالمضاربات في الأوراق المالية، حدد هاملتون واجب البنوك الأمريكية بالإقراض للمزارعين والشركات الصناعية والأسر، أي نشاط مصرفي تجاري (Commercial Banking).

اليكساندر هاملتون، اول وزير خزانة امريكي، يظهر هنا في لوحة للرسام جون ترامبول في عام ١٨٠٦، كان اول من وضع معايير النظام البنكي الامريكي، وهو نظام بنكي موجه نحو رفع القدرات الانتاجية لليد العاملة.

لقد انجزت البنوك التجارية الأمريكية هذا الدور بنجاح في الفترات التي كانت البنوك محددة بلوائح قانونية بشكل جيد. تمت المحافظة على مبدأ جلاس ستيجال من قبل المحكمة الامريكية العليا في عام ١٩٧١ في قرارها المرجعي المهم (في القضية القانونية المرفوعة بين كامب و مؤسسة شركة الاستثمارات) الذي نص على أن من واجبات الكونجرس الأمريكي منع البنوك التجارية من الابتعاد عن هذا الدور والجنوح نحو إغراءات المضاربة في أسواق الأوراق المالية التي تَعِدُ بجني الأرباح العالية، لكن تشكل خطرا كبيرا على البنوك. نما قطاع البنوك التجارية الأمريكي في السابق إلى آلاف البنوك المحلية والاقليمية الصغيرة، التي لم يكن من بينها إي عملاق عالمي حتى العشرين سنة الماضية.

تم سن قانون جلاس ستيجال (Glass-Steagall Act) في ١٦ يونيو ١٩٣٣ في الولايات المتحدة بعد أن قامت البنوك الكبرى في البلد باستخدام أموال زبائنها في المضاربة بالأوراق المالية بشكل مكثف - وحتى المضاربة بالأوراق المالية للبنوك ذاتها - وقامت أعداد كبيرة من البنوك باستثمار قاعدة أصولها في مضاربات في أسواق الأسهم مثل سهم شركة كهرباء "إنسول" سيئة الصيت وعملية الاحتيال المتعلقة بأسهم شركة سكك حديد مورجان. بعد إعلان عجز ثلث البنوك الأمريكية في عام ١٩٣٣ ومحاولة الحكومة إنقاذ الثلث الآخر منها، تم إحداث تأمين الودائع لأول مرة، بالإضافة إلى فصل صارم ما بين البنوك التجارية للمؤسسات الإيداعية وبين جميع أشكال نشاطات الإتجار والوساطة في الأوراق المالية للشركات الاستثمارية المالية - "اللابنوك". كان غرض ومبدأ قانون جلاس ستيجال توضيح مسألة أن صناديق الاستثمارات التي تقرر الدخول في سوق المضاربات المالية ومشتقاتها لن تحظى بأي نوع من أنواع الدعم أو الحماية أو التعويض في حال خسارتها لأموالها في المضاربات، وكذلك تبيان أن البنوك التجارية التي تحضى بحماية وتأمين الحكومة وامكانية حصولها على سيولة من الدولة لا يسمح لها إطلاقا بالدخول في سوق المضاربات المالية.

كانت لوائح قانون جلاس ستيجال تحتوي على أربعة مكونات أساسية:

أولا، الشرط الأساسي المتمثل بأن تكون "البنوك التجارية" من جهة و "البنوك الاستثمارية" وصناديق الاتجار والتوسط في بيع وشراء الأوراق المالية وغيرها من الكيانات وشركات التأمين (القادرة على تغطية الاكتتاب وبيع بوليصات التأمين) منفصلة تماما عن بعضها البعض قانونيا وعمليا، وأن لا يكون لها نفس المدراء أو تشترك في الملكية أو نشاطات الإدارة لبعضها البعض. أي بنك تجاري أو شركة مصرفية قابضة فيها مثل هذه التداخلات عليها فض هذه الروابط في مدة معقولة مداها سنة عادة.

ثانيا، تحديد تعريف نطاق واسع من الأوراق المالية والمشتقات "باعتبارها غير مرتبطة بما فيه الكفاية بالنشاط المصرفي حتى تكون جزءا منه"، وعلى هذا الاساس لا يسمح لها بدخول نشاطات البنوك التجارية.

ثالثا، يشترط بند التأمين الحكومي أن يكون تأمين الودائع من قبل الحكومة موجها حصريا لدعم البنوك التجارية وأصحاب الودائع فيها.

رابعا، منع تحويل أية سندات باستثناء تلك الحائزة على تصنيف (AAA) ضمن شركة قابضة إلى حسابات فرع بنك تجاري مؤمن من قبل الحكومة، وإلا سيؤدي هذا الأمر إلى استخدام أموال الدولة في دعم السندات والاوراق المالية ذات النوعية المنخفضة. لأكثر من ٦٠ سنة بعد سن قانون جلاس ستيجال وتنظيمه لنشاطات النظام البنكي الأمريكي، لم يحصل أن أدى فشل أي بنك أمريكي إلى فشل بنوك آخرى أو الحاجة إلى عملية انقاذ لبنوك أخرى. نتج عن عملية التخلص من قانون جلاس ستيجال تدريجيا خلال السنين ١٩٩٤-١٩٩٩

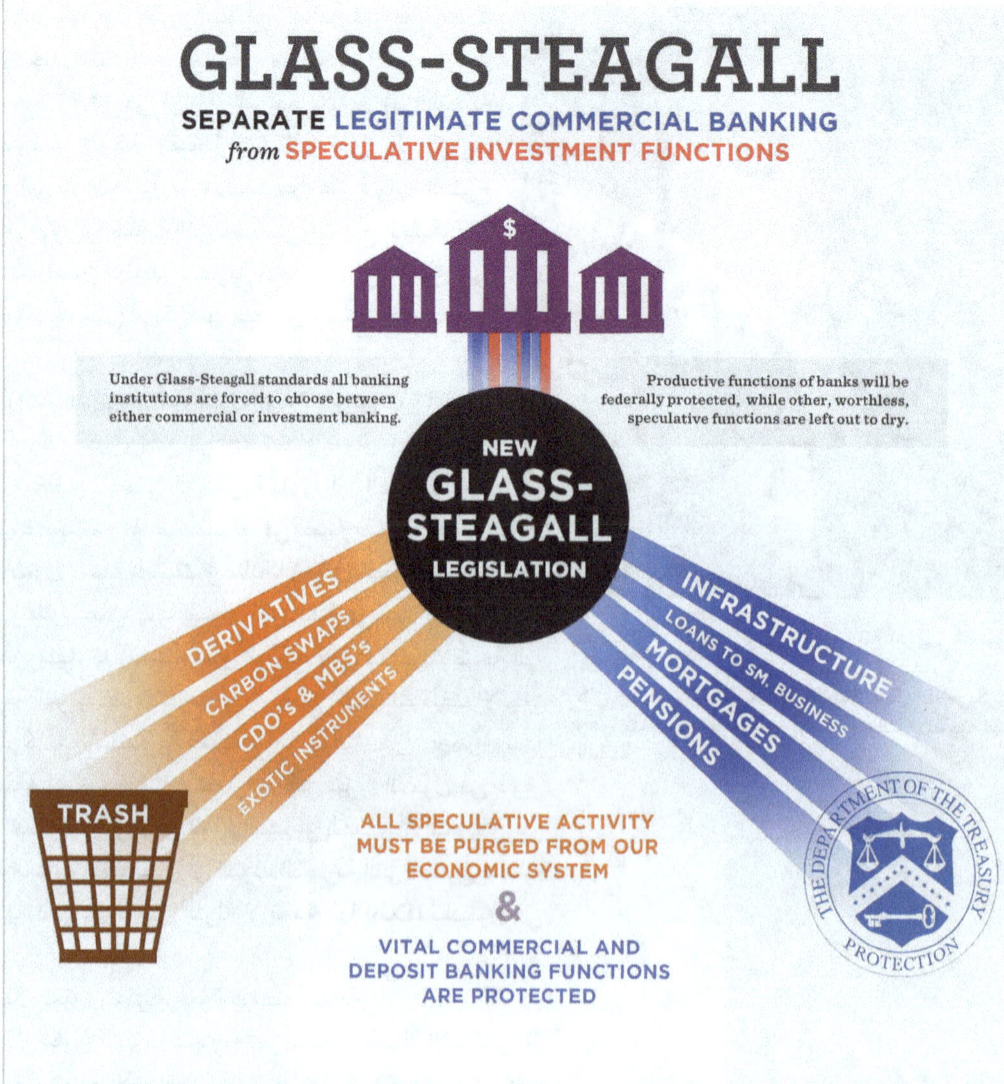

تأثيرات كارثية على النظام المصرفي الامريكي، بحيث كاد يؤدي مجرد فشل صندوق تحوط مالي (hedge fund) واحد هو «لونج تيرم كابيتال مانجمنت» إلى قصم ظهر كل النظام المصرفي في عام ١٩٩٩ لأن ٥٥ بنكا كانت قد حقنت قروضا مرفوعة (leveraged) في الصندوق. واصبحت أكبر البنوك معقدة إلى مستوى غير معقول، حيث نمت من ما هو طبيعي من عدد الفروع ١-٣٠٠ إلى ٢٥٠٠-٤٠٠٠ فرع تشتري وتبيع ما كانت النسبة الغالبة منه أوراقا مالية وأدوات تداول. وتضخم سوق المشتقات المالية بنسب هندسية تصاعدية بسبب تدفق الأموال من عمالقة المودعين من ٧٠ ترليون دولار كقيمة اسمية في عام ١٩٩٧ إلى ٧٠٠ ترليون دولار في عام ٢٠٠٧ وذلك وفق احصائيات بنك التسويات العالمية.

وأصبحت البنوك الكبرى متداخلة كليا في بعضها البعض خاصة عبر انكشافها امام المخاطر المشتركة للمشتقات، بينما تم السماح بارتفاع نسب رافعاتها المالية من النسبة المعتادة ١:١٦ إلى ١:٣٠ أو ١:٣٥. وانخفضت أصول عمليات المبادلة والاقتراض إلى حوالي نصف نسبة إجمالي الاصول، بينما استمرت أحجام البنوك بالنمو بشكل سريع. ثم انهارت البنوك الكبيرة في ٢٠٠٧-٢٠٠٨، ولم ينقذها سوى تدخل المؤسسات الائتمانية الحكومية التي أغدقت على القطاع المالي بالائتمانات السخية التي وصلت في نقطة ما إلى ١٤ ترليون دولار وفقا

لرئيس مؤسسة ضمان الودائع الفيدرالية الامريكية (FDIC). بعد أن تم إنقاذها، هبطت نسبة إقراض البنوك الكبرى، وتهاوت نسبة «القروض إلى الودائع» في مجمل النظام المصرفي الامريكي إلى مستويات قياسية تاريخيا حيث وصلت إلى ٧٠٪ ولا زالت النسبة تراوح عند مستوى السبعين. أما انكشاف أكبر البنوك أمام مخاطر المشتقات المالية فقد أصبح اليوم أكبر بنسبة ٣٠٪ مما كان عليه في عام ٢٠٠٧. كما أن إجمالي عمليات الإقراض (للافراد والشركات في الاقتصاد الانتاجي الحقيقي) التي تقوم بها البنوك فقد أصبح أوطأ من المستوى الذي كان عليه قبل ٦ سنين. وما زالت عمليات الاقراض التي تقوم بها البنوك في الاتحاد الاوربي في حالة انحدار.

هذه هي الوضعية اليوم كما وصفها رئيس مؤسسة ضمان الودائع الفيدرالية الامريكية توماس هونيج (Thomas Hoenig) وهو ممن يطالبون بالعودة إلى قانون جلاس ستيجال وفصل تام بين البنوك والشركات المالية، في خطاب القاه في ٦ مايو ٢٠١٤ في منتدى بوسطن الاقتصادي:

«مقارنة بعام ٢٠٠٨، أصبحت البنوك الكبرى في أغلب الحالات أكبر حجما وأكثر تعقيدا وتداخلا. وتمتلك البنوك الثمانية الكبرى أصولا تساوي قيمتها ٦٥٪ من أجمالي الناتج المحلي. وتجاوز معدل القيمة الاسمية للمشتقات لدى البنوك الثلاثة الأكبر في الولايات المتحدة في نهاية عام ٢٠١٣ مستوى ٦٠ ترليون دولار (لكل واحد من البنوك)، وذلك ارتفاع بنسبة ٣٠٪ من المستوى الذي كانت عليه عند بداية الازمة... كما مالت الشركات المصرفية الكبرى نحو زيادة حالة التعقيد فيها. لقد استخدمت هذه الشركات شبكة الأمان التي وفرها الدعم الحكومي لتوطيد توسعها في كل أرجاء العالم. بالإضافة إلى ذلك قامت هذه الشركات بخلط نشاطات الصيرفة التجارية مع الاستثمارية والتداول. لم تطرأ أية تغييرات جذرية في أسواق التمويل بالجملة، وذلك اتكالا على صناديق أسواق النقد الشبيهة بالبنوك، أو باستخدام صفقات إعادة الشراء (repos) وهذه كلها مصدر كبير للتقلبات في أوقات الضغط المالي... بينما تشدد هذه الشركات الكبرى على قولها أنها قد أضافت رأسمالا جديدا لتقوية ميزان مدفوعاتها، إلا أنها تبقى مرفوعة ماليا بشكل مفرط بنسب تصل على المعدل إلى حوالي ٢٢ إلى ١. أما بقية القطاع المصرفي فإنه يبقى في مستوى أقل من ١٢ إلى ١. هكذا يكون هامش الخطأ للشركات المالية الأكبر ذات الأهمية للنظام حوالي نصف هامش تلك البنوك التجارية والشركات المالية التي ليست بنفس الأهمية للنظام.»

شلن شجرة الصنوبر، الموضح هنا، تم سكه في مستعمرة خليج ماساتشوسيتس لتعزيز التنمية الاقتصادية الفيزيائية.

إن وضعية البنوك الكبرى في لندن والاتحاد الاوربي هي أسوأ بكثير مما وصفه السيد هونيج بخصوص البنوك الامريكية. إن النظام المصرفي الاطلسي في طريقه نحو انهيار شامل برغم (وبسبب) نسبة الفائدة ٠٪ الأزلية وعملية طباعة النقد التي تقوم بها البنوك المركزية. و برغم المعارضة الشديدة التي تبديها المؤسسات المالية في وول ستريت وإدارة أوباما، إلا أن مشاريع القوانين المقدمة في مجلسي النواب والشيوخ التي تطالب بالعودة إلى قانون جلاس ستيجال بدأت تحصل على تأييد أعضاء من الحزبين الجمهوري والديمقراطي، مثل مشروع القانون المقدم لمجلس الشيوخ (S-١٢٨٢) الذي يرعاه أعضاء مجلس الشيوخ اليزابيث وارين وجون ماكين وأنجوس كينج وماريا كانتويل وستة آخرون، والآخر المشابه له (S-٩٨٥) برعاية توماس هاركن، ومشروع القانون المقدم أمام مجلس النواب (HR-١٢٩) وترعاه النائبة مارسي كابتور ووالتر جونز مع ٨٤ عضو آخر في مجلس النواب. كما يوجد مشروع قانون آخر في مجلس النواب (HR-٣٧١١) ويرعاه جون تيرني وستيفن لينتش ووالتر جونز و١٠ آخرون.

أما المشاريع "البديلة لجلاس ستيجال"، التي يحاول المشرعون من خلالها صيغا مختلفة

مثل "بناء سور فاصل" بين أقسام المؤسسات المصرفية (Ring-fencing)، فتحمل في طياتها ذات العاهة المميتة، ولن ينتج عنها أي نظام مصرفي تجاري سليم. في جميع الخطط "البديلة"، ومنها خطط "الانقاذ الداخلي" الكارثية (bank bail-in)- أي أن عملية الانقاذ تتم من داخل وبموارد البنك مثل الاستحواذ القسري على ودائع وأصول زبائنه كما حصل في اليونان ـ تبقى الشركات المصرفية القابضة مسؤولة عن رسملة جميع فروعها العاملة. وعملية الرسملة هذه يتم سحبها إما من البنك التجاري الذي هو فرع من الشركة المصرفية في إخلال واضح لمخطط "السور الفاصل" بينهما، أو من مؤسسة حكومية يقف وراءها دافعو الضرائب في حال حدوث أزمة، أو من مخططات "الانقاذ الداخلي" من الطرفين. "الأسوار الفاصلة" تكون واطئة عادة، وتسمح لإدارات الشركات القابضة بأن تستمر في استخدام قاعدة الودائع في عمليات المضاربة بالأوراق المالية والمشتقات. أما "الإنقاذ الداخلي" فهو يحاول ببساطة مصادرة أصول الدائنين وأموال المودعين، وعلاوة على كونه عملية فوضوية قد تؤدي في الواقع إلى هلع لسحب الأموال من البنك، فإنه يمثل سياسة تقشف فتاكة.

وحدها عملية فصل وتقنين البنوك التجارية وفق قانون جلاس ستيجال قادرة على توفير المؤسسات الإيداعية التي غرضها الإقراض والمساهمة في عملية إصدار الإئتمانات وفق نظام ائتمانات وطني، وتكون هذه البنوك مرخصا لها حكوميا ومحددة بقواعد قانونية، ومحظور عليها التعرض لمخاطر أسواق الأوراق المالية أو المشتقات. إذا تمت إعادة مبدأ جلاس ستيجال في النظام المصرفي الأمريكي، سيصبح إجباريا على الشركات المصرفية القابضة في وول ستريت أن تقوم بتجزئة العدد الكبير الذي لديها من البنوك الاستثمارية وشركات التداول ووسائل الاستثمار في الأوراق المالية، ومعظمها في أغلب الإحتمالات سيواجه الإفلاس مباشرة لأنها غارقة في مضاربات تتطلب نظام إئتمانات مصرفي من بنوك تجارية مؤمّنة حكوميا ومن عملية طباعة النقود التي يقوم بها البنك المركزي حتى تستطيع الاستمرار في عملياتها المضاربية ذات المخاطر العالية. أما البنوك التجارية فسيكون واجبا عليها تقديم القروض لقطاع الأعمال والصناعة والأسر والحكومات المحلية حتى تستطيع الحصول على أرباح.

لن يخسر الاقتصاد الحقيقي أي شيء بإفلاس هذه الشركات. لكن ما سينكشف هو كم هو صغير مصدر الائتمانات في اقتصاد البلد في واقع الأمر. سيتطلب الوضع الجديد إيجاد مصدر وطني للائتمانات حتى يمكن دفع عجلة الاستثمار في البنية التحتية والمشاريع الكبرى والانتاجية الاقتصادية. لكن فصل البنوك وحماية منظومة البنوك التجارية تحت مبدأ قانون جلاس ستيجال سيضع البنوك التجارية في موضع يمكنها فيه من المساهمة بشكل فعال في عملية خلق الائتمانات الوطنية، ويدخل ضمن ذلك خصم قروضها المقدمة إلى المؤسسات المشاركة في المشاريع الوطنية والعالمية.

٢. توليد الائتمانات الوطنية للمشاريع المنتجة: أمثلة من نظام الائتمانات الامريكي في الأعوام ١٦٥٢-١٩٤٥

سهّل نظام الائتمانات الوطني الأمريكي ـ الذي كان يسمى «النظام الأمريكي» في القرن التاسع عشر ـ عملية التنمية الصناعية والبنية التحتية في كل المراحل المهمة من عملية بناء الأمة. لكن للأسف تم هجر هذا النظام من قبل القادة السياسيين في الولايات المتحدة منذ انتهاء الحرب العالمية الثانية. جاءت المدة ما بين ١٨٦٥-١٨٩٠ التي برزت فيها الولايات المتحدة باعتبارها القوة الصناعية الأولى في العالم، بعد تبني إدارة الرئيس أبراهام

لنكولن عملية إصدار ائتمانات عملة «الورقة الخضراء» الورقية الوطنية (Greenback)، واستثمار تلك الائتمانات في بناء سكك الحديد ومصانع الحديد والصلب والفحم والبنية التحتية للزراعة، بالإضافة إلى وضع تعرفة جمركية حمائية صارمة على المنتجات الاجنبية لحماية الانتاج الصناعي الوطني. هذه المباديء الثلاثة الأساسية هي جوهر «النظام الأمريكي» الهاملتوني. برهن المؤرخ الأمريكي والكاتب في مجلة إكزكتف إنتلجنس ريفيو، أنتون تشايتكن (Anton Chaitkin) في مقالته المعنونة («Leibniz, Gauss Shaped“ America's Science Success) الصادرة في ٩ فبراير ١٩٩٦، على أنه تم إنجاز كل طفرة في النمو الصناعي والثورات العلمية والتكنولوجية في تاريخ الولايات المتحدة في الواقع في عهود قامت الحكومات الامريكية فيها بتطبيق هذه المبادئ. توصل السيناتور الأمريكي ووزير الخارجية جيمس بلين قبل أكثر من ١٢٥ سنة إلى ذات الاستنتاج في كتابه حول تاريخ الولايات المتحدة في القرن التاسع عشر.

هذا نموذج تم بناءه طبق الأصل لمشغل صهر وطرق المعادن في مصنع سوجوس للصناعات الحديدية في ماساتشوسيتس، والذي نجح في غضون سنين قليلة في ستينات القرن السابع عشر في ان يصبح اكثر انتاجية من المصانع الانجليزية.

كان تأسيس الولايات المتحدة كدولة وطنية ذات سيادة كاملة في الأعوام ١٧٨٩-١٧٩٦ وتأسيس نظام الائتمانات الوطني حدثا واحدا وقضية واحدة. أسس اليكساندر هاملتون، الذي كان وزير الخزانة أثناء فترة رئاسة جورج واشنطن، نظاما نسّق العلاقة بين الائتمانات الوطنية وبين نية الحكومة الوفاء بتعهدها تنفيذ ما أُصدِرَت تلك الائتمانات من أجله. كلما التزمت حكومة البلد بعملية خلق الائتمانات وممارسة سلطاتها المالية الضرورية المترافقة مع هذا الواجب بشكل صحيح مثل تقنين التجارة والضرائب، كلما ازدادت الثقة بتلك الائتمانات، وتبعا لذلك تزايدت قدرة الأطراف الفاعلة في المجتمع في تداول تلك الائتمانات باعتبارها عملة ووسيلة لتسوية المدفوعات.

خطة جون وينثروب الإبن في الأعوام ١٦٦٣-١٦٨١

خلقت مستعمرة خليج ماساتشوسيتس في القرن السابع عشر أول عملة كافية لأغراض المدفوعات والتجارة، وذلك في تحدي واضح لحاكمها البريطاني. كان «افتقاد واسطة للتبادل التجاري» التي يمكن استخدامها لإتمام الصفقات التجارية لبناء الاقتصاد في مستعمرة خليج ماساتشوسيتس والمستعمرات الأولى الأخرى في القارة الامريكية الشمالية مشكلة متكررة دائما. كتب الكثير من الكتاب عن مشكلة افتقاد العملة في كتاباتهم من جون وينثروب (John Winthrop) في عام ١٦٦٣ إلى بنجامين فرانكلن (١٧٢٩) والذين تلوهم. إن توفر العملة بشكل كافي يساعد على زيادة الصناعات والتجارة والهجرة والعوائد الاجنبية، كما أنها تبقي أسعار الفائدة منخفضة وتقود إلى تحسن الأحوال المعيشية بشكل عام. أما شحة العملة فيؤدي إلى زيادة الديون وارتفاع الأسعار والفائدة بينما تنخفض قيمة الممتلكات وتركد التجارة.

قامت مستعمرة خليج ماساتشوسيتس في عام ١٦٥٢ بسك عملتها المعدنية بنفسها، والمسماة «شلن شجرة الصنوبر»، لخلق عملة كافية يمكن استخدامها للتجارة بين سكان المستعمرة أنفسهم. هاجم ملك بريطانيا هذه المسألة مرات عديدة في الأعوام ١٦٦٠-١٦٨٠. قامت أسرة وينثروب وآخرون في الفترة ذاتها بوضع عدة تصاميم لوسيلة تبادل لم تكن تحتاج إلى الفضة أو الذهب، بل تكون على أساس الائتمان. كتب جون وينثروب الإبن في عام ١٦٦٣ خطة عنوانها «بعض الاقتراحات بخصوص أساليب التجارة والبنوك بدون نقود»، وبعثها الى الجمعية الملكية (في لندن). كتب وينثروب أن خطته «ستساهم بشكل عظيم في تقدم التجارة وغيرها من الأمور العامة لمنفعة الأغنياء والفقراء على حد سواء»، وأنها ستستجيب لكل المتطلبات التي تقوم بها «البنوك المجهزة بالنقود» في أجزاء أخرى من العالم. كما أنه ذكر

أن الأمر يتطلب وجود أراضي، لكن لن يتم التوقف عن استخدام تلك الاراضي.

نجح هاملتون في تاسيس بنك الولايات المتحدة الذي حول كمية ديون الحرب الثورية الى قاعدة للائتمانات من اجل رخاء الامة. هذه لوحة فنية تصور بنك الولايات المتحدة الاول الذي كان مقره يقع في فيلاديلفيا.

بنك الائتمانات عام ١٦٨٦

بناء على هذه الكتابات والمحاولات السابقة، تمت المصادقة على خطة أكثر تطورا لتأسيس «بنك الائتمانات» (Bank of Credit) من قبل وايت وينثروب وآدم وينثروب وغيرهما من قادة بوسطن في عام ١٦٨٦. قام جون بلاكويل بتدوين تفاصيل خطة البنك هذه بعد عام من المصادقة عليها.

يتم قبول «الكمبيالات البنكية الائتمانية» التي يوقعها عدة أشخاص من «ذوي السمعة الحسنة» ويتم إصدارها ـ على اساس ارتهان أراضي أو سلع ـ على أنها «نقود جاهزة» من قبل الناس والتجار بشكل طوعي. ويكون لهذه الكمبيالات «المنافع المتساوية ذاتها التي تتمتع بها النقود أو العملة المعدنية لأي بلد». لم يكن يوجد أي احتياطي من الذهب أو الفضة في البنك. وأصبح بمقدور كل من يملك ثروة حقيقية أو رأسمال الآن أن يحولها إلى مصدر للائتمانات، بدلا من الحاجة إلى النقد. بإمكان النساجين أن يرهنوا مغازلهم مقابل الكمبيالات الائتمانية التي يستخدمونها لزيادة وارداتهم من الصوف. كما أن بإمكان التجار أن يرهنوا أراضيهم للحصول على كمبيالات لشراء أدوات إضافية وغيرها من البضائع من المصنعين. كما يستطيع أصحاب المتاجر أن يرهنوا متجرهم للحصول على الكمبايلات لاستخدامها في شراء المزيد من البضائع من التجار. وبمقدور صاحب المنجم أن يرهن منجمه مقابل الكمبيالات التي تساعده في الحصول على رأسمال إضافي لتشغيل المزيد من العمال في منجمه. كان يتم السماح لصاحب المنجم أن يدفع نسبة الفائدة على الكمبيالات في هيئة حديد، والتاجر عبر قيمة بضائعه. تختتم الوثيقة التي تعرض الخطة الصادرة عام ١٦٨٧ بالنص التالي:

«بوجود البنك سيتم تأسيس التجارة والثروة في هذا البلد على موارده الذاتية وعبر واسطة تداول وموازنة نابعة من داخله وتأسيسا على الأراضي والمنتجات التي ينتجها هذا البلد، وليس على أساس استيراد الذهب والفضة أو شحتهما أو وفرتهما، أو أي شيء آخر يأتي من الدول الأجنبية التي تستطيع أن تمنعه أو تعطيه حسب رغبتها هي. هكذا ستتحسن منتجاتنا المحلية إلى درجة كافية لاستخداماتنا نحن (على الأقل) وبذلك نستطيع الحصول على مورد مريح للمعيشة للعديد من الأشخاص المبدعين والمجتهدين بيننا، والذين في اللحظة الراهنة لا يعرفون كيف يعيلون أنفسهم. سيجذب هذا الأمر المزيد من السكان والفلاحين. لن تكون هناك سلطة لأي شخص أن يجعل من المحتاجين ضحايا بالابتزاز والظلم.» لكن لم يتم تأسيس بنك الإئتمانات لعام ١٦٨٦ بالكامل بسبب نفوذ ممثل ملك انجلترا في المستعمرة ادموند اندروس، وبسبب سيطرة وليام اف اورانج (William of Orange) على عرش انجلترا.

كوتون ماثر ١٦٩٠-١٧٢٠

كان يتم إصدار سندات الاعتماد (سندات القروض) في تسعينيات القرن السابع عشر في ماساتشوسيتس كوسيلة لدفع أجور الجنود والمؤن. وضح كوتون ماثر (Cotton Mather) في مقالة عنوانها «بعض الاعتبارات حول سندات الإئتمان التي يتم تداولها في نيوانجلند»، أنه بالرغم من عدم امتلاك المستعمرة أية فضة، إلا أنها قادرة على اصدار الائتمانات مما سيمكن المستعمرين من أن يشتروا السلع إذا تم قبول هذه السندات كوسيلة دفع. كتب ماثر أن

ضمان النقود الورقية هو «لا شيء أقل من مصداقية (credit) البلد كلها.»[1] يستطيع البلد الوفاء بالقرض من خلال صناعاته، وسكانه هم «الضمان للسندات العامة». ستكون الضرائب التي تتم جبايتها فيما بعد قابلة للدفع في هيئة سندات القروض هذه، وهذه الدورة هي مسألة جوهرية في إصدار العملة السليمة. «إن الائتمان الذي تنقله هذه السندات يتنقل الآن من يد إلى يد مثل تعاملات الناس إلى أن تطلبها الضرائب العامة.» من ثم تستطيع الحكومة أن ترجعها مجددا إلى مجال التداول.

بالرغم من أن سندات القروض هذه تم إصدارها بادئ الأمر لأغراض طارئة مثل الحملات العسكرية للمستعمرة في ١٦٩٠، إلا أنها تم استخدامها فيما بعد للأغراض الاقتصادية العامة، وهكذا تشبه في طبيعتها إصدارات إدارة الرئيس لينكولن والكونجرس من «العملة الورقية الخضراء» أثناء الحرب الأهلية الأمريكية ١٨٦١-١٨٦٥.

Library of Congress

في ظل النظام البنكي الوطني الذي كان موجودا بالفعل في عهد الرئيس ابراهام لنكولن، بنت الولايات المتحدة بنيتها التحتية وصناعاتها على نحو كبير جدا. احد الانجازات العظيمة لذلك العهد كان بناء سكة الحديد القارية التي لم يتم الانتهاء منها الا في عام ١٨٦٩. في الصورة، احد القطارات يحمل احد المسؤولين الى موقع الاحتفال بدق "المسمار الذهبي" ايذانا بانتهاء العمل في السكة.

في عام ١٧١٦، إقترح كاتب مجهول الإسم (ربما من المقربين من كوتون ماثر) سياسة «العملة الورقية الخضراء» (Greenback) في مقالة بعنوان «بعض الاعتبارات حول عدة أنواع من البنوك». نصح الكاتب الحكومة «بإصدار مبالغ كبيرة» لما «قد يكون فيه نفع للصالح العام»، خاصة البنية التحتية والصناعة. غرض هذه المبالغ لم يكن فقط لمعالجة شحة السيولة النقدية فحسب بل ستقوم أيضا «بوضع الأسس المؤكدة والمستقرة لزيادة منتجات البلد، وهذه هي مصلحة وحكمة جميع الأمم.»

تقوم الحكومة وفقا لهذه الفكرة بدفع هيئة تجارية - على الحساب - لتتمكن من إقراض «مشاريع عامة وتشجيع الصناعات». واقترح الكاتب «إقراض مبالغ كبيرة بضمانة جيدة وبدون فائدة لمدة بضعة سنين» لتمويل بناء جسر وشق قناة لتسهيل مرور اسرع للمراكب. كما أن التزام الحكومة بإقراض بضعة مئات لبناء مصنع لتنقية الحديد سيوفر الآلاف للبلد في العام. كان متوقعا من الحكومة أن تتخذ إجراءات من شأنها أن تزيد من قوة المستعمرة. كما في المقترحات السابقة، ستكون سندات القروض هذه مقبولة كوسيلة لدفع الضرائب للحكومة. لكن كما حصل في الستينيات من ذلك القرن فإن هذا البنك، ومثيليه اللذين تم اقتراحهما في ١٧٢٠ و ١٧٤٠، تم اعتراضه من قبل التاج البريطاني. لكن مع ذلك تم الاستمرار في إصدار سندات القروض بعد عام ١٦٩٠ في كل المستعمرات. خلال الأعوام ١٧١٠-١٧٤٠ نجحت حكومة مستعمرة رود آيلاند «بإصدار سندات قروض لتزويد التجار بوسيلة تبادل متناسبة دائما مع زيادة حجم تجارتهم»، بحيث وضعت صناعة السفن التي كان يملكها هؤلاء التجار في مقدمة بقية المستعمرات[2]. حاول التاج البريطاني مرات عديدة في الأعوام ١٧٤١ و ١٧٥١ و ١٧٦٤ أن يقضي على استخدام سندات قروض المستعمرات. رد بينجامين فرانكلن على البرلمان الانجليزي في عام ١٧٦٤ على هذا الأمر بقوله «أنه يجب تمكين المجالس التشريعية للمستعمرات من إصدار أية كمية من النقود الورقية المطلوبة من أجل التجارة والأعمال والزراعة حتى يتم إقراضها بضمانات إضافية، ومواجهة النقص باستخدام اموال الضرائب، وأن يتم استخدام الفوائد على تلك القروض لتغطية النفقات الجارية».

البنك الوطني عام ١٧٨١

بعث اليكساندر هاملتون رسالة إلى روبرت موريس الذي كان الممول الرئيسي للكونجرس القاري (Continental Congress) كتب فيها: «سنكون قادرين على الوصول إلى هدفنا [الاستقلال والحرية] في نهاية المطاف من خلال ترتيب أمورنا المالية، وليس الفوز في المعارك الحربية». افترض هاملتون أن حل الأزمة الاقتصادية في المستعمرات يكمن في دمج

لوحة فنية تصور اعمال بناء قناة ايري، في الفترة التي شهدت نجاح عمل بنك الولايات المتحدة الثاني.

نفوذ ومصالح الأفراد المشتغلين في الأعمال الحرفية والتجارة والصناعة مع موارد وائتمانات الحكومة عبر اكتتاب الطرفين في بنك وطني. كانت النتيجة تأسيس «بنك أمريكا الشمالية»، الذي حصل على الترخيص في عام ١٧٨١. مثل هذا البنك بديلا مهما للماليات المتهاوية للمستعمرات المتفرقة. كما أنه وطد الوحدة الوطنية وأنقذ الوضعية المالية للبلد وحافظ على القدرة الائتمانية للكونجرس حتى نهاية الحرب [الثورية ضد الامبراطورية البريطانية] في عام ١٧٨٣.

برهن هاملتون على مبدأ مركزي في أي نظام مصرفي وطني ناجح: وهو أنه ليس من الممكن لأية عملة ائتمانية أن تكون كبيرة بما يكفي أو قابلة للاستدامة إلا إذا قامت بدمج موارد ونمو الاقتصاد الحقيقي مع عملية تأسيسها وتداولها. لكن حالة انعدام الوحدة بين الولايات وعدم كفاية سلطات الكونجرس لم تمنح البنك ما يكفي من التمويل لتأسيس اقتصاد وطني أو المحافظة على مستوى القدرة الائتمانية للدولة. فبدون وجود سلطة قادرة على تنظيم الأعمال الحرفية عبر قوانين وفرض الضرائب الفدرالية وتنظيم العملة وتنسيق عملية تسديد الديون لن تكون هناك موارد مالية كافية لتأسيس الائتمانات أو زيادة الانتاجية الوطنية أو تمويل البنك الوطني. بالرغم من أن البنك لم يكن ناجحا بشكل كامل، للأسباب المذكورة، إلا أنه برهن على مبدأ مهم، وهو أن ما تمت هزيمته من قبل التاج البريطاني طوال القرن الماضي في عام ١٦٨٦ و ١٧٢٠ و ١٧٤٠ بسبب عدم وجود الاستقلالية الكافية عن التاج، أصبح ممكنا الآن: أي نظام مدفوعات كافي مبني على اساس القدرة الانتاجية للأمة وليس على الانضباط المالي المصطنع.

نظام الائتمانات الوطني

في عام ١٧٨٩ كانت الأمة، على اساس ما اقترضته من ذهب وفضة، أمة مفلسة ولا تملك أية وسيلة في نطاق النظام القائم انذاك لتسوية حساباتها. لكن باستخدام سلطات الكونجرس التي فاز بها عبر الدستور الجديد طبق هاملتون نظام الائتمانات الحكومية الذي دأب على تطويره طوال عقد من الزمن.

في الخطوة الاولى التي اتخذها نجح هاملتون في انجاز ما كان يبدو مهمة مستحيلة بتحويله

الديون الخارجية وديون الولايات والفائدة المستحقة عليها إلى وسيلة لتوحيد جميع موارد الأمة نحو هدف واحد عبر قوة العوائد الفدرالية. تمت إعادة تمويل الديون الخارجية وجدولتها وتم دمج ديون الولايات مع الدين الداخلي وإعادة إصدارها تباعا باعتبارها ديون جديدة للبنك الوطني. ولكن بالإضافة إلى ذلك وعملا بقاعدة هاملتون الجوهرية لنظام الائتمانات الحكومية للولايات المتحدة الامريكية، وفي ذات القانون الذي سنه الكونجرس لخلق هذه الديون الجديدة تم تضمين وسيلة سدادها، بحيث تم تمكين الكونجرس من الحصول على السلطات المرتبطة بالنمو الاقتصادي في ذات الوقت.

وتم تحويل توصيات هاملتون بخصوص الائتمانات الحكومية إلى ثلاثة قوانين سنها الكونجرس في ٤ أغسطس و٩ و ١٢ منه عام ١٧٩٠. تم إخراج قروض بالقيمة الكاملة لمجمل ديون الولايات والديون الداخلية، وتم الاكتتاب فيها بنفس شهادات الديون القديمة. وحصل المكتتبون على شهادات ديون أمريكية (U.S. debt certificates) جديدة بفائدة مدفوعة عليها ومضمونة عبر مخصصات ثابتة، ومضمنة في القانون الصادر في ٤ أغسطس الذي خوّل تقديم القرض الجديد وتولي الدولة مسؤوليته. أما الموارد المالية - أي وسيلة هاملتون لسداد القروض وإلغائها - فستأتي من التعرفة الجمركية الحمائية الجديدة وجباية الضرائب مباشرة بعد ذلك. وتم تأسيس صندوق خاص ممول من عوائد مكتب البريد الأمريكي الجديد جانبا لمنع المضاربة في الدين الحكومي ولزيادة قيمته.

بضمان قيمة شهادات الديون العامة، تم تحويلها إلى وسيلة تبادل حقيقية في التجارة لتصبح مصدرا هائلا لرأس المال للاعمال الحرفية وأساسا لعملة ائتمانية جديدة تبعث الحياة والنشاط في مجال الأعمال. أصبح الدين الممول الآن تعبيرا للقوة الجديدة للحكومة فعليا، وارتفعت قيمة الدين من ١٥ مليون إلى ٤٥ مليون دولار بحلول نهاية عام ١٧٩٠. ما نتج عن عمل هاملتون هو أنه خلق مصدرا لرأس المال بقيمة ٣٠ مليون دولار للاقتصاد.

وسوف تستمر قيمته بالتصاعد بارتفاع قوة الاقتصاد الوطني، وبمقابل ذلك أصبح نمو الاقتصاد ممكنا من خلال خلق مصدر جديد لرأس المال في هيئة الدين الممول.

بنك الائتمانات الوطني للولايات المتحدة

إن الخطوة التي رسخت نظام الائتمانات الامريكي هي تأسيس بنك الولايات المتحدة (Bank of the United States) بتفويض من الكونجرس في عام ١٧٩١ ووفقا لتوصيات هاملتون الجديدة. بالرغم من أنه لم يتم تداول رأس المال الذي خلقه هاملتون من تمويل الديون كنقود بحد ذاتها، إلا أنه لعب دور قاعدة لعملة وطنية. الآن يمكن استخدامه لتكوين رأس مال هائل (بمقاييس ذلك الزمان) لبنك وطني كبير بحيث يستطيع تغطية احتياجات الاقتصاد الوطني كله من الائتمانات. بالنسبة للذين كانوا قد استلموا شهادات ديون جديدة أصبح بمقدورهم أن يصبحوا من المكتتبين في أسهم البنك باستخدامها كرأسمال. كل سهم تم شراء ربعه نقدا وثلاثة ارباعه بالدين العام. ودخلت الحكومة في مديونية إضافية مقدارها ٢ مليون دولار لرفع رأسمال البنك بنسبة الخمس، مما خلق تداولا كبيرا بما فيه الكفاية. تمكن البنك من إصدار أوراق نقدية بمقدار رأسماله البالغ ١٠ ملايين دولار والمكون في غالبيته من الدين العام للولايات المتحدة.

كانت وظائف البنك الاساسية متمثلة بخلق وسيلة تداول يمكن من خلالها تحويل الائتمانات بين أطراف العملية التجارية والصناعيين والمزارعين، وأيضا بالإقراض المباشر لذات الأغراض ومن ضمن ذلك البنية التحتية الاقتصادية.رفع البنك قيمة الدين العام. ورفعت عملية الاكتتاب في رأسمال البنك باستخدام سندات الدين العام من قيمة هذه السندات، وأما الضمانة والتسهيلات التي وفرها البنك للحكومة فقد زادت من قيمة السندات مجددا.كان بنك

هاملتون نقيضا تاما لبنك انجلترا، لأن البنك الوطني كان ممنوعا من شراء وبيع الدين العام، وهو الأمر الذي كان الغرض الرئيسي من تأسيس بنك انجلترا. من ناحية أخرى وبخلاف بنك انجلترا الذي كان دوره التجاري ثانويا، كانت عملية الإقراض التجارية هو الوظيفة الأساسية لبنك الولايات المتحدة. تضمنت وظائفه وفوائده الأخرى لعب دور مكان لإيداع عوائد الحكومة وهو ما شكل مصدرا إضافيا للائتمانات المتوفرة في كل الأوقات إلى حين صرفها. وبذلك خلق واسطة موحدة يمكن عبرها جمع الضرائب بشكل فعال وموثوق، وترسيخ تلك الموثوقية عبر عملية الإقراض لدافعي الضرائب بدلا من امتلاكهم للنقود كما هي الحال بالنسب للمستوردين. وساعد البنك في تجنيب الأمة مشكلة تذبذب قيمة العملة بين ولاية وإخرى. لخص هاملتون تأثيرات النظام في تقريره الأخير «تقرير حول الائتمانات الحكومية» (Report on Public Credit) عام ١٧٩٥ كالآتي:

«إن الائتمانات العامة هي من المحركات الأساسية للنشاطات الاقتصادية والتحسينات الداخلية. كبديل لرأس المال، لا تكاد فوائدها تقل عن الذهب أو الفضة، في مجالات الزراعة والتجارة والصناعات والحرف الميكانيكية... قد يرغب شخص ما في أخذ قطعة أرض ويزرعها، فيشتري ما يحتاجه بالاقتراض، ومن ثم، وفي الوقت المحدد يدفع المال الذي اشترى به احتياجاته من ناتج التربة التي طورها وحسنها بعمله. شخص آخر ينوي المتاجرة، ولأن الائتمانات موجودة على أساس عادل، سيبحث عن ـ وسيجد ـ الوسيلة التي تجعله يصبح تاجرا ثريا ولو بعد حين. وثالث يتجه إلى العمل في مجال الحرف الصناعية كصانع أو ميكانيكي، وهو لديه المهارة لكن ينقصه المال. بالائتمانات سيتمكن من التزود بالأدوات والمواد وحتى قوت يومه الذي يحتاج إليه إلى أن تمنحه صنعته رأس المال. آنذاك سيستطيع أن يستمد من القدرة الائتمانية الموجودة والمتنامية الوسيلة التي تمكنه من توسيع نشاطاته.»

وضع نظام ائتمانات بنك الولايات المتحدة الائتمانات في المكان المناسب حاملا المستثمرين على خدمة أهداف المصلحة العامة. كانت أربعة أخماس البنك مملوكة من قبل المواطنين الأفراد، حاملي سندات الديون الأمريكية المعادة جدولتها، وكانت حتى إدارة البنك تتم من قبل الأفراد من القطاع الخاص. لكن الصفة الخاصة للبنك كانت وسيلة للحفاظ على سلامته، ولم تكن أمرا أساسيا. من ناحية غرضه ووظيفته كان المنتفع الرئيسي من البنك هي الأمة ككل. وكما يقول هاملتون بصريح القول في مقالته «مقالة حول البنك الوطني»، حينما يتحدث عن تأسيس بنك أمريكا الشمالية في عام ١٧٨١:

«كانت مصلحة عامة الناس وتسهيل أمورهم في السابق خاضعة لمصلحة حاملي الأسهم اكثر مما ينبغي. صحيح أنه من غير الرجوع إلى حاملي الأسهم لايوجد هناك بنك، لكن ذلك لا يعني أن ذلك بحد ذاته هو الأمر الوحيد الذي يجب الرجوع إليه، أو حتى أن هذا هو ما ينبغي أن يعتبر الشيء الأسمى. إن الفائدة العامة هي في الحقيقة هدف وجود البنوك، أكثر من الارباح الخاصة. وهو شأن الحكومة أن تؤسس البنوك على مثل هذه المبادئ، أي أنه في حين أن الأخير (الربح الخاص) سيكون موجودا بدرجة كافية حتى يكون هناك دافع للأفراد بدخول هذا القطاع، إلا أن الأول (المنفعة العامة) لا ينبغي أن يصبح خاضعا للأخير.»

تم جعل الاوراق المصرفية التي أصدرها البنك كعملة، عملة رسمية «مقبولة في كل عمليات دفع الحساب إلى الولايات المتحدة»، ويمكن استردادها عند الرغبة كقطعة نقد معدنية «قابلة للدفع عند الطلب في هيئة سكة ذهب أو فضة». وبما أن النظام قد تم تصميمه لتفادي الحاجة لهذا النوع من الاسترداد، تم خلق عملة متداولة بكمية متناسبة مع رأس المال الفاعل في البلد، أي الصناعات والزراعة والتجارة. لم تكن هناك حاجة لتحويل رأس المال هذا إلى قطع نقد معدنية لكي يتم تداول السلع.

أعاد هاملتون صياغة مفهوم الدين ضمن اقتصاد فعال في دولة وطنية. فبدلا من أن يكون الدين عبئا تتم تسويته بواسطة العوائد التي يتم توفيرها وبذلك يقود إلى الشحة، تم تحويل الدين العام إلى رصيد يمثل عملية توحيد موارد الاقتصاد الوطني. وبنمو قدرات الاقتصاد الانتاجية، خاصة في مجال الصناعة، كذلك نمت بالمقابل قيمة رأسمال البنك والقيمة العامة للدين العام. يقود كل هذا إلى قدرة متزايدة على الإقراض للتجارة وزيادة وسائل تسوية المدفوعات في الاقتصاد والمتوفرة للتداول.

النظام الائتماني مفصلا

بعد أن تم السماح بنفاذ رخصة البنك الوطني (National Bank) في عام ١٨١١ دون تجديدها تحت تأثير السياسات الجفرسونية (نسبة للرئيس توماس جيفرسون)، تمت إعادة إحياء نظام هاملتون الائتماني عبر تأسيس «بنك الولايات المتحدة الثاني» على يد نيكولاس بيدل وماثيو كاري والرئيس جون كوينسي آدامز خاصة في المدة بين عامي ١٨٢٣-١٨٣٦. تحت قيادة هاملتون وبيدل الذي كان رئيس «البنك الثاني»، تمت إدارة النظام لزيادة عدد التعاملات التي تتم بواسطة الائتمانات بدلا من تسييل الثروة للاحتياجات الحالية. تمت تسوية التعاملات عبر الموارد المستقبلية التي تم توليدها وهي التي أعطت المستدين الأولي قدرة ائتمان / إعتماد. تم تنسيق الائتمانات والديون وفق دورات الانتاج لتأجيل وقت الدفع إلى أن يكون لدى كل طرف ما يكفي من الائتمانات لموازنة ديونهما. سمح هذا الأمر بامتصاص الفائض الانتاجي وتحويله نحو النمو والاستثمارات المستقبلية المنتجة.

Library of Congress

اعتمدت خطة اعادة انعاش الاقتصاد الامريكي في عهد الرئيس فرانكلن روزفيلت بشكل كبير على اعمال بناء البنية التحتية التي تولى تمويلها عبر مؤسسات حكومية مثل "هيئة وادي تينيسي" و "الشركة المالية لإعادة الإعمار". في الصورة، اعمال البناء الجارية في سد دوجلاس التابع لهيئة وادي تينيسي، يونيو ١٩٤٢.

تدخل البنك بشكل مباشر في الاقتصاد، ليس بامتلاك سندات متضخمة القيمة، بل عن طريق دعم الاقتصاد الانتاجي أو مشاريع البنية التحتية المطلوبة برأس المال، في سبيل ادامة فائض القدرة الانتاجية.لم تتحقق دعوات هاملتون لحماية الصناعات الوطنية ودعم التحسينات الداخلية إلا في عشرينيات القرن التاسع عشر في عهد الرئيس جون كوينسي آدامز. تم إنجاز شق القنوات الكبرى وبناء سكك الحديد وتأسيس الصناعات الجديدة بواسطة الائتمانات الحكومية والقروض المباشرة والوظائف غير المباشرة للبنك. قام الرئيس آدامز باستخدام حصة الأمة في البنك لتمويل المشاريع الكبرى، قام «بنك الولايات المتحدة الثاني» تحت إدارة وتوجيه بيدل بتوجيه قروض أو الاكتتاب مباشرة في حوالي ٥٠٪ من كل رأس المال الذي تم جمعه لشق كبرى القنوات المائية، وهو ما جعل نقل فحم الأنثراسايت الضروري لصناعة الحديد ممكنا. في ظل تنظيم النظام الائتماني تحت قيادة بيدل، كانت قيمة العملة ذات علاقة صحيحة ومتناسبة مع أعمال وتجارة البلد. فبزيادة رقعة الأراضي الزراعية وبزيادة المنشآت الصناعية التي تم بناؤها أرتفعت نسبة ائتمانات البنك التي كان يمكن زيادة حجمها بشكل آمن وإدخالها في مجال التداول عبر القروض وعمليات الخصم.

نظام الائتمانات الحكومية للرئيس لنكولن

عارضت بنوك مدينة نيويورك وشركة الهند الشرقية البريطانية فكرة«بنك الولايات المتحدة الثاني» وكذلك التحسينات الداخلية وما سهلته من تأسيس وانتشار الصناعات المحلية. نجحت هذه القوى سياسيا في إعاقة نظام الائتمانات الأمريكي باستخدامها إدارتي الرئيسين أندرو جاكسون ومارتن فان بورين. لكن الرئيس أبراهام لينكولن، وهو من المؤيدين الأصليين

لنظام الائتمانات الوطني للرئيس آدامز واليكساندر هاملتون، أعاد إحياء هذا النظام منذ بداية تسلمه لمهام منصبه.

أول خطوة اتخذها لينكولن كانت تمرير تعرفة جمركية قوية، المسماة تعرفة موريل الثانية (Morrill Tariff) في صيف عام ١٨٦١. كان هاملتون قد رسخ فكرة أن حماية الصناعات أمر أساسي لوجود نظام ائتمانات ونظام بنكي سليم، ليس فقط لأنها تولد عوائد (في هيئة رسوم جمارك) لتمويل ودعم الائتمانات الوطنية، بل وأيضا لأنه يكون من الصعب المحافظة على العملات المعدنية التي كانت تحفظ كاحتياطي إذا كان للبلد ميزان تجاري سالب، لأن الواردات من الخارج يجب دفع ثمنها بالعملة المعدنية.

الإجراء الثاني الذي قام به لينكولن، هو سياسة إصدار العملة الورقية الخضراء «جرينباك»، التي خلقت وسيلة للتبادل لإحياء وتسريع ماكنة الانتاج المحلي والتجارة. في نهاية عام ١٨٦١ وبعد شراء أصحاب بنوك نيويورك سندات الخزينة الامريكية (بسعر فائدة مرتفع جدا) لتحشيد وتهيئة ولايات الاتحاد للحرب الأهلية، قاموا بالتحالف مع مقدمي القروض البريطانيين والفرنسيين لوقف سير كل أشكال العوائد الى الخزانة الامريكية. قامت هذه البنوك بتجميد المدفوعات بالذهب التي كانت مدينة بها إلى الذين قاموا من قبل بإيداع أموالهم في تلك البنوك، وأوقفت شراء أو قبول السندات الحكومية، وأعاقت القروض الخارجية. ردت الحكومة على هذه الإجراءات باستعادة السيطرة على العملة وإصدار أوراق نقدية للخزانة الامريكية التي سميت «جرينباك» باعتبارها وسيلة تداول للمدفوعات الضرورية للتجارة والحرب. نص قانون العملة الرسمية (Legal Tender Act) الصادر في ٢٥ فبراير ١٨٦٢ على مايلي: «لتخويل إصدار الورقة النقدية للولايات المتحدة لاسترداد أو تمويل الدين العائم للولايات المتحدة.» وبرغم حملة التشكيك في الكونجرس وحتى في أوساط حزب الرئيس لينكولن ـ الحزب الجمهوري ـ كانت سياسة إصدار الجرينباك ناجحة تماما مثلما كانت سياسة هاملتون في تأسيس البنك الوطني التي بنيت عليها سياسة لينكولن.

National Archives

كان تمويل "المعجزة الالمانية" بعد الحرب العالمية الثانية يتبع ذات السياسات التي اتبعتها "الشركة المالية لاعادة الاعمار" في عهد روفيلت، واستخدمت المانيا "مؤسسة الائتمانات لاعادة الاعمار" (KfW) التي كان عملها منصبا على الانتاج الفيزيائي الحقيقي.

تحول حوالي نصف العملة المتداولة إلى الجرينباك. وزادت إدارة لينكولن الانفاق الحكومي بنسبة ٣٠٠٪ عن طريق خلق ٤٦٠ مليون دولار في هيئة أوراق عملة جرينباك أثناء الحرب الأهلية. تم استخدام هذه العملة الرسمية بالدرجة الأساس من قبل الخزانة (وزارة المالية) لدفع رواتب الجنود، والمقاولين وسائقي العربات ومصنعي السلاح والبزات العسكرية والفلاحين وغيرهم. كان بإمكان المستثمرين استعمال الجرينباك (بالإضافة إلى أوراق البنوك الحكومية) لشراء السندات التي كانت وزارة الخزانة تبيعها. قامت وزارة الخزانة بين اكتوبر ١٨٦٢ ويناير ١٨٦٤ بالإشراف على بيع أكثر من ٥٠٠ مليون دولار من السندات للمواطنين الأفراد، وهو ما كان كافيا لتمويل إصدارات الجرينباك التي كانت الوزارة تطرحها. واستخدمت الجرينباك لجباية ضريبة الحرب على الواردات والصناعة والدخل الفردي العالي (لمن دخله أكثر من ٨٠٠ دولار سنويا).

ما قام به قانونا العملة الوطنية والبنوك لعامي ١٨٦٣ و ١٨٦٤ ـ اللذان إذا ادمجناهما مع إجراءات الجرينباك ونظام التمويل الوطني ـ هو بناء نظام للبنوك الوطنية على ذات المباديء التي بنى على أساسها هاملتون بنك الولايات المتحدة. تم تجديد رخصة البنوك الحكومية باعتبارها بنوكا وطنية على أساس المتطلب التالي «أن تشتري أسهم الولايات

المتحدة والاحتفاظ بها كضمان لاوراقها النقدية المتداولة»[٣]. كان يتم إيداع السندات الحكومية الامريكية التي تشتريها البنوك في وزارة الخزانة، وكانت البنوك الوطنية المرخص لها حديثا تحصل بالمقابل على الجرينباك التي كانت تستخدمها للإقراض. مثلما كان «بنك الولايات المتحدة» وفروعه يحتفظون بجزء كبير من رأسمالهم في هيئة ديون عامة، كانت الأوراق النقدية والجرينباك في عهد لينكولن يتم تداولها على أساس الدين العام الذي كانت البنوك الخاصة تشتريه وتودعه في وزارة الخزانة. كانت سندات الحكومة الامريكية التي على أساسها يتم إصدار الجرينباك إلى البنوك الوطنية لتقوم بإقراضها سندات بمدة عشرين سنة ذات عائد سنوي ثابت، وتدفع نسبة فائدة موثوقة، لكنها لم تكن قابلة للاتجار ولا الاستدعاء قبل موعد استحقاقها إلا من قبل الحكومة. كما كانت عليه الحال في عهد هاملتون، كان التنظيم بقوانين صارمة لبنود الدين العام من قبل الحكومة هوالذي جعل الائتمانات المتداولة على ذلك الدين وسيلة موثوقة للنمو.

كانت الجرينباك مرفوعة ماليا (leveraged) بشكل آمن على أساس سندات العشرين عام، التي كانت تستخدم كضمان وتموّل هي ذاتها بواسطة عوائد الضرائب والتعرفة الجمركية. كانت رسوم الجمارك على الواردات تتجاوز كثيرا في حجمها الفائدة التي كان يجب دفعها على السندات، في هيئة عملة معدنية. هذا الفائض من العملة المعدنية أصبح مصدرا لاسترداد أي جرينباك أو لتمويل إصدارات أسهم جديدة.

وصف عالم الاقتصاد ومستشار لينكولن هينري كاري (Henry Carey) الشبه الكبير بين نظامي هاملتون ولينكولن قائلا: «بنك الولايات المتحدة ـ الذي اسسه هاملتون ـ لم يعطنا عملة معدنية، بل كانت اوراقه النقدية متداولة على ذات الفرضية الجوهرية التي منحتنا التداول المفيد للعملة الرسمية («جرينباك») في عهد لينكولن»[٤]. باتباع قاعدة هاملتون للائتمانات العامة، قام وزير خزانة لينكولن، سالمون تشايس بتمويل الدين العام وحافظ على قيمة الجرينباك عبر رسوم الواردات وعبر تطبيق أكبر نطاق من ضرائب العوائد الداخلية في تاريخ الولايات المتحدة حتى تلك اللحظة، وذلك من خلال سن قانون في عام ١٨٦٤ بعنوان «لتوفير العوائد الداخلية لدعم الحكومة ولدفع الفوائد على الدين العام».

إن إصدار لينكولن للأوراق المالية لوزارة الخزانة باعتبارها عملة كان من الأمور التي دعى إليها هاملتون باعتبارها عاملا إضافيا للأوراق المالية «للبنك الوطني» ولكن على نطاق أصغر في عام ١٧٨٩. ففي رسالة وجهها الى وزير الخزانة اوليفر وولكوت، ذكر هاملتون صعوبة جباية الضرائب في ظل «تداول مختل» وانعدام موثوقية الاعتماد على مصادر القروض من البنوك لوحدها. للمحافظة على التداول في أقصى مدى ممكن ولتسهيل تطلعات الحكومة التي تحتاجها بين الحين والآخر، قال هاملتون أنه توصل لقناعة مفادها «أن على وزارة خزانتنا أن تأتي بتداول من خلقها هي ... عن طريق إصدار أوراق مالية من الخزانة قابلة للتسديد لبعضها عند الطلب وبعضها الآخر عند فترات متفاوتة من قصيرة جدا إلى طويلة ـ على أن تكون ذات مدى قصير في البداية».

بعد نهاية الحرب الاهلية وموت لينكولن، وضح مستشاره الاقتصادي هنري كاري ـ الذي كان واحدا من مجموعة من الصناعيين البارزين في فيلاديلفيا ـ في العديد من الكتابات أن إصدارات الجرينباك قد أطلقت العنان لنسبة كبيرة من التقدم الصناعي في الولايات المتحدة. لكنه حذر من أن تقليص وزارة الخزانة لتداول الجرينباك من عام ١٨٦٦ فصاعدا كان اتجاها خاطئا للائتمانات الوطنية للولايات المتحدة. بدلا من ذلك كان كاري مقتنعا بأن اتحاد الولايات الأمريكية الذي عادت إليه عدة ولايات بعد الحرب، وبما أن الأمة بدأت تتوسع نحو الغرب، كان من المفترض التوسع في إصدار الجرينباك ألى ما بعد الـ ٤٦٠ مليون دولار التي تم تداولها أثناء الحرب.

ذهب تدمير نظام بريتون وودز في اغسطس ١٩٧١ على يد اشخاص مثل جورج شولتز (في الصورة) بعيدا الى درجة تدمير الاسس المالية الضرورية للتنمية العالمية الطويلة الأمد.

وصف كاري الجرينباك باعتباره مصدرا للائتمانات الداخلية الموثوقة و «غير قابل للتصدير»، كما أنه كان بلا ديون بالنسبة لمستخدميه المحليين. لكن بانكماش تداول الجرينباك إلى ٣٣٠ مليون دولار بنهاية عام ١٨٦٧، أصبح رجال الأعمال الأمريكيون والفلاحون والحرفيون أكثر اتكالا على المزيد من الديون، كما أصبح التوسع الصناعي الأمريكي معتمدا في حصوله على الائتمانات على البنوك الاوربية وعلى استخدام الذهب. عندما عادت الولايات المتحدة إلى استخدام العملة المعدنية في عام ١٨٧٩، احتفظ الأمريكيون بالجرينباك الذي في حوزتهم ولم يحولوا أي منها إلى شهادات الذهب، وهو ما أثبت صحة ما قاله كيري أن كميتها (الجرينباك) كانت أصغر من أن تلبي الطلب على الائتمانات المتداولة. بعد ثلاثة عقود من ذلك التاريخ، وفي أزمة ديون عام ١٩٠٧ والهلع المالي الذي رافقها، فكر الرئيس ثيودور روزفيلت في توسيع تداول الجرينباك بإصدار كبير جديد. لكنه تردد وترك بنوك نيويورك تأخذ زمام المبادرة منه عبر قانون آلدريتش الصادر عام ١٩٠٨، والذي سمح للبنوك الخاصة بإصدار عملة «أمريكية»، وهو ما أدى إلى تأسيس نظام الاحتياط الفدرالي (البنك المركزي الأمريكي) بعد خمسة سنين. لم تصدر وزارة الخزانة الأمريكية أي ائتمانات منذ ذلك التاريخ إلى اليوم.

فرانكلن روزفيلت وشركة تمويل إعادة الإعمار

اتخذ البنك الوطني المؤقت والطارئ الذي أسسه الرئيس فرانكلن روزفيلت (Franklin D. Roosevelt) شكل «شركة تمويل إعادة الاعمار» (Reconstruction Finance Corporation) التي اشتهرت بقيامها بإقراض ٥٠ مليار دولار لكل قطاع من النشاطات الاقتصادية بين عامي ١٩٣٤-١٩٥٥.

قاربت «شركة تمويل إعادة الإعمار» بنجاح كبير نظام ائتمانات هاملتون على مدى عقد الثلاثينات إذ كان كل صاحب شركة أو صناعة أو مشروع زراعي ذي صفة انتاجية قادرا على الحصول على إئتمانات بضمان معقول أساسه أن القرض ستتم إعادته حسب تقدير الدائن. حصل النمو بطريقة ممنهجة لأن عملية الوفاء بالائتمان كانت معتمدة على تحقيق ارتفاع في الانتاجية.

وتم إنقاذ الصناعة والزراعة من حالات الإفلاس غير الضرورية، وتمت المحافظة على اليد العاملة الماهرة والشركات التي كان البلد في أمس الحاجة إليها. فبدلا من السماح للأسعار أن تكون خاضعة للتداخل العشوائي لدورات الانتاج أو تلاعب وول ستريت بها، قامت الائتمانات التي قدمتها «شركة تمويل إعادة الإعمار» بموازنة الدورات الاقتصادية للقطاع المالي الخاص.

مارست «شركة تمويل إعادة الإعمار» نشاطاتها بشكل مستقل عن تفويضات ومخصصات الميزانية الحكومية، إذ كانت تقترض مباشرة من وزارة الخزانة الأمريكية وفقا لسقف يحدده الكونجرس. كل القروض التي تم تقديمها عبر «الشركة»، كقروض وليس مخصصات، تمت إعادتها ليس فقط بربح مالي للخزانة، بل والأهم من ذلك بزيادة انتاجية اقتصاد الأمة بدرجة لا يمكن قياسها بالدولارات، ناهيك عن الربحية المتمثلة بإنقاذ رأس المال البشري والانتاجي الذي كان سيفقد لو لم يتم تقديم هذه القروض.

كانت «شركة تمويل إعادة الإعمار» في عهد الرئيس فرانكلن روزفيلت تجسيدا لفكرة الائتمانات الموجهة، وعملت تماما كما عمل «بنك الولايات المتحدة» تحت قيادة نيكولاس بيدل واليكساندر هاملتون، إذ رفعت مستوى الائتمانات المباشرة أو غير المباشرة طويلة الأمد في الاقتصاد ككل. كما أنها قامت بنفسها بإقراض الاقتصاد وفق شروط تسهيلية. تتمثل الاختلافات المهمة بين هذه الشركة وبنك الولايات المتحدة بكون الشركة لم تكن المؤسسة

الإيداعية الرئيسية للعوائد الضريبية للولايات المتحدة ولهذا لم تكن تكن قادرة على إقراض هذه العوائد باعتبارها مصدرا للائتمانات للبنوك والصناعات والشركات مثلما كان بنك الولايات المتحدة يفعل من قبل. كما أن أسهم رأسمالها لم تكن مفتوحة للاكتتاب من قبل القطاع الخاص. كانت «شركة تمويل إعادة الإعمار» تعمل في بيئة تنشط فيها هياكل بنك الاحتياط الفدرالي بقوة، ولهذا لم تكن بنفس كفاءة بنك الولايات المتحدة الذي كان يتصرف باعتباره المؤسسة الرئيسية والمحرك الأساسي للنظام البنكي.

قام الرئيس روزفيلت بتقديم اقتراح في عام ١٩٣٤ لخلق بنوك وطنية للصناعات وموجه من داخل نظام بنك الاحتياط ليعمل باعتباره مؤسسة إيداع للعوائد الضريبة الامريكية، لكن الكونجرس رفض الاقتراح..

اقترح ليندون لاروش لاول مرة الاطار العام لنظام ائتمانات عالمي جديد في عام ١٩٧٥، عبر خطته لتأسيس "بنك التنمية العالمي". ثم اصبح هذا المشروع جزءا مهما من حملة لاروش لانتخابات الرئاسة الامريكية في عام ١٩٧٦.

٣. الاتفاقيات الائتمانية العالمية من أجل التنمية

إن الظهور الدراماتيكي مؤخرا لبنكي تنمية عالميين للإقراض غير المشروط بالتقشف والموجه صراحة نحو استثمارات البنية التحتية ـ وهما «بنك التنمية الجديد» التابع لمجموعة البريكس (NDB) و «البنك الآسيوي لاستثمارات البنية التحتية» (AIIB) ـ سيفتح آفاقا واسعة للاتفاقيات الائتمانية لم يشهد العالم مثيلا لها منذ مؤتمر بريتون وودز (١٩٤٤). تتطلب المشاريع العظمى الضرورية أو «المنصات الاقتصادية» المعروضة في هذه الدراسة التعاون بين العديد من الأمم ، ويدخل في ذلك التعاون في مجال الائتمانات بين القوى الاقتصادية الكبرى لتوفير الغالبية العظمى من السلع الرأسمالية والسلع الصناعية لهذه المشاريع ـ لكنها لا تتطلب توجيها من قبل مؤسسات فوق ـ وطنية. تستطيع الولايات المتحدة والقوى الاقتصادية الاوربية بقيادة ألمانيا بسهولة أن تشارك، وهي بحاجة إلى أن تشارك في توسيع هذين البنكين ليصلا إلى ما يوازي ترليونات الدولارات من الائتمانات للبنية التحتية المطلوبة فورا. لكن على هذه الدول أن تتخلى عن عداءها «الأخضر» تجاه الطفرات العلمية الانتاجية والتكنولوجيا حتى تستطيع المشاركة.

إن أمثلة مثل معبر نفق مضيق بيرينج لربط اوراسيا بأمريكا الشمالية بسكك الحديد عالية السرعة الذي تراه روسيا والصين باعتباره مشروعا ملحا، أو المشروع النوعي الهائل لنقل المياه وإدارتها لوقف عملية التصحر في شمال أمريكا، توضح المبدأ العام. إن الاتفاقيات التي ستتم بين الأمم المشاركة في صناديق تمويل هذه المشاريع أو في الهيئات التي ستقوم ببناء المشاريع العظيمة ستتطلب وجود اتفاقيات حول إصدار الائتمانات طويلة الأمد وبسعر فائدة منخفض. علاوة على ذلك، ستبقى هذه الدول صاحبة سيادة فيما يخص انظمتها الائتمانية الوطنية، بحيث تكون الائتمانات طويلة الامد المطلوبة في عدة عملات بقيمة تعادلية مستقرة نسبيا على المدى البعيد، بالإضافة إلى ترتيبات مقايضة العملة بين البنوك المركزية. أحد الأمثلة السلبية الحالية التي تثبت أهمية هذه الترتيبات هو الاختلال الخطير الذي وقع في التجارة ومشاريع التنمية في كازاخستان نتيجة للهبوط المفاجئ لقيمة الروبل الروسي في عام ٢٠١٤ نتيجة للعقوبات الاقتصادية المتزايدة. دأب عالم الاقتصاد ليندون لاروش ومعاونوه على مدى أكثر من ثلاثة عقود على الدعوة لاقتراح العودة إلى نظام بريتون وودز للاتفاقيات التي من شانها أن تعود إلى ترتيبات الائتمانات والعملة والبنوك بين الأمم لمرحلة ما بعد الحرب العالمية، كما تمثل ذلك بالعلاقة الائتمانية بين الولايات المتحدة وألمانيا بخصوص مشروع مارشال الأمريكي والمؤسسة المالية الألمانية لإعادة الإعمار المسماة «مؤسسة الائتمانات لإعادة الإعمار» (Kreditanstalt für Wiederaufbau).

كان لبرنامج المساعدات المُركّز على المنح والقروض في خطة مارشال، برغم قصر مدته

وصغر حجمه (حوالي ١٢٥ مليار دولار بقيمة الدولار اليوم) تأثيرا قويا نسبيا على عملية الانتعاش الاقتصادي في أوربا بعد الحرب والتنمية الاقتصادية فيها لأنه كان مترسخا في نظام بريتون وودز المضاد للمضاربات المالية. كانت المساعدات في هيئة (١) ائتمانات بالدولار التي كانت بسبب التشريعات التنظيمية لرؤوس الأموال غير قابلة لإعادة التصدير لدفع ديون الحرب للدول الاوربية وغيرها من الديون الخارجية (بالرغم من محاولات بريطانيا لخرق هذه التشريعات من أجل استخدام الائتمانات لدفع الديون)، (٢) في هيئة سلع وخاصة السلع الرأسمالية ـ مكائن وادوات ـ تمثل ائتمانات واستثمارات في السلع الرأسمالية في داخل الولايات المتحدة، والتي تم استردادها بالمارك الألماني أو العملات الوطنية الاوربية الاخرى، (٣) مساعدات مباشرة بالدولار تستخدم لشراء مواد البناء المستوردة والسلع الرأسمالية والأغذية. كما لم تتم أي محاولة «لإعادة دمج هذه الأمم بأسواق المال العالمية»، لأن ذلك كان سيؤدي إلى إطلاق عملية هروب أموال وتخفيض سريع لقيمة العملة.

قامت الدول الاوربية «بتسديد» ثمن هذه السلع والقروض من خلال خلق صناديق مالية لائتمانات مساوية ومطابقة (matching) لتلك القروض والسلع في عملتها الوطنية، وتم استعمالها في زيادة ائتمانات التنمية الداخلية في بلدانها. كانت «مؤسسة الائتمانات لإعادة الإعمار» الألمانية أكثرها نجاحا وتأثيرا والأطول عمرا في اتباع هذه السياسة. في عام ١٩٥٨ تم حل وكالة التعاون الاوربية (European Cooperation Agency) التي كانت بمثابة بنك تنمية عالمي صغير تحت «برنامج الانعاش الاقتصادي الاوربي» (خطة مارشال)، وفي ذلك الوقت كانت جميع الأمم الاوربية قد التحقت بنظام بريتون وودز، وكانت عملاتها قابلة للتحويل بسعر صرف ثابت. لم تستخدم هذه الدول الدولار على نطاق واسع إلا حين شراء السلع الأمريكية وتسوية الموازنات التجارية، وكان ممنوعا فتح حسابات مصرفية بعملات دول أجنبية في ظل نظام بريتون وودز باستثناء أغراض التجارة الخارجية.

برغم عِلّات نظام بريتون وودز، إلا أن مبدأ التداول الدولي بائتمانات التنمية كان موجودا فيه. قامت «مؤسسة الائتمانات لإعادة الإعمار» الألمانية باستخدام ذات الدور للائتمانات التنموية داخليا بالتناسب مع الائتمانات التي كان يتم توليدها في الولايات المتحدة مثلما استخدم اليكساندر هاملتون «بنك الولايات المتحدة» الأول في التنمية في الولايات المتحدة ذاتها بالتناسب مع البنوك الاوربية التي استثمرت بشكل مكثف في بنك هاملتون حينما كان وزير الخزانة في عام ١٧٩١. إن التصميم الذي عمله هاملتون لبنكه ـ بصندوق سداد الديون فيه (sinking fund) وعوائد الرسوم الضريبية الجديدة التي دعمته ـ منع رأس المال المستثمر فيه من أن يعود مجددا إلى خارج البنك لتسديد الديون الهائلة نسبيا للولايات المتحدة التي كانت مفلسة في حينه. بدلا من ذلك قام بنك هاملتون بتوجيه رأسمال البنك إلى مشاريع تنموية مثل شق القنوات وبناء الطرق ومصانع الحديد. وحسب وصف هنري كاري للعملة المتداولة عبر بنك هاملتون فإنها كانت «غير قابلة للتصدير»، وكذلك كانت الائتمانات التي خلقتها «مؤسسة ائتمانات إعادة الإعمار» الألمانية في فترة ما بعد الحرب العالمية الثانية.

أصر كل من بنجامين فرانكلين وأليكساندر هاملتون ومن بعدهما ماثيو وهنري كاري بشكل صريح على أهمية وجود الحماية (للانتاج الوطني) باعتبارها ميزة من مميزات الصيرفة الوطنية، وذلك لتفادي تبديد رأس المال المستثمر حديثا. على سبيل المثال، بدون وجود قوانين تحمي الصناعة الوطنية لتقليل الواردات التي يتطلب دفع ثمنها نقودا حقيقية (العملة المعدنية في ذلك العهد، الدولار اليوم)، سيؤدي الضغط على البنك الوطني وفروعه لتسديد هذه المدفوعات إلى هدم النظام.

تم هدم نظام بريتون وودز بشكل جذري تحت تأثير سوق اليورودولار الذي ظهر

لأول مرة في الخمسينات عبر خلق لندن (والبنوك الاوفشور التابعة لها) لحسابات بالدولار الأمريكي كانت تدفع نسب فائدة مبالغ فيها جدا، وهي حسابات وجدت ليس لغرض التجارة بل لأغراض الاستثمار في أسواق الأسهم والأوراق المالية العالمية وأسواق الديون السيادية وفي فترة لاحقة المضاربة على أسعار صرف العملات الأجنبية. سمح المشرعون لهذا الأمر بالحدوث والتوسع بشكل تصاعدي. بحلول عام ١٩٧٩ كان ثلثا كمية الدولار الموجودة يتم تداولها خارج اقتصاد الولايات المتحدة ـ في هيئة «يورودولار» أو «بترودولار»، وأدى التضخم الناتج عن ذلك إلى فصل الدولار عن قاعدة احتياطي الذهب وتدمير نظام بريتون وودز المتميز بوجود اسعار ثابتة لصرف العملة. كما أدى نظام «أسعار الصرف العائمة» الذي نتج عن ذلك، إلى التأثير بشكل سلبي جدا على «البنك العالمي لإعادة البناء والتنمية» (أي البنك الدولي) باعتباره آلية لتداول الائتمانات من أجل التنمية لأن رأسمال البنك والغالبية العظمى من القروض التي يمنحها كانت بالدولار، وكان أيضا على الدول المقترضة أن تسدد ديونها بعملات بدأت قيمتها تنخفض أمام الدولار.

إن دولا مثل الولايات المتحدة والصين وروسيا واليابان تمتلك كلها القدرة الآن على إصدار الائتمانات والعملة على نطاق واسع لأغراض التنمية: الولايات المتحدة لأنها بدينها الهائل والممول والمقبول عالميا يمكن تحويله إلى ائتمانات تنموية من خلال تأسيس بنك وطني للمشاريع الاقتصادية الكبرى. أما الدول الثلاثة الأخرى فهي لأنها تمتلك كميات كبيرة من احتياطيات العملة الأجنبية التي يمكن استخدامها كقاعدة لإصدار ائتمانات وطنية عبر بنوك حكومية. ستوفر بنوك التنمية العالمية الجديدة الآليات الأولى. الصين تقوم بذلك منذ مدة، وقد جمعت ٣،٥ ترليون دولار من أحتياطيات العملة الاجنبية عبر تجارتها مع العالم، وقد أصدرت ما هو ضعف ذلك في هيئة إصدارات عملة عبر البنوك الحكومية منذ عام ٢٠٠٧. حتى وإن كان جزء بسيط من هذه الأموال قد أدى إلى خلق فقاعات عقارات ومواد أولية (بتشجيع ودعم من البنوك البريطانية وهونج كونج وغيرهما من الشركات المالية) إلا أن القسم الأكبر من هذه قد تم استخدامها لبناء البنية التحتية وزيادة الانتاجية والنمو الاقتصادي. إذا تم ربط هذه بإصدارات بنوك القوى العالمية الأخرى لتمويل مشاريع كبرى معينة، فإن ائتمانات الصين التنموية الوطنية ستكون محمية بشكل أفضل بمواجهة الرغبات المضاربية للبنوك الاستثمارية العالمية وصناديق التحوط (خاصة البريطانية منها وتلك التي في هونج كونج).

بمقدور الكونجرس الامريكي في أي شهر كان أن يؤسس «بنك الولايات المتحدة الثالث» برأسمال قدره ترليون دولار أو أكثر، ممول من قبل حاملي سندات دين الخزانة الامريكية بحيث يستثمرونها في مثل هذا البنك مقابل أسهم في البنك أو سندات طويلة الأمد. وسيكون بمقدور الكونجرس أن يصدر ائتمانات مشاريع عالمية عبر هذا البنك. أو عوضا عن ذلك، يكون بمقدور حكومة الولايات المتحدة إصدار كمية موازية لذلك المبلغ في هيئة أوراق نقدية للخزانة (عملة جرينباك) مدعومة بواسطة أسهم أو (أذون) الخزانة الطويلة الأمد وغير القابلة للاستدعاء، لاستخدامها لذات الغرض ـ أي توفير ائتمانات للمشاريع العالمية. أما القوة الاقتصادية العظمى الخامسة، الهند، فقد أسست هي الأخرى «شركة استثمارات ماوراء البحار» (INOIC) على شاكلة الصناديق السيادية لحقن القوة المالية في محاولاتها ضمان الوصول إلى الموارد الطبيعية في العالم. لكن هذه الشركة لن تكون صندوقا سياديا بالمعنى الشائع، بل مصممة لتكون الذراع القابضة للحكومة ومسجلة في بنك الاحتياط الهندي باعتباره مؤسسة مالية غير بنكية.

ستجمع الشركة الأموال عبر أذونات بالروبية بأمد ١٥-٢٠ سنة بضمانات سيادية. ستقوم الكيانات الحكومية والبنوك والمؤسسات المالية بالاكتتاب في هذه الأوراق باستخدام فوائضها المالية. سيسمح الضمان السيادي بأن تكون نسبة الفائدة على الأذونات بهامش أعلى من

السندات الحكومية. يمكن أيضا جعل هذه الأذونات جزئا من نسبة السيولة الرسمية للبنوك (أو الحد الأدنى من النقود التي يجب أن تبيت في البنوك) لمساعدة البنوك على الاكتتاب. لن تقترض هذه الشركة الهندية من بنك الاحتياط الهندي.

هكذا ستكون الهند جاهزة للمشاركة في «بنك التنمية الجديد» لدول البريكس و «البنك الاسيوي لاستثمارات البنية التحتية» الجديد، بينما تقوم بتطوير قدراتها التصديرية إلى الدول الاسيوية الأخرى بشكل خاص. حتى يقدر «بنك تنمية دولي» (International Development Bank) - إفتراضي - على دفع عجلة المشاريع العظيمة المطروحة في هذا التقرير، سيكون واجبا على بعض هذه القوى العظمى الاقتصادية في اوراسيا، ربما بالتعاون مع الولايات المتحدة، أن تقوم بإصدار ائتمانات في عملاتها الوطنية لرسملة «بنك تنمية دولي» يتم تأسيسه بمعاهدة وبرأسمال يعادل عدة ترليونات من الدولارات، بحيث يصبح الموول الأساسي والمبادر الأول للاستثمار في المشاريع الكبرى.

قد يستثمر أحد الصناديق السيادية أو عدد منها من أمم أخرى رأسماله في «بنك التنمية الدولي»، لكن الائتمانات التي تصدر إليه من القوى الاقتصادية الأخرى المتعاونة يجب أن تحدد كيفية رسملتها - باستثمارات في سندات بأمد ٢٠-٣٠ عام بعائد سنوي لكن غير قابلة للاستدعاء إلا من قبل البنك وحده إذا قرر البنك تقليص رأسماله لأي سبب كان أو لقبول مستثمرين آخرين. هذا هو نفس المبدأ الذي يمكن على أساسه بناء بنوك ائتمانية وطنية في أي بلد كان طالما أن ائتماناته المستخدمة في الاستثمارات ليست ناتجة عن الفائض التجاري واحتياطيات النقد الأجنبي.

لغرض خلق قروض متساوية في امدها الطويل لتمويل مشاريع تنمية في كل بلد، يقوم «بنك التنمية الدولي» بحجز ائتمان مع بنك التنمية الوطني للبلد المعني والذي سيقوم باستخدام ذلك الائتمان كقاعدة لإصدار ائتمانات بالعملة الوطنية للسلطات والشركات التي تنفذ المشروع. وفقا لتصميم بنوك التنمية الوطنية في الدول المقترضة وباستخدام قيود رأس المال، سيكون لزاما أن تكون هذه العملة «غير قابلة للتصدير» إلا لأغراض التجارة الخارجية. على الدول المقترضة أن تفرض قيودا رأسمالية وكذلك قيودا على صرف العملة لضمان عدم تحويل أي من ائتمانات «بنك التنمية الدولي» إلى رأسمال هارب أو استثمارات في اوراق مالية في أسواق أجنبية، كما أن استخدامها في مشاريع التنمية يمنع أي محاولات لاستخدامها من قبل الدول المقترضة في تسديد أية ديون سيادية خارجية. علاوة على ذلك، يكون من الضروري لزيادة كفاءة إصدارات إئتمانات التنمية من «بنك التنمية الدولي» أن تكون الدول المثقلة بالديون - التي فرضت عليها هذه الديون بطريقة غير مشروعة كليا أو جزئيا - قادرة على تأجيل دفع تلك الديون غير المشروعة واستبدالها بدين ذي أمد طويل كثيرا إذا لم يتم التوصل لاتفاق على إلغاء مثل هذه الديون كليا أو جزئيا. بخلاف ذلك ستعاني الدول المقترضة من أعبائها المالية الناتجة عن سداد الديون الخارجية وتتأثر قدرتها على المشاركة في عملية إصدار الائتمانات عبر «بنك التنمية الدولي» لمشاريع البنية التحتية الكبرى الحيوية.

يمكن لبنك التنمية الدولي أن يكون وسيلة لإعادة تنظيم ديون الدول شديدة المديونية، والتي تحتاج إلى ائتمانات بنك التنمية الدولي لبناء منصات بنية تحتية اقتصادية كبرى. حينما تستلم الهيئات الحكومية أو الاقليمية قروضا من بنك التنمية الدولي حتى تستطيع تنفيذ مشاريع البنية التحتية الكبرى أو المشاريع العلمية والتكنولوجية التي ستساعد هذه الدول على توليد نشاطات اقتصادية منتجة بالإضافة إلى عوائد مالية لها، فإن هذه الدول ستقوم بسداد هذه القروض لبنك التنمية الدولي بذات الطريقة: أي بتأسيس بنوك ائتمانات وطنية على نموذج «مؤسسة ائتمانات إعادة الإعمار» الألمانية في العقود التي تلت الحرب العالمية الثانية، حتى تستطيع توليد المزيد من الائتمانات الداخلية للتنمية وأيضا لكي تستثمر هي بدورها في بنك التنمية

الدولي باستخدام عملاتها الوطنية.

شرح ليندون لاروش هذه العملية في كتابه المعنون «خطة شواريز» (Operation Juarez) عام ١٩٨٢ وهو مقترح قدمه لأمم أمريكا اللاتينية لإعادة تنظيم ديونها وتنمية اقتصاداتها، باعتبار أن الفكرة ضرورية لكل من الدول المدينة والدولة الدائنة (حينها) الولايات المتحدة الأمريكية:

١. لا يجب السماح في أية جمهورية بوجود أي إصدارات لائتمانات باستثناء (أ) ائتمان ذو سداد مؤجل بين مشتري وبائع السلع والخدمات، (ب) قروض مصرفية مقابل مزيج من العملة القانونية والسبائك الذهبية أو الفضية على ودائع بطريقة قانونية، (ج) قروض لإصدارات ائتمانية تنشأ في هيئة عملة وطنية - سندات وزارة الخزانة / المالية الحكومة الوطنية.

٢. يجب توجيه قروض الائتمانات حكومية المنشأ (اوراق عملة) نحو الاستثمارات التي تقود الى التقدم التكنولوجي لتحقيق كامل القدرة الكامنة باستخدام السلع الرأسمالية التي تكون معطلة بخلاف ذلك، والقدرات المنتجة للسلع التي تكون معطلة بخلاف ذلك، واليد العاملة المنتجة التي تكون معطلة بخلاف ذلك، ولإنتاج السلع أو تطوير البنية التحتية الاقتصادية الأساسية الضرورية لإدامة وتطوير عملية الانتاج وتوزيع السلع.

٣. في كل دولة جمهورية، يجب ان يوجد بنك وطني حكومي، يرفض في وظائفه المسموح بها قانونيا وجود ممارسات بنكية خاصة لبنوك مركزية على شاكلة بنك انجلترا والممارسات الخاطئة لبنك الاحتياط الفدرالي الامريكي.

٤. يجب أن لا توجد أي مؤسسة إقراضية في البلد سوى تلك الخاضعة لمعايير العمل وتدقيق الحسابات من قبل وزارة الخزانة / المالية ومحاسبي البنك الوطني. لا يسمح لأي مؤسسة مالية أجنبية أن تقوم بممارسة الأعمال داخل البلد إلا إذا انطبقت عليها الشروط القانونية لمعايير الاحتياطيات والممارسات البنكية السليمة تحت قانون الجمهورية، كما يتم تحديد هذه دوريا عبر محاسبة صحيحة (شفافية مؤسسات الإقراض الأجنبية).

٥. يمتلك كل من الخزانة والبنك الوطني، باعتبارهما شريكين، السلطة الدائمة لوضع الضوابط لرؤوس الأموال وصرف العملة، وتسهيل هذه الوظيفة عبر إصدار إجازات الاستيراد والتصدير، ووضع ضوابط للمفاوضات المتعلقة بالقروض المأخوذة من مصادر خارجية.

يجب وضع أسس سيادية لتقييم قيمة سعر صرف العملات الاجنبية مقابل العملة الوطنية.... أول تقدير افتراضي لقيمة عملة الأمة هي القدرة الشرائية لتلك العملة ضمن الاقتصاد الداخلي لتلك الأمة. ماهي أسعار السلع والخدمات التي يتم إنتاجها وطنيا مقارنة بأسعار السلع والخدمات من ذات النوعية المنتجة في بلد آخر؟

لأن حجم التجارة سيزداد بين الأمم التي تشارك في اتفاقيات بناء هذه المشاريع الكبرى - أي كل من الأمم التي تصدر الائتمانات عبر بنك التنمية الدولي وتلك التي تستلم القروض - يكون لزاما على البنوك الوطنية للأمم المشاركة أن تقوم بخلق عمليات مقايضة عملة كبيرة بما يكفي لمسايرة زيادة مدفوعات التجارة بعملات الطرفين. يمكن لعمليات المقايضة بالعملات هذه أن تكون أساسا لاتفاقيات غرضها تحديد مستويات مستقرة لأسعار الصرف بين العملات. إن مسؤولية وغرض وجود بنك التنمية الدولي هو ضمان توجيه الائتمانات التنموية التي تصدرها الأمم بشكل حصري نحو تطوير منصات البنية التحتية الجديدة والتطور التكنولوجي اللذان هما أهم عوامل زيادة انتاجية الاقتصادات الوطنية والقوى العاملة للجنس البشري.

الهوامش

[١] ملاحظة من المترجم: تستخدم كلمة credit هنا بعدة معاني لكن الهدف هو واحد. فمعنى الكلمة في القاموس يتفاوت بين دين واعتماد وائتمان وسمعة ومصداقية، إلخ. لكن هدف الكاتب هنا هو الجمع بين هذه المعاني ليبين أن الفكرة هي واحدة: أي قدرة المجتمع على الانتاج والبناء وصداقيته في إنجاز ذلك هي المعيار الأساسي للقدرة المالية والائتمانية للمجتمع وليس العكس، أي ليس وجود المال أولا هو الذي يطلق عملية الانتاج.

[٢] سجلات مستعمرة رود ايلاند، إصدار بروفيدينس ١٨٦٠، صفحة رقم ١٢

[٣] ويزلي ميتشيل، تاريخ الجرينباك، ١٩٠٣، جامعة شيكاغو

[٤] رسالة هنري كاري إلى وزير الخزانة ماكوللو، ديسمبر ١٨٦٨

التوسع في استخدام الطاقة النووية من أجل بقاء العالم

يعيش الناس في أرجاء واسعة من العالم في ظلام، حيث تنقصهم الطاقة الكهربائية الضرورية للحياة العصرية. لكن ساسة العالم لا يعطون الأولوية للحل الفعلي للمشكلة.

بقلم : رامتانو مايترا
By Ramtanu Maitra

يوليو ٢٠١٤

يفتقد ١,٢ مليار انسان ـ أي ٢٠٪ من سكان العالم ـ الطاقة الكهربائية اليوم، ويعيش كل هؤلاء تقريبا في الدول النامية. يتضمن هذا العدد ٥٥٠ مليون فرد في افريقيا وأكثر من ٤٠٠ مليون في الهند. يحتم الواجب على كل قادة العالم أن يقوموا بخفض هذا الرقم إلى صفر في أقرب وقت ممكن، حتى يقدروا أن يعطوا الشعوب مستقبلا يمكنها التطلع إليه على مدى الخمس وعشرين سنة القادمة. هل يمكن تحقيق ذلك باستخدام الوقود الأحفوري وطاقة الرياح والشمس؟ الجواب هو "لا" مدوية!

إن السبيل الوحيد الذي يمكن للعالم السير فيه لتلبية احتياجات الطاقة لجميع البشر هو الاستغلال الكامل لأعلى مستوى من كثافة تدفق الطاقة التي يمكن تحقيقها عبر الانشطار النووي الآن وعبر استخدام الهايدروجين (ديوتيريوم) والتريتيوم وهيليوم ـ٣ المرتقب كوقود لتوليد الطاقة في مفاعلات الدمج النووي. بحلول ١١ مارس عام ٢٠١٤ كان يوجد في العالم ٤٣٥ محطة نووية قيد التشغيل في ٣١ بلد بقدرة انتاجية للكهرباء تبلغ حوالي ٣٧٢ جيغاواط، كما كانت ٧٢ محطة بقدرة انتاج تبلغ ٦٨ جيغاواط تحت الانشاء في ١٥ بلد. لا توفر محطات الطاقة النووية المشتغلة في العالم اليوم بمجملها سوى ١١٪ من إجمالي انتاج الطاقة العالمي. أما بقية الـ ٨٩٪ فتأتي من حرق أنواع الوقود الأحفوري.

ما يتضح من هذه الارقام هو أنه لا يوجد أي بلد ـ كبيرا كان أم صغيرا ـ في العالم ملتزم بشكل أساسي بتوليد الطاقة في المستقبل من عملية الانشطار النووي بشكل كامل. بدلا من ذلك ، نرى دولا مثل الصين والهند اللتان تعتبران من أكبر الملتزمين بزيادة مستويات النمو الزراعي والصناعي لكن تقومان باستخراج ونقل مئات الملايين من أطنان الفحم يوميا لتوليد الطاقة لسد احتياجاتهما التنموية.

صحيح أن الفحم لعب دورا مهما في تقدم الانسان، وسيستمر في لعب هذا الدور في المستقبل القريب، لكن كما هي الحال في كل انواع التكنولوجيا التي لا تجد تكنولوجيا تتخطاها، تصبح السلبيات ظاهرة للعيان أكثر فأكثر. من المعترف به عموما أن عملية توليد الطاقة من الفحم تجعل الهواء أقل ملائمة للتنفس ـ التكنولوجيا موجودة لحل هذه المشكلة لكن بكلفة عالية. مع ذلك هناك مشاكل أخرى غير قابلة للحل مرتبطة بتوليد الطاقة من الفحم. ابتداء يجب استخدام كميات هائلة من المياه العذبة يوميا لغسل ملايين أطنان الفحم هذه قبل حرقها. يحتاج الماء الملوث الخارج من مغاسل الفحم إلى تنقيته قبل أن يقوم بدوره بتلويث المجاري المائية

محطات الطاقة النووية في العالم في اغسطس ٢٠٠٥.

International Nuclear Safety Center at ANL

والمياه الجوفية. علاوة على ذلك يشكل نقل ومعالجة هذه الكميات الكبيرة من الفحم عملية متعبة ومكلفة: يتم شحن ملايين الاطنان من الفحم من الموانئ أو مناجم الفحم الى المغاسل. تشير القاعدة الأساسية إلى أن محطة الطاقة المشتغلة بالفحم تقوم على المعدل بحرق محتويات ٢٠٠ عربة قطار شحن في اليوم، بمعدل ١٠٠ طن لكل عربة. هذا يعني ٧٣٠٠٠ عربة أو ٧٣٠٠٠٠٠ طن في العام. لا تستخدم محطة الطاقة النووية على المعدل سوى ٠,٠٠٥ من حجم عربة القطار من الوقود النووي في اليوم - أي ما يعادل ٢٠ طن في العام.

لا تنتهي المشاكل التي تخلقها المحطات المشتغلة بالفحم عند هذا الكابوس اللوجستي فحسب. فحرق كميات كبيرة من الفحم يخلق كميات كبيرة من "الرماد المتطاير" (fly ash) الذي يحتوي على المواد الكيمياوية الحامضية التي تسمم التربة وتؤدي إلى انسداد المجاري المائية وتقتل كل الكائنات الحية التي تعيش في تلك المجاري المائية. تنتج محطات الطاقة العاملة بالفحم في الولايات المتحدة لوحدها ما معدله ١٣٠ مليون طن من الرماد المتطاير. ستواجه جميع الدول التي تقوم حاليا ببناء محطات توليد طاقة باستخدام الفحم هذا الكابوس اللوجستي ذاته. ما يعنيه هذا هو أن جزءا مهما من شبكة سكك الحديد في البلد ستبقى محجوزة لنقل الفحم من الموانئ والمناجم الى المناطق الداخلية من البلد حيث تتواجد محطات الطاقة، ثم عليها أن تعيد نقل الرماد المتطاير مجددا إلى الخارج. يزداد هذا الوضع سوءا بازدياد أعداد محطات الطاقة المستخدمة للفحم كوقود.

بالرغم من أنه ينبغي أن يكون واضحا وبديهيا لأي صانع قرار أن هذه السياسة المبنية على تأسيس النمو المستقبلي لتوليد الطاقة على استخدام التقنيات المتوافرة اليوم فقط ستقود إلى كارثة على المدى البعيد، إلا أن هذه الدول لم تلزم نفسها بعد بخلق الظروف التي ستقود إلى بروز طاقة المستقبل في بلدانها من المصادر النظيفة، مثل طاقة الانشطار النووي التي تستخدم القليل من الوقود وتبقى المصدر الأكثر كفاءة وموثوقية بين مصادر الطاقة الآخرى.

NASA كوكب الارض ليلا: يفتقد 20% من سكان العالم الطاقة الكهربائية.

مشهد الطاقة العالمي باختصار

قامت الدولتان الأكثر سكانا في العالم، الصين والهند، بتطوير قدرات محلية لصناعة محطات نووية كاملة، وذلك بنية تزويد الملايين من مواطنيهما بالطاقة الكهربائية التي تعتبر متطلبا أساسيا للعيش. لكن بالرغم من أن الصين تبذل جهودا لتعزيز قدرتها على توليد الطاقة الكهربائية بسرعة، إلا انها تقوم بذلك من خلال استخراج واستيراد المزيد والمزيد من الفحم، بينما تبقى الطاقة النووية موردا إضافيا ليس إلا. من الواضح أن الصين لم تندفع لتغيير هذا الوضع في المستقبل المنظور. يقول بعض المحللين أنه من المتوقع أن تضيف الصين محطات توليد طاقة بالفحم بقدرة توليد مقدارها ٣٦ جيغاواط في عام ٢٠١٤، و٤٢ جيغاواط في ٢٠١٥، و٤٥ جيغاواط في ٢٠١٦، ومن ثم ٤٧ جيغاواط سنويا ابتداء من عام ٢٠١٧. هذا يعني بمعنى آخر أنه من المتوقع أن تضيف الصين ٣١٠ جيغاواط إلى قدرتها التوليدية للكهرباء باستخدام الفحم بين عام ٢٠١٤ و ٢٠٢٠. على النقيض من ذلك، تذكر تقارير الجمعية النووية العالمية (World Nuclear Association) أنه بالرغم من أن الصين تنتج حوالي ٢٠ جيغاواط أو ٢٪ من اجمالي انتاجها من الطاقة الكهربائية، من الانشطار النووي، فإن المفاعلات النووية الإضافية المخطط لها والتي تتضمن بعض أكثر المفاعات تقدما في العالم، ستساعد البلد على انتاج ما مجموعه ٥٨ جيغاواط من الكهرباء باستخدام الانشطار النووي بحلول عام ٢٠٢٠. هذا يعني أنه خلال الستة أعوام القادمة التي ستقوم الصين أثناءها بإضافة ٣٦٠ جيغاواط من الكهرباء المولدة من الفحم، ستضيف المفاعلات النووية ٣٨ جيغاواط فقط - أي اقل من ١٣٪ من نسبة الطاقة الكهربائية المخطط لانتاجها من الفحم. سيرفع ذلك قدرة توليد الطاقة من المفاعلات النووية في الصين إلى نسبة ٦٪ من مجمل مزيج الطاقة الكهربائية المنتجة. تشير الخطط المستقبلية طويلة الأمد إلى أن الصين سترفع قدراتها على انتاج الكهرباء باستخدام المفاعلات النووية إلى ٢٠٠ جيغاواط بحلول عام ٢٠٣٠ وإلى ٤٠٠ جيغاواط بحلول عام ٢٠٥٠. ما يمكن استنتاجه من هذا هو أنه بالرغم من أن الصين تفهم أهمية الانشطار النووي، إلا أنها لم تقم باتخاذ القرار الحاسم لتأسيس قدراتها المستقبلية لانتاج

Bobak

تسبب محطات الطاقة باستعمال الفحم في الصين مشاكل بيئية كبيرة مثل تلوث الهواء، كما تبين الصورة من بكين. لن يحل هذه المشكلة سوى التوسع السريع في مجال الطاقة النووية.

الطاقة على التكنولوجيا النووية، حتى على المدى البعيد.

يعتبر وضع الهند فيما يخص قطاع الطاقة أسوأ بكثير من الصين، بالرغم من أن الهند لديها قدرات توليد طاقة نووية متطورة إلى حد بعيد، كما أنها تبني مفاعلاتها بنفسها لزمن طويل. لكن التزامها بالطاقة النووية باعتبارها المصدر الرئيسي للطاقة في المستقبل بقي مجرد نظريات. لدى الهند الآن قدرة انتاج فعلية لتوليد حوالي ٢٣٥ جيغاواط من الكهرباء. من تلك الكمية يتم انتاج ٧ جيغاواط فقط في المفاعلات النووية، أو ٣٪ من الإجمالي. ولأن الهند فيها ٤٠٠ مليون فرد يفتقرون الى الطاقة الكهربائية، فمن الجلي للعيان انها بحاجة إلى ٢٥٠ جيغاواط من الطاقة الكهربائية على المدى القصير لتوفير الكهرباء والتعليم والعمل المنتج لكي تستغل على نحو كامل القدرات الانتاجية الكامنة لشعبها. يقترح برنامج الهند النووي قصير الامد أنه سيكون لديها ١٥ جيغاواط من الطاقة الكهربائية من المفاعلات النووية بحلول عام ٢٠٢٠، وهي كمية تافهة مقارنة بجسامة ما تستدعي الوضعية فعله. كما يخطط برنامج الهند النووي الوصول إلى مستوى ٥٠ جيغاواط من الطاقة النووية بحلول عام ٢٠٣٠، ولكن لن يمثل ذلك سوى أقل من ١٠٪ من اجمالي الطاقة المولدة.

ماذا يعني الالتزام بالطاقة النووية

بادئا ذي بدء، تبلغ قدرة العالم المنصوبة (installed) على انتاج الطاقة الكهربائية حوالي ٥٢٠٠ جيغاواط. تنتج خمسة بلدان (الصين والولايات المتحدة واليابان وروسيا والهند) حوالي ٢٩٠٠ جيغاواط منها. أما بقية بلدان العالم التي تمثل ٥٥٪ من سكان المعمورة البالغ عددهم اجمالا ٧ مليارات انسان وأكثر، فلديها قدرة توليد طاقة تبلغ ٢٣٠٠ جيغاواط، لكن معظم ذلك يتم انتاجه في دول الاتحاد الاوربي التي يبلغ عدد سكانها ٥٠٠ مليون نسمة. بمعنى آخر، يعيش معظم سكان العالم في الظلام. مع ذلك، لا يبلغ انتاج الطاقة الكهربائية المولدة في الساعة عبر كل أرجاء العالم هذه النسبة المنصوبة المذكورة. تعني مفردة "القدرة" (capacity) الحد الاقصى من الطاقة التي يستطيع المولد انتاجها في ظرف معين، بينما يشير "التوليد" (generation) إلى كمية الكهرباء التي ينتجها المولد فعلا خلال مدة معينة من الوقت. لا تعمل معظم المولدات بطاقتها القصوى كل الوقت، فقد يتفاوت انتاجها حسب الظروف الموجودة في محطة انتاج الطاقة وكلفة الوقود و/أو حسب تعليمات الجهة المشغلة لشبكة توزيع الطاقة.

إحد أهم أسباب كون التوليد الفعلي للكهرباء أقل بكثير من القدرة التوليدية في العالم هو أن ١١٪ فقط من كهرباء العالم تأتي من المفاعلات النووية. فمحطات الطاقة النووية لديها عامل قدرة (capacity factor) يبلغ ٩٢-١٠٠٪ بالمعدل. لا يبلغ أي مصدر توليد طاقة آخر، باستثناء الطاقة الكهرومائية، نسبة ٩٠٪. خلافا لذلك تعمل محطات توليد الطاقة باستخدام الفحم - التي تمثل حوالي ٤٥٪ من كل القدرة التوليدية في العالم - بعامل قدرة ٥٠-٥٥٪، ومحطات توليد الكهرباء باستخدام الغاز الطبيعي ٦٠٪. أما مولدات الكهرباء العاملة بالطاقة الشمسية وطاقة الرياح فليس لديها سوى ٢٠-٣٠٪ من عامل القدرة. بمعنى آخر، فقط محطات الطاقة النووية، التي يمكن نصبها في أي مكان تقريبا على البر وحتى في البحر، بإمكانها توفير الطاقة بشكل موثوق وبمستوى القدرة التوليدية المنصوبة. على النقيض من ذلك لا

يمكن نصب محطات الطاقة الكهرومائية إلا حيث تجري مياه الأنهار، ولذلك يوجد أمامها عوائق. حينما نتطلع ٣٠ سنة نحو المستقبل، يصبح واضحا أن قدرة توليد الكهرباء في العالم يجب ان تتضاعف إلى مستوى ١١٠٠٠ جيغاواط بحلول عام ٢٠٥٠. مرة أخرى، لا بد من التذكير بأن جزءا كبيرا من هذه الكمية ستكون مطلوبة في الهند والصين. من المتوقع أن يحتاج هذان البلدان إلى ٢٥٠٠ جيغاواط من القدرة المنصوبة. وهناك حاجة لتوجه مشابه في أفريقيا وأمريكا الجنوبية وآسيا الوسطى وأجزاء من جنوب وجنوب غرب آسيا وشرقها. ينبغي أن يأتي جزء كبير من هذه الكمية الإضافية التي تبلغ ٦٠٠٠ جيغاواط ـ لنقُل ٥٠٠٠ جيغاواط ـ في الأعوام الثلاثين القادمة من محطات الطاقة النووية.

حتى يتمكن العالم من توليد ٥٠٠٠ جيغاواط من الطاقة النووية في الأعوام الثلاثين القادمة ستحتاج دول العالم لتصنيع ٥٠٠٠ مفاعل نووي بقدرة ١٠٠٠ ميجاواط للمفاعل الواحد. يتطلب بناء محطة نووية واحدة ٤-٥ أعوام، وهكذا ستتبقى ٢٥ سنة يجب على العالم ان ينتج خلالها ٥٠٠٠ محطة بمفاعلات بقدرة ٢٠٠-١٠٠٠ ميجاواط، بالإضافة إلى كافة المعدات المرافقة لها لتكون جاهزة للنصب. إن القدرة العالمية على انتاج المفاعلات النووية الكبيرة الحجم (١٠٠٠-١١٠٠ ميجاواط) وما يرافقها من توربينات بخارية لتكتمل محطة الطاقة النووية، في اللحظة الراهنة هي قدرة محدودة لا تتجاوز بناء ٣٠ محطة سنويا. لدى الهند، التي تستخدم مفاعلات الماء الثقيل المضغوطة لتوليد الطاقة، القدرة على انتاج بضعة محطات نووية بقدرة منصوبة قدرها ٦٠٠-٧٠٠ ميجاواط لكل محطة.

يعني ذلك أن على مصنعي محطات الطاقة النووية في العالم أن يرفعوا قدرتهم الانتاجية من ٣٠ إلى ٢٠٠ محطة سنويا بالمعدل حتى يتم تطوير اقتصاد مبني على أساس أقصى كثافة لتدفق الطاقة.

برزت قضية أخرى عند تصنيع الجيل الجديد من المفاعلات، وهي قضية تخص علم المعادن (metallurgy). يمكن للجيل الثالث من المفاعلات النووية استخدام خلائط المعادن الموجودة، لكن الجيل الرابع من المفاعلات التي تعمل عند درجات حرارة أعلى ستتطلب مواد جديدة نوعيا. عند درجة حرارة ٧٠٠ مئوية تصبح مشاكل التآكل أكثر حدة مما هي عليها الآن بدرجات الحرارة التي تعمل فيها المفاعلات اليوم. يتم تطوير مفاعلات الجيل الرابع من قبل فريق عمل دولي. أربعة من هذه المفاعلات هي مفاعلات النيوترونات السريعة وستعمل كلها بدرجات حرارة أعلى من مفاعلات اليوم. تم تصميم مفاعلات النيوترونات السريعة لانتاج الهيدروجين بدرجة أساسية.

ماذا يستلزم التوسع السريع

ما ينبغي على كل من الصين والهند إدراكه وهما يسيران قدما نحو تطوير قدراتهما الذاتية لبناء المفاعلات النووية التي سيحتاجانها في المستقبل هو أن التحقيق الأمثل لعلمية بناء محطات الطاقة النووية يكمن في القدرات الهندسية الثقيلة للبلدين. لن يكون هذان البلدان قادرين على توفير العدد الكبير من المفاعلات النووية عن طريق الاستيراد من الخارج. علاوة على ذلك بدأت الدول المتقدمة التي كانت السباقة في بناء المفاعلات النووية لأغراض انتاج الطاقة الكهربائية قبل عقود من الزمن بالانسحاب من الميدان النووي ونتيجة لذلك بدأت قدراتها على تصنيع المفاعلات النووية والمنشآت المرتبطة بها وتوفير اليد العاملة الماهرة في هذا المجال بالانكماش بشكل سريع.

ليس لدى أي بلد مفاعلات نووية فائضة عن الحاجة ومركونة على الرف. هذه المفاعلات غالية التكلفة كثيرا وتستهلك كميات كبيرة من المواد ولا يمكن البدء بتصنيعها إلا عند طلبها.

وبما أن الطلب على محطات الطاقة النووية انخفض على نحو سريع في البلدان المتقدمة، وبما أن الدول النامية كانت تفتقر إلى القوة المالية لشراء هذه المحطات بأعداد كبيرة، فإن القدرات الهندسية في الدول المتقدمة عموما بدأت بالإضمحلال بشكل خطير. بالإضافة إلى ذلك، يجب أن يكون منتجو المعدات النووية مؤهلين ويمارسون مستوى عال جدا من السيطرة النوعية عليها. حينما كان يتم طلب وإتمام بناء المحطات النووية التي كانت تصممها شركتا ويستنجهاوس وجنرال اليكتريك قبل عقود، كانت الشركات التي تبنيها شركات متكاملة، بمعنى أنها لم تكن بحاجة إلى طلب أي من المكونات من المزودين الخارجيين، بل تصنع كل المكونات وتبني كامل المحطة بإمكانياتها الصناعية الذاتية. بالرغم من أن الجميع يدرك وجود عوامل الضعف هذه التي برزت في الأمم الغربية، إلا أن الصين والهند لا تبذلان أي جهد حقيقي لتطوير قدراتهما الهندسية الصناعية الثقيلة لتكونا قادرتين على انتاج ٥٠-٧٠ مفاعل المطلوبة سنويا للعقود الأربعة القادمة. يشير المراقبون إلى أن تحديات التوريد لا تقتصر على عمليات الطَرق واللحام الثقيلة للمعادن (forging) لبناء أوعية الضغط للمفاعلات أو التوربينات البخارية أو المولدات بل تتعداها إلى مكونات هندسية أخرى.

المفاعل الفرنسي سوبر فينيكس كان اول مفاعل استنسالي كبير الحجم في العالم. بدا الخدمة في عام ١٩٨٤، وتوقف عن العمل في عام ١٩٩٧. كان هذا اخر مفاعل استنسالي سريع يعمل في اوربا لانتاج الطاقة الكهربائية - وكان اغلاقه نتيجة لاحتجاجات الخضر.

أشارت الجمعية النووية العالمية على موقعها على الانترنيت في شهر أكتوبر ٢٠١٤ إلى أنه "لبناء مفاعلات الجيل الثالث الكبيرة الحجم يحتاج انتاج وعاء الضغط الواحد إلى مكابس معادن ذات قدرة ١٤-١٥ الف طن التي يمكن تلقيمها قوالب فولاذ ساخنة وزن كل منها ٥٠٠-٦٠٠ طن. هذه المكابس غير عادية، والمكابس الكبيرة المفردة لا تتمتع بقدرة انتاجية عالية - حوالي ٤ أوعية ضغط في العام هو الرقم المعتاد اليوم، بالرغم من أن هناك امكانية لتوسيع ذلك. منذ عام ٢٠٠٩ أصبحت شركة ويستنجهاوس محكومة بمسألة أن الشركة الوحيدة التي تستطيع تصنيع رأس صمام إغلاق وعاء الضغط لمفاعلاتها بالإضافة إلى ثلاثة أجزاء معقدة لمولدات البخار هي شركة جي اس دبليو (JSW) للصناعات الفولاذية الهندية. لكن لدى شركة آريفا (Areva) الفرنسية خيارات أكثر قليلا.

لا ينبغي أن تشكل شحة تجهيزات مكونات محطات الطاقة النووية أو قدرات طَرق المعادن مفاجأة لأحد. على سبيل المثال، مكابس الطَرق المطلوبة لصناعة وعاء مفاعل الماء المضغوط بقدرة ١٤٠٠ ميجاواط هي ذات قدرة ١٥٠٠٠ طن وتلقم قوالب فولاذ ساخنة بوزن ٥٠٠ طن. عمليات الطرق هذه ليس لها استخدامات في أية صناعة أخرى. سبب تفضيل الصناعة النووية لهذا النوع من عمليات الطرق الثقيل هو أن الجهة المشترية للمفاعل تفضل الهياكل المعدنية الكبيرة المطروقة كمنتج واحد متكامل (قطعة واحدة). بينما توجد أوعية مُطرَقة منفصلة في عدة قطع إلا انها أنها تحتاج إلى لحام، ويجعلها ذلك الأمر بحاجة إلى فحص دوري طوال عمر المفاعل الذي يعتمد على هذا النوع من الأوعية.

يجب التنويه إلى أن الحاجة إلى مفاعلات الطاقة النووية في الصين والهند وروسيا في طريقها الى النمو بسرعة أكبر من بقية دول العالم. حينما ترفع هذه الدول الثلاث قدراتها على انتاج وحدات محطات المفاعلات النووية الى المستوى المرغوب حاليا، فإنها ستجد صعوبة

في تصدير عدد كبير من المفاعلات إلى البلدان الأخرى التي ستكون بحاجة إلى مفاعلات نووية جديدة. هذا يعني أن على العديد من الامم الأخرى في اسيا وافريقيا وامريكا الجنوبية أن تتهيأ لتطوير قدراتها النووية المستقبلية بسرعة. يتطلب ذلك تدريب اليد العاملة باستخدام عدد كبير من المفاعلات التجريبية، وتطوير القدرات الهندسية للصناعات الثقيلة لطرق وبناء وحدات المحطات النووية وغيرها من البنى التحتية التي ستجعلها قادرة على تعزيز قدراتها لتوليد الطاقة. ينقسم التركيز على تطوير الموارد البشرية إلى قسمين: (١) بناء القدرات الوطنية في مجال العلوم والتكنولوجيا لدعم الحكومة والجهات ذات المصلحة في اتخاذ القرارات الصائبة بخصوص الطاقة النووية، (٢) تطوير الأفراد العاملين في المنظمات ذات المصلحة لتنفيذ البرنامج النووي.

IAEA

النموذج الأولي للمفاعل الاستنسالي السريع الهندي في كالباكام. يستخدم المفاعل الغاز الطبيعي كوقود في المرحلة الاولى من التشغيل. اما مفاعلات المرحلة الثالثة فستستخدم الثوريوم كوقود.

علاوة على ذلك، يتطلب الالتزام بالطاقة النووية تطوير القوى العاملة لجميع الأمم، حتى تلك التي لديها محطات طاقة نووية أو مجرد مفاعلات نووية تجريبية. توجد من الآن هوة واسعة بين عدد المهندسين النوويين تحت التدريب وأولئك الذين وصلوا سن التقاعد، مما يتطلب الانتباه اليها ومعالجتها لمجرد إدامة عملية تشغيل المفاعلات الموجودة في العالم اليوم. لذلك، وفي سبيل تسريع عملية توليد الطاقة النووية، تحتاج جميع الدول بلا استثناء إلى برامج تدريب واسعة النطاق لتلبية هذه الحاجة. إن تنمية قاعدة المهارات الأساسية الصحيحة هي من أولويات هذه الصناعة لكي تنمو الى المستوى الذي سيكون مطلوبا.

لماذا التكنولوجيا النووية؟

لا يملك العالم اي خيار آخر سوى السير على طريق تكنولوجيا الانشطار النووي الآن والتحضير لتطبيق تقنية الدمج النووي في أقرب موعد ممكن. ولأن الطاقة النووية تمتلك أعلى "كثافة تدفق طاقة" من بين جميع مصادر الطاقة الأخرى، فإنها تولد كمية هائلة من الطاقة باستخدام كمية ضئيلة من الوقود. بالإضافة إلى ذلك، وبالرغم من أن العالم سيستنفذ معظم المصادر الطبيعية الأخرى المستخدمة اليوم لتوليد الطاقة عاجلا أم آجلا، إلا أنه لن يخلو أبدا من من الوقود النووي، لأن الوقود النووي مصدر متجدد: بإمكان المولد النووي "الاستنسالي" (Breeder) - الذي يولد وقودا نوويا أكثر مما يستهلك - أن يجعل الوقود النووي مستحيل الاستنفاذ.

في ظروف مناسبة معينة، تستطيع النيوترونات التي تنطلق من التفاعل الانشطاري ان تستنسل المزيد من الوقود من النظائر التي لا تنشطر عادة بدون وجود النيوترونات. أكثر أنواع التفاعلات "الاستنسالية" شيوعا هو توليد البلوتونيوم -٢٣٩ (Pu-٢٣٩) من اليورانيوم -٢٣٨ (U-٢٣٨) غير القابل للانشطار. يصبح هذا ممكنا لأن اليورانيوم -٢٣٨ الغير القابل للانشطار متوفر في الطبيعة بنسبة ١٤٠ مرة أكثر من اليورانيوم -٢٣٥ الانشطاري، وهكذا يمكن تحويله على نحو فعال إلى مادة يمكن استخدامها لتوليد الطاقة.

على سبيل المثال، المفاعل الاستنسالي السريع ذو المعدن السائل (Liquid-Metal Fast Breeder Reactor) هو مفاعل بلوتونيوم -٢٣٩. في هذا النظام من المفاعلات تتم عملية التبريد ونقل الحرارة عبر معدن سائل، والمعادن التي يمكنها انجاز ذلك هي الصوديوم

والليثيوم، حيث يعتبر الصوديوم الأكثر وفرة في الطبيعة والاكثر استخداما. يتطلب بناء هذا النوع من المفاعلات الاستنسالية السريعة معدلات أعلى لتخصيب اليورانيوم ٢٣٥ـ من مفاعل الماء الخفيف ـ تصل نسبة التخصيب عادة إلى ١٥-٣٠٪. يحيط بوقود المفاعل غطاء من اليورانيوم ـ٢٣٨ غير الانشطاري. لا يستخدم أي وسيط في المفاعل الاستنسالي لأن النيوترونات السريعة هي أكثر فاعلية في تحويل اليورانيوم ـ٢٣٨ إلى بلوتونيوم ٢٣٩ـ.

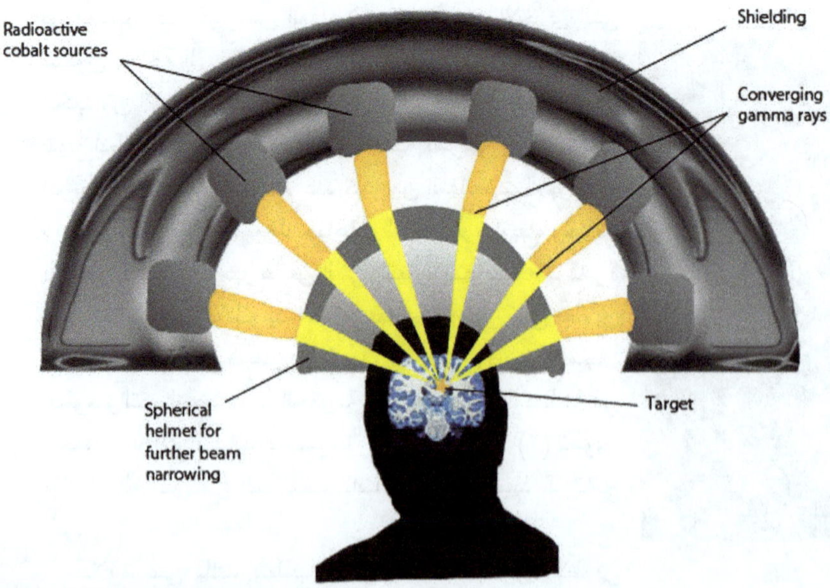

Wikimedia Commons/Gammaknife, www.aafp.org

مفهوم "مشرط جاما" للجراحة الراديوية بدون فتح جسم المريض. يتم استخدام الاشعاع لمعالجة اورام الدماغ وغير ذلك من الاستخدامات الطبية.

كان المفاعل الفرنسي "سوبر فينيكس" (Super Phénix) أول مفاعل استنسالي كبير الحجم يتم بناؤه. دخل المفاعل مجال الخدمة في عام ١٩٨٤، وتوقف عن العمل كمحطة تجارية لتوليد الطاقة في عام ١٩٩٧. كان قلب المفاعل مكونا من ألاف الانابيب المصنوعة من الفولاذ المقاوم للصدأ تحتوي على مزيج من اوكسيد اليورانيوم والبلوتونيوم، حوالي ١٥-٢٠٪ من البلوتونيوم ـ٢٣٩ الانشطاري. يحيط بقلب المفاعل منطقة تسمى غطاء الاستنسال، مكون من أنابيب مملوءة بأوكسيد اليورانيوم فقط. كان حجم تركيبة الانابيب كلها ٣ في ٥ مترمثبتة في وعاء مفاعل مملوء بالصوديم المذاب. كانت الطاقة الناتجة عن الانشطار النووي تسخن الصوديوم إلى ٥٠٠ درجة مئوية، وينقل الصوديوم هذه الحرارة بدوره إلى حلقة انبوبية ثانية مملوءة بالصوديوم أيضا وتسخن بدورها مياها لتحويلها إلى بخار لانتاج الكهرباء. كان هذا المفاعل ينتج ٢٠٪ من الوقود أكثر مما يستهلك. يمكن خلال ٢٠ عام من عمر المفاعل إنتاج وقود إضافي يكفي لتشغيل مفاعل ثاني مشابه له. يسمح مستوى الاستنسال الأقصى باستخدام حوالي ٧٥٪ من اليورانيوم الطبيعي مقارنة بـ ١٪ في مفاعلات الماء الخفيف المعتادة.

تقوم الهند الآن بتطوير مفاعل استنسالي سيكون قادرا على انتاج اليورانيوم ـ٢٣٣ الانشطاري والذي ستتم تعبئته من بعد لتوليد الطاقة الانشطارية. سوف يكون لهذه المفاعلات المزودة بأوكسيد اليورانيوم والبلوتونيوم غطاء من الثوريوم لاستنسال اليورانيوم ـ٢٣٣ القابل للانشطار. ستكون كمية البلوتونيوم بنسبة ٢١٪ و ٢٧٪ في منطقتين مختلفتين داخل قلب المفاعل. أما المفاعلات الهندية الاستنسالية السريعة فستكون معبئة بوقود من مزيج الاوكسيد في البداية، لكن ستتبعها مفاعلات مزودة بوقود معدني لتحقيق "زمن مضاعفة" في مدة أقصر.

على النقيض من الوقود النووي، لا تعتبر أنواع الوقود الاحفوري المستخدمة بكثرة مصدرا متجددا. تحتاج محطة طاقة مشتغلة بالفحم بقدرة ١٠٠٠ ميجاواط إلى ٦٦٠٠ طن من الفحم يوميا ـ تتفاوت الكمية تبعا لنوعية الفحم المستخدم. على الطرف الآخر تتطلب محطة الطاقة النووية كمية قليلة جدا من الوقود ـ جزء ضئيل مما تتطلبه محطة طاقة تحرق الفحم. ويبقى الوقود النووي محتويا على كمية هائلة من الطاقة حتى بعد استعماله ـ تبقى أكثر من ٩٥٪ من الطاقة الكامنة في تلك الكمية الضئيلة من المادة غير مستغلة. ستكون المفاعلات المتقدمة قادرة يوما ما على إعادة تدوير هذه المخلفات.

أما كمية الوقود المطلوبة في مفاعلات الثوريوم فهي أقل حتى من هذه الكمية الضئيلة. بخلاف مفاعلات الماء المضغوط والمغلي التي تحرق ١٪ فقط من وقودها قبل ان تهبط دون المستوى الانشطاري الحرج مما يتطلب تغيير الوقود في المفاعل كل ١٨-٢٤ شهر، بامكان مفاعلات الثوريوم أن تحرق ٩٠٪ من الوقود فيها وبهذا لا تحتاج لاستبدال الوقود إلا مرة كل

٣٠ عام. هذا يعني أن النفايات الناتجة عن طول حياة المفاعل لا تمثل سوى جزء بسيط من تلك التي تنتج عن المفاعلات المشغلة بوقود اليورانيوم.

منافع أخرى

بالإضافة إلى استهلاكها كميات قليلة من الوقود لانتاج كميات هائلة من الطاقة، تعطي الطاقة النووية للبشرية عددا كبيرا من المنافع الأخرى، إذ تستخدم المنتوجات الثانوية النووية في بعض أجهزة المعايرة (calibration) والأدوية المشعة ووسائل تحليل المعادن في العظام وأجهزة التحليل المرئية والأدوات الجراحية ووحدات العلاج عن بعد وأجهزة تشخيص الأعراض المرضية في طب الأسنان والعظام. كما أن بعض أجهزة تنظيم نبضات القلب (pacemakers) تعمل ببطارية نووية. وتستخدم المواد الأولية النووية أيضا لمعادلة المواد الاشعاعية في الأجهزة الطبية والحماية من الاشعاع.

يستخدم الطب النووي ـ الذي تم تطويره في الخمسينيات من القرن الماضي على يد اطباء استخدموا مادة الايودين ـ١٣١ للكشف عن امراض الغدة الدرقية وعلاجها ـ الإشعاع اليوم للحصول على معلومات تشخيصية حول عمل العديد من أعضاء جسم المريض أو لمعالجتها. يقوم الاطباء باستخدام هذه المعلومات في أغلب الأحيان لوضع تشخيص صحيح ودقيق لعلة المريض. يمكن تصوير الغدة الدرقية والعظام والقلب والكبد والعديد من أعضاء الجسم بسهولة باستخدام هذه المواد. كما يمكن استخدام الإشعاع في بعض الحالات لعلاج الأعضاء المريضة أو القضاء على الأورام السرطانية. تستخدم ١٠ آلاف مستشفى حول العالم النظائر المشعة في الطب، و ٩٠٪ من الاجراءات الطبية تتعلق بالتشخيص. أكثر النظائر المشعة استخداما في التشخيص الطبي هو التيكنيتيوم ـ٩٩ (technetium-٩٩) الذي يستعمل في حوالي ٤٠ مليون فحص طبي في العام (١٦,٧ مليون منها أجري في الولايات المتحدة في عام ٢٠١٢)، مما يعني استخدام هذا النظير في ٨٠٪ من كل الاجراءات الطبية النووية في العالم.

Govermnet of India/Dept. of Atomic Energy

تعمل الهند في مجال بحوث تحلية المياه منذ السبعينات. تم تاسيس هذه المحطة التجريبية في عام ٢٠٠٢ في محطة مدراس للطاقة النووية في كالباكام.

أحدى التقنيات المستخدمة في الطب النووي هو حقن "مقتفي أثر" مشع أو عقار مشع في الجسم، ثم يتم تعقبه عبر انبعاث أشعة جاما (Gamma Rays) منه. يتم تعقب أثر المادة المحقونة في الجسم والتي تتجمع في المنطقة التي يتم فحصها من الجسم عبر جهاز تصوير، أو كاميرا جاما، تكتشف تلك الأشعة وتجمع المعلومات الجزيئية من الصور. إلى جانب الحقن، يمكن ابتلاع مادة اقتفاء الأثر أو استنشاقها كغاز. لا يسبب هذا الإجراء الطبي أي ألم ولا يتضمن أي تدخل جراحي في الجسم. مواد اقتفاء الأثر هي نظائر قصيرة العمر ممزوجة بمركبات كيميائية.

من ناحية أخرى يستخدم العلاج بالأشعة الإشعاع الناجم عن أشعة اكس وأشعة جاما وحزم الألكترون أو البروتون لعلاج حالات مرضية مثل السرطان. هذا العلاج موضعي وهدفه تدمير الخلايا السرطانية. أما الخلايا السليمة فإنها، حتى وإن تضررت بالإشعاع، تعيد بناء نفسها من جديد. يتم صنع معظم النظائر المشعة في المفاعلات النووية، وبعضها الآخر في "أجهزة تحطيم الذرات" (cyclotrons). عادة ما يتم انتاج النظائر الغنية بالنيوترونات وتلك الناتجة عن الانشطار النووي في داخل المفاعلات النووية. أما النظائر ذات النيوترونات

المستنفذة فيتم انتاجها في أجهزة تحطيم الذرات. يوجد ٤٠ نظير مشع ناتج عن التفعيل و ٥ تنتج عن الانشطار وكلها يتم انتاجها في المفاعلات. يتم تنفيذ عشرات الملايين من الإجراءات الطبية كل عام، كما أن الطلب على النظائر المشعة في ارتفاع . ويعتبر تعقيم المعدات والأدوات الطبية من الاستخدامات الأخرى للنظائر المشعة.

China academy of Machinery Science & Technology
صورة لصندوق التروس المستخدم في تدوير مياه البحر في محطة هونجيانهي للطاقة النووية في الصين. توفر الحرارة المرافقة المياه المستخدمة في تبريد المفاعل.

حفظ الغذاء والاستخدامات الزراعية

إن إحدى الاستخدامات المهمة الأخرى للإشعاع النووي هي معاملة الأغذية بالإشعاع. بالرغم من أن عملية تشعيع الأغذية تقنية موجودة منذ عقود، إلا أنها لا تزال تعتبر تقنية حديثة نسبيا في مجال السلامة الغذائية لأنه لم يتم تبنيها على نطاق واسع حتى في تلك البلدان القادرة على استخدامها إلى أبعد مدى. يستطيع التشعيع أن يزيل الجراثيم المسببة للأمراض من الأغذية. كما يقوم ببسترة (تعقيم) الحليب ويعالج الغذاء من خلال الإشعاع التأييني (ionizing radiation) - يمثل هذا إشعاعا فوق بنفسجي عالي التردد ويمتلك ما يكفي من الطاقة لتفتيت المركبات الكيمياوية - ويقتل البكتيريا والطفيليات التي تعرض صحة الانسان للخطر. يأكل رواد الفضاء اليوم في رحلاتهم في الفضاء الخارجي غذاء تم تعقيمه بالإشعاع لتفادي إصابتهم بأمراض منقولة عبر الأغذية.

توجد ثلاثة تقنيات معالجة أغذية بالإشعاع اليوم. تستخدم هذه التقنيات ثلاثة أنواع من الأشعة: أشعة جاما وحزمة الالكترونات (electron beams) وأشعة اكس. أشعة جاما هي نوع مشع يصدر عن عنصر الكوبالت -٦٠ أو السيسيوم -١٣٧. أما حزمة الالكترونات، وهو تيار ألكترونات ذات طاقة عالية، فتستطيع اختراق الأغذية إلى عمق انش واحد (٢,٥٤ سنتمتر). لهذا السبب يتم استخدام هذه الأخيرة على نطاق واسع كمعقم طبي. النوع الثالث هو التشعيع باستخدام أشعة اكس التي هي حديثة نسبا (في مجال الأغذية) وليست شائعة الاستخدام. مثلها مثل أشعة جاما الناتجة عن الكوبالت والسيسيوم، تستطيع أشعة اكس اختراق الأغذية السميكة وتحتاج إلى وقاية قوية من الأشعة للسلامة.

يمكن تطوير الزراعة ذاتها في ظل الظروف التي يخلقها الاقتصاد النووي. بوجود طاقة وفيرة لن تعود المتطلبات التقليدية للزراعة مثل التربة ودورات الضوء الفصلية ودورة الليل والنهار أو الاعتماد الكلي على الأمطار للري ذات أهمية. عوضا عن ذلك سيصبح ممكنا ممارسة "الزراعة المحمية" حيث تكون الضرورات الأساسية مثل المعادن المغذية والماء والحرارة وحتى الضوء ذاته متحكم بها في بيئة نمو منظمة. يمكن ضخ ما تحتاجه النباتات حسب الحاجة سواء أكان ذلك في كبسولة فضاء أو في القطب المنجمد الشمالي أو الصحراء الكبرى. كانت المحاولات الأولى للزراعة المحمية تسمى "منظومات دعم الحياة في بيئة متحكم فبها" (CELSS). لكن برغم التطبيقات في مجال الزراعة بدون تربة في أحواض الماء (hydroponics) كما حصل في اليابان، إلا أن هذه التقنية لم تطبق على نطاق واسع.

يعتبر الاستخدام المباشر الأكثر شيوعا للتكنولوجيا النووية في الزراعة هو تحسين البذور. يستخدم الباحثون الإشعاع لتغيير بعض سلالات المحاصيل الزراعية ثم يقومون باستنسال الأنواع المرغوبة. تم استخدام هذه التقنية المسماة "الاستنسال بإحداث طفرة وراثية" بنجاح على يد فريق من الباحثين من كينيا والمنظمة العالمية للطاقة الذرية لانتاج سلالة جديدة من القمح المقاوم لمرض صدأ ساق النبتة الفطري (UG٩٩) وتم الاعلان عن ذلك في عام

٢٠١٣.

وتستعمل الصناعة اليوم النظائر المشعة بطرق متعددة جدا لتحسين الانتاجية وفي بعض الحالات للحصول على معلومات لا يمكن استخلاصها بطرق أخرى. إن التحليل المستمر والرد السريع الذي توفره التقنيات النووية التي يحتوي العديد منها على نظائر مشعة يعني توفر تدفق موثوق للإحداثيات والمعلومات التحليلية بشكل مستمر. يؤدي هذا الأمر بطبيعة الحال إلى خفض التكاليف ورفع نوعية المنتجات.

يمكن للنيوترونات من المفاعل التجريبي أن تتفاعل مع الذرات الموجودة في عينة ما مؤدية إلى إطلاق أشعة جاما، والتي حين تحليلها للبحث عن الطاقات الخاصة بتلك العينة وكثافتها فإنها ستكشف عن نوعية وكمية العناصر الموجودة في العينة. التقنيتان الرئيسيتان المستخدمتان في هذا المضمار هما "أسر النيوترون الحراري" (TNC) و "التشتيت النيوتروني غير المرن" (NIS) تحدث العملية الاولى مباشرة بعد امتصاص نواة الذرة لنيوترون منخفض الطاقة، بينما تحدث العملية الثانية مباشرة عندما يصطدم نيوترون سريع بالنواة. أحدى التطبيقات المعروفة لهذه العملية هو ما يجري عندما يتم إنزال مسبار يحتوي على مصدر للنيوترونات في ثقب محفور في الأرض حيث يتم تشتيت الإشعاع عبر اصطدامه بالتربة المحيطة بالمسبار. وبما أن الهيدروجين (المكون الرئيسي للماء) هو أحسن ذرة مشتتة للإشعاع فإن النيوترونات المرتدة الى جهاز الاستشعار في المسبار تكون دالة لمدى كثافة الماء في التربة.

باتساع وتيرة بناء محطات الطاقة المشتغلة بالفحم في أرجاء العالم، وخاصة في اثنتين من الدول الأكثر سكانا وهما الهند والصين، بدأ الرماد المتطاير يصبح مسألة مهمة لأنه من النفايات شديدة السمية التي يتم التخلص منها على البر. إن الكميات الكبيرة من الرماد المتطاير لا تؤدي فقط إلى زيادة المنتجات الثانوية السامة، بل وأيضا إلى خفض قدرة الفحم على توليد الحرارة وبهذا خفض كفاءة محطة توليد الطاقة. يتم الان استخدام الاشعاع لتحديد كمية الرماد في الفحم كوسيلة لتحديد نوعيته.

يتم استنتاج ما يحتويه الفحم من رماد بفحص تركيز العناصر المكونة للفحم، وأكثرها هو الالمنيوم والسليكون. يستخدم هذا القطاع الصناعي أشعة جاما نيوترونية لإجراء تحليلات للعناصر الصلبة والسائلة غير القابلة للتدمير أو الاتصال. يتفاعل إشعاع جاما مع الفحم، ومع الجزء الخاص للرماد بطريقة ومع الجزء البيتوميني (قاري) من الفحم بطريقة أخرى. يتم قياس هذا التفاعل واستخدامه كمعيار لتحديد كمية الرماد في الفحم.

يتم استخدام النظائر المشعة في نطاق واسع من المجالات كمقتفية اثر. يمكن استخدامها في نبتة أو حيوان لتعقب حركة بعض أنواع المواد الكيميائية. تمتص النباتات المركبات التي تحتوي على الفوسفور من التربة عبر جذورها، لذلك حينما تتم إضافة كمية من نظير الفوسفور -٣٢ المشع إلى التربة يمكن للباحث تقييم معدل امتصاص النبتة للفوسفور من التربة عبر تحليل أوراق النبتة.

يتم استخدام النظائر أيضا لقياس مستويات المبيدات الحشرية في التربة، إذ يمكن مزج المبيد مع نظير مشع مثل الكلورين -٣٦ ثم رشه في حقل نباتات تجريبي. بمرور الوقت يمكن للباحثين البيولوجيين أن يحددوا الكمية التي امتصها النبات من هذا المبيد وكم منها بقي عالقا في التربة.

ربما من أكثر استخدامات التكنولوجيا النووية بديهية هو استخدامها في التفجيرات النووية السلمية، وهي تقنية مطلوبة بشكل كبير لبناء العديد من مشاريع البنية التحتية على الجسر البري العالمي. تم إنجاز أعمال كثيرة باستخدام التفجيرات النووية السلمية في أوائل الخمسينات من القرن العشرين في "مشروع المحراث" (Project Plowshare) الذي كان جزءا من سياسة "الذرة من أجل السلام" الامريكية. تم في عام ١٩٦١ على سبيل المثال تحقيق أول تفجير

تجريبي من هذا النوع تحت الأرض بإسم (GNOME). لكن ألغي برنامج البحث والتطوير الخاص بهذه التقنية في العقود التالية. لكن من الضروري اليوم استعادة تطوير واستخدام هذه التقنية.

تحلية المياه ومعالجتها بالطاقة النووية

إحدى المساهمات الكبرى للجنس البشري من فضلات الحرارة المتولدة من الانشطار النووي هي عملية تحلية مياه البحر والمياه المالحة. يمثل الماء العذب جزءا ضئيلا جدا من اجمالي كمية المياه الموجودة في كوكبنا. بالرغم من أن ٧٠٪ من سطح الكرة الأرضية مغطى بالمياه، إلا أن ٢,٥٪ منها فقط مياه عذبة. أما البقية فهي في المحيطات. حتى عند هذا المستوى لا يمكننا الوصول بسهولة إلا إلى ١٪ من كمية الماء العذب، لأن معظمه محبوس في الجبال والانهار الجليدية.

أما الافتقار إلى الماء النظيف الصالح للشرب فهي مشكلة كبرى في العالم. المشكلة خطيرة بشكل خاص في أفريقيا وتتبعها آسيا ومنطقة المحيط الهادئ وفقا لتقارير الامم المتحدة. إن نقص المياه الصالحة للشرب في العالم يدفع الملايين من البشر إلى شرب مياه غير آمنة. يؤدي ذلك بطبيعة الحال إلى ارتفاع حالات الاصابة بأمراض مثل الإسهال الذي يعتبر ثاني أكبر أسباب الوفيات بين الأطفال تحت سن الخامسة.

يحدث هذا مع العلم أننا نملك التكنولوجيا لتحلية مياه البحر والمياه المالحة وتعقيم المياه الملوثة ومياه الصرف الصحي بأنظمة الأشعة النووية، وتزويد كل فرد في العالم بما يكفيه من الماء للشرب والاستعمالات الصحية. لكن لم يتم بذل أي جهد حقيقي في هذا المضمار. تم استخدام تقنيات حزم الالكترونات لتنقية مياه الشرب الحضرية ومياه الصرف الصحي ومجاري مياه المخلفات الصناعية بشكل ناجح لعدة عقود. فعلى سبيل المثال قامت محطة معالجة المياه لمركز بلدية ميامي في ولاية فلوريدا بنصب وحدة لتعقيم الفضلات المترسبة باستخدام تيار حزمة أشعة الالكترونات. وفي تكساس قام المركز الوطني لبحوث حزمة أشعة الالكترون وهو الأكبر من نوعه في العالم بتأسيس برنامج جاهز الآن لتطبيقات حزمة الأشعة لاكترونية وأشعة اكس لتنقية المياه.

لم يتم استخدام الحرارة المتبقية من عملية الانشطار النووي بكثرة في تحلية المياه. ستكون المفاعلات النووية التي تساهم في تحلية المياه قادرة في ذات الوقت على انتاج الكهرباء. من الأمثلة على المفاعلات النووية التي تنتج الكهرباء وتساهم في تحلية المياه هو المفاعل الاستنسالي السريع (BN-٣٥٠) في آكتاو في كازاخستان، الذي ينتج ١٣٥ ميجاواط من الكهرباء وفي ذات الوقت يقوم بتحلية ٨٠ ألف متر مكعب يوميا من المياه الصالحة للشرب منذ حوالي ٢٧ عام. تستخدم المحطة ٦٠٪ من الحرارة الناتجة عن التفاعل النووي في تحلية المياه. كما تمتلك كل من اليابان وروسيا وكندا تجارب جيدة في مجال تشغيل المفاعلات النووية لتحلية المياه، وتشجع المنظمة الدولية للطاقة النووية بقوة على استخدام هذه التكنولوجيا لتحلية المياه. في بداية الستينات، وتوقعا للوقت الذي سيتجاوز الطلب على الماء فيه ما هو متوفر، صادق "مكتب المياه المالحة" التابع لوزارة الداخلية الامريكية على تمويل أربعة منشآت بحوث لتطوير تقنيات تحلية المياه للبلد. كانت منشأة رايتسفيل بيتش (Wrightsville Beach) على جزيرة هاربر في ولاية نورث كارولاينا التي تم تأسيسها في بداية ذلك العقد يطلق عليها وصف "المركز العالمي لتطوير تجارب تحويل المياه المالحة". لكن لم تكن المنشأة نووية ولم يكتب لها التقدم.

يتم تعريف التحلية النووية باعتبارها عملية انتاج الماء الصالح للشرب من ماء البحر أو

أي ماء مالح آخر في منشأة تستخدم مفاعلا نوويا كمصدر للطاقة (إما حرارية أو كهربائية) لعلمية التحلية. قد تكون المنشأة مخصصة لتحلية المياه فقط أو لتحلية المياه وانتاج الكهرباء أيضا حيث يستخدم في هذه الحالة جزء فقط من إجمالي الطاقة المنتجة في المفاعل لانتاج الماء. في أي من الحالات تعرّف محطة التحلية النووية على أنها منشأة متكاملة حيث يوجد المفاعل ومنظومة التحلية جنبا إلى جنب في موقع واحد، ويتم انتاج الطاقة في الموقع لغرض استخدامها في منظومة التحلية. تتضمن المنشأة أيضا منشآت مشتركة للخدمات والموظفين وخطط التشغيل والتخطيط لحالات توقف العمل او انقطاع التيار الكهربائي ومنظومات التحكم وأنابيب او قنوات إدخال ماء البحر وإخراج المخلفات. بما أن معظم الدول الأضعف اقتصاديا وذات الحاجة للمياه العذبة لا تملك شبكة بنية تحتية كبيرة وشبكة كهرباء وطنية مناسبة، تكون المفاعلات النووية الصغيرة ومتوسطة الحجم مهمة جدا لتحلية المياه. يعني هذا أن الطاقة الكهربائية التي تولدها هذه المفاعلات يتم استهلاكها محليا بينما يتم استخدام الحرارة الناتجة منها لتحلية المياه. كما أن المفاعلات صغيرة الحجم تكون مناسبة للمناطق النائية البعيدة عن شبكات الطاقة الكهربائية الوطنية.

برغم وجود منافع كبيرة للتحلية النووية، لم تقم دول كثيرة بتطوير برنامج شامل للتحلية النووية (راجع الملحق في آخر هذا الفصل). أكثر التجارب سعة في مجال التحلية تمت في بلدين إثنين فقط بالدرجة الاساس - كازاخستان واليابان. طورت الهند مؤخرا منشأة متكاملة في كالباكام. أما في اليابان فقد تم تسجيل ١٠٠ عام مفاعلي (عدد المفاعلات مضروبا في عدد السنين من عملها) في مجال التحلية. ترتبط منشآت التحلية هذه بمفاعلات الماء المضغوط وتنتج ١٤ ألف متر مكعب من الماء الصالح للشرب. وبما أن مفاعلات اليابان مغلقة حاليا (بعد حادثة فوكوشيما) فمن الواضح أن محطات تحلية الماء لا تنتج أي ماء الآن. في كازاخستان كان مفاعل الاستنسال السريع (BN-٣٥٠) يستخدم في تحلية الماء حتى نهاية خدمته في عام ١٩٩٩. وتشير التقارير إلى أن روسيا أيضا لديها تراكم من الخبرة في مجال التحلية النووية من خلال استخدامها لمحطات الطاقة النووية العائمة على السفن.

انخرطت الهند في بحوث التحلية في عام ١٩٧٠. وفي عام ٢٠٠٢ تم بناء محطة تجريبية مرتبطة بمفاعلين نوويين مزدوجين من نوع (PHWR) عند محطة مدراس للطاقة النووية في كالباكام في جنوب شرق الهند. يتكون مشروع التحلية النووية التجريبي المزدوج هذا من وحدة تناضح عكسي (RO) بقدرة ١٨٠٠ متر مكعب في اليوم ووحدة تحلية ومضية متعددة المراحل (MSF) بقدرة ٤٥٠٠ متر مكعب في اليوم، ثم أضيفت إليها مؤخرا وحدة تناضح عكسي منصوبة على عوامة. هذه أكبر وحدة محطة تحلية نووية بتقنية التناضح العكسي والتحلية الومضية متعددة المراحل في العالم، والتي تستخدم البخار ذي الضغط الواطئ ومياه البحر من محطة الطاقة النووية. يبلغ الفاقد من الطاقة للمحطة ٤ ميجاواط في هذه العملية. كما تقوم محطة نووية ذات حرارة واطئة (LTE) بتحلية المياه باستخدام الحرارة التي يخلفها المفاعل النووي التجريبي في ترومباي بالقرب من مومباي في الهند منذ عام ٢٠٠٤. فوّضت الحكومة الباكستانية في عام ٢٠١٠ بناء محطة تحلية مياه بقدرة ٤٨٠٠ متر مكعب في اليوم بتقنية التقطير متعدد المؤثرات (MED) لتكون مرتبطة بمحطة الطاقة النووية ذات قدرة ١٢٥ ميجاواط في كراتشي. تنتج المحطة ٤٥٤ متر مكعب في اليوم بواسطة وحدة تناضح عكسي لاحتياجاتها الخاصة. كما بدأت المؤسسة العامة للطاقة النووية الصينية (CGN) بإنشاء محطة تحلية مياه بقدرة ١٠ آلاف متر مكعب يوميا من ماء البحر باستخدام مخلفات الحرارة لتوفير ماء التبريد لمشروعها الجديد "هونجيانج هي" في داليان. وتوجد خبرات جديرة بالدراسة من روسيا وأوربا الشرقية وكندا حيث تستخدم الحرارة الناتجة عن المفاعلات النووية لتسخين المساكن في المدن.

إن أحسن طريقة لتطوير التحلية النووية على نطاق واسع على طول المناطق الساحلية هي بصناعة مفاعلات نووية صغيرة نسقية بقدرة ١٠٠-٢٠٠ ميجاواط. يمكن نصب هذه المفاعالات على شكل سلسلة بحيث توفر مصدرا معتمدا ومناسبا للطاقة للصناعات والأعمال التجارية، بينما في ذات الوقت تنتج الحرارة لتحلية كميات وفيرة من مياه البحر. طورت كوريا الجنوبية تصميما لمفاعل نووي صغير الحجم لانتاج الطاقة ومياه الشرب. يتمتع المفاعل المسمى سمارت (SMART) بقدرة ٣٣٠ ميجاواط بعمر تشغيلي طويل ولا يحتاج إلى إعادة تزويده بالوقود إلا مرة كل ثلاثة سنين. تعتمد الفكرة على ربط المفاعل سمارت بأربعة وحدات تحلية تستخدم التقطير متعدد المؤثرات، ويوجد في كل واحدة منها مكثف بخار حراري لانتاج ما مجموعه ٤٠ ألف متر مكعب من الماء يوميا باستخدام ٩٠ ميجاواط حرارية.

أما الارجنتين فقد صممت محطة كاريم (CAREM) وهي عبارة عن مفاعل نووي متكامل بقدرة ١٠٠ ميجاواط ومناسب لتوليد الكهرباء وتحلية المياه أو فقط لتحلية المياه. يتم بناء نموذج تجريبي حاليا بمحاذاة محطة آتوشا للطاقة النووية. ويتم التخطيط لتصميم نموذج أكبر قد يتم بناؤه في المملكة العربية السعودية. وطور معهد تكنولوجيا الطاقة النووية الصيني (INET) مفاعل (NHR-٢٠٠) بناء على محطة تجريبية بقدرة ٥ ميجاواط. تقف روسيا في صدارة دول العالم في ما يخص تطوير التحلية النووية باستخدام محطات الطاقة النووية العائمة، بالرغم من ورود تقارير عن الاهتمام الصيني المتزايد في تطوير هذه المفاعلات أيضا. تشير التقارير إلى أن شركة روساتوم اوفرسيز - وهي فرع التصدير لشركة الصناعة النووية الروسية روساتوم - قد وقعت مذكرة تفاهم مع الصين حول تطوير المفاعلات العائمة معا ابتداء من عام ٢٠١٩. تتمثل الخطة بالتعاون المشترك لبناء ٦ محطات نووية تقوم بانتاج الماء الصالح للشرب أيضا. لم يتضح لحد الآن إن كانت هذه المحطات التي سترسو على السواحل لتوفير الطاقة والماء للاقاليم الساحلية أم ستنتج الماء فقط لسد حاجات العاملين في المحطات.

على أية حال يعكف الروس حاليا على نصب محطة نووية عائمة على ظهر السفينة أكاديميك لومونوسوف (Akademik Lomonosov). ستحتوي السفينة على مفاعلين مطورين من نوع (KLT-٤٠) اللذان سيولدان ٧٠ ميجاواط من الكهرباء و ٣٠٠ ميجاواط من الحرارة، وستستخدم أيضا كمحطة تحلية مياه. هذا يعني أن السفينة ستكون قادرة على انتاج ٢٤٠ ألف متر مكعب من المياه يوميا.

أشارت الجمعية النووية العالمية في تقرير نشرته على موقعها في أكتوبر ٢٠١٤ إلى أن روسيا ستقوم بتوليد ٨٥ ميجاواط من الطاقة الكهربائية باستخدام المفاعل المزدوج (ATETs-٨٠K) وفي ذات الوقت ستنتج ١٢٠ ألف متر مكعب من المياه الصالحة للشرب في اليوم. ونوهت الجمعية أيضا إلى أن روسيا لديها مفاعل أصغر حجما من نوع (ABV-٦) وينتج ٣٨ ميجاواط حرارية، وأنها ستقوم بنصب مفاعلين اثنين من هذا النوع على عوامة بطول ٩٧ متر والمعروفة باسم محطة فولنولوم النووية العائمة. ستكون لهذه المحطة العائمة قدرة على انتاج ١٢ ميجاواط من الطاقة الكهربائية بالإضافة إلى تحلية ٤٠ ألف متر مكعب من المياه يوميا بواسطة التناضح العكسي.

مفاعلات الثوريوم

سوف تكون الموجة الجديدة من المفاعلات التي يجب انتاجها بأعداد كبيرة هي المفاعلات التي تستخدم عنصر الثوريوم (thorium) كوقود. يمتلك الثوريوم خصائص مفيدة متعددة

كوقود نووي. خام الثوريوم أو المونازايت يوجد بكميات وفيرة في الرمال الداكنة لشواطئ الهند واستراليا والبرازيل. كما تم اكتشافه بكميات كبيرة في النرويج والولايات المتحدة وكندا وجنوب افريقيا. تمت دراسة دورات وقود الثوريوم لأكثر من ٣٠ عام، لكن على نطاق أضيق من دورات اليورانيوم والبلوتونيوم. قامت ألمانيا والهند واليابان وروسيا والولايات المتحدة والمملكة المتحدة بإجراء بحوث ونشاطات تطوير، وبضمنها تشعيع وقود الثوريوم في المفاعلات التجريبية إلى درجات احتراق عالية. واستخدمت بعض المفاعلات وقود الثوريوم.

تعتبر الهند الدولة الأكثر التزاما بدراسة واستخدام الثوريوم كوقود، ولم يقم أي بلد آخر بدراسات فيزياء نيوترونية على الثوريوم مثلما فعلت الهند. ودفعت النتائج الإيجابية لهذه البحوث المهندسين النوويين الهنود إلى استخدام وقود الثوريوم في مخططاتهم الحالية للمفاعلات الاكثر تقدما التي هي الآن تحت الانشاء. لذلك اصبح من واجب صانعي القرار السياسي في الهند أن يجعلوا المفاعلات النووية المستخدمة للثوريوم كوقود أداتهم الاساسية ويطوروا البنية التحتية الهندسية لصناعة هذه المفاعلات بأعداد كبيرة في غضون مدة قصيرة من الزمن.

بالإضافة إلى وفرة الثوريوم، يمكن استخدام كل الثوريوم الذي يتم استخراجه في المفاعل، مقارنة بـ ٠,٧٪ فقط من اليورانيوم الطبيعي. بمعنى آخر، يحتوي الثوريوم على طاقة أكبر ٤٠ مرة في كل وحدة كتلة يتم تزويدها مقارنة باليورانيوم. أما من الناحية التكنولوجية، يعتبر أحد الأسباب التي تشجع على استخدام الثوريوم بدلا من اليورانيوم المخصب هو أن استنسال اليورانيوم -٢٣٣ من الثوريوم أكثر كفاءة من استنسال البلوتونيوم من اليورانيوم -٢٣٨. هذا لأن وقود الثوريوم يخلق عددا أقل من نظائر اليورانيوم غير القابلة للانشطار. يمكن أن يستفيد مصممو دورة الوقود من ناحية الكفاءة هذه لتقليص كمية الوقود المنضب لكل وحدة من الطاقة التي يتم توليدها، وهو ما يقلص كمية النفايات التي يجب التخلص منها. بالإضافة إلى ذلك، يتحلل نظير الثوريوم -٢٣٢ ببطء شديد - تبلغ فترة عمر النصف (half-life) للثوريوم ثلاثة أضعاف عمر كوكب الأرض.

وتوجد فوائد أخرى أيضا: على سبيل المثال، يعتبر اوكسيد الثوريوم - الحالة الكيميائية للثوريوم المستعملة في وقود المفاعلات - مركبا مستقرا إلى حد بعيد، وأكثر استقرارا من ثاني اوكسيد اليورانيوم الذي يستعمل اليوم في المفاعلات التقليدية. بالإضافة إلى ذلك تكون قدرة الثوريوم على توصيل الحرارة أعلى بنسبة ١٠-١٥٪ من ثاني اوكسيد اليورانيوم، مما يسهل انتقال الحرارة من قضبان الوقود المستعملة داخل المفاعل. علاوة على ذلك، تكون نقطة انصهار اوكسيد الثوريوم أعلى بـ ٥٠٠ درجة مئوية من نقطة انصهار ثاني اوكسيد اليورانيوم، مما يعطي المفاعل هامش أمان أكبر إذا حدث توقف عرضي لعامل التبريد.

التحدي الأوحد أمام استخدام الثوريوم كوقود هو أنه بحاجة الى النيوترونات لبدء عملية الانشطار. الثوريوم ليس وقود انشطاري مثل اليورانيوم -٢٣٥، بل يقوم الثوريوم -٢٣٢ بامتصاص النيوترونات البطيئة لانتاج اليورانيوم -٢٣٣ الذي هو مادة انشطارية. بمعنى آخر، يعتبر الثوريوم -٢٣٢ خصبا، مثل اليورانيوم -٢٣٨. ويقوم الثوريوم -٢٣٢ بامتصاص نيوترون ليصبح ثوريوم -٢٣٣ الذي يتحلل بدوره ليصبح بروتاكتينيوم -٢٣٣ (Pa-٢٣٣) ومن ثم إلى اليورانيوم -٢٣٣ الانشطاري. حينما يتم رفع الوقود المستهلك من المفاعل يمكن فصل اليورانيوم -٢٣٣ من الثوريوم واستخدامه كوقود في مفاعل نووي آخر. يعتبر اليورانيوم -٢٣٣ أرقى نوعية من أنواع الوقود النووي التقليدية الأخرى مثل اليورانيوم -٢٣٥ والبلوتونيوم -٢٣٩ لأن له مردود أعلى من النيوترونات لكل نيوترون يمتصه. هذا يعني أنه حالما يتم تفعيل دورة استنسال الثوريوم بواسطة النيوترونات من اليورانيوم -٢٣٥ الانشطاري أو البلوتونيوم -٢٣٩ تصبح هذه الدورة أكثر كفاءة مما لو تم استخدام اليورانيوم -٢٣٨ أو البلوتونيوم.

هنا ملخص للفوائد التي يمكن جنيها من استخدام الثوريوم كوقود نووي:

١. لا يولّد وقود الثوريوم مواد يمكن استخدامها في الأسلحة النووية من مخلفاته. تتكون المخلفات من النظير المشع يورانيوم-٢٣٣ الذي يستحيل استخدامه في التسليح.
٢. بخلاف اليورانيوم، لا يمتلك الثوريوم أي نظائر انشطارية في حالته الطبيعية، ولذلك لا توجد مواد يمكن تخصيبها من الثوريوم لمستويات انتاج الاسلحة.
٣. يمكن استخدام وقود الثوريوم لإحراق المخزون العالمي من نفايات البلوتونيوم غير المرغوب فيها وتحويلها إلى وقود لانتاج الكهرباء وتحلية مياه البحر.
٤. لدى نفايات دورة وقود الثوريوم مدة سُمّية إشعاعية تبلغ أقل من ٢٠٠ عام، التي لا يمكن مقارنتها بمدة سمية نفايات دورة وقود اليورانيوم التي تبلغ أكثر من مليون عام.
٥. لوقود الثوريوم اقتصاد في الوقود أعلى فعالية من عدة نواحي: فهو يولد كمية أكبر من الطاقة لكل وحدة من كتلته مما ينتجه وقود اليورانيوم بفارق ٤٠ مرة، مما يعني أن محطات الطاقة المشتغلة بوقود الثوريوم لا تحتاج إلى استبدال الوقود لعشرات السنين.
٦. يمكن إعادة استخدام نفايات دورة وقود الثوريوم كمواد انشطارية في دورة وقود مغلقة، ما معناه أنه في نهاية المطاف لن تكون هناك حاجة إلى مواد انشطارية لتزويد المفاعلات بالطاقة. لكن، تكنولوجيا إعادة التدوير (لفصل اليورانيوم-٢٣٣) غير موجودة بعد.

كيف نحلّ أزمة المياه العالمية

بقلم : بينجامين دينستون
By Benjamin Deniston

سبتمبر ٢٠١٤

سيمكن حل أزمة المياه الحالية في العالم حينما يتم إدراك دور البشرية باعتبارها راعيا لكوكب الأرض ـ أن تكون قوة خلاقة، تسهم على الدوام في تحسين الظروف الحياتية في كل أرجاء الكوكب (وحتى ما وراء الكوكب إلى المجموعة الشمسية). كما أشار ليندون لاروش إلى هذا الأمر مرارا باعتباره الاستنتاج العلمي المطلوب في أعمال العالم الأوكراني ـ الروسي العظيم فلاديمير فيرنادسكي (Vladimir Vernadsky) الذي برهن على أن المجتمع الانساني يمثل قدرة لا توجد في أي من الأنواع الحياتية الأوطأ، وهي قدرة أكثر قوة من مجموع أفعال الحيوانات والنباتات مجتمعة (البيوسفير) ـ تلك هي قوة الفكر العلمي والثقافي، النوسفير(noösphere). سواء أعجب ذلك البيئويين الخضر المعاصرين أم لم يعجبهم إلا أن الواقع العلمي يثبت أن الإنسان ولد ليتولى مسؤولية إعادة تشكيل وتطوير سطح كوكب الأرض. إن إنكار هذه الحقيقة هو إنكار لوجود الإنسان نفسه.

هذه هو المبدأ موضع النقاش في أزمة المياه العالمية اليوم. لقد تم تعطيل التقدم والتنمية في العقود الأخيرة إلى درجة أن ٤ مليارات إنسان، أي أكثر من نصف سكان العالم، ليس لديهم مورد مياه مأمون ومضمون للشرب واستخدامات الصرف الصحي. أما إنتاج الغذاء فهو مهدد. وتنتشر الأمراض وترتفع معدلات الوفيات بسبب نقص المياه.

كيف يمكن القبول بهذا الوضع في حين أن ٧٠٪ من سطح كوكب الأرض تغطيه المياه؟ حتى نضع هذه المسألة في سياق مفاهيمي، يمكننا القول أنه لو كتب لكل سكان العالم أن يستخدموا كميات من الماء تساوي مستوى ما يستخدمه الفرد الأمريكي اليوم، فإنه حتى في تلك الحالة ستبقى على سطح الأرض كمية من المياه تعادل مئة ألف مرة ما يمكن أن يستخدمه ٧ مليارات إنسان بالمعدل الأمريكي اليوم[١].

من ناحية المياه العذبة، توجد في كوكبنا كمية من المياه تقارب ثلاثة آلاف مرة ما يستخدمه العالم كله عند هذا المعدل الافتراضي [٢]. لكن لا يمكن مناقشة موارد المياه باستخدام مصطلح «استخدام» فحسب. فالماء ليس موردا/مصدرا «محدودا» يتم استخدامه مرة واحدة (مثل الفحم أو الغاز الطبيعي). تتمتع منظومة المياه العالمية بخصائص دورية، بحيث يتحرك الماء من حالة إلى حالة أخرى (مثلا من الحالة السائلة في المحيطات إلى المتجمدة في جبال الجليد، وإلى البخار في الجو) ويدخل عبر أنظمة متعددة (مثلا من البحر إلى المادة الحية، وإلى

النشاطات الاقتصادية البشرية). لهذا السبب يجب أن تتركز كل محاولة لمعالجة حاجات المليارات من الناس للماء الآن وفي المستقبل على «إدارة» و «خلق» هذه الدورات وليس «الاستخدام» بحد ذاته.

كانت أهم دورة للماء على مر تاريخ الحياة على كوكب الأرض، وبضمن ذلك الحضارة الانسانية، وإلى الآن هي دورة الماء التي تبدأ من تبخر مياه المحيطات وهطول الأمطار والثلوج على البر وجريانها على سطح الأرض عودة إلى المحيطات. سنشير إلى هذه العملية باعتبارها دورة الماء «الأرضية» (terrestrial) (راجع الشكل ١). هذه الدورة هي التي تزود كل أنواع الأحياء على البر بمقومات الحياة (بالرغم من أن النباتات ساهمت بشكل متزايد في تعزيز هذه الدورة)، كما أنها حسنت ظروف الحياة في المحيطات عبر حملها مصادر التغذية من البر إلى البحر. يقدر معدل هذه الدورة اليوم (الذي يتم قياسه بقياس كمية الهطولات المائية «الأرضية» ،أي التي تسقط على البر) سنويا على أنها تبلغ ٣،٥ مرة أكثر من حاجة سكان العالم الافتراضية للمياه عند المعدل الامريكي لاستخدام الفرد للماء سنويا كما ذكرنا. لكن هذا المثال بعيد كل البعد عن فهم مسألة توافر الماء من الدورة الأرضية الموجودة الآن، لأن هذا الماء يتم استخدامه عدة مرات أثناء الدورة الواحدة. فعلى سبيل المثال قد يتم استخدام هذا الماء في تبريد محطة طاقة ثم إلى شبكة الصرف الصحي ومن ثم إلى ري حقل مزروعات، وهكذا يتم «استخدام» هذا الماء ثلاثة مرات في غضون دورة واحدة. ولكن قد يكون معدل إعادة الاستخدام في العديد من الحالات أكثر من ذلك.

لهذا، ولكي نتكلم بمفهوم الدورات، يمكن استخدام كمية الهطولات المطرية السنوية لتحديد «معدل» الدورة، وأيضا يمكننا استخدام الكمية المستخدمة والمعاد استخدامها لتحديد «انتاجية» الدورة. يمكن تطبيق هذه المقاييس على الدورة العالمية أو تقسيمها إلى دورات قارية أو تقسيمها أكثر إلى دورات أحواض الأنهار وهكذا دواليك (طالع على سبيل المثال الحقل أدناه حول «رفع الانتاجية الفيزيائية لدورة الماء الشمال أمريكية»). حينما ندرس منظومة المياه العالمية من وجهة النظر هذه سيتضح لنا أن مصادر المياه موجودة، لكن ما يفتقد هو التنمية الاقتصادية وكثافة تدفق الطاقة[3] المطلوبتان لرفع إنتاجية الدورات الموجودة (عبر تصفية الماء والصرف الصحي والمنظومات المرتبطة بذلك) وللسيطرة على هذه الدورات وتوسيعها (عبر بناء الخزانات بالسدود ونقل مياه الأنهار إلى مناطق جافة) وخلق دورات جديدة (عبر تغيير أنماط الطقس بصورة اصطناعية وتحلية مياه البحر).

الشكل 1

دورة الماء الأرضية العالمية

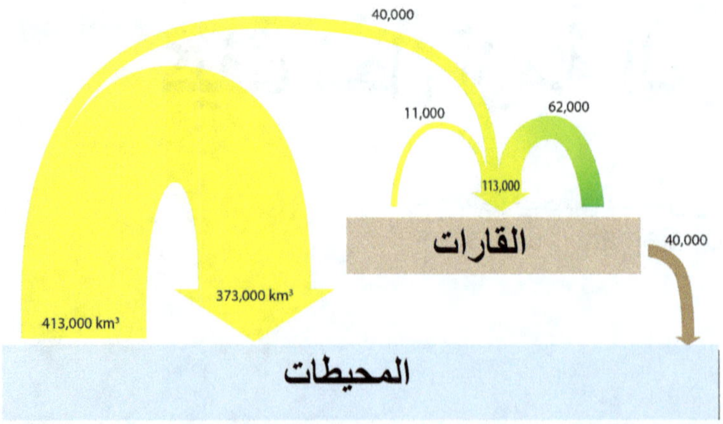

Benjamin Deniston/EIRNS 2014

تتكون دورة الماء العالمية من شطرين: الشطر البحري، حيث تعود معظم كميات المياه المتبخرة من البحار والمحيطات مجددا إلى المحيطات في هيئة هطولات مطرية. والشطر البري حيث تهطل نسبة 10% من تلك المياه المتبخرة من المحيطات على البر، ويتبخر جزء من هذه الكميات في البر وتسقط مجدا على البر أو في البحار. كما أن كمية كبيرة من مياه البر تذهب مجددا إلى البحر عبر تصريف الأنهار. لذلك لا يمكن اعتبار موارد المياه الموجودة على البر موارد محدودة لأنها جزء من عملية عالمية، ما هو محدود هو قدرة زيادة الكميات الهاطلة على البر، وكيفية إدارتها وتعظيم استخدامها. فالماء لا يختفي، إنما يتحول من حالة إلى حالة ومن مكان إلى آخر.

ماهو المصدر؟

ستكون هذه النقطة درسا أساسيا من دروس علم الاقتصاد الفيزيائي حسب ما طوره السيد لاروش، وهي إن البشرية هي التي تخلق المصادر. إن مفهوم المصادر «الطبيعية» مفهوم مُضِل، إن لم يكن إحتياليا. بالنسبة للبشر ما يحدد كون شيء ما «مصدرا» هو ليس حالته «الطبيعية» على الإطلاق، بل مستوى التطور العلمي لمجتمع ما. الماء بحد ذاته مثال ممتاز على هذا المبدأ الإنساني. على مر العصور وإلى بضعة أجيال سابقة كان ما يتوفر من مصادر المياه للبشر محصورا بإدارة دورة الماء الأرضية الاقليمية، ويدخل في هذا جميع

الشكل 2
الندرة الفيزيائية والندرة الاقتصادية للمياه عالميا

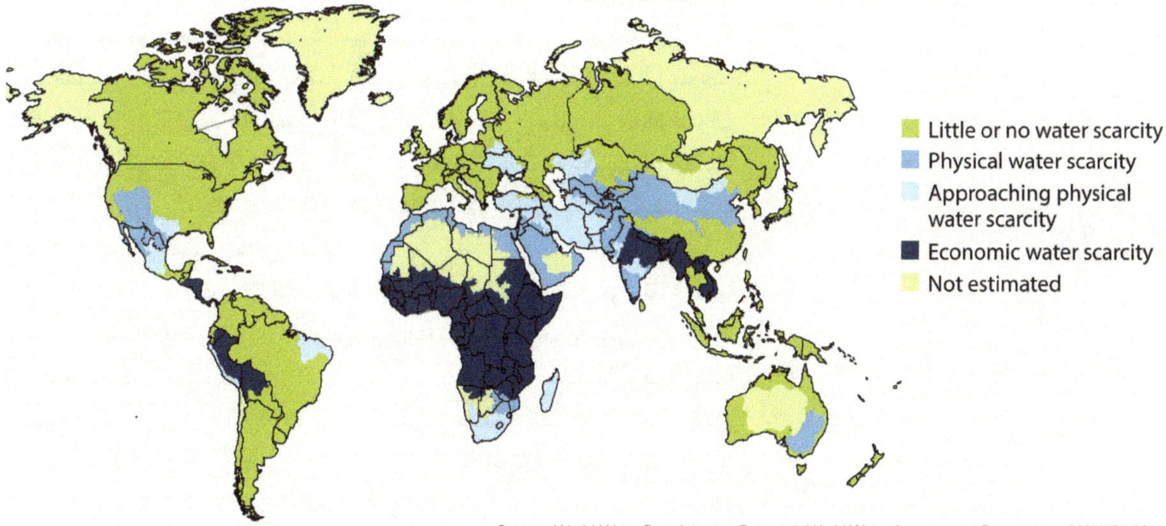

Source: World Water Development Report 4, World Water Assessment Programme (WWAP), March 2012

تمثل المناطق باللون الأزرق الفاتح مناطق ندرة فيزيائية، أي عدم توفر المياه والهطولات على نحو كافي. أما المناطق باللون الأزرق الداكن فهي مناطق ندرة اقتصادية، أي يتوفر فيها الماء لكنه لا تتم إدارته عبر البنى التحتية الأساسية للمياه أو غير معالج ليكون صالحا للاستهلاك البشري. والمناطق الخضراء لا توجد فيها ندرة مياه.

الأنهار والبحيرات والمياه الجوفية وغيرها التي تتكون عبر دورات الماء هذه. وبينما كانت استخدامات وانتاجية الدورات الموجودة قابلة للزيادة والتحسين، إلا أن حجم ووفرة هذا المصدر كانا خارج نطاق سيطرة الانسان إلى حد بعيد ـ كما كان الوضع محكوما بتقلبات المناخ، مثل تلك التغيرات المناخية المرتبطة بتغير النشاط الشمسي (كما سيأتي شرحه أدناه).

أما الآن، وبوجود الطفرات التكنولوجية التي يمكن تطبيقها على نطاق عالمي بكثافة طاقة عالية يوفرها اقتصاد الانشطار والدمج النووي، سيكون بمقدور البشرية لأول مرة أن تفكر بإدارة دورات ماء قارية بأكملها، وحتى بخلق دورات جديدة كليا عبر تقنيات تغيير أنماط الطقس والمناخ اصطناعيا وعبر تحلية مياه البحر. ولكن قبل أن نناقش تفاصيل هذه المفاهيم، لنتأمل في المضامين الأوسع لهذه العملية.

حتى هذه اللحظة كانت دورة الماء الارضية خاضعة كليا للشمس التي تنجز كل عملية تحلية مياه المحيطات عبر التبخر، وانتقال بخار الماء إلى البر بواسطة الطاقة الشمسية (التي تحرك الرياح). لكن اليوم ولأول مرة في تاريخ كوكب الأرض برزت قوة جديدة. بالرغم من صغر هذه القوة في أول إرهاصاتها إلا أن الجنس البشري ـ ووفقا لفهم فيرنادسكي للمسألة ـ قد بدأ يحل محل دور الشمس على الارض بالتدريج عبر التحكم في حركة الرطوبة في الجو بواسطة تقنيات تغيير أنماط الطقس، وصناعة المياه العذبة (عبر التحلية)، وتوزيع هذه المصادر الجديدة عبر الأنظمة الأرضية.

يشدد ليندون لاروش على أن حل أزمة المياه يتطلب اعتناق الإدراك العلمي الذي حققه فيرنادسكي ـ والذي ينص على أن البشرية حين تتسلح بسلاح الفكر العلمي تصبح عاملا جيولوجيا، ومسؤولة عن تحسين منظومة الماء العالمية ككل. فالموارد المائية المطلوبة متاحة لبشرية تتقدم، لكن ما كان ينقصها هو التنظيم الفعال لقدرات المجتمع الانساني. هذا هو الأساس العلمي الذي يحكم القسم الآتي من هذا التقرير. سنقوم أولا بتحديد التحديات التي يجب معالجتها بشكل جيد عبر استعراض أبعاد أزمة المياه العالمية باختصار، حيث سنأخذ بعض الأمثلة التي ستساعدنا في شرح الطبيعة المبدئية للتحديات التي تواجهها البشرية. بعد ذلك نتطرق إلى منظور الحل الشامل والعالمي لأزمة المياه في العالم.

١. أبعاد الأزمة

يمكن تلخيص أزمة شح المياه العالمية بالشكل البسيط الآتي: يعاني ٩٠٠ مليون شخص من مجموع سكان العالم اليوم من عدم وجود مورد مياه آمن وغير ملوث. كما لا يتوفر لـ ٢,٦ مليار انسان نظام صرف صحي سليم بسبب شح الماء[٤]. حينما نرفع المعايير بشكل صحيح لندخل فيها أولئك الذين لا يتوفر لهم ماء صالح للشرب كليا أو غير متوفر طوال الوقت في صنابير مساكنهم، فإن الرقم سيرتفع إلى أربعة مليارات شخص. علاو ة على ذلك، بالنسبة للملايين من البشر الذين يتوفر لهم الماء الصالح للشرب إلى الآن، مثل سكان جنوب غرب الولايات المتحدة، فإن مستقبل أمنهم المائي مهدد.

يتمثل الانعكاس المأساوي الآخر لأزمة إدارة المياه في العالم بانتشار وارتفاع نسبة الأمراض المنقولة عبر المياه. يعتبر مرض الكوليرا من المؤشرات المرضية على عدم وجود أو عدم كفاءة انظمة إدارة الموارد المائية. لقد ارتفع عدد حالات الاصابة بالمرض بنسبة ١٣٠٪ عالميا بين عامي ٢٠٠٠-٢٠١٠ حسب احصائيات منظمة الصحة العالمية. تشير تقديرات منظمة الصحة العالمية إلى وجود ٣ إلى ٥ ملايين حالة إصابة بالكوليرا سنويا الآن مما سينتج عنه ١٠٠ ألف إلى ٢٠٠ ألف حالة وفاة. وهذه تقديرات متحفظة نوعا ما، لأن منظمة الصحة العالمية تعتقد أنه لا يتم تسجيل سوى ٥-١٠٪ من الحالات رسميا[٥].

تم عرض خريطة مفاهيمية لتوزيع أزمة المياه العالمية في «التقرير الخاص للأمم المتحدة حول تطورات المياه» الصادر عام ٢٠١٢ حيث حددت الخريطة ناحيتين أساسيتين للأزمة: ناحية «اقتصادية» وناحية «فيزيائية» (الشكل ٢)،[٦]. يشير مفهوم الناحية «الاقتصادية» إلى المواقع التي لم يتم فيها تطوير البنية التحتية بما يكفي للاستفادة من المياه المتاحة. أما «الفيزيائية» فتشير إلى المواقع التي تكون فيها حاجات المجتمع قد تجاوزت ما هو متوفر من المياه محليا.

قد ينفع الشكل ٢ في إعطاء صورة سريعة للخصائص العالمية لأزمة المياه وتوزيعها الجغرافي، إلا أنه يمكن اعتبار هذا التحليل قديما نوعا ما بسبب مرور خمسة أعوام على صدوره ولأن الظروف قد أصبحت أسوأ مما كانت عليه في مناطق عديدة من العالم. في القسم التالي من التقرير حول أبعاد الأزمة سوف ندرس أربعة نواحي لأزمة المياه العالمية حيث نبدأ بالتركيز بشكل مختصر على السياسات التي تتسبب في تفاقم الأزمة والتي يجب وقفها فورا ـ وهما التصديع الهيدروليكي (Hydraulic Fracturing - fracking) وانتاج الوقود الحيوي. ثم نتفحص ناحيتين من نواحي أزمة المياه ـ وهما استنزاف خزانات المياه الجوفية، وتتبعها ناحية قلة الكفاءة في إدارة موارد المياه السطحية. ثم نستعرض في آخر الفصل دور تغير النشاط الشمسي، عبر التركيز على ما هو معروف تاريخيا عن التقلبات الكبرى في أحوال المناخ الاقليمية وتغير أنماط توافر المياه تبعا للتغيرات الشمسية التي يمكن أن نتوقعها في العقود القادمة. إن عمق الأزمة الموجودة من قبل ـ وحين ننظر إليها على خلفية التغيرات المستقبلية المحتملة التي ستسببها الشمس في دورات الماء الأرضية ـ يحدد النظرة العامة لأزمة كوكبية واحدة، وهو ما سنتناوله في القسم الثاني من هذا المقال.

أ. سياسات تؤدي إلى تفاقم الأزمة

إن التأثيرات المشتركة لعدة عوامل، منها القيود الفيزيائية والاقتصادية، والإعاقة المتعمدة لمشاريع البنية التحتية وتطوير التكنولوجيا قد أوصلت العالم إلى هذا الحد من أزمة المياه

الحالية. لكن بالرغم من ذلك، تقوم بعض الأمم بالتسريع من بعض الممارسات الإضافية التي تساهم في تحويل الوضع من سيئ إلى كارثي. أكثر تلك الممارسات وضوحا هما التصديع الهيدروليكي وانتاج الوقود الحيوي. لا تؤدي هذه السياسات إلى هدر المياه فحسب، بل وأيضا إلى إهدار الماء في انتاج نوع من مصادر الطاقة الذي يعتبر بحد ذاته خسارة صافية لاقتصاد تلك الدول.

الشكل ٣

انخفاض مستوى المياه الجوفية في الخزان الجوفي لمنطقة السهول العليا في أمريكا الشمالية بين عامي ١٩٨٠-١٩٩٥

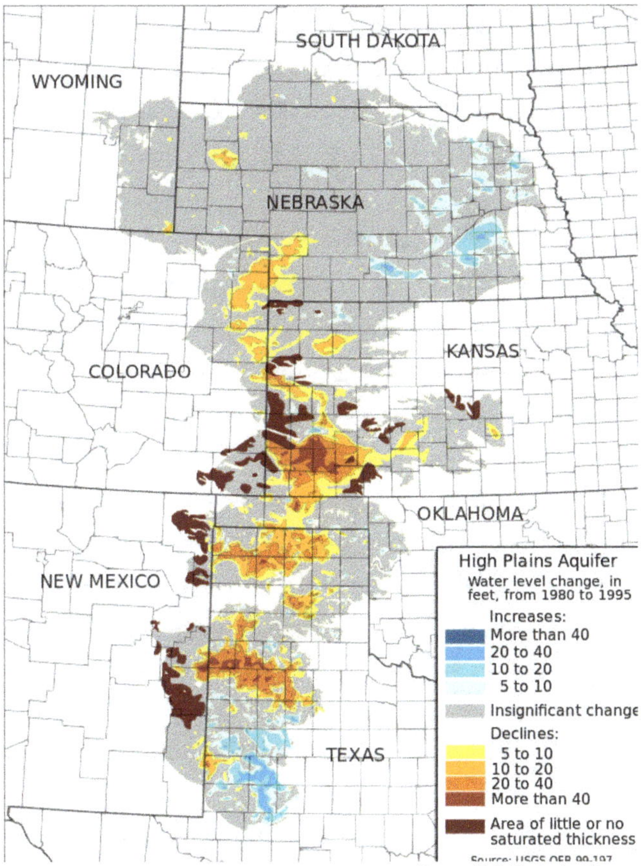

Source: U.S. Geological Survey

التصديع الهيدروليكي

إن التوسع السريع في استخدام المياه العذبة في التصديع الهيدروليكي لاستخراج النفط والغاز هو تهديد مباشر للأمن المائي في مناطق معينة. وبينما تختلف كمية المياه المطلوب استخدامها من بئر إلى آخر تبعا لطبيعة ترسبات الزيت أو الغاز الصخرية (مثلا كم مرة يتم حقن الماء في الحفرة لتصديع هذه الطبقات)، إلا أن هذه الممارسة بحد ذاتها ممارسة هدامة. يقع حوالي نصف (٤٧٪) عدد آبار النفط والغاز التي يتم فتحها عبر التصديع الهيدروليكي في الولايات المتحدة ـ الدولة الاولى في العالم في هذا المجال ـ وفي كندا في مناطق ذات إجهاد مائي عالي، ومنها كاليفورنيا ونورث داكوتا ووايومينج في السهول العليا وتكساس ونيوميكسيكو. وتقود تكساس المصابة بالجفاف جميع الولايات الأخرى في عدد الآبار حيث تم فتح ٩٠٠٠ بئر في مناطق شديدة الحاجة للمياه و ٩٠٠٠ بئر في مناطق تواجه خطر الجفاف. ولم تتم إعادة تدوير المياه المستخدمة في التصديع إلا بنسبة ٥٪، مما يعني أن ٩٥٪ يتم «استهلاكها» وتختفي. وصل حجم المياه المستهلكة في هذه الآبار في الولايات المتحدة وكندا على مدى سنتين ونصف السنة إلى ٣٦٧ مليون متر مكعب. هذه هي النسبة المعتادة للمياه التي تستخدمها مدينة يسكنها مليون نسمة في العام. بالرغم من أن هذه السياسة تمثل إهدارا للماء في سياق أزمة راهنة، إلا أن هناك نية للتوسع في هذه السياسة الجنونية أكثر فأكثر.

الوقود الحيوي

يتم انتاج الايثانول والديزل الحيوي والجازول بمستويات تؤدي إلى تحويل كميات مهولة من المياه نحو زراعة الكتلة الحيوية (biomass) وعملية تصنيع الوقود بما يعني خسارة مباشرة للناتج الزراعي الغذائي وهدرا مجحفا للماء. من المتوقع أن يصل الانتاج العالمي من الايثانول في عام ٢٠١٤ إلى ٩٠ مليار لتر. في الولايات المتحدة التي تعتبر الدولة الاولى عالميا في انتاج الايثانول، يذهب ٤٠٪ من حصاد محصول الذُرة لانتاج الوقود الحيوي. تتراوح كمية الماء المطلوبة لانتاج كل لتر واحد من الايثانول باستخدام الذُرة بين ٧ ليترات و ٢٠٠٠ لتر تبعا لكون الذرة تسقى بالري أم لا. هكذا يستهلك ٩٠ مليار لتر من الايثانول عالميا ما مجموعه ٦٣٧ مليار لتر من الماء على الاقل سنويا. وهذه كمية من الماء تكفي الحاجات السنوية لمدينة متطورة بتعداد سكان يبلغ ٤,٥ مليون نسمة [٧].

سياسات متخلفة

لا تقتصر المسألة على كون هاتين السياستين للطاقة ـ التصديع الهيدروليكي لاستخراج النفط والغاز وانتاج الوقود الحيوي ـ تستخدمان الكثير من المياه. لو كانتا تقدمان مصدرا جديدا للطاقة بإمكانه رفع مستوى الاقتصاد كله نحو الأعلى لكانا جزءا من توجه تنموي للمنظومة

الاقتصادية. لكن هذا ليس هو ما يحصل في الواقع. يكمن مستقبل البشرية من ناحية الطاقة في مجال استغلال التفاعلات النووية، مثل الانشطار النووي وبدرجة أكبر الاندماج النووي. إن التصديع الهيدروليكي من أجل الحصول على الغاز الطبيعي هو خطوة إلى الوراء، ويعبّر عن ظاهرة اقتصادية تسمى «تضاؤل معدلات المردود» - ويعني هذا أن الجهد الفيزيائي المبذول ورأس المال المسخر يرتفعان في سبيل الحصول على كمية الطاقة ذاتها، وهكذا يتضاءل مردود الطاقة مقابل كمية المُدخل الاقتصادي الفيزيائي. هذه من صفات عملية الاستنزاف الاقتصادي التقليدية: أي حين تنضب قاعدة مورد ما بحيث يضطر المجتمع إلى بذل جهد فيزيائي أكبر فقط من أجل المحافظة على مستوى الانتاج السابق. وبما أن التقدم التكنولوجي قد عوض بالتأكيد عن ارتفاع الكلفة الفيزيائية من خلال رفعه للقوى الانتاجية لليد العاملة، فإن مصادر طاقة من مستوى أرقى قد أصبحت متوفرة عبر التفاعلات النووية، مما يجعل التصديع الهيدروليكي لاستخراج الغاز الطبيعي كمصدر للطاقة خسارة اقتصادية صافية للمجتمع.

ويمكن اعتبار برنامج انتاج الوقود الحيوي أكثر جنونا من التصديع الهيدروليكي. ففي الولايات المتحدة على سبيل المثال، يكون استخدام الطاقة لانتاج الوقود الحيوي من الذرة مكثفا إلى درجة تصبح معها الطاقة التي يوفرها ليتر واحد من الايثانول عند حرقه في المحركات مجرد ١,٣ مرة أكثر من الطاقة المستخدمة في انتاج ذلك الليتر من الوقود [٨]. حين مقارنته مع باقي مصادر الطاقة المعروفة في الولايات المتحدة التي تعطي ١٠-١٠٠ مرة كمية الطاقة المطلوبة لانتاجها، فإن الايثانول سيأتي في المرتبة الأخيرة. إن العائد التافه من الطاقة إذا قسناه بما يتطلبه انتاجها من ماء وتحويل المواد الغذائية المطلوبة للاستهلاك كغذاء إلى محروقات يبرهن على أن سياسة الدولة في دعم انتاج الوقود الحيوي هي سياسة إجرامية مجنونة. نعود مرة أخرى ونقول أن مستقبل الطاقة يكمن في التفاعلات الذرية. فبالإضافة إلى توفيرها للطاقة فإن أنظمة الطاقة النووية بكثافتها العالية لتدفق الطاقة ستمنح البشرية القدرة على حل أزمة المياه. وبعد أن راجعنا باختصار السياسات التي تزيد من تفاقم أزمة المياه، نتجه الآن إلى التحديات التي يمثلها نضوب المياه الجوفية وعدم كفاءة أو عدم وجود وسائل إدارة المياه السطحية.

ب. نضوب المياه الجوفية

لقد تم وضع خرائط لمواقع خزانات المياه الجوفية الكبرى في العالم وحالة كل منها عن طريق البحوث التي أجرتها مؤسسات علمية عديدة ومنها على وجه الخصوص منظمة التعليم والعلوم والثقافة التابعة للأمم المتحدة (اليونسكو) التي وفر برنامجها الهيدرولوجي العالمي لعام ٢٠٠٨ قاعدة معلومات موسعة. لقد وصلت معدلات انخفاض منسوب المياه الجوفية بسبب الضخ في مناطق عديدة من العالم إلى مستوى ينذر بأزمة، بحيث يضطر الناس إلى الحفر إلى أعماق أبعد وأبعد للحصول على مياه ذات نوعية أقل جودة. وتعاني العديد من المناطق من تغوّر الأرض [٩]. يوضح الشكل ٣ هذه الحالة بالنسبة لمنطقة «خزان اوجالالا» (Ogallala Aquifer) في السهول العليا في أمريكا الشمالية.

يكمن السبب العام في تناقص موارد المياه الجوفية في كون إعادة تغذية العديد من الخزانات (recharge) بالمياه بطيئة نسبيا [١٠]. بالعودة إلى مفهوم دورة الماء الأرضية، يمكن القول أن المصدر الرئيسي لجميع المياه الجوفية هي الهطولات المطرية التي يتم حملها إلى البر عبر فعل الإشعاع الشمسي. هذه هي التي خلقت خزانات المياه الجوفية العذبة، وهي التي تمدها بالماء باستمرار. تكون عملية إعادة تغذية العديد من الخزانات بطيئة إلى درجة لا تستطيع

الشكل 4
المؤشر العالمي للاجهاد المائي في الأحواض الكبرى

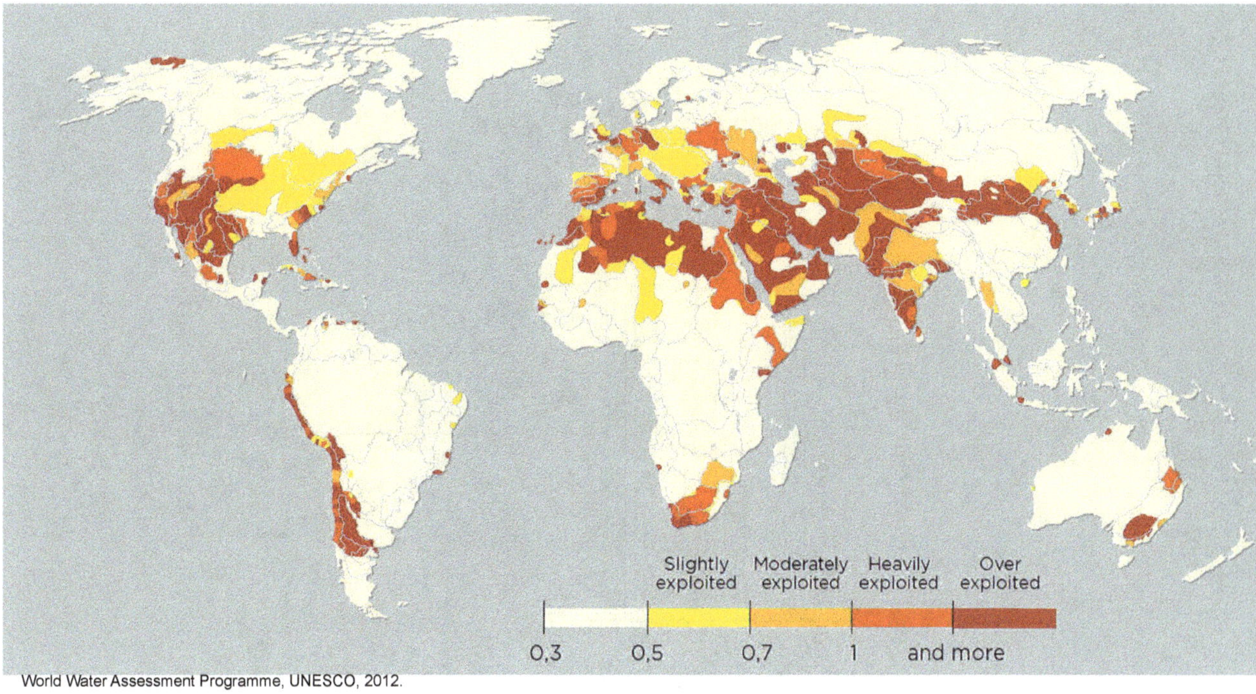

World Water Assessment Programme, UNESCO, 2012.

معها مجاراة النشاط الانساني. يؤدي هذا الأمر إلى هبوط مناسيب المياه في الدورة، ويضطر البشر إما إلى تسريع الدورة (عن طريق إيجاد أنظمة إعادة تغذية جديدة) أو خلق دورات جديدة لجلب الماء لتعظيم الفائدة من استخدام المياه الجوفية أو الإستعاضة عنها. لتوضيح هذه المسألة نستحضر ثلاثة أمثلة من الولايات المتحدة.

يزود خزان اوجالالا ـ وهو من أكبر خزانات المياه الجوفية في العالم ـ الماء لربع إجمالي الأراضي الزراعية في الولايات المتحدة، كما يوفر ماء شرب لمليوني شخص. وفقا لتقرير هيئة المسح الجيولوجي الأمريكية الصادر في عام ٢٠٠٧، فإن كمية المياه في الخزان هي أقل في ذلك العام بنسبة ١٠٪ عما كانت عليه في عام ١٩٥٠، وأقل مما كان عليه الخزان قبل تطويره واستغلاله بحوالي ٣١٠ كلم مكعب (ويمكن أن ينخفض منسوب الماء في بعض الأقاليم إلى خمسة أقدام في العام) [١١]. ووفقا لتقرير آخر قدمته الهيئة للكونجرس في عام ٢٠٠٢، بلغ معدل نضوب الخزان بين عام ١٩٨٧ و ١٩٩٩ حوالي ٥ كلم مكعب في العام [١٢]، وتساوي هذه الكمية حصة كاليفورنيا من مياه نهر كولورادو. كما أن معدل النضوب في ارتفاع منذ ذلك التاريخ.

المثال الآخر هو السهل المركزي في كاليفورنيا (Central Valley) الذي يغطي مساحة ٦٠ ألف كلم مربع. بالرغم من أن السهل يمثل أقل من ١٪ من الاراضي الزراعية للولايات المتحدة إلا أنه ينتج أكثر من ٨٪ من المحاصيل الزراعية للبلد، مما يجعله أحد أكثر أقاليم العالم الزراعية انتاجية. وكشفت دراسة استشارية حول الماء أجراها مركزالنمذجة الهيدرولوجية في جامعة كاليفورنيا في عام ٢٠١٤ عن أن خزان السهل المركزي قد فقد حوالي ٧٥ كلم مكعب بين عامي ١٩٦٣-٢٠١٣، مما يعني أن المياه الجوفية يتم استخراجها بمعدل يزيد بمقدار ١,٥ كلم مكعب في العام من معدل إعادة تغذيته [١٣]. وبأرتفاع حدة موجة الجفاف في كاليفورنيا، يتزايد استخدام المياه الجوفية.

الشكل 5

مشاريع ناوابا وبلينو وبليجون ونشاط التمثيل الضوئي

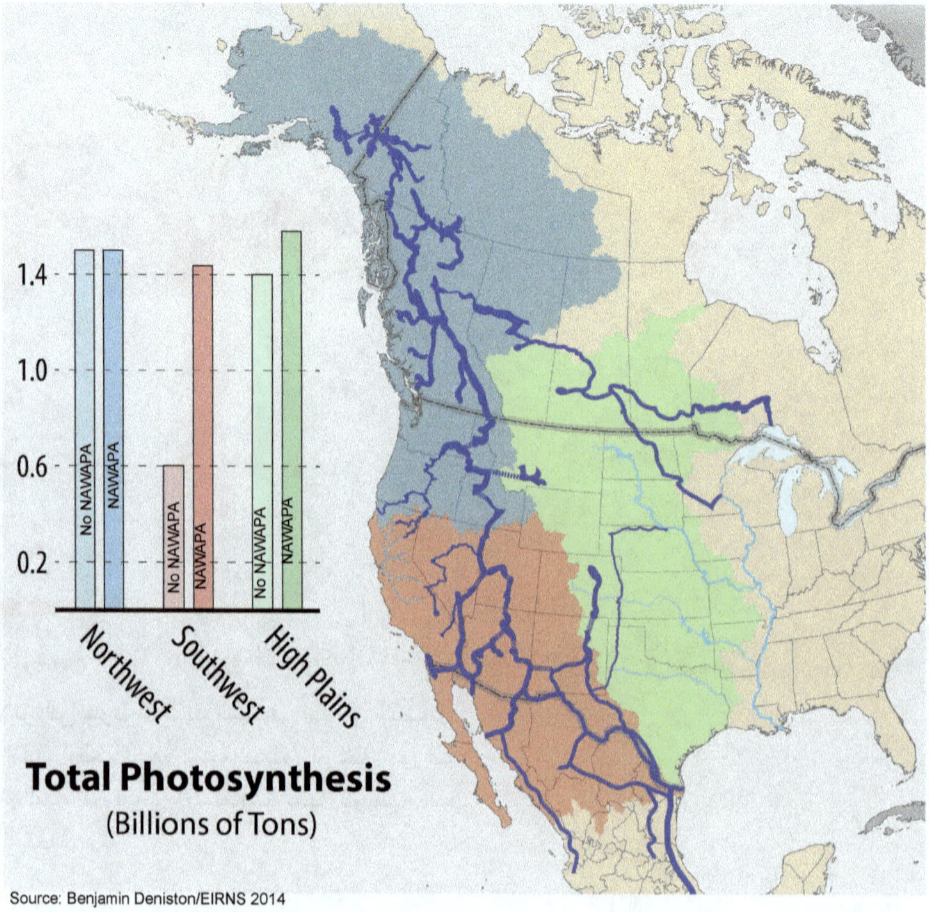

Source: Benjamin Deniston/EIRNS 2014

ان الممرات المائية الموضحة في الصورة هي منظومة "تحالف المياه والطاقة لشمال أمريكيا"، او مشروع ناوابا، لتحويل مياه تصريف الانهار في الاسكا مثل نهر يوكون الى الجنوب الى الولايات الجنوبية الغربية. اما في المكسيك فسيتم ذلك عبر تحويل المياه شمالا من الجنوب والجنوب الغربي من منظومة انهار جبال سييرا مادري عبر منظومة بلينو (الخطة الهيدروليكية الشمالية الشرقية) وبليجون (الخطة الهيدروليكية الشمالية الغربية). راجع الحقل الخاص بنشاط التمثيل الضوئي.

المثال الثالث من غرب الولايات المتحدة هو حوض نهر كولورادو. يغطي حوض النهر مساحة أكثر من نصف مليون كلم مربع، ويوفر نهر كولورادو المياه لأكثر من ٣٣ مليون فرد منتشرين على سبعة ولايات بالرغم من أن جريانه قد انكمش بشكل كبير في العقد الماضي. توصل فريق بحثي من وكالة الفضاء ناسا وجامعة كاليفورنيا إلى نتيجة مفادها أن حوض النهر فقد ٦٥ كلم مكعب من المياه العذبة بين ديسمبر ٢٠٠٤ ونوفمبر ٢٠١٣ ـ أي ما يقارب ضعف كمية مياه «بحيرة ميد» في نيفادا التي تعتبر أكبر خزان مياه سطحي في الولايات المتحدة. هذا المعدل من الفاقد يساوي ٧ كلم مكعب في العام (أي نصف معدل جريان نهر كولورادو حاليا)، وشددت الدراسة على أن ٧٥٪ من هذا الخسارة تخص المياه الجوفية [١٤].

إذا نظرنا إلى المشهد العالمي فإننا سنرى تقديرات تشير إلى أن منسوب خزانات المياه الجوفية العالمية قد انخفض بنسبة ٢٠٪ من مستوياته الموجودة قبل عصرنا الحديث هذا. إن نسبة سحب المياه الجوفية السنوية في العالم ترتفع بنسبة ١-٢٪ في العام (وقد تضاعفت ثلاث مرات في الخمسين عام الماضية)، وتقدر الكمية الافتراضية للمياه المسحوبة لعام ٢٠١٠

بحوالي ١٠٠٠ كلم مكعب [١٥].

يجدر بنا أن نذكر مجددا بأن هذه الخزانات ليست محدودة، بل تتم إعادة ملئها باستمرار لكن بنسب بطيئة إلى درجة أنها لا تستطيع موازنة احتياجات السكان. كما سيأتي عليه النقاش أدناه، فإن أحد الأمثلة على الحلول المطروحة لمشكلة الخزانات في الأقاليم الثلاثة المذكورة في الولايات المتحدة قد تم تقديمه قبل حوالي نصف قرن من الزمان ـ وهو اقتراح يدعو إلى الانتقال إلى مستوى أعلى من الإدارة والسيطرة على دورة الماء القارية التي تعتبر هذه الخزانات الثلاثة مجرد جزء منها ـ ذلك الاقتراح هو «تحالف المياه والطاقة الشمال أمريكي» أو ناوابا (NAWAPA).

ج. نقص المياه السطحية

برغم هطول كميات هائلة من المياه العذبة على البر، إلا أن توزيع هذه المياه السطحية متفاوت إلى حد بعيد. إن التداخل ما بين عوامل المناخ والتضاريس الجغرافية والطقس تجعل توافر المياه بشكل «طبيعي» مختلفا تماما من منطقة إلى أخرى وبين دولة وأخرى أو حتى بين ولاية وأخرى. ينعكس هذا الأمر في الشكل ٤ الذي يوضح المناطق ذات «الإجهاد المائي» حيث لا تكفي موارد المياه المتوفرة حاجات المجتمع.

بإمكان المجتمع الانساني أن يدير ويطور دورات الماء هذه، بدلا من أن يعيش في هذه الحالة من التناقض، وذلك عبر ضمان توزيع المياه السطحية بشكل نافع وعن طريق زيادة انتاجية الدورات الموجودة. يمكن إنجاز ذلك إلى حد كبير بواسطة بناء البنية التحتية الأساسية مثل السدود والخزانات وقنوات المياه ومحطات الضخ وأنظمة الري وتصفية المياه وشبكات الصرف الصحي. تمت إعاقة مثل هذه التطورات في العديد من أقاليم العالم حيث تبقى امكانيات كبيرة غير مستغلة. لكن يوجد استثناءان ممتازان ـ الأول هو عملية تطوير حوضي نهري تينيسي وكولورادو/كاليفورنيا في الولايات المتحدة في النصف الأول من القرن الماضي، والمثال الثاني هو ما يحصل في الصين اليوم عبر مشروع «منظومة تحويل المياه من الجنوب إلى الشمال» من حوض نهر يانجتسي إلى حوض نهر هوانج هو.

رفع الانتاجية الفيزيائية لدورة الماء الشمال أمريكية

يمكن تقدير دورة الماء القارية لأمريكا الشمالية على أنها تبلغ ٣١٥٠ كلم مكعب في العام (بقياس الجريان السطحي للانهار). يجري ١٤٦٦ كلم مكعب من هذه الكمية في الشمال الغربي، وفقط ١١٣ كلم مكعب في الجنوب الغربي. ويمكن أيضا قياس مجمل نشاط التمثيل الضوئي لهذه الأقاليم (باستخدام الاقمار الصناعية المراقبة لكوكب الأرض التابعة لوكالة الفضاء ناسا). إن مقارنة مجموعتي القيم هذه تعطينا مقياسا بسيطا لكن عميق المعاني لإنتاجية دورة الماء القارية وأقاليمها المختلفة. تقيس الأرقام أدناه «مليارات الاطنان من التمثيل الضوئي في العام» مقسومة على «الكيلومترات المكعبة من جريان الماء العذب في العام» حتى نتمكن من قياس القدرة الانتاجية باعتبارها «أطنانا من التمثيل الضوئي لكل كيلومتر مكعب من الماء الجاري».

أمريكا الشمالية: ٧,٤ مليار طن / ٣١٥٠ كيلومتر مكعب = مليون طن لكل كيلومتر مكعب

الشمال الغربي: ١,٥ مليار طن / ١٤٦٦ كيلومتر مكعب =١ مليون طن لكل كيلومتر مكعب

الجنوب الغربي: ٠,٦ مليار طن / ١١٣ كيلومتر مكعب = ٥,٥ مليون طن لكل كيلومتر مكعب

السهول العليا: ١,٢ مليار طن / ٢٥١ كيلومتر مكعب = ٤,٨ مليون طن لكل كيلومتر مكعب

ما تبينه هذه الأرقام هو (بقياس انتاج التمثيل الضوئي) أن القدرة الانتاجية لمياه الجنوب الغربي هي أعلى من انتاجية مياه الشمال الغربي بخمسة مرات ونصف. هذا تأكيد لما ينبغي أن يكون بديهيا، إذ يوجد فائض من الماء العذب في الشمال الغربي حيث يقيد المناخ البارد وقلة أشعة الشمس الاستخدام الأكثر انتاجية للمياه. يمكننا ـ باستخدام هذه القيم ـ أن نضع تقييما أوليا لتأثير مشروع ناوابا عبر حساب الإرتفاع المحتمل في التمثيل الضوئي وارتفاع انتاجية دورة الماء القارية.
الجنوب الغربي: يستطيع ١٥٩ كيلومتر مكعب من الماء العذب الجديد من ناوابا بإنتاجية تبلغ ٥,٥ مليون طن لكل كيلومتر مكعب من الماء أن يرفع معدل التمثيل الضوئي السنوي في الجنوب الغربي من ٠,٥ إلى ١,٥ مليار طن.
السهول العليا: يستطيع ٣٧ كيلومتر مكعب من الماء العذب الجديد من ناوابا بإنتاجية تبلغ ٤,٨ طن لكل كيلومتر مكعب من الماء أن يرفع معدل التمثيل الضوئي السنوي في السهول العليا من ١,٢ إلى ١,٤ مليار طن.

في الثلاثينات من القرن الماضي قامت هيئة وادي تينيسي (Tennessee Valley Authority) بترويض الظروف الجامحة والمتذبذبة لأنهار وادي تينيسي. كانت موجات

الشكل ٦

مشروع تحويل المياه من الجنوب الى الشمال

Sources: Chinese Ministry of Water Resources; futuretimeline.net; Will Fox

الفيضان وتذبذب وفرة المياه قد حرمت المنطقة من التنمية بشكل حاد في السابق. قامت هيئة وادي تينيسي ببناء سلسلة من السدود والخزانات لضمان جريان سلس ومنتظم لمياه الأنهر في أوقات الوفرة وفي أوقات الشحة على السواء. ساعد هذا الأمر على تحسن الانتاج الزراعي، وسمح بفتح طرق جديدة للنقل والملاحة النهرية بالإضافة إلى انتاج الطاقة الكهرومائية. غيّر المشروع طبيعة الاقليم تغييرا شاملا بعد أن كان يعاني من الفقر والأمراض مثل الملاريا، وحوله إلى حجر ارتكاز لأكثر مشاريع التطور العلمي حداثة والذي لم يكن أحد يحلم به في ذلك الزمان، وهو مشروع مانهاتن النووي (راجع الفقرة الخاصة بمشروع وادي تينيسي.)

كانت الاقاليم الغربية من الولايات المتحدة تواجه تحديا أعظم. لقد تم التحكم بأجزاء شاسعة من حوض نهر كولورادو عبر سلسلة من السدود الضخمة والخزانات ومنظومات الري وما ارتبط بها، وعلى رأسها سد هوفر (Hoover Dam) وبحيرة ميد (Lake Mead). حاليا تعتمد الزراعة والصناعة والاحتياجات المنزلية لأكثر من ٤٠ مليون فرد على إدارة نهر كولورادو بواسطة عدة سدود ضخمة ومئات الكيلومترات من القنوات ومياه الري التي يتم توفيرها لأراضي زراعية تبلغ مساحتها ١٦ ألف كيلومتر مربع. واستمرت عملية تنمية الغرب

الأمريكي عبر مشروع أريزونا المركزي الذي يتفرع عن نهر كولورادو، وعبر مشروع مياه كاليفورنيا الذي نظم انسياب المياه في نهري ساكرامينتو وسان يواكين. هذه المشاريع هي التي حولت وادي كاليفورنيا المركزي إلى سلة غذاء للأمة، إذ ينتج حوالي عُشر المحاصيل التي تنتجها الولايات المتحدة من ١٪ فقط من مساحة الأراضي الزراعية للبلد.

لكن مع ذلك وبينما كانت كل مشاريع التنمية في جنوب غرب الولايات المتحدة ناجحة إلى حد بعيد، إلا أن إجمالي المياه الجارية في أنهار كولورادو وساكرامينتو وسان يواكين تعتبر قليلة مقارنة بالأراضي التي يجب أن تسقيها هذه الأنهر. منذ الخمسينات والستينات بدأ الناس يدركون أن المسألة الأكبر التي ينبغي التعامل معها هي التفاوت الكبير جدا بين وفرة المياه في الشمال الغربي للقارة الامريكية الشمالية، أي كندا وألاسكا، وشحة المياه في الجنوب الغربي وشمال المكسيك. قياسا على معدل تدفق المياه في الأنهار تمتلك منطقة الشمال الغربي عشرة أضعاف ما هو موجود من مياه في الربع الجنوبي الغربي.

الشكل ٧

٤٠٠ عام من رصد البقع الشمسية

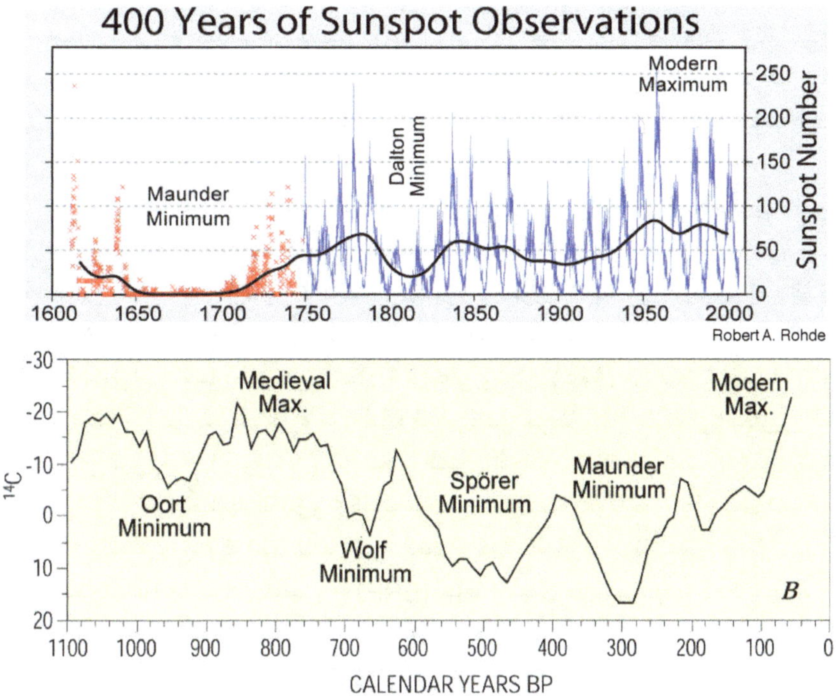

يتم حساب النشاط الشمسي على مدى ١,١٠٠ عام عبر قياس انتاج الكاربون ١٤ في الجو. يتم انتاج المزيد من الكاربون ١٤ عند ارتفاع معدل الاشعاع الكوني القادم من المجرة والذي يدخل إلى المجال الجوي لسطح كوكب الارض عندما يكون النشاط الشمسي ضعيفا.

بحلول عقد الستينات تم تصميم خطط لمشروع ناوابا (NAWAPA) لإعادة التوازن لحالة التفاوت هذه وذلك من خلال اقتراح بناء منظومة إدارة مياه قارية قادرة على نقل ٢٠٪ من المياه العذبة للجريان السطحي لعدد من الأنهر في الشمال الغربي وتحويل مسارها جنوبا إلى الجنوب الغربي. عكف فريق من الباحثين في لجنة لاروش للعمل السياسي (LaRouche PAC) بين عامي ٢٠١٠-٢٠١٤ على إعادة البحث في مشروع «ناوابا» واقتراحات أخرى لرفع فاعلية وتوسيع هذا المشروع [١٦] - (طالع الشكل ٥). حينما يتم اخذ إمكانيات التوسع بمشروع ناوابا في الحسبان سيكون بمقدور المشروع أن يرفع كمية المياه المتوفرة في كل ولايات الجنوب الغربي إلى نسبة ٥٠٪ إلى ٢٠٠٪، وتشير التقديرات الأولى إلى امكانية زيادة انتاجية عملية التمثيل الضوئي (photosynthesis) للنباتات في دورة الماء في أحواض أنهر غرب الولايات المتحدة بنسبة ٣٠٪ وانتاجية التمثيل الضوئي في كل قارة أمريكا الشمالية بنسبة ١٠٪ (راجع الحقل في الصفحة المقابلة بعنوان «رفع الانتاجية الفيزيائية لدورة الماء الشمال أمريكية).

بما أن توافر الماء في الشمال الغربي ليس من العوامل المعوقة للتمثيل الضوئي، فإن أخذ هذا الجزء الصغير من المياه من هناك لن يكون ذا أثر يذكر على انتاجية عملية التمثيل الضوئي هناك. هكذا سيمكن رفع إجمالي انتاجية دورة الماء في الأقاليم الغربية (شمال غرب، وجنوب غرب والسهول العليا) من ١,٨ طن إلى ٢,٣ طن من التمثيل الضوئي لكل كيلومتر مكعب من الماء - أي ارتفاع بنسبة ٣٠٪.

كما ان انتاجية دورة الماء لكامل القارة الأمريكية الشمالية (ومنها أقاليم لا تتأثر بشكل مباشر بمشروع ناوابا) سيمكن رفعها من ٢,٣ إلى ٢,٦ طن من التمثيل الضوئي لكل كيلومتر مكعب من الماء - أي زيادة بنسبة ١٣٪ لمجمل دورة الماء القارية. سيتم إنجاز كل هذا بدون زيادة مدخول الماء، بل عبر تحسين إدارة دورة الماء الموجودة حاليا.

لكن مع ذلك، وبالرغم من وجود دعم قوي لمشروع ناوابا، إلا أنه تم قتله في المهد من قبل الحركة المعادية للنمو التي ازدادت قوة في نهاية الستينات وبداية السبعينات [١٧].

أصبح مشروع تنمية وادي تينيسي (TVA) في الاربعينات نموذجا يحتذى وتم تقليده كليا أو جزئيا في العديد من دول العالم في جنوب شرق آسيا وشمال اسكتلندا واستراليا. وكانت قد وضعت خطط لتطبيق هذا النموذج في أفريقيا والشرق الأوسط وأمريكا الجنوبية لكنها لم ترى النور أبدا.

لكن على النقيض الشديد من ذلك يقف المشروع الصيني العظيم لنقل المياه بين أحواض أنهار يانجتسي والنهر الأصفر إلى الشمال المتعطش للماء في القمة وحيدا بين مشاريع المياه في العالم. هذا المشروع المسمى «مشروع تحويل المياه من الجنوب إلى الشمال» (SNWD) هو نموذج للمشاريع العملاقة لإدارة المياه السطحية. إن هذا المشروع المعقد ذا الثلاثة مسارات ـ كما يظهر في الشكل ٦ ـ على وشك الإكتمال في بعض أجزائه. تتلخص فكرة المشروع في تحويل جزء من المياه الوفيرة في حوض نهر يانجتسي الجنوبي المتأثر بالأمطار الموسمية (المونسون) إلى شمال الصين الجاف. تم اقتراح المشروع أول مرة في عام ١٩٥٠، لكن تصاميم المشروع كانت موضع نقاش لعدة عقود حتى جاء عام ٢٠٠٢ ليبدأ البناء في المشروع، وقد تصاعدت وتيرة العمل لإكمال المشروع منذ عام ٢٠٠٩.

أصبح المسار الشرقي للمشروع (ERP) جاهزا للعمل في ديسمبر ٢٠١٣ حيث بدأ نقل الماء إلى المقاطعات الشرقية جيانغسو وأنهوي وشاندونج. بحلول عام ٢٠١٥ سيصل الماء عبر مشروع المسار الوسطي (MRP) إلى العاصمة بكين وتيانجين وما حولهما. بدأت عمليات فحص نوعية الماء في المسار الوسطي في سبتمبر ٢٠١٤ في خطوة تمهيدية لإطلاق قناة نقل الماء بكامل سعتها. أما المسار الغربي (WR) الذي سيحول بعض مياه الروافد العليا لنهر يانجتسي باتجاه النهر الأصفر شمالا، فإنه لا يزال في مرحلة التخطيط، لأنه يحتاج إلى إمكانيات هندسية خاصة وصعبة.

إن أبعاد المشروع الصيني لنقل المياه من الجنوب إلى الشمال عظيمة بكل المقاييس. يستغل المسار الشرقي عمليات تطوير للقناة العظمى (Grand Canal) الموجودة منذ ١٥٠٠ عام وهو مجرى مائي يربط الجنوب بالشمال. سيقوم المسار الشرقي الآن بنقل ١٤٫٨ مليار متر

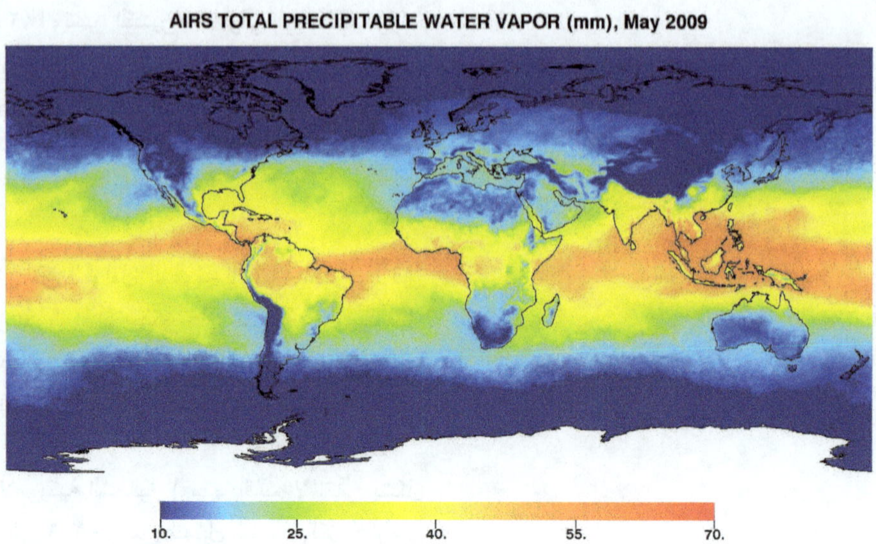

صورة مركبة لقياسات مسبار قياس مستوى الرطوبة في الجو (AIRS) وتمثل كمية بخار الماء القابل للهطول في الجو بالملمتر، مايو 2009

مكعب من الماء سنويا. وسينقل المسار الوسطي ٩-١٣ مليار متر مكعب سنويا. تطلب إنجاز هذا المسار بناء قنوات جديدة بطول ١٤٠٠ كلم حيث تبدأ عند خزان سد دانجيانغكو (Danjiangkou).

فكرة المسار الغربي هي تحويل مياه من منابع نهر يانجتسي إلى منابع النهر الأصفر لزيادة تدفق المياه فيه. تتضمن الأعمال الهندسية بناء سدود ضخمة وأنفاق لنقل هذه المياه عبر مرتفعات قينغاي وهضبة التبت وهضبة يونان الغربية، ليعبر من بعد جبال بايانكالا. تسير كل هذه المجاري المائية ضمن حدود الصين، وقد تم إكمال دراسات الجدوى الأولية الخاصة بالمشروع.

سيحوّل مشروع الجنوب - شمال بمساراته الثلاثة ما بين ٢٠-٤٠ مليار متر مكعب سنويا (ما أقصاه أقل قليلا من وارد نهر النيل عند السد العالي - المترجم) من حوض نهر يانجتسي الى الشمال الجاف. بالإضافة إلى ذلك، هنالك فكرة تحويل بعض مياه الأنهار العالمية مثل براهمابوترا وسالوين وميكونج باتجاه شمال الصين لزيادة كمية المياه في مشروع الجنوب - شمال. لكن المشاريع القائمة على الانهار الدولية والعابرة للحدود تكون أصعب من الناحية السياسية من المشاريع الوطنية لأنها تتطلب موافقة دول المصب. يتضح من خلال هذه الخلفية السريعة لما تم انجازه لحد الآن ما كان ممكنا فعله من قبل وما يجب فعله في المستقبل بخصوص إدارة المياه السطحية، حيث تشير الأدلة الواردة مؤخرا إلى الحاجة لإعادة النظر في جميع نواحي أزمة المياه العالمية من المنظور الأعلى، ابتداءا من الشمس.

د. التغيرات المناخية الناجمة عن الشمس

لنعُد مرة أخرى إلى مفهوم دورة الماء الأرضية. تعتمد جميع موارد المياه السطحية والجوفية بشكل كامل على الهطولات المطرية الناجمة عن تبخر مياه المحيطات والبحار، وكما أصبح واضحا من التجربة في الأقاليم الغربية للولايات المتحدة، لايوجد أي أساس لافتراض أن أنماط الهطولات هذه هي ثابتة أو عبارة عن منظومات غير قابلة للتغير. تبين الدراسات الحديثة لتاريخ مناخ هذه المنطقة الغربية أن العصور التي تمتد لآلاف السنين الماضية قد شهدت تقلبات شديدة، تتراوح ما بين ما تسمى حالات الجفاف الكبرى وحالات الفيضان الكبرى. بالنظر إلى تلك الخلفية التاريخية يمكن اعتبار القرن العشرين باعتباره أكثر القرون استقرارا ورطوبة في هذا السجل التاريخي [١٨].

ويبدو أن إقليم غرب الولايات المتحدة في طريقه حاليا لمغادرة هذه الفترة السعيدة لثبات المناخ وتوفر الرطوبة النسبية. أحد الأدلة على ذلك هو نهر كولورادو الآنف الذكر، الذي كانت نسبة جريانه السنوي ٢٠ كلم مكعب بين عامي ١٩٠٠-٢٠٠٠، لكن انحسر إلى أقل من ١٥ كلم مكعب بين عامي ٢٠٠١-٢٠١١. ويتوقع أن يشهد النهر انحسارا أكبر بتسارع وتيرة فقدان المياه الجوفية. هذا مجرد مثال واحد على التغيرات المناخية وانماط الهطولات المطرية التي تحدث بانتظام، بحيث تشكل تحديات كبيرة أمام أنظمة إدارة المياه. تدخل عوامل عديدة في هذا النوع من التغيرات، ومن بينها التغيرات الدورية في منظومات المحيطات والتغيرات التي تطرأ على المجال الحيوي (البيوسفير)، لكننا سنركز هنا على نشاط الشمس. بينما لا يعتبر نشاط الشمس العامل الوحيد في هذه المسألة، إلا أنه من أكبر العوامل المهمة التي يتم تجاهلها عادة عند الحديث عن التغيرات المناخية.

دورات الشمس و فترات الحضيض الكبرى والمناخ الاقليمي

تمر الشمس بدورة نشاط طولها ١١ سنة تقريبا ويتم حسابها بارتفاع أو انخفاض عدد البقع الشمسية المرئية على سطحها. وبالرغم من أن حساب عدد البقع الشمسية هو من طرق الرصد الفلكي القديمة نسبيا (حيث هناك تسجيلات منتظمة منذ القرن السابع عشر) لتحديد عمر الدورة الشمسية، إلا أننا نعرف اليوم أن هذه الدورات هي مجرد تعبير واحد عن ديناميكية أكبر وأكثر تعقيدا وغير مفهومة بما فيه الكفاية للتغيرات الدورية للنشاط الشمسي، وهي تغيرات تمتد إلى ما وراء سطح الشمس وتؤثر في كل الغلاف الجوي للشمس الذي يضم في ثناياه جميع الكواكب ومنها كوكب الأرض.

بينما يبلغ معدل طول الدورة الشمسية ١١ سنة، إلا أن الطول الفعلي لها يتنوع زمنيا وقوة. فقد تكون هناك فترات طويلة لسلسلة من الدورات الشمسية القوية (محسوبة وفق عدد البقع الشمسية)، وفترات لسلسة من الدورات الضعيفة، وحتى دورات تبدو فيها البقع الشمسية وكأنها تختفي لعقود من الزمن (انظر الشكل ٧). على سبيل المثال، كانت الدورات الاولى في القرن التاسع عشر ضعيفة جدا وتم إطلاق اسم «فترة حضيض دالتون» (Dalton Minimum) عليها. أما في السابق، بين حوالي ١٦٥٠-١٧٠٠ ظهرت بقع شمسية قليلة جدا او كانت معدومة في بعض الأحيان، وكأن الدورة الشمسية قد اختفت لأكثر من نصف قرن، وتعرف هذه الفترة بفترة «حضيض موندر» (Maunder Minimum). تمت تسمية هذه الفترة بفترة «الحضيض الكبرى»، وهي مجرد واحدة من عدة فترات حضيض كبرى (Grand Minima) مرت على العالم في الألف عام الماضية.

تشتهر فترة «حضيض موندر» بأمر آخر معروف، إذ أنها تترافق زمنيا مع ما يسمى «العصر الجليدي الصغير» الذي مرت به أوربا. يقوم العديد من العلماء اليوم بطرح التساؤل الوجيه حول ما إذا كانت لفترات الذروة والحضيض هذه تأثيرات كبيرة جدا على منظومة المناخ على الأرض.

تصب دراسات عديدة تجرى اليوم في هذا الاتجاه. يبرز نمط متكرر مثير للأهتمام حينما يراجع المرء مجموعة متنوعة من البحوث في التغيرات المناخية والهيدرولوجية (المائية) في عصور سابقة وفي مناطق مختلفة من العالم. إذ تبين سجلات بحوث عديدة في مناطق في شمال الكرة الأرضية أنه في فترات الحضيض الكبرى تحدث حالة من التبريد الشديد للمناخ (في أربعة مواقع على الأقل في قارة اوراسيا)، أما سجلات البحوث من المناطق الاستوائية فتشير إلى زيادة ملحوظة في نسبة الهطولات المطرية (على الأقل في ثلاثة مواقع في أفريقيا وأمريكا الجنوبية). أما سجلات المناطق شبه الاستوائية فتبين أنها تشهد انخفاض معدلات الهطولات المطرية وارتفاع معدلات الجفاف (على الاقل في عشرة مواقع في آسيا والأمريكتين).

من بين هذه الدراسات ورقة بحثية قدمها أعضاء في الأكاديمية الصينية للعلوم في عام ٢٠١٢ واستخدموا فيها قياسات حلقات أشجار من هضبة التبت (حيث الأشجار حساسة جدا تجاه وفرة أو ندرة الماء) لإثبات أن الفترات ذات النشاط الشمسي المنخفض وفترات الحضيض الكبرى تتزامن مع فترات الجفاف [١٩]. وقد تم إجراء دراسات عديدة لمنطقة بحر الصين الجنوبي والباكستان وجنوب غرب آسيا وشرق الهند وبعض المناطق في منطقة البحر الكاريبي وأمريكا الجنوبية وفلوريدا والمكسيك - وكلها تشير إلى حدوث نقص في الهطولات المطرية أثناء فترات الحضيض الكبرى للنشاط الشمسي.

لا يزال هناك المزيد مما يجب فهمه بخصوص تأثير تغير النشاط الشمسي في طقس الارض ومناخها والأنظمة الهيدرولوجية فيها، إلا أن هناك الكثير من الأدلة على أن الشمس الأن في حالة ضمور، وقد تكون في طريقها إلى فترة حضيض كبرى جديدة.

لا يعلم أحد على وجه التحديد ما ستفعله الشمس، ولا يعلم أحد علما مؤكدا ماذا سيكون

تأثير فترة حضيض كبرى جديدة. لكننا نعلم حقا أن تغيرات كبرى في المناخ والمنظومات الهيدرولوجية قد حدثت في الماضي وستحدث في المستقبل بتغير النشاط الشمسي. لذا ينبغي على البشرية أن تكون مستعدة للتعامل مع هذه التغيرات متى ما وكيفما تحصل.

ما يعنيه هذا هو أن الإرتكان إلى انماط الهطولات المطرية الحالية فقط وأيضا إلى المستويات الحالية من المياه السطحية والجوفية التي تخلقها هذه الهطولات قد لا يكون كافيا. حتى المشاريع الضخمة لتحويل مياه الأنهر قد تكون عرضة للخطر سبب هذه التغيرات. في آخر المطاف سيتطلب مستقبل المياه على كوكبنا ليس فقط إدارة المياه السطحية والجوفية الموجودة تاريخيا، بل سيتطلب أيضا البحث العلمي في مسارات الرطوبة الجوية المتحكمة بالهطولات، وتحلية مياه البحر على نطاق واسع لخلق دورات ماء أرضية جديدة كليا على يد الإنسان.

بهذا نكون قد أكملنا مراجعة المواصفات النوعية للتحديات المائية التي تواجه البشرية، واضعين الأساس للتمعن في المفاهيم المطلوبة لحل هذه القضايا.

٢. مستقبل الماء من منظور كوني

إن التكنولوجيا المطلوبة لتنمية موارد جديدة من الماء موجودة اليوم. إذا عملنا من منظور دورة الماء الأرضية فإننا سنستطيع تحديد فئتين واسعتين من الإجراءات. تتمثل الفئة الأولى بإدارة وتحسين استغلال وكفاءة وإنتاجية دورات الماء الأرضية الموجودة. ثانيا، وبعد إدراك التقلبات المتوقعة في هذه الدورات الموجودة، يجب على البشرية التهيؤ لبلوغ مستويات أعلى من التحكم في دورات الماء الحالية وحتى لخلق دورات جديدة. توجد تحت الفئة الأولى، أي إدارة الدورات الموجودة حاليا، فئتان ثانويتان من الإجراءات التي يمكن اتخاذها. أولاهما هي تحسين منظومات إدارة المياه مما يرفع من كفاءة وإعادة استخدام موارد المياه الموجودة ورفع انتاجية الدورات الحالية. ثانيتهما هي تطوير أحواض الأنهار ومنظومات الانهار القارية عبر مشاريع تحويل مجاري الأنهار وبناء السدود ومنظومات الري.

لقد قمنا بطرح بعض الأمثلة أعلاه حول مشاريع إدارة وتحويل مياه الأنهار. بالرغم من أن هذه المشاريع مهمة جدا ويجب تطويرها، إلا أنها قد لا تكون دائما كافية، كما تشهد على ذلك معاناة ولاية كاليفورنيا والولايات المجاورة لها حاليا. يقودنا هذا الأمر إلى الحاجة لتركيز انتباهنا على الفئة الرئيسية الثانية ـ وهي السيطرة على دورات الماء الحالية وخلق دورات جديدة، وكذلك فئتين ثانويتين من الإجراءات التي يمكن تحديدها تحت تلك الفئة.

أ. مورد في السماء

بالعودة إلى تقديرات دورة الماء العالمية نجد أن ١٠٪ فقط من الماء المتبخر من المحيطات يتساقط على البر أما البقية فتهطل مجددا في المحيطات، مما يعني أن هناك خزانا هائلا من الماء في الجو لكن لا يتم استغلاله. إن كمية الماء المتبخر من المحيطات والبحار إلى الجو لا تصدق، إذ تبلغ ما يساوي ١٠٠٠ نهر ميسيسبي مجتمعة تتجه نحو الأعلى من البحار إلى السماء بلا انقطاع. هل يمكن حث هذا الماء الجوي على الهطول حيث تشتد الحاجة إليه، أو منعه من الهطول حيث يسبب الضرر؟ لقد تم استخدام طريقة «بذر الغيوم» (cloud seeding) لحث قطرات المطر على التكاثف في بعض الظروف، وتم اقتراح خطط أخرى لحث الرطوبة الجوية على السقوط في شكل مطر على البر. لكن سنشدد هنا على

الامكانيات الكامنة لطريقة غير معروفة بذات الدرجة ـ وهي منظومات تأيين الجو (atmospheric ionization systems).

تستخدم هذه التقنية أبراجا وشبكات أسلاك يتم من خلالها بث تيار موالَف بدقة، ويقوم هذا التيار بتأيين الجو في المنطقة المحيطة بهذه الأبراج. إن زيادة تأين الجو يساعد على تشكيل الغيوم وسقوط الأمطار. إذا تم استخدام هذه المنظومات بشكل كبير بما فيه الكفاية فإنها ستكون قادرة على سحب المزيد من الرطوبة من فوق البحار إلى البر بحيث تتم زيادة دورة الماء الأرضية. لقد تم استخدام هذه التقنيات في روسيا والإمارات العربية المتحدة وعمان والمكسيك وإسرائيل والنمسا. نستعرض هنا بعض هذه الأمثلة.

الشكل 8

دورة الماء الارضية العالمية تحت سيطرة الانسان

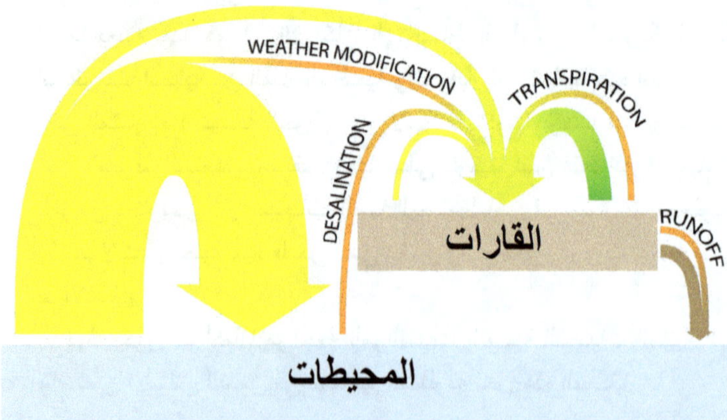

Benjamin Deniston/EIRNS 2014

يستطيع المجتمع الانساني ان يساهم في رفع كفاءة دورة الماء الارضية العالمية عن طريق زيادة كمية المياه على البر بواسطة استخدام تقنيات تغيير انماط الطقس لحث الهطولات المطرية على البر، وتحلية مياه البحر، وكذلك تقليل الفاقد من المياه التي تنصرف إلى البحار، وإدارة المياه السطحية على البر بحكمة عن طريق بناء البنية التحتية الحديثة للمياه.

المكسيك:

في التسعينات من القرن العشرين بدأ رئيس برنامج البحث والتطوير الفضائي في الجامعة الوطنية المكسيكية، الدكتور جانفرانكو بيسياكي (Dr. Gianfranco Bissiachi) مشروع تعاون مع العالم الروسي الدكتور ليف بوخميلنيخ (Dr. Lev Pokhmelnykh) الذي كان قد بحث في علوم تعديل الطقس اصطناعيا في روسيا في الثمانينات. وبعد حصول هذين العالمين على دعم رئيس لجنة العلوم والتكنولوجيا في مجلس الشيوخ المكسيكي السيناتور هيربيرتو كاستيو في عام ١٩٩٦، أشرف الإثنان على عملية تطوير شبكة من ثلاثة محطات تأيين على أساس التصاميم التي وضعها بوخميلنيخ. وقد أثارت النتائج الأولية ما يكفي من الاهتمام والدعم بحيث تم توسيع المنظومة من ثلاثة محطات في عام ١٩٩٩ إلى ٢١ محطة بحلول عام ٢٠٠٤، وقادت النجاحات المتتالية إلى توسيعها إلى ٣٦ محطة في عام ٢٠٠٦.

نشرت المجلة العلمية «ماس هاي تيك» (Mass High Tech) في ماساتشوسيتس الامريكية مقالة في عام ٢٠٠٣ تناولت فيها امكانيات استخدام منظومات التأيين في الولايات المتحدة بناء على ما تم إنجازه في المكسيك. ووصفت المجلة النجاح الذي حققته محطات التأيين الأولى في المكسيك كالآتي:

«نجحت المحطة الأولى (للتأيين) المنصوبة في ولاية سونورا المصابة بالجفاف، برفع نسبة الأمطار من ٢٥٠ ملمتر إلى ١٢٥٠ ملمتر في السنة الأولى، وفق مكتب الإحصائيات الزراعية المكسيكي. لكن عندما أدى نقص الأموال في ميزانية الولاية إلى إغلاق المحطة في العام التالي هبط مستوى الأمطار إلى ٢٧٥ ملمتر. أما في العام الثالث وعندما إعيد تشغيل المحطة وصلت الأمطار في المنطقة إلى ١١٧٥ ملم. بحلول عام ٢٠٠٣ كانت هذه التقنية مستخدمة في ٨ ولايات في أكثر مناطق المكسيك جفافا، وسجلت بعض المناطق ضعف أو ثلاثة أضعاف كمية الأمطار».

في عام ٢٠٠٤ نشر موقع (IEEE Spectrum) العلمي هو الآخر تقريرا عن هذه الانجازات في المكسيك، حيث أورد إحصائيات عن مضاعفة المعدل التاريخي للهطولات المطرية في الحوض المكسيكي الأوسط، مما نتج عنه ارتفاع محصول الفاصوليا بنسبة ٦١٪ في المناطق المتأثرة بالهطولات الجديدة. كما صدرت ورقة بحثية في عام ٢٠٠٨ حول امكانية استخدام منظومات التأيين هذه في ولاية تكساس، حيث حلت مستويات الأمطار في الاقاليم الوسطى والجنوبية لولاية دورانجو المكسيكية. تحقق في كل عام من ١٩٩٩ إلى ٢٠٠٣ ارتفاع مهم في الأمطار مقارنة بالنسب المتوقعة. وقد قام كتاب التقرير بإجراء حساب

رياضي واستنتجوا وجود فرصة واحدة بين ٤٠٠ مليار حالة أن يكون هذا التغير قد حصل بالصدفة [٢٠]. لكن بالرغم من كل هذه الدلائل على النتائج الناجحة إلا ان التمويل الضروري لهذه العمليات في المكسيك توقف كليا.

إسرائيل:

قام ليف بوخمولنيخ بتطوير منظومات التحكم بالأحوال الجوية في إسرائيل عبر استخدام منظومات التأيين، وذلك باستخدام تركيبة مكونة من ثلاثة محطات. ابتداء من عام ٢٠١١ قامت هذه المحطات بتحفيز سقوط كميات أكبر من الأمطار في مرتفعات الجولان حيث تم ملأ سبعة خزانات مياه إلى سعتها القصوى، وهو أمر لم يحدث في الأعوام الأربعين الماضية منذ بناء هذه الخزانات [٢١].

أستراليا:

في عام ٢٠٠٧ تأسست شركة تعديل الأحوال الجوية (Australian Rain Corporation) بهدف تطوير منظومات تأيين لتحفيز تساقط الامطار. قامت هيئة المياه الاسترالية بتمويل بعض التجارب الأولية. وبين عام ٢٠٠٨-٢٠١٠ قامت الشركة بإجراء ثلاث برامج تجريبية: باراديس دام، بوندابيرج (يناير - مايو ٢٠٠٨): نتج عن التجربة زيادة بمقدار ١٧,٦٪ من الامطار مما هو متوقع، بقوس ٣٠ درجة باتجاه الرياح من المنظومة. سلسلة جبال ماونت لوفتي، اديلايد (أغسطس - نوفمبر ٢٠٠٨): نتج عنها زيادة بنسبة ١٥,٨٪ في الامطار عن المعدل المتوقع فوق قوس ١٢٠ درجة من المنظومة.

سلسلة جبال ماونت لوفتي، اديلايد (أغسطس - ديسمبر ٢٠٠٩): ولّدت زيادة بنسبة ٩,٤٪ من الأمطار فوق منطقة تبلغ مساحتها حوالي ضعف مساحة المناطق في التجارب السابقة.

قدمت الشركة في عام ٢٠١١ مقترحا إلى اللجنة الدائمة لشؤون أقاليم استراليا في البرلمان طلبت فيه مبلغ ١١ مليون دولار لبناء ١٤ محطة تأيين موزعة حول منطقتي مستجمعات مياه (catchment areas) في جنوب شرق أستراليا (نهر جويدير ومستجمعة هيوم - دارتموث) لزيادة كمية الامطار التي تغذي أنظمة الري لحوض موراي - دارلينج (وهي من أهم المناطق الزراعية في استراليا والتي تواجه نقصا حادا في المياه بسبب سياسات بيئوية وإمبريالية) [٢٢].

الامارات العربية المتحدة:

في بداية عام ٢٠١١ تم نشر عدد كبير من المقالات الصحفية حول تقرير تم تسريبه بخصوص برنامج لتعديل الأحوال الجوية في الإمارات العربية المتحدة. خرجت القصة إلى العلن حينما نشرت صحيفة صنداي تايمز تفاصيل عقد بين الشركة السويسرية (Meteo Systems International) والإمارات لبناء سلسلة من محطات التأيين لجلب الأمطار إلى بعض مناطق الإمارات ومنها العاصمة أبوظبي.

كانت التقارير الصحفية الأولى تشير إلى أدلة على نجاح العملية في عام ٢٠١١، حيث هطلت ٥٢ زخة مطر غير متوقعة، وأوردت التقارير تصريحات مهمة من بعض العلماء المشاركين في التجربة.

وفقا لموقع الشركة على الانترنيت، تم تأسيس الشركة في عام ٢٠٠٤ وأجرت تجارب في سويسرا في عام ٢٠٠٥، ومن ثم بدأت بإجراء التجارب في الامارات العربية المتحدة في عام ٢٠٠٦ واستراليا في عام ٢٠٠٧ قبل الحصول على تمويل إضافي لتنفيذ تجربة في إمارة العين بالإمارات. يذكر الموقع أن «تقنية ويذر تيك» لشركة ميتيو سيستيمز هي فكرة قديمة تم تطويرها وتعزيزها عبر سنين من البحث العلمي والتجارب» [٢٣].

لقد دللت هذه الأمثلة الأربعة على الامكانيات الكبيرة لأنظمة تعديل الطقس باستخدام

التأيين. لكن ينبغي القيام بمزيد من العمل في هذا المجال، وقد يتم تطوير طرق جديدة. لكن هذه التكنولوجيا تفتح بابا حساسا إلى فئة كاملة من النشاطات المهمة للبشرية. فبدلا من الاتكال على أنماط الأمطار المعتادة الموجودة وما هو متوفر من المياه السطحية، سيكون بإمكان البشرية أن تحصل على قدرة أكبر من السيطرة على المناخ عن طريق التأثير على تدفق الرطوبة الجوية، والحصول على درجة أكبر من السيطرة على دورة الماء الارضية وحتى زيادة معدلات الدورة عن طريق سحب المزيد من الرطوبة من البحار إلى البر. يأخذنا هذا الأمر إلى الفئة الثانوية التالية للفئة الرئيسية الثانية من الإجراءات باستخدام كثافة أعلى من تدفق الطاقة لخلق دورة ماء أرضية جديدة بالكامل عبر تحلية مياه البحر.

ب. كثافة تدفق الطاقة والتحلية

كل شيء لغاية الآن اعتمد على دور الشمس في تبخير مياه البحر ونقلها كمياه عذبة وهطولها على الأراضي في هيئة أمطار أو ثلوج. لكن الآن ولأول مرة في تاريخ كوكب الأرض برزت قوة جديدة.

بمقدور البشرية أن تنتج الماء العذب مباشرة من البحار عبر أنظمة التحلية، فاتحة بذلك أول انتاج للماء العذب بدون سيطرة نشاط الشمس عليه. إن التكنولوجيا والوسائل المطلوبة موجودة اليوم وهي في تحسن من ناحية الكفاءة. ما مطلوب هو انتاج وتطوير الطاقة النووية الانشطارية وطاقة الدمج على نطاق واسع حتى يمكن توسيع عمليات تحلية مياه البحر إلى المستوى الذي تحتاجه البشرية. إن هذا تعبير واضح عن الدور الأعلى لكثافة تدفق الطاقة في تغيير قاعدة الموارد المتوفرة في الاقتصاد.

بوجود مصادر الطاقة ذات النوعية الأعلى مثل الانشطار والاندماج النووي، سيمكن رفع معدل الطاقة المتوفرة لكل فرد بشكل كبير جدا (أي كثافة تدفق الطاقة للاقتصاد الوطني) بحيث يمكن استخدام المزيد من الطاقة في تطوير الموارد التي لن يمكن تطويرها عند معدلات أوطأ من كثافة تدفق الطاقة للاقتصاد الوطني. تنطبق هذه المسألة بشكل واضح على عملية انتاج الماء عبر التحلية. توجد اليوم عدة طرق صناعية مطورة بشكل جيد لتحلية المياه المالحة، وهي طرق يتم تطويرها ورفع كفاءتها منذ عدة عقود، وقد تمت البرهنة على أهليتها خلال عقود من استخدامها عمليات تحلية المياه بشكل كبير في المحطات غير النووية وبعض المحطات النووية الصغيرة [٣٢]. توفر التحلية غير النووية اليوم الماء العذب لحوالي ٣٠٠ مليون إنسان في كل العالم، لكن الملايين العديدة من الناس لا زالت في حاجة للماء، إذ يعيشون في مناطق لا توجد فيها مصادر كافية من الماء.

يبلغ عدد منشآت تحلية المياه في كل العالم أكثر من ١٥٠٠٠ منشأة، وتعمل كلها تقريبا عبر حرق الوقود الأحفوري. توجد الغالبية العظمى من أكبر هذه المنشآت في جنوب غرب آسيا وفي منطقة الخليج بالذات، وأيضا في الأردن وإسرائيل. تمثل منشآت التحلية في منطقة الخليج معظم السعة الانتاجية العالمية البالغة ٣٠ كلم مكعب في العام من الماء الصالح للشرب المنتج عبر التحلية. وتقع بقية الآلاف من المحطات صغيرة الحجم في العالم في مجمعات في مناطق نائية مثل المنتجعات السياحية في جزر البحر الكاريبي أو البحر المتوسط ولانتاج المواد الغذائية ذات الكلفة العالية. بالرغم من أن هذه الكمية الحالية من المياه المحلاة بمعدل ٣٠ كيلومتر مكعب سنويا أمر مثير للإعجاب ـ إذ تبلغ ضعف كمية مياه نهر كولورادو، وخمس مياه حوض النيل ـ وهي زيادة كبيرة عن مستوى ٥,٥ كيلومترالذي كانت عليه قبل ٢٠ عام، إلا أن انتاج اليوم بعيد جدا عما هو مطلوب لسد حاجات جميع الناس الذين يعيشون

في مناطق جافة شديدة الحاجة للمياه في العالم [٢٤]. تذكر ما قلناه من قبل: وهو أنه في عام ٢٠١١ تم استنفاذ ١٠٠٠ كلم مكعب من المياه الجوفية، أي ٣٣ مرة أكثر من الانتاج العالمي الحالي للمياه المحلاة.

وإذ تقود الأمم الغنية بالنفط والغاز في المناطق الصحراوية في جنوب غرب آسيا (وعلى رأسها السعودية) عملية تنمية التحلية باستخدام الوقود البترولي، إلا أن كثافة تدفق الطاقة للعصر النووي هي التي ستجعل الطفرة الحقيقية لتحلية المياه ممكنة على النطاق العالمي المطلوب لمجاراة وتجاوز عملية نضوب دورات الماء الاقليمية. كما يجب الأخذ بنظر الاعتبار التكلفة الفيزيائية والبيئية لحرق الوقود الأحفوري (راجع الجزء السادس الخاص بمنطقة جنوب غرب آسيا في هذا التقرير). يمكن تصوير ذلك بمثال تعليمي. كما هو مذكور أعلاه، يفقد حوض نهر كولورادو المياه بمعدل ٧ كلم مكعب سنويا. لتوفير كل هذه الكمية من الماء عبر أكثر أنظمة التحلية الموجودة كفاءة [٢٥]، سيتطلب ذلك كمية كبيرة جدا من الطاقة، وموردا هائلا جدا من الوقود، إذا تم استخدام أي وقود آخر عدا الطاقة النووية. إذا تم استخدام الفحم في تحلية كمية من الماء تساوي ما يفقده نهر كولورادو سنويا فسيتطلب ذلك ٦,٧ مليون طن من الفحم سنويا ـ وهو ما يكفي لملأ ٦٧ ألف عربة قطار شحن. وهو ما يساوي قطارا متخيلا يمتد على طول ولاية كاليفورنيا من المكسيك إلى اوريجون.

لكن إذا تم تزويد الطاقة لعملية التحلية هذه عبر استخدام دورة وقود اليورانيوم المعتادة اليوم، فسوف يتطلب الأمر استخدام كمية وقود تقل بنسبة ١٠٠ ألف مرة من ناحية الوزن ما هو مطلوب من الفحم، أي ما يعادل ٥٠ طن من اليورانيوم في العام، والتي سيمكن نقلها بواسطة شاحنة بمقطورة. أما إذا تم تطوير واستخدام وقود الهيليوم ـ٣، فستكون كمية الوقود المطلوب ثلث الطن الواحد التي سيمكن شحنها من القمر إلى الأرض لانتاج كمية من المياه تعادل العجز الحاصل في مياه حوض نهر كامل. يعني هذا كمية من الوقود تقل بعشرين مليون مرة من كمية الفحم). يمكن وضع كمية وقود الهيليوم ـ٣ هذه في مؤخرة سيارة بيك أب صغيرة.

هذا مجرد مثال واحد على الفرق الذي يبلغ خمسة إلى سبعة مراتب رقمية في كثافة تدفق الطاقة التي توفرها التفاعلات النووية مقارنة بأي تفاعل كيميائي. بينما تبقى تقنيات الدمج النووي تحت التطوير حاليا، تصبح مسألة أنظمة الانشطار النووي أهم مسألة لفتح عهد جديد تماما من الموارد المائية للبشرية ـ وستكون في حقيقة الأمر قادرة على خلق أنهار جديدة تجري من البحار إلى اليابسة وليس العكس. تتجاوز هذه المسألة عملية إدارة الموارد المائية لتنتقل إلى مرحلة خلق دورات ماء جديدة، مبرهنة بذلك على قدرات الإنسان الفريدة حقا باعتباره قوة مبدعة في هذا الكوكب.

راجع الملحق في نهاية هذا الفصل للاطلاع على مبادرات التحلية النووية الجارية حاليا في اوراسيا ومناطق أخرى من العالم.

ج. تركيبة مفاهيمية

لا تتعلق أزمة المياه العالمية الحالية كثيرا بقضية أين يوجد الماء وأين لا يوجد، بل بدأت ترتبط أكثر فأكثر بماهية الجنس البشري، باعتباره قوة مبدعة وفريدة في الكوكب. إن الخيارات المطروحة أمام البشرية اليوم هي اما إستخدام الامكانيات المتاحة أمامها الآن، أو تطوير القدرات المطلوبة للتعامل مع منظومة الماء العالمية ككل (انظر الشكل ٨).

إن النشاطات الهيدرولوجية المتوفرة أمام الإنسان، كما مرت مناقشتها أعلاه، تقع في فئات

مبدئية متميزة.

الفئة ١- إدارة وتحسين انتاجية وتوزيع دورات الماء الأرضية الموجودة:

فئة ثانوية أ - بمقدور أنظمة إدارة موارد المياه المتطورة أن ترفع كفاءة وإعادة استخدام الموارد المائية المتوفرة، بحيث تزيد من انتاجية الدورة المائية الموجودة عن طريق ضمان كمية أعلى من الاستخدام ذي الانتاجية العالية لكل دورة.

فئة ثانوية ب - يمكن تطوير منظومات الانهار القارية وأحواض الأنهار عن طريق مشاريع كبرى لنقل المياه وبناء السدود وأنظمة الري لضمان التوزيع العادل للمياه عبر مساحة معينة من الأراضي.

الفئة ٢- تعديل وزيادة وخلق دورات ماء أرضية:

فئة ثانوية ج - قد تكون تقنيات تأيين الجو بداية مرحلة جديدة من التركيز على التأثير على جريان الرطوبة الجوية والهطولات والسيطرة عليها، فاتحة بذلك المجال أمام إمكانية البدء بالسيطرة على دورات الماء الأرضية عند مستوى أعلى - بحيث نتعامل مع ما هو أكبر من مجرد إدارة المياه التي هطلت على اليابسة، ومحاولة التأثير على مجرى الرطوبة الجوية لتحديد مدى توزيعها على اليابسة.

فئة ثانوية د - سيقود تطوير تقنيات الانشطار النووي والدمج النووي إلى كثافة تدفق طاقة قادرة على انتاج موارد جديدة للمياه العذبة عبر أنظمة تحلية مياه المحيطات والبحار على نطاق واسع.

ليس هناك تقنية وحيدة بمقدورها حل أزمة المياه العالمية. يجب استخدام كل هذه الفئات بدرجات متفاوتة تبعا لحاجات وطبيعة كل منطقة من العالم. يكمن حل أزمة المياه العالمية في إدراك البشرية لواجبها في التطور علميا وتقنيا باعتبارها قوة مبدعة في هذا الكوكب.

لقد حدد العالم الروسي الاوكراني العظيم فلاديمير فيرنادسكي بطريقة علمية التميز المطلق بين الجنس البشري وجميع أشكال الحياة الحيوانية الأخرى. تم التعبير عن ذلك التمايز، بالنسبة لفيرنادسكي، بظهور مجال الفعل الفكري للإنسان (noösphere) الذي جاء ليهيمن على البيوسفير ويبسط سلطانه عليه. اليوم نرى مرحلة جديدة من النوسفير في مرمى البصر، وهي مرحلة يستطيع الانسان فيها أن يوسع نطاق تأثيره الإبداعي في كل المنظومة الشمسية. قد يكون نجاح البشرية في البدء بالسيطرة على دورات الماء الأرضية وخلق دورات جديدة ربما مجرد خطوة صغيرة، لكنها ستبشر بظهور هذه العملية المستقبلية.

ما يعنيه هذا التطور هو أن الإنسان بدأ يلعب دورا على كوكب الأرض كان في السابق حكرا على الشمس ذاتها وعلى نشاطها. فقط من خلال هذا الفهم العلمي لأهمية دور البشرية في كوكب الأرض وما وراءه سيمكن التعامل بشكل إيجابي مع حاجات البشرية العالمية من الماء الآن وفي المستقبل.

ساهمت كل من ماري بوردمان (Mary Burdman) ومارشا ميري بيكر (Marcia Mery Baker) في توفير المعلومات البحثية لهذا الفصل.

الهوامش

[١] يبلغ معدل استخدام الفرد الأمريكي للماء اليوم أربعة أضعاف المعدل العالمي. يعرض تقرير هيئة المسح الجيولوجي الأمريكية (USGS) ووزارة الداخلية الامريكية حول تقديرات استخدام الماء في الولايات المتحدة عام ٢٠٠٥ إحصائيات تبين أن معدل استخدام الفرد الأمريكي للمياه يبلغ ١٦٠ متر مكعب في العام. يتضمن هذا الرقم جميع استخدامات المياه المباشرة للمجتمع مثل الخدمات العامة (١١٪ من مجمل الاستخدام)، المحلية (١٪) الري والزراعة (٣١٪) الماشية والمزارع السمكية (٣٪) والصناعة (٤٪) والتعدين (١٪) وتبريد محطات الطاقة الحرارية الكهربائية (٤٩٪). لكن لا يتضمن هذا الرقم الاستخدامات "الخفية" للماء مثل ما يتم استيراده من الخارج من الأغذية والسلع الصناعية التي يتطلب انتاجها استخدام المياه.]

[٢] تقديرات تقسيم وجريان المياه في العالم المدرجة هنا مأخوذة من الدراسة التالية:
Estimates of the Global Water Budget and Its Annual Cycle Using" Observational and Model Data,"، للباحث كيفن ترينبيرث وآخرين (Kevin Trenberth et al.) من المركز القومي لبحوث الغلاف الجوي في مدينة بولد بولاية كولورادو الأمريكية، والمنشورة في مجلة (Journal of Hydrometeorology) العدد الثامن لعام ٢٠٠٨. لا تتضمن هذه الأرقام الاكتشافات الأخيرة لخزانات مياه جوفية هائلة تحت قاع المحيطات وكميات أكبر من المياه الجوفية في الطبقات المعدنية في أعماق سحيقة في قشرة الأرض.

[٣]. راجع الفصل الأول من هذا الجزء]

[٤]. تقرير الأمم المتحدة:
("Water and Energy—٢٠١٤ World Water Development Report,") صفحة ٧.

[٥]. صحيفة وقائع منظمة الصحة العالمية رقم ١٠٧. فبراير ٢٠١٤.

[٦] برنامج تقييم المياه العالمي (WWAP) ٢٠١٢. تقرير الأمم المتحدة حول تطورات المياه، الفصل الرابع: إدارة المياه في ظروف عدم التيقن والمخاطرة. اليونسكو.

[٧] راجع المقالة:
Measuring Corn Ethanol's Thirst for Water," April 14, 2009, in the M.I.T." Technology Review.

[٨] تقرير وزارة الزراعة الامريكية:
The Energy Balance of Corn Ethanol: An Update," by Hosein Shapouri," et al., July 2002

[١٧] لكن توجد مناطق حساسة في العالم لم يتم فيها استغلال المياه الجوفية الصالحة للاستعمال على الإطلاق، وينبغي تطويرها لسد الحاجات العاجلة من المياه كخطوة في طريق تطوير وسائل أكثر تقدما لانتاج المياه. على سبيل المثال توجد في أفريقيا وفي منطقة دارفور في شمال غرب السودان أزمة مأساوية لحاجة الناس للمياه وحيث لا توجد أية بنية تحتية منصوبة (مضخات وأنابيب وخزانات حفظ

المياه) للاستفادة من الخزان النوبي. إن أي خطة لإحلال السلام في تلك المنطقة يجب أن تتضمن توفير كميات كافية من المياه للزراعة والرعي وتصنيع الأغذية والاستخدامات الصحية المحلية للسكان. وهذا ما دعا إليه العالم المصري فاروق الباز ـ عالم الفضاء الجيويولوجي والمختص في تقنيات التحسس عن بعد باستخدام الاقمار الصناعية لاكتشاف المياه الجوفية في الصحراء. راجع اللقاء الذي أجرته معه مجلة إكزكتف إنتلجنس ريفيو (EIR):

Farouk El-Baz, Ph.D.: Geologist Proposes 1,000 Wells for Darfur;" .Use Science To Serve Mankind," EIR, Sept. 14, 2007

[٩] لدى بعض الخزانات الجوفية مستويات عالية لإعادة التغذية، وبعضها الآخر انقطعت عنه مصادر إعادة التغذية ولذلك تسمى بخزانات "مياه أحفورية" محدودة.]

[١٠] راجع التقرير:

Changes in Water Levels and Storage in the High Plains Aquifer," /Predevelopment to 2005," V.L. McGuire, http://pubs.usgs.gov/fs/2007/3029

[١١] راجع التقرير:

Report to Congress—Concepts for National Assessment of Water" .Availability and Use U.S. Geological Survey Circular 1223," 2002

[١٢] راجع الدراسة:

Water Storage Changes in California's Sacramento and San Joaquin" River Basins From GRACE: Preliminary Updated Results for 2003-2013," UC Center for Hydrologic Modeling, University of California, Irvine; .UCCHM Water Advisory #1, February 3, 2014

[١٣] لاتأتي الخسارة كلها من ضخ المياه الجوفية بل من ظروف الجفاف أيضا. راجع التقرير:

AGU: Satellite study reveals parched U.S. West using up underground" water," July 24, 2014. NASA, AGU joint release

[١٤] من اجمالي هذه الكمية كانت ٦٧٪ تستخدم للري و ٢٢٪ للاستخدامات المنزلية و ١١٪ للأغراض الصناعية. راجع المصادر التالية:

United Nations World Water Development Report 2014," Chapter" 2; "Water and Energy Vol. 1," UNESCO; and "Water Balance of Global Aquifers Revealed by Groundwater Footprint," Gleeson et al., Nature [magazine, Aug. 8, 2012

[١٥] طالع المقالة أدناه حول توسيع خطة ناوابا النووية للقرن الحادي والعشرين المنشورة في مجلة العلوم والتكنولوجيا للقرن الحادي والعشرين:

Nuclear NAWAPA XXI: Gateway to the Fusion Economy," 21st Century" [Science and Technology, 2014

[١٦] شاهد الفلم التسجيلي "ناوابا ١٩٦٤" الذي تم انتاجه عام ٢٠١١:

http://larouchepac.com/nawapa1964

[١٧] راجع الدراسة التاريخية لمناخ إقليم غرب الولايات المتحدة الصادرة من جامعة بيركلي، مطبعة جامعة كاليفورنيا:

The West Without Water: What Past Floods, Droughts, and Other" Climatic Clues Tell Us About Tomorrow," by B. Lynn Ingram and Frances ,Malamud-Roam

[١٨] عنوان الدراسة الصينية هو:

Tree Ring Based Precipitation Reconstruction in the South Slope of" . the Middle Qilian Mountains, Northeastern Tibetan Plateau, over the Last Millennium," by Sun and Liu, 2012. Journal of Geophysical Research: [Atmospheres

[١٩] راجع المقالة أدناه في مجلة إكزكتف انتلجنس ريفيو، العدد الصادر في ٩ أغسطس ٢٠١٣:

".Expanding NAWAPA XXI: Weather Modification To Stop Starvation"

[٢٠] يوجد شرح للتجربة في إسرائيل في الدراسة التالية التي قام بها ليف بوخميلنيخ وماريو دومينيجيز في عام ٢٠١٣:

Inducción Experimental De Lluvias Por Ionización Atmosférica En Las" ",Alturas Del Golán, Israel, En El Período Invernal 2012-2013

[٢١] راجع المقالة أدناه في مجلة إكزكتف انتلجنس ريفيو، العدد الصادر في ٩ أغسطس ٢٠١٣:

".Expanding NAWAPA XXI: Weather Modification To Stop Starvation"

[٢٢] نفس المصدر السابق.

[٢٣] توجد طريقتان تستخدمان الحرارة لتبخير الماء، وطريقة أخرى تستخدم المرشحات الغشائية. تم شرح هذه الطرق في الفصل الرابع من هذا الجزء "التوسع في استخدام الطاقة النووية من أجل بقاء العالم".]

[٢٤] إن جغرافية أولويات نصب منشآت التحلية النووي على نطاق واسع واضحة. تتضمن هذه كل منطقة الشرق الأوسط وشمال أفريقيا، وجنوب غرب آسيا من شرق البحر المتوسط إلى الباكستان، وجنوب شبه القارة الهندية، والمنطقة المطلة على المحيط الهادئ في شمال الصين ذات العجز المائي، وجنوب غرب أمريكا الشمالية، وعلى طول الساحل الغربي لأمريكا الجنوبية وبعض أجزاء استراليا.

[٢٥] إذا كانت المحطة تستخدم تقنية التناضح العكسي وبالقدرة الجديدة التي توفرها محطة التحلية الجديدة في كارلسباد في كاليفورنيا التي تم تطويرها مؤخرا (١٠,٨ ميجاجول لكل متر مكعب من الماء المحلى).]

ملحق

مبادرات التحلية النووية

بقلم : مارشا ميري بيكر
By Marcia Merry Baker

سبتمبر ٢٠١٤

تمتلك كل من الصين وروسيا والهند وكوريا الجنوبية التزامات وعقود ومشاريع لبناء محطات تحلية مياه بالطاقة النووية في مواقع عديدة في اوراسيا، وتوجد مشاريع مشتركة في العديد من القارات، في أمريكا الجنوبية، على سبيل المثال بين الأرجنتين وروسيا والصين وكوريا الجنوبية. لا توجد أي مشاريع في الولايات المتحدة، التي تعاني ولاياتها الغربية من أسوأ موجة جفاف في ٥٠٠ عام، وحيث كان المهندسون قد وضعوا خططا نشيطة في الخمسينات والستينات من القرن الماضي تحت برنامج "الذرة من أجل السلام" في عهد الرئيس جون اف كندي، لبناء منشآت نووية كبيرة لتحلية المياه لأمريكا وأيضا لمناطق صحراوية في أجزاء عديدة من العالم. ودعا الرئيس السابق للجمعية النووية الامريكية أدوارد ل. كوين في يوليو هذا العام إلى حملة إعادة إحياء عاجلة لبرنامج التحلية النووية لكاليفورنيا.

San Diego County Water Authority 2014

محطة كارلسباد لتحلية المياه، تظهر هنا اثناء عملية البناء في مارس ٢٠١٤، على ساحل المحيط الهادئ في جنوب كاليفورنيا، وستكون اكبر محطة تحلية مياه في كل النصف الغربي من الكرة الارضية، لكنها لا تعمل بالطاقة النووية، ولن توفر سوى 7% من احتياجات سان دييجو من المياه.

أسست الوكالة الدولية للطاقة الذرية ـ التي تأسست هي عام ١٩٥٧ ـ مشروع البحث التنسيقي (CRP) في عام ١٩٩٨ ويركز على "تحقيق الاستفادة القصوى من ربط المفاعلات النووية مع أنظمة التحلية"، وذلك بمشاركة تسعة من الدول الاعضاء. وتشترك ٢٠ دولة الآن في مشروع التعاون هذا، الذي يعتبر إطارا للعمل بجهوزية كبيرة لتوسيع النشاطات في هذا الميدان. وتحدث العديد من الخبراء في مؤتمر "قمة المياه العالمية" المنعقد في باريس في أبريل عام ٢٠١٢ دفاعا عن فكرة نصب المفاعلات النووية ومحطات التحلية في موقع واحد. واستضافت روسيا أول مجلس عالمي للخبراء في مجال التحلية (International Expert Council on Desalination) في موسكو في سبتمبر ٢٠١٤، حيث أعربت شركة "روساتوم اوفرسيز" لتصدير الطاقة النووية عن استعدادها لبناء أو المساهمة في بناء وتشغيل محطات طاقة نووية لتحلية المياه في كل أنحاء العالم. في ما يلي استعراض لمشاريع قيد التطوير أو الانشاء حسب البلدان:

الصين

• تقوم الشركة "الصينية العامة للطاقة النووية" (CGN) بتنفيذ مشروع هوجيانهي (Hogyanhe) للطاقة النووية في الشمال الشرقي من الصين في مدينة داليان التابعة لمقاطعة لياونينج. وسيتم استخدام الحرارة الناتجة عن المفاعل النووي لتحلية ١٠ آلاف متر مكعب يوميا من مياه البحر لتوفير مياه التبريد للمفاعل. مفاعلات أي سي بي ١٠٠. بدأت شركة "سي ان ان سي نيو انرجي" ـ وهي مشروع استثماري مشترك بين شركة (CNNC) بنسبة ٥١٪

من المشروع وشركة تشاينا جوديان كورب - العمل في برنامج بحث وتطوير بناء سلسلة من المفاعلات النووية الصغيرة القياسية (modular) لتحلية الماء وغيرها من التطبيقات الصناعية بالإضافة إلى توليد الطاقة. يتضمن المشروع بناء نموذجين لمفاعل (ACP١٠٠) المدمج في مقاطعة فوكيان (مدينة شانغزو)، ومفاعلين من ذات النوع في موقعين في مقاطعة جيانشي (في مدينتي شانجراو و جانزو) ومفاعلات للتصدير.

تدرس السلطات الصينية بناء منشأة تحلية مياه في شبه جزيرة شاندونج في منطقة يانتاي لإنتاج حوالي ١٦٠ ألف متر مكعب من الماء يوميا عبر عملية التقطير متعددة المؤثرات (MED) باستخدام مفاعل (NHR-٢٠٠) بقدرة ٢٠٠ ميجاواط حرارية.

الهند

• تم تأسيس مشروع التحلية النووية التجريبي (NDDP) في جنوب شرق الهند في عام ٢٠١٢ ويتضمن بناء مفاعلين نووين من نوع (PHWR) بقدرة ١٧٠ ميجاواط حرارية في محطة مدراس للطاقة النووية في مدينة كالباكام. تتم التحلية في المحطة عبر عملية تحلية مزدوجة مكونة من وحدة تناضح عكسي (١٨٠٠ متر مكعب يوميا) ووحدة تقطير ومضي متعدد المراحل (٤٥٠٠ متر مكعب يوميا) وأضيفت اليها مؤخرا وحدة تناضح عكسي محمولة على طوافة. تعتبر هذه أكبر محطة تحلية نووية في العالم تستخدم التقنية المزدوجة للتناضح العكسي والتقطير الومضي متعدد المراحل، حسب وصف الجمعية النووية العالمية. تم إطلاق إشارة البدء في ولاية تاميل نادو في أبريل عام ٢٠١٣ لتشغيل مشروع تحلية باستخدام طريقة ضغط البخار ميكانيكيا (MVC) لتوفير ٧٢٠٠ متر مكعب من الماء يوميا - وتنصب محطة التحلية بجانب منشأة الطاقة النووية في كودانكولام التي كانت تشغل منذ عام ٢٠٠٩ محطة تحلية بطاقة ١٠٢٠٠ متر مكعب يوميا بنفس الطريقة لتوفير المياه للمحطة وللمدينة المجاورة لها.

Nuclear Power Corporation of India

محطة كودانكولام للطاقة النووية على المحيط الهندي في ولاية تاميل نادو، تظهر هنا اثناء عملية البناء. توفر المحطة اليوم المياه المحلاة للمدينة الواقعة قربها ولمنشأة المحطة ذاتها.

روسيا

• تدخل تحلية المياه كجزء تكاملي في عدة تصاميم ابتكارية لمحطات الطاقة النووية العائمة التي هي تحت الانشاء حاليا في روسيا. يمكن وضع وحدات صغيرة من المفاعلات المستمدة من تصميم المفاعلات المنصوبة على سفن كسارات الجليد الروسية ـ مفاعلات (KLT-S٤٠) ـ إما على البر أو تكون عائمة. بإمكان زوج من هذه المفاعلات انتاج ٨٥ ميجاواط حرارية و ١٢٠ ألف متر مكعب من المياه الصالحة للشرب يوميا. وتوجد عدة تشكيلات مختلفة أخرى مثل تلك المعروفة بإسم المحطة النووية العائمة فولنولوم (Volnolom) وتتضمن زوجا من المفاعلات المنصوبة على عوامة بطول ٩٧ متر بمنظومة تحلية بالتناضح العكسي لانتاج ١٢ ميجاواط حرارية و ٤٠ ألف متر مكعب من الماء الصالح للشرب. ويوجد تصميم أوسع يتضمن عوامة بطول ١٧٠ متر وطوافات ومفاعلين كبيرين. ستكون لهذه المحطة مدة خدمة تبلغ ٦٠ سنة ولا تحتاج إلى خدمة ترميم كاملة إلا بعد ٢٠ سنة من الخدمة.

أفريقيا

• مصر. دعا الرئيس المصري عبدالفتاح السيسي في خطاب متلفز ألقاه في ٥ سبتمبر ٢٠١٤ إلى توفير ١٢ مليار دولار كإستثمارات في توليد الطاقة خلال السنين الخمسة القادمة. سيدعم هذا القرار إلتزام مصر القديم (الذي يعود للثمانينات) بإكمال بناء المحطة النووية المزدوجة في الضبعة على الساحل المتوسطي في غرب مصر، لتوليد الطاقة وتحلية مياه البحر. تتضمن خطط المحطة بناء مفاعلات ذات قدرة ١٠٠٠ ميجاواط للمفاعل الواحد. (وقد وقعت مصر وروسيا عقد بناء المحطة في نوفمبر عام ٢٠١٥).

المغرب. أكملت الصين الدراسات الأولية لبناء منشأة نووية في طانطان جنوب المغرب على شاطئ الأطلسي. ويفترض أن تستخدم المنشأة مفاعلا بقدرة ١٠ ميجاواط حرارية لإنتاج ٨٠٠٠ متر مكعب من المياه الصالحة للشرب يوميا بطريقة التقطير متعدد المؤثرات. ويتفاوض المغرب مع روسيا لبناء مفاعل نووي في منطقة سيدي بوالبراء ليتم إكمالها في عام ٢٠١٧. تقوم شركة "أتومستروي إكسبورت" (Atomstroyexport) بالمساهمة في وضع دراسة الجدوى للمشروع.

الجزائر. صدرت دراسة عام ٢٠١٢ تبين مزايا بناء محطة نووية ثنائية الأغراض لانتاج الطاقة والتحلية في منطقة مستغانم في الساحل الغربي للجزائر حيث تقل الهطولات المطرية. تم وضع الأهداف لهذا المشروع في سياق الخطة الوطنية لتوليد الطاقة وسد حاجات سكان تلك المنطقة من المياه.

ليبيا. تم توقيع مذكرة تفاهم في عام ٢٠٠٧ بين ليبيا وفرنسا لبناء مفاعل نووي متوسط الحجم على الساحل المتوسطي لليبيا لإنتاج الطاقة وتحلية المياه. كان يفترض أن تبني شركة آريفا (Areva TA) هذا المفاعل. لكن هذا المشروع طواه النسيان في خضم عملية تغيير النظام التي فرضت على البلد.

آسيا

• إيران: سيتم بناء مفاعلين نووين (بالإضافة إلى المفاعل الموجود من قبل) من قبل شركة روساتوم الروسية في محافظة بوشهر على الخليج، وسيكون لكل من المفاعلين قدرة

توليد طاقة مقدارها ١٠٠٠ ميجاواط، وسيكون لكل منهما وحدة تحلية مرتبطة به. بدأ تشغيل المفاعل الأول في بوشهر بكامل طاقته في عام ٢٠١٤.

الامارات العربية المتحدة: توجد أربعة مفاعلات نووية تحت الانشاء حاليا في موقع براكة في أبوظبي بقدرة ١٠٠٠ ميجاواط للمفاعل الواحد. يتم إنشاء هذه المحطة التي ستكون الأكبر في منطقة الشرق الأوسط حين اكتمالها في عام ٢٠٢٠، بالتعاون مع كوريا الجنوبية. لم يتم الإعلان بعد عن وجود محطة تحلية مياه مرتبطة بالمحطة النووية أم لا، لكن المرجح أن يكون جزء كبير من الطاقة المنتجة مخصصا لتحلية المياه.

الأردن: وقع الأردن وروسيا في عام ٢٠١٤ عقد إنشاء أول محطة نووية في الأردن بطاقة ١٠٠٠ ميجاواط لغرض توليد الطاقة النووية وتحلية المياه.

المملكة العربية السعودية: أعلنت المملكة العربية السعودية في عهد الملك عبدالله عن تأسيس مؤسسة للطاقة النووية لدراسة بناء عدد كبير من المفاعلات النووية. لكن لا توجد أي خطط معلنة عن عدد ومكان بناء هذه المفاعلات.

قطر: تدرس إمارة قطر ايضا موضوع التحلية النووية.

جنوب شرق آسيا: تدرس اندونيسيا مشروعا لبناء منشأة نووية كبيرة في باتان. كما تم إكمال دراسة جدوى بالتعاون مع كوريا الجنوبية لبناء محطة في جزيرة مادورا وتركز على بناء مفاعل نووي مزدوج الاستخدام من نوع (SMART) لانتاج الطاقة وتحلية المياه باستخدام التقطير الومضي متعدد المراحل.

أمريكا الجنوبية

• تم توقيع اتفاقية للتعاون النووي في الأرجنتين في ١٢ يوليو ٢٠١٤ بين الشركة الروسية روساتوم والحكومة الارجنتينية، بحضور الرئيسة الارجنتينية كريستينا دي كيرشنر والرئيس الروسي فلاديمير بوتين. تشدد الاتفاقية على وجود "منشآت تحلية مياه". تعتبر هذه الاتفاقية متابعة للاتفاقية الشاملة التي تم التوصل إليها في عام ٢٠١٠ بين الأرجنتين وروسيا والصين وكوريا الجنوبية. وقد قدمت شركة روساتوم اقتراحا فنيا وماليا للمشاركة في بناء محطة آتوشا -٣ النووية.

الجزء الثالث

الصين
طريق الحرير إلى التنمية والسلام

الصين تصبح نموذجا بين الامم
العلم محركا للاقتصاد من أجل رفعة البشرية

بقلم : كريتون جونز ومايكل بيلينجتون
by Creighton Jones and Michael Billington

أكتوبر ٢٠١٤

بالرغم من أن الصين دولة نامية تواجه مشاكل كبرى من الفقر والتخلف في عدة أقاليم من البلد، إلا أن الأمة الصينية قد أصبحت نموذجا يحتذى به بين الأمم. إن هذه الحقيقة هي نتاج لتصميمها على بناء سياساتها الداخلية والعالمية على أساس تمسك لا يلين بسياسة اقتصادية على أساس علمي، تتجلى في أقوى صورها بالبرنامج الصيني لاستكشاف الفضاء وتطويره. بهذا الشكل تكون الصين قد تبنت السياسة الإنسانية الحقيقية لتعزيز القدرات الابداعية للإنسان ونشرها في المجموعة الشمسية حيث يكمن مستقبلها الحقيقي. جاءت إشارة اتخاذ الصين لموقع ريادي في الفضاء في ديسمبر عام ٢٠١٣ ـ بعد فترة سبات استمرت أربعين سنة ـ إذ أخذت الصين البشرية مجددا إلى القمر عندما أنزلت العربة يوتو (Yutu) أو "الأرنب اليشبي" على سطحه. كان هذا الانجاز جزءا من مهمتها المعلنة لاستكشاف وتطوير وتعدين القمر، بتشديد واضح على الهدف النهائي لاستخدام النظير هيليوم ـ٣ الموجود بوفرة نسبية في تربة القمر الثرية. إن التزام الصين بتطوير الهيليوم ـ٣ كوقود لانتاج الطاقة باستخدام تفاعلات الاندماج النووي، يعبر عن مدى الرؤية العلمية المطلوبة لتحقيق عصر نهضة جديد طال انتظار الحضارة الانسانية له.

إن الطريقة العلمية التي تتبناها القيادة الصينية في التعامل مع الاقتصاد هي المفتاح لإحداث طفرة في سياساتها الاقتصادية والخارجية أيضا. وقد تبنت الحكومة الصينية من أجل تحقيق أهدافها سياسة ائتمانات طويلة الأجل موجهة نحو مشاريع البنية التحتية الكبرى ذات أقصى محتوى من آخر ما توصلت إليه العلوم والتكنولوجيا في داخل الصين وأيضا في الدول الشريكة لها في التجارة. تنعكس هذه السياسات أيضا في توسيع علاقاتها الخارجية التي أدت إلى تعزيز تعاونها الاقتصادي واستثماراتها بشكل كبير جدا في كل قارة من قارات العالم تقريبا. باختصار، تنطلق الصين من وجهة النظر القائلة أن التنمية الاقتصادية هي شرط لا بد منه لتحقيق السلام.

التأهب للانطلاق

إن هذه الانطلاقة الحالية في توجه الصين نحو تحقيق طاقة الاندماج النووي والتنمية الصناعية على سطح القمر تأتي في سياق انجازها مسبقا برنامج استثنائي لتطوير البنية التحتية الأساسية في الصين في العقدين الماضيين والتي نورد هنا بعض الأمثلة منها:

العربة الجوالة الصينية على سطح القمر، يوتو. الصورة ملتقطة من مركبة الهبوط بعد قليل من نزولها الى سطح القمر في ديسمبر ٢٠١٣.

• بناء أكبر سد في العالم، سد الوديان الثلاثة (Three Gorges Dam) الذي كان افتتاحه في عام ٢٠٠٨، وتم تشغيل آخر عنفة (توربينة) لتوليد الطاقة الكهرومائية في عام ٢٠١٢، بحيث بلغت قدرة السد الانتاجية للكهرباء ٢٢٥٠٠ ميجاواط. يوفر السد أيضا الحماية من الفيضانات في المناطق السفلى من نهر يانجتسي إذ ينقذ حياة مئات الآلاف من البشر الذين كانوا سيسقطون ضحايا للفيضانات كما كان يحدث في السابق.

• ثالث أكبر سد في العالم، سد شيلودو (Xiluodo)، في أعالي نهر يانجتسي، وتم افتتاحه عام ٢٠١٤.

• سادس أكبر سد في العالم، سد شيانجيابا (Xiangjiaba) الواقع هو أيضا في أعالي نهر يانجتسي وتم افتتاحه في يوليو عام ٢٠١٤. تمتلك الصين على العموم عددا أكبر من السدود الضخمة من كل دول العالم مجتمعة.

• بناء أكبر منظومة لتوليد الطاقة الكهربائية في العالم، وهي تتوسع بنسبة ٧,٥٪ سنويا (إذ تبني الصين في العام الواحد ما يساوي كل القدرة الانتاجية لبريطانيا لتوليد الكهرباء).

• بناء ما طوله ١١٠٢٨ كيلومتر من شبكة سكك الحديد للقطارات عالية السرعة منذ عام ٢٠٠٠، وهو أكبر انجاز في العالم. كما تخطط الصين لتوسيعها إلى ١٥٠٠٠ كلم بنهاية عام ٢٠١٥. يتضمن هذا أطول خط قطار سريع في العالم بطول ٢٣٩٨ كلم بين العاصمة بكين ومدينة غوانجو في الجنوب.

• خط قطار الرفع المغناطيسي (Maglev) الوحيد لنقل المسافرين في العالم الذي يربط بين ضاحية بودونج في مدينة شانجهاي ومطار شانجهاي الدولي.

• أعظم مشروع نقل مياه في العالم، وهو مشروع "تحويل المياه من الجنوب إلى الشمال" (الذي مر ذكره في الجزء السابق)، ويتضمن ثلاثة مسارات مصممة لنقل المياه من حوض نهر يانجتسي إلى مقاطعات الشمال الجافة. تم افتتاح المسار الشرقي في نوفمبر ٢٠١٣ والمسار الوسطي في ٢٠١٤. أما المسار الغربي فهو في طور التخطيط. ستقوم المسارات الثلاثة للمشروع مجتمعة بنقل ما يقارب ٤٤,٨ مليار متر مكعب من المياه في العام إلى الأقاليم الصناعية والزراعية في الشمال.

• توسيع قاعدة اليد العاملة في القطاع الصناعي من ٨٦ مليون عامل في عام ٢٠٠٢ إلى ١٠٦ مليون في عام ٢٠١٢ ـ وهو ما يساوي ثلاثة أضعاف عدد اليد العاملة الصناعية في الولايات المتحدة وألمانيا واليابان مجتمعة. وانخفضت بالمقابل القوة العاملة الصناعية في هذه الدول الثلاث في ذات الفترة بنسبة ١٠٪ إلى مستوى ٣٣ مليون عامل.

• بناء المئات من المدن الجديدة، والتصميم على بناء مئات أخرى بنهاية هذا العقد.

• بناء ٢١ محطة طاقة نووية (بدأ تشغيل أولاها في عام ١٩٩١)، وتوجد حاليا ٢٨ محطة أخرى تحت الانشاء، حيث تخطط الصين لرفع قدرتها على انتاج الطاقة النووية إلى ثلاثة أضعاف ماهي عليه الآن بحلول عام ٢٠٢٠. بالرغم من أن كل هذا البناء سيؤدي إلى رفع نسبة الطاقة النووية من مجمل انتاج الطاقة في الصين إلى ٦٪ فقط (مقارنة بـ ٢٠٪ في الولايات المتحدة و ٧٤٪ في فرنسا) إلا أن الصين إذا استمرت على هذا المنوال فإنها ستصبح الدولة الأولى في صناعة المفاعلات النووية في العالم خلال عقد من الزمان.

الاكاديمي اويانج زييوان "الاب الروحي للبرنامج الصيني لاستكشاف القمر"، يروج لهذا البرنامج منذ التسعينات. يظهر هنا اثناء مشاركته في احد المؤتمرات في عام ٢٠١٢.

• البدء ببناء أطول خط اتصالات كمي بالالياف الضوئية في العالم من بكين إلى شانجهاي، مما يعطي الصين مصداقية لموقعها باعتبارها من الدول القيادية في مجال التكنولوجيا.

إن هذه الانجازات بمجملها تؤسس منصة تكنولوجية جديدة للاقتصاد الصيني، وهي منصة تتميز بارتفاع كثافة تدفق الطاقة في انتاج الطاقة، وارتفاع في انتاجية القوى العاملة ـ وهو ما يتناقض تماما مع الاتجاه الايديولوجي المفروض على النظام الأطلسي المحتضر. إن صفة النشاز الوحيدة المهمة في السياسة الصينية هو خضوع الحكومة الصينية للحركة البيئية العالمية المناوئة للتنمية والتقدم والتي تهاجم بشكل خاص التكنولوجيا النووية وتروج لمصادر طاقة عبثية وتبذيرية من الناحية العلمية والاقتصادية مثل الطاقة الشمسية وطاقة الرياح والوقود الحيوي. إن التنمية المستدامة تأتي في واقع الحال من مصادر طاقة ذات تدفق طاقة متزايد وليس من تلك المصادر "الخضراء" ذات الكثافة المتدنية مثل الشمس.

في المقالة التي تتبع هذه، سنتطرق بالتفصيل إلى برنامج قطاع النقل الصيني الذي أصبح من الماركات الصينية المميزة، وهو البرنامج الذي أطلق الرئيس الصيني شي جينبينج عليه إسم "الحزام الاقتصادي لطريق الحرير"، والذي أصبح جزءا أساسيا من علاقات التعاون بين الصين والأمم الأخرى وخاصة دول مجموعة البريكس. لكن حتى نفهم الخاصية الاساسية التي تجعل مثل هذا التعاون ممكنا، علينا أن نبدأ من القمة: أي من سياسة الصين تجاه الفضاء وانتاج الطاقة.

برنامج استكشاف القمر وهيليوم ـ٣

إن منظور الصين تجاه الفضاء والطاقة متحد من قمته. فقد عينت الحكومة شخصا واحدا، هو الدكتور شو داجي (Xu Dazhe) ليكون في ذات الوقت مديرا لثلاثة وكالات: وكالة الفضاء الوطنية الصينية (CNSA) ومؤسسة الطاقة النووية الصينية والمؤسسة الصينية الحكومية للعلوم والتكنولوجيا والصناعات الدفاعية.

لقد تم عرض نوايا الصين بخصوص الفضاء بالتفصيل في نقاشات دارت بين أشخاص مقربين من مجتمع العلوم الفضائية، خاصة ما ذكروه في أعقاب نجاح الهبوط السلس الأول على سطح القمر في ١٤ ديسمبر ٢٠١٣ عندما هبطت كبسولة الفضاء "تشانج إي ٣" (Chang'e-٣) وأنزلت العربة "يوتو" السيارة على سطح القمر. قال رائد الفضاء الأمريكي هاريسون شميت (Harrison Schmitt)، الذي اشتهر بمشاركته في رحلة "اوبولو ١٧" وكان عضوا في مجلس الشيوخ الأمريكي، بعد هبوط الكبسولة الصينية فوق القمر أن "الصينيين لم يتكتموا بشأن اهتمامهم بموارد الهيليوم ـ٣ للدمج النووي... بإعتقادي أن هذه المهمة الفضائية هي إعلان جيوسياسي بالإضافة إلى كونه اختبار للمعدات والبرامج الكمبيوترية المرتبطة بتعدين وتصنيع الثروات الطبيعية لتربة القمر". إن هذا المجال هو مجال يعرفه شميت جيدا، إذ أنه كتب مقالات وكتبا عديدة حول التنمية الصناعية للقمر وتعدين الهيليوم ـ٣، وأيضا لأنه كان على اتصال وثيق بالفريق الذي يجري بحوثا لتطوير تقنيات الاستفادة من هيليوم ـ٣ في الدمج النووي في جامعة ويسكونسن.

لوحة فنية تخيلها رسام لعملية تعدين الهيليوم 3 على سطح القمر.

إن صحة تقديرات شميت تصبح واضحة إذا قرأنا كلمات "والد البرنامج الصيني لاستكشاف القمر"، اويانج زييوان (Ouyang Ziyuan) الذي بدأ في التسعينات بالترويج لتأسيس برنامج لاستكشاف القمر في أوساط الحكومة الصينية، وتكللت جهوده بالنجاح في عام ٢٠٠٤ عندما تم الإعلان عن تأسيس "المشروع الصيني لاستكشاف القمر" (CLEP) ويسمى "مشروع تشانج إي"، وأصبح هو أول رئيس علمي له. قال أويانج في عام ٢٠٠٦ ما يلي: "توجد في القمر احتياطيات هائلة من المعادن مثل الحديد والهيليوم -٣ الذي هو من نظائر عنصر الهيليوم، الذي يعتبر وقودا مثاليا لطاقة الدمج النووي، وهي الجيل القادم من الطاقة النووية. لا تتجاوز كمية الهيليوم -٣ في كوكب الأرض ١٥ طن حسب التقديرات الموجودة، بينما الحاجة إلى الهيليوم -٣ لسد حاجة سكان العالم من الطاقة هي ١٠٠ طن سنويا. لكن في الجانب الآخر، يحتوي القمر على كمية من الهيليوم -٣ تقدر بين مليون وخمسة ملايين طن".

بالإضافة إلى ذلك ذكر أويانج في مقابلة مع وكالة الانباء البريطانية (بي بي سي) في ٢٩ نوفمبر ٢٠١٣ "أن القمر مليء بالموارد المعدنية وبالذات التربة النادرة والتيتانيوم واليورانيوم وكلها معادن تشتد الحاجة إليها على كوكب الأرض، و يمكن استغلال هذه الموارد بلا قيود... إن إمكانيات التنمية في هذا المجال كبيرة جدا، وهذا أمر جميل. لذلك أتمنى أن نتمكن من استغلال القمر استغلالا كاملا لكي ندعم التنمية المستدامة للبشر والمجتمعات هنا".

حدد أويانج ثلاثة دوافع للذهاب إلى القمر: "أولا، تطوير تقنياتنا، لأن استكشاف القمر يتطلب أنواعا عديدة وجديدة من التقنيات، وبضمنها الاتصالات والكمبيوترات وجميع أنواع تكنولوجيا المعلومات، ويتطلب المهارات الخاصة واستخدام أنواع مختلفة من المواد. ثانيا، ومن الناحية العلمية علينا أن نتعرف بالإضافة إلى كوكب الأرض، على إخواننا واخواتنا مثل القمر، وكيف نشأ وتطور، وبناء على هذه المعرفة سنستطيع معرفة المزيد عن كوكب الأرض. ثالثا، من ناحية المهارات تحتاج الصين إلى فريقها الفكري الخاص بها والذي يستطيع ان يستكشف كل المنظومة القمرية والشمسية - وهذا أيضا هو غرضنا الأساسي."

إن هذه النوايا المعلنة تؤكد على إدراك الصينيين للدور الذي تلعبه البرامج ذات الدافع العلمي في تنمية التكنولوجيا في المجتمع ورفع درجة النمو الاقتصادي للأمة ككل. كان هذا الأمر مفهوما بشكل أفضل في أوساط السياسيين الأمريكيين في الماضي، واللذين عادة ما كانوا يذكرون أن مهمات برنامج أبولو أعطت مردودا تكنولوجيا واقتصاديا للمجتمع الامريكي بمعدل ١٠ أضعاف ما تم استثماره في برنامج الفضاء الذي انتج تكنولوجيات جديدة ورفع القدرات الانتاجية وأدى إلى تأسيس شركات صناعية عديدة ذات تقنية عالية، والتي نمت وازدهرت حتى بعد إكمال مهمة استكشاف القمر.

التحضير لرحلات مأهولة

لقد أعلنت الصين، وهي محقة في ذلك، أن مهمة "تشانج إي -٣" كانت ناجحة بالرغم من حدوث عطل مؤقت في الدائرة الكهربائية للعربة "يوتو"، وهي تحضر الآن للإعلان عن الخطوة القادمة في برنامجها لاستكشاف القمر.

يعمل العلماء والمهندسون الصينيون حاليا على وضع تصاميم لمحطة على سطح القمر ستتضمن "طرقا جديدة لتوليد الطاقة وتوسيع مساحة سكن رواد الفضاء"، وذلك حسب تصريح أحد مديري برنامج "تشانج إي -٣" في منتدى الاتصالات العلمية في شانجهاي ونشرته صحيفة الشعب الصينية في ٨ يناير ٢٠١٤. وأكد زانج يوهوا (Zhang Yuhua) أن مهمة إعادة العينات من القمر، "تشانج إي -٥" قد تحدد موعدها في عام ٢٠١٧، وهو موعد سابق لما

كان مخطط له من قبل بسبب نجاح المهمة الحالية. وذكر أن إطلاق الكبسولة "تشانج إي ـ٤" لن يكون مجرد تكرار للمهمة الحالية، بل سيتم إدخال بعض التكنولوجيات الجديدة فيها والتي ستكون مطلوبة لمهمة إعادة العينات المعقدة جدا والتي ستتم فيما بعد. إن إعادة الكيلوجرامات الخمسة المخطط لها من عينات التربة والصخور من القمر إلى الأرض سيسمح بإجراء تحليل مفصل للمعادن الموجودة على القمر وحالتها الكيميائية وغيرها من خصائص القمر. ويعتبر هذا التحليل خطوة ضرورية قبل إرسال البشر إلى القمر. ووصف زانج النشاطات التي ستتم في القاعدة المأهولة على سطح القمر مثل بناء مواقع للانتاج الزراعي والصناعي، وصناعة الأدوية في بيئة مفرغة الهواء، وإجراء "جولات استطلاعية للبحث عن الطاقة".

أضف إلى ذلك المخططات طويلة الأمد للبرنامج الصيني لاستكشاف القمر كما ذكر ذلك لوان ايمجي (Luan Emjie)، وهو من كبار مستشاري برنامج استكشاف القمر، إذ ذكر لوسائل الإعلام في ديسمبر عام ٢٠١٣ أن الهدف النهائي للبرنامج هو استخدام القمر كمنصة انطلاق لاستكشاف الفضاء العميق، وهو ما يتفق عليه العديد من الخبراء في هذا المجال. بالرغم من أن الحكومة الصينية لم تعلن ذلك رسميا، إلا أنه من الواضح للعديد من الخبراء أن مسألة هبوط رواد صينيين على سطح القمر أصبحت تلوح في الافق القريب، وذلك كجزء من

الإطار الزمني لبرنامج الفضاء الصيني

أسست الحكومة الصينية وكالة الفضاء الوطنية في عام ١٩٩٢ باعتبارها أول وكالة فضاء صينية مدنية، وذلك لتطبيق خطط التنمية الوطنية المدنية في مجال الفضاء والدخول في برامج التعاون الدولي. في ذات الوقت، دفع انهيار الاتحاد السوفيتي وانتهاء حقبة الحرب الباردة الحكومة الروسية هي أيضا إلى تأسيس وكالة فضاء مدنية.

معالم تكنولوجية على طريق برنامج الفضاء

١٩٧٠: الصين تطلق أول قمر اصطناعي إلى مدار الأرض (Dongfanghong-١).

١٩٨٤: إطلاق أول قمر صناعي للاتصالات متزامن مع دوران الأرض (geosynchronous).

٢٠٠٠: القمر الصناعي الأول في منظومة الملاحة التجريبية بايدو (Beidou) يدخل مجال الخدمة.

٢٠٠٣: دخول منظومة اتصالات مكونة من ثلاثة أقمار صناعية مخصصة لأجهزة الالتقاط الصينية في مجال الخدمة.

٢٠٠٧: تنفيذ إطلاق أول قمر صناعي من الجيل الثاني لمنظومة بايدو بنجاح، والذي تبعه ٣٥ قمر صناعي للتغطية العالمية.

٢٠١١: دخلت أول مجموعة من ١٠ أقمار من نوع بايدو ـ٢ في مجال الخدمة لتوفير الخدمات للصين والمنطقة المحيطة بها.

البرنامج المأهول

١٩٩٢: وافقت الحكومة على تأسيس برنامج فضاء مأهول.

١٩٩٩: قامت مهمة شينزو-١ (Shenzhou-١) بإجراء اختبار بدون رواد فضاء لكبسولة مأهولة.

٢٠٠٣: المهمة شينزو-٥ تصبح أول رحلة مـأهولة تحمل رائد الفضاء يانج ليواي (Yang Liwei) ويدور ١٤ مرة في مدار الأرض.

٢٠٠٥: حملت المركبة شينزو-٦ رائدي فضاء في رحلة استمرت خمسة أيام في مدار الأرض.

٢٠٠٨: نجحت المركبة شينزو-٧ في تحقيق أول عملية مشي في الفضاء قام بها رائدا فضاء من فريق مكون من ثلاثة رواد.

٢٠١١: إطلاق الوحدة الفضائية غير المأهولة تيانجونج ـ١ (Tiangong-١) لتكون أول وحدة لمحطة الفضاء.

٢٠١١: كبسولة الفضاء شينزو-٨ غير المأهولة تتحد اوتوماتيكيا مع وحدة المحطة الفضائية تيانجونج ـ١.

٢٠١٢: تتحد كبسولة الفضاء شينزو-٩ مع المحطة الفضائية تيانجونج ـ١ حاملة معها ثلاثة رواد من بينهم أول رائدة فضاء صينية.

٢٠١٣: تحمل كبسولة الفضاء شينزو-١٠ ثلاثة رواد فضاء من بينهم إمرأة ثانية تقوم بإعطاء دروس للأطفال الصينيين من محطة الفضاء تيانجوجنج ـ١.

برنامج استكشاف القمر

٢٠٠٤: صادقت الحكومة على تأسيس برنامج لاستكشاف القمر على ثلاثة مراحل.

٢٠٠٧: دارت المركبة "تشانج إي ١" في مدار القمر لوضع خرائط لسطحه.

٢٠١٠: إطلاق مركبة "تشانج إي ٢" في مهمة لوضع خرائط لسطح القمر بتفاصيل أدق. بعد ذلك تركت المركبة مدار القمر لسبر الفضاء العميق وطارت بالقرب من المذنب (٤١٧٩ Toutatis) في عام ٢٠١٢.

٢٠١٣: قامت مركبة الإنزال "تشانج إي ٣" بالهبوط على سطح القمر وإنزال العربة "يوتو".

إعداد: مارشا فريمان

عملية التوسع في برنامج الفضاء الصيني المأهول. تحدث رئيس الوزراء الصيني لي كيقيانج (Li Keqiang) في مقابلة مع مجلة ساينس العلمية في ١٣ يناير ٢٠١٤ حول البرنامج المأهول، قائلا «أن لبرنامج الفضاء المأهول واستكشاف القمر مهمة ذات غرضين: أولا، أن يستكشف أصل الكون ولغز الحياة الإنسانية، وثانيا استغلال الفضاء الخارجي سلميا... إن استغلال الفضاء الخارجي للأغراض السلمية يصب في مصلحة الصين التنموية. لقد وصل برنامج الفضاء الصيني المأهول إلى مرحلة بناء محطة في الفضاء، وسيسير قدما خطوة بعد خطوة... بما أن حياة الإنسان غالية، فإننا سنبدأ باستخدام الروبوتات قبل البدء بالتدريج بالتوسع في المهمات الاستكشافية المأهولة. إن الفضاء يلفه الغموض. علينا أن نخاطر في بعض الأمور، لكن ليس على حساب حياة البشر حينما لا تكون الظروف مهيأة».

قبل فترة وجيزة أصدرت الصين عدة تصريحات تخص خططها القصيرة الأمد والبعيدة الأمد بخصوص القمر. على سبيل المثال، ستقوم الصين بإجراء تجارب محاكاة لعودة مركبة استكشاف القمر «تشانج إي-٥» إلى الأرض في نهاية هذا العام (٢٠١٤).

أما الأهداف البعيدة الأمد فتتضح من التقرير الخاص بإكمال إختبار دام ١٠٥ أيام لمنظومة «لونار بالاس -١» (القصر القمري) وهي منظومة دعم حياة مغلقة لعيش البشر في الفضاء الخارجي بشكل دائمي، وهي مبنية لاختبار إمكانية بناء قاعدة قادرة على دعم الحياة البشرية فوق سطح القمر.

وذكرت الشبكة الأخبارية الصينية (us.news.cn) في ٢٦ يونيو ٢٠١٤: «قام سكان القمر الثلاثة بشرب الماء المعاد تدويره وتصفيته وأكلوا الديدان والأغذية التي انتجوها بأنفسهم، وقاموا بتجارب علمية، وتحدثوا مع أسرهم عبر الانترنيت من الكبسولة المغلقة التي عاشوا فيها من ٣ فبراير إلى ٢٠ مايو». وعلق مصمم التجربة والمسؤول العلمي الأول لها ليو هونج (Liu Hong) قائلا «أن لونار بالاس -١ يختلف عن بيوسفير-٢» التي هي منشأة تجارب أمريكية لمحاكاة بيئة الأرض في الفضاء الخارجي. وأضاف ليو: «بيوسفير-٢ هي استنساخ لبيئة الحياة على الأرض، وهذه تعتبر تجربة فاشلة لم نكن نريد أن نكررها. إن المنظومة التي صنعناها موجهة نحو تلبية حاجات البشر في الفضاء. لقد اخترنا بعناية أي نوع من النباتات والحيوانات والأحياء المجهرية التي تناسب بدقة هذه المنظومة الحياتية. يعتقد العديد من الخبراء الأجانب أنه من غير الممكن بناء قاعدة في الفضاء في المستقبل القريب، لذلك لا يستثمرون الكثير من الموارد في البحث في هذا المجال. لكن الزمن الطويل الذي يتطلبه فهم التعقيدات المرتبطة بالمنظومة الحياتية ينبغي أن يكون الدافع للعلماء لكي يبدأوا القيام بالتجارب من الآن». ويضيف ليو «أنه من الضروري بناء وحدتين مصغرتين من منظومة لونار بالاس -١، تكون إحداهما وحدة مراقبة على سطح القمر والأخرى على سطح الأرض بحيث نستطيع المقارنة ما بين البيانات الواردة من الإثنتين».

كما تعكف الصين حاليا على تصميم مهمة لاستكشاف كوكب المريخ وجلب عينات منه، حيث تخطط لإرسال مسبار إلى الكوكب الاحمر في عام ٢٠٢٠ والعودة بعينات في عام ٢٠٣٠. شرح أويانج زيوان خطة الصين بخصوص المريخ (Mars-Plus) في الجلسة الافتتاحية للمؤتمر الثاني والعشرين للجمعية العالمية للمراصد الفلكية المنعقد في بكين في ٢٤ يونيو، حيث قال: «إن هدف الصين من استكشاف الفضاء هو دراسة المجموعة الشمسية كلها». وأضاف أن الاستكشافات الفضائية المستقبلية ستتضمن البحث عن الحياة خارج الأرض وأصل ونشأة المجموعة الشمسية، والانفجارات الشمسية وغيرها من الظواهر. وأخبر أويانج صحيفة الشعب الصينية في ٢٦ يونيو أن من الأهداف المهمة الأخرى لبرنامج استكشاف المريخ هو اكتشاف المجموعات الشمسية البعيدة جدا عن الأرض ومقارنة أصل الكواكب في المجاميع الشمسية الأخرى مع كواكب مجموعتنا. إن أكثر المشاريع طموحا

ITER

المفاعل الصيني التجريبي المتقدم والفائق التوصيل توكاماك، كان اول مفاعل توكاماك فائق التوصيل في العالم، وهو اليوم اكثر تقدما من أي مفاعل توكاماك موجود في الولايات المتحدة.

لخبراء وكالة الفضاء الصينية هو محاولتهم الافتراضية «إعادة خلق» كوكب جديد بناء على المعلومات التي سيحصلون عليها من الاستكشاف.

مشاريع التعاون العالمية: الصين وروسيا

في أعقاب توقيع الصفقة التاريخية بين روسيا والصين في مايو ٢٠١٤ لتصدير ما قيمته ٤٠٠ مليار دولار من الغاز الطبيعي الروسي إلى الصين، بدأت تظهر حالة من تكثيف التعاون بين البلدين في العديد من المجالات، ومنها علوم الفضاء. وذكرت وكالة الانباء الروسية ريا نوفوستي في ٣٠ يونيو ٢٠١٤ أثناء انعقاد المعرض الصناعي المشترك الاول بين الصين وروسيا أن نائب رئيس الوزراء الروسي دميتري روجوزين (Dmitri Rogozin) قد أعلن عن استعداد روسيا للعمل مع الصين في استكشاف القمر والمريخ. ونقلت الوكالة عنه قوله: إذا كان الحديث يتعلق بالرحلات الفضائية المأهولة واستكشاف الفضاء الخارجي وكذلك استكشاف المجموعة الشمسية بشكل مشترك، وبالذات القمر والمريخ، فإننا على استعداد للمضي قدما مع أصدقائنا الصينيين يدا بيد». ويؤمن روجوزين بأن الصين وروسيا قادرتان على العمل سوية لبناء مراكب فضائية «وقاعدة مشتركة للأدوات الراديوية مستقلة عن

الجميع»، بالإضافة إلى التعاون في مجال وضع الخرائط والاتصالات.

كما وقعت وكالة الفضاء الروسية (Roscosmos) ومثيلتها الصينية مذكرة تفاهم «للتعاون في مجال الملاحة العالمية باستخدام الاقمار الصناعية». وقال روجوزين أن منظومة الملاحة الروسية «جلوناس» والمنظومة الصينية «بايدو» تكمل إحداهما الأخرى. كما حققت الصين تقدما في مجال التعاون الفضائي مع الهند ووكالة الفضاء الأوربية.

برنامج الاندماج النووي الصيني

تتربع فكرة تطوير عملية الاندماج النووي فوق قمة الرؤى الصينية بعيدة النظر. فالصين ليست فقط من المساهمين في مشروع مفاعل توكاماك التجريبي الدولي (ITER)، بل وتسير قدما في برنامجها الخاص بها لمفاعلات التوكاماك. في الحقيقة، تمتلك الصين مفاعل توكاماك ذا مستوى متقدم أكثر من أي المفاعلات الموجودة في الولايات المتحدة الامريكية، وهو مفاعل توكاماك التجريبي المتقدم الفائق التوصيل (EAST). يستخدم مفاعل (EAST) مغناطيسات فائقة التوصيل (وهو مالا يوجد في أي مفاعل أمريكي حاليا)، مما يعطي المفاعل الصيني قدرة أعلى على الحصر المغناطيسي (magnetic confinement).

علاوة على ذلك، قام العلماء الصينيون في معهد فيزياء البلازما بإكمال عملية تحديث استمرت عشرين شهرا لمفاعل توكاماك فائق التوصيل (EAST) وسيبدأون قريبا بإجراء أول التجارب في نهاية عام ٢٠١٤. هدف هذه التجارب هو إطالة أمد التفاعل الاندماجي لأكثر من ٤٠٠ ثانية، للوصول إلى مرحلة عملية تشغيل لمحرك اندماجي ذي حالة ثابتة.

كما أن الصين قد قطعت شوطا طويلا في تطوير منشأة اندماج نووي بتقنية حصر القصور الذاتي (inertial confinement fusion) من الممكن مقارنتها بمنشأة الاندماج باستخدام الليزر في مختبرات ليفرمور في كاليفورنيا. هذه المنشأة المسماة (Divine Light ٣) «النور السماوي ٣» مصممة لاستخدام ٤٨ جهاز ليزر لضغط كرة وقود مصنوعة من نظير ما لإشعال تفاعل الاندماج. بالرغم من أن المنشأة لا تزال في طور التجريب، إلا أنه من المتوقع أن تصبح المرحلة القادمة (Divine Light ٤) جاهزة للتشغيل في عام ٢٠٢٠ حيث ينوي القائمون على المشروع إشعال وقود فعلي.

وبينما تعكف الصين على بناء ترسانتها من أجهزة الليزر، تقوم في ذات الوقت بتطوير قدرتها لتصنيع هذه الليزرات بواسطة المكائن الروبوتية من أحدث طراز، بحيث تستطيع الصين انتاج أجهزة الليزر بكميات كبيرة، والتي يمكن استخدامها في مجالات أخرى من الاقتصاد الانتاجي. كما أعلنت الصين في مايو ٢٠١١ عن عزمها تخريج ٢٠٠٠ عالم في مجال الاندماج النووي بنهاية هذا العقد.

التعاون الصيني الامريكي

قام الكونجرس الأمريكي - في حركة كلاسيكية لتدمير الذات - بحظر جميع أنواع التعاون مع الصين في مجال الرحلات الفضائية المأهولة. لكن بالرغم من ذلك يبقى التعاون الصيني الأمريكي في مجال بحوث الاندماج النووي حاليا مثالا لما يمكن إنجازه في المستقبل، هذا إن كتب للعالم أن يوجد تعاون حقيقي بين الأمم.

كانت بعض أهم الاختراقات المتقدمة في مجال الاندماج النووي هي نتيجة مباشرة للتعاون الصيني الأمريكي. كان أحد هذه الاختراقات هو تحقيق رقم قياسي في الحصر الاندماجي بطريقة نبضية بلغت ٣٠ ثانية لبلازما بمستوى عالي من الحصر (H-mode plasma) في

مفاعل (EAST) الصيني في نوفمبر ٢٠١٣. تم تحقيق هذه النتيجة القياسية حينما قام العلماء الصينيون بتوجيه حزمة من ذبذبات المايكرويف نحو البلازما، والتي أدت إلى إعادة تشكيل خطوط الحقل المغناطيسي الذي يحصر البلازما بحيث تم تقليل حالات عدم الاستقرار. تم دمج هذه التقنية الجديدة بتلك التي طورها فريق من العلماء في مختبر فيزياء البلازما في جامعة برينستون الأمريكية، وهي تقنية تقوم على تغطية جدار مفاعل التوكاماك المواجه للبلازما بطبقة من معدن الليثيوم الذي يمتص الجسيمات الهاربة من البلازما بحيث يمنعها من عرقلة عملية الاندماج.

وكان من بين الانجازات الأخرى للتعاون بين الصين والولايات المتحدة ما تم في مفاعل التوكاماك (Doublet III-D) في شركة جينرال اتوميك في كاليفورنيا حيث قام العلماء الأمريكيون بإجراء تجارب في هذا المفاعل بالتعاون مع علماء صينيين يعملون في مشروع المفاعل الصيني (EAST). وبرهنت هذه التجارب على أن البلازما ذاتها أنتجت تيارا يمثل أكثر من ٨٥٪ من التيار الموجود في البلازما. سيفيد هذا التيار الذاتي التوليد والأضافي في خفض كمية الطاقة الخارجية المطلوبة لحصر البلازما. من المحتمل جدا أن هذه المعرفة الجديدة التي نتجت عن هذه التجربة في المفاعل الأمريكي قد قادت إلى الاختراق آنف الذكر في المفاعل الصيني (EAST) الأقوى. كما أن هذه الاستنتاجات والاختراقات ستساهم بدورها في تعزيز التعاون في النشاطات الدولية المشتركة التي تجري في المفاعل الدولي (ITER).

من سخرية الأقدار أن الكثير من التقنيات العالية جدا التي تقوم الصين وأمم أخرى بتطويرها تعود جذورها إلى الولايات المتحدة. خرجت غالبية هذه التكنولوجيات من الإمكانيات العلمية والانتاجية التي أنشئت تحت قيادة الرئيس فرانكلن روزفيلت ومن أصداء ميراثه كما حصل في عهد الرئيسين ايزنهاور وكيندي، ومشاريع مثل «مشروع مانهاتن» و «الذرة من أجل السلام» و «برنامج أبولو» لاستكشاف الفضاء. لقد حصل العالم على الطاقة النووية والطب النووي وقدرات استكشاف الفضاء العميق من هذه المشاريع الأمريكية، حيث هاجر كبار العلماء من العالم إلى الولايات المتحدة للمساهمة في دفع عجلة التقدم الانسانية.

على نفس المنوال، تمت استعارة الجيل الجديد من تكنولوجيات البنية التحتية للنقل والطاقة على وجه الخصوص من الولايات المتحدة. على سبيل المثال، تعتبر الصين البلد الوحيد الذي يمتلك قطارا لنقل المسافرين مشتغلا بالرفع المغناطيسي (Maglev)، لكن يعتمد هذا القطار على تقنية طورها في الأصل مهندسون أمريكيون وألمان. أما الولايات المتحدة وألمانيا فقد تخلتا عن هذه التقنيات بسبب السياسات الاقتصادية الخاطئة. أما آخر تصاميم القطارات المغناطيسية التي تسير داخل أنابيب مفرغة من الهواء وتصل سرعتها إلى ٤٠٠٠ ميل في الساعة، و تم تجريب نماذج منها في مختبر التوصيل الفائق (Superconductivity Labortatory) في جامعة جياوتونج (Jiaotong)، فإنها في الأصل من نتاجات مختبر بروكهافين الوطني في نيويورك حيث تم الحصول على براءة الاختراع الخاصة بها في الستينات.

حتى مفاعل التوكاماك الصيني (EAST) فإنه مبني وفق تصاميم وعمل علماء من مختبر فيزياء البلازما لجامعة برنستون، وبالذات من تجربة فيزياء التوكاماك (TPX) التي كانت مصممة لتصبح الجيل الجديد من تجارب التوكاماك، لكن تم إلغاؤها في الولايات المتحدة بسبب نقص التمويل.

المستقبل في النجوم

بوجود عملية تطوير علوم وتقنيات الفضاء والاندماج النووي في مقدمة عملية التنمية فإن الصين ترى مستقبلها في النجوم. إن هذه المسألة هي التي رفعت الصين لتصبح النموذج الذي على دول العالم الاقتداء به اليوم لخلق منعطف نوعي جديد نحو بقاء الحضارة الانسانية.

مما يثير الشعور بسخرية الأقدار هو أن الصين قد حملت على عاتقها رسالة التنمية والتقدم العلمي الإبداعي التي تخلى عنها العالم الغربي، والولايات المتحدة بالذات. لقد تبنت الصين مهمة بناء «مجتمع معرفي» وتعمل بشكل منهجي لرفع مستوى مهارة أبناء شعبها. بالتوازي مع ذلك، ترفع الصين من نسبة استثماراتها في مجال البحث والتطوير. فوفقا لمقالة صادرة في مجلة «البحث والتطوير» (R&D Magazine) في ديسمبر عام ٢٠١٣، رفعت الصين استثماراتها في البحث والتطوير بنسبة ١٢٪ لتصل إلى ٢٠٪ في كل عام من الأعوام العشرين الماضية، بينما ارتفعت النسبة في الولايات المتحدة بأقل من نصف ما تم في الصين.

والأهم من ذلك كله، تأمل القيادة الصينية إنجاز أهدافها التنموية بالتعاون مع القوى الكبرى الأخرى، وحتى مع الولايات المتحدة الأمريكية، بالإضافة إلى مجموعة دول البريكس وحلفائها الأخرين. سيظهر هذا بشكل جلي حينما نستعرض التقدم الهائل في مشروع طريق الحرير الجديد.

للاطلاع اكثر

“Dr. Yuanxi Wan: China’s Ambitious Path to Fusion Power,” *EIR*, March 11, 2011.

“China in Space: A Look at China’s Ambitious Space Program,” *21st Century Science & Technology,* Fall-Winter 2006.

“Mining the Moon to Power the Earth,” *EIR*, January 24, 2014.

طريق الحرير الصيني الجديد
تغيير مسار التاريخ نحو التنمية

بقلم : وليام جونز و مايكل بيلينجتون
by William C. Jones and Michael Billington

أكتوبر ٢٠١٤

في السابع من سبتمبر ٢٠١٣ تغير العالم. في ذلك اليوم أعلن الرئيس الصيني شي جينبينج، في خطابه الذي ألقاه في جامعة نازاربابيف في الاستانة عاصمة كازاخستان، دعوته إلى تطوير ما سماه "الحزام الإقتصادي لطريق الحرير" ليمتد من "المحيط الهادئ إلى بحر البلطيق". وأضاف الرئيس شي: "علينا أن نوسع عملية التنمية في اوراسيا عن طريق خلق حزام اقتصادي على طول طريق الحرير".

تعود فكرة طريق الحرير إلى ما قبل ٢٠٠٠ عام في عهد سلاسة هان الصينية حينما قام زانج كيان (Zhang Qian) كمبعوث لامبراطور أسرة هان بزيارة آسيا الوسطى لبناء حركة تجارية بين أمم تلك المنطقة التي تمتد إلى أوربا والشرق الأوسط وأفريقيا. وقال الرئيس شي في خطابه: "قبل عشرين عاما بدأت العلاقات بين الصين ودول آسيا الوسطى بالإنطلاق. وبدأ طريق الحرير القديم يشع مجددا بحيوية جديدة". وكان الرئيس شي مصرا على خلق "حيوية جديدة في اقتصاد العالم اليوم"، الذي بدأ يدمر ذاته بسرعة كبيرة. وأضاف الرئيس شي "أن تطوير علاقات صداقة مع دول آسيا الوسطى قد أصبح من أولويات السياسة الخارجية الصينية. علينا أن نتحلى بطموحات أكبر ونوسع نطاق رؤيتنا للتعاون الاقليمي، وأن نبني معا إشراقة جديدة في المنطقة".

بعد شهر من ذلك الخطاب، وفي زيارة إلى إندونيسيا، أعلن الرئيس شي عن مشروع مماثل سماه "طريق الحرير البحري"، وأشار أيضا إلى تاريخ الصين القديم، وبالذات الأميرال الصيني [من طائفة هوي المسلمة ـ المترجم] زينج هي (Zheng He) الذي قام في القرن الخامس عشر بسلسلة رحلات بحرية إلى جنوب شرق آسيا وجنوب آسيا والبحر العربي والخليج وشرق أفريقيا، وخلق شبكة من العلاقات الاقتصادية والثقافية مع الأمم الواقعة على مسار رحلاته.

إن ما يعطي مثل هذه الاقتراحات كل هذه القوة هو بطبيعة الحال النمو السريع للاقتصاد الصيني على مدى العقود الأربعة الماضية. إن هذه المبادرة الدبلوماسية الكبرى لبناء "طريقي حرير" هي ليست فقط محاولة جادة لخلق منطقة مجاورة للصين تنعم بالرفاهية والسلام ـ على منوال سياسة "الجار الطيب" للرئيس فرانكلن روزفيلت في أوراسيا ـ بل وتوفر أيضا مسارا جديدا لجلب الرخاء إلى العالم أجمع (أنظر الصورة). لقد

China State Council Information Office

تم التشديد على هذه المسألة في الزيارة الأخيرة للرئيس شي ورئيس الوزراء لي كيقيانج إلى أوربا في الربيع الماضي (٢٠١٤).

احتفى الرئيس شي بالعلاقات بين الصين وألمانيا أثناء زيارته إلى مدينة دوزبورج الألمانية في مارس، وهي المحطة الغربية الأخيرة لطريق الحرير، بقوله: "إن الاندماج الأكبر بين اقتصادي الصين وألمانيا والتعاون بين قطبي النمو الأقوى في آسيا وأوربا سيدعم بشكل كبير تأسيس سوق أسيوية ـ أوربية كبيرة ويعزز النمو الاقتصادي في كل القارة الأوراسيوية، وسيكون له تأثير كبير جدا على الاقتصاد العالمي وبنية التجارة العالمية. إن التعاون الوثيق بين الصين، البلد الذي التزم بمسيرة التنمية السلمية، وألمانيا سيساهم في تشكيل عالم متعدد الاقطاب ويصب في مصلحة السلام والاستقرار والرخاء في العالم.

أما رئيس الوزراء لي كيقيانج فقد اقترح أثناء زيارته لأوربا الشرقية واليونان أن يتم توصيل "الحزام الإقتصادي لطريق الحرير" إلى هذه البلدان عبر مشاريع سكك الحديد والموانئ وغيرها من مشاريع التنمية الاقتصادية.

والآن وبعد مرور بضعة أشهر على ترسيخ عملية بناء مجموعة البريكس عالميا بدأ المسار التاريخي الجديد الذي خطه "الحزام الإقتصادي لطريق الحرير" بالاندماج في المنظور العالمي للتنمية، حيث تدخل أعداد جديدة من الأمم في مشاريع مشتركة في مجالات الفضاء والطاقة النووية والمياه وسكك الحديد والتنمية الشاملة ـ ما معناه خلق نظام عالمي جديد.

تطور فكرة طريق الحرير الجديد

يذكرنا "الحزام الإقتصادي لطريق الحرير" وطريق الحرير البحري، اللذان أعلنت الصين عنهما في عام ٢٠١٣، بشكل مباشر بمبدأ التنمية الذي تم طرحه من قبل ليندون لاروش وزوجته هيلجا لاروش في بداية التسعينات بعد انهيار الاتحاد السوفيتي في البرنامج الذي قدماه بعنوان "الجسر البري الأوراسيوي" (Eurasian Land-Bridge) وهو عبارة عن ممرات تمتد من المحيط الأطلسي إلى المحيط الهادئ. وقادت نقاشاتهما مع زملائهما الصينيين والروس إلى عقد مؤتمر حول موضوع "الجسر البري الأوراسيوي" في بكين في مايو عام ١٩٩٦، والذي رعته وزارة العلوم والتكنولوجيا الصينية، حيث كانت السيدة لاروش من المتحدثين البارزين. منذ ذلك المؤتمر قامت حركة لاروش ومؤسسة إكزكتف انتلجنس ريفيو بشن حملة عالمية لنشر فكرة الجسر البري الاوراسيوي/طريق الحرير الجديد ونشرت تقريرا مفصلا خاصا عن الموضوع ونظمت العشرات من المؤتمرات والندوات في كل أنحاء العالم.

في عام ١٩٩٨ عادت السيدة لاروش إلى الصين حيث كانت ضيفة الشرف في مؤتمر حول منظور طريق الحرير الجديد تحت شعار "العلاقات التجارية بين أوربا وآسيا في القرن الواحد والعشرين والجسر البري الاوراسيوي الثاني". في هذه الأثناء حصلت السيدة لاروش على لقب "سيدة طريق الحرير" في الصين تثمينا لها على جهودها المتواصلة لبناء سلام عالمي من خلال التنمية الاقتصادية. شهد ذلك العام أيضا بداية التعاون الثلاثي بين الصين وروسيا والهند، إذ أطلق رئيس الوزراء الروسي يفجيني بريماكوف أثناء زيارته للهند في ديسمبر تصريحا مهما للغاية أعلن فيه عن تشكيل "المثلث الاستراتيجي" الذي سيساهم في توطيد السلام والاستقرار في منطقة آسيا والمحيط الهادئ والعالم.

لكن "الأزمة الآسيوية" التي اندلعت في عامي ١٩٩٧-١٩٩٨ نتيجة لغزوة صناديق التحوط والمضاربين العالميين في العملة على العملات الآسيوية، أدت إلى إبطاء مسيرة مشروع الجسر البري الاوراسيوي، بالرغم من أن الصين استمرت في بناء خط السكك الرئيسي داخل الصين وعبر كازاخستان إلى روسيا واوربا الغربية. وفي شهر ينايرعام ٢٠٠٨ غادر أول

قطار حاويات العاصمة بكين متجها إلى هامبورج في ألمانيا عبر كازاخستان وروسيا البيضاء وبولندا. بحلول عام ٢٠١١ بدأت خدمة القطارات بين الصين ومدينة دوزبورج الالمانية حيث كانت القطارات تحمل المنتجات النسيجية والأجهزة الالكترونية من الصين إلى ألمانيا، وتعود حاملة السلع الصناعية والمكائن من ألمانيا إلى الأقاليم الصناعية المركزية في الصين.

والآن أصبح طريق الحرير الجديد واقعا ملوموسا. يتم حاليا التخطيط والبدء ببناء سكك الحديد والموانئ والمراكز اللوجستية والبنية التحتية كل شهر تقريبا. في ذات الوقت الذي ألقى فيها الرئيس شي خطابه في الأستانة ودعى فيه إلى بناء "الحزام الإقتصادي لطريق الحرير"، اجتمع ممثلو ٢٤ مدينة تقع على طريق الحرير ووقعوا اتفاقية يلتزمون فيها بالعمل المشترك لنشر التنمية والرخاء الاقتصادي. تمر ممرات "الحزام الإقتصادي لطريق الحرير" عبر ١٨ دولة آسيوية واوربية بشكل مباشر لكنها تؤثر بشكل غير مباشر على ٤٠ دولة بعدد سكان يصل إلى ٣ مليارات إنسان.

كانت أحدى أهم تجليات هذه العملية هو افتتاح خط القطار السريع في يونيو هذا العام

الشكل ١

خارطة سكك الحديد للقطارات عالية السرعة في الصين، وغيرها من خدمات النقل بسكك الحديد، سبتمبر 2014.

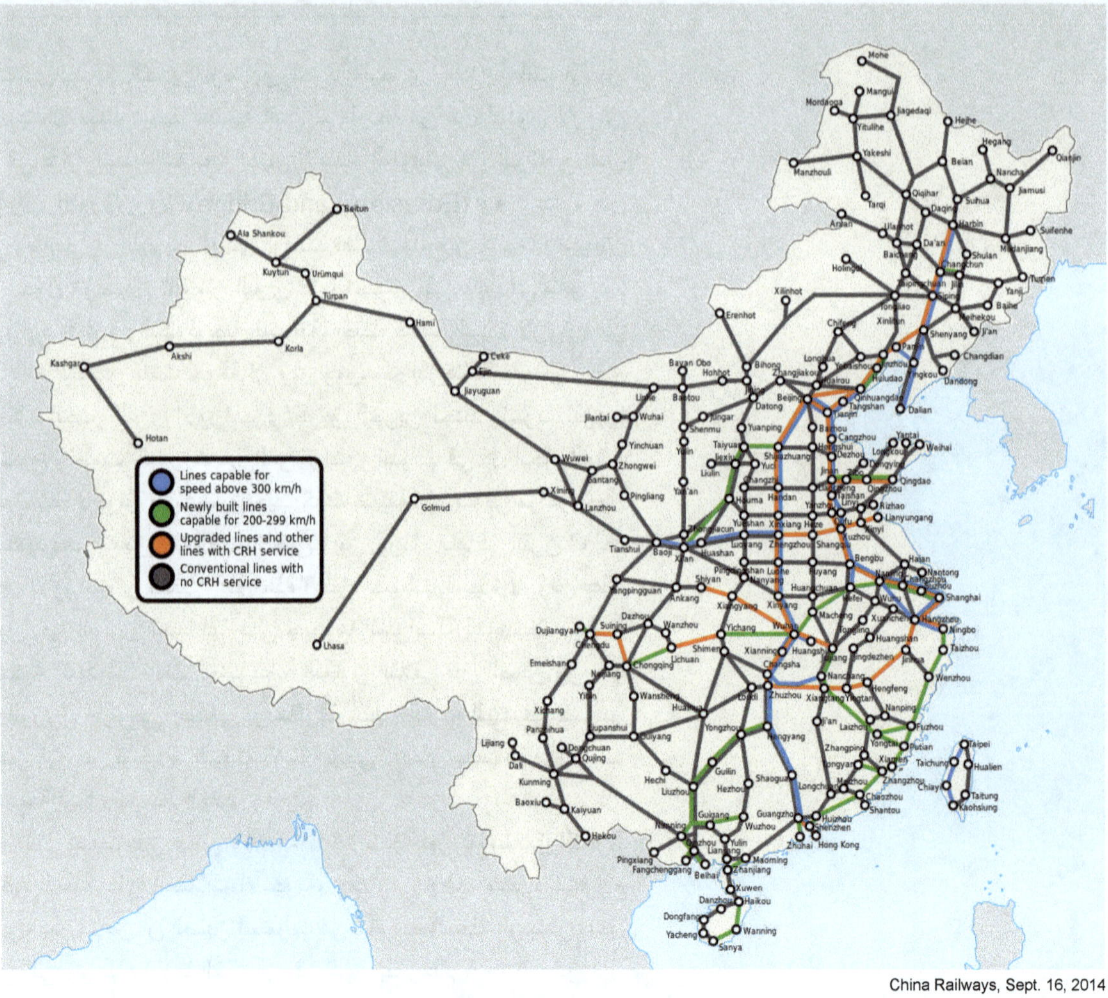

China Railways, Sept. 16, 2014

سكك الحديد عالية السرعة تدفع عملية التنمية الإقتصادية الصينية

من مقالة الدكتور سيرجي سازونوف

• بدأ في عام ٢٠٠٦ تشغيل أعلى سكة قطار (ارتفاعا عن سطح البحر) بين قينغاي والتبت، وتتضمن جزءا للسرعات العالية بين جولمود ولهاسا. كما بدأ العمل في عام ٢٠٠٨ في بناء سكة حديد القطارات عالية السرعة بين بكين وشانجهاي بطول ١٣١٨ كلم، بعد أن كانت في طور التخطيط لمدة ١٨ عام. ثم شهد عام ٢٠١٢ بدء تشغيل القطارات على سكة هاربن - داليان (٩٠٤ كلم) وبكين - جوانجزو (٢٢٩٨ كلم) وكلها عالية السرعة. اختصرت السكة الأخيرة مدة السفر بين أكبر مدينتين في الصين من ٢٢ ساعة إلى ٨ ساعات.

•في يونيو ٢٠١٣ بدأت القطارات تتحرك على سكتين من هانجزو، واحدة إلى نانجينج (٢٤٩ كلم) والثانية إلى نينجبو (٩٣ كلم).

•بدأت حركة السير على الخط السريع للقطارات بين نانينج و ووزو (Nanning-Wuzhou) في ١٨ أبريل ٢٠١٤. كما تم إكمال أعمال بناء سكة قطارات سريعة طولها ١٢٤٩ كلم بين بكين وهاربن في ٢٨ ديسمبر ٢٠١٣. تم خلال ذلك الشهر فقط افتتاح سبعة خطوط سريعة بطول إجمالي بلغ ٢٢٨٥ كلم.

•هكذا تم في غضون ١٠ سنين فقط بناء أكبر منظومة سكك حديد سريعة في العالم بطول إجمالي بلغ ١٠٤٦٣ كلم منها ٧٠٠٠ كلم في الأقاليم الداخلية من الصين. في بداية عام ٢٠١٤ كانت القطارات السريعة تسير على ٣٤ خط مخصص للنقل السريع. تسير ٦٠ ٪ من القطارات السريعة في الصين بسرعة ٢٠٠-٢٥٠ كلم في الساعة، بينما تبلغ سرعة الباقي منها ٣٠٠ كلم في الساعة أو أكثر.

•ساهمت سكك الحديد عالية السرعة في زيادة حركة تنقل سكان الصين بشكل كبير جدا: فابتداء من عام ٢٠١٤ وصلت نسبة المسافرين على القطارات السريعة ٢٥٪ من مجمل المسافرين في كافة أنواع القطارات. أما عدد المسافرين على خط بكين - تيانجين السريع فقد ارتفع بنسبة ٢٠٪ سنويا منذ افتتاحه، بينما وصلت نسبة نمو عدد المسافرين على خط بكين - شانجهاي ٤٠٪ في العام. ويغادر قطار واحد إحدى محطات هذه الخطوط السريعة كل أربعة أو خمسة دقائق... ونقلت القطارات على أطول خط سريع في العالم بين بكين وجواونجزو ١٠٠ مليون مسافر في العام الأول من تشغيلها.

المصدر: صحيفة جودوك (Gudok) التابعة لشركة سكك الحديد الروسية، ٢٤ يونيو ٢٠١٤. مقابلة مع الدكتور سيرجي سازونوف كبير الباحثين في معهد دراسات الشرق الأقصى في الأكاديمية الروسية للعلوم. كان عنوان المقالة "تطوير الخطوط الرئيسية لسكك الحديد عالية السرعة حافز للتنمية الاقتصادية الوطنية".

Source: *Gudok*, the newspaper of the Russian Railways, June 24, 2014, interview with Dr. Sergei Sazonov, senior researcher, Russian Academy of Sciences Institute of Far East Studies, "The Development of High-Speed Mainlines Is a Stimulus for National Economic Development."

(٢٠١٤) في المسار الوسطي "للحزام الإقتصادي لطريق الحرير" في وسط الصين. يمتد الخط من لانزو في مقاطعة غانزو ويتجه غربا عبر سينكيانج إلى مدينة اورومكي، ومن هناك إما نحو الممر الشمالي "للحزام الإقتصادي لطريق الحرير" عبر كازاخستان إلى روسيا وما بعدها، أو الانحدار جنوبا نحو جنوب غرب آسيا ومنها إلى جنوب اوربا وافريقيا.

قطع أول قطار سريع تجريبي هذا الخط في ٣ يونيو ٢٠١٤ من لانزو إلى اورومكي. وستبدأ حركة نقل المسافرين بكامل طاقتها بنهاية العام. لا تغلب سكة الحديد هذه من ناحية طولها الذي يبلغ ١٧٧٦ كلم سوى سكة قطار بكين - جوانجزو التي يبلغ طولها ٢٢٩٨ كلم. وتمر سكة الحديد بين لانزو واورومكي بمناطق ذات تضاريس صعبة لكن تصل السرعة التشغيلية لقطاراتها ٣٥٠ كلم في الساعة. ولحماية السكة من الرياح الصحراوية في غرب الصين، تم بناء مصدات رياح بطول ٦٧ كلم. كما يفخر هذا الخط بوجود النفق الأكثر ارتفاعا في العالم على مساره حيث يقع "النفق رقم ٢" في قيليانشان على ارتفاع ٣٦٠٧ متر فوق سطح البحر.

عندما عادت السيدة لاروش إلى الصين مجددا في أغسطس ٢٠١٤، زارت لانزو وبكين ووجدت شعورا استثنائيا بالتفاؤل منتشرا بين الناس بخصوص "الحزام الإقتصادي لطريق الحرير". وكان من الواضح أيضا - كما اتضح ذلك من المؤتمر الذي عقد في ٥ سبتمبر برعاية الحكومة الصينية في بكين حول "الحزام الإقتصادي لطريق الحرير" - أن المساهمة الفكرية لحركة لاروش وخاصة مساهماتها هي شخصيا وزوجها كانت موضع تقدير حار

(إقرا الخطاب في الملحق الموجود في آخر هذا الفصل).

سكك القطارات عالية السرعة: محرك الانتاجية

"إربط الخطوط المركزية الثلاثة بخط رابع، ثم احكُم خلال عشرة سنين إذا لم تحدث ثورة في بيرو، ثورة واحدة فيزيائية وأخلاقية في ذات الوقت، لأن القاطرة ـ التي ستغير كالسحر وجه البلد الذي ستمر عبره ـ ستنشر الحضارة. وهذه هي ربما أهم فوائدها: إذ تصل المجتمعات بعضا ببعض. إنها تفعل ما هو أكثر من نشر الحضارة، فهي تُعَلِّم. كل المدارس الابتدائية في بيرو ستعجز عن تعليم ما ستقوم به هذه القاطرة في عشرة سنين."

- مانويل باردو ـ رئيس بيرو، ١٨٧٢-١٨٧٦

"إن سكة الحديد مثل الخميرة التي تخلق عملية اختمار حضارية بين الناس. حتى وإن مرت في طريقها وسط مجتمع بدائي جدا، فإنها سترفع أفراده في وقت قصير جدا إلى المستوى اللازم لتشغيلها."

-الكونت سيرجي فيته، رئيس وزراء روسيا في عهد القيصر نيكولاس الثاني ـ ١٩٠٥-١٩٠٦

كما يقول القادة السياسيون أعلاه، فإن بناء سكك الحديد، وخاصة سكك الحديد عالية السرعة، وما يرافقها من ممرات تنمية تساعد في رفع مستوى مجتمع ما إلى منصة أعلى من الانتاجية، وهكذا تهيئ هؤلاء المواطنين للمشاركة في مهمة وطنية أسمى مبنية على برنامج تنمية بمحرك علمي.

تبرهن سكة حديد القطارات السريعة الاستثنائية بين لانزو واورومكي الواقعة على "الحزام الإقتصادي لطريق الحرير" على هذه النقطة. توضح الخريطة رقم ١، الصادرة من شركة سكك الحديد الصينية، حالة شبكة سكك الحديد كما كانت في سبتمبر عام ٢٠١٤ وفيها أيضا خطوط القطارات السريعة تبعا لسرعاتها.

يبلغ طول شبكة سكك الحديد الصينية بمجملها ١٠٠ ألف كلم، وهي ثاني شبكة من حيث الطول بعد الولايات المتحدة التي تزيد مساحتها على مساحة الصين. لكن بلغ طول شبكة القطارات السريعة في الصين ١١٠٢٨ كلم في ديسمبر ٢٠١٣، وهي الأطول في العالم. ويتوقع أن تنمو ليصبح طولها ١٨ ألف كلم في نهاية عام ٢٠١٥، ويخطط لها أن تصل إلى ٥٠ ألف كلم قبل عام ٢٠٢٠.

لم تكن في الصين سكة حديد عالية السرعة في عام ٢٠٠٠ على الإطلاق! لكن كان قد تم وضع خطط لبناء سكك القطارات السريعة في التسعينات، وخلال عقدين فقط بنت الصين أكبر شبكة سكك حديد للقطارات عالية السرعة في العالم، وهي تتوسع بوتيرة متسارعة منذ ذلك الحين.

إن المبدأ المرتبط بهذه العملية منذ البداية هو رفع انتاجية وسائط النقل البرية وذلك عن طريق فصل سكك نقل المسافرين عن سكك شحن البضائع، وكذلك بناء ممرات رئيسية. توفر هذه الطريقة فوائد مضاعفة بحيث ترفع القدرة الانتاجية الوطنية إلى مستويات أعلى في كل البلد. وشدد الدكتور سيرجي سازونوف (Sergei Sazonov) ـ كبير الباحثين في معهد دراسات الشرق الأقصى في الأكاديمية الروسية للعلوم ـ على هذه المسألة في مقالة نشرتها مجلة سكك الحديد الروسية "جودوك" (Gudok) في ٢٤ يونيو ٢٠١٤. كان عنوان المقالة "تطوير الخطوط الرئيسية لسكك الحديد عالية السرعة حافز للتنمية الاقتصادية الوطنية". أوردنا بعض النقاط من القائمة التي وضعها سازونوف للنجاحات الكبرى لسكك القطارات

الشكل ٢

تصور سون ياتسين لشبكة سكك الحديد الصينية

(كانت حدود الصين في ذلك العهد تتضمن منغوليا ايضا).

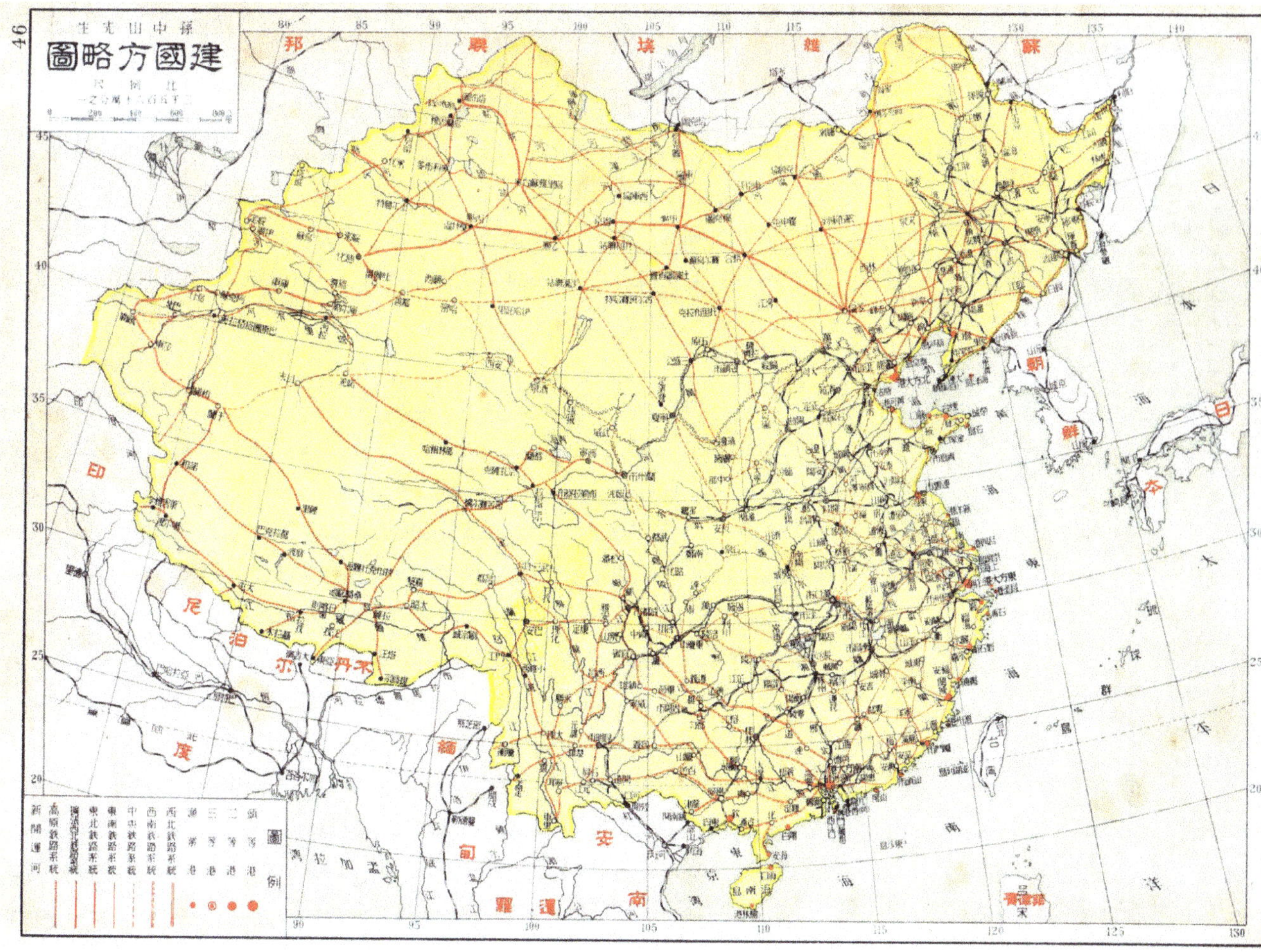

السريعة الصينية تحت خريطة سكك الحديد في الشكل ١. إن تأثير سكك الحديد عالية السرعة على الانتاجية الاقتصادية كما أورده سازونوف مثير للإعجاب:

"إن من أهم انجازات عملية إصلاح [رفع كفاءة] قطاع سكك الحديد الصينية هي القدرة على جعل شبكة سكك الحديد تكون متخصصة بحيث تسمح بزيادة جذرية في السرعة، ويرافقها في ذات الوقت زيادة في السعة التحميلية لسكك الحديد التقليدية، بحيث تم خفض تكاليف شحن ونقل البضائع غير المعبأة (bulk) على الخطوط القديمة. ووفقا لدراسات تحليلية أجرتها وزارة سكك الحديد الصينية، يتضح أن إزالة قطار واحد فقط من خط رئيسي ذو استخدام مزودح (لقطارات شحن بضائع وقطارات مسافرين على ذات الخط) - عن طريق بناء سكة لقطارات عالية السرعة مخصصة لنقل المسافرين فقط - تؤدي إلى رفع الطاقة التحميلية للخط الرئيسي بنسبة ١,٥ إلى ٢ قطار شحن في اليوم... بعد البدء بتشغيل خط القطارات السريعة لنقل المسافرين بين بكين وشانجهاي، ارتفعت الطاقة التحميلية لقطارات الشحن على هذا المسار بحوالي ١٤٠ ألف طن متري في اليوم، أو ٥٠ مليون طن متري في العام. إن تطوير سكك الحديد عالية السرعة في الصين يخلق عامل مضاعفة (multiplier effect) ضمن القطاع الصناعي. تقوم سكك الحديد عالية السرعة "بضغط" وتقليص المسافات داخل أراضي الصين، ولا تربط المدن ببعضها فحسب، بل ترفع الطلب المحلي، كما أن سكك الحديد أصبحت قطاعا استراتيجيا بين القطاعات الصناعية الصينية تدفع إلى تطوير صناعات

التقنيات العالية المرتبطة بها كذلك."

وتجدر الإشارة إلى ان نجاح الصين في تطوير وبناء سكك الحديد عالية السرعة داخل أراضيها منحها موطئ قدم كبير في سوق بناء سكك الحديد وصناعة القطارات في العالم، حيث أصبحت من الصناعات التصديرية الكبيرة للصين.

تقف تقنية قطارات الرفع المغناطيسي في مقدمة تكنولوجيات النقل البري، حيث تقود الصين مجددا دول العالم في هذا المضمار وتنافسها اليابان على ذلك الموقع. إن القطار المغناطيسي ما بين بودونج ومطار شانجهاي الدولي هو قطار الرفع المغناطيسي الوحيد لنقل المسافرين في العالم، وبإمكانه الوصول إلى سرعة ٤٣٠ كلم في الساعة على خطه البالغ ٣٠ كلم فقط. فتح هذا الخط أمام المسافرين في يناير ٢٠٠٤. ويتم التفكير في مشاريع أخرى ومنها تمديد الخط من بودونج وشانجهاي إلى هانجزو على مسافة ٢١٠ كلم في الجنوب الغربي.

إن سكة حديد التبت (وتسمى مجازا "سكة في السماء") هي برهان آخر على التكنولوجيات الحديثة. إن سكة قطار قينغاي - التبت هي أول سكة حديد تربط باقي أقاليم الصين بإقليم التبت ذي الحكم الذاتي الذي يقع في منطقة ذات ارتفاع شديد وتضاريس قاسية للغاية مقارنة باي مكان آخر في العالم. تم بناء الجزء الأول من سكة الحديد المكونة من ٨١٥ كلم في عام ١٩٨٤ لربط جولمود (Golmud) مع شينينج (Xining). ثم تم إكمال الجزء المدهش البالغ طوله ١١٤٢ كلم بين مدينتي جولمود ولهاسا في عام ٢٠٠٦، والذي تغلب فيه المهندسون والعمال الصينيون على ظروف مناخية وجغرافية صعبة للغاية، وتمثل عملية بنائه دروسا لا تقدر بثمن يمكن الاستفادة منها في بناء سكك الحديد في أراضي التندرا المتجمدة في شمال أوراسيا وشمال أمريكا. فعلى سبيل المثال تمر ٥٥٠ كلم من السكة بين جولمود ولهاسا على أراضي ذات تربة دائمة التجمد (permafrost). كما تضمن مشروع بناء السكة إنشاء ٦٧٥ جسر.

لقد تم تحطيم العديد من الأرقام القياسية أثناء بناء هذا الخط، إذ أن الخط يعتبر أعلى سكة حديد في العالم ولديه أعلى محطة قطارات في العالم ارتفاعا عن سطح البحر في ممر تانجولا الذي يرتفع ٥٠٧٢ مترا فوق سطح البحر. كما يعتبر نفق فينغوشان أعلى نفق في العالم إذ يرتفع ٤٩٠٥ مترا فوق سطح البحر. كما يوفر القطار غاز الأوكسجين للركاب عند انخفاض نسبته في الجو (كما يحدث في الطائرات) بسبب الارتفاعات الشاهقة.

وفي أغسطس ٢٠١٤ اكتمل بناء الوصلة الثالثة لسكة قينغاي - التبت وهي سكة تمتد ٢٥٣ كلم بين لهاسا وشيجاتسي (Shigatse)، وهي ثاني أكبر مدن مقاطعة التبت. يضع هذا الانجاز سكة الحديد على بعد ٥٠٠ كلم فقط عن الحدود مع النيبال، وقد تمت مناقشة مسألة بناء سكة حديد بين النيبال والتبت في الاجتماع الخامس "للجنة المشتركة لتسهيل التجارة بين التبت والنيبال" الذي عقد في لهاسا في سبتمبر ٢٠١٤.

هكذا تساهم اندفاعة الصين لتطوير خدمات النقل بالقطارات في رفع مستوى الترابط على عدة جبهات في آسيا. وتعتبر شبكات سكك الحديد الواسعة الانتشار وذات التقنيات العالية استجابة للخطط الأصلية لبناء سكك الحديد التي كانت جزءا من فكرة بناء الأمة التي تم طرحها في بداية القرن العشرين الأب المؤسس لجمهورية الصين سون ياتسين (Sun Yat-sen) - راجع الشكل ٢.

تفويض عالمي

يزداد الطلب على الصين اليوم لكي تبني خطوط سكك الحديد عالية السرعة أو التقليدية الحديثة في أفريقيا وأمريكا الجنوبية ومناطق عديدة أخرى من العالم، بالإضافة إلى طريق

الشكل ٣

سينكيانج - "محور النقل" لمسارات سكك الحديد، الخطوط الموجودة والمقترحة للحزام الاقتصادي لطريق الحرير

Alan Yue/EIR 2014

تظهر في الخارطة المسارات الرئيسية لسكك الحديد المارة عبر سينكيانج، وهي اما مكتملة مثل الخط السريع بين اورومكي ولانزو، او تحت الدراسة مثل خط جولمود الى هولان.

الحرير ذاته. يأتي ذلك من سياسة واعية عبر عنها البروفيسور وانج مينغشو (Wang Mengshu)، استاذ الهندسة بجامعة جياوتونج للاتصالات في بكين والعضو في مجلس نواب الشعب الصيني. صرح البروفيسور وانج لصحيفة جلوبال تايمز أن الصين في الواقع دولة قيادية في مجال سكك حديد القطارات السريعة: "حينما يتكلم الناس عن صناعة الساعات فإنهم يفكرون بسويسرا. وحينما يفكرون بالأجهزة الالكترونية الصغيرة تتبادر اليابان إلى ذهنهم. وحينما يفكرون في الفضاء يتذكرون الولايات المتحدة، وحينما يتكلمون عن المكائن يفكرون بألمانيا. والآن حينما يفكر الناس بسكك حديد القطارات السريعة تكون الصين هي الإسم الذي يرد على ألسنتهم."

تحت نفس الاستراتيجية التي ذكرها وانج، أكملت الصين بناء سكة حديد للقطارات السريعة في تركيا بين اسطنبول والعاصمة أنقرة. تقف الشركات الصينية على أهبة الاستعداد للاستجابة لطلبات بناء السكك و/ أو توريد القطارات لدول عديدة، مثل كازاخستان حينما تقوم بربط مدينة آلماتي والعاصمة أستانة بخط سكك قطارات سريعة. كما أن الصين تقوم ببناء مشاريع سكك حديد في كينيا واثيوبيا في شرق أفريقيا، ووقعت عقدا لبناء مصنع للقطارات في المنطقة الصناعية الجديدة بمحور السويس في مصر، بالإضافة إلى مشاريع أخرى في غرب أفريقيا.

كما يتصور وانج خطا لسكك الحديد يمر من شمال شرق الصين عبر سيبيريا شرقا إلى تشوكوتكا، حيث يلتقي بالسكة المخطط لها إلى نفق مضيق بيرينج بين روسيا وآلاسكا.

وقام مسؤولون من هيئات سكك الحديد في روسيا والصين بتوقيع مذكرة تفاهم في أكتوبر ٢٠١٤ أثناء لقاء رئيس الوزراء الصيني لي كيقيانج والرئيس الروسي فلاديمير بوتين، وذلك لبناء خط سكة حديد عالية السرعة بطول ٨٠٣ كلم بين موسكو وكازان في تتارستان، والتي

يعتقد أنها الخطوة الأولى لبناء خط سكة حديد قطارات عالية السرعة بين موسكو وبكين. سيبلغ طول هذا المشروع بمجمله ٧٠٠٠ كلم لربط العاصمتين بسكة قطارات سريعة، مما يجعلها ثلاثة مرات أطول من أطول خط موجود حاليا في العالم بين بكين وجوانجزو.

أما في الأمريكتين، فيبدو أن الصين هي المتقدم الوحيد لمناقصة بناء ٢١٠ كلم من سكة حديدة عالية السرعة بين العاصمة المكسيكية ومدينة كويريتارو في شمال وسط المكسيك. أما في فنزويلا فتقوم مجموعة سكك الحديد الصينية (China Railway Group) بتنفيذ مشروع لربط مدينتي تيناكو وأناكو على حافة السهول الكبرى وسط البلاد لزيادة النشاط الاقتصادي والنمو السكاني في المناطق الداخلية للبلد. وفي الولايات المتحدة قدمت الشركات الصينية عروضا رسمية لتزويد كاليفورنيا بقطارات الخطوط السريعة، إذا تم بناء الخط الذي يبلغ طوله ١٢٨٧ كلم في المستقبل بين سان فرانسيسكو ولوس أنجيليس.

سينكيانج: محور النقل على "الحزام الاقتصادي لطريق الحرير"

يعتبر إقليم سينكيانج بالنسبة للصين نقطة الانطلاق للحزام الاقتصادي لطريق الحرير غربا وجنوبا. تخطط الصين لبناء ثلاثة ممرات تمر كلها عبر سينكيانج. الممر الشمالي (لم يتم بناؤه بعد) هو ممر سينطلق من بكين عبر هوهوت (Hohhot) إلى كازاخستان في الشمال من مدينة اورومكي، ومن هناك إلى روسيا واروبا. الممرات المعروضة في الشكل ٣، من الشمال إلى الجنوب هي: (١) الخط الحالي الذي يمر عبر اورومكي ثم يتفرع إلى مسارين غربا نحو الحدود مع كازاخستان، (٢) خط يزمع بناؤه من كاشغر إلى قيرغيستان ومن هناك غربا، (٣) المسار الجنوبي المقترح لخط سكة حديد جنوبا إلى الباكستان وميناء جوادار على البحر العربي. بدأت الصين بدراسة هذا المسار الأخير البالغ طوله ١٨٠٠ كلم ويمثل تحديات هندسية صعبة جدا لعبور جبال كاراكورام وهضبة بامير. ومنحت الباكستان في مايو عام ٢٠١٣ عقد إدارة ميناء جوادار لشركة الموانئ الصينية القابضة (China Overseas Ports Holding Co.) بعد انهاء عقد إدارة هذا الميناء مع هيئة الموانئ السنغافورية.

وتوجد إنجازات مثيرة وخطط تصورية كثيرة لهذه الممرات، إذ تحدث زاو شيانيانج (Zhao Shianyang) رئيس شركة سكك الحديد الصينية (CSR) عن خيار الصين بناء خط سكك حديد قطارات عالية السرعة إلى تركيا عبر قيرغيستان وأوزبكستان وتركمنستان ثم إيران. يمكن دمج هذا الخط مع الخط الموجود في تركيا بين أنقرة واسطنبول الذي بنته الصين.

تجاور سينكيانج - التي تقارب مساحتها مساحة آلاسكا، ثمانية دول، ولها حدود يصل طولها إلى ٥٧٠٠ كلم. وهي موطن صحراء "تكلا ماكان" وصحاري آخرى، وسلاسل جبال ودرجات حرارة قارية تتفاوت بين حرارة قصوى وبرودة شديدة. لكنها تقف الآن في الواجهة الأمامية باعتبارها أحدى أهم جبهات التنمية العالمية. تشير تقنيات التحسس عن بعد إلى وجود كميات كبيرة من المياه الجوفية تحت حوض صحراء تكلا ماكان. تتمثل الخطة المقترحة ببناء ممرات سكك حديد وتأسيس مراكز صناعية وتجارية لتنمية هذا الإقليم الحساس سياسيا من أجل رفع المستوى الحياتي لسكانه البالغ عددهم ٢٢ مليون إنسان.

كانت لدى الصين دائما خطط لتطوير أقاليمها الوسطى والغربية، وقد بعث إطلاق مشروع "الحزام الاقتصادي لطريق الحرير" حياة جديدة في هذه المهمة. لقد تم استبدال خطوط السكك الأساسية التقليدية بين الساحل الشرقي والاقاليم الغربية بسكك حديد عالية السرعة. ويتم تعزيز شبكة الربط في سينكيانج ذاتها. إن أكبر مشروع طرق سريعة (للسيارات) في الصين يتم بناؤه الآن في جنوب سينكيانج. يمتد طريق السيارات السريع لمسافة ٤٢٨ كلم من آقصو (في

أقصى غرب الإقليم) ويتجه إلى الجنوب الغربي باتجاه كاشغر. كان مقررا افتتاح الطريق السريع ذي المسارات المتعددة في نهاية عام ٢٠١٤ وتطويره ليصبح ممر تنمية. يوجد في سينكيانج ١٦ مطار حاليا، وهناك خطط لبناء ٤-٦ مطارات جديدة، بينما يتم تحديث وتوسعة المطارات الأخرى.

تم الإعلان عن المزيد من الخطط بخصوص سينكيانج في منتدى أورومكي المنعقد بين ٢٦-٢٧ يونيو ٢٠١٤، حيث قال زانج تشونلين (Zhang Chunlin) مدير لجنة التنمية والإصلاحات في سينكيانج، أن الإقليم سيصبح "محورا للنقل" للحزام الاقتصادي لطريق الحرير الجديد. وسوف تستغل سينكيانج "بشكل كامل مميزاتها الجغرافية والثقافية للانفتاح على العالم ولتعمل باعتبارها القوة الرئيسية والرائدة في بناء الحزام الاقتصادي لطريق الحرير الجديد". وتحدث كذلك عن طيف واسع من النشاطات الاقتصادية ومنها تطوير الموارد النفطية والغاز وتعدين الفحم والمعادن، وتوفير خدمات صحية جديدة وبناء مراكز تعليمية وعلمية.

يوجد حاليا ١٧ ميناء بري في سينكيانج، ويتم تنفيذ خطط لزيادة عدد محطات سكك الحديد الحدودية ومناطق المخازن الجمركية وغيرها من المنشآت التي تلبي المتطلبات المحلية والعالمية للتجارة في الممرات الرئيسية والفرعية للحزام الاقتصادي لطريق الحرير الجديد. تقع سينكيانج في القلب الجغرافي للقارة الاوراسيوية، وستقود عملية تنمية المراكز والمنظومات اللوجستية إلى التمهيد للمفاوضات المبكرة لتأسيس منطقة تجارة حرة بين الصين وآسيا الوسطى.

ساهمت ماري بوردمان وراشيل دوجلاس ومارشا ميري بيكر في البحوث المتعلقة بهذا الفصل.

للاطلاع اكثر

"China Builds Sun Yat-Sen's Great National Rail Project," by Mary Burdman, *EIR*, Jan. 29, 2010

"Ideas for Cooperation Along the Silk Road," a speech by Shi Ze, Director for International Energy Strategy Studies and Senior Fellow, China Institute of International Studies, given at the October 18-19, 2014 Schiller Institute conference in Frankfurt, Germany. See www.newparadigm.schillerinstitute.com

ملحق

طريق الحرير الصيني
ممر إلى حضارة إنسانية جديدة

ألقى البروفيسور باو شيخيو (Bao Shixiu) أستاذ العلوم العسكرية في أكاديمية العلوم العسكرية التابعة للجيش الصيني هذه الكلمة في مؤتمر "حزام واحد، طريق واحد" الذي عقد في بكين في ٥ سبتمبر ٢٠١٤. وتحدثت السيدة لاروش في هذا المؤتمر أيضا.

أود أن أتقدم بأحر التحيات والشكر للدكتور شياو جينكيو لدعوته إياي إلى هذا المؤتمر. كما أود أن أقول في ذات الوقت أن الدراسات الخاصة بطريق الحرير الجديد هي قضية كبيرة جدا، وأنا لست من الباحثين الكبار في هذا المجال. لكنني أود فقط أن أشارككم ببعض أفكاري عن الموضوع والتي قد تكون سطحية نوعا ما. وأرجوا أن تأخذوا واسع الحرية للمساهمة بآرائكم وانتقاداتكم لما سأقوله.

موضوع كلمتي يتعلق بتحقيق الحلم الصيني الجديد من خلال طريق الحرير الجديد. قبل ألفي عام: يمكن إرجاع أصل طريق الحرير إلى تلك الحقبة التي بدأ فيها الحوار الاقتصادي والسياسي ما بين الشرق والغرب. لقد تم تطوير وتبادل العديد من التقنيات والحرف والفنون عبر هذا الطريق، الذي حاز على شهرة كبيرة، ودونت وقائعه في روايات التاريخ.

والآن، ونحن في القرن الحادي والعشرين، تحاول الصين أن تبني طريق الحرير الجديد. إن خارطة الاقتصاد العالمي تتطلع إلى ديناميكية جديدة وإلى تحقيق الحلم الصيني الجديد. كيف يمكننا أن نجعل هذين الأمرين يخدمان بعضهما البعض؟ وكيف يمكننا تحقيق الحلم الصيني؟ أظن أن هذه هي التحديات التي وضعها أمامنا جميعا رئيس تحرير مجلة تشاينا انفستمنت. لذلك إذا أخذنا بنظر الاعتبار الوضع الجيوسياسي والظروف الاقتصادية وغيرهما من العوامل فستكون مناقشة هذه المسألة واجبة علينا.

إن طريق الحرير هذا طريق طويل وديناميكي جدا. لقد طرح القائد الصيني مفهوم طريق الحرير الجديد في عام ٢٠١٣، ومنذ ذلك الحين أصبح لدينا عام حافل بتطورات هذه الديناميكيات، وأعتقد أن هذا مفهوم جديد سيساهم مساهمة عظيمة في الحوكمة العالمية، أو النظام العالمي الجديد. كما أنه يخص دور الصين في ذلك.

ما هو الدور الذي تريد الصين لعبه في العالم؟

نمط جديد من التفكير

أود الحديث عن نقطتين: الأولى هي أن مفهوم طريق الحرير الجديد يساهم في نظرية الحوكمة العالمية. يعكس هذا المفهوم القانون الأساسي لنظرية حوكمة عالمية جديدة، وقد وفر دعما نظريا ملموسا لنوع جديد من النظام العالمي. إننا نتطلع في واقع الأمر إلى نمط جديد من التفكير حينما نتعامل مع الحوكمة الدولية أو العالمية.

سيمر قرن من الزمان قريبا على انتهاء الحرب العالمية الأولى، ولكن ما هو الوضع

الاقتصادي في العالم اليوم بوجود التعددية القطبية والعولمة الاقتصادية؟ لقد أصبحت الدول أكثر تداخلا واتكالية على بعضها البعض بشكل يومي. وتعمل دول نامية عديدة حول العالم وتسعى مليارات من البشر نحو التحضر. وبدأ عهد من التعاون والعمل المشترك والفائدة المتبادلة (رابح ـ رابح) في البزوغ.

مع ذلك، لا زلنا نواجه مشكلة التنمية. لقد عانى الاقتصاد العالمي من الأزمة المالية وحالة الركود في عملية الانتعاش الاقتصادي بعد الأزمة. ولا تزال مخاطر عديدة كامنة تلوح في أفق النظام المالي العالمي، وتواجه العديد من المؤسسات التنظيمية لأسواق المال في العديد من البلدان تحديات ومصاعب جمة. لقد كشفت الأزمة المالية العالمية عن العجز البنيوي للنظام المالي، وكذلك تحديات وأزمات مثل التغير المناخي والأمن الغذائي والأمن وقضايا عديدة أخرى، والتي عكست كلها وجود نقاط ضعف في نظام الحوكمة العالمي الحالي والحاجة إلى معالجتها.

ننتظر جميعا في هذا العهد الجديد من التغيرات العظيمة جميع أشكال التحديث أو الإصلاحات الإيجابية. لذلك تشتد الحاجة اليوم لنوع جديد من المفاهيم. لهذا لدينا مفهوم "حزام واحد، طريق واحد" الذي لقى ترحيبا وتشجيعا من العديد من الدول حول العالم لأنه يعتمد على الاحترام المتبادل وعلاقات الصداقة ووضعية رابح ـ رابح، وعلى التعاون. لذلك نجح هذا المفهوم في خلق أجواء من نوع جديد، مما يعكس اهتمام هذه الدول بهذا المفهوم، وخلق أيضا ديناميكية جديدة لتطوير منظومة الحوكمة العالمية الجديدة للقرن الواحد والعشرين.

Stefan Tolksdorf/EIR 2014

هيلجا لاروش والكولونيل باو شيخيو، الضابط والمترجم في الجيش الصيني الشعبي، في بكين في سبتمبر 2014.لقة مستخدام كتاجية مستويات ترقيحه. لق إطباستخدارب استخدارب

لقد رأينا بعض التحركات في خريف عام ٢٠١٣ بعد زيارة الرئيس شي جينبينج إلى كازاخستان وإلى بلدان أخرى. وباعتقادي أن مفهوما مثل "حزام واحد، طريق واحد" هو من نوع المفاهيم الأساسية التي تسعى الصين إلى خلقها للمصلحة المشتركة مع العديد من الدول، بدلا من من مصلحتها الذاتية فقط. وقد قال الرئيس شي جينبينج أن الصين ستعزز علاقاتها الودية مع دول آسيا الوسطى وشرق آسيا وتعمل يدا بيد مع الدول المعنية لتقديم مساهمات للعالم. يؤمن الرئيس أيضا بأنه طالما نتبنى قاعدة الاحترام المتبادل والرؤية التعاونية فإن الدول ذات الخلفيات الثقافية والفكرية المختلفة ستكون قادرة على تقاسم الرخاء والسلام.

لقد طرح الرئيس شي أثناء زيارته إلى إندونيسيا فكرة أن الدول المضيفة والدول الضيوف يجب أن تصبح جارات وشريكات طيبات لبعضهن البعض. كما دعى إلى العمل المشترك لتأسيس مصير مشترك بين الصين ودول مجموعة "آسيان"، لأنه في واقع الحال يمثل مشروع طريق الحرير الجديد مشروعا إقليميا مبنيا على التعاون الاقتصادي الإبداعي الذي يبني منبرا لمثل هذا النوع من التعاون والتلاقح الثقافي بين الشرق والغرب. إن الارتقاء بهذا المفهوم الجديد سيؤدي إلى زيادة نقاء إشعاع طريق الحرير ويجعل اقتصاديات شرق آسيا وآسيا الوسطى أكثر اندماجا من أي وقت مضى، وسيضفي ذلك تأثيرا قويا على بقية العالم.

دور ليندون وهيلجا لاروش

لقد حصل مفهوم طريق الحرير على ثناء العديد من القادة الفكريين في العالم. ويحاول هذا المفهوم الجديد الحصول على المزيد من المساهمات والانطباعات من الأفراد في الوسط الأكاديمي ـ وفي الواقع ساهم العديد من أصحاب الفكر العظيم في هذا المفهوم. لكن بإعتقادي مهم جدا أن أخص بالذكر رئيسة معهد شيللر في الولايات المتحدة ، السيدة هيلجا تسيب ـ لاروش، وزوجها ليندون لاروش.

لقد قدم الزوجان ـ في سياق سعيهما لتغيير نظام الحوكمة العالمي اللاعقلاني السائد منذ عقود

وجعل هذا النظام أكثر صحة وعقلانية ـ فكرة بناء نفق تحت مضيق بيرينج بالإضافة إلى تأسيس جسر بري اوراسيوي لربط العالم بعضه ببعض حتى تستطيع جميع الشعوب من مختلف القارات أن تستفيد من هذا الرابط الجديد. لهذا فإن الرخاء المشترك هو الأساس لنظام الحوكمة العالمي الجديد.

لقد أعطت هاتان الشخصيتان العالميتان، اللتان قدمتا مساهمات عديدة لتأسيس نظام عالمي جديد ونظام حوكمة جديد، إهتماما خاصا لدور الصين وآسيا في تأسيس هذا النوع من النظام. السيدة لاروش ومنذ عام ١٩٩٧ نشرت مقالة عن الجسر البري الاوراسيوي باعتباره أهم مسألة جيوسياسية في العالم، وقد قامت بجهد عظيم لتقديم الصين إلى العالم.

وعندما سمعت في الخريف الماضي أخبار زيارة الرئيس شي جينبينج إلى كازاخستان وإندونيسيا، إبتهجت كثيرا. كانت مؤمنة في حينه أن هذه الفكرة الجديدة التي روج لها الرئيس شي ستقود إلى خلق الرفاهية في هذا الجزء من العالم وتحسين مستوى معيشة شعوبها. والآن لدينا إجماع عام في العالم مفاده أن طريق الحرير الجديد هو مجرد خطوة أولى للاندماج الاقتصادي في العالم وشعاع النور الأول في الظلام نحو حضارة انسانية جديدة.

تفنيد المنتقدين

النقطة الثانية هي: كيف يمكن دعم هذا المفهوم؟ هذا سؤال نظري مهم للباحثين. في العالم الأكاديمي، يكون مهما جدا لأي فكرة أو مفهوم أن يتم الترويج له ودعمه من قبل الشخصيات العالمية البارزة، وذلك أمر طبيعي جدا. لكن المشكلة هي أنه بسبب المصالح المشتركة لبعض التكتلات السياسية أو بسبب بعض أنواع التحيز الايديولوجي يحمل العديد من الناس وجهة نظر ناقدة واعتباطية لمفهوم طريق الحرير الجديد هذا، وهو أمر يصعب علينا قبوله. يجب توضيح كل هذه النظريات التي تنتقد طريق الحرير الجديد وتشوه صورته، ومن ثم تصحيحها. إن الحاجة لدعم هذه النظرية هي أيضا من المهام ذات الأهمية لجميع الباحثين في هذا المجال في الصين.

لدي هنا مثالان أود أن أعرضهما عليكم. الأول يخص بعض الأشخاص الذين كتبوا مقالة يقولون فيها أن هذا النوع الجديد من المفاهيم خطير جدا، وعندما تم افتتاح "مؤتمر الحوار وإجراءات بناء الثقة في آسيا" (CICA) في شانجهاي هذا العام، كان الناس يتناقشون في سبب تبني الصين لهذه السياسة الجديدة، ونشرت مجلة مشهورة جدا في أستراليا (The Diplomat) مقالة ادعت أن طريق الحرير الجديد ليس رمزيا، بل طريقة دبلوماسية تنتهجها الصين لتأسيس نظام اقتصادي وسياسي جديد في شرق آسيا وآسيا الوسطى، مما يعني أن الصين تنوي بناء نظام اقتصادي وسياسي جديد وليس تنمية علاقات تواصل ودية وثقافية وتعاون اقتصادي. كما صورت المقالة أن الصين تسعى لأن تكون نواة هذا النوع من التعاون حتى تستطيع استعراض أهميتها الجيوسياسية. عكست تلك المقالة إعتقاد البعض بأن الطموح السياسي للصين هو تأسيس اتفاقية تجارة حرة عابرة للقارات.

كان هناك في ذات الوقت العديد من مراكز البحوث في الغرب التي كانت تتخذ موقفا مشككا من مفهوم طريق الحرير الجديد. حتى أن البعض يدعي ان طريق الحرير الجديد هو نوع جديد من "مذهب مونرو" (Monroe Doctrine). طرح الرئيس الأمريكي الخامس، جيمس مونرو، هذا المذهب الذي كان رمزا مهما جدا لتوسع نفوذ الولايات المتحدة في العالم. كان ذلك بمثابة التحذير للقوى الأوربية أن لا تتدخل في شؤون القارة الامريكية، وخاصة في شؤون المكسيك ودول أمريكا اللاتينية الأخرى، وأن الولايات المتحدة ستبقى على الحياد

فيما يخص الحروب والصراعات التي تدور في أوربا، وأن الولايات المتحدة ستدافع دائما عن مصالحها. في الأعوام الأخيرة، وحينما استعرضت الصين عضلاتها بخصوص حماية حقوقها البرية والبحرية المشروعة، بدأ العديد من الباحثين يروجون لفكرة أن الصين تتبع منهجا "مونرويا". في عام ٢٠١٢، قال جيمس هولمز من الكلية البحرية الأمريكية أن الصين تحاول بناء نظام اقتصادي وسياسي جديد في المنطقة. المثال الآخر هو البروفيسور الشهير جون ميرسهايمر (John Mearsheimer) من جامعة شيكاغو، الذي أعطى محاضرة قبل مدة ليست بالبعيدة وقال فيها أن الصين مستمرة في التنمية، وستدفع الولايات المتحدة خارج آسيا، وستتبع "مذهب مونرو" خاص بها.

وقال باحث ياباني أنه يعتقد أن الصين تحاول أن تلعب دور القائد الإقليمي والقائد الرئيسي في كل آسيا. تلقى نظرية التهديد الصيني هذه قبولا لدى العديد من الناس الذين لديهم بالأساس موقف مشكك من الصين. لكن الرئيس الصيني شي جينبينج أعلن بشكل واضح ولا لبس فيه في "مؤتمر الحوار وإجراءات بناء الثقة" الذي عقد في شانجهاي هذا العام أن واجب حماية الأمن والسلام في آسيا يجب أن يكون مسؤولية شعوب آسيا نفسها. وفقا للمناقشات المعروضة أعلاه، لا أعتقد انه صعب علينا أن نفهم أن هذه الدراسات المبنية على التاريخ والمنهج الدبلوماسي الآسيوي الجديد لا علاقة لها إطلاقا بمذهب مونرو، أو بمفهوم "منطقة الرخاء شرق الأسيوية المشتركة" التي روجت لها الحكومة اليابانية الفاشية الاستعمارية. هذا ليس منهجا صحيحا. إن المفهوم الجديد لطريق الحرير الذي تتبعه الصين لا علاقة له بهذه المفاهيم القديمة البالية. يعتمد منهج الصين على التعاون الودي والمفتوح، وتركز الصين على تعميق التعاون في مجال الأمن والتنمية الاقتصادية. تتوقع الصين أن يتم تقاسم منافع طريق الحرير الجديد بحيث يتم دعم رفاهية المنطقة كلها.

وهذا المنهج بعيد جدا من "مذهب مونرو" الذي كانت الولايات المتحدة تحاول من خلاله أن تصبح شرطي القارة الامريكية، وكذلك بعيد عن مفهوم "منطقة الرخاء شرق الأسيوية المشتركة" الفاشي الذي كانت اليابان تروج له في الماضي. يمثل الرئيس شي جينبينج عبر مفهومه الجديد لطريق الحرير صورة الصين في العالم وموقف الصين من العالم. نحن نؤمن بأن علينا المحافظة على هذا المفهوم وموقعه في المجال الاكاديمي، لكي نستطيع الترويج لهذا المفهوم الجديد ونحمي حقوق الصين المشروعة، وفي ذات الوقت ندعم عملية تطور صحية لنظام الحوكمة العالمي. لهذا السبب أقول أن هذا المشروع هو مشروع مهم جدا وعلينا جميعا العمل على إنجازه.

الجزء الرابع

مهمة روسيا في شمال أوراسيا الوسطى ومنطقة القطب الشمالي

روسيا
المفتاح الإقتصادي لأوراسيا تتطلع شرقا

راشيل دوجلاس
By Rachel Douglas

أكتوبر ٢٠١٤

الجسر البري الأوراسيوي وروسيا

حاز التقرير الخاص الذي أصدرته مؤسسة إكزكتف إنتلجنس ريفيو في عام ١٩٩٧ بعنوان "الجسر البري الأوراسيوي: طريق الحرير الجديد، قاطرة التنمية الإقتصادية العالمية"[١]، على استقبال حار في روسيا، وترك انطباعا قويا بقي تأثيره مستمرا لمدة طويلة. وهذا أمر طبيعي لأن روسيا هي "حجر العقد الإقتصادي لأوراسيا"، كما وصفها ليندون لاروش في مقالة له في عام ١٩٩٨[٢].

كما كانت عليه الحال في عهد روسيا القيصرية وعهد الاتحاد السوفيتي بين عامي ١٩٢٢-١٩٩١ ، يمتد الاتحاد الروسي عبر ٩ مناطق زمنية من بحر البلطيق والبحر الأسود في الغرب إلى جزيرة ساخالين وشبه جزيرة كامتشاتكا ومضيق بيرينج في الشرق (الشكل ١). تبلغ المسافة بين أبعد المدن في الجزء الجنوبي من روسيا على بحر قزوين وبحر اليابان ٤٢٠٠ كيلومتر، وتقع جنوب المناطق الواقعة في أقصى الشمال عند منطقة التندرا في المنطقة القطبية التي يبلغ عرضها ٥٠٠٠ كلم. توجد في روسيا شمال الدائرة القطبية بعض آخر المناطق في العالم من ناحية عدم وصول التنمية أو المدنية إليها.

كانت الجهود المنصبة على ترويض التخوم السيبيرية لعدة قرون مصدرا للتطورات الإقتصادية والثقافية الروسية. قام الأمير الكبير إيفان الثالث الموسكوفي ـ الذي يعتبر موحد أراضي روسيا ومثبت دعائم روسيا الحديثة بعد قرنين ونصف من العبودية للغزاة المغول ـ بإرسال بعثة في عام ١٤٩٩ باتجاه الشرق من موسكو إلى جبال الاورال التي تفصل ما بين آسيا وأوربا لتثبيت موطئ قدم في المنطقة التي وصفها المؤرخ الروسي نيكولاي كارامزين فيما بعد بهذا الوصف: "البرية الموحشة والقمم الصخرية العارية والجداول الهائجة وأشجار الأرز الحزينة والصقور البيضاء ، ... حيث تختبئ تحت صخور الجرانيت المكسوة بالطحلب كنوز من عروق المعادن والأحجار الكريمة الملونة الثمينة." بحلول نهاية القرن التاسع عشر كانت مصانع الحديد في منطقة الاورال قد ساعدت على بناء القاعدة الأساسية للنمو الصناعي لروسيا. وكان الشخص المسؤول عن نشر الطبعة الروسية لدراسة أليكساندر هاملتون "تقرير حول الصناعات" التي صدرت في روسيا عام ١٨٠٧ قد كتب في مقدمة النسخة الروسية أنه بسبب وجود أوجه تشابه ما بين روسيا والولايات المتحدة "من ناحية اتساع الأراضي والمناخ والظروف الطبيعية، وفي عدد السكان الضئيل مقارنة بالأراضي، فإن جميع القواعد

الشكل 1

شمال اوراسيا المركزية

والملاحظات والوسائل المقترحة في هذا التقرير تناسب بلدنا (روسيا)".

بعد قرن من ذلك التاريخ (١٨٩١-١٩١٦) ثبتت روسيا نفسها كقوة قارية عن طريق بناء خط سكة الحديد عبر سيبيريا بطول أكثر من ٩٠٠٠ كلم، وذلك وفقا لسابقة سكة الحديد القارية الأمريكية. كما كانت عملية إجلاء الاتحاد السوفيتي لمصانع بأكملها ونشاطات إقتصادية أخرى إلى الشرق في نهاية الثلاثينات من القرن الماضي وبداية الغزو النازي لروسيا في عام ١٩٤١، الأثر الفعال في صيانة وتعزيز قدرة روسيا القتالية وترسيخ القدرات الصناعية لمدن الاورال مثل ايكاترينبورج وتشيليابينسك بشكل دائمي. وقد تم في عام ١٩٥٧ اختيار مركز صناعي آخر في الشرق، أي مدينة نوفوسيبرسك التي تأسست في عام ١٨٩٣ حيث يعبر القطار السيبيري نهر أوب، لتكون مقرا للفرع السيبيري من أكاديمية العلوم الروسية (السوفيتية في حينه) و "مدينتها العلمية" المسماة "اكاديمجورودوك" التي كانت رائدة مبادرات التنمية الاقليمية والتكنولوجيات الجديدة للتخوم السيبيرية.

لكن حينما صدر تقرير "الجسر البري الأوراسيوي" كانت التنمية الإقتصادية الفيزيائية للقارة الأوراسيوية بعيدة كل البعد عن تفكير السياسيين الذين كانوا يحكمون في موسكو في ذلك الوقت. كانت روسيا ما بعد انهيار الاتحاد السوفيتي في عامها الخامس من "العلاج بالصدمة" الإقتصادية حيث تم تحرير الأسعار وخصخصة مؤسسات الدولة بسرعة مذهلة نفذتها زمرة من الإقتصاديين الليبراليين المتدربين في لندن وشيكاغو من مواقعهم ذات النفوذ داخل حكومة الرئيس بوريس يلتسين. كان أحد هؤلاء الملقبين "بالإصلاحيين الشباب" هو أناتولي تشوبايس الذي كان وزيرا للمالية ونائبا لرئيس الوزراء في حكومة رئيس الوزراء فيكتور تشيرنوميردين بعد حملة إعادة انتخاب يلتسين للرئاسة عام ١٩٩٦ وهي الحملة التي شابها تلاعب وفساد فاضحين. تم في عهد تشوبايس إدخال أكبر بدعة في تاريخ السياسات

الإقتصادية الروسية خلال عامي ١٩٩٦-١٩٩٧ (وهو ذات العام الذي صدر فيه تقرير "الجسر البري الأوراسيوي) إذ تم تخفيف القيود على مشاركة المستثمرين الأجانب في التداول في سندات الدولة الروسية، المسماة (GKO). كانت تلك دعوة مفتوحة لأموال المضاربين الساخنة التي تدفقت من كل أرجاء العالم كالسيل على موسكو وساهمت في بناء الهرم المالي الذي انهار بعد عام واحد فقط في أغسطس عام ١٩٩٨، مهددا بإشعال فوضى عارمة في أسواق المال العالمية. الناحية الإيجابية الوحيدة لهذه الأزمة كانت القضاء على حكومة تشيرنوميردين وإحداث ثغرة في سيطرة الإصلاحيين الشباب على السياسة الإقتصادية في روسيا.

حينما بدأ دخان هذه الأحداث بالانجلاء، برزت أفكار لاروش "الإقتصادية الفيزيائية" - وبرنامج معهد شيللر لإحداث ثورة في البنية التحتية والطاقة النووية - في أوساط المعارضة السياسية والأكاديمية الروسية. وشاع تداول التقارير المختصرة باللغة الروسية لخطة المعهد حول "المثلث الانتاجي باريس - برلين - فيينا" وما تدعو إليه من تنشيط لصناعة المكائن ومشاريع البنية التحتية واليد العاملة الماهرة في القلب التاريخي لأوربا وتحويله إلى محرك لإنعاش إقتصاديات تكتل الدول الإشتراكية السابقة. كانت الرسالة هي أن الحرب الباردة يمكن أن يتلوها عهد من السلام والرخاء الإقتصادي فقط إذا قامت الأمم بالقضاء على عهد النهب الممنهج في أسواق المال العالمية واستبدال ذلك بنظام جديد لتمويل التنمية الإقتصادية الحقيقية. في عام ١٩٩٥ كان لاروش قد قدم مذكرة إلى مجلس الدوما (البرلمان) الروسي حول "رؤى لإحياء روسيا إقتصاديا"[٣] وعرض فيها مفهوم ممرات التنمية واقترح عدم تفكيك القدرات الصناعية والتكنولوجية التي كانت موجودة سابقا في عهد الاتحاد السوفيتي كما كان يحدث في حينه، وأن تستغل تلك الامكانيات لانتاج بنيات تحتية وسلع رأسمالية أكثر تقدما.

برز مفهوم الجسر البري من مناقشات دارت بين لاروش وخبراء روس حول المثلث الانتاجي: وهو منظور لمشاريع تعاون على طول مسارات ممرات تنمية تمتد كالأذرع من المثلث الانتاجي إلى أوراسيا. وفي زيارة له إلى موسكو في أبريل من عام ١٩٩٦، ألقى لاروش كلمة افتتاحية في ندوة ترأسها الأكاديمي الروسي البارز ليونيد أبالكين (Leonid Abalkin) وجينادي اوسيبوف حيث قدم فيها فكرة إحياء رؤية الرئيس الأمريكي فرانكلين ديلانو روزفيلت لتتولى الولايات المتحدة وروسيا والصين زمام المبادرة المشتركة للتنمية الإقتصادية في عالم ما بعد الاستعمار. واختتم لاروش كلمته بقوله: "تقع المهمة التي أمامنا في بعض الأحيان على طاولة الدبلوماسيين والمسؤولين الحكوميين. لكن الحكومات لا تستطيع التحرك على أساس الأفكار، إلا إذا تم تأسيس هذه الأفكار في الدوائر ذات النفوذ. همّي الشاغل هو توسيع وتعميق النقاش في هذا الموضوع بالذات بين الأوساط المثقفة التي لها تأثير في تأطير طريقة تفكير الحكومات."[٤]

EIR

ليندون لاروش (الثاني من اليسار) يجلس امام الاكاديمي ليونيد ابالكين (الرابع من اليمين) في ندوة عقدت في 4 ابريل 1996 في موسكو بعنوان "روسيا، الولايات المتحدة الامريكية، والازمة المالية العالمية". يجلس الى يسار ابالكين عالم الاقتصاد فالنتين بافلوف رئيس الوزراء السابق للاتحاد السوفيتي.

تتضمن الطبقات الفكرية المؤثرة في روسيا، والتي تأثرت بفكرة الجسر البري الأوراسيوي، مؤسسات مثل الأكاديمية الروسية للعلوم حيث حل لاروش ضيفا في عدد من الندوات والمناقشات المغلقة في الأعوام ١٩٩٤ و ١٩٩٥ و ١٩٩٦. قام الأكاديمي فلاديمير مياسنيكوف (Vladimir Myasnikov) - وهو من الباحثين المرموقين في معهد دراسات الشرق الأقصى في أكاديمية العلوم الروسية - بكتابة تحليل إيجابي حول تقرير مؤسسة إكزكتف إنتلجنس ريفيو "الجسر البري الأوراسيوي" في عدد المجلة الصناعية الروسية (Metally Yevrazii) - أي "معادن أوراسيا" - (الشكل ٢). وفي عام ١٩٩٨ صدر مقال للأكاديمي سيرجي روجوف (Sergei Rogov) الباحث في

الشكل 3

КОНТУРЫ НОВОЙ РОССИЙСКОЙ СТРАТЕГИИ

Страну может спасти только срединное положение на геоэкономической карте Евразии

هذه النسخة الروسية للخارطة الرئيسية لتقرير اكزكتف انتلجنس ريفيو كانت الجزء المركزي لمقالة كتبها الاكاديمي سيرجي روجوف على صفحتين كاملتين في وسط مجلة نيزافيسمايا جازيتا ـ تسيناري العدد 3 عام 1998 بعنوان "ملامح استراتيجية روسية جديدة: فقط موقعها المركزي على الخارطة الجيواقتصادية لاوراسيا سينقذ البلد".

الشكل 2

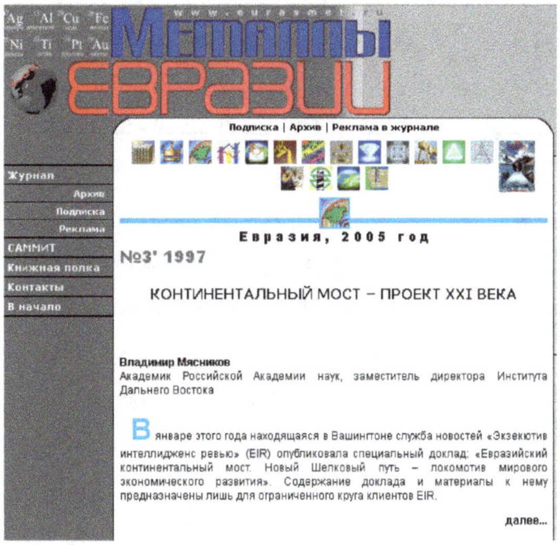
Ag Al Cu Fe Ni Ti Pt Au

www.eurasmet.ru

Металлы Евразии

Подписка | Архив | Реклама в журнале

Журнал
Архив
Подписка
Реклама
САММИТ
Книжная полка
Контакты
В начало

Евразия, 2005 год

№3' 1997

КОНТИНЕНТАЛЬНЫЙ МОСТ – ПРОЕКТ XXI ВЕКА

Владимир Мясников
Академик Российской Академии наук, заместитель директора Института Дальнего Востока

В январе этого года находящаяся в Вашингтоне служба новостей «Экзекютив интеллидженс ревью» (EIR) опубликовала специальный доклад: «Евразийский континентальный мост. Новый Шелковый путь – локомотив мирового экономического развития». Содержание доклада и материалы к нему предназначены лишь для ограниченного круга клиентов EIR.

далее...

old.eurasmet.ru

صفحة الارشيف الالكتروني لمجلة "معادن اوراسيا" تعرض مقالة الاكاديمي فلاديمير مياسنيكوف بعنوان "الجسر القاري: مشروع للقرن الحادي والعشرين"، في العدد الثالث للمجلة في عام 1997. كانت المقالة عبارة عن عرض للتقرير الخاص لمؤسسة اكزكتف انتلجنس حول الجسر البري الاوراسيوي الذي نشر في يناير من ذلك العام.

"معهد الولايات المتحدة وكندا" التابع للأكاديميةالروسية للعلوم ونشر في ملحق للجريدة اليومية واسعة الانتشار نيزافيسمايا جازيتا تحت عنوان "معالم استراتيجية روسية جديدة: موقعها المركزي في قلب أوراسيا الجيوإقتصادي هو الوحيد الذي سينقذ البلد". وكان الرسم التوضيحي الأساسي في المقالة على صفحتين كاملتين من الملحق إعادة رسم لخارطة الجسر البري الأوراسيوي كما ظهرت في تقرير عام ١٩٩٧ مع الإشارة إلى مصدرها من مؤسسة إكزكتف إنتلجنس ريفيو ولاروش (الشكل ٣).

وفي مقابلة أجرتها مجلة إكزكتف إنتلجنس ريفيو على هامش مؤتمر نظمه معهد شيللر في مايو ٢٠٠١، رد الخبير الإقتصادي الروسي سيرجي جلازييف (Sergei Glazyev) على سؤال حول الجسر البري الأوراسيوي[٥]. كان جلازييف حينها رئيس لجنة السياسات الإقتصادية في مجلس الدوما الروسي، وهو الآن عضو كامل في أكاديمية العلوم الروسية ومستشار إقتصادي للرئيس فلاديمير بوتين:

س: كيف تنظر أنت وآخرون في روسيا إلى مقترح البنية التحتية الذي طرحه معهد شيللر والسيد لاروش حول الجسر البري الأوراسيوي؟

جلازييف: باعتقادي أن روسيا قادرة وواجب عليها أن تلعب دورا مهما في تأسيس بنية عالمية جديدة. إذا لم نتحدث عن النشاطات الإقتصادية المتخيلة، بل عن النمو الإقتصادي الحقيقي، حينها علينا أن نفكر في كيفية تشجيع التنمية الإقتصادية، ليس في روسيا وحدها أو بضعة بلدان أخرى، بل في العالم كله. في اللحظة الراهنة يتجه كل النظام المالي العالمي نحو مشاكل كبيرة. وتفتقر دول عديدة إلى رأس المال... فهي ليست لديها الائتمانات الكافية لتطوير البنية التحتية وتطوير منتجاتها.

لهذا السبب وفي هذا المؤتمر، وخاصة العمل الذي يقوم به معهد شيللر والسيد لاروش، نرى الكثير من الافكار المثمرة في ما يخص تعزيز النمو الإقتصادي. إحدى هذه الأفكار، وهي بناء مشاريع البنية التحتية الكبيرة، هي من أكثر الأفكار إثارة للنقاش في روسيا اليوم. نحن نتكلم عن مرحلة جديدة في حياة سكة الحديد السيبيرية التي تستطيع أن تربط شرق روسيا الأقصى مع اوربا الغربية... الخط الرئيسي بين بايكال وآمور هو جزء من هذا الممر السيبيري. ويجري إكمال بنائه الآن. قبل بضعة شهور فقط تم إنجاز حفر النفق المهم الأخير [نفق سيفيروموسكي]، ونحن جاهزون الآن لنشغل خط سكة الحديد هذا بكامل طاقته. هذا يعني أننا سنستطيع نقل البضائع من أقصى الشرق إلى اوربا الشرقية وغرب أوربا في مدة أسبوعين...

في أوراسيا، علينا التفكير في كيفية تحسين الروابط بين الجنوب والشمال... اتفقنا مؤخرا أثناء زيارة الرئيس الإيراني إلى روسيا على فتح وصلة ربط أخرى مهمة جدا وقناة للتنمية من الجنوب إلى الشمال: من إيران عبر بحر قزوين ونهر الفولجا الى الأجزاء الشمالية من روسيا وبحر البلطيق.

س: إيران أجرت مفاوضات مع الهند مؤخرا حول إكمال خط الشمال ـ جنوب.

جلازييف: نعم، وبإمكانك استخدام الممرات المائية الموجودة مسبقا على هذا المسار والتي تربط بحر قزوين ببحر البلطيق. سيجعل ذلك نقل السلع بكميات كبيرة أقل كلفة وأسهل عبر هذه المسارات العالمية... إن تأسيس ممرات التنمية هذه والتي ستعتمد على تقنيات وسائل النقل الحديثة هي أداة مهمة جدا لتحفيز النمو الإقتصادي والتنمية الإقتصادية.

أود أن أشدد على أنه في هذا المؤتمر نفكر في كيفية دمج نقاط القوة التنافسية لمختلف الدول في هذا الاقليم الواسع جدا لدفعهما في اتجاه التعاون ذي المنفعة المشتركة ـ وكيف يمكننا دمج الجهود في سبيل تحقيق مستويات أعلى من النمو الإقتصادي.

تركة بريماكوف

قام الأكاديمي يفجيني بريماكوف (Yevgeni Primakov) ـ حين تقلد منصب رئيس الوزراء، وأصبح خبير الصناعات العسكرية يوري ماسليوكوف (Yuri Maslyukov) النائب الأول لرئيس الوزراء ـ بتشكيل حكومة جديدة في روسيا في أعقاب الانهيار المالي في عام ١٩٩٨. وبالرغم من وجودهما في السلطة لثمانية أشهر فقط، قبل إجبار بريماكوف على الإستقالة في خضم الأزمة العالمية الناجمة عن قصف حلف الناتو لصربيا في ربيع عام ١٩٩٩، قام الإثنان باتخاذ مجموعة إجراءات طوارئ لإعادة التوازن للصناعة الروسية وحركة الأموال الداخلية. ثم ورث فلاديمير بوتين ثمار محاولات حكومة بريماكوف ـ ماسليوكوف الرامية إلى إنقاذ الإقتصاد الحقيقي، حينما عين الرئيس يلتسين بوتين رئيسا للوزراء في أغسطس ١٩٩٩، ومن بعد كرئيس بالنيابة (ديسمبر ١٩٩٩ ثم تم انتخابه رئيسا في مارس ٢٠٠٠).

ما نجح فيه بريماكوف وماسليوكوف هو خلق إطار سياسي جعل التفكير

الجدي في وضع سياسات مؤيدة للتنمية القارية الاوراسوية أمرا محبذا. وكانت من الأمور ذات الأهمية الاستراتيجية التي قامت بها هذه الحكومة هي المبادرات الدبلوماسية الاستثنائية التي حققتها، ومنها زيارة بريماكوف إلى الهند في يسمبر ١٩٩٨ والتي اقترح خلالها تشكيل "مثلث استراتيجي" بين روسيا والهند والصين. وبرزت إلى واقع الحياة عملية التعاون بين هذه القوى الأوراسيوية الثلاثة بعد سلسلة طويلة من الاجتماعات الأكاديمية والدبلوماسية الثلاثية التي استمرت عدة سنين وواجهت منعطفات صعبة أحيانا، وأصبحت مجموعة "ريك" (RIC) تلك في آخر المطاف نواة مجموعة التحالف الذي يسمى البريكس (BRICS) اليوم.

لكن لم تكن الطريق سالكة أمام بوتين للوصول إلى التنمية الأوراسيوية. فحينما تولى منصبه، كان الاتحاد الروسي على وشك التفكك، وسط بروز حركات تمرد في شمال القوقاز والتي تطورت إلى الحرب الشيشانية الثانية. بعد ذلك، وقعت هجمات ١١ سبتمبر ٢٠٠١ وكان الرئيس بوتين أول زعيم دولة يتصل بالرئيس جورج دبليو بوش عارضا عليه التعاون الاستراتيجي مع الولايات المتحدة. لكن على الرغم من ذلك، انسحبت الولايات المتحدة من معاهدة ١٩٧٢ للحد من منظومات الدفاع ضد الصواريخ البالستية، ثم قام جناح الحرب في الإدارة الامريكية تحت قيادة نائب الرئيس ديك تشيني بمحاولة بناء منظومة دفاع ضد الصواريخ البالستية (BMD)، وهي عبارة عن ستار تختبئ وراءه محاولات توجيه هجمات مستقبلية محتملة بالصواريخ النووية ضد روسيا والصين. لذلك انشغل الرئيس الروسي بأمور الدفاع والأمن، وهي أولويات أعرب عنها في خطابه في مؤتمر ميونيخ حول السياسات الأمنية في شهر فبراير ٢٠٠٧، حيث حذر الرئيس بوتين من "أن عملية توسع حلف الناتو لا علاقة لها إطلاقا بمسألة ضمان أمن أوربا. بل على العكس، هي استفزاز خطير يخفض مستوى الثقة المبادلة."

في ذات الوقت، لم يكن سهلا التخلص من التركة المرة للسياسات الإقتصادية التي سادت في روسيا في التسعينات. فقد أصبحت غالبية الصناعات الروسية مملوكة لزمرة جديدة من "الاوليجاركيين" الذين سجلوا هذه الشركات في الخارج وابقوا أموالهم في الملاذات الآمنة من الضريبة عبر البحار. وبقي العديد من "الإصلاحيين الشباب" السابقين في مواقع مهمة في الوزارات والمؤسسات الإقتصادية الحكومية. وبقيت ذات العقائد النقدية التي عاثت دمارا في إقتصاديات القطاع الأطلسي مؤثرة في داخل روسيا، ونجحت مرارا وتكرارا في إعاقة خطط التنمية الصناعية وبناء البنية التحتية لغاية الآن. لكن وفرت التطورات المرتبطة بتوطيد تحالف دول البريكس فرصة لروسيا للتخلص من الممارسات النقدية وتولي موقع قيادي في التنمية الأوراسيوية.

ليندون لاروش في موسكو يتحدث حول "استراتيجية فرينادسكي" لاوراسيا في 14 ديسمبر 2001 في الندوة العالمية "حول الفضاء وارتقاء المنظومة العالمية: الطبيعة ـ المجتمع ـ الانسان"، وكانت الندوة قد عقدت تخليدا لذكرى العالم الروسي بوبيسك كوزنيتسوف.

استراتيجية فيرنادسكي

في الأعوام الأولى من رئاسة بوتين كتب لاروش بشكل مكثف لأصدقائه في النخبة المثقفة في روسيا حول التحدي الذي يواجه روسيا في إيجاد مهمتها الحقيقية في العالم. واستشهد لاروش في مقالات مثل "استراتيجية فيرنادسكي" و "روح العلوم الروسية" بمفهوم النوسفير (noösphere) ـ المجال الفكري ـ للأكاديمي الروسي فلاديمير فيرنادسكي (Vladimir Vernadsky) ـ (١٨٦٣-١٩٤٥) باعتباره الدليل المناسب لعملية تغيير قارة أوراسيا[٦]. كما زار لاروش موسكو لمناقشة هذه الأفكار بصفة شخصية، ومن ضمن ذلك الإدلاء بشهادة أمام جلسة استماع في مجلس الدوما في يونيو ٢٠٠١ ونظمها جلازييف حول موضوع الأمن الإقتصادي القومي في أوقات الأزمات المالية. وقال لاروش في تلك الجلسة:

"إن تلك الأقاليم الموجودة داخل الدول وما بينها، والتي تستطيع أن تنتج ينابيعا من المنتجات العلمية والتكنولوجية للمناطق التي فيها نقص في هذه التكنولوجيات أو القدرات العلمية، يجب تصورها على أنها مناطق إصدار ليس للقروض النقدية بل للائتمانات الشرائية ذات المدى الطويل بكلفة اقتراض رمزية. ينبغي أن تصبح أوراسيا القارية مركزا لعملية إنعاش الإقتصاد العالمي والنمو، لكن دول العالم كله ستستفيد من ذلك عبر المشاركة في ذلك الجهد كشركاء ."[٧]

كما كانت "استراتيجية فيرنادسكي" موضوع المحاضرة التي قدمها لاروش في "الندوة الدولية حول المكان والزمان في عملية ارتقاء المنظومة الكونية: الطبيعية ـ المجتمع ـ الإنسان" التي عقدت في موسكو في ١٤ ديسمبر ٢٠٠١. نورد هنا مقتطفات من كلمته[٨] :

"إذا كُتِبَ للعالم أن يخرج من هذه الأزمة المالية والنقدية والإقتصادية الكبرى بنجاح، سيكون محتما على روسيا أن تلعب دورا أساسيا جدا ودورا مركزيا باعتبارها أمة أوراسيوية. حينما ننظر إلى العالم من المحيط الأطلسي إلى المحيط الهادئ عبر أوراسيا سنجد بلدانا مثل الصين والهند وجنوب شرق آسيا وغيرها من البلدان التي تعاني من عجز كبير في كمية التكنولوجيا التي بحوزتها والتي يمكن أن توفرها لسد الحاجات الملحة لسكانها ككل. لذلك على هذه الأمم مثل الصين والهند ودول جنوب شرق آسيا أن تلحق بركب التكنولوجيا التي كانت تفتقد إليها والتي لم تستوعبها أو التي لم تطورها في القرن الماضي. لدى الهند مجتمع علمي لا بأس به نوعا ما... ولدى الصين تكنولوجيا لا يستهان بها.

لكن التكنولوجيا التي لدى الصين لا تكفي لسد حاجات الصين كلها كأمة. إن مصادر هذه التكنولوجيا موجودة في القارة الأوراسيوية ومنها اليابان وروسيا وبدرجة أكبر غرب أوربا. وكما يمكننا مشاهدته اليوم... كانت هذه القدرات العلمية الروسية نائمة لبعض الوقت إلى الآن، بدون عمل. صحيح أن هناك العديد من المشاكل في أرجاء أخرى من العالم، إلا أننا نركز على القارة الأوراسيوية والاراضي الحبيسة فيها باعتبارها نموذجا للمشكلة المركزية في العالم اليوم.

يأخذنا هذا الأمر إلى فيرنادسكي. إن أكبر مخزونات الموارد المعدنية في العالم موجودة اليوم في منطقة وسط وشمال آسيا، وبضمن ذلك مناطق التندرا في روسيا. بطبيعة الحال يمكن نهب بعض هذه الموارد وشحنها إلى الخارج بأسعار زهيدة. لكن تلك ستكون مأساة بالنسبة لروسيا، وخيانة لمصالح أوراسيا ككل. لذلك اقترحت أن نبني ممرات تنمية تتجاوز في سعتها خط سكة الحديد السيبيرية، في كل أوراسيا. فمن خلال المشاريع الكبرى لإدارة المياه وتحسين وسائل النقل وتوليد الطاقة وغيرها من البنى التحتية ومنها البنية التحتية لدعم حياة البشر في هذه المناطق سيمكننا أن نغير وضعية هذه المناطق في آسيا.

إلى الغرب من روسيا توجد لدينا أمم مفلسة مثل ألمانيا وفرنسا وإيطاليا وعدد آخر من الأمم. هي مفلسة حاليا ـ وهي أمم معروفة تقليديا باعتبارها منتجة للتكنولوجيا. إذَن يوجد سوق طبيعي لهذه الأمم الأوربية ـ واليابان أيضا ـ في آسيا إذا تم تأسيس النظام المناسب للتنمية الإقتصادية. وتمثل روسيا وكازاخستان الحزام الناقل الطبيعي لهذه التنمية وغيرها من الأشياء الضرورية لتوحيد الامكانيات الاوربية مع تلك الموجودة في آسيا. ما سيتطلبه هذا الأمر، وما سيعنيه، هو أعظم عملية تحول في

البيوسفير في تاريخ البشرية.

كما هو واضح الآن، لن نستطيع الاستمرار بعمل الأشياء كما كنا نفعل في السابق، أي ننهب البيوسفير. فكما هو جاري في العادة، يقوم الناس عبر سياسة النهب بتدمير نوعية البيوسفير بسرعة أكبر ما يستطيعون الحصول على نتائج مفيدة منه. على سبيل المثال الموارد المعدنية.

لذلك، عندما نقوم بتغيير وضعية البيوسفير بواسطة سياسات عمل جديدة، علينا أن نفكر في عواقب ما نفعله، وأن نتعامل مع المشكلة بطريقة تصبح تحسينا صافيا للبيوسفير باعتباره قاعدة النشاط الإنساني. يجبرنا هذا على التفكير في كل مسائل الإقتصاد الحديث من وجهة نظر فيرنادسكي...يتضمن هذا الأمر رؤيتنا لعلاقة الانسان بالمجموعة الشمسية وما وراءها. يعني هذا أن استكشاف الفضاء وعلوم الفضاء ستصبح جزءا لا يتجزأ من عملية تطوير الحياة على كوكب الأرض."

معبر مضيق بيرينج

أسَرَت فكرة ربط أوراسيا بأمريكا الشمالية عبر مضيق بيرينج (Bering Strait) مخيلة الكثير من الناس لأكثر من ١٥٠ عام. حتى قبل أن تبيع روسيا ألاسكا للولايات المتحدة عام ١٨٦٧، كان هناك دعم في الكونجرس الأمريكي لبناء خط تلجراف إلى روسيا، التي كانت من حلفاء الولايات المتحدة الموثوقين. في عام ١٨٩٠ قدم وليام جيلبين (William Gilpin) حاكم مقاطعة كولورادو فكرة "خطة كبرى لسكة حديد أممية" تصل "مابين الشرق والغرب عبر مضيق بيرينج، وعبر سيبيريا للوصول إلى سكك حديد أوربا والعالم كله" (الشكل ٤). كانت هناك عدة مبادرات لإطلاق المشروع في العقود التالية قبل وبعد الثورة الروسية عام ١٩١٧.

الشكل ٤

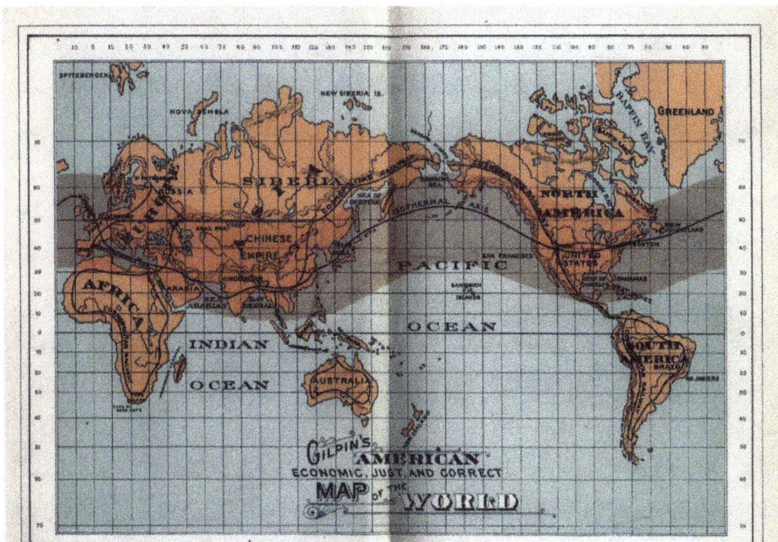

FORUM International

تم نشر هذه الخريطة في عام 1890 بعنوان "الخريطة الاقتصادية الامريكية العادلة والصحيحة للعالم" والتي تتضمن سكة حديد عالمية عبر مضيق بيرينج من قبل حاكم مقاطعة كولورادو وليام جيلبين. كان جيلبين يطالب بتمديد سكة الحديد القارية الامريكية "شمالا ثم غربا عبر مضيق بيرينج، وعبر سيبيريا للارتباط بسكك حديد اوربا وكل العالم."

بدأت حركة لاروش بإطلاق حملات لبناء تقاطع بيرينج منذ عام ١٩٧٨. وفي عام ١٩٩٥ قامت مجلة إكزكتف إنتلجنس ريفيو بنشر مخطط عام قام بتصميمه المهندس الاستشاري الأمريكي هال كوبر (Hal B.H. Cooper, Jr.) والبروفيسور سيرجي بيكادوروف (Sergei A. Bykadorov) من أكاديمية النقل السيبيرية الحكومية في نوفوسيبيرسك، حول سكك حديد في سيبيريا والشرق الروسي الأقصى: وتتضمن السكك الموجودة فعلا، وتلك التي بدأ العمل فيها لكن لم تكتمل، بالإضافة إلى رؤية طموحة لشبكة سكك أكثر كثافة لدعم التنمية الإقتصادية للقارة ومواردها[٩]. يبين الشكل ٥ تصميم كوبر - بيكادوروف لشبكة

(EIRNS/Granberg)
الاكاديمي الراحل اليكساندر جرانبيرج الذي شغل لسنوات عديدة منصب رئيس "المجلس الروسي لدراسات القوى الانتاجية".

مكونة من الخط السيبيري والخط الرئيسي بايكال ـ آمور، وإكمال الخط القريب من القطب، وإنشاء رابط مضيق بيرينج، وخط رئيسي في شمال سيبيريا ورابط يربط الخط الشمالي في سيبيريا بالخط الجنوبي.

في روسيا ذاتها تولى "مجلس دراسات القوى الانتاجية" (SOPS) زمام المبادرة للترويج لمشروع رابط مضيق بيرينج. ويعتبر "مجلس دراسات القوى الانتاجية" مشروعا مشتركا لأكاديمية العلوم الروسية ووزارة الإقتصاد، وتعود جذوره إلى مؤسسة فيرنادسكي المسماة "لجنة دراسة القوى الانتاجية الطبيعية" (١٩١٥-١٩٣٠). كان رئيس "مجلس دراسات القوى الانتاجية" من عام ١٩٩٢ إلى وفاته في عام ٢٠١٠ الأكاديمي أليكساندر جرانبيرج (Alexander Granberg) ومقره في نوفوسيبيرسك وهو من كبار الخبراء الروس في التنمية الاقليمية. أيد جرانبيرج في نوفمبر ٢٠٠٩ نداءا عالميا "لوضع خطة لاروش لإنقاذ الإقتصاد العالمي على الأجندة".

نظم "مجلس دراسات القوى الانتاجية" في ٢٤ أبريل ٢٠٠٧ مؤتمرا في موسكو تحت عنوان "المشاريع الكبرى للشرق الروسي: رابط نقل قاري بين أوراسيا وأمريكا عبر مضيق بيرينج"[١٠]. قال جرانبيرج في المؤتمر أن القيادة الروسية تعتبر البنية التحتية للنقل أمرا أساسيا لرفع المستوى الإقتصادي للأقاليم النائية في البلد. وأشار إلى استعراض قدمه فلاديمير ياكونين (Vladimir Yakunin) الرئيس التنفيذي لشركة سكك الحديد الروسية في وقت سابق من ذلك الشهر في اجتماع حضره الرئيس بوتين حول النقل بالقطارات، وحث فيه على بناء ٢٥٠٠-٣٠٠٠ كلم من خطوط السكك الحديدية من نهر لينا إلى مضيق بيرينج. وفي وقت لاحق من عام ٢٠٠٧ تمت إضافة ذلك المشروع ـ المقترح لربط المدينة الساحلية اويلين (Uelen) بفرع إضافي يصل إلى مناجم الذهب في ماجادان على بحر اخوتسك ـ إلى "استراتيجية سكك الحديد الروسية ٢٠٣٠" باعتبار هذا المشروع "سكة حديد ذات اهمية استراتيجية" (شكل ٦).

ووجه "مجلس دراسات القوى الانتاجية" الدعوة للسيد لاروش لحضور المؤتمر وإلقاء كلمة فيه. وبالرغم من عدم قدرته على السفر إلى موسكو في حينه، تمت قراءة كلمة لاروش للحاضرين في غيابه، وكانت بعنوان "خريطة العالم تتغير: فيرنادسكي كان سيتفق معنا".

اقتراح "مجلس دراسات القوى الانتاجية" لمضيق بيرينج

في سبتمبر عام ٢٠٠٧ قدم الدكتور فيكتور رازبيجين (Victor Razbegin)، نائب مدير "مجلس دراسات القوى الانتاجية" محاضرة في مؤتمر نظمه معهد شيللر في ألمانيا [١١] وتبين المقتطفات المنقحة التالية من محاضرته الخطوط العامة للخطة. إن الحاجة إلى بناء ممر نقل مزدوج وبوسائل نقل متعددة الأنواع لربط أربعة من القارات الستة في العالم هو أمر واضح للجميع. لقد حل العلماء تقريبا جميع القضايا التقنية المتعلقة بمثل هذا المشروع. تكشف لنا النظرة التفصيلية للتصميم الأولي للمشروع أن الخط المقترح هو ليس أطول ولا أكثر تعقيدا من شرايين النقل الأخرى المشتغلة حاليا.

إن الأراضي دائمة التجمد (permafrost) والظروف المناخية القاسية لأقصى الشمال هي ليست عقبة للذين سيبنون المشروع، لأن روسيا تمتلك خبرة طويلة في مجال البناء في المناطق ذات المناخ المشابه لهذا. وبالرغم من أن حفر نفق تحت مضيق بيرينج سيتطلب قدرات هندسية معقدة، إلا أن بناءه ممكن جدا. تفيد التجارب العالمية في العقود الأخيرة إلى أن هذا النوع من خطوط الأنفاق قابل للتشغيل حتى في المناطق ذات النشاط الزلزالي.

في ٦ سبتمبر ٢٠٠٧ صادقت الحكومة الروسية على "استراتيجية سكك الحديد الروسية

الشكل 5

التوسعات المقترحة لمنظومة سكك حديد شمال اوراسيا

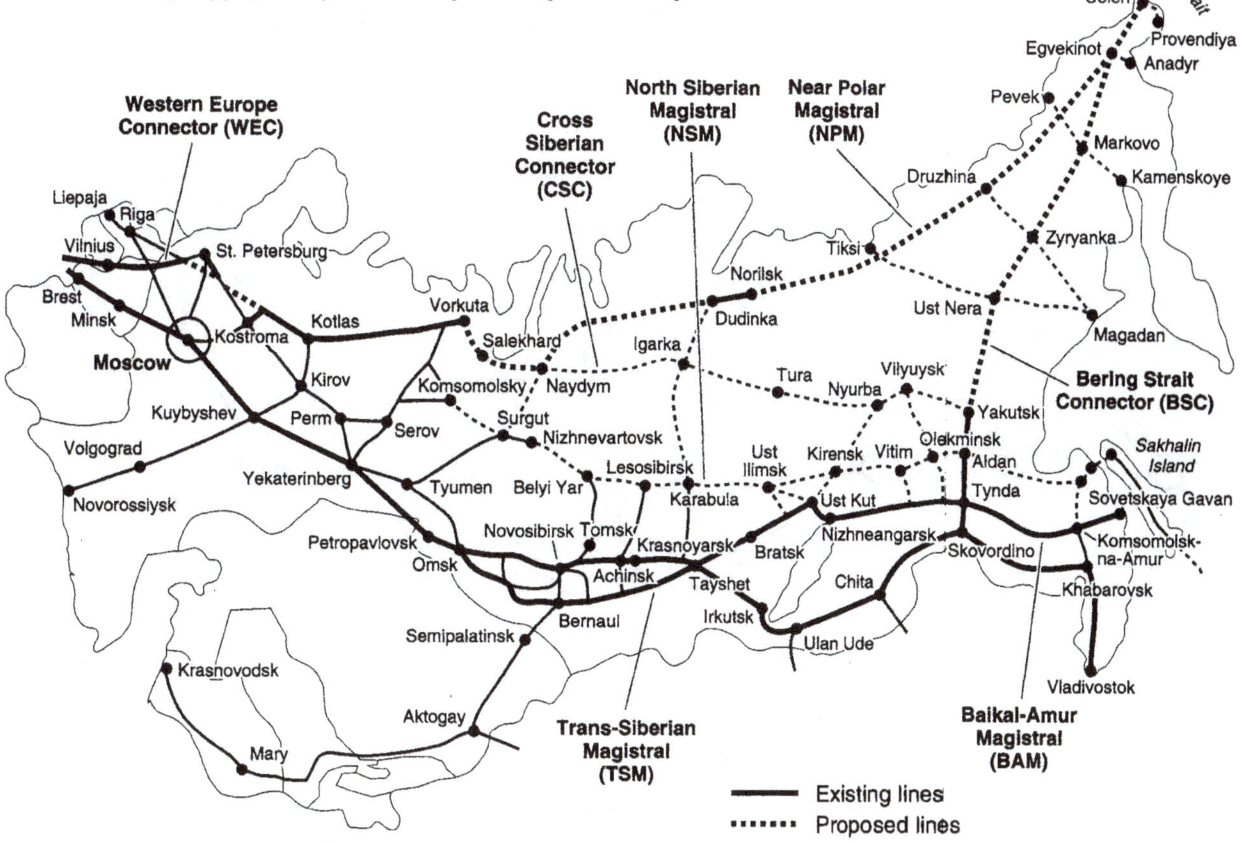

تتضمن هذه الخارطة لخطوط السكك الموجودة والمقترحة التي انتجها في عام ١٩٩٥ المهندس هال كوبر وسيرجي بيكادوروف عدة دول مجاورة لروسيا: استونيا ولاتفيا ولتوانيا وبيلاروس في الغرب، وكازاخستان واوزبكستان وتركمنستان وقيرغيزستان وطاجيكستان الى الجنوب. مما لايظهر في هذه الخريطة هي المعالم التي تم بناؤها بعد عام ١٩٩٥، مثل استانة عاصمة كازاخستان الجديدة وسكك حديد جديدة في اسيا الوسطى.

لعام ٢٠٣٠. تتضمن هذه الخطة بناء خط من ياكوتسك (على الجانب الأيمن من نهر لينا) إلى اويلين، لينتهي عند مضيق بيرينج، باعتباره من المشاريع ذات الأولوية والأهمية الاستراتيجية. سيكون هذا الرابط القاري مكونا من ممر ذو وسائل نقل متعددة الأنواع، وتتضمن:

خطين رئيسيين لسكك الحديد عالية السرعة مشتغلين بالكهرباء كليا بين ياكوتسك - زيريانكا - اويلين - فورت نيلسون (كندا)، بطول إجمالي يبلغ ٦٠٠٠ كلم.

خط نقل الطاقة الكهربائية بتيار مباشر يبلغ ١٥٠٠ كيلوفولت وقدرة تبلغ ١٢٠٠٠-١٥٠٠٠ ميجاواط.

خطوط الألياف البصرية (فايبر اوبتيك) للاتصالات.

سيوحد مشروع الربط القاري خطوط النقل القارية في شبكة عالمية واحدة، ويخلق ممر نقل عالمي، ويجعل ممكنا تنظيم عمليات نقل البضائع على نطاق واسع بين أوراسيا والامريكتين. سيسرع هذا الأمر عملية دمج الإقتصاد العالمي ويفتح فرصا جديدة للتنمية. سيكون ممكنا على وجه الخصوص تنمية المناطق الشمالية من روسيا والولايات المتحدة وكندا حيث سيوصل مواردها الطبيعية الهائلة بالأسواق العالمية. إن الرابط القاري عند مضيق بيرينج هو الحلقة المفقودة في سلسلة النقل العالمية (شكل ٧). إن خط سكك الحديد هذا والذي سيبلغ طوله ٦٠٠٠ كلم سيكون قادرا على حمل ٥٠٠ مليار طن سنويا، أو ٣٪ من حركة الشحن العالمية.

الشكل 6

الاستراتيجية الروسية لسكك الحديد – 2030 والتي اعلنت عام 2007

سكك الحديد الموجودة ——— | سكك حديد جديدة للبضائع ═══ | سكك حديد جديدة ذات اهمية اجتماعية ------------

مخطط ممر سكك الحديد السريعة ——— | سكك حديد جديدة ذات اهمية استراتيجية – – – – | الخط البحري الشمالي ----------

قامت اكزكتف انتلجنس ريفيو بانتاج هذه الخارطة التي تصف سكك الحديد الموجودة والمخطط لها في روسيا في عام ٢٠٠٧ استنادا الى خارطة شركة سكك الحديد الروسية لاستراتيجيتها لغاية عام ٢٠٣٠، وهي الاستراتيجية التي تم تبنيها من قبل الحكومة في ذلك العام. لم يتم تحديد جميع سكك الحديد الموجودة، كما لا تظهر بعض الخطوط التي ترتبط ببعض الدول المجاورة في هذه الخارطة.

في شرق سيبيريا، تم اكمال الجزء الواصل بين بيركاكيت وياكوتسك من "الخط الرئيسي آمور ـ ياكوتسك" المتجه من الجنوب الى الشمال، لغاية نيزني بيستياخ، عبر نهر لينا من ياكوتسك. يعتبر "الخط الرئيسي آمور ـ ياكوتسك" الخطوة الاولى "لسكة الحديد ذات الاهمية الاستراتيجية" الى مضيق بيرينج.

لم يكن قد تم التخطيط لسكك حديد القطارات السريعة في عام ٢٠٠٧ بين خاباروفسك وفلاديفوستوك في اقصى الشرق، لكن بعد عامين تم ذكر هذا الخط باعتباره مشروعا روسيا صينيا محتملا لسكة حديد للقطارات السريعة. تشاطر القطارات السريعة نفس السكك مع القطارات التقليدية حاليا بين نيزني نوفجورود وموسكو وسانت بطرسبيرج وهلسنكي في فنلندا. كما لا يوجد في خارطة عام ٢٠٠٧ الخط المقترح الان لسكك حديد سريعة بين نيزني نوفجورود وكازان. ولم يبدا العمل في بناء اي من خطوط سكك الحديد السريعة في منطقة الاورال (تشيليابينسك ـ ايكاترينبورج) او سيبيريا (اومسك ـ نوفوسيبيرسك ـ تومسك وفروعها) لكن ذلك قد يتغير في ضوء مذكرة التفاهم الصينية الروسية الموقعة في اكتوبر ٢٠١٤ حول بناء سكة حديد القطارات السريعة بين موسكو وكازان باعتبارها جزء من ممر السكك السريعة المستقبلي بين موسكو وبكين.

تتضمن خطوط سكك الشحن في وسط المنطقة الواقعة اعلى اليسار ممر بيلكومور (بيرم ـ ارخانجيلسك) والى الشمال الشرقي منه بارينتسكومور (الاورال ـ انديجا). هاذان الممران هما من معالم مشروع الاورال الصناعية ـ الاورال القطبية الذي تم تجميده الان. إذا اخذنا الممرات الثلاثة معا ـ ممر بيلكومور وخط سكك الشحن "سيفسيب" (شمال سيبيريا) والخط الرئيسي بايكال ـ آمور الى المحيط الهادئ فسنكتشف انها تتبع خطة تم وضعها في عام ١٩٢٨ لسكة الحديد الشمال روسية العظمى من البحر الابيض في الغرب الى بحر اليابان في الشرق.

وقد تم اكمال بناء الخط الرئيسي بطول ٥٢٥ كلم من اوبسكايا إلى بوفانينكو والذي هو جزء من سكة الشحن في شبه جزيرة يامال باتجاه رأس خاراسوفاي، وتم افتتاحه في عام ٢٠١٠ باعتباره ابعد سكة الحديد في اقصى شمال الكرة الارضية.

كما تم بناء بعض تفرعات خط بايكال ـ امور الرئيسي (سكة بطول ٣٢١ كلم من خط بايكال امور الى مناجم فحم الكوك في ايلجا والتي تم انجازها في عام ٢٠١٢ من قبل شركة ميتشيل لتكون سكة حديد بملكية خاصة). لكن لم يتم بناء بقية المشاريع في هذه المنطقة، فعلى سبيل المثال تم في عام ٢٠١٢ شحن المواد والمعدات المستخدمة في بناء انبوب الغاز بين روسيا والصين، وهو مشروع صيني روسي مشترك لنقل الغاز من حقول غاز تشاياندا بالقرب من لينسك في ياكوتيا، تم شحنها بواسطة القوارب النهرية على نهر لينا، وذلك لأن خط سكة حديد اوست ـ كوت ـ لينسك لم يتم بناؤه بعد.

في هذه الخريطة، يمكن رؤية مسار الخط البحري الشمالي وهو يقترب من الساحل القطبي عند موقعين: مصب نهر ينيساي في شمال غرب مركز التعدين في نوريلسك، ومرة ثانية حوالي ١٥٠٠ كلم الى الشرق عند ميناء تيكسي عند مصب نهر لينا. يريد قادة جمهورية ساخا ـ ياكوتيا تطوير ممر النقل النهري بين ياكوتسك وتيكسي بواسطة نهر لينا وصولا الى الخط البحري الشمالي.

الشكل 7

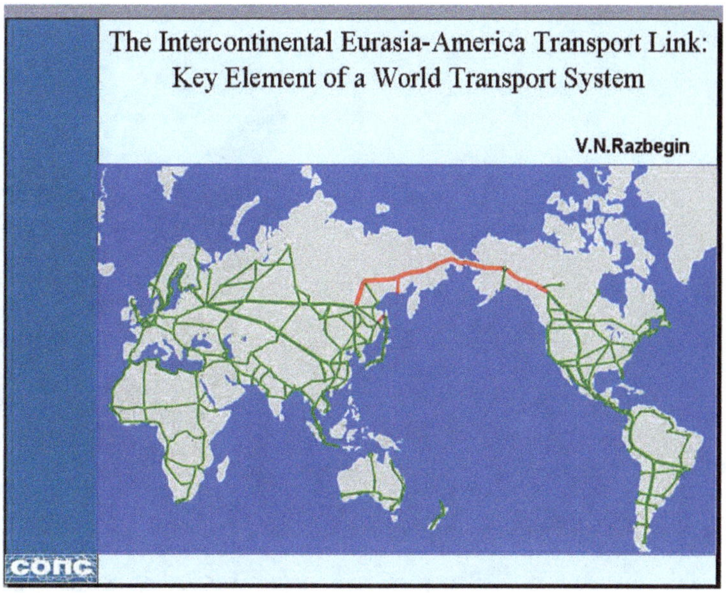

استند الدكتور فيكتور رازبيجين من "مجلس دراسات القوى الانتاجية" الروسي (مختصر اسم المجلس موجود في الزاوية اليسرى اسفل الصورة) إلى خارطة مؤسسة اكزكتف انتلجنس ريفيو للجسر البري العالمي ليوضح ان معبر مضيق بيرينج هو "اهم جزء في منظومة النقل العالمية".

وعرض رازبيجين التكاليف التالية للمشروع حسب تقديرات "مجلس دراسات القوى الانتاجية".

الجدول ١

المتطلبات الاستثمارية لرابط مضيق بيرينج عبرالقاري

	مليارات الدولارات الأمريكية
مكونات سكك الحديد، إجمالي	١٥-١٢
- سكة ياكوتسك - اويلين (الروسية)	(١١,٥-٩,٥)
- ويلز (آلاسكا) - فورت نيلسون (كندا)	(٣,٥-٢,٥)
بناء النفق	١٢-١٠
إنتاج الطاقة الكهربائية،	
ومن ضمنها خطوط نقل الكهرباء	٢٥-٢٣
أخرى (البنية التحتية الاجتماعية، خط الألياف البصرية، إلخ)	١٥-١٠
المجموع	**٦٧-٥٥**

سيمكن استرداد الاستثمارات خلال ١٣-١٥ سنة، حسب تقديرات رازبيجين، من خلال تنمية الأقاليم المحيطة بخط سكة الحديد والموارد الطبيعية فيها (٢٥-٣٠ مليار دولار)، وعوائد مرور/ ترانزيت البضائع (٨-١٠ مليار دولار سنويا) وغيرها من العوامل. واختتم رازبيجين محاضرته قائلا:

> إن الرابط القاري هو ذو أهمية لروسيا كمشروع وطني. سيعطي هذا المشروع حضورا جيوسياسيا أكبر في منطقة آسيا والمحيط الهادئ وموقعا أفضل في أسواق

تصور فني لنفق سكك الحديد في مضيق بيرينج،

© J. Craig Thorpe, commissioned by Cooper Consulting Co.

خدمات النقل العالمية، بالإضافة إلى أسواق الطاقة وأسواق الصناعات. سيكون هذا المشروع رابطا مهما لشبكة النقل في داخل روسيا ذاتها، إذ سيربط شمال شرق روسيا بممرات النقل العالمية. سيكون بناء هذا الممر أيضا من المتطلبات الأساسية لعملية التنمية المكثفة والتوطين في شمال شرق روسيا، بحيث يوفر امكانية الوصول إلى خدمات النقل على مدار العام ويخفض كلفة النقل ويوفر فوائد تنافسية أخرى لبعض الصناعات الأساسية. بإمكان المشروع أن يحسن الوضع المعيشي ويخلق فرص العمل ويغير اتجاه ظاهرة الهجرة من هذه المنطقة إليها. في ذات الوقت يعتبر مشروع الرابط عبر القاري ذا أهمية عالمية، حيث سيعطي هذا المشروع الولايات المتحدة وكندا مدخلا مباشرا إلى الصين وجنوب شرق آسيا ومنطقة المحيط الهادئ وما ورائها لتسويق منتجاتهما وتكنلوجياتهما. في ذات الوقت ستحصل منطقة آسيا والمحيط الهادئ على مدخل مباشر إلى موارد سيبيريا الطبيعية. قد يعطي هذا المشروع دول العالم الفرصة للتحول نحو الانتاج الصناعي المدني عوضا عن العسكري.سيكون المشروع عبرالقاري بطبيعته العابرة للقارات وسيلة لتحسين العلاقات الدولية. إن هذا مشروع قادر على تغيير العالم، إذ يجذب إليه الطاقات الإيجابية. فبدلا من أن نضع منظومات مضادة للصواريخ، بإمكاننا أن نخلق منطقة للتعاون الدولي. إن مشاريع البنية التحتية العابرة للحدود الوطنية هي البديل الحقيقي الوحيد للمواجهة، وبضمنها المواجهة العسكرية بين الدول الوطنية وبين الشعوب.

Gazprom

تمتلك روسيا تجربة واسعة في مجال البناء في المناطق ذات المناخ القطبي. هنا في الصورة منصة استخراج الغاز الثابتة والمقاومة للجليد "بريرازلومنايا" اثناء نقلها من ميناء سيفيرودفينسك على البحر الابيض الى مورمانسك في بحر بارينتس في ١٨ يناير ٢٠١١.

أخذ "مجلس دراسات القوى الانتاجية" مشروع النفق ذي وسائل النقل المتعددة إلى معرض شانجهاي الصناعي العالمي (Shanghai World Expo-٢٠١٠) وفاز التصميم هناك بالجائزة الكبرى للإبتكار في المعرض. وعندما بدأت فكرة "الحزام الإقتصادي لطريق الحرير" بالبروز بعد إعلان الرئيس الصيني شي جينبينج عنها في آخر عام ٢٠١٣، أعرب خبير سكك الحديد الصيني المعروف وانج مينجشو (Wang Mengshu) عن اهتمام الصين الحقيقي بهذه الخطة. وأخبر وانج صحيفة "بكين تايمز" في مايو ٢٠١٤ أن خطط الصين بخصوص سكك الحديد عالية السرعة تتضمن الآن نفق مضيق بيرينج الذي كانت تدور حوله

مناقشات مع الجهات المختصة في روسيا. وتوقع وانج أنه بوجود خطوط قطارات عالية السرعة سيتمكن المسافرون من السفر بين الصين وأمريكا الشمالية بالقطار في يومين فقط. وتوجد حاليا قطارات سريعة مشتغلة على الخط بكين ـ شينيانج ـ هاربن في الشمال الشرقي للصين. كما يهدف "الممر ٤ لمبادرة تومين الكبرى" (راجع المقالة القادمة) إلى ربط هذا الخط عبر نهر آمور بخط سكة الحديد السيبيرية ومن هناك بالخط الرئيسي آمور ـ ياكوتسك ورابط مضيق بيرينج الذي يتم التخطيط له (الشكل ٦).

واقترح الدكتور فلاديمير بيتروفسكي من معهد دراسات الشرق الأقصى التابع لأكاديمية العلوم الروسية في عام ٢٠١١ أن تكون المشاركة الصينية ذات أهمية قصوى لتحقيق مشروع مضيق بيرينج. واستشهد الدكتور بيتروفسكي ليس فقط بخبرة الصين في مشاريع بناء الأنفاق تحت قاع البحر والتي تم إكمالها في مقاطعتي شاندونج وفوجيان، بل وأيضا بالنطاق الهائل للبرنامج الصيني لسكك الحديد. وكتب بيتروفسكي: "قد تصبح الصين من أصحاب المصلحة الجادين في مشروع مضيق بيرينج في المستقبل المنظور. سيكون من الصعب أن نفكر في هذا الإفتراض بشكل جاد إن لم تكن الصين قد وصلت إلى منتصف عملية إكمال أكبر شبكة في العالم لسكك حديد القطارات عالية السرعة. إن أكبر بلد سكانا على وجه الأرض قد برهن على وجود ما يكفي من الكفاءة والمهارة لديه لإنجاز مشاريع البناء الكبرى، ولا نرى أية إشارات على تباطؤ مستوى طموحاتها ـ ولا رغبتها في تمويلها" [١٢].

سيبيريا بحاجة للمزيد من السكان

تحدث الرئيس بوتين ـ أثناء اجتماعه في أبريل ٢٠٠٧ بإدارة شركة سكك الحديد الروسية وهو الاجتماع الذي تم فيه إعلان إدراج مشروع رابط مضيق بيرينج في قائمة مشاريعها حتى عام ٢٠٣٠ـ تحدث عن توفير "منفذ إلى وسائل النقل للأقاليم قليلة السكان في البلد ومناطق صناعية واعدة،" بحيث تتمكن هذه الأقاليم من تنمية ذاتها. يبدأ الإقتصاد الفيزيائي لهذه المهمة عند الاطلاع على جغرافيا التخوم السيبيرية.

تبلغ مساحة الاراضي الروسية الممتدة من جبال الاورال إلى المحيط الهادئ ١٣,١ مليون كلم مربع. تجري ثلاثة أنهر من مجموع ١٢ أطول نهر في العالم في أراضي سيبيريا: منظومة نهري اوب ـ إيرتيش في غربها، منظومة ينيساي ـ أنجارا في وسطها، ونهر لينا في شرقها (الشكل ١). تحتوي بحيرة بايكال الواقعة في جنوب شرق سيبيريا لوحدها على خُمس المياه العذبة السطحية في العالم. بالإضافة إلى إخدود جبال الاورال الممتد من الشمال إلى الجنوب والذي يشكل الحدود الغربية لسيبيريا، توجد سلاسل جبلية أخرى في شرق سيبيريا وأقصى الشرق الروسي. يقع معظم الإقليم وغطائه النباتي في منطقة "تايغا" المناخية (taiga zone) بمستنقعاتها وغاباتها الصنوبرية. كما يوجد حزام من أراضي التندرا (tundra) في أقصى الشمال على الساحل القطبي. تغطي التربة دائمة الانجماد (permafrost) حوالي ١٠ مليون كلم مربع من مساحة روسيا كلها، ويقع معظمها في سيبيريا والشرق الأقصى.

قدم الدكتور سيرجي تشيركاسوف (Sergei Cherkasov) والأكاديمي ديميتري روندكفيست (Dmitri Rundqvist) من متحف فيرنادسكي لعلوم الجيولوجيا التابع لأكاديمية العلوم الروسية في مؤتمر معهد شيللر[١٣] المنعقد في سبتمبر عام ٢٠٠٧، عرضا للثروات الفيزيائية والجيولوجية لروسيا، والمناطق الواقعة حول رابط مضيق بيرينج. تشكل روسيا ٢٠,٥٪ من مساحة اليابسة العالمية، و٣٪ من سكان العالم، و ٢٢٪ من غاباته، و ٣٠٪ من إجمالي مساحة الجرف القاري، و ١٦٪ من الموارد المعدنية، حسب ما ذكر المتحدثان. وتمتلك روسيا، بالإضافة إلى النفط والغاز، نسبة كبيرة من العناصر الأرضية النادرة في

العالم، وخامات كيميائية زراعية مثل أملاح البوتاسيوم والأباتايت والفوسفورايت. كما أن مواردها من الألماس هي الأكبر في العالم، وتحتل المرتبة الثالثة في موارد الذهب. وتمتلك روسيا ٥٠٪ من احتياطيات بعض المعادن، لكن حصتها من انتاج واستهلاك تلك المعادن أقل بكثير من تلك النسبة (الشكل ٨)، باستثناء مجموعة عناصر معدن البلاتين (PGE) والنيكل (الشكل ٩).

الشكل ٨

الموارد الروسية: الاحتياطيات والانتاج والاستهلاك

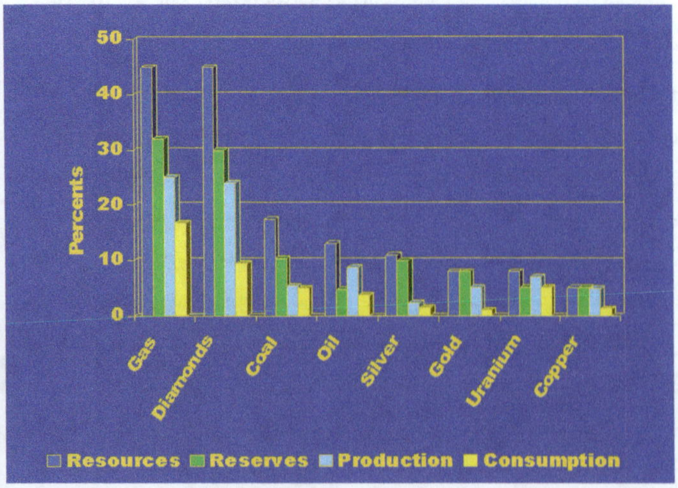

هذا المخطط البياني الذي انتجه متحف فيرنادسي للجيولوجيا الحكومي في عام 2007 يقارن بين حصة روسيا من الاحتياطيات المعروفة لبعض الموارد المعدنية المنتخبة، وبين حصتها الاصغر من الانتاج والاستهلاك العالمي لهذه الموارد. يبين هذا الرسم الامكانيات الروسية الكامنة للتصدير، بالاضافة الى حاجتها الى تعزيز قدراتها الصناعية.

ووثق هذان الباحثان الجيولوجيان عملية النهب بالجملة التي تمت أثناء عملية التغيير الهيكلي وانهيار الصناعة الروسية في التسعينات. ففي عام ١٩٩٩ على سبيل المثال، صدّرت روسيا ٥٧,٣٪ من النفط الذي انتجته و ٣٢٪ من الغاز، بينما كان معدل تصدير المعادن الأساسية كالتالي:

النحاس ٨٥٪ من الانتاج، النيكل ٩١٪، التنجستن ٩٦٪. كما صدّرت روسيا في عام ١٩٩٦ كمية من اليورانيوم تعادل ٤١٧٪ من انتاجها في ذلك العام. وفي عام آخر صدرت روسيا ما نسبته ٣٥٦٪ من انتاجها من الموليبدينوم.

بالرغم من أن نشاط الاستكشاف والمسح الجيولوجي قد تضائل بشكل كبير بعد انهيار الاتحاد السوفيتي (وهي مشكلة لا زالت قائمة إلى الآن)، إلا أن فريق متحف علوم الجيولوجيا قدم نتائج لدراسة الأكاديمية الروسية للعلوم تبين حقول ذهب وفضة ونحاس وموليبدينوم لم تكن مستغلة من قبل في شمال شرق سيبيريا (الشكل ١٠). وأخبر الدكتور تشيركاسوف الحاضرين في مؤتمر معهد شيللر أن "طيف المعادن المستخدمة يتغير الآن"، وأن روسيا قد اكتشفت أيضا أنواعا جديدة من الاحتياطيات مثل الرمال الحاوية على زيوت مكونة إلى درجة كبيرة من الإلمينايت وهو من أهم خامات التيتانيوم.

لكن عملية استخراج هذه الموارد تتم في مناخ قاسي جدا، مثلما هي الحال في استخراج مجموعة معادن البلاتين والنيكل التي بنيت مدينة نوريلسك الصناعية بالقرب منها وتقع شمال خط الدائرة القطبية. ووصف تشيركاسوف وروندكفيست أحوال المناخ والتضاريس الصعبة جدا للمناطق التي سيمر عبرها خط ممر مضيق بيرينج عبر جمهورية ساخا ـ ياكوتيا. إذ يتم بناء البيوت فوق أعمدة وليس على الأرض بسبب التربة دائمة التجمد. يحتوي منجم بوبيجاي للألماس في ياكوتيا ـ وهو عبارة عن فوهة ناجمة عن اصطدام مذنب بالأرض ـ على احتياطات من الالماس تفوق جميع الموارد المعروفة في العالم، حسب قول الباحثين، "لكن لا يتم تطويرها واستغلالها بسبب عدم وجود أية بنية تحتية في ذلك المكان. لا يعيش أي إنسان على بعد مسافة تقل عن ٢٠٠ كلم من هذا المكان". إن تطوير منطقة مناجم الذهب والفضة في منطقة يانا ـ كوليما التي حددتها هيئة المسح الجيولوجي الروسية وتساوي مساحتها مساحة ألمانيا، سيتطلب خلق حوالي ٣٠٠ ألف فرصة عمل، "لكن كل ما لدينا من السكان في هذه المنطقة لا يتجاوز ١٠ آلاف نسمة".

الشكل ٩

عناصر مجموعة النيكل والبلاتين الروسية

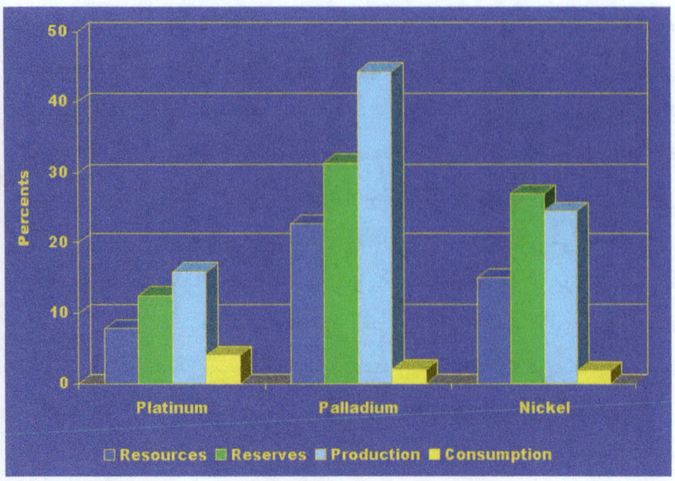

ان روسيا هي من المنتجين الكبار لمجموعة معادن النيكل والبلاتين التي يتم تعدينها بالقرب من مدينة نوريلسك شمال الدائرة القطبية، لكن الاستهلاك المحلي لهذه المعادن يبقى ضئيلا جدا.

في عام ٢٠٠١، واستجابة لتحذير الأكاديمي الروسي ديميتري لفوف (Dmitri Lvov) بأن روسيا بدأت تتحول "إلى ذيل من المواد الخام" تابع للمال الغربي، كتب لاروش حول التهديد المتمثل بفقدان الرصيد الأثمن لروسيا والعالم أيضا: أي البشر المبدعين

الشكل ١٠

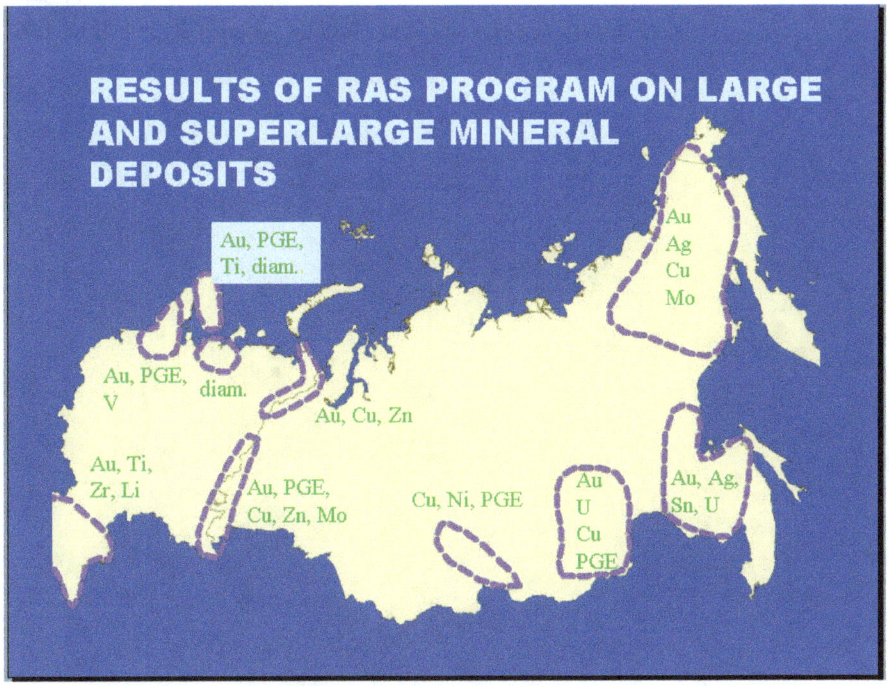

تختصر هذه الخارطة الصادرة عام 2007 من متحف فيرنادسكي للجيولوجيا الحكومي نتائج دراسة المسح التي اجرتها الاكاديمية الروسية للعلوم. لا تظهر في الخارطة الاحتياطيات المكتشفة والمستغلة سابقا للموارد المعدنية مثل مجموعة معادن النيكل والبلاتين في محيط نوريلسك في شمال غرب سيبيريا ومناجم الالماس الشهيرة في جمهورية ساخا - ياكوتيا في الشرق.

وأصحاب المهارة الذين يكون ناتج نشاطهم الانتاجي ليس "مجرد أشياء" بل استمرار بقاء الجنس البشري[١٤].

تبرهن سيبيريا أكثر من أي مكان آخر في العالم على أن العالم بحاجة إلى المزيد من البشر، وبالذات البشر الحاصلين على تعليم جيد ومن المثقفين الجريئين الذين جعلوا من العلوم السوفيتية قوة لا يستهان بها في القرن العشرين.

قال العبقري الكوني ديميتري مندلييف (Dmitri Mendeleyev) في آخر كتاب له في عام ١٩٠٦ أن عدد سكان روسيا ينبغي أن يكون ٥٠٠ مليون نسمة بحلول عام ٢٠٠٠ حتى تستطيع التطور. لكن عند انهيار الاتحاد السوفيتي في عام ١٩٩١ وبعد ثورات وحرب أهلية وحربين عالميتين وجميع أنواع العذابات التي عانتها روسيا خلال ٨٥ عام، لم يتجاوز عدد سكانه (الاتحاد السوفيتي) ٢٩٣ مليون: وكانت نسبة سكان الاتحاد الروسي من هذا العدد ١٤٨,٦ مليون نسمة. وانخفض عدد سكان روسيا بحلول عام ٢٠١٣ إلى ١٤٣,٥ مليون بعد أن انتعش قليلا من انتكاسته إلى ١٤١,٩ في عام ٢٠٠٩ [١٥]. وقد خسرت روسيا نسبة كبيرة من سكانها خلال ٢٠ سنة بسبب تزايد عدد الوفيات مقارنة بالولادات، بالرغم من تزايد الهجرة بسبب انتقال الروس من الجمهوريات السوفيتية السابقة إلى روسيا.

وعانت روسيا على العموم من هجرة العقول في التسعينات، إذ تعرض العلماء لخفض مفاجئ في تمويل مؤسساتهم العلمية وفي ذات الوقت لإغراءات الهجرة، حيث بدأ العديد من الشباب المتعلم يبحث عن حياة أكثر طمأنينة من الناحية الإقتصادية في الخارج. وبنفس القدر من التدمير وقعت عملية هجرة عقول داخلية في روسيا تمثلت بالنزوح الجماعي في التسعينات للشباب في سن الدراسة الجامعية إلى حقول تعليمية مثل الأعمال التجارية، بينما لم يتم تدريب جيل جديد من العلماء والمهندسين. وقد وصف رائد الفضاء جيورجي جريتشكو (Georgi Grechko) تأثير ذلك على قطاع الفضاء الروسي بقوله بصراحة في عام ٢٠١١ بعد فشل إطلاق مركبة الفضاء الروسية فوبوس جرانت إلى المريخ : "ماهي مشكلتنا الأساسية؟ هذا سر شائع بين جميع الاختصاصيين. إن أعضاء الفريق هم إما فوق الستين أو تحت الثلاثين من العمر. لا توجد هناك فئة عمرية وسط بين هاتين الفئتين. لقد خسرت صناعة الفضاء جيلا كاملا حينما كانت تصارع من أجل البقاء. كان العديد من الناس، ومعظمهم من الشباب النشيطين والنابغين، يبحثون عن دخل أعلى في أماكن أخرى."

لقد تعرض إقليم اقصى الشرق الفيدرالي بالذات لضربة قاسية جدا من ناحية عدد السكان ونوعية الوظائف. يقل عدد سكان الإقليم مليوني نسمة عما كان عليه في عام ١٩٨٩. إنخفض عدد السكان في الشرق الاقصى وشرق سيبيريا بنسبة ٢١٪ بين عامي ١٩٨٩-٢٠١٢. وهي خسارة صافية لـ ٣٠٠ ألف نسمة من مقاطعة بريمورسكي (المقاطعة البحرية) و ٢٣٠ ألف نسمة من منطقة آمور المتاخمة للصين. وتعتبر هاتان المنطقتان نموذجا معبرا عن المشكلة (الشكل ١١).

Courtesy of Dr. Sergei Cherkasov, RAS Vernadsky State Geological Museum.

تقع مدينة نوريلسك (في الصورة العليا) بسكانها البالغ عددهم 175,000 نسمة فوق خط الدائرة القطبية في مقاطعة كراسنويارسك. تقوم هذه المنطقة بانتاج ما يقارب 25% من كل انتاج العالم من النيكل و 44% من انتاج العالم من البالاديوم. في الصورة السفلى، عاصفة ثلجية عند احد حقول النفط.

لشكل 11

المقاطعات الفدرالية وبعض الاقاليم والمدن المنتخبة للاتحاد الروسي

تنتشر سيبيريا والتخوم الشرقية عبر ثلاث من المقاطعات الفدرالية الروسية: الاورال (2) وسيبيريا (3) واقصى الشرق(4). تبلغ مساحتها مجتمعة 13.1 مليون كيلومتر مربع، وبعدد سكان لا يتجاوز 38 مليون نسمة حسب احصاء عام 2010 (2.8 فرد لكل كلم مربع). وتعتبر المقاطعتان الواقعتان في الشرق من هذه المقاطعات الثلاث، بدون الاورال، الأقل سكانا بحوالي 25.6 مليون شخص. ويعيش 6.3 ملايين فقط في مقاطعة أقصى الشرق على مساحة من الاراضي تبلغ 6.2 مليون كلم مربع - أي بمعدل شخص واحد لكل كلم مربع. ويعيش في مقاطعة سيبيريا الفدرالية 19.3 مليون من السكان على مساحة 5.1 مليون كلم مربع، وبكثافة سكانية تبلغ 3.7 افراد لكل كلم مربع، ويعيش 3.6 مليون منهم في ثلاث مدن: اومسك (1.1 مليون) ونوفوسيبيرسك (1.5 مليون) وكراسنويارسك (1 مليون). وتعتبر مقاطعة الشمال الغربي (رقم 1) أيضا من المقاطعات القليلة السكان حيث يتواجد ميناءا ارخانجيلسك ومورمانسك. فاذا وضعنا مدينة سانت بطرسبيرج وسكانها الخمسة ملايين جانبا، فسيتبقى 8 ملايين نسمة يعيشون على مساحة 1.7 مليون كلم مربع الباقية (4.7 فرد لكل كلم مربع).

كانت من العوامل المهمة الي دفعت الناس إلى ترك هذه المناطق هي بتر الخدمات الاجتماعية والبنية التحتية بشكل جذري بعد أن كان الاتحاد السوفيتي أو الشركات الحكومية هي التي تمولها، وأيضا نهاية عهد النقل الميسور وإلغاء الدعم الحكومي لتذاكر السفر إلى أجزاء أخرى من روسيا.

كان جزء كبير من مصانع الشرق الأقصى السوفيتي تنتج سلعا ومواد للجيش، وتم إغلاق معظمها في التسعينات. وتم خفض تمويل صناعة السفن لأسطول صيد السمك والقوة البحرية في المحيط الهادئ. وثّق الفلم الوثائقي "الثورة الإجرامية الكبرى" للمخرج ستانيسلاف

جوفوروخين (Stanislav Govorukhin) في عام ١٩٩٤ ما جرى في المناطق الحدودية قرب الصين في العامين الأولين بعد انهيار الاتحاد السوفيتي: كان سواق الشاحنات ينقلون شحنات من المنتجات المعدنية التي تم سلبها من المنشآت الصناعية إلى الصين لبيعها هناك. كانت مجاميع من العاطلين عن العمل وزمر صغيرة من الأطفال تسلب القطارات. كما صور الفلم التناقض الفظيع بين الحالة المأساوية للمدن البحرية الروسية والمدن المزدهرة في الجانب الصيني من الحدود مثل مدينة سويفينهي في مقاطعة هايلونجيانج. حتى بعد ١٥ عام (في ٢٠٠٩) كان إقتصاد هذه المنطقة لا يزال راكدا - كان حوالي ١٠٠ ألف من سكان مدينة فلاديفوستوك البالغ عددهم ٦٠٠ ألف يشتغلون في "أهم" مجال للأعمال في المدينة، والمتمثل باستيراد وتصليح السيارات الكورية واليابانية المستعملة.

كان العديد من البائعين المتجولين الصينيين يعملون في المدن الروسية في أقصى الشرق في التسعينات. بدأ أكثر من ١٣٠ ألف عامل صيني من مقاطعة هايلونجيانج بالسفر إلى روسيا كعمال بأجرة يومية في مجال البناء والزراعة. لكن على الرغم من التقارير الإعلامية العجيبة والمبالغ فيها بغزو "ملايين الصينيين" للشرق الروسي الأقصى وأنهم "يعيشون في مستعمرات مستقلة في أعماق الغابات"، إلا أن التقديرات الرسمية الروسية تبين أن عدد الصينيين الذين يعيشون في روسيا اليوم يتراوح ما بين ٢٠٠-٤٠٠ ألف فرد.

لا تعتبر مسألة عبور الحدود بين الصين وروسيا مسألة جديدة بالنسبة للمواطنين الروس أو الصينيين، فقد كان الجزء الجنوبي من ما تسمى اليوم منطقة أقصى الشرق الروسي جزءا من الأراضي الصينية حتى منتصف القرن التاسع عشر، بينما بدأت روسيا ببسط نفوذها فيما بعد في شمال شرق الصين أثناء بناء سكة الحديد الصينية الشرقية (تشيتا - هاربن - فلاديفوستوك) في ممر استأجرته روسيا من الصين ابتداء من عام ١٨٩٨. كان الروس يمثلون أكبر مجموعة إثنية في هاربن الصينية في عام ١٩١٣، وكانوا لا يزالون يشكلون ثلث سكانها في عام ١٩٢١. بالمقابل، أظهر الإحصاء السكاني السوفيتي في عام ١٩٢٦ أن الصينيين يشكلون ٢٢٪ من عدد سكان فلاديفوستوك.

أما اليوم يفوق عدد المهاجرين من الجمهوريات السوفيتية السابقة في آسيا الوسطى عدد الصينيين الذين يعيشون في أقصى الشرق لأن مواطني آسيا الوسطى يتمتعون بحق دخول روسيا بدون تأشيرة ويبقون في أغلب الأحيان في روسيا بصورة غير قانونية ويعملون في مهن غير ماهرة بأجور قليلة جدا. وأشار رئيس الوزراء السابق بريماكوف في مؤتمر عقد في مارس ٢٠١٤ إلى أن ٦٠٪ من المهاجرين داخل روسيا والبالغ عددهم ١٢,٥ مليون متواجدون بصورة غير قانونية. وقال أن الإقتصاد الروسي يفقد ١١٧ مليار روبل (٣,٦ – ٤ مليار دولار) سنويا بسبب تشغيل الشركات الروسية لهؤلاء المهاجرين (غير المدونين في السجل الضريبي) في السوق السوداء للعمل بأجور تافهة جدا. وبالرغم من القيود التي فرضت على تشغيل العمالة الوافدة بين عامي ٢٠٠٣ و ٢٠٠٧ سجلت هيئة الهجرة الروسية ارتفاعا بنسبة ٥٠٪ في أعداد المهاجرين الوافدين إلى روسيا في ٢٠١١-٢٠١٣، وأغلبهم من كازاخستان وأوزبكستان وأوكرانيا حتى قبل أن يؤدي اندلاع الحرب الأهلية في أوكرانيا إلى هروب مئات الآلاف إلى روسيا.

حتى وإن كان موضوع دور الهجرة في تلبية الطلب على العمالة في سيبيريا والشرق الأقصى لا يزال موضع نقاش ساخن، إلا أن تركيبة المهاجرين الصينيين في روسيا قد تغيرت. فقد انتقد مسؤول سابق في مكتب الشرق الأقصى لهيئة الهجرة الروسية المعارضة الروسية الداخلية لهجرة الصينيين إلى روسيا، وقال: "في بداية التسعينات - حينما فتحنا مدينة فلاديفوستوك وكانت الصين لم تتطور إقتصاديا بعد - كان لدينا العديد من الصينيين الذين يعملون في البازارات الحدودية وينامون في عربات القطارات. لكن الآن عليك أن تدفع

Wikimedia Commons

كنيسة ايقونة ايفيرون المقدسة الارثودوكسية الروسية في مقاطعة هاربين الصينية، حوالي عام ١٩٠٠.

ألف دولار شهريا حتى تستطيع جذب عامل مختص من الصين. لقد وهبنا الله جارا مسالما ومجتهدا في عمله وراغبا في المشاركة في النشاطات الإقتصادية ذات المنفعة المتبادلة... مع ذلك نعيش في خوف من الصين!" ١٦

بالنسبة لأولئك الجادين في مسألة إعادة روسيا إلى عهد الصناعة وتنمية تخومها الشرقية لا يوجد بديل سوى السياسات الإقتصادية التي تدعم بناء الأسرة وسلوك منحى ديمغرافي إيجابي في الاتحاد الروسي ذاته. لكن في المدى القصير هناك حاجة للمهاجرين. ودعا ميخائيل فينوكوروف، عميد جامعة بايكال للعلوم الإقتصادية والقانون (في إركوتسك) في عام ٢٠١٣ إلى مضاعفة عدد سكان روسيا ليصبح ٣٠٠ مليون نسمة خلال مئة عام من الآن. بالنسبة للمستقبل القريب قال فينوكوروف "الشيء الصحيح الذي علينا فعله هو أن نجلب ٤٠ إلى ٥٠ مليون فرد إلى البلد للعمل فيه"، وفق برنامج هجرة جيد التنظيم. ووافقه في هذا الرأي الأكاديمي البارز في معهد الشرق الأقصى لأكاديمية العلوم الروسية ميخائيل تيتارينكو. وقال تيتارينكو في ذات المؤتمر الذي تحدث فيه بريماكوف في مارس ٢٠١٤، قائلا: "نحن بحاجة للمهاجرين إذا كنا نريد تنمية إقتصاد سيبيريا والشرق الأقصى". وناشد تيتارينكو هيئة الهجرة الروسية إلى أن تركز بشكل أقل على معاقبة اللاجئين غير الشرعيين وتركز أكثر على "خلق الظروف المحفزة للتعليم والاندماج الاجتماعي".

ويشير استطلاعان للرأي بشكل متناقض ومثير إلى أن مستقبل التخوم الشرقية لروسيا يعتمد على القرارات السياسية وليس على العوامل الموضوعية. انزعج كثيرون في صيف عام ٢٠١٢ من نتائج استطلاع للرأي أجرته مؤسسة (VTSIOM) وأظهر أن ٣٩٪ من سكان سيبيريا والشرق الأقصى سيهجرون تلك الأقاليم إن توفرت لهم فرصة القيام بذلك. وقالوا أن الأسباب التي تدفعهم إلى ذلك هي انخفاض الدخل وانعدام فرص نمو المستقبل المهني وعدم القدرة على امتلاك مسكن خاص ونقص الفرص التعليمية وغيرها من الخدمات لأطفالهم. لكن البروفيسور يوري تافروفسكي (Yuri Tavrovsky) أشار في العام الماضي إلى نتائج دراسات تشير إلى الاتجاه المعاكس تماما لكن من زاوية مغايرة: "أظهرت استطلاعات الرأي أن أكثر من ثلث سكان الجزء الاوربي من روسيا لديهم الاستعداد على أن ينتقلوا إلى الشرق إذا تم إطلاق مشروع وطني هناك، وإذا تم عرض أجور أعلى وفرصة الحصول على سكن خاص".

الممر هو الحل

U.S. Library of Congress, Proskudin-Gorskii Collection.

عامل تحويل سكك من جماعة البوريات المنغولية الاثنية يقف عند خط سكة الحديد السيبيرية، ١٩١٠

كان وزير المالية الروسي الكونت سيرجي فيته (١٨٤٩-١٩١٥) - قائد عملية بناء سكة الحديد السيبيرية، مدركا لهذا المبدأ المتفائل الذي عبر عنه استطلاع الرأي هذا. فقد ذكر هذا المبدأ في عبارته الشهيرة عن سكك الحديد التي تخلق "حالة اختمار ثقافية" (راجع الفصل الثاني من الجزء الثالث "طريق حرير الصين الجديد"). كان فيته يعلم أيضا أن التنمية على طول مسار سكة حديد إذا كانت مركزة على ممر على جانبي السكة فإنها ستغير معالم المنطقة والبلد كله. ففي النسخة الانجليزية لكتاب ألفته وزارة المالية الروسية تحت إشراف فيته للمساهمة به في المعرض الصناعي العالمي في شيكاغو في عام ١٨٩٣، كتب مؤلفو الكتاب أن سكة حديد سيبيريا "التي تخترق كل أراضي سيبيريا لمسافة ٧١١٢ فرست (verst وحدة طول روسية تساوي ١,٠٦٦٨ كلم) يحتضن منطقة واسعة جدا يتجاوز عرضها ١٠٠ فرست على كل جانب من جانبي السكة، ومساحتها الكلية هي مليون ونصف فرست مربع، أي أكبر من أي بلد في اوربا" ١٧.

وشدد مؤلفو الكتاب على أن فوائد سكة الحديد السيبيرية يستحيل قياسها بالمال، لأنها "ربما

لزمن طويل من الآن ستثبت أنها لا ترد أتعاب العمل بالمعنى الحرفي للكلمة" بل ستكون لها "فوائد لا يمكن إخضاعها لحسابات رياضية"، وأن "الحوافز القوية التي ستقدمها للتنمية الإقتصادية للبلد ستقود إلى خلق فروع جديدة من النشاطات الصناعية" [١٨].

إنّ مدنا مثل أومسك ونوفوسيبيرسك وكراسنويارسك، وهي مدن ازدهرت كنتيجة مباشرة لسكة الحديد السيبيرية، يبلغ سكان كل واحدة منها مليون نسمة اليوم. وصف الباحث الإقتصادي فيكتور سوسلوف من معهد الإقتصاد وتنظيم الانتاج الصناعي للفرع السيبيري لأكاديمية العلوم الروسية وزميل الأكاديمي الراحل جرانبيرج، وصف "التأثيرات المضاعفة" لسكة الحديد السيبيرية في جميع أرجاء جنوب شرق روسيا بوصفها "عظيمة بشكل غير متوقع". وكتب سوسلوف في عام ٢٠٠٨: "كلما تقاطعت السكة مع مجرى مائي في طريقها انتشر تأثيرها الطيب لمسافة ٦٠٠-٨٠٠ كلم في كل من الاتجاهين".

تظهر سكة الحديد السيبيرية بطبيعة الحال في العديد من الافكار المتقدمة حول ممرات التنمية في روسيا اليوم. إحدى هذه الافكار هي سيبستريم (Sibstream) (الشكل ١٢)، وهو مفهوم لبناء المدن وسكك الحديد عالية السرعة قام بتطويره في بداية هذه الألفية البروفيسور ايليا ليزافا (Ilya Lezhava) رئيس قسم بناء المدن في معهد الهندسة المعمارية الروسي في الاكاديمية الحكومية.

تم بحث أهمية وتأثيرات هذا المفهوم في تقرير صادر في عام ٢٠١٢ من "معهد الديمغرافيا والهجرة والتنمية الاقليمية" (IDMRD) بعنوان "سيبيريا: مركز روسيا الجديد، أو كيف سيصبح جنوب غرب سيبيريا مركزا إقتصاديا للكوكب". يشدد هذا التصميم، مثله مثل كل التصاميم الجيدة للتنمية في سيبيريا، على أن البنية التحتية للمنطقة لا ينبغي أن تكون مجرد أنابيب لنقل وتصدير النفط والغاز أو سكك حديد غرضها شحن الثروات المعدنية إلى

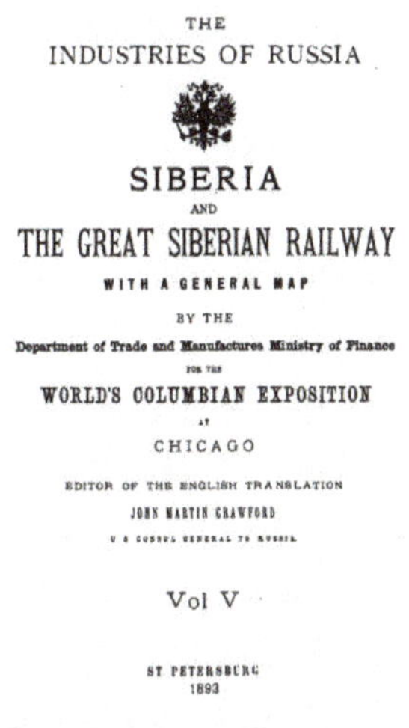
THE
INDUSTRIES OF RUSSIA
SIBERIA
AND
THE GREAT SIBERIAN RAILWAY
WITH A GENERAL MAP
BY THE
Department of Trade and Manufactures Ministry of Finance
FOR THE
WORLD'S COLUMBIAN EXPOSITION
AT
CHICAGO
EDITOR OF THE ENGLISH TRANSLATION
JOHN MARTIN CRAWFORD
U. S. CONSUL GENERAL TO RUSSIA
Vol V
ST PETERSBURG
1893

كتاب "سيبيريا وخط سكة حديد سيبيريا العظيمة" الذي حضره فريق عمل الكونت سيرجي فيته في وزارة المالية الروسية لتقديمه في المعرض الصناعي العالمي في شيكاغو عام ١٨٩٣. يذكر الكتاب انه من المستحيل قياس الفوائد التي انتجها ممر التنمية على طول مسار سكة الحديد السيبيرية بالمال.

الشكل 12

"المدينة الطولية" سيبستريم لانعاش المراكز العلمية في سيبيريا

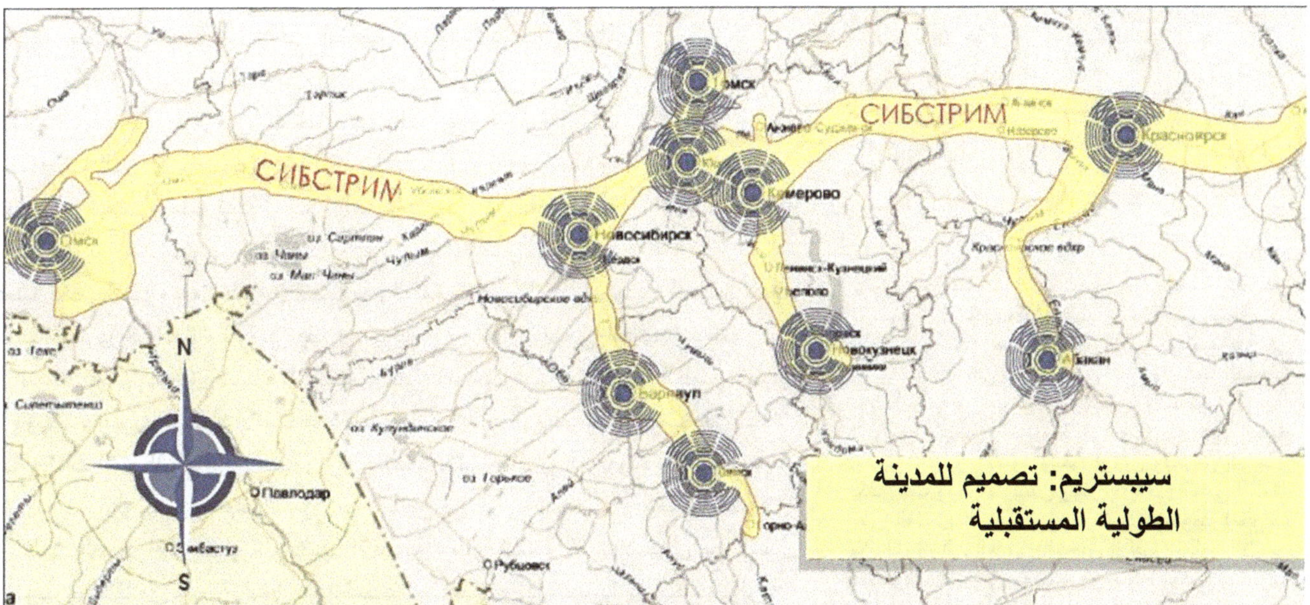

Siberia: The New Central Russia, or How the South of Western Siberia Will Become an Economic Center of the Planet, IDMRD, 2012

توضح هذه الخارطة البيانية المدينة المتمددة المقترحة التي تسمى "سيبستريم" والتي تتضمن سكة حديد عالية السرعة ضمن ممر سكة الحديد السيبيرية التي ستشكل عمودها الفقري، والتي صممها المهندس الروسي ايليا ليزافا. في هذا المخطط، تحدد مدينة سيبستريم بالحروف الحمراء داخل الممر الاصفر الممتد من الشرق الى الغرب. المدن الموجودة حاليا معينة بدوائر وهي تنتشر من الغرب الى الشرق على طول سكة الحديد السيبيرية وهي: اومسك ونوفوسيبيرسك ويورغا وكيميروفو وكراسنويارسك. وستتم اعادة تنمية المدن الاخرى وتحويلها الى مراكز جديدة لانتاج التكنولوجيا مثل مدينة تومسك شمال مدينة يورغا، والمدن الصناعية الى الجنوب من سكة الحديد السيبيرية - بارناول (صناعة المكائن والفحم) وبيسك (صناعات دفاعية) ونوفوكوزنيتسك (الفحم) واباكان (الصناعات الخفيفة).

الخارج: بل يجب أن يكون الناس قادرين على أن يعيشوا حياة سعيدة ومثمرة في هذه المناطق.

سيبستريم: مدينة طولية جديدة على طول خط سكة الحديد السيبيرية.

من المناسب جدا بناء مدينة طولية جديدة بالكامل من أومسك إلى نوفوسيبيرسك، ومتمركزة حول خط سكة قطارات عالية السرعة كفضاء جغرافي حضاري وإقتصادي مزدهر، على أرضية صلبة من البنى التحتية. هذه هي مدينة "سيبستريم" التي تم تطوير تصميمها على يد فريق مهندسين تحت إشراف الأكاديمي ايليا ليزافا.

ما ينبغي عمله في محيط سيبستريم في مواقع مناسبة هو ليس فقط بناء نسيج المناطق الحضرية على طول المسار الرئيسي، بل وأيضا القيام بعملية بناء كبيرة جدا لمدن جديدة (بؤر اتصال) من كل الأنواع: مدن تكنولوجية، ومدن جامعية، ومدن زراعية، ومدن علمية، ومدن صناعية، بالإضافة إلى مناطق ترفيهية واستجمام ومشافي، وسياحة ومناطق محميات طبيعية. إن المدينة المستطيلة الكبيرة قد تكون بديلا للنوع النمطي من التوسع الحضري في المدن الكبرى، فهي لا تستثني بل تستدعي التنمية الحضرية على أساس البنايات السكنية المنخفضة الارتفاع بقطع أرض (لحدائق فردية) ملاصقة لها، والتي ينبغي أن تصبح النموذج لكل روسيا. سيشجع ذلك على تشكيل مجتمع متناثر جغرافيا، لكن مجتمع موحد ومتكافل عمليا مكون من القادة والاختصاصيين ـ "طبقة تنموية". يجب على الاقل بناء مليون وحدة سكنية مستقلة في هذا الاقليم، لجذب أصحاب الاختصاص من كل أرجاء روسيا وتسريع تشكيل هذه الطبقة الاجتماعية بهدف رفع نسبة السكان في المنطقة إلى ١٢-١٤ مليون نسمة بحلول عام ٢٠٣٠.

الشكل 13

مقترح ممر التنمية العبر اسيوي من الشمال الى الجنوب

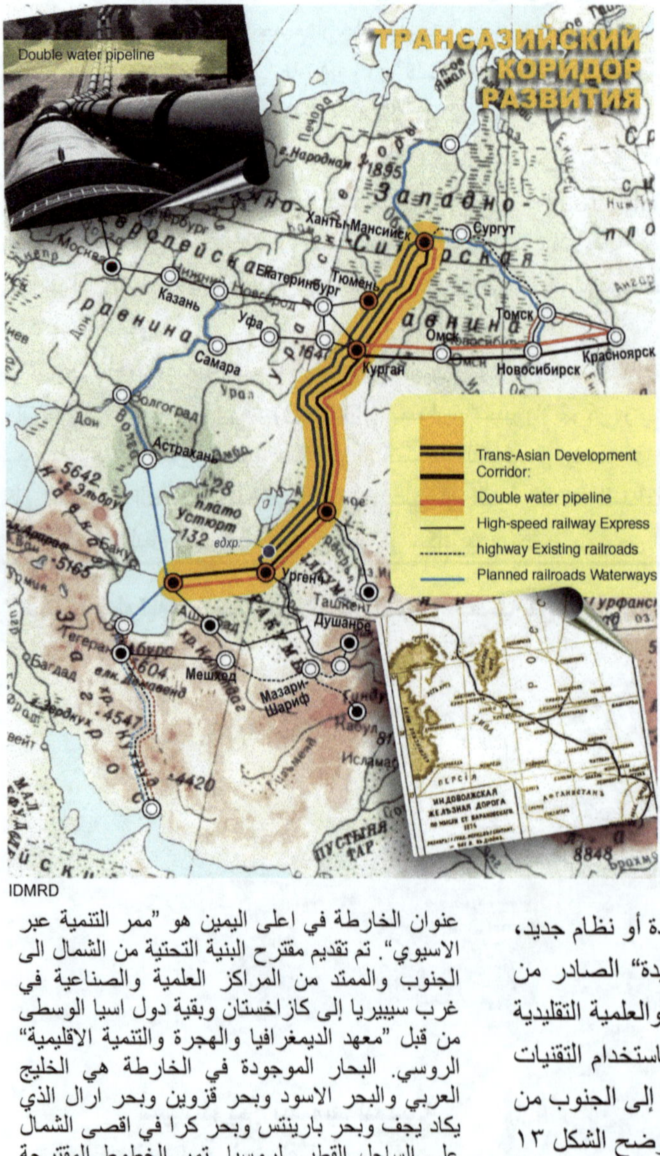

IDMRD

عنوان الخارطة في اعلى اليمين هو "ممر التنمية عبر الاسيوي". تم تقديم مقترح البنية التحتية من الشمال الى الجنوب والممتد من المراكز العلمية والصناعية في غرب سيبيريا إلى كازاخستان وبقية دول اسيا الوسطى من قبل "معهد الديمغرافيا والهجرة والتنمية الاقليمية" الروسي. البحار الموجودة في الخارطة هي الخليج العربي والبحر الاسود وبحر قزوين وبحر ارال الذي يكاد يجف وبحر بارينتس وبحر كرا في اقصى الشمال على الساحل القطبي لروسيا. تمر الخطوط المقترحة من الشرق الى الغرب (الخطين الافقيين باللون الاحمر والاسود) بالتوازي مع قسم من سكة الحديد السيبيرية في وسط غرب سيبيريا (اومسك ـ نوفوسيبيرسك ـ كراسنويارسك). تقع المحطة الجنوبية النهائية لهذا الممر في ميناء تركمانباشي في تركمنستان على ساحل بحر قزوين. يتضمن الممر انبوبا مزدوجا لنقل المياه من شمال سيبيريا الى بحر آرال.

بما أن العمود الفقري الذي سيحمل هذا المشروع سيكون سكك القطارات عالية السرعة على طول خط سكة الحديد السيبيرية، فإن إطلاق هذا المشروع سيخدم عملية تحديث سكة الحديد السيبيرية. ستفتح مدينة سيبستريم الطريق أمام تطوير وتنفيذ منهج روسي لبناء المدن، بالاستناد إلى عملية تخطيط مدروسة للتنمية الإقتصادية والديمغرافية حول فلسفة جديدة أو نظام جديد، أو كما يسميها ليزافا "قناة" للتوطين.يقترح "برنامج روسيا الوسطى الجديدة" الصادر من "معهد الديمغرافيا والهجرة والتنمية الاقليمية" إعادة بناء القدرات الصناعية والعلمية التقليدية لغرب ووسط سيبيريا كمحرك لإعادة بناء القدرة التصنيعية الروسية ككل باستخدام التقنيات المتقدمة وكذلك انتاج السلع الرأسمالية والبنى التحتية لتنمية البلدان الموجودة إلى الجنوب من روسيا ـ أمم آسيا الوسطى وأفغانستان (راجع الملحق في الجزء الخامس). يوضح الشكل ١٣ مفهوم "معهد الديمغرافيا والهجرة والتنمية الاقليمية" لممر التنمية عبر الاسيوي من الشمال إلى الجنوب إنطلاقا من منطقة الموارد والصناعة هذه في غرب سيبيريا إلى بحر قزوين.

شدّد رئيس أكاديمية العلوم الروسية يوري اوسيبوف (Yuri Osipov) ـ في تقرير تم نشره في شهر مارس عام ٢٠٠٧ حول الانجازات العلمية المهمة التي حققتها الاكاديمية في العام السابق ـ على خطة صناعية وعلمية وتكنولوجية وضعها معهد الإقتصاد وتنظيم الانتاج الصناعي للفرع السيبيري لأكاديمية العلوم الروسية لذات الإقليم السيبيري الجنوبي المركزي (الشكل ١٤).

كما أن المدير التنفيذي لشركة سكك الحديد الروسية، فلاديمير ياكونين، الذي يستمر في الترويج لفكرة بناء رابط مضيق بيرينج، وضع هو الآخر دراسة موجزة لممر يسميه "حزام تنمية عبرأوراسيوي". يتمركز الممر حول خط سكك حديد عالية السرعة على طول خط سكة الحديد السيبيرية خط بايكال - آمور الرئيسي، وتضاف إليه أنظمة نقل الطاقة والاتصالات ومدن جديدة و ١٠-١٥ منطقة صناعية جديدة، مشيرا إلى التأثير الإقتصادي المتموج الذي يشع من بناء سكك الحديد من خلال خلق الطلب على السلع الرأسمالية. استقبل مجلس رئاسة اكاديمية العلوم الروسية مسودة ياكونين التي اشترك في تأليفها إثنان من الباحثين في الأكاديمية، استقبالا حسنا في مارس ٢٠١٤ بعد أن قدمها ياكونين. وفي ٢٩ أكتوبر ٢٠١٤ أطلع رئيس أكاديمية العلوم الروسية فلاديمير فورتوف (Vladimir Fortov) الرئيس بوتين على خطة ياكونين باعتبارها واحدة من أربعة اقتراحات مقدمة من قبل الأكاديمية لتحقيق قفزة في الإقتصاد الروسي. بالرغم من أن ياكونين أشار بشكل هامشي في تقريره إلى "حزام تنمية أوراسيوي - أمريكي يربط آلاسكا بتشوكوتكا"، إلا أن فورتوف شدد بقوة على هذه المسألة في لقائه مع الرئيس بوتين، وفق التقارير الإعلامية الروسية التي وردت عن الاجتماع، حيث قال للرئيس بوتين أن "الفكرة تتمثل ببناء سكة حديد جديدة إلى جانب سكة الحديد السيبيرية لكن على اساس تكنولوجيا القطارات السريعة، ومن المرجح أن تستمر إلى تشوكوتكا وعبر مضيق بيرينج إلى القارة الأمريكية"، ولمح إلى أن هذا المشروع سيساعد على الاستيطان في سيبيريا وسيجعل عملية التنمية الصناعية فيها ممكنة.

الشكل 14

مخطط الاكاديمية الروسي للعلوم: المشاريع الاستراتيجية لغرب سيبيريا ومقاطعة كراسنويارسك (2006)

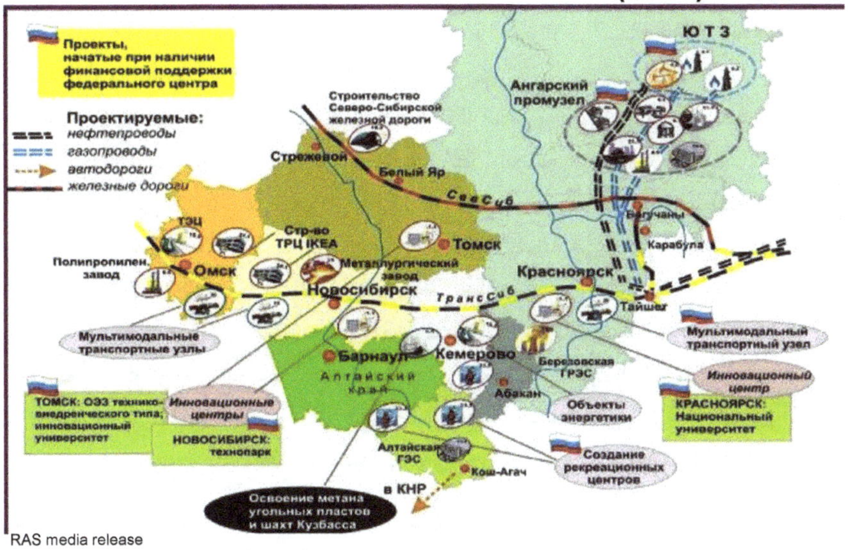

RAS media release

يبين هذا المخطط الذي وضعه الفرع السيبيري لاكاديمية العلوم الروسية المشاريع التي يمكن اطلاقها فورا في وسط غرب سيبيريا، اذا التزمت الحكومة الفدرالية بتنفيذها. المناطق ذات الالوان المختلفة هي مناطق تابعة لمقاطعة سيبيريا الفدرالية. تظهر اجزاء من سكة الحديد السيبيرية والخط الرئيسي بايكال - امور باللون الاسود والاصفر، بينما تتجه سكة الحديد الشمال سيبيرية (باللونين الاحمر والاسود) جنوب شرق جبال الاورال، متبعة المنحنى الذي يشكله نهر انجارا لترتبط بخط بايكال - امور. اما النقاط الحمراء على سكة الحديد السيبيرية فتشير الى مدن اومسك ونوفوسيبيرسك وكراسنويارسك (من الغرب الى الشرق) وتتبعها تايشيت حيث يفترق خط بايكال امور عن سكة الحديد السيبيرية، وحيث يبدا انبوب النفط الممتد الى المحيط الهادئ. وبشكل مشابه لاقتراح معهد الديمغرافيا والهجرة والتنمية الاقليمية (الشكل 12) فقد تم تحديد منشآت الطاقة والتكنولوجيا والجامعات ومراكز تنمية الموارد المستقبلية للمناطق الواقعة جنوب سكة الحديد السيبيرية، في حين سيكون المجمع الصناعي المقترح في انجارا مختصا بتنمية الموارد الطبيعية هناك. ويدل الخطان المنقطان على مسارات انابيب النفط والغاز.

وطرح الباحثان في متحف العلوم الجيولوجية، تشيركاسوف و روندكفيست هما أيضا رؤية للامكانيات الكامنة في سيبيريا من خلال ممرات التنمية باعتبارها العامل الأساسي في الاستغلال الامثل للموارد الطبيعية الجديدة. وتتطابق مواقع المناطق الغنية بالمعادن والتي وضعت أكاديمية العلوم الروسية خريطة لها (الشكل ١٠) مع مسارات سكك الحديد الموجودة أو تلك التي يخطط لها مثل رابط مضيق بيرينج وخطوط السكك في منطقة الاورال. وأشارا إلى أن المشروع العملاق "الاورال الصناعية - الاورال القطبية" يتضمن بناء سكة حديد تكلفتها ٢,٤ مليار دولار وطولها ١٠٠٠ كلم وتتجه شمالا من مدينة ايكاترينبورج، ومشاريع البنية التحتية للطاقة بتكلفة ٣,٥ مليار دولار.

إن مشروع "الاورال الصناعية - الاورال القطبية" هذا، ومختصره بالحروف الروسية (UP-UP) كان قد تم تصميمه على يد جرانبيرج وفريق من "مجلس دراسات القوى الانتاجية" لأجل التنمية الصناعية لمنطقة شمال جبال الأورال. تتمثل أهم مكونات المشروع من ٦٠ منجم جديد ومنشآت لتنقية ومعالجة الخامات، ومحطات توليد طاقة وسكك حديد جديدة. الفكرة الاساسية وراء المشروع هي أن الموارد المعدنية الموجودة في تربة هذه المناطق الشمالية لا ينبغي أن تكون لمجرد التصدير، بل لاستخدامها كمواد خام تدخل في النشاطات الصناعية القديمة التي يتم إحياؤها وصناعات جديدة في منطقة جنوب الأورال. حصلت الفكرة في عامي ٢٠٠٧-٢٠٠٨ على دعم وترويج بيوتر لاتيشيف وهو الممثل الرئاسي في المقاطعة الفيدرالية للاورال والتي تمتد من الدائرة القطبية حتى المدن المليونية ايكاترينبورج وتشيليابينسك

وتتضمن أيضا حقول النفط في غرب سيبيريا. وبعد أن نبه لاتيشيف وشركة (UP-UP) التي تم تأسيسها للإشراف على المشروع إلى أن مناطق قليلة جدا من هذه الأصقاع الشمالية قد تمت دراستها جيولوجيا لحد الآن، فإنهما يتوقعان أكتشاف احتياطيات كبيرة من الفحم وخام الحديد وخامات التيتانيوم والمنغنيز والذهب والبلاتين والكوارتز والنحاس والكروميوم والألومينا والتانتالوم ـ نيوبيوم والبينتونايت والأحجار الكريمة [١٩].

لقد تم تضمين خط سكة الحديد الرئيسية لهذا المشروع ـ وهي امتداد لخط ايكاترينبورج ـ بولونوتشنويا باتجاه الشمال إلى أوبسكايا (على الضفة الغربية لنهر اوب المقابلة لمدينة ساليخارد على الضفة الشرقية وفي بداية شبه جزيرة يامال الغنية بالغاز الطبيعي) تم تضمينه في "استراتيجية سكك الحديد الروسية ٢٠٣٠"، بالإضافة إلى خطي سكك حديد آخرين من مشروع (UP-UP). وهذان الخطان هما ممر بيلكومور (Belkomur) وممر بارينتسكومور (Barentskomur) وتأتي تسميتهما من المسارات التي يتبعانها انطلاقا من الاورال عبر جمهورية كومي في الجانب الغربي من جبال الاورال والآخر إلى ارخانجيلسك على البحر الأبيض وإلى ميناء ستتم توسعته في المستقبل عند إنديجا على بحر بارينتس (الشكل ٦). ستوفر هذه المسارات منفذا للتصدير باتجاه الغرب عبر اسكندنافيا، بالإضافة إلى الجزر البريطانية وحتى إلى أمريكا الشمالية، وشرقا باتجاه آسيا عبر الخط البحري الشمالي الممتد على طول الساحل القطبي الروسي.

لقد وجدت مسارات كل من ممر بيلكومور وسكة الحديد الصناعية سيفسيب (SevSib) على لوحة التخطيط منذ زمن بعيد. تمر سكة الحديد الأخيرة من من شرق الاورال وتستمر بمحاذاة نهر أنجارا وتتصل بخط بايكال ـ آمور الرئيسي. إذا تم ربط ممر بيلكومور وسيفسيب وبايكال ـ آمور من النهاية إلى النهاية كما هو موضح في المخطط على خارطتنا لشبكة الجسر البري العالمي (في الجزء الأول) فإنها تتعقب كامل مسار سكة الحديد الروسية الشمالية الكبرى (أو خط شمال سيبيريا الرئيسي) وهو خط قُطري من الشمال الغربي إلى الجنوب الشرقي لسكة الحديد الأوراسيوية التي اقترح بناءها في ١٩٢٨ صاحب المخيلة الاستراتيجية أليكساندر بوريسوف (١٨٦٦-١٩٣٤). بوريسوف الذي كان فنانا وسافر في المياه القطبية مع الكونت فيته في عام ١٨٩٤ ورسم لوحات فنية للمناظر الطبيعية واستكشف الجزر القطبية الروسية، قضى الجزء الأخير من حياته يصمم سكك الحديد. كان يفترض أن تمتد سكة الحديد الشمالية الكبرى لمسافة ١٠ آلاف كلم من مورمانسك على شبه جزيرة كولا في أقصى الشمال الغربي لروسيا إلى مضيق تاتار على الضفة المقابلة لجزيرة ساخالين في المحيط الهادئ.

Russian Presidential press service

يظهر الجنرال الراحل فلاديمير بوبوفكين، الذي كان يتراس وكالة الفضاء الروسية (روسكوسموس) في الصورة وهو يشرح للرئيس بوتين تفاصيل محطة الفضاء الجديدة كوزمودروم فوستوتشني اثناء زيارة الاخير لموقع العمل في اقليم امور في ١٢ ابريل ٢٠١٣. من اليسار الى اليمين: وزير التنمية لمقاطعة الشرق الاقصى فيكتور ايشاييف، و وزير الدفاع سيرجي شويجو، وحاكم منطقة امور اوليغ كوزيمياكو، والرئيس بوتين، ونائب رئيس الوزراء ديميتري روجوزين.

ممر لمركز فضائي؟

أعطى الرئيس بوتين في آخر عام ٢٠٠٧ إشارة الانطلاق لبناء مركز إطلاق مركبات الفضاء في مقاطعة آمور. سيكون مركز الفضاء فوستوتشني (Cosmodrome Vostochny) ويعني "مركز الفضاء الشمالي" أول منشأة من هذا النوع على الأراضي الروسية تكون قادرة على تنفيذ عمليات إطلاق مركبات فضائية تحمل الأقمار الصناعية إلى

مدارات ثابتة حول الأرض، وغيرها من المهمات الفضائية التي لا تزال روسيا تستخدم لتنفيذها المركز الفضائي بايكونور في كازاخستان منذ العهد السوفيتي. إستمر بوتين من موقعه كرئيس للوزراء في ٢٠٠٨-٢٠١٢ في دعم مشروع "مركز الفضاء الشمالي" بالرغم من الضغوط المالية على الميزانية العامة لخفض مثل هذه النفقات. وعندما احتد الجدل حول جدوى بناء هذا المركز اقترح "معهد الديمغرافيا والهجرة والتنمية الاقليمية" جعل هذا المركز نقطة ارتكاز "لعنقود من الصناعات الفضائية" وممرا لصناعات التكنولوجيا المتقدمة من مدينة اوجليجورسك (Uglegorsk) إلى مدينة كومسومولسك على نهر آمور، وهي مدينة صناعية قرب نهاية خط سكة حديد بايكال - آمور الرئيسي (الشكل ١٥). تم عرض فكرة ممر مركز الفضاء هذه في مؤتمر معهد شيللر المنعقد في سبتمبر ٢٠٠٧، من خلال ورقة قدمها رئيس مجلس مستشاري "معهد الديمغرافيا والهجرة والتنمية الاقليمية" يوري كروبنوف (Yuri Krupnov) الذي كان يشغل أيضا منصب مستشار لمسؤولين حكوميين في شرق روسيا[٢٠] . يقع بالقرب من مدينة اوجليجورسك مركز الفضاء العسكري سفوبودني (Cosmodrome Svobodny) الذي كان يتم تفكيكه وإغلاقه حينها. دعا "معهد الديمغرافيا والهجرة والتنمية الاقليمية" إلى الاحتفاظ بالموظفين العسكريين أصحاب المهارة الذين كانوا يعملون في مركز فضاء سفوبودني ويسكنون في اوجليجورسك وإعادة توظيفهم باعتبارهم نواة القوة العاملة في المنطقة، وفي ذات الوقت التشجيع على "الهجرة الداخلية" لجذب المزيد من الناس من غرب روسيا والجمهوريات السوفيتية السابقة. هكذا يمكن أن يصبح المشروع نموذجا لإعادة التوطين في سيبيريا والشرق الأقصى وخلق فرص العمل الماهرة في القطاع الصناعي.

الشكل 15

ممر التنمية المقترح من اوجليجورسك الى كومسومولسك على نهر امور

IDMRD

في عام 2007 وحينما كان يتم اتخاذ قرار بناء محطة الفضاء كوزمودروم فوستوتشني في ذات موقع اطلاق الصواريخ العسكري، كوزمودروم سفوبودني، اقترح معهد الديمغرافيا والهجرة والتنمية الاقليمية بناء ممر من المدينة العسكرية اوجليجورسك الى كومسومولسك على نهر امور، وهي مدينة تحتضن مصانع كبرى للطائرات والسفن قرب نهاية خط بايكال - امور الرئيسي. تبين الخريطة موقع الممر بالنسبة للصين وكذلك بالنسبة للمدن العشر الرئيسية في مقاطعة الشرق الاقصى الفدرالية.

كان من بين الأهداف المحددة للفكرة ما يلي:

- رفع عدد سكان منطقة آمور بإضافة ١٧٥٠٠٠ فرد خلال خمسة أعوام ليصل العدد إلى مليون نسمة، ورفع الكثافة السكانية من ٢,٤ فرد للكيلومتر المربع إلى ٢,٨ أو ٣ أفراد للكيلومتر المربع مقارنة بـ ٨٠ فرد لكل كيلومتر مربع في الضفة المقابلة لنهر آمور في المقاطعة الصينية هايلونجيانج.

- خلق عشرات الآلاف من فرص العمل الماهرة في العناقيد الإقتصادية المتمحورة حول صناعة استكشاف الفضاء وصناعة المكائن وبناء البنية التحتية للنقل والطاقة وصناعات الأخشاب وانتاج فول الصويا.

- توليد أكثر من ٣٠ ألف فرصة عمل ماهرة وعلى الأقل ٦٠ ألف فرصة عمل شبه ماهرة في شركة كومسومولسك لصناعة الطائرات ومرافئ صناعة السفن في نفس المدينة لإسناد صناعة فضاء متكاملة من ناحية الإنتاج والخدمات

المرتبطة بالمركز الفضائي. سيساهم هؤلاء العمال وعوائلهم في مضاعفة عدد سكان كومسومولسك ليصل عددهم إلى ٥٠٠ ألف نسمة.

عرّف تقرير "معهد الديمغرافيا والهجرة والتنمية الاقليمية" هذا الممر بوصفه "منصة للتنمية الصناعية لإقليم الشرق الأقصى على أساس الابتكار". ولأن مسار الخط من اوجليجورسك إلى كومسومولسك على نهر آمور يستمر باتجاه جزيرة ساخالين والمحيط الهادئ، فإن الممر سيكون حافزا لتحديث خط بايكال ـ آمور الرئيسي وسيكون امتداده الطبيعي متمثلا بنفق أو جسر عبر مضيق تاتار إلى جزيرة ساخالين. سيؤدي النمو الصناعي المتوقع في الخطة المقترحة إلى زيادة الطلب في منطقتي آمور وخاباروفسك على إنشاء مصانع الفولاذ وغيرها من المعادن، ويقود هذا الأمر بدوره إلى تطوير احتياطي خامات الحديد في جارين (Garin) في إقليم آمور لتوفير المواد الخام.

ووصف تقرير "معهد الديمغرافيا والهجرة والتنمية الاقليمية" مشروع سفوبودني باعتباره "يحتل موقعا مناسبا جدا ليلعب من خلاله دورا أساسيا في تنمية الإقليم كله ومن هناك لتنمية كل الجسر البري الأوراسيوي" بسبب قربه من البنى التحتية للنقل الموجودة بين الشرق والغرب. يمر الطريق السريع الفيدرالي تشيتا ـ خاباروفسك على بعد مئات الأمتار فقط من مدينة أوجليجورسك، أما سكة الحديد السيبيرية فلا تبعد سوى كيلومتر واحد منها. ويقع الخط الرئيسي بايكال ـ آمور على مسافة ٢٢٠ كلم إلى الشمال. كما توجد بالقرب منها ثلاثة مطارات، ويمر أنبوب النفط الجديد بين شرق سيبيريا والمحيط الهادئ من هنا، بالإضافة إلى خطوط نقل الطاقة الكهربائية من محطتين لتوليد الطاقة الكهرومائية، ووجود ميناء لشحن البضائع على نهر زيبيا مما يوفر منفذا إلى بلاغوفيتشينسك وغيره من الموانئ على نهر آمور.

وفقا للمشروع الذي تم تبنيه بالفعل وبدأ العمل على بنائه في عام ٢٠١١، سيتم إكمال مركز الفضاء فوستوتشني بين عامي ٢٠١٦-٢٠١٨. ويفترض أن يتم الإطلاق التجريبي لأول مركبة من هذا المركز في آخر عام ٢٠١٦. وقرر الرئيس بوتين بعد زيارة ميدانية قام بها للمركز تعيين نائب رئيس الوزراء ديمتري روجوزين (Dmitri Rogozin) مسؤولا لتعويض شهرين من التأخير في الجدول الزمني لإكمال المشروع. كما أمر بمضاعفة عدد الموظفين والعمال في المشروع البالغ عددهم ٦٠٠٠. يتضمن مركز الفضاء فوستوتشني منشآت انتاج منصة الإطلاق ذاتها، مثل مصانع انتاج الوقود السائل للصواريخ. كما يتم بناء مدينة تتسع لثلاثين ألف شخص، وستمتد حول مدينة اوجليجورسك. سيطلق على المدينة إسم "تسيولكوفسكي" (Tsiolkovsky) تكريما لإسم أحد أول رواد الفضاء الروس. كما يخطط لبناء مراكز بحوث وأكاديمية للعلماء الشباب ومركزا لتدريب رواد الفضاء.

لم يتم لحد الآن تبني فكرة "معهد الديمغرافيا والهجرة والتنمية الاقليمية" لبناء ممر يمتد إلى كومسومولسك على نهر آمور. وقد انخفض عدد العاملين في "جمعية صناعة الطائرات" في كومسومولسك على نهر آمور التي تصنع طائرات سوخوي المقاتلة وتعتبر أهم شركة منتجة للطائرات في روسيا، انخفض من ١٧ ألف عامل في ٢٠٠٧ إلى ١٣,٥٠٠ عامل في ٢٠١١. أما مصنع السفن الشهير في آمور (مرفأ سفن لينين كومسومول سابقا) الذي كانت تصنع فيه الغواصات النووية فقد أوشك على الإفلاس في عام ٢٠٠٩ بعد حادثة صناعية خطيرة وخضوع مدير الشركة السابق لتحقيقات بتهم الفساد.

"التوجه نحو الشرق"

Wikipedia

الجسر المعلق الجديد من مدينة فلاديفوستوك الى جزيرة روسكي الذي تم افتتاحه في يوليو ٢٠١٢ قبيل انعقاد قمة دول آسيا والمحيط الهادئ التي استضافتها روسيا على تلك الجزيرة.

بدأ "توجه روسيا نحو الشرق" حتى قبل فرض الولايات المتحدة والاتحاد الاوربي العقوبات الإقتصادية على روسيا في ٢٠١٤. كانت مقالة الرئيس بوتين التي نشرها في فبراير ٢٠١٢ حول السياسة الخارجية أثناء حملة الانتخابات الرئاسية تحمل عنوانا فرعيا يقول "تنامي دور منطقة آسيا والمحيط الهادئ" بالإضافة إلى المقالة التي كتبها ونشرت في صحيفة ازفيستيا في أكتوبر ٢٠١١ تحت عنوان "برنامج تكامل جديد لأوراسيا" التي أعلن فيها عن خطط تأسيس "الاتحاد الإقتصادي الأوراسيوي"، وكانت هذه الافكار التي كتب عنها بوتين معالم واضحة في السياسة الخارجية الجديدة لروسيا بعد الحقبة السوفيتية[٢١]. حتى قبل ذلك بمدة طويلة، وفي عشية اجتماع منظمة التعاون الإقتصادي لآسيا والمحيط الهادئ (APEC) في بروناي عام ٢٠٠٠، وهي أول قمة للآبيك يحضرها بوتين بعد انتخابه رئيسا لروسيا، وضع بوتين أفكاره في مقالة عنوانها "روسيا بلد أوراسيوي" وتم نشرها في وسائل إعلام جميع الدول الأعضاء. ودعا بوتين في منتدى آبيك إلى بذل الجهود على مستوى عالمي لجسر الهوة في التنمية الإقتصادية بين الشمال والجنوب. وشدد على أهمية الاستثمارات الاسيوية في البنية التحتية في روسيا وخاصة في سيبيريا والشرق الأقصى، وعلى قدرة روسيا على تصدير السلع الرأسمالية وليس المواد الخام فقط. وأعلن بوتين أن العلوم الروسية ستساهم في التنمية الأوراسيوية، وأشار إلى التعاون المحتمل في مجال إطلاق المركبات الفضائية وخدماتها وتقنيات الطاقة النووية ودورة وقود نووي آمنة[٢٢].

كما أن النشاطات الدبلوماسية الشخصية التي قام بها بوتين عبر زياراته المتكررة إلى الصين والهند في عام ٢٠٠٠ و ٢٠٠١ والعودة إليهما في عام ٢٠٠٢ عبرت عن فكرة "المثلث الاستراتيجي" التي أعلن عنها بريماكوف في نيودلهي في عام ١٩٩٨.

Russian Government

رئيس الوزراء (في ذلك الحين) فلاديمير بوتين يقود سيارة لادا على الطريق السريع في امور عام ٢٠١٠، مباشرة بعد اكتمال العمل في الخط السريع العابر لسيبيريا بين خاباروفسك وتشيتا. بدا العمل في محطة الفضاء الجديدة التي تقع على مقربة من هذا الخط السريع في العام التالي. يمر الطريق عبر مدينة بيلجوجورسك وهي من محطات سكة الحديد السيبيرية وهي المحطة الشمالية لشبكة الطرق السريعة الاسيوية على الطريق (AH31) والممر ٤ في "مبادرة تومين"، حيث يستمر الاثنان لمسافة ١,٤٣٧ كيلومتر الى الصين لغاية ميناء داليان على البحر الاصفر.

أما من ناحية السياسات المحلية، فإن الرئيس بوتين وعدد من رؤساء الوزراء المتناوبين حاولوا عكس مسار نمط السياسات السائد في التسعينات، عندما كان "النمو" - يقاس بمعايير نقدية - مُركزا بشكل كبير في العاصمة موسكو، بينما تدهورت وضعية الأقاليم النائية. وتم وضع برنامج فيدرالي هادف للتنمية الإقتصادية والاجتماعية في منطقة "ترانس بايكال" وإقليم أقصى الشرق في عام ٢٠٠٤ تحت إشراف وزارة التنمية الأقليمية. وكان هذا البرنامج الذي وضع قبل سنين عديدة ينتظر التطبيق منذ التسعينات. وفي عام ٢٠٠٧ أسست الحكومة الروسية لجنة حكومية خاصة بتنمية هذه الأقاليم. ترأس هذه اللجنة رئيس الوزراء في حينه ميخائيل فرادكوف، الذي تجول في الأقاليم الشرقية وروج للأهمية الاستراتيجية لتطوير البنى التحتية للنقل فيها، ونشّط الحركة الدبلوماسية مع دول الجوار مثل اليابان حيث سعى إلى تعزيز الاستثمارات والتجارة مع إقليم الشرق الأقصى.

شهد عام ٢٠٠٧ التزاما مشتركا بين الصين وروسيا بالتعاون في مناطقهما الشرقية. كما جاء قرار الشروع ببناء مركز فضاء فوستوتشني في ذلك العام. وبدأ تشييد إنبوب النفط بين شرق سيبيريا والمحيط الهادئ (ESPO) في عام ٢٠٠٦. وخلق هذا المشروع الذي بلغت كلفته ٤٢,٨ مليار روبل (١,٥ مليار دولار تقريبا) ٦٠٠٠ فرصة عمل في قمة نشاطه قبل إكمال العمل في خطه الرئيسي الواصل إلى ميناء بالقرب من فلاديفوستوك في عام ٢٠١٠، ومد فرع منه إلى شمال شرق الصين في عام ٢٠١٢. كان أنبوب النفط هذا ينقل في بداية تشغيله ١٥ مليون طن متري من النفط إلى الصين سنويا (٣٠٠ ألف برميل يوميا). ويخطط لرفع قدرة الانبوب إلى مليون برميل يوميا في عام ٢٠١٦ و ١,٦ مليون برميل في

عام ٢٠٢٥. ويندرج مشروعا مركز الفضاء وأنبوب النفط في قائمة مشاريع الاستثمارات الكبرى التي تم تحقيقها في أقاليم الشرق الاقصى وبايكال خلال العقد الأول من القرن الحادي والعشرين وتتضمن:

- تشييد خط أنابيب النفط (ESPO).

- بناء البنية التحتية لاستضافة مؤتمر آبيك في عام ٢٠١٢، وتضمن ذلك بناء أول جسر إلى جزيرة روسكي القريبة من الطرف الجنوبي لشبه جزيرة فلاديفوستوك حيث عقد المؤتمر. تم تحويل مقرات المؤتمر بعد القمة إلى حرم جامعي لجامعة الشرق الأقصى الفيدرالية.

- تعبيد طريق "آمور" ليصبح جزءا من الطريق السريع العابر لسيبيريا بين تشيتا وخاباروفسك.

- انتاج طائرة سوخوي النفاثة (Sukhoi Superjet-١٠٠) متوسطة المدى في مصنع سوخوي في مدينة كومسومولسك على نهر آمور (بدء انتاج النموذج الأول في عام ٢٠٠٤، وأول رحلة طيران ٢٠١١).

- حفر أساسات مركز الفضاء فوستوتشني.

ومن مشاريع الطاقة الأخرى في الشرق الاقصى مشروع خط أنبوب الغاز الطبيعي بين جزيرة ساخالين وخاباروفسك وفلاديفوستوك الذي تم افتتاحه في سبتمبر ٢٠١١ والذي بنته وتديره شركة الغاز الروسية الحكومية العملاقة جازبروم. تعمل شركة جازبروم منذ عام ٢٠٠٥ مع وزارة الإقتصاد والتجارة والصناعة اليابانية لزيادة صادرات الغاز المسال إلى اليابان التي تعتبر أكبر مستورد للغاز المسال في العالم عن طريق بناء محطة تسييل الغاز والتصدير في فلاديفوستوك. أصبحت فكرة زيادة حصة شركة جازبروم في السوق العالمية للغاز الطبيعي المسال لا تقاوم بسبب التوجه نحو استغلال السياسة "اللانووية" الكارثية لليابان بعد أن أدى تسونامي عام ٢٠١١ إلى إعطاب المحطة النووية في فوكوشيما. ووقعت وزارة الطاقة الروسية ووزارة الإقتصاد والتجارة والصناعة اليابانية في يونيو ٢٠١٢ على مذكرة تفاهم حول مشروع فلاديفوستوك للغاز المسال، والذي يتوقع منه أن ينتج ١٥ مليون طن متري (٢٠,٧ مليار متر مكعب من الغاز الطبيعي المسال) سنويا.

لقد كانت مشاريع التعدين في سيبيريا والشرق الأقصى هدفا لاستثمارات كارتيلات المعادن المتمركزة في لندن والكومنولث البريطاني منذ التسعينات. تتبع معظم استثمارات هذه المصالح في البنية التحتية لغرض استغلال الموارد الطبيعية المعدنية الروسية وتصديرها للخارج نموذج "استراتيجية النهب والشحن إلى الخارج بأسعار رخيصة" وهي السياسة التي حذر منها لاروش في عام ٢٠٠١ باعتبارها الاستراتيجية التي يجب اعتراضها عبر "استراتيجية فيرنادسكي". فعلى سبيل المثال تسيطر المصالح الأجنبية على ١٥٪ إلى ٢٠٪ من صناعة الذهب الروسية وتملكها كارتيلات كبرى مثل كينروس جولد كورب (Kinross Gold Corp.) الكندية. وتباهى المدير التنفيذي لشركة ترانسيبيريان جولد لمتد، وهي شركة أصغر قليلا ومملوكة بنسبة ٣١٪ للشركة العملاقة أنجلوجولد أشانتي (وهي من فروع المصالح المقربة من التاج البريطاني) بأن شركته "دخلت إلى روسيا من تحت الرادار" (خلسة -

المترجم) بعد أنهيار الأسواق في عام ١٩٩٨ والتقطت أراضي في كامتشاتكا ووادي نهر ينيسي قرب كراسنويارسك وحققت أرباحا لا بأس بها في مناجم الذهب السيبيرية التي تملكها.

بينما أصبحت بعض الموارد تحت السيطرة الأجنبية، توجد هناك أيضا شركات روسية بالأسم لكنها تندرج تحت ظاهرة "قراصنة البحر الكاريبي" التي برزت في فترة الخصخصة ـ وهم أصحاب المليارات الذين برزوا فجأة بعد استيلائهم على الصناعات الروسية وسجلوها كشركات في ملاجئ الأوفشور للتهرب الضريبي. فشركة بوليوس جولد (Polyus Gold) ـ وهي أكبر شركة انتاج ذهب في روسيا وضمن قائمة أكبر عشرة شركات في العالم ـ مسجلة في جزيرة بيلويك في جيرسي البريطانية إحدى جواهر التاج البريطاني من جزر القنال، ومدرجة في بورصة لندن، بالرغم من الضغوط التي تمارس عليها لإعادة التسجيل في روسيا[٢٣] .

Russian Emergencies Ministry

اجبر فيضان نهر امور في صيف عام 2013 حوالي 36,000 من سكان المنطقة على النزوح من 8,000 منزل غمرتها المياه في منطقة امور، وتم اخلاء ما مجموعه 120,000 من سكان عموم المنطقة. كما غمرت المياه ثلاثة الاف منزل وعمارة يسكن فيها 35,000 شخص في مقاطعة خاباروفسك. ودمر الفيضان في طريقه الجسور والطرق والمحاصيل الزراعية. اما في المقاطعات الثلاثة لحوض نهر امور الواقعة في داخل الصين فقد تضرر 60,000 منزل وتم اخلاء 840,000 من سكانها وغمرت المياه 787,000 هكتار من الاراضي الزراعية.

وقامت شركة الفولاذ الخاصة ميتشيل (Mechel) باستثمار ٢,٥ مليار دولار بين عامي ٢٠٠٨-٢٠١١ لتبدأ في عمليات التعدين في حقل فحم إيلجا الضخم في ياكوتيا، بتمويل من بنك (VEB) الحكومي الروسي و "بنك التنمية الأوراسيوي" الذي أسسته روسيا وكازاخستان في عام ٢٠٠٦. يملك شركة ميتشيل، التي نتجت عن خصخصة ودمج شركة فحم جنوب كوزباس بمصنع الفولاذ في تشيليابينسك، رجل الأعمال إيجور زيوزين (Igor Zyuzin) عبر ثلاثة شركات قابضة مقرها قبرص. تم البدء باستخراج فحم الكوك ذي النوعية العالية في عام ٢٠١١ وبدأت المبيعات في عام ٢٠١٢ بعد أن استثمرت شركة ميتشيل ١,٢٥ مليار دولار في بناء سكة حديد خاصة بنقل الفحم فقط طولها ٣٢١ كلم لربط إيلجا بخط سكك بايكال ـ آمور الرئيسي. (بحلول عام ٢٠١٤ حاولت الشركة التي أوشكت على الإفلاس بيع سكة الحديد هذه لشركة سكك الحديد الروسية).

باستثناء مشاريع الطاقة والتعدين الموجهة نحو التصدير، بقي المسؤولون الروس يبحثون عن نموذج قابل للنجاح لتنمية إقاليم الشرق الأقصى لسيبيريا.

أصبح حاكم منطقة خاباروفسك، الذي شغل ذلك المنصب مدة طويلة، فيكتور ايشاييف (Victor Ishayev) مبعوثا رئاسيا لإقليم الشرق الأقصى في عام ٢٠٠٩. كان إيشاييف حاصلا على شهادة الدكتوراه في العلوم الإقتصادية بالإضافة إلى كونه مهندسا وصاحب خبرة طويلة كمدير لمصنع ألمنيوم وصاحب قدرة قيادية من النمط القديم. ترأس إيشاييف عملية وضع مسودة لتقرير لعرضه في نوفمبر عام ٢٠٠٠ على الاجتماع التأسيسي للمجلس الفدرالي (لحكام الأقاليم)، ودعا إلى اتخاذ إجراءات إقتصادية موجهة من قبل الحكومة لإعادة إطلاق قطاع الصناعات الروسي بعد عقد من التدمير[٢٤] . شارك جلازييف وجرانبيرج في صياغة تقرير إيشاييف.

اشتكى إيشاييف في آخر عام ٢٠١١، من أن البرامج الفدرالية في أقصى الشرق لم تحصل سوى على ٢١٪ من الأموال المخصصة من قبل الدولة. وحذر في العام التالي من أن الاستثمارات الفدرالية في الإقليم ستجف قريبا بعد إكمال المشاريع المرتبطة باجتماع قمة آبيك ومشروع خط أنابيب النفط (ESPO). وأعرب عن قلقه من عزل الشرق الأقصى عن بقية روسيا إقتصاديا، مشيرا إلى أنه في غضون ٢٠ عام فقط انتقل الإقليم من توريد ٧٥٪ من انتاجه إلى بقية أجزاء روسيا إلى ٢١٪ فقط. كانت وجهة نظر ايشاييف هي "أن الشرق الأقصى لن ينمو إقتصاديا سوى عبر الاستثمارات الحكومية في المشاريع الكبيرة".

وانضم ايشاييف إلى رئيس شركة سكك الحديد الروسية ياكونين في عام ٢٠١٠ لتقديم خطة كلفتها ٤٠٠ مليار روبل (حوالي ١٣ مليار دولار) لرفع قدرة خط سكك بايكال ـ آمور الرئيسي وجعله مزدوج المسارات. وروج ايشاييف لبناء الرابط بين جزيرة ساخالين والبر الروسي (راجع الجزء الأول، شبكة الجسر البري العالمي)، وهو المخطط الذي وضعه "المجلس الروسي لدراسة القوى الانتاجية" في عام ٢٠٠٨. وقال ايشاييف أن بناء جسر إلى ساخالين يمكن ويجب أن يبدأ في عام ٢٠١٦.

وأخبر بوتين الشعب الروسي حينما كان رئيسا للوزراء في آخر صيف ٢٠١٠ أثناء جولة في سيبيريا والشرق الأقصى لافتتاح مشروع انبوب النفط الروسي الصيني وليقود بنفسه سيارة على الطريق السريع المفتوح حديثا بين خاباروفسك وتشيتا ويزور موقع مركزالفضاء فوستوتشني، أخبر الشعب الروسي بأن الحياة الإقتصادية تتمحور حول المشاريع الكبرى.

في السنة الأولى من تقلد بوتين منصب الرئاسة مجددا في عام ٢٠١٢، أثارت التحضيرات لقمة أبيك في فلاديفوستوك نقاشا وطنيا حول الكيفية التي ينبغي أن تسير بها سياسة المشاريع الكبرى أو أي بديل لها بالنسبة لسيبيريا والشرق الأقصى. حتى قبل التصويت في الانتخابات الرئاسية في شهر مارس كانت الدوائر الحكومية تناقش فكرة طرحها وزير الطوارئ سيرجي شويجو (Sergei Shoygu) ـ حليف بوتين المقرب ومن مواليد جمهورية تيفا الواقعة على الحدود مع منغوليا ـ لتأسيس "شركة حكومية لتنمية الشرق الأقصى". وأثارت عبارات وردت في المقترح مثل "فتح خزائن الثروة في سيبيريا" ريبة الكثير من الناس وفتحت الباب أمام جدل عام حول ما إذا كان هذا الكيان الحكومي الجديد سيقلد ممارسات النهب لشركة الهند الشرقية البريطانية أو سيقلد سياسات بناء الأمة التي انتهجها الرئيس الأمريكي فرانكلن ديلانو روزفيلت في الولايات المتحدة مثل مشروع وادي تينيسي. أعلن الرئيس بوتين في مايو ٢٠١٢ عن تأسيس وزارة جديدة بدلا من الشركة. وتولى ايشاييف منصب وزير تنمية الشرق الأقصى، بينما حافظ على موقعه باعتباره مبعوثا رئاسيا. لكن بحلول شهر ديسمبر كان بوتين ينتقد الوزارة لافتقارها إلى الأفكار الجديدة.

في عشية انعقاد قمة أبيك، أصدر منتدى فلاداي (Vladai Discussion Club) المرموق تقريرا بعنوان "نحو المحيط العظيم" مستخدما التعبير الروسي التاريخي لوصف المحيط الهادئ[٢٥]. واعترف التقرير "بحدوث النقلة غير المسبوقة في التاريخ بحجمها وسرعتها لمركز الثقل الإقتصادي والسياسي في العالم إلى آسيا الجديدة، أو بشكل أكثر دقة إلى شرق وجنوب شرق آسيا والهند". وقال التقرير أن "روسيا لم تتمكن لحد الآن من المشاركة" في عملية التنمية الآسيوية هذه، لأنها "معاقة بسبب تخلف بنيتها التحتية وإقتصادها غير المتطور ووضعها الديمغرافي" بالإضافة إلى السياسات العقيمة "المركزة على اوربا". لكن في ذات الوقت طرح منتدى فلاداي حجة واهية أصبحت في وقت قصير شائعة الاستخدام، إذ شدد على أنه لن تنجح أية "استراتيجية تنمية شاملة لسيبيريا والشرق الاقصى الروسي" لأن مثل هذه البرامج "تعتمد على الدولة" وتكون حتما غائصة في وحل الفساد.

ثم جاءت الفيضانات المدمرة لنهر آمور في عام ٢٠١٣، وتبعتها إستقالة إيشاييف المفاجئة من منصبيه الوزاريين في الشرق الأقصى. وتولى اليكساندر جالوشكا (Alexander Galushka) هذه المناصب الوزارية. وجالوشكا كان رجل أعمال شاب لا تتجاوز خبرته في الاقتصاد تقييم الأملاك العقارية. وأعلن الرئيس بوتين في خطابه أمام المجلس الفيدرالي في ختام عام ٢٠١٣ استراتيجية تنمية الشرق الأقصى باعتبارها من أوليات الاستراتيجية الوطنية للقرن الواحد والعشرين.

وبدأ جالوشكا بالترويج لطريقة جديدة منسجمة مع تقرير منتدى فلاداي وسماها "النموذج

السنغافوري". وتقترح خطة جالوشكا أن المناطق الخاصة المسماة (TOR)، وتعني "مناطق التنمية ذات الأولوية"، ستجتذب المستثمرين الروس والأجانب عبر محفزات مثل البنية التحتية التي توفرها الدولة وإعفاءات ضريبية وبضمنها فترة سماح مدتها ١٠ سنين لا يدفع فيها المستثمرون ضريبة القيمة المضافة التي نسبتها ١٨٪. وتتسلح الخطة بحجة أن نجاح هذه المناطق الخاصة هو الذي سوف يجر من ورائه بقية مناطق شرق روسيا نحو التنمية. بعد عام من ذلك كانت وزارة تنمية الشرق الأقصى قد وضعت مسودات تشريعات - لم تقر بعد - لمناطق (TOR) ووضعت مجموعة من المقترحات تم اختيار ١٤ منطقة وفقها لتتم تنميتها بحلول عام ٢٠٢٠ و١٨ مشروع جاهزة للانطلاق. تهدف مناطق (TOR) إلى بيع المنتجات المصنعة بدلا من بيع المواد الخام كليا في أسواق آسيا والمحيط الهادئ. ووفق حسابات قدمها جالوشكا للرئيس بوتين في أغسطس عام ٢٠١٤ يفترض أن يجتذب إنفاق الدولة لما قيمته ٣٤٥ مليار روبل[٢٦] (٨٩ مليار على المناطق الخاصة و ٢٥٦ مليار على المشاريع) حوالي ترليون روبل من استثمارات الشركات الخاصة الروسية والأجنبية في هذه المناطق، و ٢,٥ ترليون روبل آخرى في المشاريع.

لقد تم تقديم خطط هذه المناطق الإقتصادية الخاصة للمستثمرين الصينيين واليابانيين وغيرهم طوال عام ٢٠١٤. وأثارت هذه الخطط تساؤلات جدية في الداخل والخارج، ابتداء من فكرة المقارنة بين سنغافورة والشرق الروسي بسبب الفارق الشاسع بين الإثنين: فسنغافورة مركز مالي عالمي يقع على أكثر خطوط النقل البحري كثافة في العالم، كما أن الكثافة السكانية في سنغافورة تبلغ ٧٦١٥ فرد لكل كيلومتر مربع بينما لا تتجاوز الكثافة السكانية في الشرق الروسي فردا واحدا لكل كيلومتر مربع وفي سيبيريا ٣,٥ فردا (الشكل ١١) وتفصل بين مراكزها السكانية مساحات شاسعة جدا. على هذا الأساس تقع ٧ من المناطق الإقتصادية الخاصة على الساحل واثنتان في المدن الكبيرة في منطقة خاباروفسك، وخمسة فقط في المناطق الداخلية. أما بالنسبة للمشاريع الثمانية عشرة ذات الأولية، فتسعة منها هي مشاريع مجمعات استخراج معادن ومعالجتها، واربعة مشاريع تصنيع أغذية، وميناءان ومشروعا غاز ونفط ومشروع واحد للأسمدة الكيمياوية. أما "كبار المستثمرين" في المشاريع الذين يرد ذكرهم فهم: شركة النفط الحكومية روزنيفت وعدة شركات مملوكة لطبقة "الرأسمالية الاوليجاركية" التي ظهرت في التسعينات - بالإضافة إلى شركتي بوليوس جولد وميتشيل المذكورتان أعلاه، وسيبور (للغاز الطبيعي) ومجوعة سوما (Summa Group) وهي شركة اتصالات ولوجستيك قابضة يملكها زيافودين ماغوميتوف، وشركة إنترميتالز للتعدين وذراع مجموعة رينوفا التي يملكها فيكتور فيكسيلبيرج[٢٧] (Victor Vekselberg).

كما تشعر الشركات الصغيرة والمتوسطة في الشرق الأقصى بالقلق من تأثير هذه المناطق الإقتصادية الخاصة لأن العقود المتوفرة فيها ستفوز بها الشركات الكبرى. وعلى الرغم من أن الشركات الروسية الكبيرة العاملة في هذه المناطق الخاصة لا تستطيع منافسة المنتجين الآسيويين الكبار، ولكن بما أن نفقاتها تنخفض بنسبة ٢٠-٣٠٪ بفضل الحوافز الضريبية وغيرها من التسهيلات التي تقدمها هذه المناطق، فإنها قادرة على التغلب بكل سهولة على الشركات المحلية. وهذا ما حذر منه مدير غرفة التجارة والصناعة في المنطقة البحرية ديميتري تساريوف في مقابلة مع الموقع الأخباري (PrimaMedia.ru)، إذ يخشى تساريوف أن اللوائح التنظيمية المنفصلة للمناطق الإقتصادية الخاصة قد يجعل منها "دولا داخل الدولة" بحيث تكون معفية من اتباع اللوائح القانونية والمراقبة المحلية. وأخبر الخبير الإقتصادي الياباني دايسوكي سايتو الذي جال في ثلاثة من هذه المناطق على الساحل الشرقي في أكتوبر ٢٠١٤، أخبر ذات الموقع الاخباري أن الحكومة اليابانية تؤمن أكثر بأن المشاريع الناجحة في روسيا تعتمد على العلاقات الجيدة مع الحكومات الاقليمية وليس على الحوافز الضريبية.

لكن المدافعين عن هذه المناطق الإقتصادية الخاصة يشيرون إلى نجاح المناطق الإقتصادية الخاصة في الصين، بالإضافة إلى سنغافورة. أما نائب وزير التنمية في الشرق الاقصى ماكسيم شيرايكن فيعرض على المستثمرين الصينيين فرصة الدخول الى الطابق الأرضي والمساهمة في تصميم البنية التحتية للمناطق الإقتصادية الخاصة.

لكن مجلة إكسبرت (Expert) الإقتصادية الرائدة في روسيا لاحظت أن استخدام المثال الصيني للمناطق الإقتصادية الخاصة أمر غير منطقي، ليس فقط بسبب الاختلافات الهائلة في الكثافة السكانية، بل وأيضا لأن الصين ذاتها قد تركت هذه الفكرة منذ زمن وتوجهت توجها آخر: "إن تجربة دول آسيا والمحيط الهادئ التي تبنت نموذج التصدير في مرحلة ما قد برهنت على أن ذلك يقود إلى الاتكالية على الدول المستوردة. لقد حدث هبوط في الإقتصاد الصيني بسبب اعتماده على الإقتصاد الأمريكي والاوربي. نتيجة لذلك، حولت الصين الآن تركيزها إلى زيادة الطلب الداخلي". واستنتج الباحثون في معهد دراسات الشرق الأقصى في الأكاديمية الروسية للعلوم من ناحيتهم أن البرنامج الصيني الجبار لبناء سكك الحديد عالية السرعة هو أكبر قوة تغييرية في الإقتصاد الصيني وليس المناطق الإقتصادية الخاصة.

كسر حاجز "النقود"

إن العائق الأكبر أمام تنمية سيبيريا هو ليست غابات التايغا أو العواصف الثلجية أو التربة دائمة التجمد، بل النظام النقدي. إن المفارقة الكبرى وحالة التناقض التي تسود في الاقتصاد الروسي نابعة من هذه المشكلة. فعادة ما يعلن الرئيس بوتين في خطاباته عن نيته تحرير روسيا من الاتكال على تصدير المواد الخام وإعادة الشركات الروسية من مناطق الاوفشور وفتح صناعات جديدة وتنمية التخوم السيبيرية عبر المشاريع الكبرى. لكن هذه الأهداف تبقى أسيرة لقواعد وممارسات أفتى بها العالم الغربي ونظامه المالي الأطلسي الذي أفلس الآن، والتي لا تزال المؤسسات الإقتصادية الروسية الكبرى متمسكة بها إلى الآن. لكن بعد فرض العقوبات الإقتصادية على روسيا في عام ٢٠١٤ قد تنفك العقدة التي تسببها هذه السياسة الهجينة.

بداية من عام ١٩٩٢، كبتت الحكومات النيوليبرالية الروسية إصدارات النقد والائتمانات، باسم محاربة التضخم. واستمر وزير المالية بين عامي ٢٠٠٠-٢٠٠١ أليكسي كودرين (Alexei Kudrin) في اتباع هذه السياسة. وتم منذ عام ٢٠٠٤ حبس عائدات الضرائب من انتاج وتصدير النفط والغاز إلى نسبة معينة من اجمالي الناتج المحلي عن الإقتصاد الحقيقي وتم وضعها في "صندوق الإستقرار" [المالي] حيث كانت تستثمر في سندات الدول الأجنبية. ووصلت خزينة الصندوق إلى ٣,٨ ترليون روبل (١٥٧ مليار دولار) في عام ٢٠٠٨، حينما تم تقسيم الصندوق إلى قسمين: "صندوق احتياطيات" بنفس الممارسات السابقة، و "صندوق الرفاهية العامة" الذي أصبح مخصصا لدعم نظام التقاعد.

حينما ضربت الأزمة المالية العالمية روسيا مجددا في عام ٢٠٠٨، خاصة بسبب انهيار أسعار النفط، جيشت الحكومة "صندوق الاحتياطيات" وما تملكه روسيا من احتياطيات عملة أجنبية بلغت ٦٠٠ مليار دولار لإنقاذ الشركات الحكومية والخاصة التي كانت مثقلة بالديون الخارجية. دعا كودرين إلى سياسة مالية أكثر صرامة في الداخل وفرض سياسة "ماستريخت كونية" لمنع الدول من "العيش فوق مستوى ما تملك"! وبالرغم من أن "معاهدة ماستريخت" القاتلة للإستثمارات الحكومية أجبرت دول الاتحاد الاوربي على أن لا يتجاوز عجز ميزانياتها أكثر من ٣٪، إلا أن بوتين ذهب إلى أبعد من ذلك ووقع في فخ الفكرة القائلة بأن عدم وجود

عجز في الميزانية على الإطلاق وابقاءه في مستوى الصفر هو من الأهداف الواجب تحقيقها في عام ٢٠١٥. ترك كودرين منصبه في عام ٢٠١١، لكن الحكومة الروسية تبنت قاعدة جديدة وأكثر صرامة للميزانية، وتم وضع مسودتها من قبل خليفة كودرين وزير المالية أنتون سيلوانوف. أصبح مستوى عجز الانفاق الحكومي الآن ١٪ من اجمالي الناتج المحلي، ولكن بالإضافة إلى ذلك وجب تحويل عوائد النفط والغاز - إذا تجاوزت التقديرات المبنية على معدل خمس سنين من سعر النفط - إلى "صندوق الاحتياطيات"، أما إذا حصل نقص في العوائد تحت تلك التقديرات فيجب تعويض ذلك النقص من خلال خفض الانفاق في ميزانية الدولة.

ما يحصل في ظل هذه السياسات هو أن المشاريع الكبرى قد توضع على الأجندة، لكن عادة ما ترفع منها مجددا. لقد تم تجميد العديد من مخططات التنمية الاقليمية مثل مشروع (UP-UP) وجسر أو نفق مضيق تاتار إلى جزيرة ساخالين - وهو المشروع الذي أراد له ايشاييف ان يبدأ في عام ٢٠١٦. لكن مع كل ذلك حصل اختراق مهم في يونيو عام ٢٠١٣ عندما أعلن الرئيس بوتين أن أموالا من "صندوق الرفاهية العامة" الوطني سيتم إطلاقها لتمويل أهداف مشاريع البنية التحتية ذات الأولوية. فقد ذكر الرئيس بوتين في أثناء خطابه أمام "منتدى سانت بطرسبيرج الإقتصادي الدولي" (SPIEF) أنه سيتم استثمار نصف الأموال الموجودة في الصندوق - ٤٥٠ مليار روبل (١٥ مليار دولار) في ذلك الوقت - في مشاريع داخل روسيا. وذكر بوتين ثلاثة من هذه المشاريع:

> "ماهي هذه المشاريع؟ الأول هو خط سكة حديد قطارات عالية السرعة بين موسكو وكازان. سيكون هذا مشروعا تجريبيا للمسار الذي سيرتبط بالاقاليم الإقتصادية في الفولغا والمنطقة المركزية والأورال. ثانيا، سيتم بناء طريق محوري مركزي من الأساس وسوف يلتف حول إقليم موسكو وموسكو الجديدة. سيغير هذا الطريق الدائري المركزي حركة النقل واللوجستيات بشكل جذري في الشطر الأوربي من روسيا، ويساعد على ربط الأقاليم المركزية في البلد ببعضها البعض ويفتح فرصا جديدة للتنمية... بالنسبة للمشروع الثالث فإنا سنقوم بتحديث خط سكة الحديد السيبيرية ونرفع طاقتها التحميلية... سيلعب خط سكة حديد مباشر عبر كل أوراسيا دور الشريان بين أوربا ومنطقة آسيا والمحيط الهادئ. وسيعطي ذلك دفعة قوية لتنمية الشرق الأقصى وسيبيريا".

لكن في نهاية عام ٢٠١٣ تم إبطال قرار الرئيس لإعطاء إشارة الانطلاق لمشروع موسكو - كازان لسكة الحديد عالية السرعة عبر "قاعدة استقرار الميزانية"، إذ أبلغ وزير المالية سيلوانوف الرئيس بوتين في اجتماع في سبتمبر حول الميزانية أن وزارة المالية اقترحت توفير ٥٧ مليار روبل عن طريق تأجيل تمويل المشروع لغاية عام ٢٠١٦. وفي نوفمبر أجلت الحكومة طرح مناقصة لمرحلة تصميم المشروع التي كانت مقررة لشهر ديسمبر برغم تقديم شركتين اوربيتين لطلبات أولية.

إن شركة سكك الحديد الروسية بالرغم من أهميتها لمشاركة روسيا في الجسر الارضي العالمي، إلا أنها محاصرة بين دفتي هذه السياسة الإقتصادية الهجينة التي تخلط النوايا العظيمة للتنمية مع القواعد النقدية. تم تأسيس الشركة في عام ٢٠٠٣ تحت قيادة المدير التنفيذي ياكونين بعد فصل الجزء الروسي عن منظومة سكك الحديد السوفيتية التي كانت وزارة حكومية توظف ٢,٥ مليون شخص في عام ١٩٩١. تمت حماية شركة سكك الحديد الروسية، مثل شركة جازبروم، من الخصخصة الكلية والتامة باعتبارها شركة مملوكة حكوميا و "احتكار طبيعي"، لكن تبقى سياسة تخصيصها دارجة. وتوافقا مع ممارسات الكومنولث

البريطاني بانتزاع أجزاء من شركات البنية التحتية الحكومية أثناء عملية الخصخصة، كان على شركة السكك الروسية أن تبيع شركة الشحن التابعة لها (Freight One) بين عامي ٢٠١١-٢٠١٢. وذهبت حصة مقدارها ٧٥٪ إلى الملياردير فلاديمير ليسين (Vladimir Lisin)، وهو من الجيل الأول من الذين أثروا أنفسهم في التسعينات ومن أقطاب صناعة الفولاذ الذي يدير أكبر أرصدته - وهو مصنع الفولاذ (NLMK) - عبر شركة قابضة في قبرص وعبر شركاته الأخرى من المنطقة الحرة البريطانية في جبل طارق. ويتحكم ليسين من خلال عربات قطارات الشحن لشركته (Freight One) بربع خدمات الشحن في روسيا التي كانت جزءا مربحا من نشاطات شركة سكك الحديد الروسية.

في عام ٢٠١٢ قام المستشار في الكرملين أركادي جوركوفيتش والذي سيصبح قريبا نائبا لرئيس الوزراء بوضع ٢٥٪ من حصص شركة سكك الحديد ذاتها على قائمة الأصول الحكومية المراد خصخصتها، في حملة خصخصة كبرى جديدة. قاوم ياكونين موعد تنفيذ ذلك، ثم وضعت قائمة الخصخصة كلها على الرف بسبب الظروف الإقتصادية والسياسية العالمية. لقد عانت شركة سكك الحديد من انحدار كبير في حجم البضائع المشحونة بسبب الركود الإقتصادي وانتقال العديد من الزبائن بسبب ارتفاع أسعار الشحن على سكك الحديد نحو الشحن البعيد بواسطة الشاحنات على الطرق الروسية التي لم تكن مبنية لهذا النوع من الأنشطة الثقيلة. ولمنع أسعار بطاقات سفر الركاب من الإرتفاع بسرعة أكبر مما هو مسموح قانونيا، تعتمد خدمة نقل المسافرين لشركة سكك الحديد على الدعم الحكومي، والذي قال ياكونين عنه هذا العام أنه لم يصل إلى نصف ما هو مطلوب. وذكرت وسائل الإعلام الروسية في أكتوبر ٢٠١٤ أن شركة سكك الحديد قد تضطر إلى إنفاق الأموال المخصصة لتحديث سكة الحديد السيبيرية وخط بايكال - آمور الرئيسي في دعم أسعار التذاكر.

Sakha.gov.ru

احتفل العمال والموظفون في عام ٢٠١١ بتقدم العمل في بناء سكة حديد بيركاكيت - توموت - ياكوتسك، وهي جزء من الخط الرئيسي امور - ياكوتسك، والذي سينطلق منه رابط مضيق بيرينج. اقيمت احتفالية "المسمار الذهبي" في نوفمبر ٢٠١٢، وتم نقل اول شحنة بضائع في عام ٢٠١٤. مثله مثل الخط الرئيسي بايكال - امور، يتكون خط امور ياكوتسك من مسار واحد وتعمل قطاراته بوقود الديزل فقط. ولم يتم بناء جسر عبر نهر لينا الى مدينة ياكوتسك التي يسكن فيها ٢٧٠,٠٠٠ شخص، والتي هي عاصمة مقاطعة جمهورية ساخا - ياكوتيا. تدعو أكثر الخطط تفاؤلا الى جعل هذا الخط مزدوج المسارات ومكهرب بقطارات عالية السرعة.

تؤدي هذه الضغوطات بشكل مستمر إلى عرقلة بناء مشاريع جديدة. لقد تم إنجاز القليل من المشاريع المهمة لتوسيع سكك الحديد في استراتيجية الشركة لعام ٢٠٠٧، كما هو موضح في الشكل ٦:

- خدمة القطارات السريعة موجودة الآن بين نيزني نوفوجورود وموسكو وسانت بطرسبيرج وهلسنكي في فنلندا، وإن كانت على سكك تشترك فيها مع قطارات من أنواع أخرى وليست مخصصة فقط للقطارات السريعة.
- تم تمويل سكتين لقطارات الشحن من قبل شركات أخرى مثل شركة جازبروم والأخرى ميتشيل التي مولت سكة قطار إلى منجم فحم.

الخط الرئيسي بين آمور وياكوتسك (AYaM) يبدأ العمل جزئيا بحلول عام ٢٠١٤، لكنه يصل فقط إلى محطة واقعة عبر نهر لينا وليس إلى مدينة ياكوتسك ذاتها، بسبب سحب التمويل الحكومي لمشروع جسر فوق نهر لينا مجددا في خريف عام ٢٠١٤.

- تجري حاليا عملية تحديث سكة الحديد السيبيرية بين ميزدوريتشينسك (حقول الفحم في وسط سيبيريا) ونقطة التفرع مع خط بايكال - آمور الرئيسي عند مدينة تايشيت، لكن معدل سرعة قطارات الشحن الروسية قد هبط إلى أقل من ١٠ كيلومتر في الساعة (عام ٢٠١٢).

وحذر فلاديمير بيتروفسكي الخبير في معهد دراسات الشرق الأقصى في الأكاديمة الروسية للعلوم في عام ٢٠١١ من أن معدل بناء خط آمور ياكوتسك الرئيسي (AYaM) هو ١٢-١٥ كلم في العام، وعلى هذا الأساس سيتطلب وصول السكة إلى مضيق بيرينج ٢٠٠ عام، بالرغم من أن روسيا قبل أكثر من مئة عام انجزت من بناء سكة الحديد السيبيرية بمعدل ٥٦٠ كلم في العام. ونجح ياكونين أثناء مشادة كلامية مفتوحة في اجتماع لمناقشة الاستثمارات في سبتمبر ٢٠١٤ بحضور الرئيس بوتين، في تفادي طلب تقدم به جالوتشكا لتحويل قسم من أموال صندوق الرفاهية العامة المخصصة لتحديث سكة الحديد السيبيرية وخط آمور بايكال إلى تمويل بناء مناطق إقتصادية خاصة في الشرق.

ومثلها مثل معظم الشركات الروسية، تلجأ شركة سكك الحديد إلى الاقتراض من الخارج لمعالجة مشكلة شح التمويل والائتمانات في الداخل. (وصلت الديون الخارجية للشركات الروسية في عام ٢٠١٤ إلى ٦٥٠ مليار دولار، وهو أعلى من المستوى الذي كانت عليه في أثناء أزمة عام ٢٠٠٨). كانت محفظة ديون شركة سكك الحديد الروسية قد بلغت في وسط عام ٢٠١٤ إلى ٦٠٥ مليار روبل (حوالي ١٨ مليار دولار)، وكانت ٣٧٪ منها ديونا بالعملة الأجنبية. تتضمن هذه الديون ١٧٥ مليار روبل في هيئة سندات بنية تحتية خاصة والتي بدأت الشركة بإصدارها في عام ٢٠١٣ بعد الحصول على موافقة الحكومة. وقد غازلت المصالح المالية الأجنبية روسيا وشركة سكك الحديد الروسية بالذات لتدفعها للقبول بفكرة التمويل عبر نموذج الشراكة بين القطاع العام والخاص (Public-Private Partnership -PPP) وقدم خبراء إقتصاد من "منتدى المستثمرين" (LTIC) - وهي منظمة شكلتها مجموعة من البنوك الاوربية الكبرى التي تدعو إلى أجندة خضراء لمشاريع ذات كثافة تدفق طاقة منخفضة مثل مراوح الهواء لتوليد الطاقة - محاضرات في روسيا حول الحاجة إلى جمع واستثمار صناديق مالية جديدة باستخدام أموال صناديق التقاعد وصناديق الثروة السيادية وأصول التأمينات، مدعين أنه في الإقتصاد العالمي المعولم والمثقل بالأزمات اليوم لا تستطيع الحكومات والبنوك التجارية تقديم الإئتمانات طويلة الأمد بعد الآن. إن ما يفضح كون هذا النموذج للشراكة العامة والخاصة بعيدا كل البعد عن عملية حصول القطاع الخاص على عقود ثانوية التي كانت تمارس على سبيل المثال عبر شركة تمويل إعادة الإعمار في الولايات المتحدة في الثلاثينات، هو أن المروجين لها يعدون الناس بأرباح ربوية على سندات المشاريع[٢٨] . قد تكون هذه الأدوات المالية مرتبطة بالبنية التحتية، نعم، لكنها مصممة بشكل رئيسي لضمان تدفق مدخول نقدي من مستخدمي البنية التحتية إلى جيوب المستثمرين بالإضافة إلى ضمان الحكومة لهذه العوائد للمستثمرين. وهذه عملية احتيال واضحة حيث يتحمل "العام" المخاطر ويأخذ "الخاص" الأرباح.

سيرجي جلازييف، الخبير الاقتصادي ومستشار الرئيس بوتين

وكانت الجلسة الافتتاحية لمؤتمر صيف عام ٢٠١١ حول مشروع مضيق بيرينج واستضافته حكومة جمهورية ساخا في ياكوتيا تتمحور حول الشراكة العامة - الخاصة باعتبارها الطريقة الناجحة للحصول على التمويل. وركزت الجلسة التي ترأسها مسؤول من شركة "ماكنزي أند كومباني" على التشريعات المطلوبة لتمكين ذلك، مثل تشريع قانون إقليمي جديد حول الشراكة العامة - الخاصة لخلق حوافز للاستثمارات الخاصة. وفي منتدى سانت بطرسبيرج لعام ٢٠١٣، استمعت جلسة نظمتها شركة سكك الحديد الروسية لآراء إقتصاديين من "منتدى المستثمرين" (LTIC) وخطاب افتتاحي ألقاه أحد كبار مدراء شركات البنى التحتية الخاصة، دامين رونالد سيسين من صندوق ماكاري رينيسانس للبنية التحتية[٢٩] (Macquarie Renaissance).

فيكتور ايفانوف مدير وكالة مكافحة المخدرات الفدرالية الروسية

لكن روسيا تمتلك في واقع الحال الاقتراحات البديلة الصحيحة التي يمكنها أن تتبناها لتمويل تنميتها الإقتصادية. إذ وقع نزاع في ربيع عام ٢٠١٤ داخل الحكومة الروسية بين

وزير المالية سيلوانوف وخطه التقشفي المالي الصارم ووزير التنمية الإقتصادية أليكسي اوليوكاييف على خلفية القرار الذي اتخذه الرئيس بوتين في عام ٢٠١٣ لاستخدام موارد "صندوق الرفاهية العامة الوطني" لزيادة إنفاق الدولة في المشاريع الإقتصادية.

في خضم هذا الصدام بين نوعين مختلفين لكن ينتمي كلاهما إلى المنظومة النقدية، برز إلى السطح إقتراح قدمه الأكاديمي جلازييف ونشرته الصحيفة الإقتصادية فيدوموستي، ويتعلق بإجراءات لحماية الإقتصاد الروسي في وجه العقوبات الإقتصادية المفروضة على روسيا. وتنطوي خطة جلازييف ذات الخمسة عشر نقطة على تصعيد سياسة بوتين المعلنة بنقل الأموال الروسية من مناطق الاوفشور، وتشدد على إمكانية توليد ائتمانات جديدة تشرف عليها الدولة، وتوجيهها نحو الاستثمارات الإقتصادية الحقيقية[٣٠]. أما المبادرة الواعدة الآخرى فقد جاءت من طرف فيكتور ايفانوف (Victor Ivanov) مدير خدمة مكافحة المخدرات الفدرالية. لقد دعى ايفانوف في خطابات عديدة ألقاها في مؤتمرات عالمية حول كل العالم، باعتباره المسؤول عن الدفاع عن الشعب الروسي ضد طوفان من الهيروين (القادم من أفغانستان)، دعى إلى حملة عالمية لتأسيس منظومة مالية عالمية عبر قوانين تشبه قانون جلاس ستيجال لفصل البنوك، باعتبارها مكونا أساسيا في منظومة مالية عالمية قادرة على وقف تبييض أموال المخدرات في البنوك العالمية. وقال ايفانوف في مؤتمر عقد في الأرجنتين في عام ٢٠١٢: "أنا متأكد أن كفاءة جهود مكافحة المخدرات ستزداد بشكل كبير إذا تم تبني طريقة تنظيم الإقتصاد من أجل التنمية باعتبارها الطريقة الأساسية". وشدد ايفانوف على أنه من أجل ضمان توليد الائتمانات المنتجة ينبغي أن يكون لدى الأمم "تنمية سيادية" وتكون "صاحبة استقلال مالي وائتماني"، وذلك بخلاف "النظام المالي والنقدي الحالي المبني على حطام الإقتصادات الوطنية وعن طريق امتصاص مواردها، وهذا هو السبب الأساسي في انتشار تجارة المخدرات على نطاق عالمي"[٣١]. إقترح ايفانوف في يناير عام ٢٠١٢ خلق شركة روسية للتعاون التنموي في آسيا الوسطى (انظر الملحق في الجزء الخامس) ويكون مقرها في البنك الحكومي "فنيشوكونوم بانك" (VEB) وهو ثاني أكبر بنك في روسيا. تولى هذا البنك في عام ٢٠٠٨ عملية توزيع أموال الدولة المخصصة لإنقاذ البنوك والشركات بعد اندلاع الأزمة المالية العالمية. وفي عام ٢٠١٣ تم اختيار هذا البنك ليكون الوسيط لتحويل الأموال من "صندوق الرفاهية العامة الوطني" إلى مشاريع البنية التحتية المنتخبة. من خلال تولي الوظيفة التي اقترحها ايفانوف سيسير هذا البنك على خطى "الشركة المالية لإعادة الإعمار" الأمريكية التي تحول دورها من محاولات إنقاذ البنوك والمؤسسات المالية في عهد الرئيس هربرت هوفر، إلى مؤسسة تنمية إقتصادية عالية المكانة تحت إدارة الرئيس فرانكلن روزفيلت.

Nauka Siberia (Siberian Science), weekly of the Siberian Division of the RAS

الرئيس الصيني جيانج زيمين يلتقي بقادة الفرع السيبيري لاكاديمية العلوم الروسية، 24 نوفمبر 1998.

العامل الصيني

لقد عاد مشروع سكة الحديد بين كازان وموسكو إلى الواجهة مجددا، بعد أن كان الرئيس بوتين قد اتخذ القرار في عام ٢٠١٣ للشروع به، لكن تم وقفه من قبل وزارة المالية، ولكن هذه المرة كجزء من ممر سكك الحديد للقطارات السريعة بين بكين وموسكو. بدء اليكساندر ميشارين (Alexander Misharin)، النائب الأول لرئيس شركة سكك الحديد الروسية التفاوض مع شركة الاستثمارات الصينية "تشاينا إنفيستمنت كوربورايشن" وشركة الإنشاءات والهندسة الصينية (CREC) في صيف عام ٢٠١٤[٣٢].

وتم توقيع مذكرة التفاهم المتعلقة بالمشروع بين شركة سكك الحديد الروسية وشركائها

الصينيين أثناء زيارة رئيس الوزراء لي كيقيانج إلى موسكو. تبين هذه الاتفاقيات كيف يمكن البدء بإزالة العراقيل أمام المشاريع الكبرى، بينما تتطور العلاقات بين روسيا والصين وتنمو القدرات المالية للبريكس.

أشار خبير العلوم الصينية يوري تافروفسكي، في مقالة كتبها في عام ٢٠١٣ حول ضرورة أن تقلد روسيا البرنامج الصيني لبناء سكك الحديد للقطارات السريعة، وأن القيام بذلك سيكون بمثابة رد الجميل للدفعة التحفيزية التي أعطتها روسيا للإقتصاد الصيني قبل مئة عام، حينما ازدهرت مدن صينية مثل هاربن وداليان (المعروفة حينذا بإسم بورت آرثر) كنتيجة لبناء روسيا لسكة حديد الصين الشرقية إلى فلاديفوستوك. وكانت هناك جولة ثانية من التعاون الصناعي المكثف في الخمسينات بين الاتحاد السوفيتي وجمهورية الصين الشعبية، لكن تدهورت العلاقات الروسية الصينية في فترة الانقسام إلى درجة وقوع اشتباكات مسلحة على نهر اوسوري في عام ١٩٦٩.

إستمرت حالة الانقسام هذه حتى نهاية حقبة الاتحاد السوفيتي عام ١٩٩١. وكانت الاتصالات الدبلوماسية متقطعة في التسعينات، لكن زيارة الرئيس الصيني جيانغ زيمين إلى روسيا في عام ١٩٩٨ كانت بمثابة نقطة الانطلاق للتغييرات التي ستأتي[٣٣] . لم يكتفي الرئيس زيمين الذي وصل إلى روسيا بعد ثلاثة أشهر من الانهيار المالي الذي وقع في روسيا في أغسطس ١٩٩٨، بزيارة موسكو فقط، بل توقف أيضا في مدينة نوفوسيبيرسك أثناء رحلة العودة. وألقى الرئيس زيمين أثناء لقاءه بعلماء الأكاديمية الروسية للعلوم في المدينة العلمية "أكاديموجورودوك" ما وصفها لاروش "بالمداخلة الذكية وجيدة التحضير لتعبر عن مبادئ سياسة ما." وبينما كانت الطبقة المالية عبر الأطلسية تشتكي من الآثار العالمية لعجز روسيا عن سداد السندات الحكومية وهو العجز الذي سببته السياسات التي روجوا هم لها بأنفسهم في موسكو، كان زيمين يتحدث إلى روسيا الحقيقية. إن الخطاب الذي ألقاه زيمين يستحق أن يُقرأ بالكامل، ولكن نورد بعض المقتطفات منه هنا:

> "لطالما سمعت عن المدينة العلمية في نوفوسيبيرسك. لكن أن ترى ليس كأن تسمع. لقد أثارت هذه الزيارة إعجابي بقدراتكم البحثية العلمية والجو الاستكشافي السائد هنا.... إن روسيا هي قوة علمية وتكنولوجية في العالم. لقد قدم العلماء الروس مساهمات استثنائية لتقدم الحضارة الانسانية... حتى اليوم، لا تزال روسيا تقود العالم في العديد من المجالات العلمية والتكنولوجية الأساسية.
>
> إن تقدم الحضارة الإنسانية قد أثبت بشكل مقنع أكثر فأكثر إن العلم والتكنولوجيا يشكلان قوة منتجة أولية، وقوة دفع مهمة للتنمية الإقتصادية والتقدم الاجتماعي.
>
> ما كانت أي من الإنجازات التي حققتها البشرية في فهم الطبيعة والاستفادة منها ممكنة بدون التقدم العلمي والتكنولوجي. إن الحكمة الإنسانية معين لا ينضب، و العلم والتكنولوجيا هما شعلتان وضاءتان لهذه الحكمة. إن عددا عظيما من العلماء، وواحدا بعد الآخر، إستمروا في تسلق المرتفعات الجديدة في العلوم والتكنولوجيا بعد التغلب على مصاعب جمة عبر جهود جبارة...
>
> ولكي نواجه التحدي المتمثل بالتقدم العلمي والتكنولوجي السريع والمعرفة المتنامية بسرعة عن الإقتصاد، علينا الاستمرار في الإبداع والإبتكار. إن الإبداع هو روح الأمة ومورد لا ينضب لرخاء المجتمع. يكمن مفتاح الإبداع والابتكار في الموارد البشرية التي تعتمد تنميتها على التعليم. فقط التعليم المتطور بشكل جيد هو القادر على استدامة التقدم العلمي والتكنولوجي والتنمية الإقتصادية. كانت القوة العلمية والتكنولوجية والمستوى التعليمي لأية أمة دائما ولا تزال معيارا مهما لقياس

قوة الأمة عموما ومستوى حضارة أي مجتمع."

جاءت مبادرة بريماكوف لبناء "المثلث الاستراتيجي" بين روسيا والصين والهند بعد شهر من زيارة الرئيس زيمين، وخلال سنتين من الزمن بدء عهد الدبلوماسية الروسية الصينية الذي بدأه الرئيس بوتين. بالإضافة إلى الاتصالات الثنائية والثلاثية، كانت "منظمة شانجهاي للتعاون" (SCO) ملتقى مهما للحوار والنقاش الأوراسيوي. تم تأسيس المنظمة رسميا في عام ٢٠٠١، بعد أن بدأت في شكل "خمسة شانجهاي" في عام ١٩٩٦ حينما وقعت الصين والدول السوفيتية السابقة المجاورة لها ـ كازاخستان وقيرغيستان وروسيا وطاجيكستان ـ معاهدة تعميق الثقة العسكرية في المناطق الحدودية. وتوسعت المنظمة من مجرد التعامل في القضايا الأمنية فقط إلى القضايا الإقتصادية ورفعت عدد أعضائها.

Gazprom

الرئيس الروسي فلاديمير بوتين ونائب رئيس الوزراء الصيني زانج جاولي يوقعان على خط انابيب الطاقة السيبيري عند بداية انطلاق اعمال بنائه في جمهورية ساخا ـ ياكوتيا في ١ سبتمبر ٢٠١٤. وفقا للصفقة البالغة قيمتها ٤٠٠ مليار دولار سيقوم خط الانابيب بتوريد ٤ ترليون متر مكعب من الغاز الى الصين على مدى ٣٠ عام. شدد بوتين على ان خط الانابيب سيكون اكبر مشروع انشاءات في كل العالم خلال الاربعة اعوام القادمة.

عندما بدأ حجم التجارة بين روسيا والصين بالنمو، اتفق الرئيس بوتين والرئيس الصيني التالي "هو جينتاو" (Hu Jintao) في مارس ٢٠٠٧ على "ضرورة أن يقوم البلدان بتعزيز التنسيق بينهما لتنفيذ استراتيجياتهما من أجل تقوية القاعدة الصناعية في المناطق الشمالية الشرقية من الصين وتعزيز التنمية في مناطق الشرق الاقصى وشرق سيبيريا في روسيا، ووضع خطة مشتركة للتعاون في هذه المنطقة". نتج عن ذلك التعهد قائمة بـ ٢٠٥ مشروع مشترك في الأقاليم الحدودية على جانبي الحدود بين البلدين، وقام بتوقيع اتفاقية التعاون هذه كل من الرئيس الصيني هو والرئيس الروسي الجديد ديميتري ميدفيديف في سبتمبر عام ٢٠٠٩. وكان معظم هذه الاتفاقيات متعلقا بتجارة المواد الخام والأخشاب لتغذية حركة البناء المزدهرة في الصين، لكن تضمنت القائمة أيضا ثمانية مراكز تكنولوجية مشتركة، وقسما خاصا مهما حول مشاريع البنية التحتية للنقل وبضمنها خطوط ربط لسكك الحديد الصينية مع سكة الحديد السيبيرية. أما الاتفاقيات والعقود التي تم التوقيع عليها أثناء زيارة رئيس الوزراء بوتين إلى بكين في الشهر التالي فقد كانت مرتبطة بعدة مشاريع مشتركة للتكنولوجيا المتقدمة. وناشد بوتين وسائل الإعلام أن لا تركز فقط على قضايا أسعار الغاز الطبيعي فقط، بل أن ينتبهوا إلى ما تقدمه روسيا من مساعدة في توسيع محطة الطاقة النووية الصينية في ليانيونجانج، وتصدير روسيا لأول مفاعلين نووين استنساليين مبردين بالصوديوم إلى الصين. في أثناء تلك الزيارة وقع رئيس شركة سكك الحديد الروسية فلاديمير ياكونين ووزير سكك الحديد الصيني لي يوو على أول مذكرة تفاهم حول "تنظيم وتطوير خدمات سكك القطارات السريعة في أراضي الاتحاد الروسي".

ميناء زاروبينو في جنوب شرق فلاديفوستوك على بحر اليابان في المقاطعة البحرية الروسية، ويبعد ٤٠ كيلومتر عن الحدود مع كوريا الشمالية و ١٨ كيلومتر عن مقاطعة جيليان الصينية. تبلغ الطاقة القصوى للميناء ١,٢ مليون طن متري، لكن لم تستغل بشكل كبير في الاعوام الماضية، وهو مرتبط بسكة حديد الى جيلين والى شمال مدينة فلاديفوستوك. ومن المتوقع ان يتم توسيع الميناء نظرا لكونه المحطة النهائية للمر ١ في "مبادرة نهر تومين الكبرى". واتفقت شركة "سوما جروب" الروسية الخاصة مع الوكالات الصينية على بناء محطة حبوب بسعة ٥ مليون طن متري في ميناء زاروبينو، ويقال ان هذه المحطة ستتوسع لتستوعب ١٠ ومن بعد ٦٠ مليون طن متري.

أشاد لاروش بالاتفاقية الروسية الصينية في أكتوبر ٢٠٠٩، والتي قال عنها أنها ستجعل احتياطيات الصين من الدولار الأمريكي ذات قيمة حقيقية، إذا أسفرت تلك الاتفاقية عن استثمار هذه الأموال في البنية التحتية وغيرها من وسائل مشاريع الانتاج الملموسة. وأضاف لاروش أنه إذا استمر التعاون الإقتصادي بين روسيا والصين، وإذا انضمت الهند إليه فإن ذلك سيوفر للولايات المتحدة فرصة لتغيير سياساتها الهدامة والانضمام إلى هذا النوع من التعاون الإقتصادي مع هذه القوى العظمى.

لقد أزاحت الصين ألمانيا من موقعها باعتبارها الشريك الإقتصادي الأكبر لروسيا، إذ ارتفع حجم التبادل التجاري إلى ٩٦,٦ مليار دولار في عام ٢٠١٢ و ٨٩ مليار في عام ٢٠١٣. وبترتيب عمليات مقايضة العملة والائتمانات في صيف عام ٢٠١٤ سيتجاوز هذا

التبادل التجاري ما يعادل ١٠٠ مليار دولار (لكن باستخدام الروبل واليوان). وذكر نائب الرئيس الصيني لي يوانتشاو في كلمة ألقاها في منتدى سانت بطرسبيرج في مايو ٢٠١٤ أن الاستثمارات الصينية المباشرة في روسيا قد بلغت ٤ مليار دولار في عام ٢٠١٣، لكنه أضاف أن هذا المبلغ ضئيل جدا مقارنة بإجمالي الاستثمارات الخارجية للصين والتي تبلغ ١٠٠ مليار دولار سنويا، بالإضافة إلى عشرات المليارات من الاستثمارات المتراكمة في بعض دول أمريكا الجنوبية. لقد استثمرت اليابان وكوريا الجنوبية كل على حدة في روسيا أكثر مما استثمرته الصين. وفي سبيل تعزيز النمو في هذه المنطقة قامت روسيا والصين بإنشاء "صندوق الاستثمارات الروسي ـ الصيني" (RCIF) في عام ٢٠١٢، برأسمال أولي بقيمة مليار دولار من كل طرف، من "صندوق الاستثمارات المباشرة الروسي"، و "شركة الاستثمارات الصينية"، ويخطط الطرفان لمضاعفة هذه الكمية عبر المستثمرين من القطاع الخاص. بحلول شهر مايو ٢٠١٤ استثمر "صندوق الاستثمارات الروسي ـ الصيني" حوالي مليار دولار في مشاريع إقتصادية.، تم بالإضافة إلى ذلك تأسيس لجنة الاستثمارات المشتركة الروسية الصينية في عام ٢٠١٤.

ولم يحدث أي تقدم في التعاون في مجال خطوط سكك القطارات السريعة بعد توقيع مذكرة التفاهم في ٢٠٠٩، إلا في عام ٢٠١٤. وذكر فلاديمير ريميجا، رئيس المركز الروسي الصيني في جامعة الدراسات المالية الحكومية الروسية، في مقابلة صحفية في يوليو ٢٠١٣ أن "الصينيين تعاملوا مع مذكرة التفاهم الموقعة في ٢٠٠٩ بجدية كبيرة. وأسسوا عددا كبيرا من مراكز البحوث المتخصصة وركزوا مواردهم المالية على هذا المشروع عبر تولي البنك الحكومي الصيني للتنمية المسؤولية عن تنفيذه، وقد افتتح البنك مكتبا مخصصا لهذا المشروع في موسكو مؤخرا. أما على الجانب الروسي، فلم يحصل أي شيء سوى أن برنامج [مشروع ٢٠٥] انتقل بنجاح من وزارة التنمية الاقليمية المنحلة إلى وزارة التنمية في الشرق الأقصى، ولكن ليس هناك أي تمويل للمشروع".

ويبدو أن مساهمات الصين في الإقتصاد الروسي في طريقها نحو الإزدياد. لقد تم التوقيع النهائي على عقد بناء خط أنابيب الغاز الطبيعي بطول ٤٠٠٠ كلم من شرق سيبيريا إلى مقاطعة هايلونجيانج أثناء زيارة الرئيس بوتين إلى شانجهاي في مايو ٢٠١٤. يدعو العقد الصين إلى استثمار ٢٠ مليار دولار في بناء القسم الصيني من خط الأنابيب وكذلك تمويل المرحلة الأولى من الاستثمارات الروسية من خلال دفع ٢٥ مليار دولار مقدما للغاز الطبيعي الذي سيصلها ابتداء من بداية عام ٢٠١٩ بمعدل ٣٨ مليار متر مكعب في العام. بالإضافة إلى ذلك، أوردت تقارير إعلامية في أغسطس ٢٠١٤ أن وزارة الإقتصاد الروسية تدعو الشركات الروسية إلى تقديم طلبات للحصول على استثمارات صينية تبلغ قيمتها ٧٫٢ مليار دولار كحد أقصى. ويتضمن التعاون الإقتصادي بين الصين وروسيا، بالإضافة إلى خط الأنابيب السيبيري وسكك خطوط القطارات السريعة المذكورة أعلاه، المجالات التالية:

- وقعت شركة روسيا للتكنولوجيا (Rostekh) في سبتمبر ٢٠١٤ على مذكرة تفاهم مع مجموعة شينهوا الصينية (Shenhua Group)، وهي أكبر منتج للفحم في العالم، لمشروع بقيمة ١٠ مليارات دولار لتطوير حقول الفحم في سيبيريا والشرق الأقصى، وعلى وجه الخصوص احتياطيات حقل "اوجودزينسكويي" في إقليم آمور. وستبني الشركتان محطة لنقل الفحم بسعة ٢٠ مليون طن متري عند ميناء فيرا على خليج أوسوري شرق فلاديفوستوك. يتضمن المشروع بناء محطة توليد طاقة وخطوط نقل الكهرباء، وتعهدات بتحسين البنية التحتية الاجتماعية والبنية التحتية للنقل.

- إنطلاقا من مشروع الممرين رقم ١ و ٢ من "مبادرة تومين الكبرى" (Greater Tumen Initiative) التي سيأتي شرحها في الفصل التالي، تسعى الصين ومجموعة سوما التابعة لماجوميتوف إلى الترويج لبناء ما قد يصبح أكبر ميناء في روسيا في زاروبينو (Zarubino) على ساحل بحر اليابان، إلى الجنوب الغربي من فلاديفوستوك. وقد وقعت مجموعة سوما وشركات صينية من قبل على صفقة لبناء محطة لنقل الحبوب في ميناء زاروبينو بسعة ٥ مليون طن متري، لكن مجموعة سوما ومصادر إعلامية صينية أوحت في صيف عام ٢٠١٤ إلى أنه يمكن توسيع ميناء زاروبينو ليستطيع تحميل ١٠ مليون طن متري من الحبوب والحاويات في العام بحلول سنة ٢٠١٨ وصولا إلى ٦٠ مليون طن متري من بعد ذلك. سيتم أيضا إنشاء "ميناء جاف" كبير بمحطة لوجستيات في هونتشون في مقاطعة جيلين الصينية. وتبتعد الحدود الصينية الروسية ١٨ كلم فقط من ميناء زاروبينو، في هذه المنطقة من الصين التي ليس لديها منفذ إلى البحر. وترغب الصين بالحصول على طريق قصير وحديث من مقاطعة جيلين ذات النشاط الصناعي المكثف إلى الموانئ البحرية. ويتطلع المسؤولون الروس في إقليم بريمورسكي (ويعني "البحري") القلقون من أي إستثمارات موجهة نحو "تصدير المواد الخام" فقط، في ذات الوقت إلى خطط تعاون مع كوريا واليابان في مشاريع تخلق فرص العمل أيضا، خاصة في فلاديفوستوك وخاسان وهي المدينة التي تشكل رأس الحدود الروسية عند نهر تومين مع كوريا الشمالية (راجع الفصل التالي).

- تتم مناقشة المزيد من مشاريع التعدين مع الشركات الصينية، ومن ضمن ذلك تطوير حقل اودوكان (Udokan) في إقليم ترانسبايكال وهو ثالث أكبر منجم للنحاس في العالم، وكذلك تطوير مناجم الرصاص والزنك في بورياتا شرق بحيرة بايكال، والخامات متعددة المعادن في جمهورية تيفا (Tyva Republic).

ذكر الأكاديمي تيتارينكو في كتابه الصادر في أبريل ٢٠١٤ بعنوان "روسيا والصين: الشراكة الاستراتيجية وتحديات اليوم"، أن الشراكة الاستراتيجية بين روسيا والصين تمثل "حركة زلزالية". لكن لا يرحب الجميع في روسيا بهذا الأمر، لأن الإيمان بحتمية الصراع الجيوسياسي هو بنفس شراسة الفكر النقدي. على سبيل المثال، استمر معهد التنمية المعاصرة (INSOR) وهو مركز أبحاث ليبرالي مرتبط بالحكومة بشكل غير مباشر، في الترويج لفكرة التعاون الروسي مع الناتو لمواجهة الخطر الصيني المزعوم، إلى أن إندلعت الأزمة في اوكرانيا. من هنا تأتي أهمية تفهم الصين للحساسيات الروسية. وقد أشار خبير العلوم الصينية يوري تافروفسكي إلى هذا الأمر في مقالة له في عام ٢٠١٣ حول "الحزام الاقتصادي لطريق الحرير"، واقتبس فيها من مقالة للخبير الصيني في الشؤون الروسية من معهد الأكاديمية الصينية للعلوم الاجتماعية جيانج إي (Jiang Yi) الذي كتب: "إن أعظم تحدي أمام الصين هو كيفية ترتيب علاقاتنا مع روسيا. لا يمكننا أن نسمح بأن تؤدي علاقاتنا الوثيقة مع دول آسيا الوسطى إلى تقويض عملية التعاون الروسية الصينية". كما يشير تقييم الأكاديمي تيتارينكو إلى "أن الصين قد أعلنت عن هدف بناء عالم تتمتع جميع الدول فيه بحقوق متساوية في تحقيق مصالحها المشروعة. يتناغم هذا المبدأ كليا مع وصية كونفوشيوس الشهيرة: لا تفعل للغير ما لا تود أن يفعلوه لك".

الخط البحري الشمالي والقطب

بشهادة العالم الروسي العظيم ديمتري مندلييف، كان القيصر الروسي بطرس العظيم (١٦٧٢-١٧٢٥) هو الذي كلف المستكشف الدنماركي فيتوس بيرينج (Vitus Bering) بقيادة البعثة التي اكتشفت المضيق الواقع بين المحيط الهادئ والمحيط القطبي الشمالي، وسعت إلى اكتشاف الممر البحري المسمى اليوم "الخط البحري الشمالي" (Northern Sea Route). اقترح مندلييف نفسه في مذكرة بعثها إلى الكونت سيرجي فيته في نوفمبر ١٩٠١ بعنوان "حول استكشاف المحيط القطبي"، أن يقود هو بعثة على أمل كسر الجليد وتأسيس ممر بحري (راجع مجلة إكزكتف إنتلجنس ريفيو، العدد الصادر في ٦ يناير ٢٠١٢). واعتبر مندلييف أن تقليص مسافة الخطوط البحرية سيكون وسيلة لتعزيز التمدن والصناعة وتنمية السواحل القطبية لروسيا.

أما في عصر الفضاء، فلا بد من توسيع مهمة مندلييف إلى مهمة أسمى، مهمة جديرة بدور الإنسان باعتباره مواطنا في المجموعة الشمسية. فبالإضافة إلى ربط نصفي الكرة الأرضية الغربي والشرقي، تبقى المنطقة القطبية ـ كما كانت تسمى "نافذة البشرية إلى السماء" ـ مختبرا لاستكشاف اسباب تغير المناخ والأحوال الجوية، وإيجاد وسائل للتعامل مع تحديات الإشعاع الكوني في تفاعله الديناميكي مع كوكبنا. إن مثل هذا المختبر، كما هي الحال مع البرنامج الدولي لمفاعل الدمج النووي (ITER)، يتطلب تعاونا دوليا بين العلماء من جميع الدول الكبرى في العالم.

إن طريقة التفكير هذه تتناقض تماما مع الجدل الدائر حاليا حول تنمية القطب الشمالي والذي يركز فقط على تعدين الموارد الطبيعية وتأسيس موطئ قدم جيوسياسي متقدم ضد المنافسين المحتملين. لكن الطريقة الصحيحة ستتطلب استثمارات من كل الدول الكبرى في العالم في الهدف المشترك المتمثل بجعل القطب الشمالي مجالا لتطبيق استراتيجية فيرنادسكي لتغيير وضعية الكوكب عبر أكثر التكنولوجيات والبحوث العلمية تقدما[٣٤]. إن علم الإقتصاد الفيزيائي يجعل هذه المهمة ممكنة تماما. يجب أن يكون أي برنامج انعاش إقتصادي برنامجا ثوريا، مدفوعا بالعمل العلمي في أكثر البيئات تحديا لقدرات الإنسان. ستقفز التنمية القطبية من فوق مستنقع ما هي في الظاهر مشاكل إقتصادية مستعصية، بينما لن تنجح الزيادات التدريجية في الاستثمارات إطلاقا في إنجاز ذلك. إن هذا الأمر ممكن التحقيق بوجود سياسات خلق الإئتمانات السيادية والتعاون بين الامم الأوراسيوية والجيران القطبيين.

الممر البحري الشمالي

إن الخط البحري الشمالي، ويعرف أيضا بإسم الممر الشمالي الشرقي، قد شهد تاريخا دراماتيكيا يشابه "الممر الشمالي الغربي" (Northwest Passage) الخدّاع في النصف الغربي من الكرة الأرضية، وربما أكثر من ذلك إذا أخذنا بنظر الاعتبار الفرضية التي طرحها المفكر الهندي بال جانجادار تيلاك (Bal Gangadhar Tilak) في كتابه "البيت القطبي في الفيدا" (The Arctic Home in the Vidas) عام ١٨٩٨، وتشير الفكرة إلى أن الحضارة الهندوأوربية بدأت عند شعوب عاشت ومارست علم الفلك وراقبت النجوم على طول الساحل القطبي. في أيام اتفاقية "الإعارة والتأجير" (بين الولايات المتحدة والاتحاد السوفيتي) إبان الحرب العلمية الثانية، قامت ١٢٠ سفينة شحن بنقل ٤٥٠ ألف طن متري من المؤن من موانيء الساحل الغربي للولايات المتحدة إلى المناطق القطبية من الاتحاد السوفيتي عبر الخط البحري الشمالي، لتوصيلها من هناك إلى الجبهة الشرقية للحرب في أوربا. رست ٥٠ سفينة منها عند مدينة تيكسي عند مصب نهر لينا، وأبحرت ١٣ سفينة حول شبه جزيرة

الشكل 16

الخط البحري الشمالي والممر الشمالي الغربي

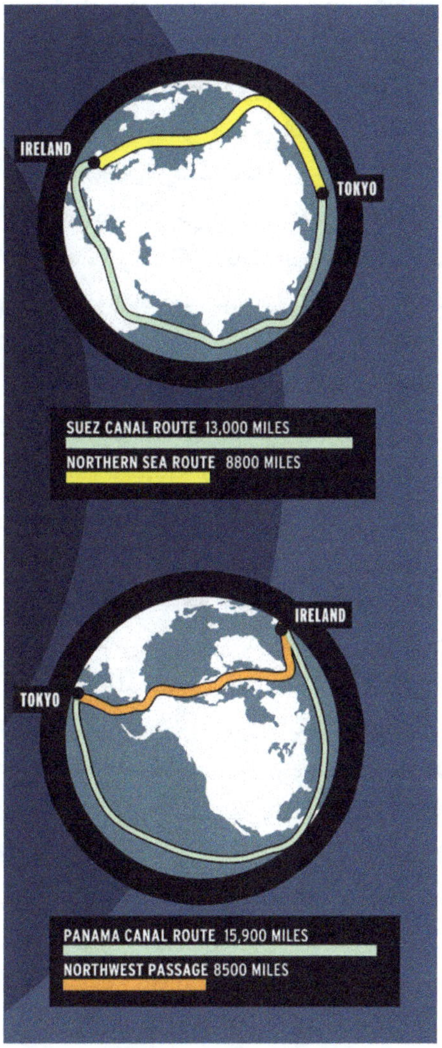

LPAC/Chris Jadatz

تجري في هاتين الخارطتين مقارنة خطوط النقل البحري الشمالية في كل من نصفي الكرة الارضية الشرقي والجنوبي مع الممرات التقليدية عبر قناتي السويس وبنما على التوالي. يبدو الخط البحري الشمالي هنا اطول مما هو مذكور في النص، لان ما مذكور في النص يخص فقط الجزء الواقع في المياه الروسية القطبية من هذا الممر.

تايمور لتصل إلى موانيء نهر ينيسي، واستمرت واحدة في الإبحار نحو أرخانجيلسك على البحر الأبيض. من بين كل هذه الموانئ على الخط البحري الشمالي، كان ميناء مورمانسك في أقصى الشمال الغربي هو الوحيد المصنف رسميا باعتباره خاليا من الجليد طوال العام. والمعتاد هو وجود سفن كاسحات الجليد لتقود السفن التجارية في هذه المياه.

لكن الخط البحري الشمالي دخل في سبات عميق بعد انهيار الاتحاد السوفيتي، وتوقفت شحنات المؤونة المدعومة من قبل الدولة لهذه المدن البحرية. وتمت سرقة كاسحة جليد واحدة على الأقل وبيعها في السوق العالمية. وكما ذكر سيرجي جلازييف في مقابلته المذكورة أعلاه مع مجلة إكزكتف إنتلجنس ريفيو، كان لدى روسيا خطط في عام ٢٠٠١ لإعادة إحياء الخط البحري الشمالي. وشجع ذوبان الجليد القطبي على نطاق واسع في بعض السنين هذه النوايا، لكن تحقيقها لم يكن معتمدا على المناخ، بل كانت كل الإعلانات السياسية حول القطب تشير إلى تطوير أنواع جديدة من كاسحات الجليد والتقنيات تحت المائية.

Wikimedia Commons/Yaropolk

قطارات في طريقها الى منشات ميناء مورمانسك البحري التجاري

في أعقاب الإعلان الأولي لسياسة جديدة في القطب في عام ٢٠٠١، صدر تقرير حكومي روسي مفصل في عام ٢٠٠٩ وصف القطب الشمالي على أنه "قاعدة موارد أساسية للبلد"، ويطالب بتحديث البنية التحتية الفيزيائية والاجتماعية، وحضورا عسكريا متصاعدا، وتعاونا مع دول الشمال لاستغلال موارد المنطقة القطبية.

تعتبر هيئة المساحة الجيولوجية الروسية (RGS) من المؤسسات القيادية في القطب الشمالي. ويترأس سيرجي شويجو (Sergei Shoygu)، وزير الدفاع الروسي حاليا، هذه الهيئة منذ عام ٢٠٠٩. بادرت هيئة المساحة الجيولوجية الروسية إلى تنظيم مؤتمرات دورية حول "القطب الشمالي، منطقة للحوار" في عام ٢٠١٠ وحضرها الرئيس بوتين وقادة الدول الأخرى المطلة على المحيط القطبي الشمالي. ويعتبر نائب الرئيس الأول للهيئة آرتور تشيلينجاروف من المستكشفين القطبيين المعروفين والذي خطف الاضواء في وسائل الإعلام في عام ٢٠٠٧ عندما غاص في أعماق المحيط عند القطب الشمالي ليثبّت علم روسيا على قاعه. في هذه الأثناء قدمت الحكومة الروسية طلبات رسمية "لهيئة حدود الجرف القاري" (UNCLOS) التابعة للأمم المتحدة وأدرجت فيها أدلة على أن أخدودي لومونوسوف ومندلييف الواقعان تحت سطح المحيط القطبي الشمالي هما امتدادان طبيعيان للقارة الأوراسيوية، وبناء على ذلك هما جزء من أراضي روسيا وفقا لقانون البحار. لا زالت روسيا في عام ٢٠١٤ تجمع وثائق إضافية حول الموضوع استجابة لطلب من هيئة الأمم المتحدة الخاصة بحدود الجرف القاري.

أما الخط البحري الشمالي الساحلي فيقع في المياه الروسية بشكل لا نزاع فيه. ويعتبر هذا الخط ـ الذي يحتوي على عدة خطوط ملاحية تمتد لمسافات تتراوح بين ٢٢٠٠ و ٢٩٠٠ ميل بحري (٤٠٧٥-٥٣٧٠ كلم) ـ أقصر مسافة للإبحار بين سيول في كوريا الجنوبية وروتردام في هولندا من الإبحار إلى الجنوب من أوراسيا وعبر قناة السويس (الشكل ١٦). أبحرت ٣٤ سفينة شحن في عام ٢٠١١ على الخط البحري الشمالي وحملت ٨٢٠ ألف طن متري من البضائع، وذلك مقارنة بأربعة سفن و ١١٠ ألف طن متري في العام السابق له. وتجاوزت سعة الشحن على هذا الخط مستوى مليون طن متري في عام ٢٠١٢. كانت أقصى سعة شحن في العهد السوفيتي على هذا الخط ٦,٦ مليون طن متري في عام ١٩٨٧. في عام ٢٠١١ أيضا اصبحت ناقلة النفط "فلاديمير تيخونوف" أول ناقلة نفط عملاقة تبحر على الخط البحري الشمالي من أقصاه إلى أقصاه حاملة شحنة من الغاز المكثف. وشهد عام ٢٠١٠ نقل أول شحنة حديد خام من النرويج إلى الصين عبر الخط البحري هذا.

الشكل 17

ممر الشحن الشمالي بين الشرق والغرب بمحور نقل في مورمانسك

Courtesy of Stig Nerdal, Transportutvikling AS (www.transportutvikling.no)

توضح هذه الخارطة الاسقاطية من القطب الشمالي، التي اعدتها الشركة النرويجية "ترانسبورت اوتفيكلينج" المختصة بالنقل واللوجستيات، اهمية ميناء مورمانسك على بحر بارينتس باعتباره محورا متعدد الوسائل للنقل. ترتبط جميع خطوط النقل القارية بميناء مورمانسك: الخط البحري الشمالي، وسكة الحديد السيبيرية (المحيط الهادئ - تشيتا - اولان اوده - ايكاترينبورج - بيرم - موسكو)، و الممرين ٤ و ٢ من مبادرة تومين الكبرى (بكين - هاربين - زابايكالسك - تشيتا - سكة الحديد السيبيرية) بالاضافة الى ممر ٨ (تيجيان - بكين - اولان باتار - اولان اوده - سكة الحديد السيبيرية)، وجسر طريق الحرير البري الاوراسيوي (بكين - شيان - لانزو - اورومكي - استانة - ايكاتربنبورج - سكة الحديد السيبيرية)، وممر النقل الشمالي الجنوبي (مومباي - بندر عباس - طهران - استاره - اوليا - ساراتوف - موسكو). وقد تبنى اتحاد سكك الحديد العالمية المقترح النرويجي لتاسيس ممر الشحن الشمالي بين الشرق والغرب بمنافذ الى شمال اوربا وامريكا الشمالية.

ومع تزايد اهتمام الصين بارسال ٥٠,٠٠٠ حاوية في العام عبر هذا الممر الاخير، تم تغيير الخطط السابقة لمساره الذي كان مقررا ان ينتهي في ميناء نارفيك النرويجي، وتحويل الانتباه الى ميناء مورمانسك، لان حركة نقل خام الحديد الكثيفة على السكك في شبه الجزيرة الاسكندنافية تعيق حركة النقل السلسة، بالاضافة الى تغيير عرض سكة الحديد حينما تنتقل القطارات من فنلندا الى روسيا والسويد. في المستقبل، سيسمح ممر بيلكومور (المشار اليه في الخارطة) بمرور الترانزيت مباشرة من بيرم الى ارخانجيلسك على البحر الابيض، متى ما تم اكمال خط سكة حديد من الشرق الى الغرب بين مورمانسك وفنلندا.

ويتزايد الأهتمام في الصين واوربا بتوسيع عمليات الشحن على الخط البحري الشمالي وتعزيز وصول سكك الحديد إلى موانئه الواقعة على البحر الأبيض وبحر بارينتس مثل مينائي مورومانسك وأرخانجيلسك ومستقبلا ميناء إنديجا الذي يخطط لبنائه الآن. ويظهر ميناء مورمانسك في الشكل ١٧ باعتباره محورا للممر الشمالي بين الشرق والغرب لخطوط الملاحة والشحن، والذي سيصبح أكثر مركزية إذا تمكنت روسيا من إكمال ممري سكك الحديد بيلكومور وبارينتسكومور إلى الشمال الغربي من جبال الاورال.

ولكي يستطيع الخط البحري الشمالي أن يعمل باعتباره ممر نقل متكامل، سيتطلب الخط

بناء أنظمة تحكم وإرشاد جديدة وأسطول إداري وأنظمة دعم بالخرائط البحرية والأنواء الجوية البحرية. لقد تم التخطيط لتحديث وتوسيع بعض الموانئ الموجودة على الساحل القطبي، وكذلك بناء بعض الموانئ الجديدة. وتتضمن المنشآت الجديدة في ميناء مورمانسك، الذي تمت ترقيته لمرتبة "منطقة إقتصادية خاصة" مرتين في ٢٠٠٧ و ٢٠١٠، محطات للفحم والنفط والحاويات. وقد أسفرت استثمارات بقيمة ٤,٤ مليار دولار بين عامي ٢٠٠٤-٢٠٠٩ عن زيادة سعة الميناء إلى ٢٠ مليون طن متري، ويتوقع أن ترتفع إلى ٥٢ مليون طن متري في ٢٠٢٠[٣٥].

تستخدم وكالة الفضاء الروسية وخفر السواحل "منظومة جلوناس" الروسية المشتغلة بواسطة الاقمار الصناعية للملاحة في المنطقة القطبية، ولمراقبة البيئة وتنظيم عمليات الإغاثة. وأعلن رئيس مجلس الأمن القومي الروسي نيكولاي باتروشيف في أغسطس ٢٠١٤ عن بدء القيام بتأسيس عشرة قواعد بحرية وجوية على طول الخط البحري الشمالي عند مصبات الأنهار والموانئ وبدايات خطوط سكك الحديد. وقالت وزارة النقل الصينية في ٢٠١٤ أنها ستصدر دليل ملاحة متكامل للخط البحري الشمالي.

ويتم حاليا تحديث الأسطول القطبي الروسي المكون من السفن البحرية والنهرية ومراكب شحن الوقود الصلب والسائل وسفن الحاويات وناقلات النفط الكاسحة للجليد، وقوارب الصيد ومراكب البحوث العلمية. وتعتبر روسيا من الدول القليلة التي تمتلك أسطولا كاملا من كاسحات الجليد، حيث يتم تطوير الجيل الجديد من كاسحات الجليد المشتغلة بالطاقة النووية، والسفن المتخصصة، وكاسحات جليد ذات مواد جديدة مقواة وذات جدار خارجي مزدوج. وتوجد ست كاسحات جليد قيد البناء حاليا، تعمل ثلاثة منها بالطاقة النووية. في عام ٢٠١٣ تم نصب قاعدة قعر إحدى السفن كاسحات الجليد التي ستكون أكبر كاسحة جليد في العالم وتتزود بالطاقة من مفاعلين نووين على متنها. وتتجه الخطط نحو إطالة أمد استخدام الخط البحري الشمالي من ٧ أشهر في السنة إلى كل شهور السنة بلا توقف.

FIGURE 18

IDMRD

تصور فنان روسي لوسائل النقل الابتكارية على الاسلاك والقطارات المغناطيسية والقطارات المحمولة على دعامات لتطبيقها في عملية التنمية في اقصى الشمال.

ممر تنمية قطبي

إلى هذه اللحظة تشكل عمليات شحن البضائع والنفط والغاز العمود الفقري لعملية تنمية المنطقة القطبية من روسيا. وتوقعت خطة صادرة من وزارة الموارد الطبيعية الروسية في عام ٢٠١١ حول استكشاف الجرف القاري حتى عام ٢٠٣٠ أن ٨-١٦٪ من انتاج النفط الروسي و ٣٢-٣٥٪ من انتاج الغاز سيأتي من البحر بحلول ذلك العام، ويدخل ضمن ذلك الحقول الموجودة في المحيط الهادئ وبدرجة أخص بحر بارينتس والمحيط القطبي الشمالي.

ما تعنيه التنمية المعتمدة على الهايدروكاربونات والمعادن هو بناء المناجم ومصاهر المعادن ومصانع تعليب الأغذية وبناء مساكن على الساحل القطبي. وكما هي الحال في تنمية كل منطقة من مناطق سيبيريا والشرق الأقصى، توجد خطط طموحة أكثر بالنسبة للمنطقة القطبية. إحدى هذه الخطط هي ربط الخط البحري الشمالي بخط سكك حديد على البر بموازاة

الساحل. كانت الخطط قد وضعت لسكة الحديد هذه في السابق كما يذكر رازبيجين من مجلس دراسات القوى الانتاجية: "في الحقبة السوفيتية، في الثلاثينات والخمسينات تم التخطيط لبناء سكة حديد من فوركوتا في الشمال الغربي إلى أنادير في الشمال الشرقي. وتم بناء ١٧٠٠ كلم من هذا الخط من الجانب الغربي". استخدم ذلك المشروع فرق عمل مكونة من السجناء وتم التخلي عنه في عام ١٩٥٣، ليصبح اسمه فيما بعد "طريق الاموات". لكن سيكون ممكنا بعثه من جديد في ظروف عمل أكثر إنسانية، كسكة حديد، أو ربما منظومة من تكنولوجيات النقل الملائمة للمناخ القطبي. إقترح التقرير الصادر من "معهد الديمغرافيا والهجرة والتنمية الاقليمية" في عام ٢٠١٢ حول التنمية الصناعية السيبيرية بناء منظومات نقل كتلك المعروضة في الشكل ١٨. وذكر التقرير: "إحدى أهم مكونات منصة التنمية الجديدة قد تكون بناء خط رئيسي قريب من القطب باستخدام النقل على الاسلاك وعربات الترولي المنزلقة على البكرات، بموازاة الخط البحري الشمالي ليكوّن الخط البري الشمالي".

Gazprom

قطار يعبر فوق جسر نهر شوتشيا، وهو جزء من سكة حديد اوبسكايا ـ بوفانينكوفو التي شيدتها شركة غازبروم في شبه جزيرة يامال. هذه السكة التي تم افتتاحها في 2010 هي ابعد سكة حديد في شمال الكرة الارضية.

ستكون تقنيات سكك حديد القطارات السريعة الصينية التي تم تطويرها لملائمة الظروف المناخية والتضاريس في مناطق مرتفعات التبت وسكك الحديد في أقصى الشمال الشرقي للصين مناسبة لهذه المنطقة. وافتتحت روسيا نفسها سكة حديد تقليدية في أبعد نقطة في شمال الكرة الأرضية على شبه جزيرة يامال في عام ٢٠١٠. كما تخطط روسيا أيضا لبناء عدة محطات نووية عائمة، تحتوي كل منها على مفاعلين نوويين بقدرة ٣٥ ميجاواط من النوع المستخدم في كاسحات الجليد، وذلك لنشرها على الساحل القطبي. لقد تم نصب قاع سفينة "الأكاديمي لومونوسوف" التجريبية في عام ٢٠٠٧ بعد عدة تأجيلات، ويخطط أن تبحر من شبه جزيرة كامتشاتكا في عام ٢٠١٦. يبين الشكل ١٩ قمة كوكبنا كمنطقة مفعمة بالحيوية ومليئة بالنشاطات الإقتصادية والتقدم العلمي.

نافذة إلى الفضاء

في يناير عام ٢٠١٢، أصدر مجلس دراسات القوى الانتاجية "إستراتيجية تنمية للمنطقة القطبية للاتحاد الروسي وصيانة الدفاع القومي إلى عام ٢٠٢٠". نظر المجلس، مثلما فعل تصميمه لمشروع مضيق بيرينج ومخطط (UP-UP) للصناعات التعدينية، إلى أبعد من منظور سياسة وضع الميزانيات الحالية، ليطرح رؤية أوسع. تضمنت حزمة الإجراءات التي طرحها المجلس أيضا عملية تنظيف (قاربت على الاكتمال) للقواعد العسكرية السوفيتية في "أرخبيل فرانتز جوزيف البري". وباقتباس أفكار طرحت من قبل في مشروع (-UP UP) إقترح المجلس تقنيات تعدين ابتكارية لاستخراج المعادن في المناطق الواقعة فوق خط الدائرة القطبية بدون تحويل المناطق المجاورة للمناجم إلى خرائب. ويدعو برنامج "معهد الديمغرافيا والهجرة والتنمية الاقليمية" و "مجلس دراسات القوى الانتاجية" لتطوير ممرات شمالية ـ جنوبية على الأنهار وعلى سكك الحديد لتشكيل نقاط ربط متعددة بين المنطقة القطبية وخطوط سكك الحديد القارية الموجودة حاليا.

Wikimedia Commons/Nina Matthews

الشفق القطبي الشبيه بالستائر. التقطت هذه الصورة في وايزمان في الاسكا.

إن القرب من قطب الأرض المغناطيسي والمجالات المغناطيسية يجعل من القطب الشمالي نقطة وصل بين كوكب الأرض والإشعاع الكوني، ومكانا مثاليا لاستكشاف أسباب تغير المناخ والأحوال الجوية، ومواجهة التحديات التي يمثلها الإشعاع الكوني وتفاعله الديناميكي مع كوكبنا. لقد تمت تسمية القطب الشمالي "نافذة إلى الفضاء" بسبب موقعه الذي يشكل إحدى البوابتين الخفيتين في جو الأرض واللتان تستقبل الأرض عبرهما تيارا من الإشعاع الكوني، ويمثل الشفق القطبي مجرد حاشية مرئية لإحدى تجلياته

الشكل 19

التنمية القطبية على الجسر البري العالمي والممر البحري الشمالي

LPAC/Chris Jadatz

1. بعد بناء نفق ممر بيرينج لن تكون المدن الجديدة في الاسكا وغرب كندا معزولة عن الحضارة. ستصبح هذه المدن الممر البري الوحيد الذي يربط الولايات المتحدة وروسيا، او الجسر البري العالمي وامريكا الجنوبية بقطارات االرفع المغناطيسي.

2. ان شمال كندا يمثل ايضا منفذا الى القارة القطبية الشمالية. فميناء تشرتشل في خليج هادسون يمثل نهاية الخط البحري في النصف الغربي للكرة الارضية (الجسر القطبي)، والذي يبدأ في ميناء مورمانسك في روسيا.

3. يمكن لايرلندا ان تنمو من خلال بناء ميناء عميق في خليج شانون، وايضا من خلال احتلالها موقعا رياديا في علم البيولوجيا الفلكية عبر البحوث البحرية العميقة. وفي عصر النهضة القطبي الجديد سيمكن احياء حوض بناء السفن هارلاند وولف في بلفاست (شمال ايرلندا) الذي يتخصص حاليا في بناء منصات مراوح الهواء في البحر، ليقوم ببناء السفن كاسحات الجليد المشتغلة بالطاقة النووية.

4. اما سيبيريا القليلة السكان، فالواجب ليس فقط استخراج معادنها، بل ايضا تنميتها واستيطانها عبر مدن جديدة على طول سكك الحديد السيبيرية التي سيجري تحديثها لتصبح عالية السرعة، وغيرها من الممرات المستقبلية مثل الخط الشمالي القريب من الساحل القطبي الذي سيسير بموازاة الخط البحري الشمالي.

5. ستكون المدينة المغلقة المقترحة، مدينة اومكا على جزيرة كوتيلني في المياه القطبية لروسيا بالقرب من مصب نهر لينا، ستكون ذات موقع مثالي "كنافذة الى السماء" في القطب الشمالي للارض لاغراض البحوث العلمية وتطوير التقنيات المطلوبة لفتح الحدود الجديدة امام الانسان على سطح القمر والمريخ.

الجميلة.

أن ما يقدمه "مجلس دراسة القوى الإنتاجية" هو سياسة ذات توجه علمي لتطوير القطب الشمالي. تتضمن هذه الاستراتيجية خططا لبناء جيل جديد من السفن العلمية لدراسة بيئة أعماق البحار عبر أجهزة محورة لتلائم الظروف القطبية. وستقوم منظومة أقمار صناعية جديدة اسمها آركتيكا، وتستخدم منظومة جلوناس للملاحة بالاقمار، بتقديم الدعم لعملية دراسة خصائص المياه (hydrography) والعمليات الديناميكية في المحيط القطبي، بالإضافة الى دراسة الظروف الجيوفيزيائية والارصاد الجوية المائية. وقال أناتولي بيرمينوف الرئيس السابق لوكالة الفضاء الروسية الفدرالية "روسكوسموس" في عام ٢٠١٠ أن منظومة آركتيكا ستجعل عملية مراقبة بيئة الجرف القطبي على مدار العام ممكنة، ومن ضمن ذلك قياس درجة حرارة المياه وسُمك الجليد العائم ومستويات التلوث، بالإضافة إلى ضمان سلامة وكفاءة عملية استكشاف الجرف.

مقطع عرضي لتصميم مدينة اومكا المقببة في القطب.

وتقوم روسيا بتوسيع جامعة القطب الشمالي الفدرالية في أرخانجيلسك لتكون مركزا لتدريب خبراء التنمية القطبية. كما أن من المقترحات المطروحة هو تأسيس مركز للبحوث القطبية في أرخانجيلسك للقيام بدراسات قطبية متعددة الاختصاصات تحت رعاية الأكاديمية الروسية للعلوم.

تم عرض خطة المهندس فاليري رزيفسكي لزاوية جديدة من "النافذة إلى الفضاء" في مؤتمر "القطب الشمالي - منطقة للحوار" المنعقد في سبتمبر ٢٠١١. وأطلع رئيس الوزراء بوتين بنفسه على التصميم ثلاثي الأبعاد "لمدينة عجائب" في القطب، والتي ستكون رائدة في تقديم طرق لمعيشة البشر في بيئات بعيدة جدا عن بيئة الأرض. يسمى المشروع "أومكا" (Umka) وهي كلمي توحي "بالذكاء" (وكذلك اسم دب قطبي ماهر في أحد أفلام الرسوم المتحركة الروسية). تم اختيار موقع افتراضي للمدينة ذات القبة والمكتفية ذاتيا في جزيرة كوتيلني بين بحر لابتيف (Laptev Sea) وبحر سيبيريا الشرقي، حوالي ٤٠٠ كلم شمال شرق دلتا نهر لينا. وتبعد المدينة ١٥٠٠ كلم من القطب الشمالي. صممت القبة الهائلة لتحتوي على أنظمة دعم الحياة مبنية على نفس أسس محطة الفضاء العالمية. وبمساعدة محطة طاقة نووية عائمة سيكون لمدينة أومكا مناخ معتدل منظم، وتكون دورة الهواء فيها وكذلك الدورات الحياتية لجميع النباتات والأحياء متداخلة. سيكون الأوكسجين وثاني اوكسيد الكاربون المحفز لنمو النباتات موجودان تحت القبة بشكل محكم الإغلاق بحيث لا يختلطان بالهواء الموجود في البيئة الخارجية المتجمدة. وستساعد أحواض الاسماك الاصطناعية التي تتم تدفئتها قليلا بمياه المفاعل النووي على توفير الغذاء للسكان. وستتم إعادة تدوير جميع المخلفات أو يتم تحويلها إلى ما هو أقل من الرماد. وستخفف المنشآت الترويحية من الضغط النفسي على سكان مدينة أومكا، وتساعدهم على التأقلم مع المعيشة في بيئة محصورة.

لقد طرح هذا التصميم على جميع الدول الخمس المطلة على المحيط القطبي الشمالي (كندا والدنمارك/جرينلاند والنرويج وروسيا والولايات المتحدة الأمريكية). وتحاكي هذه الخطة خططا سابقة لتنمية الشمال الأقصى مثل المدن المقببة التي روج لها جون ديفينبيكر رئيس وزراء كندا (١٩٥٧-١٩٦٣) في عهد ظهور رحلات الفضاء المأهولة.

ستكون الكثافة السكانية في مدينة أومكا، التي تبلغ قياساتها ١,٢ كلم طولا و ٨٠٠ متر عرضا ويسكنها ٥٠٠٠ فرد، قريبة من الكثافة السكانية لمدينة هونج كونج التي تبلغ

٦٣٤٩ نسمة للكيلومتر المربع الواحد. قد يكون أوائل هؤلاء السكان الخمسة آلاف من العلماء والمهندسين والعمال المشتغلين في شركات التنقيب عن النفط والتعدين، وستكون مهمة الباحثين العلميين الذين سيعيشون في أومكا هو سبر أغوار القطب الغنية بالمعارف البيولوجية والفيزيائية غير المعروفة بعد. لكن أحسن وجهة نظر يمكن تقييم مدينة أومكا عبرها هي وجهة النظر الفضائية. فبوجودها على خط العرض ٧٥ شمالا تتعرض المدينة لرياح قوية وتنخفض درجات الحرارة إلى أقل من ٣٠ درجة تحت الصفر، وهي بهذا تشابه درجات الحرارة في أنابيب الحمم البركانية المتجمدة على سطح القمر. إن هذه الظروف القاسية تتيح فرصة تطوير وتطبيق التقنيات التي ستكون مطلوبة في الجبهات الأمامية لاستكشاف الفضاء.

Russian Presidential press service

الرؤساء اليكساندر لوكاشينكو (روسيا البيضاء) وفلاديمير بوتين (روسيا) ونورسلطان نزاربابيف (كازاخستان) بعد توقيع معاهدة الاتحاد الاقتصادي الاوراسيوي في استانة عاصمة كازاخستان في ٢٩ مايو ٢٠١٤.

الاتحاد الأوراسيوي

إن من أكثر التصريحات سخافة في تقرير منتدى فالداي ٢٠١٤ "نحو المحيط العظيم - ٢" هو التالي: "من الناحية النظرية، لا توجد ندية ما بين مشروعي تكامل كيانات منطقة الاتحاد السوفيتي السابق وتكامل منطقة آسيا والمحيط الهادئ... لكن، نظرا لشحة الموارد المالية والبشرية التي لن تكون كافية للمشروعين في آن واحد، ... يرجح أن الأولوية ستكون لصالح التكامل الأوراسيوي." إن لم يكن هذا التصريح قد نشر في وقت سابق، لكان المرء سيعتقد أنها محاولة لإعاقة ما تعهد به الرئيس بوتين والرئيس الصيني شي في مايو ٢٠١٤ حول السعي إلى إيجاد "فرص لدمج مفهوم الحزام الإقتصادي لطريق الحرير مع مفهوم الاتحاد الإقتصادي الأوراسيوي"، وهو ما ذكرته السيدة هيلجا لاروش في مقدمة هذا التقرير الذي بين يدي القارئ.

في حقيقة الأمر ستستفيد الدول المؤسسة للاتحاد الإقتصادي الأوراسيوي (Eurasian Economic Union) - وهي روسيا البيضاء وكازاخستان وروسيا - والأعضاء المحتملين مثل أرمينيا وقيرغيزستان من سياسة التعاون مع "الحزام الإقتصادي لطريق الحرير"، إذا تم وضع الألاعيب والندية الجيوسياسية المصطنعة جانبا، وتم شطب السياسات الإقتصادية الهدامة التي كانت سائدة في التسعينات، كما هو موضح أعلاه في مثال روسيا.

إن الاتحاد الإقتصادي الأوراسيوي الذي أعلن بوتين ورئيس روسيا البيضاء أليكساندر لوكاشينكو ورئيس كازاخستان نورسلطان نزاربابيف عن تأسيسه في عام ٢٠١١، كانت قد سبقته عدة برامج إقتصادية بين دول الاتحاد السوفيتي السابقة في محاولة لاسترجاع بعض ما تمت خسارته حينما انفصلت العلاقات الإقتصادية الفيزيائية بشكل مفاجئ في عام ١٩٩١. وكان الرئيس نزاربابيف أول من اقترح تأسيس اتحاد إقتصادي أوراسيوي في عام ١٩٩٤. وتم تشكيل "التجمع الإقتصادي الأوراسيوي" (EurAsEC) في عام ٢٠٠٠ وباشر اجتماعاته في العام ذاته، لكن لم يتم بذل أي جهد جاد إلا في النصف الثاني من ذلك العقد لتأسيس اتحاد جمارك بين روسيا البيضاء وكازاخستان وروسيا. عمل الاكاديمي جلازييف، بصفته نائب السكرتير العام للتجمع الإقتصادي الأوراسيوي ومن بعد كسكرتير لاتحاد الجمارك الأوراسيوي، من عام ٢٠٠٨ إلى ٢٠١٠ على تنظيم اتحاد الجمارك الذي دخل حيز التطبيق في ١ يناير ٢٠١٠. وتوجه الأعضاء المؤسسون بعد ذلك إلى تشكيل "الفضاء الإقتصادي الأوراسيوي" في عام ٢٠١٢، ومن ثم توقيع "معاهدة الاتحاد الإقتصادي الأوراسيوي" في عام ٢٠١٤. إنضمت أرمينيا من بعد إلى هذه المعاهدة، حتى يكون هناك أربعة أعضاء

على الأقل عندما يتم افتتاح الاتحاد في الأول من يناير ٢٠١٥، ثم أعلن رئيس قيرغيزستان أتامباييف في أكتوبر أن بلاده تأمل الانضمام للاتحاد من البداية.

شدد الرئيس بوتين في تصريحه في ٢٩ مايو على تنسيق سياسات الطاقة والصناعة والزراعة والنقل بين الدول الأعضاء في الاتحاد، وربطها بالنشاطات الأوراسيوية والآسيوية الأخرى: "إن الموقع الجغرافي يسمح لنا بخلق ممرات نقل ولوجستيات ليس فقط على المستوى الإقليمي فحسب، بل على المستوى العالمي أيضا، واجتذاب كميات هائلة من الحركة التجارية من أوربا وآسيا". ابتداءا من المقالة التي نشرها في صحيفة إزفيستيا في ٢٠١١، قال بوتين أن روسيا وروسيا البيضاء وكازاخستان وغيرها من دول الاتحاد السوفيتي السابق التي قد تنضم إلى الاتحاد الأوراسيوي ستسعى إلى أن تصبح جسرا بين أوربا ومنطقة آسيا والمحيط الهادئ.

كازاخستان في المركز

إن الموقع الجغرافي والموارد الطبيعية لكازاخستان (الشكل ١) على وجه الخصوص أهّلت هذا البلد ليحتل موقعا متصدرا في "استراتيجية فيرنادسكي" التي وضعها لاروش. في ذات الوقت، ونتيجة للمخزون الهائل من المعادن الذي لا تتفوق عليها في حجمه إلا روسيا، أصبحت كازاخستان هدفا لحضور الكارتيلات العالمية للمواد الخام التي كانت متحمسة لاستغلال هذه الموارد دون الاهتمام بعملية التنمية الإقتصادية للبلد. لقد تم استهداف كازاخستان بشكل مكثف أيضا في المجال الجيوسياسي والايديولوجي، ويجدر بالذكر هنا عقد الاستشارات الذي حصل عليه داعية الحرب سيء السمعة توني بلير، رئيس وزراء بريطانيا السابق وسليل الامبريالية الليبرالية، ليكون مستشارا لقادة كازاخستان. واعتنق الرئيس نزارباييف في أحيان كثيرة سياسات مريبة مفروضة من الخارج، مثل برنامج "الجسر الأخضر" للتحول المزعوم إلى إقتصاد "أخضر".

لكن حينما يتعلق الأمر بالطاقة والبنية التحتية، فقد كانت كازاخستان سباقة في السعي إلى التنمية، ورحبت بالتعاون مع الاتحاد الإقتصادي الأوراسيوي والحزام الإقتصادي لطريق الحرير الجديد. لقد شاركت الصين في بناء سكتي حديد في كازاخستان لغاية الآن: تمتد إحداهما إلى العاصمة الجديدة "أستانا" ومن هناك إلى روسيا، والآخرى من العاصمة الجنوبية السابقة "ألما آتا" عبر خطوط تمتد إلى الشمال الغربي نحو روسيا وإلى الغرب عبر آسيا الوسطى وإيران إلى تركيا. ويحصل الميناء الجاف في خورجوس على الحدود بين كازاخستان والصين على استثمارات كبيرة باعتباره مركزا لوجستيا للتجارة الصينية مع اوربا وجنوب غرب آسيا. كما تعمل كازاخستان مع تركمنستان وإيران على تطوير فرع الساحل الشرقي لبحر قزوين من مشروع "ممر النقل العالمي الجنوبي الشمالي" بين الهند وروسيا.

بالرغم من أن اتحاد الجمارك قد فتح السوق الروسية أمام كازاخستان، إلا أن أهم نشطات التعاون الروسي الكازاخي تبقى مركزة على مجال الطاقة. ففي أثناء زيارة الرئيس بوتين إلى أستانا لتوقيع معاهدة الاتحاد الإقتصادي الأوراسيوي في ٢٩ مايو، تم التوقيع على اتفاقية ثنائية قي مجال الطاقة النووية بين البلدين أيضا. تلتزم شركة الطاقة النووية الروسية الحكومية "روساتوم" وفقا للاتفاقية ببناء محطة طاقة نووية جديدة في كازاخستان، بالإضافة إلى المساعدة في معالجة اليورانيوم. وتمتلك كازاخستان، التي تعتبر من أكبر منتجي اليورانيوم في العالم، حصة ١٠٪ في مركز تخصيب اليورانيوم الذي تديره شركة روساتوم في أنجارسك في سيبيريا.

مهمة لأوكرانيا

حاولت روسيا اجتذاب أوكرانيا إلى عملية التكامل الأوراسيوي، وبذل جلازييف المولود

في أوكرانيا جهودا حثيثة بين عامي ٢٠١١-٢٠١٣ لتنظيم عملية تعاون أوكرانيا مع الاتحاد الجمركي الأوراسيوي والاتحاد الإقتصادي الأوراسيوي مستقبلا. لكن قاومت حكومات أوكرانيا المتعاقبة فكرة الاندماج بشكل أوثق في أوراسيا، بسبب ضغوط مارسها الغرب لجعل أوكرانيا تختار علاقات التجارة الحرة مع الاتحاد الاوربي لأكثر من عقد من الزمن. لكن بسبب التداخل التاريخي بين الإقتصادين الاوكراني والروسي لم تختفي العلاقات الأوكرانية مع أوراسيا كليا.

عندما قامت الحكومة الأوكرانية في نوفمبر ٢٠١٣ بتجميد العمل على "اتفاقية الارتباط" (Association Agreement) مع الاتحاد الاوربي، وهو التحرك الذي تم استخدامه كذريعة للتمرد على حكومة اوكرانيا المنتخبة، استندت حكومة رئيس الوزراء ميكولا أزاروف إلى "المصالح الأمنية الوطنية" في قطع الارتباط مع الاتحاد الاوربي، وأعلنت أنها ستدرس طرقا "لاسترجاع ما فقدته اوكرانيا من القدرات الانتاجية ومجالات للتجارة والتعاون مع الاتحاد الروسي ومجموعة الدول المستقلة الأخرى"، بالإضافة إلى إعادة تفعيل المفاوضات مع اتحاد الجمارك الأوراسيوي على وجه الخصوص. وقد حسبت الأكاديمية الاوكرانية للعلوم الفوائد التي ستجنيها أوكرانيا (بقيم نقدية) من التعاون الوثيق مع الاتحاد الإقتصادي الأوراسيوي، على عكس المنظور المظلم لدورها باعتبارها سوقا للعمالة والاراضي الزراعية الرخيصتين في إطار الاتحاد الاوربي. وقد كتبت الشخصية السياسية والخبيرة الإقتصادية الأوكرانية ناتاليا فيترينكو (Natalia Vitrenko) عن هذا التقرير في عام ٢٠١٣ قائلة: "إذا التحقت أوكرانيا بالاتحاد الجمركي الأوراسيوي فسيرتفع إجمالي الناتج المحلي بمعدل ١,٥-٦٪ ... لقد توقع معهد التوقعات الإقتصادية الوطني التابع للأكاديمية الروسية للعلوم أنه إذا انضمت أوكرانيا للاتحاد الجمركي، فإن إقتصاد أوكرانيا سيكسب ٧ مليارات دولار سنويا، وترتفع صادراتها بنسبة ٦٠٪، أو ٩ مليارات دولار سنويا.

لا يمكن اكتشاف القدرات الكامنة لأوكرانيا في هذه المعايير النقدية أو إجمالي الناتج المحلي. لقد كان جنوب شرق أوكرانيا أحد أهم مناطق انتاج المكائن ومركزا لانتاج المحركات في الاتحاد السوفيتي. وكانت صناعة الفولاذ فيها تنتج أرقى أنواع خلائط المعادن.

لقد تم تدمير معظم هذه القدرات أثناء فترة الخصخصة، حتى قبل أن تبدأ الحرب الأهلية الأخيرة، لكنها لا تزال موجودة ويمكن تنشيطها مجددا. على نفس الشاكلة، كانت مستويات تعليم السكان في العهد السوفيتي من بين أعلى المستويات في العالم باعتراف الأمم المتحدة. إن هؤلاء الناس ذوي المهارة قد بدأوا يدخلون سن التقاعد، لكن حسب تقديرات فيترينكو يمكن أن يكوّن جزء منهم عاملا مهما في إعادة إنعاش الإقتصاد خلال الأعوام العشرة القادمة.

سيكون من المأساوي أن لا تتمكن أوكرانيا من اتخاذ موقعها الطبيعي في عملية التنمية الأوراسيوية. وباستثناء الحرب الأهلية الطاحنة الدائرة منذ انقلاب ٢٠١٤، تشابه وضعية أوكرانيا وضعية الدول الصناعية المتقدمة سابقا، خاصة تلك الدول ذات اليد العاملة الماهرة جدا وصناعات انتاج المكائن مثل الولايات المتحدة و أوربا أو أستراليا. إن مساهمة هذه الأمم في ظل سياسات راشدة أمر لا يمكن الاستغناء عنه.

الهوامش

[١] EIR Special Report The Eurasian Land-Bridge: The 'New Silk Road'— Locomotive for Worldwide Economic Development

[٢] Lyndon H. LaRouche, Jr., "Russia Is Eurasia's Keystone Economy," EIR, March 27, 1998.

[٣] LaRouche, "Prospects for Russian Economic Revival," EIR, March 17, 1995.

نص الندوة حول "روسيا والولايات المتحدة والأزمة المالية العالمية": منشور في عدد مجلة إكزكتف إنتلجنس ريفيو الصادر في 31 مايو 1996]

[٥]. نص المقابلة في عدد ٢٥ مايو ٢٠٠١ لمجلة إكزكتف إنتلجنس ريفيو]

[٦] LaRouche, "The Vernadsky Strategy," EIR, May 4, 2001; "The Legacy of Mendeleyev and Vernadsky: The Spirit of Russia's Science," EIR, Dec. 7, 2001.

[٧] LaRouche, "Policy Changes Needed to Overcome the Collapse," EIR, July 6, 2001.

[٨]. LaRouche, "Russia's Crucial Role in Solving the Global Crisis," EIR, Dec. 28, 2001.]

[٩]. Hal B. H. Cooper, Jr., Sergei A. Bykadorov, "North Eurasian Rail Systems and Their Impact on Siberian Economic Growth," EIR, May 19, 1995.]

[10]. Rachel Douglas, "Russian-American Team: World Needs Bering Strait Tunnel!", EIR, May 4, 2007

كما تم نشر محاضر المؤتمر باللغتين الروسية والانجليزية على موقع النشرة الدورية (FORUM International) العدد السابع لعام ٢٠٠٧.

[١١]. Victor N. Razbegin, "Eurasia-North America Multimodal Transport," EIR, Sept. 28, 2007.]

[١٢]. Vladimir Petrovsky, "Bering Strait Project—Russian Perspective Update," Universal Peace Federation, Oct. 4, 2011.

Sergei Cherkasov, Dmitri Rundqvist, “Raw Materials and Russian [١٣]
[.Infrastructure,” EIR, Sept. 28, 2007

LaRouche, “On Academician Lvov’s Warning: What Is ‘Primitive [١٤]
[.Accumulation’?”, EIR, Aug. 17, 2001

[١٥] كسبت روسيا ٢,٥ مليون نسمة بعد ضم شبه جزيرة القرم إلى الاتحاد الروسي في مايو ٢٠١٤]

[١٦] آرتيم زاغارودني، "هل الشرق الأقصى الروسي ملئ بالمهاجرين الصينيين"، مقابلة مع سيرجي بوشكاريف، الرئيس السابق لمكتب هيئة الهجرة الروسية في فلاديفوستوك، ٢٨ أبريل ٢٠١٢.

[١٧] تساوي 7539 كلم، لكن هذه المسافة هي مسافة سكة الحديد السيبيرية من تشيليابينسك نحو الشرق حيث بدأت عملية البناء الجديدة وليس من موسكو.]

Department of Trade and Manufactures Imperial Ministry of Finance, Siberia [١٨]
[.and the Great Siberian Railway, St. Petersburg, 1893

[١٩] لكن تلاشت الآمال بتنفيذ سريع للمشروع بوفاة لاتيشيف في عام ٢٠٠٨ وجرانبيرج في ٢٠١٠، وبسبب عدم قدرة شركة (UP-UP) على اجتذاب التمويل الحكومي أو المستثمرين الأجانب أثناء الأزمة العالمية المتفاقمة والتي بدأت في عام ٢٠٠٨.]

Yuri Krupnov, Ilnur Batyrshin, “Svobodny Cosmodrome: a Potential Space [٢٠]
Industry Cluster and Development Corridor in Russia’s Amur Region,” EIR, Sept.
[.28, 2007

Vladimir Putin, “Russia and the Changing World,” Moskovskiye Novosti, [٢١]
Feb. 27, 2012; “A New Integration Project for Eurasia: The Future in the Making,”
.Izvestia, Oct. 3, 2011

Douglas, “Russia’s Eurasian Diplomacy Might Spark Real Economy,” EIR, [٢٢]
[Nov. 24, 2000, with excerpts from Putin’s pre-summit article

[٢٣]. تم انتزاع شركة ميتشيل من شركة نوريلسك نيكل في عام ٢٠٠٦. وكانت الأخيرة أسوأ مثال في عام ١٩٩٥ على عملية خصخصة "بقروض مقابل أسهم" التي قامت من خلالها البنوك الخاصة المؤسسة حديثا في موسكو بإقراض الأموال للمصانع الروسية التي كانت في أزمة خانقة بعد أن تعرضت لخسائر هائلة بسبب ارتفاع نسبة التضخم إلى ٢٦٠٠٪ في عام ١٩٩٢ في أعقاب إعادة هيكلة الأسعار، وذلك مقابل أسهم في تلك الشركات. تمكن أصحاب البنوك في نهاية المطاف من وضع يدهم على ملكية هذه الشركات الصناعية بعد أن عجزت هذه عن سداد القروض.

[.Strategy for the Development of the State to 2010”, EIR, March 2, 2001” [٢٤]

[٢٥] Sergei Karaganov, et al., "Toward the Great Ocean, or the New Globalization of Russia," July 5, 2012; Igor Makarov, et al., "Toward the Great Ocean-2, or Russia's Breakthrough to Asia," Feb. 27, 2014. توجد هاتان الوثيقتان على صفحة منشورات منتدى فلاداي. ويستضيف منتدى فلاداي تجمعا سنويا بين بوتين والمحللين الأجانب. يفصل تقرير عام 2014 الامكانيات الإقتصادية الفيزيائية لسيبيريا والشرق الأقصى، ويستعرض العلاقات الإقتصادية الروسية بكل دولة من دول آسيا. تتعلق المغالطات والأخطاء الواردة في هذه التقارير بشكل رئيسي بنزوعها نحو الافتراضات النقدية.

[٢٦] حوالي ٨ مليارات دولار بقيمة العملة في آخر عام ٢٠١٤ (ذكرناها هنا لمجرد التعريف بالحجم التقريبي للمشاريع فقط، إذ انخفض سعر الروبل مقابل الدولار بنسبة ٣٠٪ في أكتوبر ٢٠١٤ مقارنة بالعام السابق.

[٢٧] Stanislav M. Menshikov, The Anatomy of Russian Capitalism (EIR News Service: Washington, DC, 2007)

يقدم كتاب "تشريح الرأسمالية الروسية" للباحث الإقتصادي ستانيسلاف مينشيكوف شرحا مفصلا لهذه الشركات الروسية الكبرى وكيف ظهرت إلى الوجود. تعود ملكية شركة رينوفا إلى شركة رينوفا القابضة المسجلة في جزر البهاماس وتتم إدارتها عبر تي زي كولومبوس سيرفيسيز لمتد في جزر فيرجين آيلاندز البريطانية.

[٢٨] يذكر داعمو سندات البنية التحتية في إعلاناتهم للمستثمرين عن "المردود العالي المتوقع" لهذه السندات (كما هي الحال في مانشره مارك هيلويل (Mark Hellowell) الخبير في الشراكة العامة ـ الخاصة على مدونة السياسات الاوربية التابعة لكلية لندن للدراسات الإقتصادية في ٢٧ يونيو ٢٠١٢). وذكر جورج اندرست في دراسته "البنية التحتية باعتبارها من أصناف الأرصدة" أن صناديق البنية التحتية غير المدرجة في البورصات قادرة على إعطاء مردودات بنسبة ١٤٪ أو أكثر.

George Inderst, "Infrastructure as an Asset Class," Pensions Institute EIB-sponsored Discussion Paper PI-1103, Vol. 15, No. 1, 2010

[٢٩] قدم جون هوفل في مجلة إكزكتف إنتلجنس ريفيو عرضا مفصلا عن صندوق ماكاري الأنجلوأسترالي وهو من الصناديق القيادية في العالم في مجال البنية التحتية.

[John Hoefle, "Macquarie Bank Takes the Low Road," EIR, July 28, 2006

[٣٠] يوجد شرح لتفاصيل الخمسة عشرة نقطة في المقالة التالية:

Asymmetric Response to Sanctions: Russia Debates Dirigist CreditCreation"

[.Plan," Rachel Douglas, EIR, May 2, 2014

[٣١] Victor Ivanov, "Drug Trafficking and the Financial Crisis," EIR, Dec. 2, 2011; Cynthia R. Rush, "Ivanov: Attack the Drug Trade with Glass Steagall," EIR, 2012.

[٣٢] شارك ميشارين في عام ٢٠٠٧، عندما كان نائب وزير النقل، باعتباره المتحدث الرئيسي للحكومة في المؤتمر الذي رعاه "مجلس دراسات القوى الانتاجية" حول معبر مضيق بيرنج. وتحدث ميشارين عن الأهمية الاستراتيجية لرابط من البنية التحتية متعددة الوسائل بين أوراسيا وأمريكا الشمالية.]

[٣٣] Mary Burdman, "Jiang in Russia: a Speech That Can Change History," EIR, Dec. 4, 1998, with the full text of the speech.]

[٣٤] يتضمن هذا القسم مقتطفات من ثلاثة مقالات موسعة حول التنمية القطبية ونشرت في مجلة إكزكتف إنتلجنس ريفيو وهي:

Ulf Sandmark, "Arctic Development: Sweden and Finland Test the Waters, May Join Efforts of Norway, Russia," Jan. 6, 2012

Michelle Fuchs, Sky Shields, "Self-Developing Systems and Arctic Development," Jan. 6, 2012;

William C. Jones, "Russia Prepares to Develop the Arctic as Earth's Next Great Project," Sept. 7, 2012.]

[٣٥] ميناء مورمانسك التجاري مملوك بالكامل لشركة (SUEK) وصاحبها أندري ميلنيتشينكو، وهي أكبر منتج للفحم في روسيا. ويسيطر ميلنيتشينكو على الميناء عبر شركة قابضة مقرها قبرص، وعبر شركته (EuroChem Group AG) المصنعة للأسمدة الكيمياوية في روسيا، لكن مقرها سويسرا. جمع ميلنيتشينكو ثروته عبر بنك (MDM Bank) الذي أسسه في عام ١٩٩٣ عندما كان عمره لا يتجاوز ٢١ عام، عبر سلسلة من محلات الصرافة الصغيرة في الشوارع الروسية. يصف الخبير الإقتصادي ستانيسلاف مينشيكوف في كتابه عمليات هذا البنك حتى عام ٢٠٠٦ كالتالي: "يخدم البنك الصناعيين الشباب البارزين في سيبيريا والاورال، ومن بينهم اوليج ديريباسكا (قطاع الالمنيوم) وإسكندر ماخمودوف (النحاس) وأليكساندر أبراموف (صناعة الفولاذ). باع ميلنيتشينكو البنك في عام ٢٠٠٩ لشريكه في الأعمال سيرجي بوبوف، مقابل شراء حصة الأخير في صناعات الفحم والكيمياويات في مجموعة أم دي أم جروب. ويوثق مينشيكوف (راجع الملاحظة *٢٦) كيف تمكن هؤلاء "الاوليجاركيون الجدد" من الحصول على كل أملاكهم أثناء عملية الخصخصة بالجملة لممتلكات الاتحاد السوفيتي السابقة في التسعينات.

مبادرة نهر تومين
خطوة نحو السلام في شمال شرق آسيا

مايكل بيلينجتون
By Michael Billington

سبتمبر ٢٠١٤

في ١٨ يوليو ٢٠١٤، حضر قادة روسيا وكوريا الشمالية وكوريا الجنوبية مراسيم الافتتاح الرسمي لمنشأة مينائية بنتها روسيا وفق أحدث طراز في مدينة راجين (Rajin) الساحلية في كوريا الشمالية. وكان حضور الجانب الكوري الجنوبي ملفتا للنظر. وهذا الميناء هو جزء من "منطقة راسون الإقتصادية الخاصة" (Rason Special economic Zone) والمعروفة سابقا باسم "راجين - سونبونج". تقع راجين عند مصب نهر تومين (Tumen River) الذي يفرغ مياهه في بحر اليابان: كما أنها المحطة الأخيرة لسكة حديد بنيت مؤخرا وتمتد من روسيا. وتبني الصين هي الأخرى ميناءا في راجين، وأكملت مؤخرا بناء طريق إلى الميناء من منطقة المثلث الحدودي بين روسيا والصين وكوريا الشمالية.

يشكل حدث شهر يوليو هذا نقطة انطلاق مهمة نحو إكمال "مبادرة تومين الكبرى" (Greater Tumin Initiative) وهو مشروع تنمية على أساس تطوير هذه المنطقة الحدودية وخاصة عبر بناء ممرات نقل بخطوط سكك الحديد. أعلن برنامج الأمم المتحدة الإنمائي في عام ١٩٩١ عن تأييده لجهد تعاوني مشترك بين الصين وروسيا ومنغوليا وكوريا الشمالية وكوريا الجنوبية لتنمية المنطقة المحيطة بنهر تومين الذي يشكل خط الحدود بين الصين وكوريا الشمالية (الشكل ١). وتساهم اليابان بشكل هامشي في هذا المشروع. وبالرغم من بعض البدايات الفاشلة، إلا أن المشروع بدأ يأخذ خطوات جدية في السنتين أو الثلاثة الماضية، بالرغم من أن كوريا الشمالية لم تكن رسميا من المشاركين في المشروع منذ عام ١٩٩٩.

الشكل ١

نهر تومين: الحد الفاصل بين روسيا والصين وكوريا الشمالية

UNESCAP

بالإضافة إلى الفوائد الإقتصادية العظيمة لكل بلد من البلدان المشاركة (الشكل ٢)، إلا أن هذا المفهوم مهم جدا أيضا باعتباره مشروع التنمية المطلوب لإنهاء آخر بقايا الحرب الباردة في آسيا - أي ما تسمى بالمشكلة الكورية الشمالية. وكما شدد ليندون لاروش على ذلك لسنوات عديدة، يكمن حل جميع المشاكل التي خلقتها سياسات "فرق تسد" الاستعمارية في المصلحة المشتركة لتنمية جميع الأطراف المعنية - وفي آخر المطاف في مصلحة البشرية عموما. إذا تم وضع "مبادرة تومين الكبرى" للتنمية الإقتصادية في السياق الأكبر المتمثل في المصلحة الأكبر لتنمية كل منطقة شرق آسيا، وخاصة المناطق الصعبة لكن الغنية بالثروات في أقصى

الشرق الروسي وفي مصلحة كل منطقة المحيط الهادئ من الولايات المتحدة إلى الحدود الغربية للصين، فإن هذا المشروع سيكون أساسا للتعاون طويل المدى بين الأمم، ورفع المستوى الحياتي والانتاجي لشعوب المنطقة.

عقد الرئيس الروسي فلاديمير بوتين والصيني الجديد شي جينبينج ورئيسة كوريا الجنوبية السيدة بارك جيأون ـ هي (Park Geun-hye) سلسلة من اللقاءات الثنائية وكان الموضوع الرئيسي في هذه الاجتماعات هو تنمية منطقة أقصى الشرق الروسي وإكمال بناء مشروع الجسر القاري الأوراسيوي وهدفه الاصلي المتمثل بربط بوسان (كوريا الجنوبية) بروتردام (هولندا). لكن الثغرة الكبرى في ممر التنمية الواسع تتمثل في ضرورة مروره عبر كوريا الشمالية.

الشكل ٢

منطقة تومين الكبرى

Greater Tumen Initiative

إنسحبت كوريا الشمالية من مجموعة تنمية منطقة تومين الأصلية في عام ١٩٩٣ عندما كادت المواجهة مع الولايات المتحدة أن تؤدي إلى حرب. لكن تم تفادي الحرب في عهد الرئيس بيل كلنتون عبر اتفاقية سميت اتفاقية "الإطار العام" تتخلى وفقها كوريا الشمالية عن ذلك الجزء من برنامجها النووي الذي يمكن استخدامه لإنتاج الأسلحة النووية، مقابل الدعم بالغذاء والطاقة ومشروع أمريكي كوري جنوبي مشترك لبناء محطة نووية لانتاج الطاقة لكوريا الشمالية. استمرت هذه الاتفاقية إلى نهاية التسعينات، لكن تم إلغاؤها كليا عندما جاء ديك تشيني للحكم في عام ٢٠٠١. وأدى إصرار تشيني على المواجهة مع كوريا الشمالية إلى قيام الأخيرة بإنتاج سلاح نووي.

لكن مبادرة تومين الكبرى اختارت بكل حكمة الاستمرار بتخطيط المشروعات على أساس أن مشكلة كوريا الشمالية ستحل في آخر المطاف. لقد تم تخطيط مجموعة من الممرات ذات الاولوية "لمنطقة تومين الكبرى" (Greater Tumen Region) ـ الشكل ٣. يذكر تقرير "منطقة تومين الكبرى" الصادر في فبراير ٢٠١٣ بعنوان "البنى التحتية المدمجة ودراسة تسهيل عبور الحدود بممرات النقل لمنطقة تومين الكبرى" مايلي: "إن الجمهورية الكورية الديمقراطية الشعبية [كوريا الشمالية] لم تعد عضوا في مبادرة تومين الكبرى بعد انسحابها في عام ٢٠٠٩. لهذا لن يستطيع الممران ٥ و ٦ [طرق سيارات وسكك حديد على طول الحدود مع كوريا الشمالية وتربط الصين بكوريا الجنوبية] اللذان يبدآن من الجمهورية الكورية [كوريا الجنوبية] أن يصلا إلى بقية دول مبادرة تومين الكبرى. يشكل هذا عائقا خطيرا أمام الدراسة. لكن مع ذلك، تم اتخاذ قرار إدراج سيناريو متفائل بإمكانية أن يؤدي المزيد من التحرر الإقتصادي وانفتاح الجمهورية الكورية الديمقراطية الشعبية إلى إعادة تأسيس هذه الروابط مع الجمهورية الكورية ونجاح عمل ممر شبه الجزيرة الكورية".

في حقيقة الأمر، يعتمد نجاح الخطط الروسية لتنمية الشرق الأقصى لروسيا والمناطق القطبية إلى مدى بعيد بنجاح حل القضية الكورية. تمتلك اليابان وكوريا الجنوبية امكانيات تقنية وإنشائية مهمة وضرورية لتنمية الاصقاع الشاسعة ذات التضاريس الصعبة لهذه المناطق

الشكل ٣

ممرات التنمية العابرة لمنطقة تومين الكبرى

Greater Tumen Initiative

الروسية، بينما تمتلك كوريا الشمالية يد عاملة ماهرة ستكون عنصرا لا غنى عنه في مثل هذه المشاريع، بالإضافة إلى أن ذلك سيساهم بشكل كبير في دمج كوريا الشمالية في جمعية الأمم الآسيوية عبر تنمية وبناء المشاريع ذات الفائدة المشتركة.

المشاريع

تشتمل منطقة مبادرة تومين الكبرى على المقاطعات الصينية لياونينج و جيلين وهايلونجيانج والجزء الشرقي من مقاطعة "منغوليا الداخلية" (تابعة للصين)، والكوريتين الشمالية والجنوبية، والمنطقة البحرية لروسيا "مقاطعة بريمورسكي" ومقاطعة خاباروفسك ومنطقة آمور والمنطقة اليهودية ذات الحكم الذاتي (وكلها في المنطقة الإدارية الاتحادية للشرق الاقصى الروسي) ومقاطعة ترانسبياكال الروسية، وجمهورية منغوليا، وحتى اليابان إلى مدى محدود. وتعتبر محافظة يانبيان الكورية ذات الحكم الذاتي (تابعة للصين) نقطة ربط مهمة بين كوريا ومقاطعة جيلين الصينية.

يربط الممران الرئيسيان في مبادرة تومين الكبرى اللذان يطلق عليهما اسم "ممر ١" و "ممر ٢" في الخارطة (أي ممر تومين للنقل وممر سويفينهي للنقل تباعا) يربطان المناطق الساحلية بالداخل، وأيضا بخط سكك الحديد السيبيرية عند مدينة تشيتا. كان الشمال الشرقي للصين القلب الصناعي النابض للإقتصاد، وبالرغم من التنمية الصناعية الهائلة في جنوب الصين في الأعوام الماضية إلا أنه يبقى من المراكز الرئيسية للصناعات الثقيلة. تحبس هذا الإقليم عن بحر اليابان المنطقة البحرية الساحلية الروسية التي تمتد على طول المنطقة الحدودية

الكورية، كما تعزله كوريا الشمالية أيضا عن البحر، مما يدفع الشركات الصينية إلى نقل الانتاج الصناعي من هذا الإقليم مسافة طويلة جنوبا إلى ميناء داليان في مقاطعة لياونينج.
على الرغم من أن "ممر ٢" بحاجة ماسة إلى التحديث والتوسيع إلا انه ينقل ٦٠٪ من التجارة بين الصين وروسيا. ويعتمد "ممر ٢" على خطوط الطرق وسكك الحديد من هاربن الصينية إلى فلاديفوستوك الروسية ومينائي فوستوخني وناخودكا، وفي الاتجاه الآخر إلى مانزولي في منغوليا الداخلية وعبرها إلى روسيا. أما "ممر ١" الممتد من ميناء زاروبينو على الساحل إلى هونتشون وتشانغتشون ومن هناك إلى منغوليا وروسيا، فيعتمد على طرق السيارات وسكك الحديد على الجانب الصيني، لكن على الطرق غير المعبدة فقط في داخل جمهورية منغوليا.
وتعتبر امكانية نقل الفحم المنغولي وغيرها من الموارد إلى الصين وروسيا وإلى الموانئ البحرية إحدى أهم العقبات التي تحاول مبادرة تومين الكبرى التغلب عليها.
بالرغم من أن هذين الممرين بحاجة إلى تحديث، إلا أن ربطهما ببعض وكذلك بخط سكك الحديد السيبيرية عند فلاديفوستوك مع الممرات عبر كوريا الشمالية وعبر كوريا الجنوبية تبقى عنق الزجاجة الأشد والعائق الرئيسي أمام التنمية والسلام في هذه المنطقة.
من الناحية السياسية، يبذل اللاعبون الاساسيون في المنطقة ـ الصين وروسيا وكوريا الجنوبية ـ جهودا حثيثة لإيجاد تسوية سلمية في سياق مشاريع التنمية الكبرى والمشتركة بين الاقاليم.
إذ التقى الرئيس شي بالرئيس بوتين خمسة مرات في لقاءات خاصة في عام ٢٠١٣ ـ أول عام للرئيس شي في منصبه ـ ومرة أخرى في دورة الألعاب الاولمبية في سوتشي هذا العام (٢٠١٤). وتضمنت أجندة اللقاءات بينهما دائما مسألة التعاون الضروري في التنمية الملحة لآسيا الوسطى والمنطقة القطبية والشرق الأقصى الروسي، وفي ذلك السياق شبه الجزيرة الكورية.
سافر بوتين إلى العاصمة الكورية الجنوبية سيول في نوفمبر ٢٠١٣ حيث التقى بالرئيسة بارك ووقع الإثنان مجموعة من الاتفاقيات التاريخية، ومنها مجموعة من مشاريع التنمية المرتبطة بكوريا الشمالية. بالرغم من أنه لم يتم التطرق علنا إلى مسألة مشاركة كوريا الشمالية في هذه المشاريع علنا، لكن ما يمكن الوثوق به هو أن الرئيس بوتين نسق هذه المشاريع مسبقا مع بيونجيانج قبل سفره إلى سيول.
ووصفت الرئيسة بارك مجموعة الاتفاقيات التي اسفر عنها اجتماعها مع بوتين قائلة: "إننا، قادة البلدين، قد اتفقنا على دمج سياسة كوريا الجنوبية الرامية إلى تقوية التعاون الأوراسيوي والسياسة الروسية التي تنظر بقدر كبير من الإهتمام لمنطقة آسيا والمحيط الهادئ لتحقيق امكانياتنا المشتركة إلى أقصى مستوى، وأن نحرك العلاقات بين البلدين إلى الامام... ستضع كوريا الجنوبية يدها بيد روسيا لبناء عهد أوراسيوي جديد من أجل المستقبل".
أسفر اجتماع القمة عن توقيع ١٧ اتفاقية تعاون، تتعلق معظمها بالتنمية الإقتصادية المشتركة ويوحي عدد منها إلى مشاركة كوريا الشمالية. ومن أهم هذه الاتفاقيات مذكرة تفاهم حول مشاركة كوريا الجنوبية في مشروع التنمية الذي تقوده روسيا في راجين ـ سونبونج (أو مشروع راسون) في كوريا الشمالية. وتدعو المذكرة الشركات الكورية الجنوبية مثل عملاق صناعة الفولاذ بوسكو (POSCO) وهيونداي للصناعات البحرية وشركة سكك الحديد الكورية للمشاركة في مشروع راسون، وهذه أول مشاركة من هذا النوع والحجم لشركات كورية جنوبية في كوريا الشمالية منذ اقتراح الاستثمار في بناء المنطقة الصناعية المشتركة في كايسونج على الحدود بين الكوريتين. يخطط اتحاد الشركات الكورية الجنوبية (الكونسورتيوم) هذا لشراء حصة في المشروع المشترك الروسي ـ الكوري الشمالي (RasonKonTrans) الذي سينفذ عملية تحديث الميناء وسكة الحديد وأيضا إعادة بناء سكة حديد بين راسون وخاسان الروسية ومن هناك إلى فلاديفوستوك. تمتلك شركة سكك الحديد الروسية حصة ٧٠٪ في المشروع

المشترك وتحتفظ كوريا الشمالية بالحصة المتبقية (٣٠٪). واشارت التقارير الإعلامية إلى أن اتحاد الشركات الكورية الجنوبية يخطط لشراء حوالي نصف الحصة الروسية.

وقد زارت الشركات الثلاثة بالفعل منطقة راسون مرتين خلال عام ٢٠١٤. وبالرغم من أن قرار شراء هذه الحصة في المشروع الروسي - كوري شمالي لم يتم إقراره بعد (في حين كتابة هذا التقرير في أكتوبر ٢٠١٤)، إلا أن الشركات العملاقة الثلاثة قد أعلنت في أكتوبر أنها ستستورد الفحم الروسي عبر راجين إلى الميناء الكوري الجنوبي في بوهانج في نوفمبر، وهو اختبار لشحن ٣٥ ألف طن من الفحم. ستوفر شركة (Hyundai Merchant Marine) سفينة الشحن لنقل الفحم إلى شركة الفولاذ الحكومية بوسكو في كوريا الجنوبية. سيكون هذا أول مشروع صناعي تعاوني بين روسيا وكوريا الشمالية وكوريا الجنوبية.

يتواءم هذا المشروع مع "المبادرة الأوراسيوية" التي أطلقتها الرئيسة بارك، والتي تدعو إلى تقوية أواصر الدول الآسيوية عبر ربط طرقها وسكك الحديد فيها لتحقيق ما تسميه "طريق الحرير السريع" (Silk Road Express) الذي ينطلق من كوريا الجنوبية عبر كوريا الشمالية والصين وروسيا. وأعلنت الرئيسة بارك في بداية عام ٢٠١٤ أن "الجائزة الكورية" بانتظار المنطقة والعالم إذا تحققت الوحدة بين كوريا الشمالية والجنوبية بصورة سلمية. وقالت: "ستسمح الوحدة للإقتصاد الكوري أن يحقق طفرة جديدة إلى الأمام وستعطيه جرعة قوية من الحيوية والطاقة".

بعد إكتمال مشروع تحديث ميناء راجين، سيمكن استخدام الميناء المرتبط بسكة حديد كمحور لإرسال شحنات البضائع بواسطة سكك الحديد من شرق آسيا وحتى إلى أبعد نقطة في أوربا. ستكون الشركات الكورية الجنوبية قادرة على شحن البضائع إلى ميناء راجين ومن ثم نقلها إلى مناطق أخرى عبر سكك الحديد الروسية.

لقد عاد المشروع الذي طال الحديث فيه لربط شبكة سكك حديد كوريا الجنوبية بخط سكة الحديد السيبيرية في روسيا عبر كوريا الشمالية ومنها إلى أوربا "من بوسان إلى روتردام"، مجددا إلى طاولة البحث، حيث وقع الجانبان مذكرة تفاهم حول التعاون في مجال سكك الحديد واتفقا على دراسة المشروع باعتباره مشروعا مشتركا طويل الأجل - لتحقيق "السلام عبر التنمية". بإضافة هذا المشروع إلى مشروع بناء نفق مضيق بيرينج وحوالي ٥٠٠٠ كلم من سكك الحديد للوصول إلى المضيق، فإن إكمال مشروع سكة حديد شبه الجزيرة الكورية سيجعل من الممكن السفر بالقطار من بوسان إلى مدينة نيويورك، بالإضافة إلى توسيع التبادل التجاري بين كوريا وأمريكا الشمالية.

ومن بين المشاريع الأخرى التي وافقت روسيا وكوريا الجنوبية على التعاون فيها باعتبارها مشاريع مشتركة طويلة الأجل مشروع خط أنابيب للغاز الطبيعي بين روسيا وكوريا الجنوبية عبر الشمال، وتطوير خطوط الشحن البحرية في المحيط القطبي الشمالي لتقليص مسافة النقل البحري بين آسيا وأوربا.

الجزء الخامس

جنوب آسيا وآسيا الوسطى: من قوس أزمة إلى ممر للتنمية

الهند والوفاء لإرثها القيادي

بقلم : رامتانو مايترا

By Ramtanu Maitra

سبتمبر ٢٠١٤

تحتل الهند، ثاني أكبر بلد في العالم من ناحية عدد السكان (١,٢ مليار نسمة)، مكانا مناسبا للعب دور أساسي، بالتعاون مع زميلتيها العملاقتين في مجموعة دول البريكس الصين وروسيا، في تحقيق عملية التحول الشاملة للاقتصاد العالمي نحو اقتصاد يسوده التعاون والتقدم العلمي والتكنولوجي غير المسبوق. بينما تحتاج الهند ذاتها بشكل عاجل إلى تحديث بنيتها التحتية الفيزيائية ـ مثل النقل والطاقة والمياه على وجه الخصوص ـ إلا أنها ومنذ استقلالها في عام ١٩٤٧ قد طورت امكانيات عميقة في العلوم والهندسة والزراعة مما يؤهلها لإنجاز طفرة نوعية حالما يتم اتخاذ القرار السياسي.

إن الهند التي كانت تفتخر بقيادتها لحركة عدم الإنحياز، كانت محظوظة بوجود رئيسي وزراء إستثنائيين يتمتعان برؤية عالمية، وهما اللذان مهّدا الطريق للفرصة الحالية. كان أول هذين جواهر لال نهرو الذي أصبح أول رئيس وزراء للهند بعد تحررها من الاستعمار، والذي وضع أسس القاعدة العلمية والصناعية القوية للهند. أما الثاني فقد كانت ابنته إنديرا غاندي التي قادت معركة عالمية خاضتها الدول النامية من أجل تأسيس نظام اقتصادي عادل وجديد في السبعينات وبداية الثمانينات، مطالبة بنقل التكنولوجيا والعدالة للدول الأكثر فقرا في العالم. كما أن السيدة غاندي قامت بالمساهمة الحاسمة في دفع الثورة الخضراء التي جعلت الهند مكتفية ذاتيا من الغذاء.

creative commons/Rangilo Gujarati

رئيس وزراء الهند الجديد ناريندرا مودي قبل انتخابه

منذ اغتيال السيدة غاندي في عام ١٩٨٤، تراجع دور الهند على وجه العموم في المضمار العالمي، ووجدت نفسها أمام بنية تحتية بالية تعيق تقدمها الاقتصادي اليوم. لكن بعد عشرة سنين من السياسات الاقتصادية الانطوائية والعقيمة التي نفذها خبراء اقتصاديون متدربون في صندوق النقد الدولي والبنك الدولي، برز في الهند اليوم قائد جديد هو ناريندرا مودي (Narendra Modi). إن مودي، وبخلاف الذين سبقوه في العقدين الأخيرين، لفت انتباه الناخبين أثناء الانتخابات البرلمانية عام ٢٠١٤ عبر وعده لهم بتنمية مشاريع بنية تحتية كبرى في الأعوام المقبلة لتمهيد الطريق للتقدم السريع في المستقبل في القطاعين الصناعي والزراعي، وبهذا خلق ملايين فرص العمل المنتجة للشباب في الهند. وقد غير مودي لهجة حملته الانتخابية للاستجابة للتطلعات التي يحملها مئات الملايين من الشباب الذين يريدون المساهمة في عملية بناء الأمة وخلق مستقبل أفضل لأنفسهم وللأجيال القادمة من أبناء الهند. وبعد نجاحه في جعل الشباب من الناخبين يفهمون ما يريد تنفيذه، نجح مودي في الفوز في إنتخابات عام ٢٠١٤

بأغلبية كبيرة، وبهذا حصل على التفويض لمهمة تنفيذ وعوده.

يدرك مودي والعديد من أبناء الهند أن هذه المهمة لن تكون مهمة سهلة. ذلك لأن الدمار الذي لحق بالاقتصاد بسبب سياسات الحكومات التي سبقته قد خلق حالة تعفن عميقة في مؤسسات الهند ذاتها التي سيعتمد عليها مودي في تنفيذ هذه المهمة. علاوة على ذلك أدت الأزمة الاقتصادية العالمية في عام ٢٠٠٨ إلى إفلاس العديد من المستثمرين في أوربا واليابان. لكن مودي يتمتع بنقطة قوة نابعة من القاعدة الاقتصادية السليمة للهند والتي تم وضعها في الفترة التي تلت تحررها من قبضة الاستعمار البريطاني وأصبحت دولة مستقلة في عام ١٩٤٧. كما يستفيد مودي من حالة التضامن التي يشاطرها مع بقية أعضاء مجموعة البريكس التي تناضل من أجل التخلص من ربقة النظام النقدي.

هومي بهابها (الى اليمين)، الاب الفعلي للصناعة النووية الهندية، مع اول رئيس وزراء للهند جواهر لال نهرو. كان نهرو مصمما على بناء القدرات العلمية لامته.

مساهمة نهرو

بعد فترة وجيزة من استقلال الهند، قام رئيس الوزراء جواهر لال نهرو بفعل بعض الأشياء بصورة صحيحة. كان أحد هذه الأشياء هو بناء قاعدة صلبة موجهة نحو تبني البحث العلمي والتكنولوجي المتقدم جدا واستخدامه لبناء القاعدة الصناعية للبلد. كان نهرو يفهم الحاجة إلى بناء الاقتصاد الفيزيائي للهند وأهمية الدور الذي تلعبه البنية التحتية في بناء اقتصاد عالي الانتاجية. أدرك نهرو من البداية أنه من أجل ضمان مستقبل جيد للجماهير الهندية الحالية والمستقبلية، فإن على الهند التحرك بعيدا عن الاقتصاد الذي أسسته الامبراطورية البريطانية في الهند من قبل والمعتمد على اليد العاملة غير الماهرة (coolie labor)، والتوجه بسرعة نحو إتقان أحدث العلوم والتقنيات.

وبمساعدة مجموعة صغيرة من العلماء الوطنيين النابغين، ومن أبرزهم الدكتور هومي بهابها (Homi Bhabha) والبروفيسور شانتي سواروب بهاتنغار (Shanti Swarup Bhatnagar)، بدأ نهرو بوضع قواعد العلوم الهندية بشكل عام والعلوم النووية على وجه الخصوص. وعلى الرغم من أن البحوث الاساسية في التكنولوجيا النووية كانت قد بدأت على يد الدكتور بهابها في عام ١٩٤٥، إلا أن الهند أسست "لجنة الطاقة الذرية" في عام ١٩٥٤ في ترومباي - وتم تغيير تسميتها إلى "مركز بهابها للبحوث الذرية" (BARC) في عام ١٩٦٧ بعد موت الدكتور بهابها في ظروف غامضة في عام ١٩٦٦ أثناء توجهه إلى اجتماع للوكالة الدولية للطاقة الذرية في فيينا. كان هدف اللجنة هو تطوير برنامج طاقة نووية مكتفي ذاتيا وجعل الأمة الهندية مستقلة في مجال الطاقة في المستقبل. في أواخر الخمسينات كان الدكتور بهابها قد وضع برنامجا نوويا على ثلاثة مراحل، وهو ذات البرنامج الذي يتم اتباعه بمثابرة منذ ذلك الحين. وتقف المؤسسة النووية الهندية على عتبة المرحلة الثانية من البرنامج النووي الهندي، وتتمثل باستخدام المفاعلات الاستنسالية. أما المرحلة الثالثة للبرنامج النووي فستكون مبنية بالكامل على استغلال الاحتياطيات الهائلة من عنصر الثوريوم، التي تمتلكها الهند، واستخدامها كوقود نووي. وتمت جدولة بداية تشغيل مفاعل نووي تجريبي مصنوع بتقنيات هندية بالكامل بقدرة ٣٠٠ ميجاواط ويستخدم وقود الثوريوم وسيتم تشغيله في مارس ٢٠١٦ في مجمع المحطات النووية في كالباكام في جنوب الهند.

لكن المؤسسة النووية الهندية لم تساهم بشيء يذكر في تقليص فجوة الطاقة في الهند لعدة أسباب، ومنها الحملة المنسقة التي قادتها الدول المتقدمة لحرمان الهند من استيراد المعدات والمواد اللازمة للبرنامج النووي، وكذلك عدم قدرة قادة الهند، خاصة أولئك الذين قادوا البلد في العقود الثلاثة الأخيرة، على فهم أهمية رؤية الدكتور بهابها حول كيفية جعل الهند مستقلة ومكتفية ذاتيا في مجال الطاقة. لكن عقودا من أعمال البحث والتطوير الموسعة التي أنجزها

علماء الذرة في الهند قد وضعت الهند الآن في الجبهات الامامية للعديد من نواحي العلوم الذرية، بالإضافة إلى وجود القوة العاملة الكافية فيها، وجعل الهند تقف على أعتاب عهد استخدام هذا المصدر اللامحدود للطاقة. إن نجاح القطاع النووي في الهند في الأعوام القادمة هو الذي سيكون القاعدة التي ستبني الهند عليها قطاعها الصناعي والتكنولوجي في المستقبل. لقد أصبح القرار الآن بيد رئيس الوزراء مودي لكي يستغل الفرصة المتاحة الآن.

بدأ تعهد الهند ببناء أمة زراعية صناعية مبنية على أساس العلوم والتكنولوجيا في عام ١٩٥٨ بإصدار "قانون السياسة العلمية"، الذي أصبح يعرف على أنه نوع من أنواع "الميثاق الأعظم" (Magna Carta) للعلوم والتكنولوجيا في الهند. حدد قانون عام ١٩٥٨ بشكل مختصر تمسك نيودلهي (الحكومة) بدعم التقدم العلمي، وشدد على أن مفتاح الرخاء الوطني يكمن في التنمية الصناعية ويتضمن ذلك دور التكنولوجيا والموارد الطبيعية ورأس المال، ويشير إلى أن "التكنولوجيا ستنمو فقط عبر دراسة العلوم وتطبيقاتها". بالإضافة إلى ذلك ينص القانون، بعد أن يذكر بالخطوات السريعة التي خطتها التنمية العلمية في القرن العشرين، على "أنه من الواجبات الفطرية لبلد عظيم مثل الهند بما يملكه من تقاليد معرفية وتفكير أصيل وتراث ثقافي عظيم أن يساهم بشكل كامل في مسيرة العلم التي هي ربما من أهم مهام البشرية في هذا العصر".

تمثلت الخطوة التالية للهند في عملية تطوير قطاعها العلمي في تأسيس قطاعها الفضائي في عام ١٩٦٩ عبر منظمة البحوث الفضائية الهندية (ISRO). وعلى الرغم من ضعف القدرات المالية والبنية التحتية للبلد، إلا أن برنامج الفضاء الهندي حقق نجاحا كاملا وفتح الباب أمام طيف واسع من التقنيات والمواد المفيدة للاستخدامات الصناعية، وأصبح جسرا لإنتاج منتجات جانبية تتدرج من الأطراف الصناعية باستخدام مادة البوليبوريثين إلى محطات الأنواء الجوية الاوتوماتيكية ومحولات الضغط (transducers) ومئات المنتجات الصناعية الأخرى. كما أنتج برنامج الفضاء فيلقا من العلماء والتقنيين الذين يقفون في الخطوط الأمامية لتقنيات الفضاء على المستوى العالمي.

تم إطلاق أول الأقمار الصناعية لمنظمة البحوث الفضائية الهندية، قمر آريابهاتا (Aryabhata)، بمساعدة الاتحاد السوفيتي في عام ١٩٧٥. أما القمر روهيني (Rohini) الذي تم وضعه في مدار حول الأرض بواسطة مركبة إطلاق من صناعة هندية، فقد تم إطلاقه في عام ١٩٨٠. بعد ذلك طورت منظمة بحوث الفضاء الهندية صاروخين آخرين - وهما مركبة إطلاق الأقمار الصناعية القطبية (PSLV) لوضع وضع الأقمار الصناعية في مدار قطبي ومركبة إطلاق الاقمار الصناعية الملازمة لمدار الأرض (GSLV). وقد أطلقت هذه الصواريخ أقمارا صناعية للاتصالات ومراقبة الأرض، ثم أرسلت في عام ٢٠٠٨ أول مهمة فضاء هندية إلى القمر، تشاندرايان -١ (Chandrayaan-١). وفي الرابع من نوفمبر عام ٢٠٠٨ انفصل "مسبار الإصطدام" عن مركبة تشاندرايان -١ المحلقة في مدار القمر واصطدم على القطب الجنوبي للقمر بصورة مسيطر عليها ليجعل الهند الأمة الرابعة التي تضع بصمة بلادها فوق سطح القمر. تمت عملية الاصطدام قرب فوهة شاكلتون مثيرة أغبرة من أعماق سطح القمر، ويمكن تحليل هذه الأغبرة لاكتشاف وجود مياه متجمدة على أو تحت سطحه.

لقد أكمل أول مسبار هندي لرحلة بين الكواكب ٣٠٠ يوم من رحلته، حيث يحمل مركبة المريخ المدارية، التي تم إطلاقها بواسطة صاروخ (PLSV-C٢٥) في الخامس من نوفمبر عام ٢٠١٣، ومصممة للدوران حول المريخ في مدار إهليلجي. وتخطط منظمة بحوث الفضاء الهندية لإطلاق مركبة فضاء مأهولة (لكن بدون رواد فضاء في المرة الأولى) إلى مدار الأرض في عام ٢٠١٥.

من المتوقع أن يحصل برنامج الفضاء الهندي على رعاية قوية من قبل رئيس الوزراء

مودي لأنه من أكثر المتحمسين له، وقد اقترح أن تقوم الهند بوضع أقمار صناعية في مدار الأرض لحساب جيرانها الجنوبيين في آسيا. كما أن برنامج الصواريخ الفضائية الهندي قد أصبح العمود الفقري لمنظومات الهند العسكرية الدفاعية والهجومية.

وتمتلك الهند برنامج اندماج نووي على درجة من الأهمية. بدأ البرنامج في عام ١٩٨٩ في معهد بحوث البلازما في غاندهيناجار حيث تم تفويض بناء أول مفاعل توكاماك هندي ويسمى آديتيا (ADITYA). لقد تم تصميم وصناعة معظم أجزاء المفاعل في الهند وتم تحديثه عدة مرات. ينتقل علماء الهند الآن إلى المرحلة التالية، وتتمثل ببناء وتشغيل مفاعل توكاماك ذي الحالة الثابتة، والذي سيستخدم المغناطيسات فائقة التوصيل لانتاج حقل مغناطيسي بقدرة ٢ تيسلا، وتهيئة الأرضية اللازمة لتطوير عملية الأندماج النووي لتصبح إقتصادية.

تنتج الهند في الوقت ذاته أيضا تسعة من المكونات الكبيرة المستخدمة في بناء المفاعل النووي الحراري التجريبي الدولي (ITER)، أي حوالي عُشر أجزائه. وأكبر هذه الأجزاء هي الكريوستات (cryostat) وهي غرفة ضغط يبلغ وزنها ٣٨٠٠ طن ويساوي حجمها بناية من عشرة طوابق، وسيتم شحنها إلى موقع المفاعل في فرنسا على أجزاء.

NASA/Wikimedia Commons

القمر الصناعي انسات 1 بي هو جزء من منظومة الهند الوطنية للاقمار الصناعية، وهي مجموعة من الاقمار الصناعية المتزامنة مع مدار الارض. بدء العمل عليها واطلاقها في عام ١٩٨٣. تعتبر منظومة انسات حاليا اكبر منظومة اتصالات محلية في منطقة اسيا والمحيط الهادئ.

إنتصار السيدة غاندي على المجاعة

يمكن اعتبار ما سبق نجاحات معقولة تم إنجازها على الرغم من فشل الهند في بناء بنية تحتية ذات كفاءة عبر التركيز على تعظيم كثافة تدفق الطاقة. ونتيجة لذلك الفشل بقي لدى الهند نقص هائل في قدرة انتاج الطاقة، ولم يكن البلد قادرا على إدارة كميات الأمطار الكبيرة التي كانت تهطل في موسم أمطار "المونسون" التي تستمر ١٣ أسبوعا وتزور الهند سنويا متسببة في فيضان الأنهار وغمر المدن والأراضي في طريقها نحو البحر. أدت حالة الفشل هذه إلى نشوء وضعية شبيهة بالمجاعة في الستينات.

قامت الحكومة تحت إشراف رئيسة الوزراء إنديرا غاندي وإثنين من مستنسلي ومطوري النباتات - نورمان بورلوج (Norman Borlaug) للقمح وإم إس سواميناثان (M. S. Swaminathan) للرز - بترتيب المتطلبات اللوجستية للتشجيع على زراعة الأنواع الجديدة من النبتات ذات المردود العالي. وفي غضون عقدين من الزمن تحولت الهند من بلد ذي نقص غذائي إلى بلد ذي فائض غذائي عبر تبني استخدام البذور ذات الانتاجية العالية والاسمدة واستخدام بعض وسائل الري وضخ كميات كبيرة من المياه الجوفية. كان ذلك الإنجاز أمرا مهما جدا لاستقلال البلد سياسيا، ويبرز استمرار تمسك الهند بهذه السياسة عبر رفض الحكومة الانصياع لمنظمة التجارة العالمية بخصوص وضع "برنامج الأمن الغذائي". إن هذه الصحوة التنموية بمفردها - والتي ركزت على القطاع الزراعي - مكنت الهند من التهيؤ لعملية التنمية السريعة.

لكن ذلك لم يحدث. إذ أن القطاع الزراعي الذي عانى من الإهمال خلال عقدين من الزمن تقريبا لا زال بعيدا عن تحقيق إمكانياته الكامنة. لقد أبقى الفشل في تحويل فائض المياه إلى

الأنهار التي تعاني نقصا في العقود الأربعة الماضية انتاجية القطاع الزراعي الهندي تحت مستوى انتاجية اليابان والصين وكوريا الجنوبية إلى حد كبير. كما بقي انتاج الهند الزراعي أسيرا لقوة وتوقيت وصول الأمطار الموسمية السنوية.

مركز للصناعات الثقيلة

وبالرغم من نواحي النقص هذه والناجمة عن البنية التحتية الضعيفة والمتآكلة في الهند، إلا أن البلد كان مهيئا لأكثر من عقد الآن للتقدم بسرعة في المجال الزراعي الصناعي. إن قدرات الهند الهندسية الثقيلة التي بنيت أساساتها في الخمسينات بالإضافة إلى قدراتها التكنولوجية واكتفاءها الذاتي من الغذاء كلها عوامل تجعل الهند جاهزة للانطلاق بسرعة نحو الأمام.

فعلى سبيل المثال تم استعراض قدرات الهند في الهندسة الثقيلة عبر تمكنها من صناعة جميع معدات محطات توليد الطاقة بالفحم. كما بنت الهند حوالي ٣٢٠٠ سدا كبيرا ومتوسط الحجم، وأنتجت وعاء مفاعل نووي بنفسها لمفاعل الماء الثقيل المضغوط والمفاعلات الاستنسالية المصنوعة من الفولاذ المقاوم للصدأ. كما أبدت الهند استعدادها لإنتاج مكونات وحدات مفاعلات (AP١٠٠٠) لشركة ويستنجهاوس، والتعاون مع الشركة الروسية لتصدير التكنولوجيا النووية "أتومستروي إكسبورت" لبناء مكونات لمفاعلات (VVER) الاربعة التي سيتم بناؤها في كودانكولام في مقاطعة تاميل نادو. كما وقعت الهند اتفاقية مع شركة جي إي هيتاتشي لتنفيذ عملية بناء محطات نووية كاملة ويقع ضمن ذلك تصنيع مكونات ومنظومات المفاعلات والصمامات والأجهزة الكهربائية وأنظمة التحكم لمفاعلات الماء المغلي المتقدمة (ABWR) - وهي مفاعلات من الجيل الثالث.

تقول شركة "إنديا بهارات فورج لمتد" (BFL)، وهي شركة متعددة الجنسيات، أنها واحدة من أكبر الشركات العالمية في مجال الصناعات المتقدمة للمكونات المطروقة والمصنعة، وتعتبر ثاني أكبر شركة في العالم في مجال طرق المعادن. وتقوم الشركة حاليا بتوسيع نشاطاتها لتشمل قطاع الطاقة. وأسست الشركة مشروعا مشتركا في الهند مع شركة ألستوم الفرنسية لانتاج المكونات الحساسة جدا لمحطات الطاقة التقليدية وفق آخر ما توصلت له التقنيات الحديثة. ويرجح أن تدخل الشركة في التطبيقات النووية أيضا. كما وقعت شركة (BFL) على مذكرة تفاهم مع شركة صناعة المفاعلات النووية الفرنسية آريفا (Areva) لتأسيس مشروع مشترك لصب وطَرق مكونات المفاعلات النووية للتصدير وللسوق المحلية أيضا.

لم تأت هذه القدرات التصنيعية من فراغ. فقد بدأت الهند منذ زمن بعيد بتطوير قدراتها لصناعة المكائن. توجد في الهند ٤٥٠ شركة تصنع مكائن كاملة أو أجزاء منها. كما توجد ١٥٠ وحدة انتاجية في القطاع العام. وتساهم عشرة شركات فقط من كبريات الشركات في انتاج ما يقرب من ٧٣٪ من مجمل انتاج المكائن في الهند. يوظف قطاع انتاج المكائن ٦٥ ألف عامل ماهر أو غير ماهر بشكل مباشر أو غير مباشر. تنعكس مثل هذه القوة المتنامية، وإن كانت غير كافية بعد، أيضا في قطاع بناء السفن والصناعات الدفاعية الهندية. تمتلك الهند ٣٧ حوضا لبناء السفن، أربعة منها هي من كبريات الأحواض التابعة للقطاع العام وقادرة على بناء سفن بحمولة مسموح بها (DWT) تبلغ ٥٠ ألف طن. أما في المجال الدفاعي، فتخطط البحرية الهندية لتوسيع إسطولها إلى ١٥٠ سفينة في ١٠-١٥ سنة القادمة، حيث يتم بناء ٥٠ سفينة حربية حاليا ويوجد حوالي ١٠٠ مركب جديد في مرحلة التخطيط.

حاجات الهند من البنية التحتية

كما أشرنا أكثر من مرة في السابق، فإن ما يعيق التنمية الكاملة المبنية على هذه القاعدة الراسخة هي الحاجة إلى البنية التحتية الحديثة في مجال المياه والطاقة والنقل التي سيكون من شأنها ليس فقط تعزيز الإقتصاد الوطني، بل وأيضا فتح المجال أمام الربط مع طريق الحرير الجديد وطريق الحرير البحري. وأشارت مؤسسة "اكزكتف إنتلجنس ريفيو" بالفعل قبل ثلاثة عقود في تقريرها المعنون "الهند: قوة زراعية صناعية عظمى في ٢٠٢٠" إلى أن تحديث البنية التحتية هو المكون الأساسي الأكثر اهمية لتمكين الهند من سد الثغرات الموجودة في اقتصادها.

نورد هنا ممرات التنمية الرئيسية التي حددتها "اكزكتف إنتلجنس ريفيو" باعتبارها أساسية في عملية التنمية السريعة للهند ودمجها في المنظور الإقليمي للتنمية:

الممر الإقتصادي الشمالي الشرقي الذي سيتكون من خطوط سكك القطارات السريعة التي ستربط حدود ميانمار عبر دانغاري (Dangari) وتامو الهنديتين في القسم الأوسط من الحدود الهندية مع ميانميار إلى ميناء كلكتا وباتنا في الشرق. تقوم الهند حاليا ببناء خط سكك جيريبام - إمبهال - موريه في الولاية الهندية الشرقية مانيبور، وخط تامو - كالاي - سيغيي في ميانمار. وهناك حاجة إلى ربط ممر النقل الشمالي الشرقي مع خط جيريبام - إمبهال - موريه.

إن الممر الاقتصادي الذي سيمتد بالتوازي مع طريق كونمينج - كلكتا السريع سيوسع هذا القسم من طريق الحرير ويربط مقاطعة يونان الصينية بكلكتا في الهند، وهذا هو من العناصر الأساسية لتنمية المنطقة.

سيحتاج الممر الشمالي الشرقي إلى الطاقة. ويوجد الماء بوفرة في حوض نهر براهمابوترا، لكن ما تحتاجه المنطقة بالإضافة إلى النقل هي الطاقة النووية. هناك حاجة لبناء مجموعة من المفاعلات النووية في هيئة عناقيد لتسهيل عملية تنمية المجمعات الزراعية الصناعية ومراكز التعليم الإبتدائية والثانوية والتعليم العالي ومراكز الرعاية الصحية بقدرات بحثية ومراكز للهندسة والصناعات الثقيلة.

٢. ممر النقل السريع والممر الاقتصادي كلكتا - دلهي. يخضع هذا الممر لمفاوضات مع اليابان. وقد بدأت اليابان بالفعل في بناء ممر النقل السريع دلهي - مومباي بخط سكة حديد القطارات السريعة (bullet train) اليابانية. وقد بدأت حكومة نيودلهي بتخصيص أراضي بعرض ٨٠ كيلومتر على كل جانب من السكة لتأسيس الممر الاقتصادي دلهي - مومباي. ستكون هناك حاجة إلى أراضي بذات الاتساع للممر الاقتصادي دلهي - كلكتا الذي يبلغ طوله ٩٠٠ كلم.

٣. ستحتاج الهند إلى ممرين اقتصاديين آخرين وللنقل السريع أيضا. سيربط هذان الممران كلكتا بحيدرآباد، وحيدرآباد بتشيناي (مدراس). ينبغي بناء محطات طاقة نووية بقدرة ١٥-٢٠ ألف ميجاواط على طول هذين الممرين لإنتاج الطاقة. سيواجه كلا الممرين نقصا في المياه وسيحتاجان إلى إعادة أحياء خطة ربط أنهار شبه الجزيرة.

٤. تمتلك الهند منظومتين نهريتين. تتشكل المنظومة الأولى من أنهار الهملايا مثل نهر جانجا ويامونا وروافدهما، بالإضافة إلى الأنهار التي تنبع من جبال الهملايا وتجري عبر السهول الشمالية. المنظومة الثانية هي ما تعرف بأنهار "شبه الجزيرة" التي تنبع من جبال "غات" الغربية. تتصف هذه الانهار بتقلبات موسمية كبيرة في كمية مياهها لأنها تعتمد على الأمطار فقط. تجري هذه الأنهار في وديان ذات انحدارات حادة. وتجري بعض الأنهار الكبيرة لشبه الجزيرة مثل نهر ماهانادي وغودافاري وكريشنا وكاوفيري باتجاه الشرق على

الهند - اقتراحات بناء سكك حديد سريعة وممرات اقتصادية ومحطات تحلية مياه نووية للمناطق الساحلية

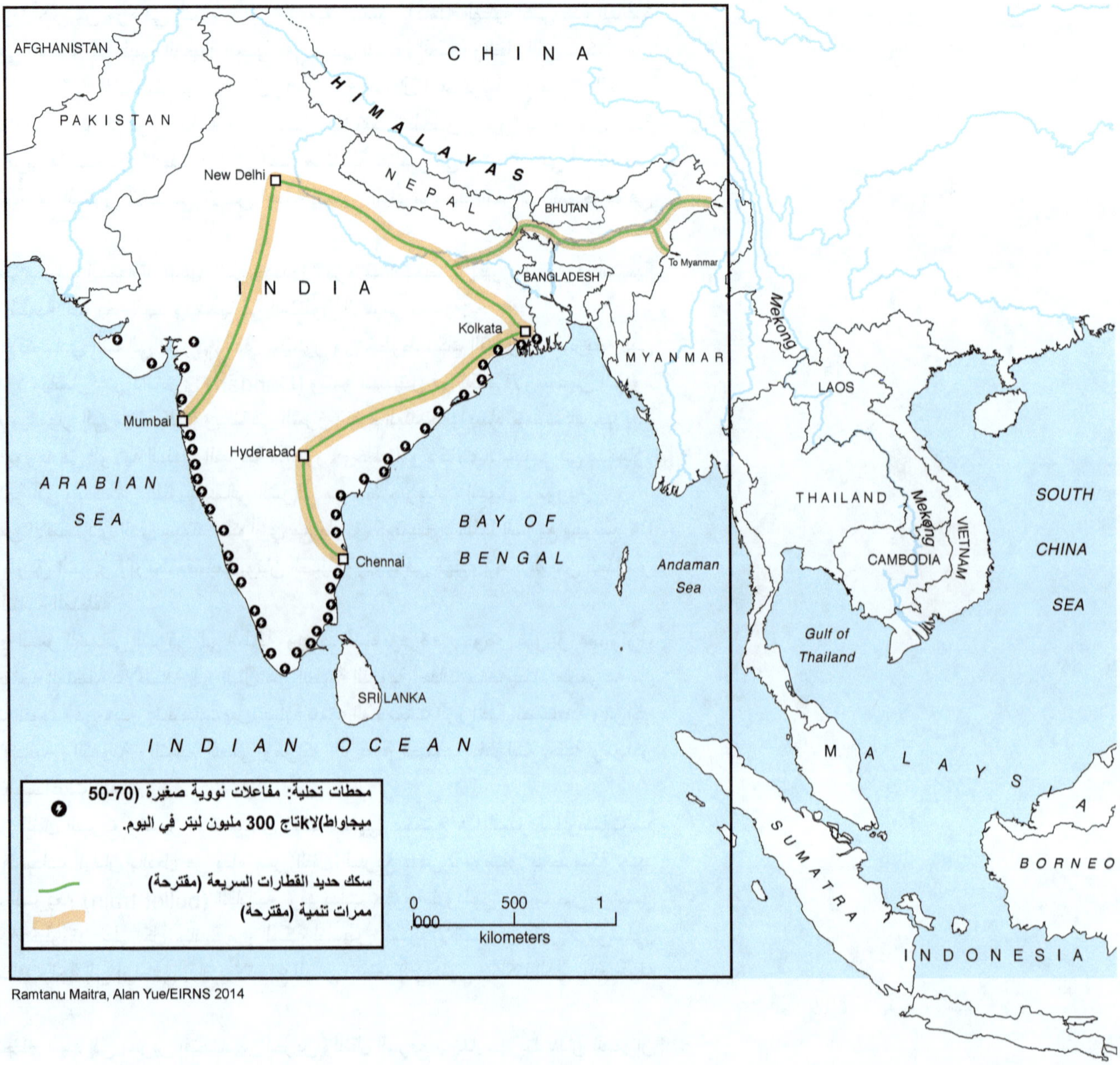

Ramtanu Maitra, Alan Yue/EIRNS 2014

الهضبة وتصب في خليج البنغال. أما نهرا نارمادا وتابتي فيجريان باتجاه الغرب. ينبع نهر نارمادا من هضبة أماركانتاك في ولاية مادهيا براديش ويدخل خليج كامباي على البحر العربي.

ولجعل هذه الممرات الإقتصادية مثمرة سيكون من الضروري تحويل المياه لمسافات طويلة من أحواض الأنهر ذات الفائض المائي إلى الأحواض ذات العجز المائي. في هذه الحالة بالذات سيكون ربط أنهار ماهانادي - غودافاري - كريشنا - بينّار - كاوفيري أحد أربعة عوامل لتنمية شبه الجزيرة. ويتمتع نهرا ماهانادي وغودافاري من بين أنهر شبه الجزيرة بفائض كبير نسبيا بعد تلبية الاحتياجات الحالية والمستقبلية المعروفة في المنطقة. لهذا السبب سيكون ضروريا تحويل فائض المياه من هذين النهرين إلى أنهار كريشنا وبينّار وكاوفيري

التي تعاني من النقص. لكن لن تكون منظومة قنوات تحويل هذه المياه من حوض إلى آخر كافية بحد ذاتها لسد احتياجات هذين الممرين الاقتصاديين.

وبما أن هذين الممرين لا يبعدان كثيرا عن ساحل الهند الشرقي، فإن تحلية مياه البحر ستقوم بسد العجز في المياه. بمقدور عملية تحلية المياه أن توفر مصدرا دائما للمياه العذبة. لقد بدأت الهند في التفكير جديا في استخدام الطاقة النووية في تحلية مياه البحر. لقد بدأ العمل في بناء محطة تحلية مياه تجريبية باستخدام الحرارة المرافقة من مفاعلات انتاج الطاقة النووية في كالباكام بطريقة التقطير الومضي متعدد المراحل (MSF) لإنتاج ٤٥٠٠ متر مكعب يوميا. ويذكر أحد الخبراء أنه يمكن رفع طاقة تحلية مثل هذه المحطات إلى عشرة أضعاف الكمية الحالية بدون أية صعوبات. لقد تم اختبار طريقتين للتحلية على الأقل - التناضح العكسي والتقطير الومضي متعدد المراحل - في مركز بهابها للبحوث الذرية.

نقل التكنولوجيا المتقدمة إلى جنوب آسيا

بقلم : رامتانو مايترا

By Ramtanu Maitra

سبتمبر ٢٠١٤

تشكل أمم جنوب آسيا التي نناقشها هنا في هذا الفصل ـ بنغلاديش ونيبال وباكستان ـ مجموعة من الدول ذات الروابط القوية بين بعضها البعض، وهي مرتبطة في ذات الوقت بالصين. كل هذه الدول هي متأخرة تنمويا بشكل كبير لأسباب لن يتاح المجال لمناقشتها هنا، ولم تسعى إلى تنمية الوسائل الكفيلة بمساعدتها على التقدم بقدراتها الذاتية. أما النزر اليسير من التقدم التدريجي والبطئ الذي تحقق في هذه الدول على مر السنين فإنه لم يجعل ما يكفي من أعداد اليد العاملة أكثر إنتاجية. ولم تتمكن التنمية الضعيفة في واقع الأمر من اللحاق بالنمو الطبيعي للسكان، ونتيجة لذلك انتشر الفقر بين قطاعات أكبر فأكبر من السكان في السنين الأخيرة، تاركا إياهم وأطفالهم بلا أمل ما تجاه المستقبل.

في ذات الوقت، نجحت قوى آسيوية كبرى مثل الصين واليابان ـ وإلى حد ما الهند ـ في تطوير وإتقان أنواع من التكنولوجيات التي ستكون قادرة على مساعدة هذه الأمم في التغلب على مشاكلها الاقتصادية المتراكمة منذ ٣٠ عام. لكن ذلك سيتحقق فقط إذا تم دمج أمم جنوب آسيا بواسطة سكك الحديد وتطوير موارد طاقة ذات كثافة تدفق طاقة عالية لتوفير المياه والغذاء والطاقة والتعليم لمئات الملايين من السكان الذين انتظروا حدوث ذلك زمنا طويلا. يتناول هذا الفصل ما هو مطلوب في الحد الأدنى لتحريك هذه العملية إلى الأمام. سنقوم بعرض الصورة انطلاقا من الشرق باتجاه الغرب، مع التركيز على نقاط الربط المرتقبة مع الفرع الجنوبي للجسر البري الأوراسيوي.

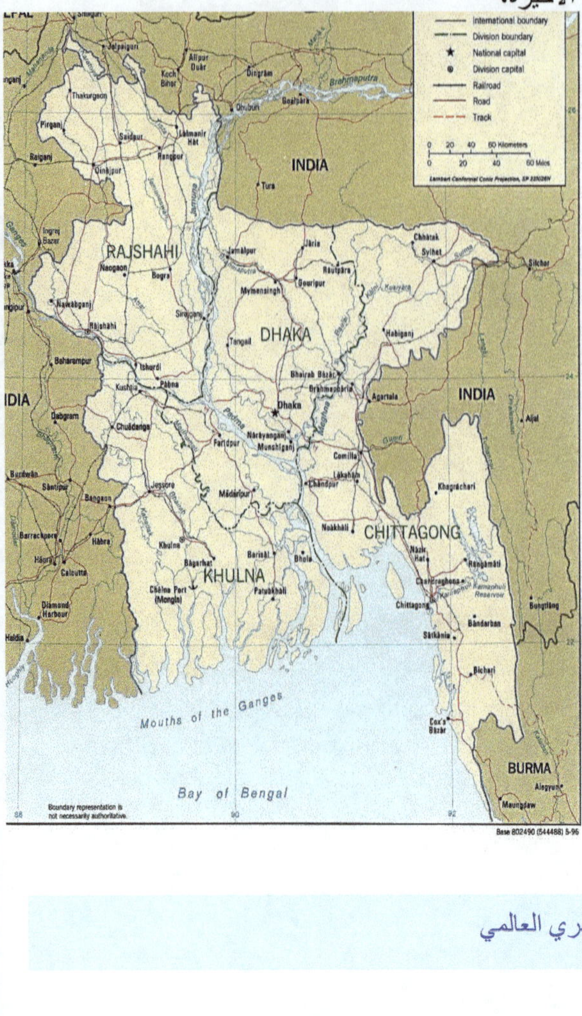

بنغلاديش

إن بنغلاديش، بسكانها البالغ عددهم ١٦٥ مليون نسمة، هي من أكثر البلدان كثافة بالسكان في العالم. وتتمركز أكبر كثافة للسكان في الجزء الجنوبي من البلد المغمور بمياه مصبات أنهار خليج البنغال. وتدمر الأعاصير والزوابع النابعة من خليج البنغال بشكل متكرر هذا الجزء الجنوبي من بنغلاديش العامر بالسكان. وترتبط بنغلاديش بريا بالهند من ثلاثة جهات، كما أنها قريبة أيضا من ميانمار في الشرق ونيبال في الشمال.

إن الإرتباط بمنطقة آسيا والمحيط الهادئ أمر حاسم لمستقبل بنغلاديش.
تعتبر هذه المشاريع مشاريعا ضرورية لبنغلاديش لتنمية اقتصادها ولتصبح جزءا من التنمية الشاملة لمنطقة آسيا والمحيط الهادئ:

١. بناء ممرين اقتصاديين على أساس التنمية الزراعية الصناعية لتغذية ممر النقل بين الشرق والغرب. سيمتد أحد الممرين من ثاكورجاون (Thakurgaon) إلى مايمنسينغ (Mymensingh)، والممر الآخر من مايمنسينغ إلى نارايانغانج (Narayanganj) في الجنوب الغربي.

٢. تحتاج بنغلاديش إلى ثلاثة خطوط سكك حديد للقطارات السريعة وخطين إضافيين أحدهما للربط مع نيبال (من سيدبور إلى بيراتناغار) والآخر للربط مع الهند (من مدينة جيسوري في شرق بنغلاديش إلى كلكتا في الهند). ستوصل خطوط سكك القطارات السريعة هذه بين ثاكورجاون في الشمال الغربي إلى العاصمة دكا. أما الثاني فينطلق من دكا إلى مدينة تشيتاجونج الساحلية في الجنوب الشرقي، والثالث سيربط دكا بجيسوري.

٣. الطاقة: تقوم بنغلاديش حاليا بنصب محطتين نوويتين بقدرة ١٠٠٠ ميجاواط لكل واحدة، إحداهما في روبور (Rooppur) على نهر بادما، والمحطة الثانية قرب ملتقى نهر جامونا بنهر بادما. تم التعاقد لبناء هاتين المحطتين مع الشركة الروسية "روساتوم"، وسيبدأ تشغيل أول المفاعلين في عام ٢٠١٨ وفق جدول المشروع.

إن بنغلاديش التي لديها قدرة منصوبة لتوليد ٨٥٠٠ ميجاواط من الطاقة، تعاني نقصا شديدا في الطاقة الكهربائية. ولا تمتلك بنغلاديش احتياطيات كبيرة معروفة من الفحم والنفط. وتقدر احتياطيات بنغلاديش من الغاز بشكل عام بحوالي ١٧ ترليون قدم مكعبة. من المحتمل اكتشاف احتياطيات أخرى، ولكن حتى وإن وصل معدل استهلاك الغاز الطبيعي إلى ٤-٥ مليار قدم مكعبة في اليوم، وهو من الأمور المحتملة جدا في السنين القادمة، فإن الاحتياطيات المعروفة من الغاز لن تكفي لأكثرمن ٨-١٠ سنوات. ستحتاج بنغلاديش إلى عدد كبير من المحطات النووية في المدى المنظور. وقد أسست بنغلاديش مفاعلا تجريبيا للبحوث منذ عدة عقود، ولديها عدد لا بأس به من الموظفين المتدربين في هذا القطاع. لكن مع ذلك تبقى القدرات الهندسية والتكنولوجيا النووية بحاجة لدفعة قوية في سبيل تسهيل النمو المستقبلي للطاقة النووية. ما تحتاجه بنغلاديش الآن وبشدة هو تطوير القدرات التصنيعية للقطاع الزراعي.
سيتطلب هذا الأمر المزيد من التعليم، وبناء المزيد من كليات الهندسة والجامعات الزراعية وتأسيس مشاريع لتطوير القدرات الهندسية متوسطة الحجم والثقيلة. ستكون هناك حاجة مجددا لنصب المحطات النووية في هيئة عناقيد لتسهيل عمل الممرين الزراعيين الصناعيين، ولكن أيضا لتوفير الكهرباء والرعاية الصحية والتعليم والصناعات متوسطة الحجم، وتعزيز الإنتاج الزراعي.
إن بنغلاديش التي تمتلك وفرة من المياه وأراضي زراعية خصبة ستكون قادرة على إطعام شعبها المتنامي عدديا، بل وستصبح قادرة أيضا على أن تكون مصدرا مهما للرز في العالم. لكن سيتطلب ذلك تنظيم قطاعها الزراعي باستخدام كثافة طاقة أكبر لإنتاج الأسمدة، وبناء مراكز بحثية لتطوير أنواع جديدة من البذور ذات الانتاجية العالية، وتفعيل مكننة النشاطات الزراعية لرفع الانتاجية، وحماية ما يتم حصاده من غلال إذ تحتاج بنغلاديش إلى منشآت تبريد كبيرة نظرا للمناخ الحار والرطب الذي يسبب تلف المنتجات الزراعية.

٤. علاوة على ذلك، تحتاج بنغلاديش إلى أن ترتبط بالطريق السريع المقترح بين كونمينج وكلكتا (لربط الصين بالهند) إلى الشمال والذي سيكون نقطة الوصل للممرات الاقتصادية الأوراسيوية.

تتمثل "مبادرة كونمينج" ـ التي تغير اسمها في ما بعد إلى "منتدى بنغلاديش ـ الصين ـ

ميانمار ـ الهند" (BCIM Forum) ـ بعملية ربط مدينة كونمينج في مقاطعة يونان الصينية بكلكتا في الهند. وتوجد خطة لتمديد هذا الطريق إلى موريه ـ تامو (في الهند) في ولاية مانيبور الحدودية ومن ثم شرقا إلى مدينة كاليوا الميانمارية الواقعة عبر نهر تشيندوين. سيكون ذلك طريقا شماليا جنوبيا بين الصين وميانمار وبنغلاديش بمسافة تصل إلى ٣٣٨٠ كلم من كلكتا عبر مضيق فانغسو وإلى ليدو في ولاية أسام وميتكينا في ميانمار حتى يصل إلى كونمينج في مقاطعة يونان في الصين. ويتسم الطريق الواصل بين ليدو وميتكينا بصعوبات وعقبات كبيرة نظرا للتضاريس الجبلية الصعبة في المنطقة.

نيبال

إن نيبال ـ التي هي من أكثر الدول اضطرابا في جنوب آسيا ـ كانت قبل سنين عديدة بلدا ذا فائض من انتاج الرز. لكن بمرور السنين ونتيجة لانعدام التنمية والزيادة السكانية المتسارعة والاضطرابات السياسية تحولت نيبال إلى أمة دائمة الاستيراد للرز. من أجل تغيير هذا المسار السلبي وإشاعة الاستقرار في هذا البلد الواقع بين الصين والهند هناك حاجة إلى مشروعين مهمين. سيقوم هاذان المشروعان بربط الجزء الشرقي الأكثر كثافة بالسكان بالقسم الغربي ـ حيث يعيش ٣ ملايين من مجموع ٢٩ مليون نسمة ـ والذين يعانون بشكل متكرر من المجاعة. وحتى تصبح نيبال جزءا من خطة تنمية آسيا والمحيط الهادئ ينبغي أولا إنجاز المشاريع التالية:

١. بناء خط سكك حديد للقطارات السريعة لربط بيراتناغار في الشرق بالعاصمة كاتماندو، وخط آخر بين كاتماندو ودهانغادهي عبر نيبالغانج.

إن نيبال دولة حبيسة، وذات منظومة سكك حديد هزيلة، إذ تم بناء سكة حديد راكسول ـ جاياناغار ـ بيجالبورا في عام ١٩٢٧ وهي سكة من القياس الضيق (٧٦٢ ملم) أيام حكم أسرة راناس. وتم إغلاق خط أمليخاغانج (Amlekhaganj) في الستينات. لكن لا تزال ٦ كيلومترات منها مستخدمة لخط بالقياس العريض بين راكسول (في الهند) و الميناء البري في بيرغانج. كما تحتاج نيبال إلى خط سكك من الشمال إلى الجنوب لربط شبكة سكك الحديد مع بنغلاديش (عند سيدبور) وإلى رابطين مع الهند: يربط أحدهما نيبالغانج مع لوكنو الهندية، والآخر يربط كاتماندو وبيرغانج (في شمال النيبال) مع كلكتا عبر باتنا (الهنديتين).

٢. يجب التحكم بالمياه في أحواض أنهار كارنالي ورابتي في الغرب، وكامالا وباغماتي في الشرق. سيتطلب ذلك بناء منظومة قنوات مياه معقدة لري الاراضي الشاسعة القابلة للزراعة.

٣. بناء مجمعات زراعية صناعية في جنوب نيبال تمتد من الشرق إلى الغرب بعرض ٣٠-٨٠ كلم.

٤. الطاقة: تمتلك نيبال قدرة توليد طاقة محتملة تبلغ ٤٥ ألف ميجاواط، لم يتم استغلال سوى ٩٠٠ ميجاواط منها. يدعي المناهضون لتنمية القدرات الكهرومائية للنيبال أن ذلك سيسهل فقط شراء الهند لهذه الطاقة التي سيتم انتاجها في نيبال. بالإضافة إلى تنمية قدراتها من الطاقة الكهرومائية، على نيبال الشروع فورا في تطوير برنامجها للطاقة النووية والذي سيمكنها من بناء منظومة بسعة ٤٠٠٠ ميجاواط من المحطات النووية لدفع عملية تنمية المراكز الزراعية الصناعية، وفتح الباب أمام تدريب اليد العاملة للمشاركة في شركات صناعية صغيرة

ومتوسطة الحجم، وتزويد سكانها بالرعاية الصحية المطلوبة.

إن استخدام موارد الطاقة ذات كثافة تدفق الطاقة العالية يعني تدريب الافراد في مختلف مجالات النشاط الزراعي الصناعي مثل صناعة الأسمدة واستخدام المعدات اللازمة لتوسيع النشاط الانتاجي الزراعي وتأسيس منظومة لزراعة البذور ذات الانتاجية العالية لتحقيق ثورة خضراء في نيبال.

باكستان

كانت باكستان تتمتع باستقرار أكبر في السابق مما هي عليه الحالة الآن. لقد وصلت الوضعية الإقتصادية هناك إلى مستوى الأزمة، مما يستدعي تحركا عاجلا. ندرج أدناه بعض المشاريع ذات الأولوية.

١. محطات الطاقة: تحتاج باكستان إلى ٣٠ ألف ميجاواط إضافية من الطاقة على الأقل خلال العشر سنوات القادمة. تتعطش باكستان في اللحظة الراهنة إلى الطاقة، إذ لا تملك سوى ١٤ ألف ميجاواط من القدرة التوليدية المنصوبة لتزويد ١٨٥ مليون نسمة بالطاقة. [للمقارنة: كان انتاج السويد من الطاقة لسكانها التسعة ملايين ولصناعاتها أكثر من ١٤٥ ألف ميجاواط في عام ٢٠١٣ ـ المترجم]. وإذا ما نظرنا إلى مدة أطول، لنقل ٣٠ عام التي هي المدة الزمنية التي نستخدمها لتقييم ما تحتاجه دول جنوب آسيا للتنمية، فإن باكستان ستحتاج لما هو أكثر من ذلك بكثير. لن يمكن انتاج كل هذه الطاقة المطلوبة إلا عبر بناء محطات الطاقة النووية (*). ويجب اختيار مواقع هذه المحطات لتتجاوب مع متطلبات المناطق الزراعية الصناعية وممرات النقل والتنمية المخطط لها بالإضافة إلى المراكز السكانية لتعزيز دور الصناعات الصغيرة ومتوسطة الحجم، والتعليم والرعاية الصحية.

٢. نصب محطات تحلية مياه باستخدام الفائض الحراري من المفاعلات النووية لتحلية مياه البحر على امتداد الساحل في ولايتي السند وبلوشستان، وتحلية المياه قليلة الملوحة في ولايات البنجاب وخيبر باختونخوا.

٣. سكك الحديد: بينما تحتاج باكستان إلى عملية تحديث شاملة لمنظومة سكك الحديد المحلية، إلا أنها بحاجة أيضا إلى خطين لسكك الحديد باتجاه الشرق للربط مع الهند وباتجاه الغرب للربط مع إيران. في هذه الأثناء قدمت الصين اقتراحا بتمويل وبناء خط من الشمال إلى الجنوب. ويأتي هذا العرض من شركتين من كبريات الشركات الإنشائية الصينية وهما شركة سكك الحديد الصينية (CREC) وشركة سينوتيك اللتان عرضتا بناء خط السكك الاستراتيجي بين خونجرآب على الحدود الشمالية بين باكستان والصين وميناء غوادار على البحر العربي في جنوب باكستان. وسيأتي هذا الخط من مقاطعة سينكيانج في غرب الصين. لقد وصفت لجنة التنمية الإقليمية والإصلاح في مقاطعة سينكيانج هذا المشروع باعتباره المسار الجنوبي للحزام الاقتصادي لطريق الحرير.

حينما يكتمل بناء المسار الجنوبي للحزام الاقتصادي لطريق الحرير ستجني كل من باكستان والصين فوائد جمة. سيمتد خط سكك الحديد من قاشغار في مقاطعة سينكيانج الصينية إلى ميناء غوادار في باكستان والواقع على مرمى حجر فقط من مضيق هرمز وإيران. سيمر ممر النقل هذا عبر كل أراضي باكستان تقريبا من أقصى نقطة في الشمال إلى أبعد نقطة في جنوبها مرورا بوسط باكستان الجغرافي. سيكون طول خط سكة الحديد ١٨٠٠ كلم. سيساعد بناء الأنابيب والطرق السريعة على جانبي الخط في تعزيز أهميته الاقتصادية. لكن من المتوقع أن يشكل هذا الخط تحديا هندسيا، بسبب مروره عبر هضبة بامير العالية وجبال كاراكورام. وبالإضافة إلى المشاكل الهندسية والصيانة التي سيواجهها المشروع، ستكون كلفة بنائه عالية جدا. لكنه في ذات الوقت مشروع واعد اقتصاديا.

٤. الممرات الاقتصادية: بينما ستمكّن سكك الحديد باكستان من التواصل مع الصين وآسيا الوسطى شمالا، ومع أفغانستان وإيران وجنوب غرب آسيا غربا، ومع الهند وجنوب شرق آسيا شرقا، فإنها ستنفع هذه الأطراف الأخرى بنفس قدر استفادة باكستان منها. ومن أجل تعظيم فوائد ممرات النقل، ستحتاج باكستان إلى تطوير ممرين اقتصاديين على الأقل على طول سكك الحديد يكون طول كل واحد منهما ٢٥٠-٣٢٠ كلم وبعرض ٨٠ كلم. سيربط أحد الممرين الاقتصاديين ولايتي البنجاب وخيبر باختونخوا وبعض المقاطعات الشمالية، بينما يربط الآخر السند وبلوشستان. ستتم تنمية هذه الممرات الاقتصادية بوجود ممرات النقل ومحطات الطاقة النووية التي ستكون بمثابة عمودها الفقري.

[* يوجد لدى باكستان طاقة كهرومائية محتملة غير مستغلة، وقد وقعت عقدا مع الصين في بداية عام ٢٠١٥ يمول بموجبها "صندوق طريق الحرير" الاستثماري الصيني بناء سد كاروت على نهر جهلوم بطاقة توليدية تبلغ ٧٥٠ ميجاواط. كما تأمل باكستان في الاستفادة من احتياطيات إيران وتركمنستان من الغاز الطبيعي في توليد الطاقة والصناعات الكيمياوية مثل الأسمدة. لكن هذه الموارد محدودة وعرضة لعوامل سياسية واستراتيجية كثيرة قد تؤثر على استقلال باكستان الإقتصادي إذا لم تدعمها ببرنامج نووي سلمي لإنتاج الطاقة.]

للاطلاع اكثر

"Pakistan's Neglected Infrastructure, a Barrier to Rapid Development," *EIR*, April 27, 1990.

"Pakistan Must Update Its Water Policy: It's Time to End Decades of Complacency," *EIR*, March 19, 1999.

آسيا الوسطى
نهاية السياسة الجغرافية (الجيوبوليتيك)

بقلم : رامتانو مايترا
By Ramtanu Maitra

اكتوبر ٢٠١٤

لقد أصبحت آسيا الوسطى، التي كانت في الماضي المحطة الوسطى لطريق الحرير القديم، والآن لطريق الحرير الجديد، مركز "قوس الأزمة"، وهو مصطلح يشير إلى المنطقة المستهدفة بالنزاعات الجيوستراتيجية في أوراسيا والتي مارستها الأمبراطورية البريطانية المتهالكة. قام زبيجنيو بريجينسكي (مستشار الأمن القومي الأمريكي) بصياغة مصطلح "قوس الأزمة" (Arc of Crisis) في السبعينات بالإقتباس من مفاهيم عميل المخابرات البريطانية بيرنارد لويس (Bernard Lewis)، للإشارة إلى المنطقة الممتدة من مصر عبر جنوب غرب آسيا (الشرق الأوسط) وآسيا الوسطى إلى شبه القارة الهندية حيث تدور النزاعات المسلحة وصراعات القوى في تكرار "للعبة الكبرى" التي خاضتها الامبراطورية البريطانية في القرن التاسع عشر ضد روسيا. لهذا السبب ولأسباب أخرى تقف آسيا الوسطى اليوم في قمة القائمة مع جنوب غرب آسيا وأفريقيا للأولويات العالمية للتدخل المشترك والجاد لإنهاء عملية التدمير والبدء بعملية البناء وتعزيز أسس السلام عبر التنمية.

إن الجغرافيا الفيزيائية لهذه المنطقة هي بحد ذاتها تحدي كبير، إذ توجد فيها بعض أعلى السلاسل الجبلية في العالم وكذلك الصحاري الآخذة بالإتساع، وفيها بحر آرال الذي بدأ بالإنحسار. لكن تكمن أكبر التحديات في سياسات الجيوبوليتيك الفتاكة.

إذا تمكنا من القضاء على الجيوبوليتيك في آسيا الوسطى، فإننا سنقدر على هزيمتها في أي مكان آخر في العالم. لقد وصلنا اليوم إلى مرحلة حاسمة. فالولايات المتحدة قررت سحب قواتها تدريجيا من أفغانستان ابتداء من عام ٢٠١٥ بعد ١٢ عام قضتها في أفغانستان كجزء من عملية للناتو والتي كانت أهم صفة من صفاتها هو التدمير وفق كتيبات "اللعبة الكبرى". إن الأمة الأفغانية وسكانها البالغ عددهم ٣١ مليون نسمة يعيشون حالة مأساوية اليوم. وبسبب النموذج الجديد لسياسة "حرب الأفيون" التي كانت تتبعها "شركة الهند الشرقية" البريطانية في القرن التاسع عشر، تعتبر أفغانستان اليوم مصدر ٩٠٪ من الانتاج العالمي من الأفيون. لقد ارتفعت مساحة الأراضي المزروعة بالخشخاش من ٨ آلاف هكتار قبل وصول قوات الناتو عام ٢٠٠١ إلى ٢٠٩ ألاف هكتار في عام ٢٠١٣.

ولم تنتهِ المشكلة في أفغانستان لوحدها، إذ انتشرت طرق تهريب المخدرات إلى روسيا وأوربا وتكاثرت العصابات الإرهابية التي تعتاش على تجارة المخدرات والأسلحة عبر كل منطقة آسيا الوسطى وهو ما أدى إلى تفاقم حالة التوتر التي كانت موجودة أصلا بسبب تراجع

التنمية الاقتصادية وانتشار الفقر.

لقد دعا فيكتور إيفانوف، مدير وكالة مكافحة المخدرات الفدرالية في روسيا، إلى التعاون على المستوى العالمي من أجل برنامج تنمية شامل بديل لأفغانستان وآسيا الوسطى للقضاء نهائيا على "الأزمة العالمية" المتمثلة بآفة تجارة المخدرات. وتم تحضير برنامج روسي لتنفيذ ذلك عبر حملة "تنمية صناعية عاجلة" لأفغانستان لعرضه في قمة مجموعة الثمانية في يونيو ٢٠١٤ في مدينة سوتشي الروسية (راجع الملحق في نهاية هذا الجزء). لكن لندن وإدارة أوباما ألغتا إجتماع القمة. لذلك أخذت أمم البريكس الأوراسيوية ـ الصين وروسيا والهند ـ على عاتقها مسألة دعم التنمية في آسيا الوسطى.

الشكل ١

اسيا الوسطى ـ الحدود السياسية والتضاريس

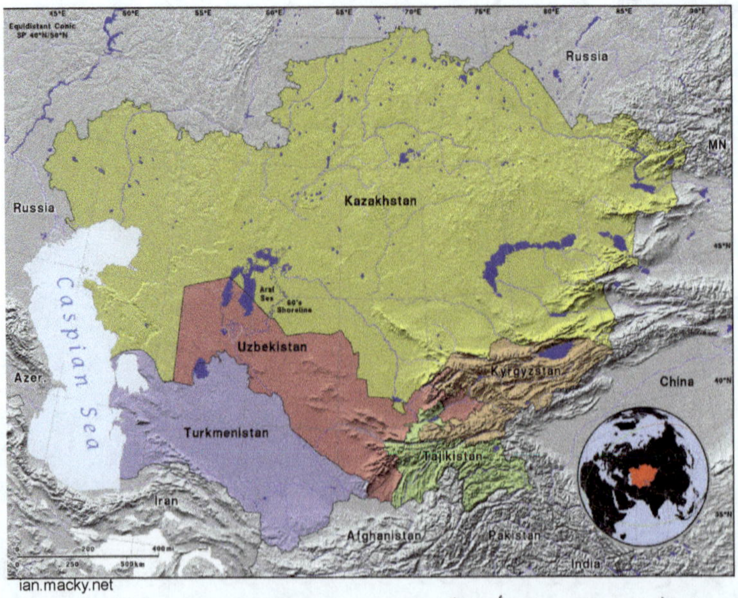

ian.macky.net

المسطحات المائية باستثناء بحر قزوين ملونة باللون الازرق الداكن في الخريطة. بقايا بحر ارال تقع في كازاخستان واوزبكستان.

إن التزام مجموعة دول البريكس بتنمية هذه المنطقة (الشكل ١) يتجسد في اختيار مكان إعلان "الحزام الاقتصادي لطريق الحرير" وهو ما قام به الرئيس الصيني شي جينبنج في ٧ سبتمبر عام ٢٠١٣ في جامعة نزارباييف في أستانة عاصمة كازاخستان. وفي آخر تعبير عن توسع دور دول البريكس في مستقبل آسيا الوسطى، قضى الرئيس الأفغاني الجديد أشرف غني أحمد زاي أربعة أيام في بكين من ٢٨-٣١ أكتوبر ٢٠١٤ حيث أعلن عن تمسك أفغانستان بالمشاركة بشكل فعال في مشروع "الحزام الاقتصادي لطريق الحرير" الجديد. وبالمقابل أعلن قادة الصين، ومنهم رئيس الوزراء لي كيقيانج عن خطط عملية لكيفية مساعدة أفغانستان والمنطقة في إعادة بناء اقتصادها. وقال السفير الصيني إلى أفغانستان، دينغ شيجون، بهذه المناسبة في مقابلة مع شبكة (CCTV) في ٢٨ أكتوبر مايلي: "قدمت حكومة الصين في الأعوام الثلاثة عشرة الأخيرة مساعدات ضخمة لأفغانستان لتسهيل عملية السلام وإعادة البناء. لقد ركزت هذه المساعدات على مشاريع إعادة الحيوية لسكان البلد، مثل التعليم والخدمات الصحية واستكشاف الموارد المائية."

ويأتي الدعم لأمن آسيا الوسطى عبر التنمية الإقتصادية من "منظمة شانغهاي للتعاون" (SCO) أيضا، وهو تجمع إقليمي ينشط منذ عام ٢٠٠١ وأعضاؤه هم الصين وكازاخستان و قيرغيزستان وروسيا وطاجيكستان وأوزبكستان. ودعا الرئيس شي في اجتماع قمة رؤساء الدول الأعضاء في المنظمة والذي عقد في ١٢ سبتمبر ٢٠١٤ إلى قبول العضوية التامة للدول التي لها صفة مراقب في المنظمة وهي أفغانستان والهند وإيران ومنغوليا وباكستان. ويوجد لدى المنظمة "شركاء حوار" هم روسيا البيضاء وسريلانكا وتركيا. [تم قبول الهند وباكستان كعضوين كاملين في قمة سوتشي في روسيا في يوليو عام ٢٠١٥، بينما تحتفظ إيران وأفغانستان ومنغوليا وروسيا البيضاء بدور مراقب في المنظمة ـ المترجم]. يمكن مراجعة المبادرات والمعوقات الأساسية أمام التنمية في منطقة آسيا الوسطى من هذا المنظور النشيط لدول الجوار ومنظمة شانجهاي للتعاون.

الجغرافيا الإقتصادية

يبلغ عدد سكان منطقة آسيا الوسطى اليوم ٩٧,٦ مليون نسمة، ويعيش ٤٧,٩ مليون منهم في الدول الأربعة الداخلية لآسيا الوسطى: قيرغيزستان (٥,٦ مليون) وطاجيكستان

(٨,٢ مليون) وتركمنستان (٥,٢ مليون) وأوزبكستان (٢٨,٩ مليون) - بالإضافة إلى ١٧,٩ مليون في كازاخستان و ٣١,٨ مليون في أفغانستان. باستثناء أفغانستان، كانت كل هذه الدول جمهوريات تابعة للاتحاد السوفيتي، ثم أصبحت الحدود الإدارية السوفيتية لهذه المنطقة هي الحدود الرسمية لهذه الدول بعد استقلالها في عام ١٩٩١.

أما التضاريس الجغرافية، المدرجة في الشكل ١، فتتضمن سلاسل جبلية مهيبة في الجهة الشرقية مثل جبال ألاي وتيئينشان وبامير، والتي تنحدر باتجاه الغرب لتستوي عند السهول الصحراوية الشاسعة في المناطق الداخلية لحوض بحر آرال. وبحر قزوين. وتقع بعض أعلى القمم الجبلية في العالم في هذه المنطقة، مثل قمة إسمويل سيموني في طاجيكستان على ارتفاع ٧٥٩٥ متر فوق سطح البحر.

Wikimedia Commons/Arian Zwegers
مقبرة السفن في مويناك، اوزبكستان، التي كانت في السابق ميناءا بحريا على ساحل بحر ارال.

وتنبع منظومتا الأنهار الرئيسيتان، آموداريا وسرداريا، من هذه الجبال وتجري غربا باتجاه بحر آرال. وتأتي مياههما من الأمطار والثلوج التي تهطل على السلاسل الجبلية بالإضافة إلى ذوبان الأنهار الجليدية، لكن أعلى السلاسل الجبلبة هي من الإرتفاع بحيث تحجز وتعيق الهطولات المحتملة من الأمطار الموسمية (المونسون) القادمة من الجنوب الشرقي. وتعاني معظم هذه الدول، باستثناء قيرغيزستان، من ندرة المياه. وقد اشتد نقص المياه بسبب زراعة القطن الأحادية. ويجدر بالذكر أن إزدهار زراعة القطن في آسيا الوسطى يرجع إلى إرتفاع أسعار القطن العالمية أثناء الحرب الأهلية الأمريكية (١٨٦١-١٨٦٥) عندما انحسر انتاج القطن الأمريكي عن الأسواق. لكن ازدادت كثافة زراعة القطن في العهد السوفيتي وما بعده. إن زراعة القطن - التي تعتبر الأكثر تعطشا للماء - قد خفضت جريان المياه في الأنهار التي تصب في بحر آرال إلى درجة أن حجمه قد انكمش بنسبة ٧٥٪.

أما الثروة المعدنية وموارد الطاقة الأحفورية في هذه المنطقة فهي كبيرة جدا. وتحتوي الطبقات الترسبية للأرض في الأجزاء الغربية من المنطقة على خزين ضخم من النفط والغاز. كما أن احتياطيات الفحم موجودة بوفرة في كازاخستان وفي مناطق آخرى بين السلاسل الجبلية. وقد تم اكتشاف احتياطيات كبيرة من الحديد وغيره من الخامات والأملاح المعدنية والذهب واليورانيوم التي يتم استخراج الكثير منها الآن.

لقد استوطن البشر بكثافة عالية في مناطق آسيا الوسطى منذ أكثر من ٢٥٠٠ عام، بتركيز كبير للسكان في مناطق سفوح الجبال في الجنوب الشرقي للمنطقة. وتعتبر الزراعة والتعدين من أهم النشاطات الاقتصادية، ولكن باستثناء كازاخستان، يبلغ الفقر مستويات عالية. ولكن الآن وبوجود رؤية لممرات تنمية تسمح بخلق موارد طبيعية جديدة من صنع يد البشر من الماء والأراضي الخصبة ومصادر الطاقة فأن المنطقة ستنفتح على عهد جديد.

ممرات سكك الحديد وإمكانيات التواصل

تلعب آسيا الوسطى دورا فريدا إلى جانب مقاطعة سينكيانج الصينية باعتبارها "محورا للمرور" للجسر البري الأوراسيوي. إن أسماء محطات التوقف على طريق الحرير القديم قد أصبحت الآن أسماء أسطورية مثل سمرقند وطاشقند في أوزبكستان و "شي آن" في الصين. لكن هذه المدن ستتحول مجددا إلى مناطق نمو اقتصادي حينما تمتد ممرات سكك الحديد الأوراسيوية عبرها. لكن التحدي الحقيقي هو بناء شبكات سكك حديد تخدم هذه الأمم بالدرجة الأولى ومراكز سكانية جديدة من أجل تعزيز التنمية الإقليمية الشاملة، لا أن تكون هذه المنطقة مجرد "محطة" على الطريق تخدم حركة التجارة المارة عبر الإقليم والخارجة منه.

تستعرض الخارطة المفاهيمية (الشكل ٢) هذه الفكرة بصورة منهجية. تشير الخطوط السوداء إلى مسارات الجسر البري الأوراسيوي، حيث يمر خط سكك الحديد السيبيرية

عبر روسيا في أعلى الخارطة مرورا بتشيليابينسك وأومسك. ويمتد من سكة الحديد السيبيرية من الشمال الغربي نحو الجنوب الشرقي الخط الإقليمي عبر كازاخستان مرورا بآكتوبي وساكسولسكي وقيزيل أوردا إلى طاشقند، ومن هناك يستمر إما جنوبا عبر ماري في تركمنستان أو إلى هيرات في أفغانستان، وصولا إلى ساحل البحر العربي. ويمكن مد هذا الخط من طاشقند نحو ألما آتا العاصمة السابقة لكازاخستان ومن هناك إلى الصين عبر مقاطعة سينكيانج.

ويمتد من أومسك خط رئيسي آخر عبر سيمي في أقصى شمال شرق كازاخستان، ويتجه من هناك إلى الصين عبر المعبر الحدودي في دروزبا، أو يتجه جنوبا عبر ألما آتا بعد أن يقطع المنطقة المركزية لآسيا الوسطى إلى جنوب آسيا.

تبين الخطوط الزرقاء بعض مسارات خطوط سكك الحديد المقترحة أو المخطط لها أو التي تحت الإنشاء وتمثل بمجملها ممرات تنمية بخدمة قطارات سريعة وأحزمة زراعية صناعية، ومواقع لمحطات الطاقة النووية لتوليد ما يكفي من الطاقة الكهربائية لاحتياجات السكان والصناعات ولتحلية وتصفية المياه.

الشكل ٢
اسيا الوسطى ـ خطوط سكك طريق الحرير وممرات التنمية الاقليمية المقترحة

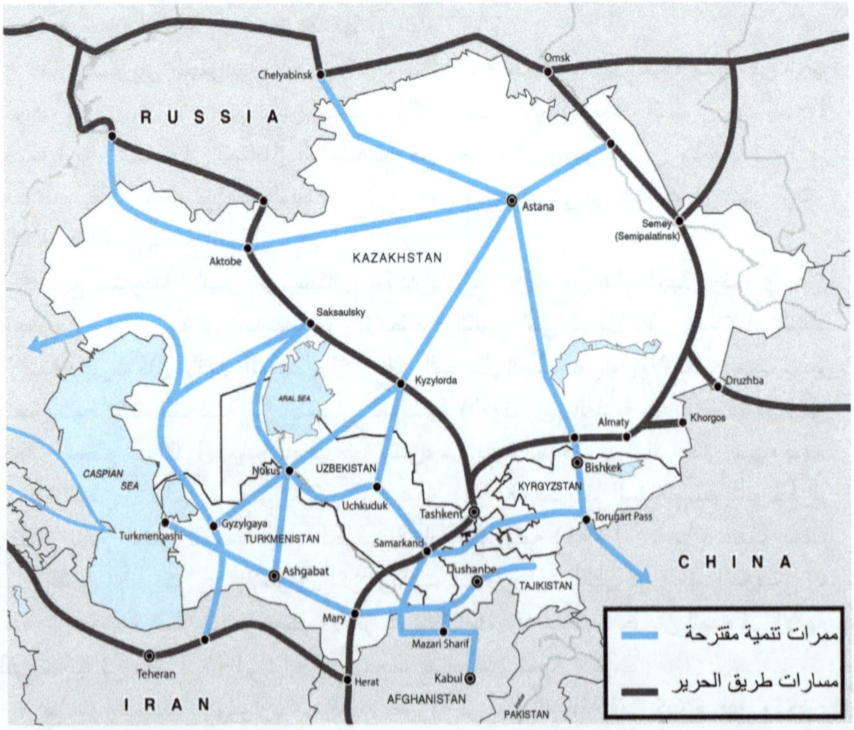

Ramtanu Maitra, Asuka Saito/EIR 2014

بالاضافة الى مسارات خطوط السكك الاوراسيوية لطريق الحرير التي تعبر اسيا الوسطى، تحتاج هذه الامم الى تطوير شبكاتها المحلية لسكك الحديد، والتي نعرض هنا بعض اهم اجزائها. بعضها تحت الانشاء والبعض الاخر اما مخطط له او هناك نية لبنائه.

وتبرز بعض مشاريع سكك الحديد باعتبارها مجرد مبادرات للنقل، لكن المطلوب هو التعاون لبناء منظومة متكاملة في هذه المنطقة التي تعتبر قلب أوراسيا. المشكلة هي أن العديد من سكك الحديد في هذه المنطقة لها قياسات عرض مختلفة عن بعضها البعض، لكن هذه المشكلة قابلة للحل. ولأن سكك الحديد في آسيا الوسطى تم بناؤها عندما كانت هذه الأمم جزءا من الامبراطورية الروسية ومن ثم جزءا من الاتحاد السوفيتي فإن قياسات سكك الحديد فيها هي من المقياس العريض (١٥٢٠ ملم)، بينما سكك الحديد في معظم الدول المجاورة لها تستخدم مقياس ١٤٣٥ ملم. أما في باكستان فتكون سكك الحديد بالمقياس العريض البالغ ١٦٧٦ ملم. نتيجة لهذه الإختلافات، تضطر القطارات المتجهة من إيران إلى تركمنستان، على سبيل المثال، أو من الصين إلى كازاخستان أو إلى باكستان إلى تغيير منصات عجلاتها أو أن يكون على الركاب والبضائع أن ينتقلوا من القطارات في الجانب الأول من الحدود إلى قطارات أخرى في الجهة الثانية من الحدود. إن أهم خطوط سكك الحديد الجديدة أو المتوقع بناؤها هي:

من الشمال إلى الجنوب

• إفتتحت تركمنستان وكازاخستان خطا مباشرا لسكك الحديد يربط المناطق الغنية بالنفط والغاز على الساحل الشرقي لبحر قزوين بإيران، بدلا من أخذ الطريق الإلتفافية القديمة التي تمر عبر أوزبكستان. يشكل هذا الخط المرحلة الأولى للممر الشمالي الجنوبي الذي يربط

كازاخستان بتركمنستان وإيران، والذي يعتبر العمود الفقري "لممر النقل العالمي الشمالي الجنوبي" من الهند إلى روسيا بواسطة النقل البحري وسكك الحديد. وقد أكملت إيران على أراضيها الوصلة الرابطة بين تركمنستان وجورجان وبقية شبكة سكك الحديد الإيرانية. كما يجري العمل على إكمال الوصلة المتبقية بين زاهدان في جنوب شرق إيران إلى ميناء تشابهار على البحر العربي قرب الحدود مع باكستان.

• تم إكمال بناء سكة حديد قصيرة لكن ذات أهمية من أوزبكستان إلى أفغانستان في عام ٢٠١١ من قبل شركة سكك الحديد الأوزبكية الحكومية (UTY). وتمتد هذه السكة بطول ٧٥ كلم بين هيراتان على الحدود الأوزبكية الأفغانية إلى "غوري مار" خارج مدينة مزارشريف في شمال أفغانستان. لعبت سكة الحديد هذه دورا مهما مؤخرا في إيصال المساعدات الإنسانية بالإضافة إلى السلع التجارية إلى ثاني أكبر مدن أفغانستان. قبل بناء هذه السكة كان يتعين إنزال هذه البضائع من القطارات إلى مركبات الشحن عند الحدود.

من الشرق إلى الغرب

• أكملت كازاخستان في آخر عام ٢٠١٣ بناء خط سكة حديد بطول ٢٩٣ كلم من زيتيجين (الواقعة شمال ألما آتا) إلى خورغوس على الحدود مع الصين، وربطتها بشبكة سكك الحديد الوطنية الموجودة، وبهذا تكون قد فتحت الرابط الصيني - الأوربي الثاني عبر أراضيها. ونتج عن ذلك تقليص المدة الزمنية لرحلة القطارات التي تحمل جميع أنواع البضائع من الصين إلى دوزبورج الواقعة في قلب المنطقة الصناعية في ألمانيا إلى ١٥ يوم فقط، وهي مسافة تبلغ ١٠٨٠٠ كلم من تشونغكينج (Chongqing) في جنوب الصين إلى دوزبورج. وقد بدأت مدينة خورغوس الممتدة على الحدود بين الصين وكازاخستان بالتوسع بشكل سريع بإعتبارها ميناءا بريا.

• تخطط الصين لبناء رابط مكون من سكك الحديد من مدينة قاشغار في أقصى الغرب في مقاطعة سينكيانج عبر الجبال إلى قيرغيزستان (ممر إيركشتام الجبلي إلى وادي آليا)، وعبر طاجيكستان (وادي رشت) إلى أفغانستان (مدينة هيرات) ومنها إلى إيران وغربا باتجاه تركيا وأوربا. سيخلق هذا مسارا جديدا للحزام الإقتصادي لطريق الحرير.

•اتفقت طاجيكستان وأفغانستان وتركمنستان في مارس ٢٠١٣ على بناء خط سكة حديد بطول ١٦٠ كلم عبر أقصى شمال أفغانستان، ليكون أول خط يربط طاجيكستان بعدة خطوط أوراسيوية رئيسية (الشكل ٦ في ملحق هذا الجزء).

مشاريع وطنية

• توسع أوزبكستان شبكتها الداخلية من سكك الحديد وخدماتها من أجل تفادي استخدام بعض أجزاء الخطوط السوفيتية القديمة عبر دول الجوار. ستربط مشاريع السكك الأوزبكية الجديدة مدنها في أقصى الغرب بالعاصمة طاشقند في شرق البلاد بشكل مباشر. كانت خدمات النقل بسكك الحديد بين هذه الأجزاء من أوزبكستان تمر فقط عبر تركمنستان. كما تريد حكومة طاشقند أن تربط المناطق الكثيفة السكان في وادي فرغانة ببقية أجزاء البلد عبر ممر كامتشيك، وبذلك تتجنب المرور عبر طاجيكستان.

• لا تمتلك طاجيكستان وقيرغيزستان إلا عددا قليلا جدا من السكك الداخلية وليس فيها خدمات نقل جديرة بالذكر. توجد في طاجيكستان ٦٨٠ كلم فقط من السكك، وكلها من مقياس

عرض ١٥٢٠ ملم. تربط منظومة السكك هذه المراكز السكانية الكبرى في طاجيكستان مع دول الجوار أوزبكستان وتركمنستان وقريبا أفغانستان. أما قيرغيستان فهي شبه خالية من سكك الحديد. يبلغ طول مجموع الأجزاء المتناثرة لسكك الحديد في أرجاء قيرغيستان ٣٧٠ كلم فقط.

تكمن أسباب هذه المحدودية في سياسات الحقبة السوفيتية، عندما كان وادي تشوي في شمال قيرغيزستان ووادي فرغانة في الجنوب بمثابة المحطات النهائية لشبكة السكك في آسيا الوسطى. وأصبحت خطوط السكك التي كانت قد بنيت دون اعتبار للتقسيمات الإدارية للمنطقة تقع فجأة في بلدان مختلفة عند الإستقلال. إن معالجة مشكلة اختلال عمل سكك الحديد في هذه الدول هو من الأولويات. وتوجد إحدى الافكار الروسية للتعامل مع هذه المشكلة موثقة في ملحق هذا الجزء من التقرير.

الطاقة النووية

إن من أهم أولويات هذه المنطقة هو توفير كميات كبيرة من الطاقة عبر المفاعلات النووية، لاستخدامها في تحلية المياه على طول ساحل بحر قزوين، وفي مواقع متعددة لإعادة تدوير مياه الصرف الصحي، بالإضافة إلى تزويد الطاقة الكهربائية لقطارات شبكات سكك الحديد.

ليس لدى أي من الدول الأربعة المركزية في آسيا الوسطى (قيرغيزستان وطاجيكستان وتركمنستان وأفغانستان) محطات طاقة نووية عاملة أو تحت الإنشاء أو أية خطط لبناء محطات طاقة نووية جديدة. لكن في شمال هذه الدول تنوي كازاخستان القيام بذلك. كان لدى كازاخستان في الماضي منشأة نووية عاملة لفترة طويلة، وكانت تلك المنشأة تنتج مياه محلاة أيضا، حينما افتتح الاتحاد السوفيتي في عام ١٩٧٣ مفاعلا استنساليا تجريبيا في أكتاو على بحر قزوين، وقد اشتغلت المحطة حتى عام ١٩٩٩ عندما بلغت الحد الأقصى من عمر خدمتها وتم تفكيكها. في يوم ٢٩ مايو ٢٠١٤، وهو يوم توقيع معاهدة الإتحاد الإقتصادي الأوراسيوي في أستانة، وقعت شركة الطاقة النووية الكازاخية "كازأتومبروم" مذكرة تفاهم مع شركة "روساتوم" الروسية لبناء محطة طاقة نووية تبلغ قدرتها بين ٣٠٠ و ١٢٠٠ ميجاواط باستخدام المفاعل الروسي المبرد بالماء (VVER) بالقرب من مدينة كورتشاتوف في أقصى شرق كازاخستان، وهي مدينة ذات تاريخ عريق في مجال التكنولوجيا النووية وتأتي تسميتها من إسم العالم الفيزيائي الروسي ايغور كورتشاتوف. وكانت هذه مدينة سوفيتية "مغلقة"، تحتوي في داخلها على المنشآت البحثية لمواقع تجارب الأسلحة النووية في المنطقة القريبة منها في سيميبالاتينسك، وتسمى اليوم سيمي.

وتمتلك أوزبكستان مفاعلين نووين تجريبيين للبحوث. يقع أحدهما خارج العاصمة طاشقند في معهد الفيزياء النووية في أولوغبيك. وبالإضافة إلى هذا المفاعل (VVR-SM) بطاقة ١٠ ميجاواط، يوجد في المعهد جهازين لتحطيم الذرة (cyclotrons) وجهاز إصدار أشعة جاما، ومولد نيوترونات، ومجمع كيمياء راديوية. أما المفاعل التجريبي الآخر، وهو مفاعل نبضي، فتشغله مؤسسة (JSV Foton) المالكة للمفاعل.

كانت أوزبكستان في العهد السوفيتي تنتج معظم حاجات الإتحاد من اليورانيوم. ويدير مجمع نافوي (Navoi) للتعدين وعلم المعادن ستة مناجم يورانيوم بمنشآت تكرير في الموقع، ولديها تسعة مناجم أخرى تحت التطوير. كما أنها قد استكشفت خمسة مواقع أخرى فيها احتياطيات واعدة من اليورانيوم. يتم شحن الكعكة الصفراء المصنعة إلى العديد من الدول

ومنها الولايات المتحدة وكوريا الجنوبية. تعتبر كل هذه المنشآت والنشاطات أسسا مهمة لبناء منظومة طاقة نووية كاملة ومتكاملة في منطقة آسيا الوسطى.

تبين نظرة سريعة لوضعية الطاقة في كل المنطقة أن بعض المناطق تعتمد على احتياطياتها من الوقود الأحفوري لانتاج الكهرباء، بينما تعتمد مناطق أخرى على الطاقة الكهرومائية، وتلك هي من تركات مرحلة بناء السدود في العهد السوفيتي من أجل انتاج الكهرباء وتنظيم الموارد المائية للمشاريع الزراعية.

تتقدم كازاخستان دول المنطقة في انتاج النفط بصافي إنتاج يبلغ ١,٦ مليون برميل يوميا، والذي يتم تصدير حوالي ٩٠٪ منه إلى الخارج. كان أول أنبوب لنقل النفط يتم بناؤه من المنطقة الغنية بالنفط على ساحل بحر قزوين إلى سينكيانج في الصين من أطول أنابيب النفط في العالم حيث بلغ طوله ٢٣٠٠ كلم.

وتمتلك تركمنستان أكبر احتياطي معروف من الغاز الطبيعي في آسيا الوسطى، وهو من بين أكبر الاحتياطيات في العالم. كما أن تركمنستان هي من أكبر مصدري الغاز في المنطقة. تحصل تركمنستان نفسها على كل انتاجها من الكهرباء الذي يبلغ ٤ جيغاواط من الغاز الطبيعي. وتنتج جارتها أوزبكستان حاليا أكثر مما تنتجه تركمنستان من الغاز (٦٠ مليار متر مكعب في السنة)، لكنها تستخدم ٨٥٪ من انتاجها لتوليد الكهرباء محليا ولا تصدر إلا القليل منه. في واقع الحال تمثل اوزبكستان بلد عبور للغاز الطبيعي الذي تصدره تركمنستان إلى الصين وروسيا. تم بناء أول أنبوبين للغاز بين عامي ٢٠٠٧-٢٠١٠ من تركمنستان إلى الصين (أو آسيا الوسطى إلى الصين) بتمويل من الصين. ويبدأ الأنبوبان من منطقة حقول باغتياراليك في جنوب شرق تركمنستان عبر أوزبكستان وكازاخستان، ليعبرا إلى الصين عند خورغوس حيث يندمجان مع "أنبوب الغاز الصيني الغربي - الشرقي". وتم تشغيل أنبوب التصدير الثالث على ذات الخط الذي يبلغ طوله ٢٠٠٠ كلم في يونيو ٢٠١٤، ويتم التخطيط لبناء أنبوب رابع.

وتعتمد طاجيكستان وقيرغيزستان على الطاقة المائية، لأنهما لا يملكان أحتياطيات تذكر من الهايدروكاربونات، بالرغم من أنه يعتقد أن حقل بوختار في طاجيكستان يحتوي على كميات كبيرة من النفط والغاز. وتوجد خطة إقليمية على الورق لبناء خط نقل كهرباء بين آسيا الوسطى وجنوب آسيا (CASA-١٠٠٠) لنقل الفائض من الكهرباء في فصل الصيف من سدود طاجيكستان وقيرغيزستان جنوبا إلى أفغانستان وباكستان لمسافة ١١٧٣ كلم. وتوجد هناك اعتراضات وحتى تهديدات بالعنف على طول مسار هذا الخط، لكن التكنولوجيا واقعية.

محور الطاقة والمياه

تعتبر منطقة آسيا الوسطى منطقة جافة تصارع معوقات كبيرة تتمثل بندرة الموارد المائية الضرورية للتنمية الزراعية الصناعية المتقدمة. لكن التحرك على عدة جبهات في ظل اقتصاد متنامي بإمكانه أن يوفر موارد مائية "جديدة" على الرغم من الكارثة البيئية المأساوية المتمثلة بانحسار مياه حوض بحر آرال. ينبغي اعتبار هذه المنطقة أولوية كوكبية لتطبيق أول الاختراقات التي ستأتي في مجال طرق "خلق الأمطار" وتحفيزها (راجع الفصل الخامس حول المياه في الجزء الثاني).

تأتي معظم المياه العذبة للمنطقة من السلاسل الجبلية لدول المنبع قيرغيزستان وطاجيكستان (وبدرجة أقل من أفغانستان) حيث تتجه مياه الأنهار وأهمها آموداريا وسرداريا نحو دول المصب كازاخستان وتركمنستان وأوزبكستان. باختصار، يأتي حوالي ثلثا الموارد المائية من الجبال، ويتم استهلاك ثلثي تلك الكمية في دول المصب.

إن القلق من طبيعة الظروف المستقبلية لتوفر المياه يأتي من التقلبات المناخية العديدة. فعلى سبيل المثال، يتقلص حجم الأنهار الجليدية في المناطق الجبلية، إذ انكمشت الطبقة الجليدية في آسيا الوسطى بين عامي ١٩٥٧-١٩٨٠ بنسبة ١٩٪ حسب معظم التقديرات. وتقلصت الأنهار الجليدية المحيطة ببحيرة ايسيك ـ كول في قيرغيستان بنسبة ٨٪ في ذات المدة.

من الناحية التقنية، لا تقع أجزاء كبيرة من آسيا الوسطى ضمن المناطق ذات العجز المائي الأكبر في العالم. فأوزبكستان لديها ضعف الموارد المائية المتوفرة لكل فرد من السكان مما يتوفر في إسبانيا على سبيل المثال والتي تعتبر من أهم الدول الزراعية في أوربا. على هذا الأساس يوجد الحل المؤقت لمشكلة التزود بموارد المياه في ناحية الطلب، هذا إذا تم تطبيق أكثر طرق الري كفاءة في استخدام المياه، وإذا تم تحديث منظومة الانتاج التي تستهلك المياه (راجع الجزء السادس من هذا التقرير).

يتم تطبيق الطرق الحديثة في حفظ المياه في تركمنستان حاليا، ويمكن التوسع في عمل ذلك بشكل كبير، إذ بدأت تركمنستان في عام ٢٠١٣ بإنشاء خزان توركمنكول، وهي بحيرة اصطناعية عند المنخفض الطبيعي قاراشور. ستقوم البحيرة بجمع مياه البزل والصرف الصحي من المناطق المختلفة لأجل تصفيتها وإعادة استخدامها. وتم التخطيط لإنشاء خزانين آخرين من هذا النوع في عام ٢٠١٤.

إحدى نواحي تحسين البنية التحتية لتقليل الفاقد من الموارد المائية هي إعادة تأهيل شبكة قنوات الري السوفيتية المهملة منذ سنين ولم تتم صيانتها. إن أكبر عقبة يواجهها هذا الحل هو أن الحدود الوطنية لدول آسيا الوسطى تتقاطع مع هذه القنوات التي كانت تشكل منظومة موحدة لكل آسيا الوسطى عند المستوى الأوسط لمجرى نهري آموداريا وسرداريا.

كما توجد فكرة من العهد السوفيتي، قابلة للتطبيق اليوم، وتتمثل في بناء خط أنابيب أو قناة بطول ٢٥٠٠ كلم لنقل ما يقارب ٣٠ مليار متر مكعب سنويا من مياه نهري أوب وإيرتيش في شمال سيبيريا إلى منطقة بحر آرال (راجع الخطة الروسية في الملحق في أخر هذا الجزء).

إن التحدي الأكبر في العقود القادمة سيكون في كيفية التكيف مع التنمية الصناعية واسعة النطاق والنمو السكاني الطبيعي اللذان سيشكلان ضغطا هائلا على ما هو متوفر من موارد المياه في المنطقة. وبما أن معظم دول آسيا الوسطى هي دول حبيسة (منقطعة عن البحار المفتوحة)، فإن تحلية مياه البحر ليست من الحلول المطروحة. لكن المناطق الغربية من كازاخستان وتركمنستان ستكون قادرة على انتاج كميات كبيرة من المياه الصالحة للشرب عبر التحلية النووية لمياه بحر قزوين. لكن هذا الأمر لن يحل مشكلة الجفاف البيئية الناتجة عن انحسار بحر آرال.

أما التركة الأخرى التي ورثتها دول المنطقة من الاتحاد السوفيتي فتتمثل في تشكيل الاتحاد لمحور للطاقة والمياه، حيث تم بناء السدود في دول المنبع في أعالي الجبال لتوليد الطاقة وتوفير المياه لاستهلاكهما في دول المصب في مناطق السهول. كانت هذه المنظومة تشتغل بسلاسة وبلا عوائق في ظل نظام إداري واحد، وتم توزيع الطاقة عبر ترتيبات وشبكات كهرباء إقليمية. لكن هذا النظام انتهى فجأة بانهيار الاتحاد السوفيتي وظهور الحدود الدولية بين ليلة وضحاها. وبرزت بطبيعة الحال نقاط اختلاف بين دول المنبع المشغلة للسدود ومولدات الطاقة (قيرغيزستان وطاجيكستان) ودول المصب المعتمدة على الطاقة والمياه من هذه السدود (أوزبكستان وكازاخستان)، بالرغم من أن "اتفاقية ألما آتا" لعام ١٩٩٢ ساعدت في خفض معدل استخدام دول المنبع للمياه. وتحاول كازاخستان حاليا الترويج لتشكيل لجنة مشتركة للمياه لآسيا الوسطى، إلا أن ما هو مطلوب هو المزيد من المياه.

إن الحلول التي يوفرها عهد الطاقة النووية في كل أرجاء المنطقة من شأنها أن تزيل

المنافسة غير الضرورية ومقايضات المياه والطاقة غير المربحة لأحد. بإمكان الطاقة النووية أيضا أن تفتح الطريق أمام الاستخدامات المفيدة الأخرى للغاز الطبيعي بدلا من حرقه لتوليد الطاقة، مثل الصناعات الكيمياوية، وبهذا ترتفع المنصة الإقتصادية لكل بلد من بلدان هذه المنطقة.

تلخص قصة سد كبير واحد من هذه السدود المبدأ الذي نشدد عليه هنا، حيث تم التخطيط منذ عام ١٩٦٠ لبناء سد روغون على نهر فاخش، وهو من الروافد الكبرى لنهر آموداريا في طاجيكستان، وتم تصميمه وبدء العمل فيه، لكنه لم يكتمل أبدا. وتعترض دول المصب الآن على العودة إلى ذلك المشروع وتعارض بناءه خوفا من فقدان المياه التي سيحبسها السد في خزانه، بينما تحاول طاجيكستان الشروع بعملية إكمال بناءه. كان يفترض أن يكون سد روغن، وفق التصميم الأصلي (بارتفاع ٣٣٥ متر ليكون أعلى سد في العالم) واحدا من سلسلة مكونة من ثلاثة سدود لتنفيذ عملية مقايضة طاقة مقابل المياه مع جمهوريتي أوزبكستان وتركمنستان. ستوفر هذه السدود الطاقة لطاجيكستان ولجيرانها أسفل النهر بالإضافة إلى المياه. وحينما يتم وقف توليد الطاقة في السدود في بعض الفصول، يفترض أن تقوم أوزبكستان وتركمنستان بتعويض طاجيكستان باستخدام الطاقة المولدة من الوقود الأحفوري[١]. تم بناء أحد هذه السدود، وهو سد نوريك، في العهد السوفيتي، بينما تم افتتاح الثاني، سد سانغتودا-١، في عام ٢٠٠٨.

Wikimedia Commons/Ibrahim
خزان سد نوريك على نهر فاخش، طاجيكستان

التنمية الزراعية الصناعية

توجد إمكانيات كامنة عظيمة لتوسيع النشاطات الزراعية والصناعية في المناطق التي تواجدت فيها سابقا مراكز للصناعات الخفيفة والثقيلة عبر أرجاء آسيا الوسطى، بالإضافة إلى المراكز السكانية والزراعية الجديدة.

إن هذه المنطقة غنية بالمواد الخام الصناعية، بالإضافة إلى النفط والغاز، والتي تنتشر كلها بشكل غير متكافئ. ففي سفوح الجبال والوديان الواقعة بين السلاسل الجبلية توجد أحتياطيات كبيرة من خام الحديد والنحاس والزنك والرصاص والأنتيمون (حجر الكحل) والذهب ومعادن أخرى. أما أكبر حقول الغاز الطبيعي فتوجد في الأراضي الجافة في غرب آسيا الوسطى.

إن المهمة الأساسية التي أمامنا هي توسيع القاعدة الصناعية. لقد تركزت الصناعات الثقيلة في العقود الأخيرة في شمال شرق كازاخستان، وأيضا في سفوح تلال سلسلة "تيئينشان" قرب طاشقند وبعض المناطق في قيرغيزستان. تتعلق هذه الصناعات بعملية تعدين الحديد وصناعة الفولاذ، وصهر الخامات المعدنية وتنقيتها، بالإضافة إلى بعض النشاطات التصنيعية الأخرى - مثل صناعة المكائن الزراعية للعمل في الحقول الجبلية ذات المنحدرات الحادة وغيرها من الأجهزة والمكائن ذات الاختصاص - بالإضافة إلى صناعات تعليب الأغذية والصناعات الخفيفة. وتوجد أراضي زراعية شاسعة تبلغ مساحتها ٣٠٦ مليون هكتار تحت الاستخدام حاليا في الدول المركزية في آسيا الوسطى وكازاخستان، ولكن توجد أراضي أخرى قابلة للاستصلاح الزراعي وفيها موارد مياه وطاقة كبيرة أيضا. فوفقا لوزارة الزراعة الكازاخستانية توجد في البلد ٢٢٢ مليون هكتار من الاراضي الزراعية، يستخدم معظمها (١٨٩ مليون هكتار أو ٨٥٪) كمراعي، و ٢٤ مليون هكتار للانتاج الزراعي. ويستخدم ثلثا هذه الأخيرة في انتاج الحبوب، والثلث الآخر للأعلاف. وتعتبر كازاخستان من الدول المصدرة للحنطة الشتوية.

من أولويات منظومة الري الموجودة في المنطقة هو رفع كفاءة الأنظمة الفيزيائية وليس فقط تلك المستخدمة في نقل المياه، على سبيل المثال، طرق خزن وتوفير المياه وطرق

الري الدقيقة والموجهة وبزل التربة. كما أن من الضروري الانتقال من زراعة القطن إلى المحاصيل التي لا تستهلك كميات كبيرة من المياه وتكون قادرة على زيادة محصول الفواكه والخضر لرفع مستوى التغذية في المنطقة ولغرض التصدير. كما أن رفع مستوى انتاج اللحوم من الأمور ذات الأولوية لتحسين مستوى التغذية، ولا تقتصر هذه على لحوم الماشية والماعز والأغنام، وإنما الدواجن أيضا التي تستطيع رفع معدلات الانتاج بسرعة أكبر بكثير من مصادر اللحوم الأخرى.

تحدي وادي فرغانة

إن وادي فرغانة هو أحد أهم المراكز الزراعية في العالم، وهو موطن حوالي ٢٥٪ من سكان آسيا الوسطى بالرغم من أن مساحته لا تتجاوز ٥٪ من مجمل مساحة المنطقة. يعتبر الوادي مصدرا رئيسيا للأغذية لكل آسيا الوسطى، ومن بين منتجاته الرز والقمح والفواكه والخضروات، بالإضافة إلى القطن. لكن وادي فرغانة مثقل بالصراعات، بسبب النزاعات حول المياه والأراضي بالإضافة إلى الأسباب السياسية. لكن الحل الوحيد يكمن في عملية تغيير أوراسيا عبر الجسر البري الأوراسيوي للتنمية.

تحُدّ الوادي ذا الشكل المثلث سلسلة جبال "تيئينشان" من الشمال وسلسلة "جيسار آلاي" من الجنوب. وادي فرغانة هو عبارة عن سهل منبسط بمساحة ٢٢ ألف كلم مربع، ويتمتع بتربة خصبة وموارد مائية وفيرة نظرا لوجوده عند تقاطع نهري "نارين" و "قاراداريا"، اللذان يدخلان الوادي من الشرق ثم يقترنان عند بلدة ناماناغان ليشكلا من بعد ذلك نهر سرداريا.

تبلغ الكثافة السكانية في وادي فرغانة أكثر من ٢٥٠ شخص للكيلومتر المربع، بخلاف معدل الكثافة السكانية في عموم أرجاء آسيا الوسطى البالغة ١٤ شخصا للكيلومتر الواحد.

تنبع هذه التحديات من واقع أن الحدود بين طاجيكستان وقيرغيزستان وأوزبكستان متشابكة وملتفة حول بعضها البعض، وتلك من بقايا سياسة الاتحاد السوفيتي المسماة "سياسة القوميات" في العشرينات. علاوة على ذلك، يعيش جزء مهم من سكان كل من هذه الدول الثلاثة في وادي فرغانة: ٣٠٪ من سكان طاجيكستان، ٥٠٪ من سكان قيرغيزستان، ٢٧٪ من سكان أوزبكستان. وقد اندلعت صراعات متكررة عبر الحدود بسبب محاولات الحصول على منافذ إلى الأراضي الزراعية والمياه وغيرها من الموارد الطبيعية وإدارتها، وأيضا الوصول إلى الارصدة الفيزيائية (مثل القنوات والممرات والمضخات) التي تم إنشاؤها في العهد السوفيتي. وتتقاطع الحدود مع الطرق المحلية والبساتين والحقول وبوابات مجاري المياه وحتى مع الممتلكات العائلية الخاصة.

وتندلع أعمال العنف بين الفينة والأخرى بين أبناء العرقيات الطاجيكية والقرغيزية والأوزبكية بسبب الخلاف على ملكية الأراضي، خاصة في المناطق الكثيفة السكان. عندما قامت حكومات الدول المستقلة بخصخصة الأراضي الزراعية المملوكة للدولة في التسعينات - وهو ما تم تنفيذه في كل دول المنطقة - أصبحت هذه الممتلكات الخاصة المصدر الوحيد لدخل الأسر، أو على الأقل لعيش الكفاف من الزراعة. وتحولت الزراعة في الوادي من رعاية الماشية إلى زراعة الاكتفاء الذاتي للأسر. نتيجة لذلك ارتفع الطلب الفردي على مياه الري للحقول الصغيرة بشكل كبير، وأرتفعت معه حدة النزاعات.

في ذات الوقت، انخفض مستوى ما هو متوفر من المياه، لأنه بعد انهيار الاتحاد السوفيتي لم تعد هناك هيئات تمول عملية صيانة منظومة توزيع المياه المكونة عموما من قنوات كونكريتية مفتوحة، والتي آلت إلى التلف بسبب الإهمال. كما تم تفكيك بعض هذه القنوات وتم بيع أجزائها في سوق الخردة.

من الممكن التغلب على هذه الظروف وفتح الباب أمام مستويات انتاجية غير مسبوقة في الزراعة والصناعة في ظل حافز "الحزام الاقتصادي لطريق الحرير" الذي سيتقاطع مع كل أرجاء آسيا الوسطى عبر ممرات التنمية والتقدم.

مستقبل أفغانستان

لا ينبغي لأي أحد أن يستهين بأهمية استقرار أفغانستان، لأن استقرارها ليس فقط جوهري لأبناء شعبها الثلاثين مليون، بل وإنما أيضا، إذا نظرنا بتمعن إلى موقعها الجغرافي فإننا سنفهم بوضوح أنه بدون إشاعة الإستقرار في أفغانستان فإن آسيا الوسطى وأجزاء من جنوب آسيا وحتى غرب الصين لن تكون آمنة. لقد تأثرت جميع دول آسيا الوسطى بحروب أفغانستان في العقود الأخيرة وتحولها إلى أكبر منتج للمخدرات في العالم بسبب علاقات هذه الدول بالاقليات الطاجيكية والأوزبكية في التحالف الشمالي في أفغانستان منذ عام ١٩٨٧ إلى النشاطات المكثفة لشبكات تهريب المخدرات عبر جبال آسيا الوسطى.

إن الدمار الذي لحق بأفغانستان نتيجة للصراعات المستمرة لأكثر من ٣٥ عام كان ولا يزال أمرا كارثيا. لقد قتل أكثر من مليوني أفغاني في هذه الحروب، ودمرت البنية التحتية الإقتصادية والاجتماعية للبلد.

إن أية عملية إعادة إعمار يجب أن تبدأ بنظرة إلى حالة البنية التحتية لأفغانستان وبضمن ذلك النواحي الأساسية مثل المياه والطاقة والأمن الغذائي والنقل والعمالة الماهرة، والتعليم والصحة - وما هو مفتقد من هذه النواحي. ليس من المبالغة القول أن الأولوية يجب أن تكون لتبني خطة تنمية شاملة تتضمن مشاريع زراعية وصناعية وبنية تحتية وطاقة. تتضمن متطلبات القيام بذلك القائمة المدرجة هنا.

الزراعة. يحتاج القطاع الزراعي في أفغانستان لتطوير قدرات نقل البضائع، ويفضل أن تكون سكك حديد. إن التضاريس القاسية في أفغانستان تعني أن شبكة النقل الأساسية يجب أن تكون على الطرق. لكن في القسم الجنوبي من البلد، في الأراضي الخصبة في دشتي خاس (سهل خاس) ودشتي مرغوف وسهول راجستان المحاذية لإيران، فيمكن بناء شبكة واسعة من سكك الحديد لتسهيل التواصل ما بين المناطق الزراعية والمراكز الحضرية في المدن. كما سيحتاج القطاع الزراعي إلى المكائن الزراعية مثل الجرارات والحصادات ومكائن البذر والغرس. إن صناعة وصيانة مثل هذه المعدات سيجلب صناعات ستساعد على تدريب عمالة ماهرة وحرفيين في مجال الميكانيك.

أعلنت الحكومة الأفغانية في عام ٢٠١٠ عن خطة مداها ٢٥ عام لتطوير سكك الحديد. لقد تم إكمال دراسات عملية تطوير سكك الحديد في أفغانستان بالنسبة للمسارات التالية: (١) من هيراتان على الحدود مع أوزبكستان إلى هيرات في الغرب، عبر مزار شريف، (٢) من شيرخان بندر عند الحدود مع طاجيكستان عبر قندوز إلى "نائب أباد" بحيث يندمج في مزار شريف مع الخط المتجه إلى هيرات، (٣) من طورخام على الحدود مع باكستان إلى جلال آباد، (٤) من سبين بولدك على الحدود مع أفغانستان إلى قندهار.

وركز أول برنامج لتنمية أفغانستان وآسيا الوسطى الصادر من "معهد الديمغرافيا والهجرة والتنمية الإقليمية" الروسي في عام ٢٠٠٨ على خطة لإعادة إنعاش الزراعة في أفغانستان والتعامل مع الوضع السائد آنذاك حيث تشكل زراعة المخدرات وتصنيعها وتهريبها أكثر من نصف إجمالي الناتج القومي. واشار البرنامج إلى حقيقة أن الأقاليم الجنوبية من أفغانستان كانت تشتهر بانتاج الفواكه، واقترح إنشاء شبكة من معاهد التعليم الزراعي في

كل أرجاء البلد، وتقديم المعدات الزراعية اللازمة للزراعة وصناعة تجهيز وتعليب الأغذية. واقترح الباحثون اختيار نانغارهار وهلمند باعتبارهما مقاطعتين نموذجيتين لتأسيس صناعات غذائية للسكر والزيتون والحمضيات وبذور زهرة عباد الشمس والرمان والخضروات (راجع الملحق في آخر هذا الجزء).

المعادن. تتربع أفغانستان على كنز من الموارد المعدنية، لكن استغلالها يحتاج إلى تطوير البنية التحتية الضرورية. حصل اتحاد شركات هندية على امتياز مشروع خام الحديد في حاجيغاك الذي يقع على مسافة ١٨٠ كلم شمال غربي كابول، لكن تأخر تنفيذ المشروع لأكثر من الستة شهور المشروطة في العقد بسبب بعض الشروط التي وضعتها حكومة كابول ولم يقبل بها اتحاد الشركات بعد. حينما فاز مستثمرون صينيون في عام ٢٠٠٦ بعقد استغلال منجم نحاس أيناك ،الذي يبعد ٥٠ كلم إلى الجنوب من كابول ويعتبر أكبر منجم للنحاس في العالم، تعهد المستثمرون الصينيون ببناء خط سكة حديد، وفق ما صرح به وزير المالية الأفغاني عمر زاخيلوال. لكن مشروع منجم النحاس الذي فازت به شركتا التعدين الصينيتين (MCC) وشركة جياتشي للنحاس لا يزال معلقا بسبب الظروف الأمنية. يتضمن عقد منجم النحاس (بقيمة ٣ مليار دولار) بناء سكة حديد لنقل النحاس المنتج ومحطة توليد طاقة بقدرة ٤٠٠ ميجاواط. وبمقدور هذا المشروع ان يعطي كابول ٥٠٠ مليون دولار سنويا من الأرباح. لكن شركة (MCC) تراجعت الآن عن مشروع سكة الحديد ومحطة الطاقة كما هو مشترط في عقد استغلال منجم أيناك.

وفقا لبول برينكلي، نائب وزير الدفاع الامريكي ومدير "فريق العمل الخاص بعمليات الأعمال والاستقرار"، تمتلك أفغانستان، بالإضافة إلى النحاس والحديد، إحتياطيات كبيرة من النيوبيوم والكوبالت والذهب والموليبدينوم والفضة والألمنيوم والحجر الفلوري والبريليوم والليثيوم وموارد أخرى. لكن ما يفترض أن يكون المفتاح الأساسي لنجاح عملية تطوير صناعة التعدين الأفغانية هو بناء البنية التحتية الأساسية ـ الطاقة والنقل والشحن والمياه للإستخدامات الصناعية والمحلية، بالإضافة إلى وسائل الاتصال. ولأن هذه الموارد موزعة على مساحة واسعة من البلد فإن ذلك يتطلب أيضا تدريب الناس في أجزاء مختلفة من البلد وتخطي الفوارق الإثنية للسكان.

الكهرباء. إن أفغانستان تكاد تكون بلا طاقة كهربائية. ينتج البلد حاليا حوالي ٥٠٠ ميجاواط من الكهرباء ـ وهذا أقل مما تنتجه بعض جزر البحر الكاريبي. كما تستورد ٥٠٠ ميجاواط من الدول المجاورة. وتندرج أفغانستان في قائمة الدول الأقل انتاجا للكهرباء في العالم. وبالرغم من الأستثمارات التي بلغت مليارات عديدة من الدولارات في الأعوام الماضية لا يتجاوز من يحصلون على الطاقة الكهربائية بشكل منتظم أكثر من ثلث السكان. ستحتاج أفغانستان كمرحلة أولى وبشكل عاجل إلى استثمار كل الطاقة الكهرومائية غير المستغلة في الأنهار خاصة في المناطق الجبلية في شرق وشمال شرق البلاد (راجع الملحق).

وكما هي الحال في بقية أنحاء العالم، لا يوجد بديل أمام أفغانستان على المدى البعيد سوى تطوير الطاقة النووية لإعادة الاستقرار إلى البلد واستغلال ثرواته المعدنية وبناء ممرات زراعية صناعية وتعليم السكان وتزويدهم بالماء والغذاء والرعاية الصحية ومنحهم نظرة إيجابية تجاه المستقبل. سيكون بناء سلسلة من محطات الطاقة النووية أمرا ضروريا لتلبية هذه المتطلبات.

الهوامش

[١] توفر الدراسة التالية نظرة تفصيلية للترتيبات المتفق عليها:

Eli Keene, “Solving Tajikistan’s Energy Crisis,” Carnegie Endowment for International Peace, March 25, 2013]

ملحق

تنمية أفغانستان وآسيا الوسطى صناعيا: رؤية روسية

إن التقارير التي نشرها "معهد الديغرافيا والهجرة والتنمية الإقليمية" (IDMRD) الروسي، وهو منظمة غير حكومية، يمثل ما كانت روسيا تريد وضعه على طاولة البحث في قمة دول مجموعة الثمانية (G8) في يوليو 2014 في مدينة سوتشي الروسية. كان فيكتور إيفانوف، زميل الرئيس بوتين لفترة طويلة، ورئيس وكالة مكافحة المخدرات الروسية (FDCS) قد أعلن عن حملة للقضاء على "مركز انتاج المخدرات العالمي" في أفغانستان، باعتبار هذه الحملة إحدى أهم نقاط رئاسة روسيا لمجموعة الثمانية[1]. لكن القمة ألغيت حينما جمدت بقية دول مجموعة الثمانية عضوية روسيا فيها على خلفية الأزمة في أوكرانيا.

تم نشر التقريرين الأول والثالث، اللذين نورد مقتطفات منهما هنا، باللغة الروسية، وتم نشر التقرير الثاني باللغتين الروسية والإنجليزية. الملاحظات والنصوص الواردة بالخط المصغر هنا هي توضيحات من "إكزكتف إنتلجنس ريفيو". تعود الصور والخرائط إلى "معهد الديغرافيا والهجرة والتنمية الإقليمية"، إذا لم تتم الإشارة إلى خلاف ذلك.

الشكل 1

الشرق المركزي الجديد، من المدن العلمية في سيبيريا الى الخليج العربي

OUTLINE OF THE NEW CENTRAL EAST

كيف سيصبح جنوب غرب سيبيريا مركزا إقتصاديا للكوكب

تم ذكر هذا التقرير الصادر في عام ٢٠١٢ في الجزء الرابع من تقريرنا هذا والذي تطرقنا فيه إلى المفاهيم الروسية بخصوص ممرات التنمية الأوراسيوية والتكنولوجيات الجديدة الخاصة بالنقل في أقصى الشمال. يقترح هذا التقرير إعادة إحياء المدن الصناعية والعلمية في سيبيريا لدعم عملية التنمية في آسيا الوسطى وأفغانستان. إن هذا التقرير ذو فائدة لجميع الدول التي كانت يوما ما دولا صناعية مثل الولايات المتحدة واوربا واستراليا التي تواجه تهديدا بتحولها إلى أمم غير منتجة وإلى أراضي بور مابعد صناعية. قامت مؤسسة "إكزكتف إنتلجنس ريفيو" بترجمة هذه المقتطفات من اللغة الروسية.

الشرق المركزي الجديد

لقد أصبح لغرب سيبيريا فرصة جديدة بسبب ارتباطها بإقليم أوسع واعد، والذي بدأ يتشكل الآن: "الشرق المركزي الجديد" (New Central

الشكل 2
"شلال" التصنيع

اذا تمت عصرنة القدرات الانتاجية للمدن العلمية والصناعية في غرب ووسط سيبيريا فانها ستكون قادرة على تصدير السلع الراسمالية للمرحلة الثانية من التنمية الصناعية لدول اسيا الوسطى والمرحلة الاولى للتنمية الصناعية لافغانستان.

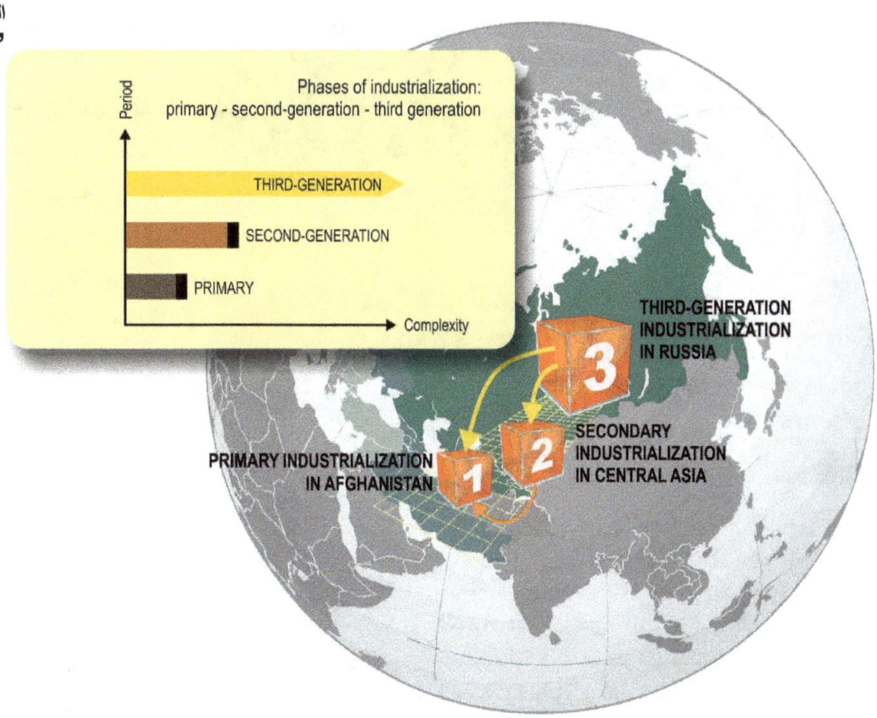

East) أو "وسط أوراسيا"، ويتضمن الشرق الأوسط الكلاسيكي (إيران وأفغانستان والعراق وباكستان) وآسيا الوسطى وغرب سيبيريا ذاتها (الشكل ١).

إذا اتبعت روسيا الاستراتيجية الصحيحة فإن هذا الإقليم الأوسع سيصبح سوقا جديدا يعيش فيه ٤٠٠ مليون شخص بحلول عام ٢٠٢٥.

سيكون دور سيبيريا هو تنظيم مركز عالمي للمرحلة الثالثة للتنمية الصناعية / التصنيع (industrialization)، والذي لن يكون مقتصرا على ريادة هذا النوع من التنمية الصناعية داخل روسيا فحسب، بل وأيضا لكي تساهم بإمكانياتها التنظيمية للمرحلة الأولى للتصنيع في أفغانستان، والمرحلة الثانية من التصنيع في آسيا الوسطى السوفيتية سابقا، بالإضافة إلى إيران وباكستان، والتي ستكون أسواقا ذات أولوية للسلع الرأسمالية الروسية وصادرات التكنولوجيات المتقدمة. سيلعب ميناء أستراخان الروسي على بحر قزوين دورا مهما في تنظيم الشرق المركزي الجديد.

الجيل الثالث من التصنيع في مواجهة الصناعات "التجميعية"

إن إشاعة نمط جديد من التصنيع هو أمر واجب ليس لروسيا فقط، بل للجنس البشري كله، سواء للبلدان الأقل نموا أو العالم "الثالث" أو "الرابع"، وحتى القوى الاقتصادية الأولى في العالم مثل الولايات المتحدة الأمريكية التي تفوق ديون حكومتها إجمالي ناتجها المحلي بمعدل ١٧ ترليون دولار.

إن من أخطر الأمور على روسيا حاليا هي النزعة الموجودة في كل مستويات الحكومة لاختزال تنميتنا الصناعية الجديدة هنا في روسيا إلى نموذج شبه استعماري للتصنيع "التجميعي"، الذي يتم في ظله كل التخطيط الاستراتيجي وتطوير التكنولوجيات خارج روسيا، بينما تنهال على بلدنا قطع وقصاصات المكائن من أرجاء أخرى من العالم لنقوم نحن بتجميعها. إن مهمة الجزء الجنوبي من غرب سيبيريا يجب أن تكون منع عملية استبدال التصنيع الحقيقي بالتصنيع التجميعي، وأن يتم خلق مركز عالمي للتصنيع وانتاج الثروة العامة في روسيا ذاتها. إن

تأسيس مركز عالمي لعملية تصنيع طليعية من الجيل الثالث سيجعل من السهل تنظيم "شلال" من التصنيع: من المرحلة الثالثة إلى المرحلة الأولى (الشكل ٢). سيكون أساس التنمية الصناعية من الجيل الثالث هو استخدام الروبوتات في الصناعة على نطاق واسع، وصناعة المكائن المتقدمة، والجيل الثالث من البنية التحتية وخاصة في النقل ومنظومات النقل متعددة الوسائل. إن خلق مركز عالمي لنوع جديد من التصنيع في هذه المنطقة هو السبيل الوحيد المجدي للقضاء على المركز العالمي لإنتاج المخدرات في أفغانستان والذي يقتل ١٠٠ ألف شخص سنويا، يكون الشباب الروسي ٥٠ ألف منهم على الأقل.

FDCS

حضر ١٠٠ خبير من ٢٧ دولة في هذا الاجتماع الذي عقد في موسكو في ٢٥ مارس ٢٠١٤ حول "التنمية البديلة لمناطق انتاج المخدرات" تحضيرا لاجتماع قمة مجموعة الثمانية ٢٠١٤ الذي الغي. ترأس الندوة مدير الوكالة الروسية لمكافحة المخدرات فيكتور ايفانوف (الثاني من اليمين). وقدم يوري كروبنوف (الثالث من اليمين) رئيس المجلس الاستشاري لمعهد الديمغرافيا والهجرة والتنمية الاقليمية تقرير المعهد حول التنمية البديلة لافغانستان.

جيل جديد من برامج التنمية البديلة للقضاء على انتاج المخدرات في أفغانستان

تمت تهيئة هذا التقرير لعرضه في اجتماع تحضيري في ربيع عام ٢٠١٤ من قبل "معهد الديمغرافيا والهجرة والتنمية الإقليمية" الروسي و "مركز الدراسات الاستراتيجية والسياسة الخارجية" في روسيا البيضاء. وقدم يوري كروبنوف (Yuri Krupnov) رئيس المجلس الإستشاري لمعهد الديمغرافيا والهجرة والتنمية الإقليمية هذا التقرير في جلسة عقدت في موسكو في ٢٥ مارس، وترأس تلك الجلسة فيكتور إيفانوف رئيس وكالة مكافحة المخدرات الروسية [٢]. يوجد التقرير كاملا باللغة الانجليزية على موقع المعهد (www.idmrr.ru).

التنمية البديلة هي التنمية

في مفهوم "التنمية البديلة" يكون المفهوم الجوهري هو "التنمية". "فالتنمية البديلة" تتعلق بتنظيم التنمية المتسارعة التي تكون قادرة بشكل فعال ومستدام أن تستبدل صناعة المخدرات وتغيير قاعدتها الاجتماعية. في القانون الدولي تكون "التنمية البديلة" موجهة نحو تطبيق حق الإنسان الأساسي في التنمية في بيئة غير ملائمة يحددها انتاج المخدرات في بلد أو إقليم ما. إن هذا الحق، المنصوص عليه في "الإعلان العالمي حول التقدم والإنماء الاجتماعي" (١٩٦٩) و "إعلان حق التنمية" (١٩٨٦)، هو حق إنساني ثابت لا يجوز إنتهاكه. إن المساعدات الدولية للتنمية البديلة يجب أن تكون حالة خاصة من حالات التنمية المشتركة، وهي كما يشرحها معهد الديمغرافيا والهجرة والتنمية الإقليمية، تشير إلى أن التعاون الدولي يكون في أكثر حالاته كفاءة حينما يكون موجها نحو خلق ثروة إجتماعية جديدة وليس مجرد إعادة توزيع الأرصدة الموجودة. إن مثل هذا التوجه سيحول الصراع ضد إنتاج المخدرات إلى لعبة يكون كل المشاركين فيها رابحين ـ المجتمع الدولي والفلاحين في إقاليم هيلماند وننغارهار وقندوز وبدخشان.

خطة روسية لتنمية صناعية عاجلة: طريقة جديدة للتنمية البديلة

تفتقر أفغانستان لجميع أشكال التنمية ومنها التنمية البديلة. يعرض "معهد الديمغرافيا والهجرة والتنمية الإقليمية" رؤية للتنمية البديلة في أفغانستان على أساس برنامج تصنيع عاجل وتنمية البنية التحتية الإقتصادية الأساسية، وذلك تحت مظلة "خطة عالمية شاملة للتنمية البديلة في أفغانستان". إن التصنيع العاجل ينبغي أن ينظر إليه باعتباره طريقة جديدة للتنمية البديلة التي ستشمل المناطق الحضرية والريفية على حد سواء. بالرغم من أن المناطق الحضرية لم تكن أبدا من أولويات أجندة التنمية البديلة، إلا أنه من الواضح أن الانتعاش الإقتصادي في المدن

حينما يدمج مع سياسة تخطيط حضري شاملة سيكون ضروريا لنجاح التنمية البديلة في كل أفغانستان. سيكون من المحتم أن تترافق التنمية الصناعية بالتنمية الحضرية، والتي ينبغي أن تكون متوازنة وسليمة من الناحية الإقتصادية.

تمتلك روسيا تجربة فريدة وإيجابية عموما في تنظيم عملية التصنيع ورفع مستوى الإقتصاد الأفغاني، إذ تعود هذه التجربة إلى التعاون بين الاتحاد السوفيتي وأفغانستان في السبعينات والثمانينات[٣]. ساعدت الاستثمارات السوفيتية في في بناء ١٤٢ مشروع بنية تحتية ومشاريع صناعية كبيرة، والتي أصبحت الأساس للاقتصاد الوطني الأفغاني. واستمرت عملية البناء هذه حتى أيام الحرب ضد التمرد المدعوم من قبل القوى العالمية. لو كان المجتمع الدولي متحدا في توفير الأمن والإستقرار والرخاء الإقتصادي للشعب الأفغاني، لأصبحت مثل هذه الجهود فعالة بشكل أكبر بكثير اليوم. إن هذا يمثل الاستراتيجية الوحيدة القابلة للإستمرار في مكافحة المخدرات هناك ـ أي بضمان الأمن عبر التنمية.

ستسمح "الخطة العالمية الشاملة للتنمية البديلة في أفغانستان" ـ مع وجود برنامج تصنيع عاجل فيها ـ بتطبيق سياسة تحويل البلد إلى الاعتماد على الذات التي تم تبنيها في مؤتمر طوكيو حول أفغانستان (يوليو ٢٠١٢). قد تصبح هذه "الخطة" أداة أساسية في تركيز الجهود العالمية وتحقيق تحسن كبير في وضع أفغانستان في مدة زمنية مناسبة.

خطة عالمية شاملة للتنمية البديلة في أفغانستان

ستركز الخطة العالمية الشاملة للتنمية البديلة في أفغانستان، على أساس التصنيع العاجل، على أربعة نواحي:

١. البنية التحتية الأساسية، للرفاهية العامة وأيضا للبرامج الاقتصادية لخلق عدد كبير من فرص العمل الجديدة والثابتة.
٢. بناء صناعات جديدة وتوسيع الصناعات الموجودة لتوفير فرص العمل بأعداد كبيرة ورفع مستوى الدخل لقسم كبير من السكان.
٣. تعزيز سهولة الوصول الى البنى التحتية الاجتماعية والثقافية، وخاصة التعليم والرعاية الصحية وتطوير قوة عاملة ماهرة لأفغانستان الجديدة عبر التعليم المهني والحرفي، ويدخل ضمن ذلك تدريب الشباب الأفغان في الخارج.
٤. سياسة أمنية مبنية على أساس المصالحة الوطنية ومواجهة شاملة لا تسامح فيها مع زراعة وإنتاج المخدرات وحملة ضد التهريب والفساد التطرف.

إن تطبيق هذه الخطة بالتوازي مع المشاريع الإقتصادية في دول الجوار سيساعد على خلق سوق مشتركة فيها حوالي ٣٠٠ مليون مستهلك في أفغانستان وباكستان وإيران وطاجيكستان وقيرغيزستان وأوزبكستان وتركمنستان. تمثل الرؤى التالية للمشاريع والبرامج جزء من الخطة التي يمكن تنفيذها بمساعدة تنظيمية من الاتحاد الروسي.

البنية التحتية لأجل التنمية

إن من أهم الأولويات للإقتصاد الأفغاني هي تنمية انتاج الطاقة الكهربائية لدفع عملية التنمية الصناعية وتغيير المستوى الحياتي بشكل جذري لسكان أفغانستان. تتمثل إحدى أكبر الإستثمارات الاستراتيجية في هذا المجال ببناء سلسلة من السدود ومحطات توليد الطاقة الكهرومائية على نهر بانج (Panj) الذي يشكل خط الحدود الفاصل بين أفغانستان وطاجيكستان، وذلك من أجل انتاج ما يكفي من الطاقة للبدء بعملية التنمية الصناعية الأولية في البلد. يتطلب هذا المشروع بناء ١٢ سد بطاقة توليدية إجمالية تبلغ ١٧,٥ جيغاواط. تتكون المرحلة الأولى من

الشكل ٤

سكك حديد من اجل تنمية اقتصاد افغانستان: مقترح روسي

تفاصيل الخطوط الموجودة فعليا (باللون الاسود) والمقترحة (باللون البرتقالي) لاسيا الوسطى وافغانستان وباكستان التي ستكون جزءا من الممر الهندوسيبيري

المشروع من بناء محطتي الطاقة الكهرومائية في دشتيجوم (Dashtijum) وروشان (Rushan) اللتين ستولدان ٧ جيغاواط من الطاقة الكهربائية[٤].

إذا تم اقتسام هذه الطاقة بالتساوي بين أفغانستان وطاجيكستان، فستكون حتى المرحلة الأولية من توليد هذه الطاقة لوحدها كافية لتغطية احتياجات الطاقة التي تطلبها وزارة الطاقة الأفغانية حتى عام ٢٠٢٠. سيجعل ذلك الأمر إطلاق عملية التنمية الصناعية الأولية ممكنة. في ذات الوقت، ستوفر خزانات المياه التي ستخلقها سدود المحطات الكهرومائية مصدرا للمياه لإعادة بناء وتوسيع البنية التحتية لتوزيع وإدارة المياه في شمال أفغانستان. تبلغ الإستثمارات المطلوبة للمرحلة الأولى من المشروع حوالي ٧ مليار دولار.

ستكون أحدى أهم الجهات المستهلكة للطاقة الكهربائية التي ستولدها المحطات الكهرومائية هذه هي سكك الحديد المشتغلة بالكهرباء والتي ستربط جمهوريات الاتحاد السوفيتي السابقة بباكستان عبر أفغانستان (الأشكال ٣ و ٤). سيمر هذا الجزء من سكة الحديد "الهندوسيبيرية" المقترحة بمناطق غنية بالموارد المعدنية في أفغانستان، وخاصة معادن التربة النادرة (الشكل

الشكل ٣

مفهوم ممر هندوسيبيري لسكك الحديد والتنمية من الشمال الى الجنوب

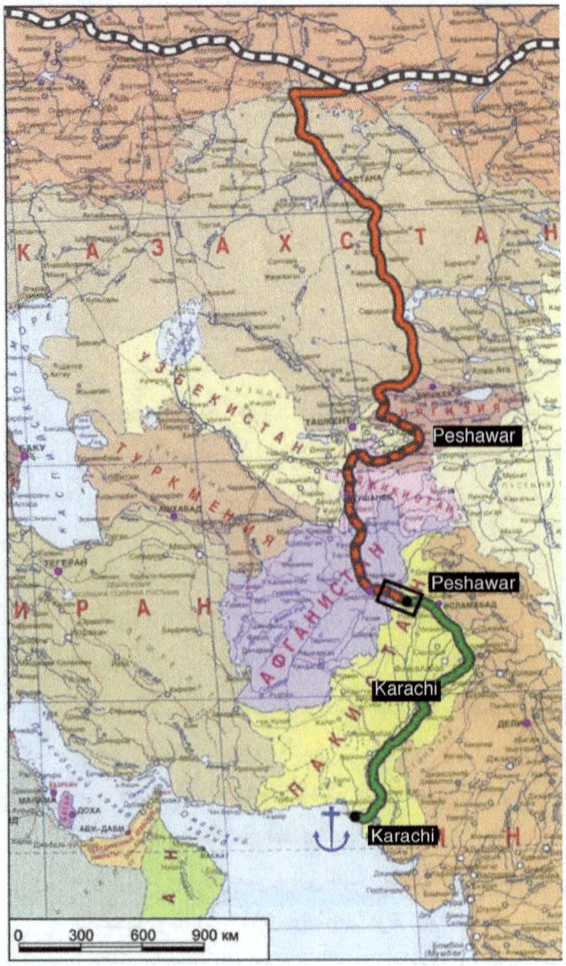

Trans-Siberian Railway

Kazakhstan section of Indo-Siberian Mainline (1520 mm)

Proposed section of Indo-Siberian Mainline (1520 mm)

Pakistani Section of Indo-Siberian Mainline (1676 mm)

Dry port and 1520-1676 gauge change

Port of Karachi

سكة الحديد الهندوسيبيرية هو ممر تنمية مقترح من الشمال الى الجنوب، ويمتد من مدينة اومسك في روسيا على خط سكة الحديد السيبيرية عبر كازاخستان وقيرغيزستان وطاجيكستان وافغانستان الى باكستان وميناء كراتشي على البحر العربي. سيكون هناك تغيير في عرض سكة الحديد عند الميناء البري في بيشاور، باكستان. يتقاطع هذا الخط، او يسير بالتوازي مع مسار الحزام الاقتصادي لطريق الحرير الذي تقترح الصين بناءه من اسيا الوسطى الى باكستان.

٥). تقدر القيمة المحتملة لهذه الاحتياطيات المعدنية بحوالي ٢ ترليون دولار. ستعزز سكة الحديد تواجد هذه المعادن في السوق وقيمة استخدامها.

صناعات جديدة

سيكون لبرنامج التنمية الصناعية العاجلة إتجاهان. الإتجاه الأول هو خلق صناعات جديدة وكبيرة الحجم مثل التعدين والهندسة والصناعات الكيمياوية وتصنيع المكائن. يشمل الاتجاه الثاني خلق وتوسيع ودعم ما تسمى صناعات الشبكات، على أساس الحرف التقليدية المحلية.

ستكون مشاريع الاستثمار الاستراتيجية الأساسية للاتجاه الأول، وفق رؤيتنا، مايلي:

مصنع كيمياوي باستخدام كثيف للطاقة لفصل الهيدروجين ومعالجته بالتحليل الكهربائي.

سيقوم المصنع بانتاج الهيدروجين الصافي والنيتروجين والأسمدة النيتروجينية لاستخدام جزء منها في أفغانستان وتصدير الباقي إلى شرق آسيا وأقاليم أخرى.

مشاريع تعدين ومصانع معالجة معادن جديدة. سيكون ذلك ممكنا عند بناء شبكات سكك حديد في المنطقة. تتضمن المجالات الجاذبة للاستثمارات قطاع النفط والغاز وتحديث مناجم الذهب، وتطوير صناعات إنشائية جديدة.

سيؤدي تطوير البنية التحتية للنقل وكذلك إمدادات المواد الخام إلى خلق الظروف المناسبة للمنشآت التحويلية ومصانع التجميع، بحيث تنتج للسوق المحلية وأيضا الأسواق الخارجية (انتاج السيارات والعربات الزراعية وأجهزة توليد الطاقة بالديزل، ومعدات المحطات الكهرومائية المصغرة، وغيرها من المكائن).

ويجب الاهتمام بشكل خاص بالزراعة والصناعات الغذائية: مثل زراعة وانتاج الخضروات، والأغذية المجففة والقطن وغيرها من المنتجات الاستهلاكية. سينطلق هذا العمل من الخبرة الإيجابية المتراكمة من زراعة وتحضير الزعفران، التي حصلت على دعم عالمي كبديل حقيقي لزراعة المخدرات.

الشكل ٥

افغانستان: الموارد الطبيعية وسكك الحديد المستقبلية

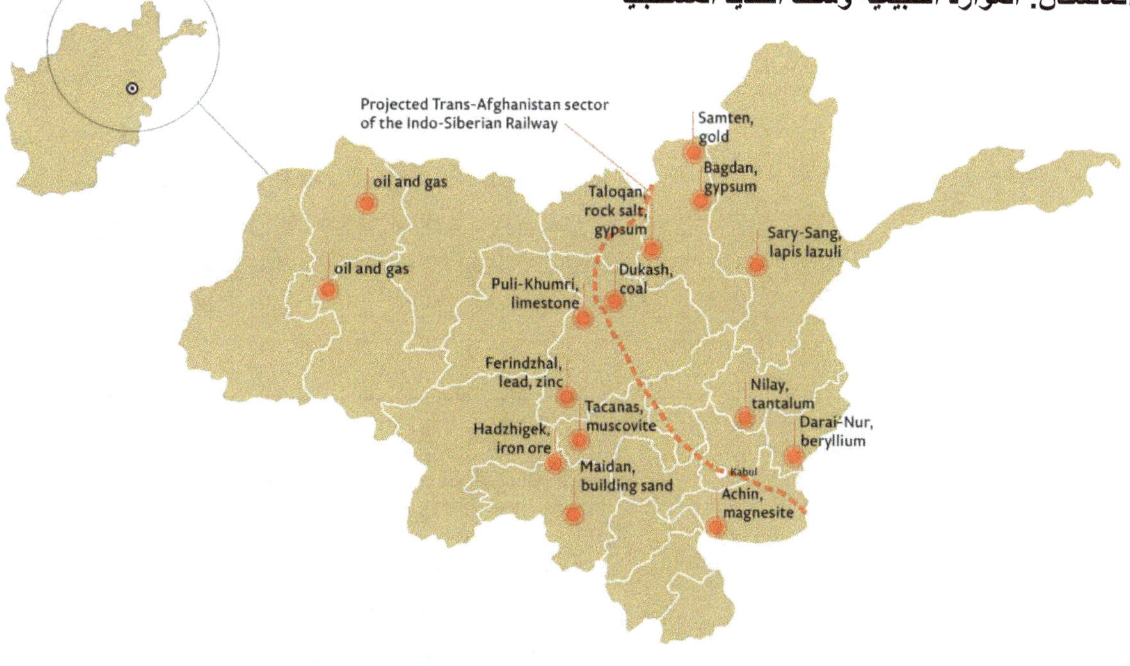

البنية التحتية الإجتماعية والثقافية

تتطلب التنمية البديلة لأفغانستان وجود برامج بنية تحتية اجتماعية وثقافية أساسية في مجالي الرعاية الصحية والتعليم. إن نسبة الأمية التي تبلغ ٦٥٪ هي من المعوقات الكبرى للنمو الاقتصادي والتنمية الوطنية. تتطلب إزالة هذا العائق، قبل كل شيء، توسيع شبكة المدارس الابتدائية والثانوية، وبهذا الشكل زيادة نسبة الإنخراط في التعليم. في ذات الوقت، هناك حاجة إلى تأهيل الكوادر التعليمية بسرعة لتحقيق عدة أهداف:

١. توفير عمال مؤهلين لعملية التنمية الصناعية الأولية في أفغانستان، ومن ضمن ذلك الشركات الكبرى (المهندسين والعمالة الماهرة) وصناعات الشبكات الاجتماعية (المحامين والمدراء ورجال الأعمال). ويجب إطلاق العلوم الجامعية والأكاديمية الموجهة نحو أهداف التنمية الاقتصادية الوطنية.
٢. ضمان تحول الأفغان المتعلمين إلى طبقة قيادية ومستقرة وذات نمو تلقائي في المجتمع (تدريب المعلمين).
٣. توفير مجال وظيفي مؤقت لعدد كبير من الشباب الأفغانيين.

قام الاتحاد السوفيتي في السبعينات والثمانينات بتعليم وتخريج ٢٠٠ ألف طالب جامعي، بالإضافة إلى المهنيين بشهادات ما بعد التعليم الثانوي. وعلى الرغم من سنين الفوضى التي مرت منذ ذلك الحين، إلا أن عددا كبيرا من هؤلاء لا يزالون يشكلون جزءا كبيرا من المِلاك الإداري للدولة الأفغانية. لذلك ينبغي إعادة تلك التجربة، ولكن هذه المرة عبر استخدام إمكانيات وخبرات المجتمع الدولي كله.
من الجهود المهمة الأخرى هو توسيع المنشآت الطبية لكي تصل إلى أكبر عدد ممكن من السكان وتقديم الخدمات الطبية لهم. إن مراكز الأمومة والطفولة هي من الأولويات لتقليل وفيات الأطفال، ووفيات الأمهات عند الولادة. كما أنه من الضروري تطوير شبكة مراكز إعادة تأهيل المدمنين على المخدرات (حوالي مليون فرد أفغاني) لعلاجهم وإعادة دمجهم في المجتمع.

استثمارات التنمية البديلة في أفغانستان

سيأتي جزء من التمويل لتنفيذ الخطة في أفغانستان في هيئة مساعدات تقنية ومالية، لكن يجب أن تكون غالبية هذه الموارد لبرامج التنمية البديلة في هيئة استثمارات ذات مردود، حتى وإن كانت تعطى بمميزات تفضيلية جدا. ستحتاج المشاريع المذكورة أعلاه إلى إستثمارات تبلغ في المرحلة الأولى ما مجمله ١٧,٥ مليار دولار[٥] .

ستتطلب هذه المشاريع، وما يرافقها من تطوير للمنشآت الجديدة، بناء سكك حديد في قيرغيزستان وطاجيكستان بكلفة ١٠,٥ مليار دولار إضافية. ستكون مهلة تسديد هذه الاستثمارات، والتأثيرات الاقتصاديات التي ستتولد من تطبيقها بشكل متزامن، حوالي ١٠ سنين.
ومن المتطلبات الأساسية لحشد وإنفاق هذه الإستثمارات هو توزيعها بصورة مركزية عبر مكتب مخصص لهذا الغرض (مديرية الخطة)، وتحت رقابة عمومية شفافة. قد يمكن تأسيس صندوق لجمع هذه الإستثمارات لتنفيذ المشاريع بحيث تتم إدارته باعتباره صندوق ائتمانات تابع للبنك الدولي مثلا ـ "صندوق التنمية البديلة لأفغانستان".

روسيا باعتبارها من كبار المانحين للتنمية في أفغانستان

تجد روسيا نفسها، كدولة خلفت إتحاد الجمهوريات الإشتراكية السوفيتية، بين كبار المانحين لرفع الإقتصاد الأفغاني. ففي السبعينات والثمانينات قام الاتحاد السوفيتي بتمويل بناء ١٤٢ مشروع صناعي وبنية تحتية شكلت أساس الإقتصاد الوطني في أفغانستان. واستثمر الإتحاد السوفيتي أكثر من ٣ مليارات دولار في الإستكشافات الجيولوجية للثروات المعدنية في ولايات أفغانستان الشمالية.

كما قامت روسيا بإلغاء ١١,٥ مليار دولار من ديون أفغانستان الحكومية في يوليو عام ٢٠١٠.

بهذا تكون روسيا من أصحاب المصلحة الكبار في الإقتصاد الأفغاني. في ذات الوقت، ولأن روسيا سوق كبرى للأفيون المنتج في أفغانستان، وتعاني من التبعات الاقتصادية والسياسية والأمنية لتجارة وتهريب المخدرات، فإنها حريصة على لعب دور قيادي في تطوير "خطة عالمية شاملة للتنمية البديلة في أفغانستان" على أساس التنمية الصناعية المتسارعة في ذلك البلد.

ألبوم مصور للمشاريع الاستثمارية الاستراتيجية في آسيا الوسطى

ما تعنيه حزمة المقترحات بخصوص أفغانستان التي تم عرضها في المؤتمر المنعقد في ٢٥ مارس ٢٠١٤ هو خلق شبكة متمحورة حول سكك الحديد من ممرات التنمية في بلدان آسيا الوسطى الرئيسية: قيرغيزستان وطاجيكستان وتركمنستان وأوزبكستان (الشكل ٤). وهيأ "معهد الديمغرافيا والهجرة والتنمية الإقليمية" (IDMRD) "ألبوم صور للمشاريع الاستثمارية الاستراتيجية" لعرضه في مؤتمر عقد في العاصمة الطاجيكية دوشانبه في عام ٢٠١٣، لإعطاء أمثلة على التنمية الاقتصادية المحتملة في هذه الممرات. يعَرّف المعهد "مشاريع الاستثمارات الاستراتيجية" باعتبارها المشاريع التي تتطلب ٧-١٠ سنين لإنجازها، وهي ذات "أهداف ذاتية وقابلة للتحقيق، التي يمكن إنجازها في ظل الظروف الاقتصادية والسياسية القائمة". تم تصميم هذه المشاريع لتمثل نموذجا اقتصاديا خاصا بآسيا الوسطى "مبنيا على

الشكل ٦

المخطط المقترح لرابط سكك الحديد بين طاجيكستان - أفغانستان - تركمنستان

أساس مبدأ التنمية السيادية والتعاونية كبديل للنماذج الاستعمارية المحدثة التي يتم الترويج لها في جنوب شرق آسيا من قبل رأس المال العالمي المسير من الغرب".

حينما يتم كسب المجتمع الدولي إلى جانب سياسة تنمية تعاونية تقضي على سياسات الجيوبوليتيك وانتاج المخدرات، فإن هذه المشاريع قد تليها عملية التحول المبنية على الطاقة النووية في المناطق الجبلية والجافة من آسيا الوسطى. في هذه الأثناء، تتمتع هذه المشاريع بميزة كونها "جاهزة للتنفيذ" بشكل آني ومباشر.

تم تلخيص شرح هذه المشاريع من قبل إكزكتف إنتلجنس ريفيو إعتمادا على العرض الذي قدمه "معهد الديمغرافيا والهجرة والتنمية الإقليمية".

سكة حديد طاجيكستان ـ أفغانستان ـ تركمنستان

الغرض: إنهاء اتكالية طاجيكستان في مجال النقل

حجم الاستثمار: ٢٧٠ مليون دولار

يمر رابط طاجيكستان الوحيد بسكك الحديد العالمية عبر أوزبكستان. لهذا ستعطي سكة الحديد، التي يبلغ طولها ١٦٠ كلم عبر شمال أفغانستان إلى تركمنستان (الشكل ٦)، هذا البلد منافذ أخرى إلى شبكة سكك الحديد الأوراسيوية، ومنفذا إلى بحر قزوين أيضا. وقعت حكومات طاجيكستان وأفغانستان وتركمنستان اتفاقية لبناء خط سكة الحديد هذا والذي يتضمن بناء جسرين طول كل واحد منهما ٧٠٠ متر.

تطوير صناعة الألمنيوم الطاجيكية

الغرض: انتاج المواد الخام لصناعة الألمنيوم

حجم الاستثمار: ١,٧٢ مليار دولار

يتضمن المشروع تعدين خامتي الستورولايت والموسكوفايت التي يصنع منهما أكسيد الألمنيوم (alumina) وهي مادة خام وسيطة لانتاج الألمنيوم. بمكن تعدين هاتين الخامتين باستخدام التكنولوجيات غير التقليدية. ويجب بناء مصافي لهذه العملية وبناء سكة حديد لنقل المادة الخام إلى مصنع شركة الألمنيوم الطاجيكية (Talco) في طورسونزاده ـ وهو من أكبر مصانع الألمنيوم في آسيا الوسطى والمسؤول حاليا عن إنتاج ٦٠٪ من إجمالي صادرات طاجكستان. ستجعل الإمدادات المحلية طاجيكستان تستغني عن إستيراد المواد الخام بأثمان باهضة لصناعة الألمنيوم. وتوجد احتياطيات كبيرة ومؤكدة من الستورولايت والموسكوفايت في غرب طاجيكستان.

الشكل 7
مسار القطار المعلق للمناطق الجبلية دوشنبه ـ خوجاند

Proposed $2 billion Dushanbe-Khujand, Tajikistan, string-rail track could extend north into Kyrgyzstan.

النقل بالسكك المعلقة

الغرض: حل عالي التقنية للنقل الإقليمي

حجم الاستثمار: ٢ مليار دولار

إن النقل الإبتكاري باستخدام تكنولوجيات السكك المعلقة، وهي من تصميم روسي[٦]، يعتبر وسيلة نقل واعدة للمناطق الجبلية في طاجيكستان وقيرغيزستان. يمكن توسيع خط دوشنبه ـ خوجاند (الشكل ٧) إلى أوش وبيشكيك في قرغيزستان. وسيساهم بناء وتشغيل هذه المنظومة في خلق فرص عمل كثيرة.

تم تصميم هذه المنظومات لشحن البضائع ونقل المسافرين أيضا وتبلغ سرعة بعض أنواعها إلى ٥٠٠ كلم في الساعة. وتختص بعض التصاميم بنقل الفواكه والخضر الطازجة وحتى النفط والغاز عبر أنابيب ناقلة.

شبكة منشآت تربية الدواجن

الغرض: تحقيق الأمن الغذائي خلال ١٠ سنوات

حجم الاستثمار: ٧ مليارات دولار في الأعوام الخمسة الأولى، اكتفاء ذاتي مالي بعد تلك المدة

إن إنتاج البيض والدجاج أمر أساسي لتعزيز إستهلاك البروتين في الدول ذات الإقتصاد غير المستقر، ولكن آسيا الوسطى تفتقر إلى قاعدة الأعلاف لهذه الصناعة. يدعو المشروع إلى إنشاء ١٥ محطة تربية دواجن حديثة في المنطقة سنويا، مع ما يرافقها من بنية تحتية للنقل والتسويق. يمكن إيجاد العلف للطيور من توسيع رقعة زراعة الحبوب والمحاصيل البقولية على اراضي مزودة بمنظومات ري حديثة. يمكن إنتاج كميات إضافية من الأعلاف في روسيا (جنوب سيبيريا) وكازاخستان.

خدمة السفن الطائرة (ايكرانوبلين) عبر بحر قزوين

الغرض: النقل السريع بين المدن الساحلية لبحر قزوين

حجم الاستثمار: ٣٠ مليون دولار

بإمكان مصنع لإنتاج السفن الطائرة (Ekranoplane) في أستراخان بروسيا توريد مركبات عالية السرعة (مركبات التأثير السطحي) والتي تطير فوق سطح الماء لغرض توفير خدمات نقل على مسارات بين المدن الساحلية في بحر قزوين (الشكل ٨). تنقل المركبات من نموذج (Burevestnik-٢٤) بمحركاتها المنصوبة أعلى الأجنحة بطريقة ابتكارية - ما مجموعه ٣,٥ طن من البضائع و ٢٤ راكب في كل رحلة. وتطوف هذه المركبة بسرعة ٢٠٠ كلم في الساعة لمسافات تصل إلى ٢٠٠٠ كلم.

الشكل 8

منظومة بحر قزوين للنقل بطائرة الايكرانوبلين

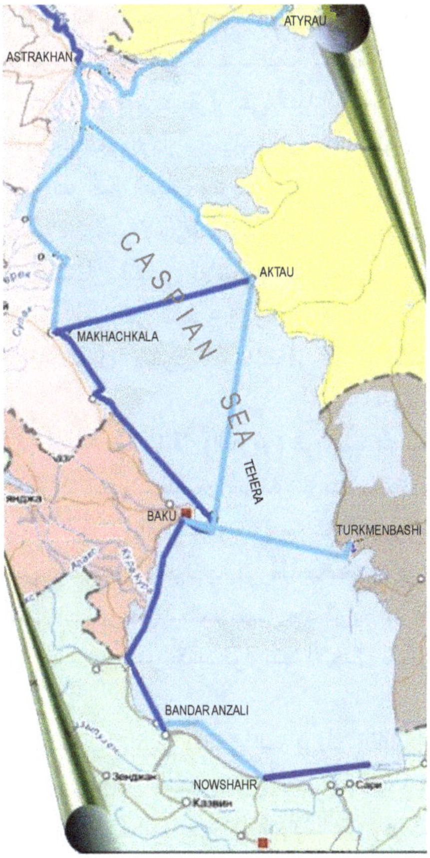

صمم المهندسون الروس وسيلة نقل ابتكارية وهي عبارة عن طائرة تطير على ارتفاع منخفض جدا بناء على قوة الدفع الارضية - اي التفاعل بين اجنحة الطائرة وسطح الارض بحيث "تعوم" الطائرة قرب السطح. تم اختبار طائرة ايكرانوبلين سوفيتية في الستينات والتي سميت "وحش بحر قزوين". يتعلق المقترح الحالي باستخدام طائرات ايكرانوبلين حديثة لنقل المسافرين والبضائع بين سواحل بحر قزوين ومدنها مثل استراخان وماخاتشاكالا (روسيا) واتيارو واكتاو (كازاخستان) وباكو (اذربيجان) وتركمانباشي (تركمنستان) وبندر انزالي ونوشهر (ايران).

منظومة إعادة تأهيل الأفراد المدمنين على المخدرات

الغرض: تعاون دولي لإعادة تأهيل وتطوير القدرات البشرية

يعتبر الإدمان على المخدرات والكحول من المشاكل التي تشترك فيها جميع دول الاتحاد السوفيتي السابقة. يتعين على روسيا أخذ زمام المبادرة في معالجة هذه المشكلة في كل أرجاء "الإتحاد الإقتصادي الأوراسيوي". وهناك حاجة للتعاون ما بين حكومات روسيا ودول آسيا الوسطى وأفغانستان وباكستان وإيران لخلق منظومة إعادة تأهيل إجتماعية متمركزة حول الإتحاد الاقتصادي الأوراسيوي. يمكن ربط مراكز تأهيل المدمنين التي يمكن أن تعالج ١٥٠٠-٢٠٠٠ شخص في آن واحد بمشاريع التنمية الاقتصادية في الدول المشاركة. ستصبح المشاريع الزراعية والصناعية المبنية لهذا الغرض جزءا من وحدات اقتصادية متكاملة في المستقبل، لتستمر في توظيف الأفراد الذين أكملوا بنجاح عملية إعادة التأهيل.

مراكز تدريب متعددة المستويات

الغرض: التعليم والتدريب المهني

ستستضيف جامعة تومسك التربوية الحكومية (TSPU) في تومسك في غرب سيبيريا، برنامجا للتعليم والتدريب للشباب من آسيا الوسطى لمعالجة مشكلة نقص العمالة الماهرة في المنطقة. يتضمن المشروع دورات تحضيرية لأولئك الذين يخططون للانخراط في الجامعات الروسية، كما يتضمن تدريب العمال المحتملين في مهارات مهنية للعمل مستقبلا في "شركة التنمية لآسيا الوسطى"، واحتمال تأسيس "جامعة روسيا وآسيا الوسطى" الحكومية والتي ستكون مرتبطة بجامعة تومسك. سيساهم التبادل العلمي والثقافي بين روسيا وهذه الدول

المجاورة في تعزيز القاعدة الإجتماعية لمكافحة الإدمان على المخدرات.

منظومة إدارة المياه لآسيا الوسطى

الغرض: تطوير منظومات متقدمة لإدارة المياه

في سبيل إشاعة الإستقرار في آسيا الوسطى وخفض مستوى التوتر في المنطقة يمكن تشكيل منظومة إقليمية لإدارة المياه خلال ٥-٧ سنوات. من أهم عناصر المشروع هي وضع خارطة شاملة لمراقبة المياه، وترتيب موازنات مائية مشتركة بين دول المنطقة لتعويض بعضها البعض مائيا، والإشراف المشترك على محطات الطاقة الكهرومائية والسدود في قيرغيزستان وطاجيكستان لتفادي الإضرار باقتصاديات الدول الأخرى، ووضع برامج لتحسين كفاءة إستخدام المياه في القطاع الزراعي في أوزبكستان التي تستهلك كميات غير متكافئة من المياه مقارنة بالدول الأخرى[٧] وكذلك في قيرغيزستان وطاجيكستان.

شبكة تربية دودة القز (الحرير) في آسيا الوسطى

الغرض: تنظيم شبكة من مراكز تربية واستنسال دودة القز في آسيا الوسطى، لإعادة إحياء صناعة الحرير التقليدية وخلق ماركة "حرير من آسيا الوسطى" باعتبارها من أنواع الحرير المشهورة عالميا والمنتجة في طاجيكستان وأوزبكستان اللتان كانتا مصدرا تاريخيا ومن كبار منتجي الحرير في العالم، حيث يمتد تاريخ حرفة صناعة الحرير في هذه المنطقة إلى أكثر من ٤,٥ ألف عام عبر تقاليد توارثتها الأجيال بدون انقطاع.

لكن لم يبق من كبار منتجي الحرير إلا القليلين، ولا يسد مستوى الانتاج حتى معدلات الطلب المحلية. لكن من الممكن الآن تحديث "مصنع مكائن النسيج الطاجيكي" وغيره وزيادة القدرة الإنتاجية لهذه المصانع. إن أقاليم ناماغان وفرغانة في أوزبكستان وإقليم سوغد في طاجيكستان تعتبر من الأماكن المثالية لتوسيع صناعة الحرير وتحديث أساليب العمل وتدريب الخبراء والمهنيين في هذا الإختصاص. إن خلق فرص عمل جديدة في قيرغيزستان وطاجيكستان وأوزبكستان هو من الأمور المهمة.

جسر الفيتامينات

الغرض: زيادة انتاج الفواكه في آسيا الوسطى لإمداد السوق الروسية.

حجم الإستثمار: ٥ مليارات دولار لبناء ٢٨٠ مصنع لتصنيع وتعليب الأغذية في آسيا الوسطى وروسيا.

تستهلك روسيا سنويا ٧ ملايين طن متري من الفواكه، ولكن هذه أقل من نصف كمية ما ينصح باستهلاكه. لا تتوفر الفواكه من آسيا الوسطى إلا بشكل موسمي، بينما تهيمن الفواكه ذات النوعية الرديئة والمستوردة من وراء البحار على السوق. سيساعد التوسع في انتاج الفواكه لإمداد السوق الروسية بالمنتجات عالية المحتوى من الفيتامينات على مدار السنة في خلق فرص عمل كثيرة في آسيا الوسطى، بالإضافة إلى زيادة الطلب على المعدات والتكنولوجيات الروسية المستخدمة في الصناعات الغذائية. إن التقنيات الحديثة للزراعة والتعليب تحافظ على مستويات عالية من الفيتامينات في المنتجات الزراعية.

البنك الأوراسيوي للفضة الصناعية

الغرض: تطوير مناجم الفضة في آسيا الوسطى لتكوين خزين إحتياطي يبلغ ٢٥ ألف طن من الفضة الصناعية، والذي يمكن استخدامه كضمان لقروض ائتمانية كبيرة الحجم للتنمية.

حجم الإستثمار: ٤ مليارات دولار

سد دشتيجوم لتوليد الطاقة الكهرومائية

الغرض: توليد الطاقة الكهرومائية للأغراض الزراعية والصناعية

حجم الاستثمار: ٥ مليارات دولار

ستوفر محطة دشتيجوم للطاقة الكهرومائية على نهر بانج، الذي يشكل الخط الحدودي الفاصل بين أفغانستان وطاجيكستان، ١,٥ مليون كيلومتر مكعب من المياه سنويا لاستخدامها في الري وخلق ٦ ملايين فرصة عمل في مجالي الزراعة والصناعة في أفغانستان. ستولد المحطة أيضا كميات كبيرة من الطاقة الكهربائية. يعتمد تنفيذ المشروع على التعاون والتمويل الدوليان بشكل مشترك بين روسيا والصين وطاجيكستان وأفغانستان وباكستان. ما يعنيه هذا المشروع هو تطوير شمال أفغانستان اقتصاديا حيث سيتم استهلاك معظم الطاقة الكهربائية التي سيتم توليدها محليا.

منشأة تجميع مركبات متعددة الأغراض في المنطقة الحرة في بانج

الغرض: صناعة أنواع جديدة من المعدات والمكائن الزراعية ومركبات الصيانة الحضرية

حجم الإستثمار: ١٠ ملايين دولار

ستنتج منشأة صناعية لتجميع المعدات الثقيلة في المنطقة الحرة في بانج في طاجيكستان المعدات المطلوبة في طاجيكستان وأفغانستان، باستخدام تصاميم من مجمع صناعة الآليات "جاز" (GAZ) في روسيا.

خط أنابيب مياه استراتيجي من روسيا إلى آسيا الوسطى

الغرض: استيراد المياه من روسيا لأغراض الري

حجم الاستثمار: ٥ مليارات دولار، لنقل ٣٠ كلم مكعب من المياه سنويا

إن هذا المشروع هو جزء من منظومة موحدة لإدارة المياه في آسيا الوسطى. سيساهم هذا المشروع، الذي هو تحوير للمشروع القديم المخطط له لتحويل المياه من نهري آوب وإيرتيش، في إعادة تغذية الأجزاء السفلى من حوضي نهري آموداريا وسرداريا اللذان يصبان في بحر آرال الذي جف تقريبا، بينما يمكن استخدامه لتوليد الطاقة الكهرومائية في المناطق الشمالية عند بداية مساره منحدرا من الشمال إلى الجنوب بفعل الجاذبية. كما أن إيران وتركمنستان من الدول المرشحة للحصول على المياه عبر الأنابيب ذات القطر الواسع كامتداد لهذا المشروع.

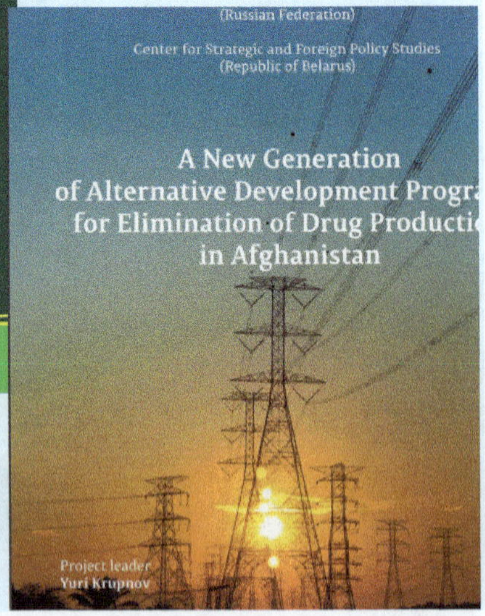

كتيبات معهد الديمغرافيا والهجرة والتنمية الاقليمية المتعلقة بمشاريع التنمية الاقتصادية في افغانستان، وتتضمن "الطريق الى السلام والمصالحة في افغانستان سيعتمد على اي موقف تتخذه روسيا" (2008) و "كيف ستتحول منطقة جنوب غرب سيبيريا الى مركز اقتصادي للكوكب" (2012) و "جيل جديد من برامج التنمية البديلة للقضاء على انتاج المخدرات في افغانستان" (2014).

الهوامش

[١]. Rachel Douglas, "After Ukraine's EU Refusal: Eurasian Development vs. Collapse and Chaos," EIR, Dec. 6, 2013.]

[٢]. Douglas, "U.S. Sanctions Don't Stop Russian Anti-Drug Proposal," EIR, April 4, 2014.

[٣] يشير كتاب التقرير هنا إلى التعاون السوفيتي مع حكومة أفغانستان بعد عام ١٩٧٣ ونهاية نظام محمد داود خان، وليس فقط إلى المدة التي تلت الإجتياح السوفيتي لأفغانستان في آخر عام ١٩٧٩.]

[٤]. تقع معظم محطات توليد الطاقة الكهرومائية الطاجيكية على نهر فاخش (Vakhsh) الذي ينبع من قيرغيزستان عبر شمال وسط طاجيكستان ليقترن من بعد بنهر أموداريا. ونهر بانج هو أيضا من روافد نهر أموداريا. ونظرا للخسارة التي تعرض لها نهر آموداريا وبحر أرال نتيجة لزراعة القطن الأحادية في أوزبكستان على وجه الخصوص، فإن "معهد الديمغرافيا والهجرة والتنمية الإقليمية" يدعو إلى برامج مياه وطاقة بتخطيط وإدارة مشتركة بالتعاون بين دول المنطقة. تحاول كازاخستان منذ عام ٢٠١٣ الترويج لتشكيل لجنة إقليمية للمياه في آسيا الوسطى تحت رعاية "منظمة شانجهاي للتعاون" للتعامل مع حاجات دول المنطقة إلى المياه وحل النزاعات. لقد وصلت محطة دشتيجوم إلى مرحلة متقدمة من التصميم، وقد أعربت مؤسسات في روسيا والهند عن اهتمامها بالمشروع. ويتوفر ملخص صادر عام ٢٠١١ بعنوان "أمكانيات الطاقة الكهرومائية لطاجيكستان"، وفيه شرح لبعض المشاريع المطروحة، على موقع الهيئة الاقتصادية الاوربية التابعة للأمم المتحدة: www.unece.org]

[٥]. تندرج تقديرات "معهد الديمغرافيا والهجرة والتنمية الإقليمية" هنا ليس باعتبارها خطة تفصيلية نهائية للتمويل، بل للإشارة فقط لحجم التنمية المخطط لها.

[٦] يوجد شرح باللغة الإنجليزية لتصاميم النقل بالسكك المعلقة على موقع مطور هذه التقنية أناتولي يونيتسكي: www.yunitskiy.com]

[٧]. إن أحد أهم سباب انحسار مياه نهري آموداريا وسرداريا وبحر آرال هو الممارسات الخاطئة الممتدة لعقود والمتمثلة بالزراعة الأحادية للقطن في أزبكستان. وتعتبر زراعة القطن من أكثر الزراعات استهلاكا للمياه على الإطلاق.

الجزء السادس

جنوب غرب آسيا
تقاطع طرق القارات

جنوب غرب آسيا*
تقاطع طرق القارات

حسين العسكري
By Hussein Askary

فبراير ٢٠١٦[1]

EIRNS
ليندون لاروش (وسط) يلقي الخطاب الرئيسي لمؤتمر "النفط والغاز في السياسات العالمية" الذي نظمه مركز زايد للتنسيق والمتابعة في أبو ظبي في يونيو عام 2002. إلى يمين لاروش، وزير النفط والثروة المعدنية الإماراتي عبيد بن سيف الناصري، وأقصى اليسار محمد بن خليفة المرر المدير العام لمركز زايد.

ينبغي اعتبار زيارة الرئيس الصيني شي جينبينج في آخر شهر يناير ٢٠١٦ للملكة العربية السعودية ومصر وإيران نقطة انعطاف في تاريخ المنطقة سياسيا واقتصاديا ، والاستفادة منها أقصى استفادة لتثبيت منهج جديد للسلام عبر التنمية يتزامن مع مبادرات حل الأزمة السورية سياسيا والقضاء على الإرهاب عسكريا. جاءت هذه الزيارة، التي طرح فيها الرئيس شي على هذه الدول الانضمام لمشروع «الحزام الإقتصادي لطريق الحرير» الجديد، عند أحلك لحظات المنطقة التي تشتعل فيها ثلاثة حروب متزامنة في سوريا والعراق واليمن، وتتأثر عدة دول أخرى بخطر الإرهاب المستشري مثل مصر وليبيا ولبنان وتركيا وحتى السعودية والكويت، في حين تستمر حركة نزوح جماعية من المنطقة إلى أوربا. كما جاءت زيارة الرئيس شي بعد أسبوع واحد فقط من إصدار وزارة الخارجية الصينية بشكل غير مسبوق أول ورقة سياسية صينية تجاه العالم العربي، ركزت فيها على أهمية التعاون الإقتصادي وبناء مشاريع البنية التحتية عبر مسار «الحزام الاقتصادي لطريق الحرير» والطاقة النووية والصناعات باعتبارها مخرجا مهما من الوضع الحالي. وقد خلقت زيارة الرئيس شي وما رافقها من توقيع لاتفاقيات اقتصادية وتجارية وثقافية حالة من التفاؤل والانفتاح على فكرة طريق الحرير الجديد في الدول التي زارها.

يأتي هذا التوجه، إذا التزمت دول المنطقة باتباعه وتنفيذ محتواه، باعتباره تتويجا للمقترحات والأفكار التي طرحتها مؤسسة «إكزكتف إنتلجنس ريفيو» و «معهد شيللر» لأكثر من ٣٠ عام.

ففي خطاب ألقاه ليندون لاروش في مؤتمر عالمي حول مستقبل سياسات النفط والغاز في العالم ونظمه «مركز زايد للتنسيق والمتابعة» في أبوظبي في يونيو عام ٢٠٠٢، طرح لاروش رؤيته الاقتصادية لدول الخليج بإعتبارها «تقاطع طرق القارات» بين آسيا وأفريقيا وأوربا. إن الموقع الجغرافي لهذه الدول وباقي دول جنوب غرب آسيا يمنحها فعلا ميزة فريدة لا تتوفر في أي مكان آخر في العالم لأنها تقع على أكثر طرق التجارة العالمية حيوية بين ثلاثة قارات، فضلا عن تمتعها بثروات بشرية وطبيعية ومالية هائلة. فإذا تمكنت هذه الدول من دمج وتغيير اقتصادياتها لتسهيل عملية التنمية الاقتصادية المستقبلية في اوراسيا وأفريقيا، فإنها

ستكون لاعبا أساسيا في عملية التنمية تلك، بحيث تضمن في ذات الوقت مستقبلها الاقتصادي على المدى المتوسط والبعيد بتحقيق نهضة اقتصادية وسياسية وثقافية قادرة على الديمومة والبقاء في ما وراء عهد مصادر الطاقة الأحفورية كالنفط والغاز. كما نصح لاروش دول المنطقة بتنويع مصادر دخلها والخروج من اعتمادها شبه الكامل على تصدير النفط والغاز الخام، والانتقال إلى المرحلة الصناعية بالاستفادة من الطاقة النووية لتحويل النفط والغاز إلى مواد أولية في الصناعات البتروكيمياوية والأسمدة وغيرها، بحيث يحقق كل برميل نفط محول إلى مواد كيمياوية وبلاستيكية وصناعية أرباحا وقيمة مضافة تفوق بأضعاف قيمته كنفط خام.

إن منطقة جنوب غرب آسيا هي منذ الآن منطقة حيوية للنشاطات الاقتصادية في أجزاء أخرى من العالم، وخاصة دول شرق وجنوب شرق آسيا، وذلك بسبب قاعدة مواردها من النفط والغاز. فعلى سبيل المثال، تأتي ما نسبتها ٤٨٪ من كل صادرات النفط الخام العالمية من هذه المنطقة، وتصدر المنطقة ما بين ٨٠-٩٠٪ من انتاجها إلى دول آسيا مثل الصين والهند واليابان وكوريا الجنوبية. كما يتواجد في المنطقة ثلثا احتياطي العالم من الغاز الطبيعي، وكذلك في المناطق المتاخمة لها في آسيا الوسطى وشمال أفريقيا. على هذا الأساس تعتبر المنطقة عنق زجاجة لواردات الطاقة العالمية. وبالرغم من أن سياسات الجيوبولويتيك الأنجلوأمريكية لا زالت تسيطر على الوضع السياسي والاستراتيجي للمنطقة، إلا أن بروز سياسة مناهضة للإمبريالية، مثل سياسة دول البريكس، ومبنية على أساس احترام سيادة واستقلال الدول الوطنية في قراراتها الإقتصادية وسياستها الداخلية والخارجية قد يجعل من هذه المنطقة جسرا للسلام والتنمية.

ان خير مثال في الدول العربية على التوجه الاقتصادي لديناميكية نظام البريكس الجديد هو مصر. لقد خطت مصر خطوات عملاقة بعد الثورة الثانية في يونيو ٢٠١٣ وانتخاب الرئيس عبدالفتاح السيسي لتتحول من دولة مأزومة تعاني العوز والاتكالية الى دولة تنموية، بالرغم من المشاكل الاقتصادية والاجتماعية الكبيرة التي لا زالت متراكمة منذ عدة عقود في مصر. يبرز ذلك من توجه الدولة الى استغلال كامل الطاقات البشرية والطبيعية والجغرافية المعطلة نحو عملية تنمية شاملة على اساس مشاريع البنية التحتية الكبرى والمشاريع الصناعية الزراعية بسرعة خارقة، مثلما حصل في عملية بناء قناة السويس الجديدة. حتى السياسة المالية اصبحت سياسة صحية لانها وجهت قدرات البلد المالية والدعم الخارجي نحو تنمية الإقتصاد الفيزيائي وليس احراق الموارد لاستيراد احتياجات البلد من الغذاء والمواد الاستهلاكية كما كان يحصل في العقدين الماضيين. كما تستفيد مصر من كون الصين تعتبر دور مصر حيويا جدا لكونها المحطة الأساسية بين آسيا وأوربا على طريق الحرير البحري. وبالإضافة إلى ذلك

الشكل ١

تقاطع طرق القارات

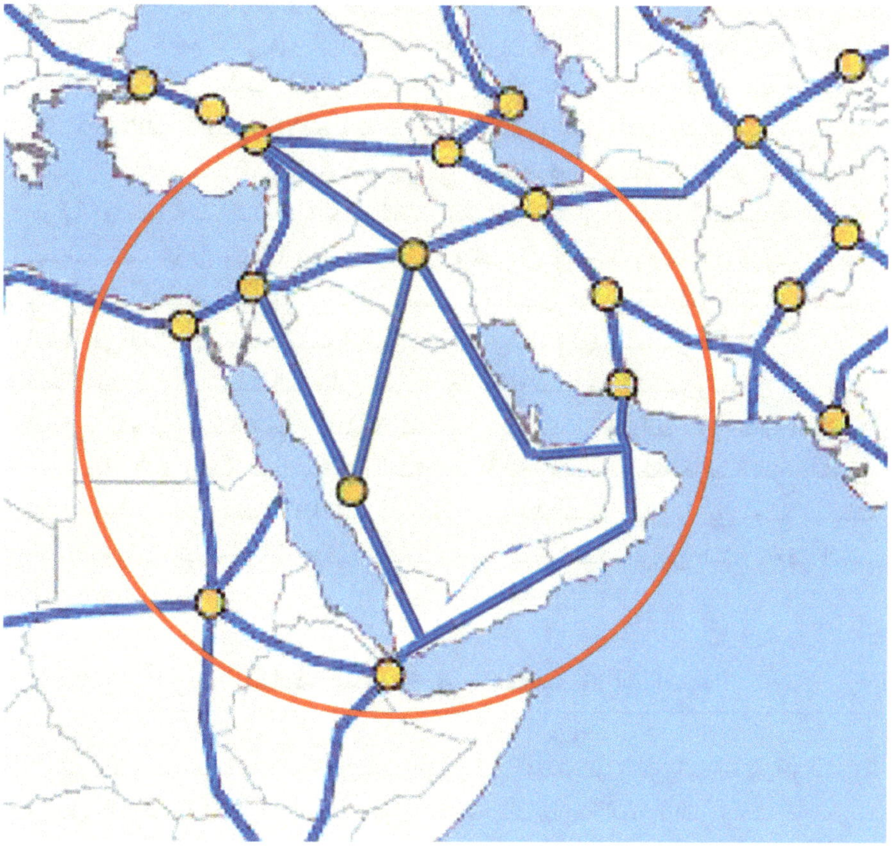

Hussein Askary, Alan Yue, EIRNS 2016

تمثل هذه المنطقة حالة فريدة من نوعها في كل الكوكب، حيث تقع بين ثلاثة قارات ويمر عبرها جزء مهم من حركة النقل العالمية، وتحتوي على اكبر احتياطيات النفط والغاز في العالم، ويبلغ سكانها حوالي ٤٠٠ مليون نسمة، معظمهم من الشباب والاطفال، وتحتوي على اكبر تنوع ثقافي وعرقي وديني ضارب في اعماق التاريخ من اية منطقة اخرى في العالم. لكن هذه المزايا الفريدة تحولت الى مصدر تهديد بسبب سوء الادارة والحروب بالنيابة في ظل نظام عالمي غير عقلاني. لكن فلسفة البريكس الجديدة وطريق الحرير الجديد قد يكونان سبيلا الى دفع المنطقة نحو منعطف تاريخي جديد للاستفادة من هذه المزايا لمصلحة شعوبها وشعول العالم.

أسس الرئيس السيسي والرئيس الروسي فلاديمير بوتين علاقة صداقة وعلاقة استراتيجية قوية بينهما شخصيا وبين بلديهما. لكن بما أن مصر تقع جغرافيا في أفريقيا، فقد تم التعامل معها وفق ذلك في هذا التقرير (راجع الجزء العاشر).

أما المثال المهم الثاني فهو إيران. وبالرغم من أن هذا الجزء من التقرير يركز نوعا ما على دور إيران كرابط بين آسيا والمنطقة وأوربا، إلا أنه من الناحية الاستراتيجية، سيكون لتطبيع العلاقات السياسية والاقتصادية بين إيران والدول العربية على وجه العموم، ولكن مع مصر بالذات ، باعتبارهما قطبين أساسيين في المنطقة، دور أساسي في تفادي أية تناحرات عرقية أو طائفية يتم استغلالها حاليا لتقسيم المنطقة. كما أن الهندسة الاقتصادية الطبيعية للمنطقة تضم إيران وتركيا وسوريا ومصر والسودان وأثيوبيا وأريتريا وجيبوتي واليمن ودول مجلس التعاون الخليجي والعراق (الشكل ١). تشكل هذه المنطقة ليس فقط أكبر مصدر للطاقة في العالم، بل وأيضا جسرا طبيعيا بين القارات، ومهدا للحضارات، و ٤٠٠ مليون نسمة معظمهم من الشباب الحاصلين على درجة عالية نسبيا من التعليم، وتحتوي على منابع للموارد المعدنية الهائلة وحتى المياه إذا تمت إدارتها بحكمة، كما أنها سوق هائلة للمنتجات الصناعية والتكنولوجية. لهذا ليس من المستغرب أن تكون هذه المنطقة عرضة للنزاعات بين القوى العظمى. لكن بمقدور هذه الأمم أن تأخذ هي بزمام المبادرة عن طريق وضع سياسات اقتصادية واستراتيجية مستقلة هدفها الأساسي خدمة أجيالها القادمة وليس المشاركة في ألعاب الجيوبوليتيك.

توسيع القدرات الكامنة للتنمية في جنوب غرب آسيا

تسود هذه المنطقة حالة مطلقة من عدم التوازن في الديمغرافيا والثروات الطبيعية والبشرية والمالية إلى درجة المفارقة. انقسمت دول المنطقة منذ «أزمة النفط» التي نتجت عن حرب أكتوبر عام ١٩٧٣، ومارافقها من ارتفاع رهيب في أسعار النفط، إلى فئتين من الدول. الفئة الأولى هي الدول الثرية المصدرة للنفط في منطقة الخليج والتي تكتلت في مجلس التعاون الخليجي، وتتمتع بكثافة سكانية قليلة نسبيا وثروات طبيعية كبيرة. كما أنها من الناحية السياسية والاستراتيجية تحتفظ بعلاقات وثيقة مع الولايات المتحدة وبريطانيا. أما الدول الأخرى فهي أما أقل ثراء مثل العراق وسوريا وأيران أو دول «فقيرة نسبيا» مثل مصر والأردن ولبنان وفلسطين.

لكن المفارقة تكمن في كون الدول الأقل ثراء والفقيرة ظاهريا يتمتع سكانها بمستوى أعلى من التعليم والانتاجية الاقتصادية والمهارات الحرفية. وتعيش الدول الثرية في حالة ازدواج تخلط ما بين الثراء المادي والتقاليد الدينية والاجتماعية الصارمة، حيث لا تتأثر القيم الدينية والاجتماعية والثقافية كثيرا بالرخاء المادي. كما لا ينخرط غالبية مواطني تلك الدول بشكل عام في النشاطات الاقتصادية الانتاجية مثل أعمال البناء والزراعة والانتاج النفطي ويستعاض عنهم بتشغيل اليد العمالة الوافدة والشركات العالمية الكبرى، حيث تمثل العمالة الوافدة حوالي ٨٠٪ من نسبة اليد العاملة في القطاع الخاص السعودي، على سبيل المثال. إن حالة عدم التوازن بين اليد العاملة الوطنية واليد العاملة الوافدة (التي تعتمد على أجور منخفضة جدا) يخلق عدة مشاكل مثل البطالة بين شباب المواطنين الأصليين، واضطرابات سوق العمل حينما تصبح أجور العمالة الوافدة لا تكفي لمسايرة ارتفاع التكاليف المعيشية العالمية، ولا تتوازن ظروف تشغيلهم ومعيشتهم مع القوانين العالمية لحقوق العمال. يجب الانتباه كثيرا لحالة الانفصام هذه لأن عواقبها في المستقبل القريب قد تصبح كارثية، خاصة مع إنهيار أسعار النفط في السوق العالمية التي تعتمد عليها هذه الدول لتمويل المستوى المرفه

من المعيشة السائد منذ السبعينات.

وتعاني مجموعة الدول الأقل ثراء أو الفقيرة في المنطقة من حالة مرضية مستوطنة من هجرة العقول إما بسبب الحروب والغزوات المفروضة من الخارج مثل حالة العراق وإيران أو الإرهاب في سوريا أو الإضطهاد السياسي (وهو شائع في كل هذه الدول) وفلسطين أو سوء الأحوال المعيشية مثلما هي الحال في الأردن ومصر مثلا. كما أدت العقوبات الاقتصادية المفروضة لأعوام طويلة على العراق وإيران وسوريا وسياسات صندوق النقد الدولي المفروضة على مصر والأردن ولبنان و اليمن إلى تدهور الحالة المعيشية للسكان وانهيار البنى التحتية وقلة الاستثمار في صيانتها أو تنميتها، وتدهور الخدمات التعليمية والصحية مقارنة بما كانت عليه في السبعينات مثلا. لقد خسرت هذه الدول عموما أكثر من ثلاثة عقود من التنمية.

إن مقترحات مؤسسة إكزكتف إنتلجنس ريفيو ومعهد شيللر العالمي ولاروش قادرة على إعادة التوازن إلى هذه المنطقة بشكل جذري، لأن هذه المقترحات تدمج جميع الموارد الطبيعية والمالية والبشرية في مهمة واحدة موحدة لجميع هذه الدول وموجهة نحو التنمية الوطنية والإقليمية ودمجها بحركة التنمية العالمية النابعة من إعادة إحياء طريق الحرير. لكن هذه المقترحات لا علاقة لها بشعارات «الوحدة العربية» المسيسة ولا تمس سيادة أي من هذه الأقطار والدول، إنما تعتبر سياسة توافقية على أساس المنفعة المشتركة، لكنها موحدة لاعتبارات جغرافية طبيعية وجغرافية وثقافية. ستقوم هذه المقترحات بسحب جيل كامل من الشباب في هذه الدول من الشوارع حيث يكونون عرضة لمشاكل البطالة التي تقود عادة إلى نزعات تدميرية مثل المخدرات أو التطرف الديني، وجعلهم ينخرطون في فيالق البناء والدخول في القوة العاملة لبناء أممهم وجعل الصحاري الشاسعة في بلدانهم تزدهر مجددا. هذا ما فعله الرئيس الأمريكي فرانكلن روزفيلت في الثلاثينات بعد كارثة الكساد الاقتصادي العظيم حيث حشد وجند مئات الألاف من العاطلين عن العمل في فيالق إعادة الإعمار المدنية (Civilian Conservation Corps) التي ساهمت في إعادة بناء الولايات المتحدة وبناء الطرق وسكك الحديد والسدود والمستشفيات والمدارس وإعادة غرس الغابات وغيره من الأشغال العامة. حولت سياسة روزفيلت الولايات متحدة من أمة مفلسة إلى أكبر قوة اقتصادية على وجه الأرض في أقل من ١٠ أعوام. ستتمكن هذه الدول من وقف نزيف هجرة العقول، وعودة عشرات الآلاف من مواطني هذه الدول من المهجر حيث يعمل عدد كبير منهم هناك كخبراء ومهندسين وعلماء وباحثين وحتى يد عاملة ماهرة ليخدموا أوطانهم ويساهموا في عملية إعادة البناء والتأسيس لنهضة اقتصادية وعلمية وثقافية شاملة.

لكن سيتطلب من هذه الدول أن تتيح مساحة كبيرة من الحرية السياسية والاجتماعية. سيقتضي ذلك بطبيعة الحال وفي ذات الوقت تغيير وضعية السياسات العالمية السابقة التي أوصلت هذه المنطقة إلى حافة الهاوية وخطر الحروب الدينية والعرقية التي قد تستمر لعدة أجيال وتصل نيرانها إلى مناطق مجاورة للإقليم مثل غرب الصين والقوقاز وروسيا وآسيا الوسطى. وهذا ما تحاول روسيا والصين ودول البريكس تفاديه بخلق نوع من التوازن والعقلانية في السياسات العالمية بحيث تستفيد جميع الدول من ثمار التعاون والتنمية الاقتصادية وحتى التعاون الاستراتيجي ضد الإرهاب. لأنه بخلاف ذلك، سيؤدي انقسام العالم إلى كتلتين اقتصاديتين وعسكريتين وسياسيتين إلى حرب عالمية جديدة قد لا يخرج منها الجنس البشري حيا كما فعل في الحروب السابقة، لسبب بسيط هو أنه توجد اليوم كمية من الأسلحة النووية كافية لتدمير كوكب الأرض عدة مرات وليس مرة واحدة.

الشكل ٢

خارطة الاتحاد العالمي لسكك الحديد لخطوط السكك الموجودة والمخطط لها في منطقة جنوب غرب اسيا، ٢٠١٢

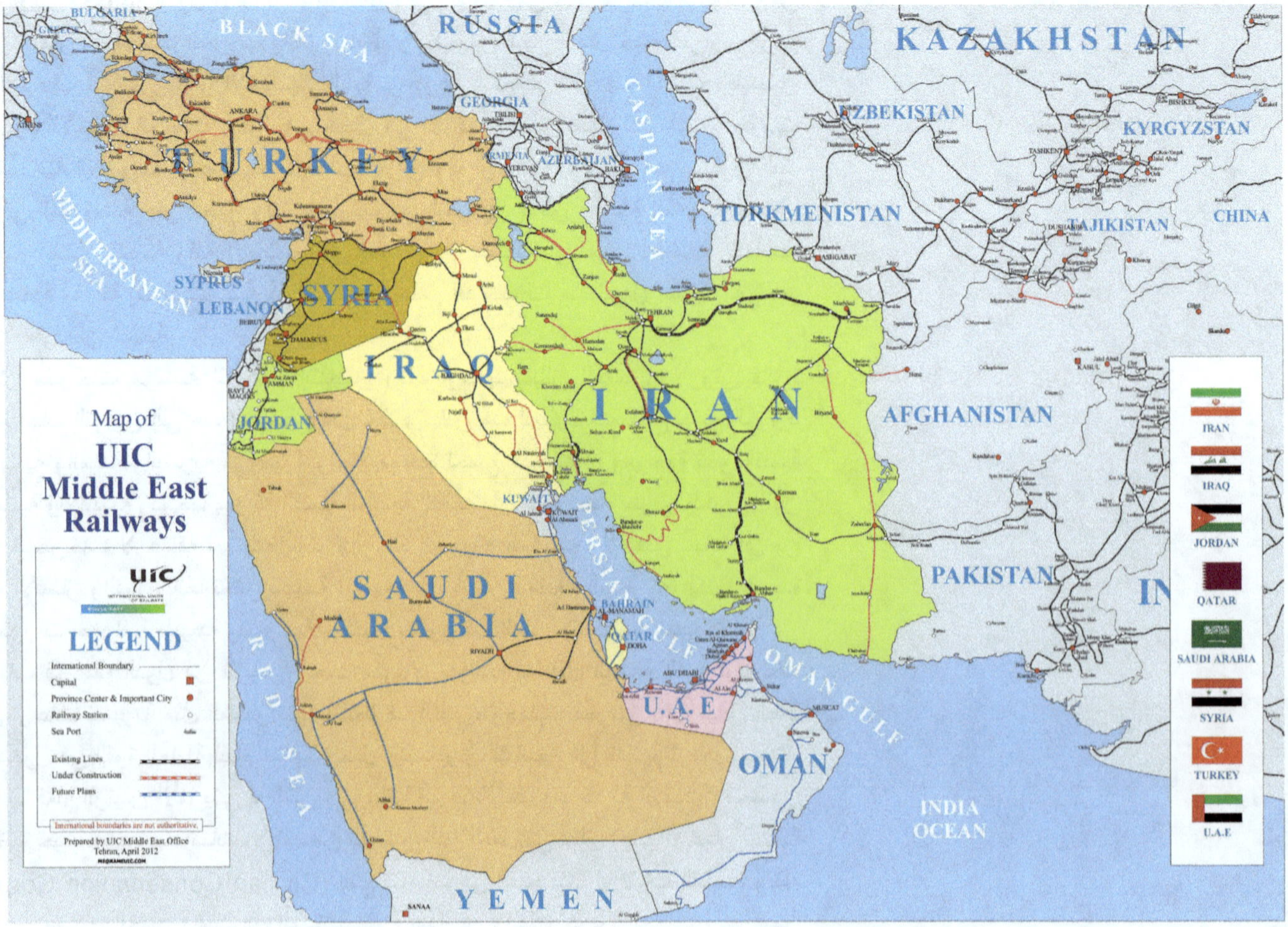

International Union of Railways, April 2012

نظام إئتماني إقليمي

بالإضافة إلى تأسيس المنظومات الإئتمانية على المستوى الوطني لتمويل إعادة بناء الاقتصاد الفيزيائي (راجع الجزء الثاني، ومقترحنا لبنك إعادة إعمار سوريا في ملحق هذا الجزء)، تقترح مؤسسة «إكزكتف إنتلجنس ريفيو» أيضا تأسيس منظومة إئتمانية إقليمية بإسم «البنك العربي لاستثمارات البنية التحتية» على غرار «البنك الآسيوي لاستثمارات البنية التحتية» الذي تقوده الصين وانضمت إليه دول عديدة في آسيا واوربا. سيكون مثل هذا البنك الإقليمي الموجه فقط نحو بناء مشاريع البنية التحتية الكبرى والمشتركة مثل سكك الحديد والطرق وشبكات الطاقة والمياه قادرا على استيعاب الثروات السيادية الناجمة عن مبيعات النفط والغاز (والمستثمرة بشكل كبير في أسواق المال المضاربية والعقارات الباذخة في المنطقة والعالم) وتشغيل اليد العاملة الماهرة في بقية الدول الأقل ثراء، بالإضافة إلى خلق طبقة متوسطة منتجة في دول الخليج ذاتها. سيكون نظام الإئتمانات الإقليمي المشترك ملاذا لدول مثل لبنان والأردن واليمن التي تعيش إما على المعونات أو على ما تتفضل به مؤسسات مالية عالمية مثل صندوق النقد والبنك الدوليين والاتحاد الأوربي، لكن وفق شروط مجحفة وتدميرية مثل فرض سياسات التقشف على شعوبها، ورفع الدعم عن السلع الأساسية وإلغاء خدمات التعليم والرعاية الصحية المجانية وخفض استثمارات الدولة في البنية التحتية

الأساسية وفرض شروط تجارية غير عادلة على هذه الدول.

جسر بين القارات

يجري منذ عدة سنين لكن ببطء بناء مجموعة من الروابط في المنطقة مع الجسر البري الأوراسيوي (الشكل ٢). وقد نتج عن قيام الرئيس الإيراني هاشمي رفسنجاني في عام ١٩٩٦ بافتتاح خط سكة حديد مشهد - سرخس (على الحدود الشمالية الشرقية لإيران مع تركمنستان) ربط إيران والصين وإعادة إحياء طريق الحرير القديم. بعد عامين من ذلك التاريخ أكملت إيران بناء سكة حديد إلى شرق تركيا محققة بذلك ربط طريق الحرير الجديد بأوربا. وتم في عام ٢٠٠١ بناء أول خط لسكك الحديد بين مشهد وبافق وبندر عباس على ساحل الخليج ومضيق هرمز، وبهذا تكون إيران قد فتحت منفذا لدول آسيا الوسطى الحبيسة إلى البحار العالمية. وأصبح هذا الخط الذي أضيفت إليه سكة جديدة الممر التجاري الرئيسي بين الخليج ودول آسيا الوسطى، وازدهرت بفعله ليس فقط مدينة بندر عباس وموانئها بل وأيضا الحركة التجارية في ميناء جبل علي في الإمارات العربية المتحدة. ثم شرعت إيران ببناء خطي سكة حديد من مشهد ومن بافق وكرمان إلى زاهدان على الحدود مع باكستان، لربط أوربا وآسيا الوسطى بشبه القارة الهندية.

كما أصبحت إيران محورا استراتيجيا للنقل على المشروع الاستراتيجي المسمى «ممر النقل الشمالي - الجنوبي» وهو اتفاقية شراكة وتجارة بين الهند وإيران وروسيا يتمثل ببناء ميناء حديث في تشابهار في أقصى الجنوب الشرقي لإيران على البحر العربي وربطه بشبكة سكك الحديد الإيرانية إلى روسيا على مسارين: المسار الأول يتجه شمالا نحو مشهد ودول آسيا الوسطى شرق بحر قزوين ومن هناك إلى روسيا، والمسار الثاني إلى غرب بحر قزوين عبر أرمينيا وآذربايجان ومنطقة القوقاز إلى روسيا وبحر البلطيق وشمال أوربا. تهتم الهند بهذا الخط لأنه يختصر مدة شحن البضائع بحريا عبر البحر الأحمر والبحر المتوسط والبحر الأسود من ثلاثة أسابيع إلى أسبوع واحد إذا تم نقل البضائع بريا. لكن تبقى الفكرة الأساسية هي أنه ممر تنمية وتعاون تستفيد منه المناطق التي يمر بها هذا الخط.

وتساعد إيران دول القوقاز وروسيا على إيجاد منفذ مباشر إلى الخليج والمحيط الهندي عبر شبكة النقل فيها، وتطوير شبكة النقل في تلك البلدان. قامت وزارة النقل والمواصلات الأرمينية في يناير عام ٢٠١٣ بتوقيع اتفاقية مع مجموعة شركات إيرانية وروسية وصينية وإماراتية لتمويل وبناء مشروع سكة حديد وطرق سريعة. تتضمن الاتفاقية بناء سكة حديد للقطارات السريعة في جنوب أرمينيا بطول ٣١٦ كلم وتربط ما بين مدينة جافار (Gavar) بالقرب من بحيرة سيفان ومدينة ميغري على الحدود مع إيران. سيكون هذا الخط المشغل بالكهرباء جزءا من مشروع «ممر النقل الشمالي - الجنوبي». ومن المثير للإهتمام هو اشتراك شركة الإنشاءات الصينية (CCCC Ltd) وشركة راسيا الإستثمارية الإماراتية في المشروع مما يبين أهمية مثل هذه المشاريع لجميع الدول.

ويعتبر أنبوب الغاز الطبيعي بين إيران وباكستان المهم جدا لضمان أمن الطاقة في باكستان، أمرا حيويا برغم المعارضة الأمريكية، لاستقرار المنطقة المحيطة بأفغانستان والتعاون لحل الوضع المتأزم القائم في أفغانستان بعد انسحاب الولايات المتحدة وقوات الناتو من هذا البلد. وقد حاولت الحكومات الباكستانية الشروع في إكمال الجزء الباكستاني من أنبوب الغاز، لكن الضغوط الخارجية من الولايات المتحدة وحلفائها بالذات أعاقت تلك التحركات. وقد تم افتتاح عملية البدء في بناء القسم الباكستاني من المشروع مجددا في ١١ مارس ٢٠١٣ على يد الرئيس الباكستاني آصف علي زرداري والرئيس الإيراني محمد أحمدينجاد. وكان يفترض

إكمال القسم الباكستاني من الأنبوب في غضون ٢٢ شهر. أما القسم الإيراني من الأنبوب فقد اكتمل بناؤه قبل لقاء الرئيسين على الحدود بين البلدين. و توقف العمل في الأنبوب قبل الإنتخابات الباكستانية في يوليو عام ٢٠١٣، لكن رئيس الوزراء الجديد نواز شريف تعهد بمواصلة العمل في المشروع. وقد تعذرت باكستان بحجة وجود العقوبات الاقتصادية على إيران واعتبارها سبب وقف العمل في المشروع. ووفقا لآخر تصريح لوزير الطاقة الباكستاني شهيد خاقان عباسي في سبتمبر عام ٢٠١٥، فإن باكستان ستباشر العمل في المشروع بمساعدة صينية حالما ترفع العقوبات الاقتصادية الدولية عن إيران، وأن المشروع سيتم إكماله في عام ٢٠١٧. إن أهمية هذا المشروع تكمن أيضا في بناء جسور التعاون بين باكستان والهند المستفيد الآخر من الغاز الإيراني. وكان يفترض أن يمتد هذا الأنبوب من إيران عبر باكستان إلى الهند بطول ٢٧٠٠ كلم وكان يطلق عليه «أنبوب السلام»، لكن التدخلات الأمريكية التي حاولت المراهنة على أنبوب غاز منافس من تركمنستان عبر أفغانستان وباكستان إلى الهند، أحبطت المشروعين كليهما.

سيتطلب بناء أمة مستقرة ومتعافية إقتصاديا في أفغانستان تعاون دول الجوار مثل إيران والصين وباكستان وحتى الهند وروسيا. إن الصين والهند وإيران هي حاليا من أهم الشركاء التجاريين لأفغانستان. وكما ورد في الجزء السابق، تمتلك أفغانستان من المقومات والموارد الطبيعية ما يؤهلها لتصبح من كبار الدول المنتجة للمعادن والخامات المعدنية، لكن تحتاج بنيتها التحتية الإقتصادية والاجتماعية للتطوير، وهي بحاجة كذلك لإيجاد منافذ لها إلى طريق الحرير الجديد والأسواق العالمية.

إن إكمال ممر التنمية والجسر البري هذا إلى الغرب، جعل إيران تنشط في تبادلها التجاري والاقتصادي مع تركيا والعراق. فبالإضافة إلى سكك الحديد وأنبوب الغاز الممتد إلى تركيا من إيران، تقوم إيران ببناء سكك حديد وأنبوب غاز باتجاه الحدود العراقية، وليستمرا من العراق إلى سوريا وشاطيء البحر المتوسط. لكن زعزعة استقرار العراق وسوريا في الأعوام الأخيرة عبر العنف الطائفي والصراعات الدولية بالنيابة أوقفت العمل في هذه المشاريع.

لكن إيران ستبقى لاعبا أساسيا في مشروعي «الحزام الاقتصادي لطريق الحرير» و «الجسر البري الأوراسيوي الأفريقي». كما أن تركيا تلعب دورا مهما آخر باعتبارها جسرا بين آسيا واوربا عبر مضيق البوسفور، حيث طورت وأنشأت سكك حديد جديدة وأنفاق وجسور بين القسمين الآسيوي والأوربي على أراضيها. كما تمتلك تركيا امكانيات زراعية كبيرة جدا سيكون لها الأثر الكبير في ضمان الأمن الغذائي للمنطقة.

دور الدول العربية

كان مشروع إعادة إحياء «طريق الحجاز» من تركيا عبر سوريا والأردن إلى غرب السعودية واليمن وصولا إلى عدن، أمرا مطروحا قبل اندلاع الأحداث الدامية في سوريا في عام ٢٠١١. وفي اليمن، كان يتم تداول فكرة مشروع بناء جسر إلى جيبوتي عبر مضيق باب المندب بعد إنجاز دراسة جدوى جادة في عام ٢٠٠٨ قامت بها شركة الاستشارات الهندسية الدنماركية كوفي (COWI) بتمويل من «شركة الشرق الأوسط للتنمية» في دبي (Middle East Development LLC). وانطلاقا من اليمن شرقا عبر عمان يمكن بناء رابط عبر مضيق هرمز إلى إيران وجنوب آسيا بحيث ترتبط آسيا وأفريقيا بشكل مباشر عبر رابط بري.

وقد ناقشت دول مجلس التعاون الخليجي مشروع ربط دول المجلس بسكك الحديد لعدة سنين، لكن الخطط لم تتحول بعد إلى منهج عمل. كما يجب عدم اعتبار دول مجلس التعاون جزيرة منعزلة وإنما ربط شبكة النقل بها من عمان نحو الإمارات والسعودية والبحرين وقطر

والكويت، ثم إلى العراق وإيران وتركيا من جهة، وغرب السعودية إلى الأردن وسوريا ولبنان والبحر المتوسط من جهة أخرى. أما من شمال غرب السعودية والأردن فينبغي الإسراع بدراسة بناء جسر أو نفق عبر خليج العقبة ومضيق تيران إلى سيناء.

وبالرغم من أن جميع هذه المشاريع قد وضعت على الرفوف وأهملت بسبب حالة عدم الإستقرار والصراعات المسلحة في المنطقة والموت السريري لعملية السلام مع إسرائيل، إلا أنه يمكن إنزال هذه الخطط من الروفوف وبدء العمل بها مباشرة إذا توفر القرار السياسي. لا يمكن التعذر والتحجج بالمشاكل السياسية والأمنية لتعطيل وإلغاء هذه المشاريع الحيوية، لأنها بمثل أهمية القضاء على الإرهاب، وربما أهم منها لأنها تخص ديمومة حياة المجتمعات العربية ومستقبلها. وقد أثبتت مصر وإيران أنه يمكن بناء هذه المشاريع حتى في ظل أسوأ الظروف الأمنية والاقتصادية.

يمكن تمويل مجموعة المشاريع ذات الأولوية أدناه عبر «البنك العربي لاستثمارات البنية التحتية» الذي اقترحناه هنا:

المشاريع العربية المقترحة

إن أحد أهم الأهداف في الوقت الراهن هو إكمال خطوط السكك والطرق السريعة على الخطوط الرئيسية التالية:

١. **خط برلين - بغداد وامتداداته:** إسطنبول – الموصل – بغداد – البصرة – الكويت- الظهران (المنامة) – الدوحة- أبو ظبي – دبي – مسقط – صلالة.

٢. **طريق الحجاز وامتداداته:** إسطنبول- حلب- دمشق (طرابس وبيروت) - عَمّان- جدة- مكة- جيزان- الحديدة- عدن

٣. **قطار الشرق السريع وامتداداته:** إسطنبول - طرابلس- بيروت - صور- ومن هناك إلى عمان- الضفة الغربية- غزة- الإسكندرية. يمكن إضافة رابط خط طهران - بغداد - دمشق من جهة الشرق إلى هذا الخط.

٤. **درب زبيدة (طريق الحج من الكوفة لمكة):** بغداد- النجف- الحائل- المدينة المنورة ومكة / جدة.

٥. **خط النيل:** الإسكندرية- القاهرة- أسوان- الخرطوم- أديس أبابا- جيبوتي، وجنوبا عبر منطقة البحيرات الكبرى وحتى كيب تاون في جنوب أفريقيا.

٦. **طريق المغرب العربي:** الإسكندرية- طرابلس- صفاقس- تونس- الجزائر- وجدة- فاس- طنجة- الرباط.

كما ينبغي التفكير جديا ببناء نفق أو جسر عبر مضيق تيران يربط بين جنوب سيناء عند شرم الشيخ والجزيرة العربية. وربط سيناء غربا ببقية أجزاء مصر وافريقيا.

وبالتوازي مع هذه الخطوط يجب بناء شبكة مشتركة لنقل الكهرباء وأنابيب الغاز الطبيعي والنفط. وعمومًا يجب أن تكون خطوط السكك العربية ذات مسارين على الأقل، كما يجب تطويرها مستقبلاً إلى ثلاثة وأربعة مسارات في سبيل توفير شبكات النقل المستقبلية التي ينبغي لها أن تعمر مئة عام. وتوفر تقنية القطارات المغناطيسية (Maglev) مزايا فريدة للمنطقة، فبالإضافة إلى سرعاتها العالية التي تصل إلى ٥٠٠ كلم في الساعة، يتم بناء هذه السكك على جسور مرتفعة بحوالي ١٥ متر عن سطح الأرض بحيث لا تتأثر بزحف الرمال في المناطق الصحراوية ولا تتقاطع مع البنى التحتية الموجودة من قبل. كما أن تكاليف تشغيلها صيانتها قليلة جدا مقارنة بسكك القطارات التقليدية لعدم احتكاك القطار بسكته. فإذا تم

إنجاز ذلك بدقة، فإن الاستثمارات المركزة على البنية التحتية للنقل - مع التشديد على ضرورة القطارات الحديثة والعالية السرعة - ستبني الأساس لمنطقة كبرى لتحقيق التعاون بين أوربا وإفريقيا والشرق الأوسط الذي من شأنه أن يحول البحر المتوسط إلى بحيرة للتنمية والسلام.

وكما سيأتي في الجزء التاسع من هذا التقرير، ستكون نقاط الربط عبر المتوسط وأوربا على أساس نقاط الربط التالية:

١. نفق مضيق جبل طارق بين المغرب وإسبانيا.

٢. نفق البوسفور: تمديد شبكة خطوط قطارات نقل السلع والركاب من وسط أوروبا حول البحر المتوسط في هيئة دائرة مغلقة عبر جبل طارق إلى ساحل شمال إفريقيا، وعبر قناة السويس إلى فلسطين والأردن وسوريا ولبنان، ومن تركيا إلى أوروبا مجددا.

٣. بناء سلسلة أنفاق وجسور بين جنوب إيطاليا (صقلية) وتونس.

٤. إجراء عمليات تحسين شاملة لخطوط السكك الممتدة من تركيا إلى العراق وإيران ومنها إلى آسيا.

العدو المشترك: التصحر

إن ما يثير انتباه المراقب للمناطق العابرة للقارات التي يمر بها طريق الحرير هو أنها تمر عبر أراضي تتكون بمجملها من أقاليم صحراوية شاسعة تمتد بشكل شبه مستمر من ساحل المحيط الأطلسي في شمال أفريقيا مرورا بالصحراء الكبرى في أفريقيا وعبر الجزيرة العربية وجبال زاجروس إلى إيران وآسيا الوسطى واستمرارا عبر الصحاري الصينية في غرب الصين (الشكل ٣). إن مساحة هذا الحزام الصحراوي تبلغ حوالي ١٣ مليون كيلومتر مربع. تعتبر المناطق التي تهطل عليها ما بين ٢٥٠ و ٥٠٠ ملمتر سنويا من المياه مناطق شبه صحراوية. ولا تستقبل هذه المناطق المذكورة على المعدل أكثر من ٢٥٠ ملمتر سنويا، ويستقبل بعضها أقل من ذلك أو لا تشهد أية تساقطات مطرية على الإطلاق. إن أكبر صحاري العالم موجودة في هذه المناطق، وهي في حالة توسع حاليا، ليس فقط بسبب التغيرات المناخية الدورية، بل وأيضا بسبب قلة الإجراءات الإقتصادية والإجتماعية الداعمة للزراعة وتحسين البيئة، مضافا إليها التدمير المستمر للغطاء النباتي بسبب سوء إدارة الموارد على المستوى المحلي.

الشكل ٣

تشكل الصحارى الشاسعة الممتدة بشكل مستمر تقريبا من ساحل المحيط الاطلسي وشمال افريقيا عبر الجزيرة العربية واسيا الوسطى وصولا الى الصين تحديا هائلا امام التنمية الاقتصادية لجميع امم المنطقة.

واصبحت العواصف الترابية والرملية أمرا مألوفا ومتكررا في منطقة الهلال الخصيب والخليج، ولكنها تطال أيضا أجزاء كبيرة من إيران وأفغانستان وحتى الهند. وبينما ترتفع العواصف الرملية لعشرات الأمتار، فإن العواصف الترابية قد ترتفع لعدة مئات من الأمتار وحتى كيلومترات في سماء هذه المناطق. وتتسبب هذه العواصف في تأثيرات كبيرة على المناطق الحضرية وتغلق المرافق العامة مثل المطارات والموانئ والطرق وتعيق عمل المستشفيات والمدارس والمنشآت الحيوية، ناهيك عن التأثيرات الضارة جدا بصحة الأفراد، خاصة من ذوي الأمراض التنفسية.

مكافحة الصحراء من الهلال الخصيب

يطلق على حزام الأراضي الممتد من لبنان إلى شمال سوريا والعراق حتى جنوبه إلى

شط العرب إسم منطقة «الهلال الخصيب». يقول خبراء التاريخ أن الزراعة في التاريخ الإنساني نشأت في هذه المنطقة. لكنها للأسف لم تعد تلك المنطقة الخصبة الآن. لكن من خلال الإدارة المثلى والحكيمة للموارد الطبيعية وخلق موارد جديدة من الأراضي والمياه وزراعة الأحزمة الخضراء المكونة من الأشجار المقاومة للملوحة والحرارة وتطبيق الوسائل الحديثة في الزراعة وتربية الماشية، ومنها استخدام تقنيات الفضاء في مراقبة الأراضي والمناخ والتربة والموارد المائية، سيمكننا أن نخلق طيفا واسعا من النشاطات الانتاجية في المناطق التي هي اليوم صحاري جرداء.

طرحت أفكار عديدة في الستينات والسبعينات لبناء «أحزمة خضراء» في غرب العراق وشرق الأردن، وتقوم على شتل خطوط متتالية من الغابات والنباتات بحيث يتم وقف زحف الصحراء واسترداد الأراضي الصالحة للزراعة منها. طرح في العراق على سبيل المثال، مشروع «الحزام الأخضر الوطني» قبل عدة عقود ليكون جدار صد ضد الصحراء الغربية (الشكل ٤). لكن نظرا لسلسلة الحروب الجيوبوليتيكية المتتالية التي تعاقبت على العراق وتدمير البنية التحتية الأساسية والزراعة في البلد، لم تطبق هذه الخطة أبدا. علاوة على ذلك أدى تدهور حالة التربة بسبب انهيار النشاط الزراعي في العقدين الماضيين إلى توسع المناطق الجرداء شرقا باتجاه وادي الرافدين.

توجد اليوم مشاريع نشيطة، بالرغم من محدوديتها وطبيعتها المحلية، للعودة إلى تلك الفكرة. حيث وقع العراق وإيران في عام ٢٠١٠ إتفاقية لاستثمار ما يقارب ٢,١ مليار دولار في مشاريع أحزمة خضراء في بعض المدن العراقية، خاصة في النجف وكربلاء، اللتان تعانيان من العواصف الرملية والترابية بشكل مستمر. مشروع الحزام الأخضر في النجف هو في هيئة هلال ممتد لحوالي ١٢ كلم إلى الغرب من المدينة وبعرض ٢٠٠ متر ومزروع بآلاف أشجار النخيل والزيتون والحمضيات. يتم سقي هذه الاشجار من مياه ٥٠ بئر حفرت لهذا الغرض (بأعماق تتراوح ما بين ٥٠ و ١٠٠ متر). يعتبر هذا الحزام الخط الأمامي للمواجهة مع الصحراء ومؤثراتها، وموردا للفواكه وتشغيل اليد العاملة وتلطيف الجو.

لكن مثل هذه المشاريع المحلية، بالرغم من أنها مفيدة كتجارب، لن تكون كافية لحماية البلد والمنطقة كلها من القوة الرهيبة للصحراء والتغيرات المناخية. إذ ينبغي التوسع فيها طوليا شمالا وجنوبا وفي العمق باتجاه الغرب. وقد دلت أبحاث أجريت مؤخرا لحالة المياه الجوفية في العراق على وجود كميات كبيرة من المياه الجوفية في الصحراء الغربية في العراق، وهي مياه قد تكون ذات طبيعة متجددة وليست مجرد مياه أحفورية. ونظرا لترابط هذه الصحاري جغرافيا ولأن العواصف الترابية والرملية عابرة لحدود الدول، ينبغي تأسيس هيئة إقليمية بإدارة مركزية لتنسيق جهود العراق وسوريا والأردن والسعودية في هذا المجال، وتجميع الخبرات الموجودة في كل بلد في هذا المجال والإستفادة من الخبرات العالمية من الصين واستراليا على سبيل المثال.

الشكل ٤

العراق ـ مقترح الحزام الاخضر الوطني

Government of Iraq, 2012

الشكل ٥

مشروع جنوب شرق الاناضول

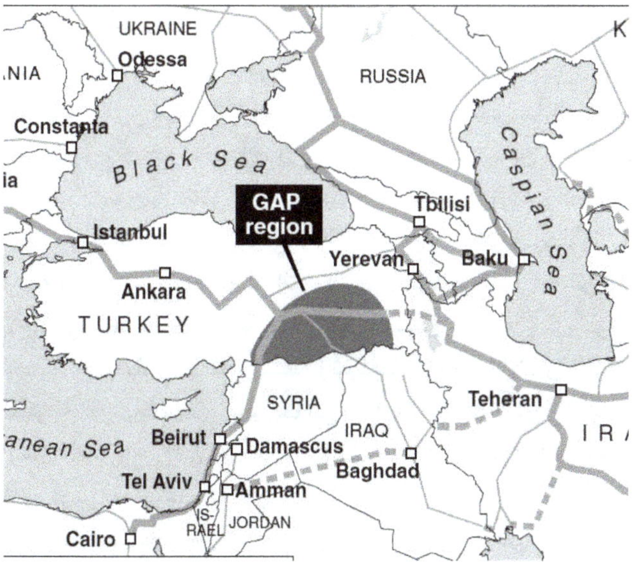

EIRNS, 2012

يعتمد مشروع إدارة المياه جنوب شرق الاناضول على بناء السدود على نهري دجلة والفرات وخلق خزانات مياه هائلة خلفها، مثل خزان سد اتاتورك. يسبب هذا الامر مشاكل كبيرة لدول المصب، سوريا والعراق في ظل غياب اتفاقية تقاسم للمياه وهيكلية مشترك لادارة المياه في كل المنطقة.

مصادر المياه

السؤال البديهي الذي سيتم طرحه بعد استعراض هذه الفكرة هو: من أين سيأتي كم المياه

الهائل المطلوب لهذه المشاريع؟

تتميز المنطقة بوجود حوضي أنهار أساسيين: هما حوض الرافدين (دجلة والفرات)، وحوض نهر الأردن. يعتبر الأخير منظومة مياه محدودة تهيمن عليها الصراعات السياسية والمسلحة من أجل السيطرة على مياهه بين إسرائيل ولبنان وسوريا والأردن. أما حوض وادي الرافدين فأكبر بكثير وأكثر وفرة بالمياه وفيه إمكانيات كبيرة غير مستغلة. المشكلة الشائعة في المناطق شبه الصحراوية والصحراوية هي أن جزءا كبيرا من الهطولات المطرية تختفي بسبب التبخر أو التسرب عبر جريان المياه السطحية. ولكي يتم جمع وخزن أكبر كمية ممكنة من المياه من التساقطات المطرية يتطلب الأمر وجود بنية تحتية واسعة النطاق لإدارة الموارد المائية. تتكون هذه البنية التحتية من السدود والخزانات وقنوات المياه والأنابيب وشبكات التوزيع والري ووسائل الري الحديثة. هنا يكمن سر تعظيم الموارد المائية وترشيد استخدامها في هذه المنطقة. لكن بحكم كون نهري دجلة والفرات أنهار عابرة للحدود، فلا بد من وجود آلية مشتركة بين الدول المتشاطئة لتنظيم إدارة المياه وتقسيمها لتفادي الصراعات السياسية والعسكرية على المياه. ولا توجد لحد الآن اتفاقية بين تركيا وسوريا والعراق تنظم هذه الأمور، مما جعل دولة المنبع (تركيا) تنفرد بتقرير مصير المياه، وهو ما ترك دول المصب، سوريا والعراق، أمام أمر واقع مائي صعب في السنين الأخيرة.

إن من أكثر مشاريع البنية التحتية المائية طموحا في المنطقة هو «مشروع جنوب شرق الأناضول» (GAP) التركي (الشكل ٥) والذي يستمر العمل فيه منذ عقدين من الزمن. لكن هذا المشروع قد خلق مشاكل كبيرة لدول المصب، سوريا والعراق، لأنه يعيق الانسياب الطبيعي لمياه نهري دجلة والفرات. لكن الحل لا يكمن في وقف هذا المشروع، إنما في تنظيم وتوفيق طبيعته مع متطلبات واحتياجات بقية الدول، وفي ذات الوقت تطوير القدرات المائية غير المستغلة في العراق بالذات. كما ينبغي تأسيس منظومة مشتركة لإدارة المياه تضم تركيا وسوريا والعراق وحتى إيران التي تشترك مع العراق في بعض روافد نهر دجلة. ينطبق ذات الأمر على العلاقة بين مصر وأثيوبيا التي يثير مشروعها لبناء سد النهضة العملاق على نهر النيل الأزرق مخاوف جمة في مصر.

يتكون مشروع جنوب شرق الأناضول التركي الذي بدأ العمل فيه قبل ٢٢ عام ومصمم وفق مشروع «وادي تينيسي» الأمريكي في الثلاثينات، من بناء ٢٢ سد لإنتاج ٧,٤ جيغاواط من الكهرباء، ومن منظومة إدارة مياه وري والسيطرة على الفيضانات. يغطي المشروع ما يقارب ١٠٪ من مساحة أراضي تركيا ـ أي حوالي ٧٥ ألف كيلومتر مربع ـ وتسعة محافظات تركية في حوضي دجلة والفرات والسهول الجنوبية الشرقية لتركيا التي تتضمن ٢٠٪ من الأراضي الصالحة للزراعة في تركيا. يتضمن المشروع كل أنواع مكونات البنى التحتية الحديثة مثل الطرق وانتاج الطاقة وشبكات توزيعها والأنفاق وقنوات الري. وفقا لتقديرات الحكومة التركية، سيمكن سقي حوالي ١,٧ مليون هكتار من الأراضي عند اكتمال المشروع. ويمثل المشروع ٢٧٪ من مجمل إمكانيات توليد الطاقة الكهرومائية لتركيا التي يقف سد أتاتورك في مركزها.

ويوجد عدد كبير من السدود في سوريا والعراق على نهري دجلة والفرات وروافدهما، لكن لا يزال هناك الكثير مما يمكن فعله لتعظيم مستوى تخزين وإدارة المياه فيهما، خاصة في العراق، الذي لم يتم القيام ببناء أو حتى صيانة أي من السدود والمشاريع المائية الكبرى فيه لأكثر من ٢٠ عام بسبب الظروف السياسية والأمنية والاقتصادية، أو بسبب سوء الإدارة والفساد. ففي شمال العراق، حيث تنبع معظم روافد نهر دجلة من جبال زاجروس ولا تتأثر بالمشروع التركي، هناك الكثير من المشاريع المعطلة مثل مشروع سد بخمة على نهر الزاب الكبير. سيكون سد بخمة قادرا على خزن ١٧ مليار متر مكعب من المياه في خزانه وإنتاج

١٥٠٠ ميجاواط من الطاقة الكهربائية. إن بناء السدود الجديدة الكبيرة والمتوسطة والصغيرة وبناء القنوات وأنابيب نقل المياه والري، وصيانة ما تم بناءه سابقا، سيكون كفيلا بحماية البلد من الفيضانات السنوية في الربيع والجفاف في فصلي الصيف والخريف.

ثورة في طرق الري: كما ينبغي تغيير جميع طرق وتقنيات الري التقليدية جذريا في كامل المنطقة العربية ووضع قوانين صارمة لاستخدام المياه في الزراعة، واستخدام آخر التكنولوجيات في كل مكان من أصغر حقل إلى أكبر مشروع زراعي، وذلك للمحافظة على المياه وترشيد إستهلاكها والمحافظة على نوعية التربة. على سيل المثال، يجب وقف جميع أشكال السقي بالغمر في الحقول، والتحول إلى الري بالتنقيط في حقول زراعة الخضروات والفواكه أو الرش المركزي في حقول الحبوب. كما يجب إلغاء جميع القنوات والترع المفتوحة وغير المبطنة التي تتسرب مياه إلى التربة أو تتبخر بفعل حرارة الشمس، واستبدالها بقنوات كونكريتية مبطنة أو أنانيب لمنع التبخر. كما يجب تأسيس مشاريع صغيرة لحصاد الأمطار وخزنها في كل قرية باستخدام الحفر المبطنة بالبلاستيك أو أبراج المياه. وسيكون من واجبات وزارات الزراعة والري مساعدة وتدريب الفلاحين على استخدام وسائل الري بالتنقيط والرش المركزي وتوفير المواد الأساسية اللازمة لهذه العمليات. كما يمكن الاستفادة من خبرات الدول الأوربية في تقنيات الزراعة المغطاة، حيث يكون استهلاك المياه في الحد الأدنى، وحتى استخدام تقنيات الزراعة الهوائية (Aeroponics) وفي الأحواض المائية (Hydroponics) في منشأت مغلقة بحيث تكون نسبة تبخر المياه صفر.

لكن ستتطلب هذه التقنيات بناء منظومة إدارة مياه موحدة ورصينة واستثمارات كبيرة في مجال صناعة الأنابيب المعدنية والبلاستيكية والبيوت الزجاجية وغيرها. لن تكون هذه مشكلة كبيرة لأن دول المنطقة تمتلك كل الإمكانيات المطلوبة لهذا النوع من صناعة المواد والمعدات.

الشكل ٦
بعض معالم "خطة الواحة" التي طرحها لاروش، ١٩٩٠
مشاريع البنية التحتية المنتخة للتنمية في الشرق المتوسط

EIRNS

تعود جذور هذه الخطة لحل ازمة المياه في منطقة جنوب غرب اسيا الى وسط السبعينات، لكنها اصبحت خطة محددة الملامح حينما كان لاروش يقود حملة لوقف حرب الخليج الاولى. لاحظ وجود فكرة توسعة قناة السويس ضمن الخطة.

تحلية مياه البحر

من الأمور التي أصبحت واضحة لحكومات دول الخليج وغيرها من المناطق الساحلية الجافة في العالم، هو أن أحسن حل لضمان مياه الشرب وغيرها من الاحتياجات الحضرية والصناعات هو تحلية مياه البحر. لقد اتخذت دول المنطقة خطوات كبيرة في بناء محطات التحلية التقليدية على نطاق واسع جدا، حيث استثمرت بشكل مكثف في الاستخدام المزدوج لانتاج الطاقة وتحلية المياه بواسطة مصادر الوقود الأحفوري مثل النفط والغاز. يتم انتاج ثلثي المياه العذبة في العالم بواسطة التحلية في منطقة الخليج. وتنتج السعودية لوحدها ٢٥ مليون

متر مكعب من المياه في اليوم، وهو ما يساوي نصف ما يتم انتاجه عالميا. وتنتج الإمارات العربية المتحدة ٣ ملايين متر مكعب من المياه المحلاة يوميا.

لكن ستحتاج هذه الدول إلى مضاعفة انتاجها من المياه المحلاة إلى الضعفين و الثلاثة أضعاف من مستوى الانتاج الحالي في العقد القادم والذي يليه لتلبية الحاجات المتنامية للسكان والصناعات. سيرتفع استهلاك المياه حسب التقديرات الأولية في عام ٢٠١٢ من ٨ مليار متر مكعب سنويا إلى ١١ مليار متر مكعب في عام ٢٠١٦. ويتم التخطيط لاستثمارات هائلة لتغطية حاجات هذا القطاع حاليا.

لكن المشكلة الكبيرة التي تبرزها هذه التقديرات هي أن تحلية مياه البحر تعتمد على الطاقة الحرارية الناتجة عن حرق النفط والغاز الطبيعي. يشار إلى أن السعودية تستخدم ما يعادل ١,٥ مليون برميل نفط يوميا من الطاقة يوميا لانتاج الكهرباء والحرارة المخصصة لتحلية المياه. إن هذه خسارة اقتصادية صافية بالمعنى الفيزيائي لأن النفط والغاز هي مواد أولية أساسية للصناعات البتروكيمياوية والبلاستيكية قيمتها أعلى بكثير من قيمة ما تنتجه من طاقة عند حرقها. كما ان كثافة تدفق الطاقة الناتجة من حرق الوقود الأحفوري هي أقل بكثير من الوقود النووي.

التحلية النووية

إن أحد أهم الحلول القليلة والعاجلة لأزمة نقص المياه في المنطقة والعالم هو استخدام الطاقة النووية لتحلية مياه البحار، ولزيادة النشاط الصناعي في استخدام مصادر النفط والغاز الأحفورية في مجال البتروكيمياويات، التي سيأتي ذكرها أدناه. وكما تبين دراسات وكالة الطاقة الذرية فإن المفاعلات النووية المتوسطة الحجم مناسبة بشكل كبير لتحلية المياه، وعادة ما يترافق مع ذلك توليد الطاقة الكهربائية بحيث يتم استخدام البخار المضغوط في التوربينات المولدة للطاقة لتسخين المياه الداخلة من البحر للمحطة لمنظومة تبريد المفاعل.

يتم باستمرار تطوير التقنيات المستخدمة في مجال التحلية، لكن تشير كلها في اتجاه رفع الحرارة والضغط المستخدم في التحلية، وهو ما يمكن إنجازه بكفاءة كبيرة وبكلفة قليلة فقط عبر استخدام الطاقة النووية. أما مفاعلات الجيل الرابع النووية ذات الحرارة العالية فقد أثبتت أنها الأكثر كفاءة ومناسبة لعملية التحلية، لكن لا يتم الاستثمار في تطويرها وبنائها.

في اللحظة الراهنة تعتبر إيران الدولة الوحيدة في المنطقة التي تشغل محطة طاقة نووية تجارية مدنية. محطة بوشهر على الخليج هي ثمرة التعاون الروسي الإيراني، وتم افتتاحها عام ٢٠١١ ووصلت الى القدرة القصوى لانتاج الطاقة البالغة ١٠٠٠ ميجاواط في أغسطس ٢٠١٢. وتخطط إيران لبناء سلسلة من المفاعلات النووية على الخليج وبحر قزوين، حيث أعلنت عن نيتها استخدام هذه المفاعلات ليس لغرض انتاج الطاقة فقط، بل ولتحلية مياه البحر أيضا. وتعيش إيران اليوم أزمة مياه شديدة نتيجة لموجة الجفاف التي تستمر لعدة أعوام وتزايد الطلب على المياه.

وأعلن مجلس التعاون الخليجي في ديسمبر عام ٢٠٠٦ عن تفويض المجلس لدراسة حول الاستخدامات السلمية للتكنولوجيا النووية. وفي عام ٢٠٠٧ وقعت دول مجلس التعاون على اتفاقية مع الوكالة الدولية للطاقة النووية للعمل المشترك على دراسة جدوى لتأسيس مشروع إقليمي للطاقة النووية وتحلية المياه.

كانت الإمارات العربية المتحدة الدولة الأولى في مجلس التعاون الخليجي تطلق برنامج طاقة نووية. ففي عام ٢٠٠٩ تم تأسيس «مؤسسة الإمارات للطاقة النووية» (ENEC) في أبوظبي لتكون أداة الإستثمار في البرنامج النووي. وفي ديسمبر من ذات العام وقعت المؤسسة عقدا مع شركة الطاقة الكهربائية الكورية الجنوبية (KEPCO) لبناء أربعة مفاعلات نووية

بطاقة ١٤٠٠ ميجاواط لكل واحد منها بحلول عام ٢٠٢٠. وقد تم الشروع ببناء المفاعلات في موقع البراكة في أبوظبي في عام ٢٠١٢ ويجري العمل بسرعة كبيرة لإنجاز المشروع في موعده المحدد.

كما أعلنت المملكة العربية السعودية عبر مرسوم ملكي وقعه الملك عبدالله بن عبدالعزيز آل سعود في شهر أبريل عام ٢٠١٠ يوعز بتأسيس «جامعة الملك عبدالله للطاقة النووية والمتجددة». وبعد فترة وجيزة من صدور المرسوم أعلنت الحكومة السعودية عن خطط لبناء ١٦ مفاعل نووي بحلول عام ٢٠٣٠. وبخلاف البرنامج النووي الإيراني يلقى البرنامج السعودي والإماراتي ترحيبا من قبل الولايات المتحدة وحلفائها الغربيين، مما سيزيل العديد من العوائق، ويسرع خطط التنمية النووية في الخليج.

كما وقع الأردن في عام ٢٠١٣ اتفاقية لبناء أول مفاعل نووي في الأردن. وأعلنت الحكومة الأردنية أن الغرض الرئيسي من بناء المفاعل هو تحلية المياه. ويمتلك الأردن أحتياطيات هائلة من الفوسفات واليورانيوم، لكنها بحاجة إلى استثمارات في الطاقة والمياه لتستطيع تعدين هذه الموارد وتصنيعها. يمكن أن يتحول الأردن في مدة قياسية إلى دولة مصدرة لليورانيوم، وليس فقط الكعكة الصفراء، بل الوقود النووي المخصب أيضا.

لقد أصر ليندون لاروش منذ السبعينات على انه بدون التوجه نحو التكنولوجيا النووية لضمان أمن الطاقة والمياه في المنطقة، كما هو مبين في «خطة الواحة» (الشكل ٦) فلن يكتب لأية عملية سلام في المنطقة أن تدوم تحت الضغوط الاقتصادية التي ستخلقها شحة المياه والطاقة. أما الشعب الفلسطيني على وجه الخصوص، والذي حرمته إسرائيل حتى من المياه الجوفية القليلة المتوفرة في أراضيه، لن تكون لديه أية فرصة في البقاء بدون عمليات تحلية المياه على نطاق واسع. وقد أصدر برنامج التنمية التابع للأمم المتحدة تقريرا في عام ٢٠١٢ أعتبر فيه قطاع غزة منطقة «غير قابلة للحياة» بعد عام ٢٠٢٠ بسبب نضوب المياه الجوفية ونضح مياه البحر المالحة إلى خزاناتها الجوفية واختلاطها بالمياه العذبة. كما تعاني المدن الساحلية في لبنان وسوريا من نقص المياه، ولن يمكن تلبية حاجات هذه المدن من المياه إلا ببناء بنية تحتية حديثة لإدارة المياه الموجودة وتعزيزها بالتحلية النووية.

مستقبل النفط والغاز: الصناعات البتروكيمياوية

دق انهيار أسعار النفط العالمية بين عام ٢٠١٤ وبداية عام ٢٠١٦ (حينما وصل سعر برميل النفط إلى ما دون ٣٠ دولار) جرس الخطر في اقتصاديات كل الدول المصدرة للنفط، خاصة تلك المعتمدة اعتمادا شبه كلي على عوائد النفط. وأثار هذا الأمر تساؤلات واقعية حول مستقبل اقتصاد دول منطقة جنوب غرب آسيا. إن تنويع الموارد الاقتصادية ينبغي أن يكون من البديهيات كما نصح لاروش في أبوظبي في عام ٢٠٠٢.

لكن يجب التركيز على نقاط القوة الاقتصادية لهذه الدول وتفادي نقاط الضعف. مثلا لا تستطيع دول المنطقة أن تعتمد على الزراعة في تنويع مصادر الدخل والعملة الصعبة بسبب شح الموارد المائية وارتفاع درجات الحرارة، بالرغم من ضرورة أن تعتمد على انتاج أكبر قدر من الغذاء لاستهلاكها المحلي. لكن بوجود كميات كبيرة من النفط والغاز يمكن تحويل اقتصاديات هذه الدول من مصدرة للخامات إلى دول صناعية مختصة في البتروكيمياويات. تنبغي الإستفادة من رخص موارد الطاقة حاليا لبناء الصناعات البتروكيمياوية وتطويرها. تصل نسبة كلفة الطاقة من ٣٠ إلى حوالي ٦٠٪ من قيمة المنتجات الكيمياوية والبلاستيكية في دول الاتحاد الأوربي، وهذا يعطي دول منطقة جنوب غرب آسيا قدم السبق في هذا المجال.

لكن بوجود مصادر الطاقة النووية، ستتمكن هذه الدول من تحويل كميات كبيرة من النفط والغاز إلى سلع ذات قيمة مضافة عالية في السوق العالمية، بدلا من حرقها لانتاج الطاقة. وبالرغم من أن بعض دول الخليج قد بدأت بالإستثمار في بناء منشأت بتروكيمياوية ومصافي، إلا انها تركز فقط على انتاج المواد الأولية لصناعات الكيمياويات والبلاستيك، مثل الإيثيلين والبروبيلين والبوتيلين. لكن هذه المنتجات الأولية يتم تحويلها إلى مواد صناعية ثانوية ذات قيمة أعلى في أماكن أخرى من العالم مثل البوليميرات (البلاستيك) والمحاليل المذيبة والراتنجات والالياف والمساحيق المنظفة والأمونيا وغيرها من المركبات الاصطناعية. أما المنتجات النهائية خاصة البلاستيكية فتدخل في مختلف نواحي الحياة الاقتصادية والعملية وقيمتها عالية جدا مقارنة بالنفط الخام.

وتجعل خصائص البلاستيك الفريدة منها مادة مثالية للعديد من التطبيقات. من أهم مجالات استخدام البلاستيك هو التعليب والبناء. ويستهلك هذان التطبيقان ٦٠٪ من انتاج أوربا الغربية من البلاستيك. كما أن من مميزاته الأساسية هي إمكانية إعادة تدويره. يدخل البلاستيك اليوم في صناعة كل شيء تقريبا من خزانات المياه و علب الأغذية وقناني المشروبات إلى عجلات السيارات و إطارات النوافذ والسجاد الصناعي والأنابيب وألواح العزل الحراري ومعظم اللوازم والأجهزة المنزلية وحتى الأثاث والأجهزة الألكترونية. كما بدأ البلاستيك يدخل في صناعة السيارات بشكل كبير لخفة وزنه، مما يوفر استهلاك الوقود، ولسهولة تطويعه. أما القطاع الطبي فيكاد يتكون بشكل كلي من المنتجات البلاستيكية خاصة المواد ذات الاستخدام لمرة واحدة مثل حاويات وأكياس النفايات والحقن وأكياس الدم والأدوية والقفازات وحتى صمامات القلب والأجهزة المستخدمة في طب العظام والأطراف الصناعية وغيرها الكثير من المنتجات التي لا يفكر المرء انها مصنوعة من البلاستيك الذي أصله مادة بترولية خام.

إن البلاستيك والمواد الكيمياوية هي مواد المستقبل، وسيزداد الطلب عليها بشكل مستمر في المستقبل، خاصة في الاقتصاديات الصاعدة في آسيا. وتشير دراسات صناعة الكيمياويات الأوربية إلى أن الطلب على البتروكيمياويات ينمو بنسبة ٢,٥ سنويا من عام ٢٠٠٤ إلى عام ٢٠٢٠. ويزداد الطلب على الأيثيلين من ١٠٠ مليون طن في عام ٢٠٠٤ إلى ١٧٧ مليون طن في عام ٢٠٢٠. وتوقعت دراسة أعدها مجلس الصناعات الكيمياوية الأوربي (CEFIC) أن تهبط حصة انتاج أوربا من المنتجات الكيمياوية من ٣١٪ من الانتاج العالمي إلى ٢٧٪ بينما ترتفع حصة آسيا من ١٣٪ إلى ٢٣٪. أما حصة دول منطقة جنوب غرب آسيا فلم تتجاوز ٥٪. لكن الارتفاع التدريجي وتوسيع القاعدة الانتاجية في المنطقة من شأنه أن يعزز موقع هذه المنطقة في صناعة الكيمياويات العالمية بشكل سريع إذا حصل على الاستثمارات اللازمة.

إن من المزايا المهمة الأخرى لانتاج السلع النهائية من البلاستيك والكيمياويات، هو تشغيله لأعداد كبيرة من اليد العاملة، وذلك بخلاف انتاج المواد الخام والمواد الأولية. لذلك يجب تشجيع الاستثمارات في صناعة المنتجات الأكثر تعقيدا لمنح الأجيال المتنامية من الشباب فرص عمل منتجة. كما أن ارتباط الصناعات الكيمياوية والبتروكيمياوية بشكل وثيق بالبحث العلمي سيفتح آفاقا جديدا للشباب المتعلم في مجال البحث العلمي والابتكارات، وهو ما جعل الصناعات الكيمياوية ومراكز البحوث المرتبطة بها في فرنسا وألمانيا في السابق تخلق بيئة مثالية لإنتاج الاختراقات العلمية وفتح المجال لبروز العديد من المبتكرين والمخترعين. وكما يذكر تقرير المجلس الأوربي لبحوث الصناعات الكيمياوية في خاتمة تقريره: «بدون الصناعات الكيمياوية لن يكون هناك علم كيمياء، وبدون علم الكيمياء لن يكون هناك حل للتحديات التي تواجه العالم في المستقبل المنظور: ١٠ مليارات نسمة وما سينجم عنهم من مشاكل في توفير الطاقة والغذاء والمياه».

الهوامش

[*] لا يحبذ الكاتب إستخدام مصطلح «الشرق الأوسط» لأنه غير علمي أولا، وثانيا لأنه من تركات الإستعمار البريطاني والفرنسي، إذ أن قادة الإمبراطورية البريطانية كانوا ينظرون إلى العالم من وجهة نظرهم من لندن وباريس حيث يظهر لهم الشرق الأدنى والأوسط والشرق الأقصى باعتبارها من ممتلكاتهم. أما نحن فننظر إلى المنطقة من الفضاء وتبعا للتناسب الجغرافي للقارات. إن مفهوم «جنوب غرب آسيا» هو المعمول به في الوثائق الرسمية للأمم المتحدة في إشارتها إلى المنطقة الممتدة من حدود إيران مع أفغانستان إلى العراق ومنطقة شرق المتوسط والجزيرة العربية.

[١] تم تغيير تاريخ كتابة هذا الجزء من أكتوبر ٢٠١٤ في النسخة الأصلية باللغة الإنجليزية إلى فبراير ٢٠١٦ نظرا لمقتضيات الوضع الخطير في المنطقة وما تطلبه ذلك من تحديث للموضوع نوعا ما وبالإتفاق مع مؤسسة «إكزكتف إنتلجنس ريفيو» صاحبة حقوق نشر التقرير الأصلي. كما أن المترجم هو نفسه كاتب هذا الجزء من التقرير مما يعطي مساحة من الحرية للكاتب لتحديث النص. كما تمت إضافة ملحق إلى هذا الجزء في النسخة العربية حول «خطة إعادة إعمار سوريا».]

للإطلاع اكثر

يمكن الأطلاع على المزيد من الدراسات والمقالات والمحاضرات والأفلام التوضيحية على الموقع العربي لمؤسسة إكزكتف إنتلجنس ريفيو:
www.arabic.larouchepub.com
وموقع معهد شيللر: www.newparadigm.schillerinstitute.com

ملحق

مقترح مشروع
إعادة إعمار سوريا

بقلم: حسين العسكري و اولف سانمارك
By Hussein Askary and Ulf Sandmark

نوفمبر ٢٠١٥

لماذا نناقش إعادة البناء والحرب المدمرة مستعرة؟

الأمل يجعل من المرء إنسانا. إن الأمل في إعادة بناء البلد يحفز القدرات الإبداعية للإنسان، والإبداع هو ما يجعل روحه أقرب إلى الرب الخالق. حينما يرفع الانسان السوري بصره نحو رؤيا مرحلة إعادة الإعمار والتنمية في فترة ما بعد الحرب، فإن الأمة السورية ستكون قادرة على أن تبرهن بأوضح وسيلة على نظرتها للإنسان، بخلاف الشر والتدمير العبثي الذي يمثله عدوها. إن الأمل في مستقبل سوريا هو سلاح سوريا الأنجع والأقوى في مواجهة عدمية ولاإنسانية العدو.

إن مجموعة دول البريكس (المكونة من البرازيل وروسيا والهند والصين وجنوب أفريقيا) قد نجحت أخيرا في وضع قوة منظمة وراء الأمال والطموحات التي حلمت بها دول العالم الثالث في إعلان باندونج لمنظمة عدم الانحياز عام ١٩٧٧ وهي إخراج العالم من آفة الفقر والاستعمار. إن الطريقة الوحيدة التي يمكن أن تتبعها القوى المالية والاقتصادية الغربية لممارسة عملية النهب اليوم ضد دول البريكس ومن يتحالف معها هي طريقة زعزعة أمنها وإشاعة الفوضى فيها عبر الإرهاب والحروب الاقليمية التي يمكن أن تنتشر إلى كل دول آسيا الوسطى ومن هناك إلى الصين والهند وروسيا لكسر قدرة هذه الامم الكبرى على المقاومة وتولي زمام القيادة. إن سوريا هي في الخندق الأمامي لمواجهة هذه الالاعيب الجيوسياسية.

كيف يمكن تمويل إعادة إعمار أمة دمرتها الحرب؟

إن الحرية التي تناضل سوريا من أجلها هي أساس اقتصاد سوريا وحقها في خلق الإئتمانات والنقد. إن للشعب والأرض والموارد الطبيعية قدرات كامنة هائلة. يمكن رفع هذه القدرات الكامنة إلى مستويات أعلى عبر خطة إعادة إعمار وتنمية. قد يحتاج الفلاح أو المقاول إلى إئتمان (قرض) من شخص آخر أو جهة أخرى ليحول امكانيته الكامنة إلى فعلية. وبمقدور أمة حرة أن تقرر بنفسها أن تجعل قدراتها الكامنة أمرا واقعا. يتم ذلك حينما تقرر الأمة وقيادتها أن تمنح نفسها حقا إئتمانيا، مستخدمةً قدراتها الانتاجية المستقبلية كضمان لذلك الإئتمان (القرض). لإنجاز ذلك يجب تأسيس نظام مالي، يسمى «النظام الإئتماني». (راجع الفصل الثالث من الجزء الثاني من هذا التقرير).

تم تأسيس مثل هذا النظام الائتماني بعد انتصار الولايات الأمريكية في حرب التحرير

ضد الاستعمار البريطاني في عام ١٧٨٦. وإتباعا لنصيحة وزير المالية الامريكي الأول أليكساندر هاملتون، منح الكونجرس الأمريكي حق إصدار الائتمانات للبنك الوطني الأمريكي الذي نسق عملية إعادة الإعمار والتنمية الوطنية. واستقرت قيمة العملة الوطنية بسرعة وكذلك ديون الولايات التي نتجت عن الحرب، وذلك حينما تم توجيه الائتمانات الجديدة نحو المشاريع الانتاجية ذات الاولوية لدى حكومة الولايات المتحدة. تمكن رجال الاعمال الذين تم تكليفهم ببناء المشاريع من الشروع بأعمالهم مباشرة حال حصولهم على تلك الائتمانات. بهذه الطريقة تمت تعبئة كل طاقات الأمة إلى أقصى حد ونمى إقتصادها نتيجة لذلك، بالرغم من أن الولايات المتحدة كانت قد خرجت لتوها من الحرب المدمرة.

إن القاعدة الأساسية لنظام الائتمانات الهاملتوني (نسبة إلى اليكساندر هاملتون) هو مفهوم القيمة باعتبارها نابعة من القدرات الكامنة في المستقبل، وليس من الحالة المنهارة الحالية. من وجهة النظر هذه، يمكن اعتبار سوريا بلدا غنيا بمقدوره أن يمول ذاتيا القدر الأكبر من مجهود إعادة الإعمار لتحقيق القدرة المستقبلية لسوريا.

كيف يتم خلق الإئتمانات الهاملتونية لغرض إعادة الإعمار؟

إن نقطة الانطلاق لنظام الائتمانات هو إعلان خطة إعادة الإعمار والتنمية وهو إعلان يوضح خطوة بخطوة ما تنوي الأمة بدء العمل في بنائه من موعد محدد الآن وإنجازه في موعد محدد في المستقبل. بوجود هذه الخطة كركيزة يكون بمقدور الحكومة إصدار كمية الإئتمانات المطلوبة لتشغيل كل ما توفر من اليد العاملة والأدوات والمواد الأساسية. تمنح الحكومة التراخيص لكل مشروع ليتم الشروع به، وفي ذات الوقت توفر الإئتمانات لتمويله. يمكن تنفيذ وإدارة المشاريع أما من قبل شركات القطاع الخاص أو مؤسسات الدولة حسب الحاجة والقدرة والكفاءة.

لأجل إصدار مثل هذه الإتمانات الموجهة لإعادة الإعمار تحتاج الحكومة للبنك المركزي وأيضا لبنك جديد مخصص لإعادة الإعمار: نسميه هنا «البنك الوطني لإعادة الإعمار». بإمكان الأمة السورية أن توفر رأس المال الأولي الضروري «للبنك الوطني لإعادة الإعمار»، بذات الطريقة التي اتبعتها مصر مؤخرا في تعبئة جماهير شعبها لتمويل قناة السويس الجديدة، وذلك بإصدار سندات خاصة يشتريها المواطنون السوريون في الداخل والمهجر، وتكتتب الحكومة أيضا في البنك عبر البنك المركزي أو وزارة المالية.

سيكون لدى بنك إعادة الإعمار، بهذه الطريقة، رأسمال كافي يمكنه من إصدار إئتمانات. ينبغي للدولة السورية الاحتفاظ بالغالبية المسيطرة من السندات في بنك إعادة الإعمار. وإلى جانب خط الإئتمانات هذا، يجب على البنك المركزي أيضا إصدار «إئتمانات هاملتونية» مباشرة موجهة لبنك إعادة الإعمار. بواسطة هذه الإتمانات الإضافية (بين البنك المركزي وبنك إعادة الإعمار) سيكون بمقدور الدولة أن تدير ما يكفي من الإئتمانات لتحقيق أسرع عملية إعادة بناء ممكنة. حينما تمنح الدولة الترخيص لمشروع ما، يقوم بنك إعادة الإعمار بإطلاق ما يلزم من الإئتمانات إلى حساب مصرفي خاص بذلك المشروع. ثم تقوم مؤسسات الدولة أو الشركات الخاصة التي حصلت على عقد البناء من الدولة باستخدام ذلك الحساب المصرفي لدفع ما يلزم من نفقات شراء مستلزمات المشروع من مواد ومكائن وأدوات ودفع أجور العمال. تستمر هذه العملية حتى إنجاز المشروع. يكون المشروع المنجز هو ضمانة جميع الائتمانات الجديدة الصادرة من بنك إعادة الإعمار.

قد يسأل سائل عن ماهية السيولة التي سيتم تداول السلع والخدمات والأجور بها. لن تحتاج الدولة أو ووزارة المالية إلى إصدارات عملة ورقية توازي كمية الإئتمانات بالضبط، لأن

معظم التحويلات ستتم ألكترونيا بين البنوك وبين حسابات الشركات المشاركة في عملية البناء. لكن بالنسبة للتداولات الصغيرة الحجم والحاجات الاستهلاكية والأجور يمكن إصدار ما يكفي من العملة النقدية أو اللجوء إلى وسائل الدفع الحديثة بالبطاقات الألكترونية الذكية. لكن مع ذلك ولإتاحة حرية التصرف للأفراد والشركات والباعة وغيرهم يمكن استخدام العملة الورقية. لكن يجب أن تكون هذه العملة الوطنية غير قابلة للتحويل إلى عملات أجنبية وغير قابلة للتصدير والاستخدام في الخارج، وذلك للمحافظة على سعرها من التقلبات الخارجية للأسعار. أما بالنسبة للتحويلات إلى الخارج لشراء السلع والخدمات والسفر فيتم التحويل عبر ترخيص من البنك المركزي وعبر فروع البنوك الخاصة إلى العملة الأجنبية حسب الحاجة. يمكن تغيير هذه القيود بعد اكتمال المرحلة الأولى من إعادة الإعمار إذا تسببت في عوائق لحرية التجارة والحركة الاقتصادية. لكن يجب وضع قيود صارمة ضد المضاربة بالعملة. إن تقليل استخدام النقود والالتزام بالتحويلات الألكترونية سيحد من مشاكل الفساد والرشوة وغسيل الأموال، لأنه سيمكن السلطات المالية المختصة من مراقبة جميع التحويلات المالية.

كما يجب تأسيس نظام ضريبي ونظام جمركي رصينين بغرض توفير مورد مالي ثابت للدولة والمحافظات والحكومات المحلية تستطيع إعادة تدويره واستثماره في المزيد من مشاريع البنية التحتية والرعاية الصحية والتعليم والخدمات العامة الأخرى.

كيف يمكن تحفيز البنوك الخاصة للمشاركة في عملية إعادة الإعمار؟

إن حق إصدار الإئتمانات هو حق طبيعي لأية أمة لكي يتم استخدامها تحت إشراف الدولة من أجل إعادة الإعمار. ولا يجب إطلاقا إعادة تدوير تلك الإتمانات في المضاربات المالية أو الاستثمارات غير الموجهة نحو عملية البناء والانتاج. لذلك يجب عدم السماح قانونا للبنوك التجارية (Commercial Banks) بممارسة النشاطات الاستثمارية مثل مزاولة التداول بالأسهم والأوراق المالية أو إصدار السندات والأوراق المالية. هذا لا يعني تحريم البنوك الاستثمارية (Investment Banks)، بل يعني فصل البنوك التجارية عن أي نشاط استثماري من ناحية الملكية أو الموظفين أو مجالس إدارة البنوك والحسابات وغير ذلك، وفصلها فصلا تاما عن أي بنوك استثمارية (راجع الجزء الثاني حول فصل البنوك وقانون جلاس ستيجال الأمريكي).

بتشريع مثل هذا القانون في سوريا، سيمكن تحفيز البنوك التجارية للمشاركة في عملية إعادة الإعمار. حينها فقط سيمكن إعادة تدوير الإئتمانات من بنك إعادة الإعمار لتخلق بذلك موجات ثانوية جديدة في الاقتصاد الفيزيائي الحقيقي، حيث سيضاف رأس مال المصارف التجارية إلى عملية البناء عن طريق إقراض الشركات المشاركة في العملية أو تمرير جزء من إئتمانات (أموال) «بنك إعادة الإعمار» عبر حساب محدد في البنك التجاري الخاص إلى الشركات. ولا ينبغي لبنك إعادة الإعمار ولا البنك التجاري إصدار كميات أموال أكبر مما هو مطلوب للشروع في المشروع المحدد وإنجازه. علاوة على ذلك وطوال المدة التي تجري فيها عملية إعادة الإعمار، يجب مراقبة إئتمانات البنوك الخاصة بصرامة، بحيث يتم توجيهها وفقا لخطة إعادة الإعمار الى أصناف القروض المخصصة لتوفير المواد والخدمات الضرورية التي تحتاجها الشركات الصناعية والانشائية والزراعية والسكان.

بوجود نظام بنوك تجارية محدد بقوانين تنظم عمل هذه البنوك، سيكون بنك إعادة البناء قادرا على استخدام البنوك الخاصة لتحويل إئتماناته عبرها إلى رجال الأعمال الذين يحصلون على عقود مشاريع البناء وتنظيم حساباتهم ومدفوعاتهم. في هذه الحالة يذهب رجل الأعمال أو

سيدة الأعمال الحاملين لعقد مع الدولة إلى بنكهم المحلي الذي بدوره يقدم طلبا إلى بنك إعادة الإعمار للحصول على المبلغ المخصص للمشروع المرخص له.

هل الأمة مجبرة على الاقتراض من الخارج لتعيد إعمار اقتصادها؟

إن خاصية النظام البنكي الهاملتوني هي أنه يساعد على استغلال جميع الموارد البشرية والطبيعية داخل البلد إستغلالا أقصى، لكنه لا يستطيع دفع تكاليف ما يجب استيراده من الخارج. لكي يتم تسديد كلفة تلك الصادرات ستكون هناك حاجة إلى دخل بالدرجة الأولى. لكن ذلك بحد ذاته لن يكون كافيا لجهود إعادة الإعمار والتنمية. ستحتاج سوريا إلى قروض هائلة بالعملة الأجنبية لكي تتمكن من استيراد ما تحتاجه من مكائن ومعدات. يمكن ربط هذه القروض بخطة إعادة الإعمار وبالقيمة النهائية المتوخاة من المشاريع التي ستمولها هذه القروض. بهذه الطريقة يمكن تكييف هذه القروض ونسب الفائدة المرتبطة بها مع إمكانيات التسديد طويلة الأمد التي ستستمد من المشروع ذاته.

لا يمكن لسوريا ولا ينبغي لها التعويل على الحصول على أية قروض كبيرة من المؤسسات المالية الغربية المأزومة. لكن مع ذلك، هناك طريقة أخرى للحصول على الإئتمانات بالعملة الأجنبية حتى في خضم أزمة مالية، وذلك من خلال اتفاقيات تجارية ثنائية مع الدول الصناعية المصدرة (كل دولة على حدة وليس مع الاتحاد الاوربي مجتمعا مثلا). بهذه الطريقة يمكن لإحدى هذه الدول أن تقرر إصدار إئتمان حكومي أو ضمان بعملتها لتمويل عملية تصدير مكائن أو معدات أو مواد منها إلى سوريا. يمكن أن تؤمن مجموعة من هذه الاتفاقيات التجارية مع الدول المهتمة بالأمر ما تحتاجه سوريا من واردات من الخارج لإنجاز عملية إعادة البناء.

لقد أسست دول مجموعة البريكس مؤخرا «بنك التنمية الجديد» وهو جاهز لتوفير القروض لمشاريع التنمية. سيوفر «بنك التنمية الجديد» الإئتمانات وفقا للقدرة الكامنة المستقبلية للمشاريع، وليس من منظور القدرة الحالية على تسديد الديون للدول التي تحصل على هذه القروض للبدء بالمشروع. ذات المبدأ يتم تطبيقه من قبل العديد من صناديق التنمية الجديدة التي تم تأسيسها مؤخرا لدعم مشاريع طريق الحرير الجديد مثل «البنك الآسيوي لاستثمارات البنية التحتية» و «صندوق طريق الحرير» الصيني . هنا سيكون لسوريا المستقلة امكانية كبيرة للحصول على التمويل بالعملة الأجنبية لمشاريع البنية التحتية الاساسية الكبرى. كما يمكن الحصول على قروض ميسرة من «البنك العربي لاستثمارات البنية التحتية» المقترح تأسيسه في هذا الجزء من التقرير.

طالما أن المديونية للخارج في هذه النقلة النوعية الجديدة تتناسب مع المشاريع الجديدة التي يتم تحقيقها، فهذه مديونية حسنة لأنها قابلة للسداد من عائد وناتج المشاريع التي ستنجز. ويأتي ذلك بخلاف المديونية التي تنجم عن حاجة دولة فقيرة الى القروض الأجنبية لتسديد ديون قديمة أو لشراء الغذاء أو الوقود أو المواد الاستهلاكية التي تستهلك وتنتهي بدون بناء أو إنتاج ثروة جديدة. كلما ازدادت المديونية لرفع القدرة الكامنة المستقبلية للأمة كلما كان ذلك أحسن. مثل هذا الدين لن يكون قيد عبودية بل مقياسا لما تستثمره سوريا في بناء مستقبلها.

ماهي القدرات الكامنة التي ستنطلق في سوريا من خلال نظام إئتمانات؟

١. السكان هم الحاضنة الأساسية لكل الامكانيات

بدون إعطاء الأولية لتوفير الغذاء والإسكان الطارئ والرعاية الصحية والتعليم والعمل

الشكل 1

ارتباط سوريا بطريق الحرير الجديد والجسر البري العالمي

ممرا التنمية الرئيسيان لطريق الحرير الجديد عبر سوريا

تستطيع سوريا الاستفادة بشكل كبير جدا من موقعها الجغرافي للارتباط بطريق الحرير الجديد والجسر البري العالمي بين قارات اسيا واوربا وافريقيا. ينبغي مرور سكك القطارات وممرات التنمية في المرحلة الاولى لعملية اعادة البناء عبر المناطق السورية ذات النشاط الاقتصادي والسكاني سابقا والاستفادة من البنى التحتية الموجودة من قبل، مثل المناطق الزراعية في شمال شرق سوريا ومناطق انتاج النفط والغاز والمناطق ذات الوفرة المائية والمناطق الصناعية والسكانية الممتدة من حلب وجنوبا عبر دمشق الى درعا والاردن. تشير الأسهم الزرقاء الى نقاط التقاء "البحار الخمسة" بالجسر البري العالمي و طريق الحرير البحري.

لن يمكن إطلاق العنان للإمكانيات الكامنة للسكان. لهذا، يجب تحشيد كل الإمكانيات المتاحة والضرورية لكل الأمة من أعلى مستويات مؤسسات الدولة إلى أدنى مستوى للإدارة المحلية. بوجود نظام إئتمانات يمكن حتى للإدارات المحلية (المحافظات أو البلديات) أن تستفيد من الإئتمانات المباشرة من «بنك إعادة الإعمار»، وذلك بالإضافة الى مواردها ودخولها المحلية. سيؤدي ذلك إلى تحريك جميع الموارد البشرية والمادية المتوفرة محليا في بناء المدارس والمستشفيات وأنظمة الطاقة والمياه بالإضافة إلى وسائل انتاج الغذاء والحاجيات الأساسية الأخرى التي دمرتها الحرب أو أعاقتها. كما يمكن توجيه هذه الإئتمانات محليا الى أصحاب الأعمال الموجودين في تلك المنطقة الذين يرغبون في تأسيس شركات جديدة لتشغيلهم والاستفادة من خبرتهم وامكانياتهم.

على المستوى الوطني السوري، يدلل استهداف العدو لجميع الصناعات الدوائية والنسيجية وتدميرها بشكل شبه كامل على أهميتها الاستراتيجية القصوى، وذات الأمر ينسحب على قطاع النفط والغاز والصناعات البتروكيماوية. كما تعتبر عملية إعادة بناء زراعة الحبوب والقطن والصناعات النسيجية المرتبطة بها واجبا أساسيا في عملية إعادة الإعمار. ويجب التركيز على الصناعات الاستراتيجية التي لها امكانيات سابقة وخبرة ويد عاملة محلية. كما يمكن تمويل فيالق العمل المكونة من العاطلين عن العمل بتدريبهم وتأهيلهم للعمل في مشاريع البناء العامة مثل الإسكان والبنية التحتية، بحيث سيكونون بعد تخرجهم وانجاز المشاريع التي يعملون بها ضمن خطة إعادة الإعمار عمالا مهرة يمكنهم العمل في أي مجال جديد. ويمكن لوحدات الهندسة العسكرية في الجيش أن تلعب دور المؤسسة التعليمية لفيالق العمال وبذلك الاستمرار في الدفاع عن سوريا لكن عبر بنائها هذه المرة.

٢. إعادة بناء البنية التحتية والصناعات ذات القدرة

يمكن لسوريا أن تستخدم الإئتمانات الصادرة من «بنك إعادة الإعمار» لتمويل عملية

إعادة بناء البنية التحتية الأساسية: الطاقة، المياه، النقل والاتصالات والتعليم والصحة. يمكن التوسع في إصدار الإئتمانات إلى أن يتم تشغيل كل اليد العاملة والمواد والمكائن المتوفرة في البلد بشكل كامل. ويجب توجيه وتنظيم عملية بناء البنية التحتية لتنظيم ما يمكن تسميته «منصة بنية تحتية» على أعلى مستوى تقني وانتاجي ممكن. كما ينبغي استخدام تقنيات جديدة للاستفادة القصوى من موارد النفط والغاز الاستراتيجية لتطوير صناعات كيمياوية مثل الأسمدة والصناعات البلاستيكية والحديد والصلب والأدوية بحيث تكون القيمة المضافة لهذه المنتجات أضعاف قيمة النفط والغاز الخام. أما في سياق الطفرة النوعية التي أحدثتها مجموعة البريكس سيكون بالإمكان إعادة بناء البرنامج النووي السوري الذي استهدفته إسرائيل، وسيكون له دور كبير في انتاج الطاقة وتحلية مياه البحر وخلق مجالات تقنية وعلمية عديدة كناتج ثانوي للبرنامج النووي.

٣. فرص التكنولوجيا الجديدة في عملية إعادة الإعمار

يجب توجيه الاهتمام والإئتمانات نحو إيجاد فرص لتحقيق طفرات في الارتقاء التقني حين يتم استبدال المعدات القديمة المدمرة بأخرى جديدة على كل حال. على سبيل المثال، يمكن إضافة أسلاك الألياف البصرية لشبكات للاتصالات حين تتم إعادة نصب أو حفر أسلاك شبكات الطاقة الكهربائية الجديدة. أو بناء سكك حديد حديثة وطرق سريعة بدل الطرق القديمة. سيكون المعيار الاساسي لتحديد أي التقنيات ينبغي استخدامها هو كثافة تدفق الطاقة فيها.

٤. الاستفادة من طريق الحرير الجديد في سوريا

إن الامكانيات المتاحة لربط البنية التحتية الأساسية السورية بطرق النقل والتجارة بين البحر المتوسط والمحيط الهندي والبحر الأحمر وبحر قزوين والبحر الأسود كانت جزءا من الرؤية التي طرحها الرئيس بشار الأسد قبل هذه الأزمة تحت مسمى «استراتيجية البحار الخمسة».

إن النمو الهائل لدول مجموعة البريكس وكل مبادراتها لتنمية وبناء استراتيجية «طريق الحرير الجديد» في البر والبحر سيشع عبر سوريا إذا كانت هذه الرؤية هي البوصلة التي تحدد اتجاه عملية تخطيط مشاريع البنية التحتية الجديدة في سوريا. إن الطفرة النوعية التي يحدثها «طريق الحرير الجديد» اليوم تضع أحلاما عن تشجير الصحراء على طاولة البحث الاقتصادية والعلمية العملية. إن مكافحة التصحر ومحاولة تقليص تأثير أو إيقاف العواصف الرملية والترابية واستصلاح أراضي صحراوية للزراعة والرعي قد تكون مشروعا مشتركا يجمع الدول المتصارعة في المنطقة حول مشروع تعاوني موحد للاستفادة القصوى من الموارد المائية الموجودة في المنطقة ككل وخلق مصادر جديدة عبر تحلية مياه البحر على سبيل المثال.

كيف سيمتد طريق الحرير الجديد عبر سوريا؟

١. عبر بغداد وطهران

إن استراتيجية الصين الحالية لتطوير طريق الحرير القديم المسماة رسميا «حزام واحد وطريق واحد» وتحويله إلى ممرات تنمية باستخدام طرق النقل والبنية التحتية الحديثة، بدأ بالوصول إلى أوربا وكذلك إلى جنوب غرب آسيا وإلى أفريقيا. سيتم بناء طريق بري بسكك حديد عبر إيران من مشهد في الغرب إلى باختران في الشرق على الحدود مع العراق وإلى بغداد وعمان ثم إلى مصر عبر خليج العقبة. سيمر هذا الطريق القاري بالقرب من سوريا

ويجعل من السهل ارتباط سوريا عبر دير الزور بامتداد نهر الفرات. بهذا الشكل سيتم إعادة بناء طريق الحرير القديم الذي كان يمتد من البصرة في العراق إلى بلاد الشام عبر نهر الفرات، لكن هذه المرة بواسطة سكة حديد للقطارات الحديثة وأنابيب نقل الطاقة والنفط والغاز من الخليج إلى المناطق الصناعية في الرقة وحلب. هذا الخط سيكون الجزء الاساسي من ممر التنمية لسوريا.

سيكون هذا الممر جزءا مهما من عملية إنجاز استراتيجية «البحار الخمسة» حيث سيربط سوريا بالخليج والبحر العربي والمحيط الهندي. كما سيربط هذا الخط سوريا ببحر قزوين. كل هذه الخطوط التجارية ستستمر نحو سوريا والبحر المتوسط بحريا إلى وأوربا وبريا عبر تركيا. لكنه سيكون جزءا مهما من عملية تنمية المناطق المدمرة في شمال سوريا وتنمية وتوسيع مينائي طرطوس واللاذقية. الخطوة التالية ستكون فتح طريق الحرير القديم عبر دير الزور ومدينة تدمر الأسطورية التي كانت المحطة الغربية لطريق الحرير القديم القادم من الصين. من هناك سيستمر الخط من بغداد إلى دمشق وبيروت. قبل الحرب هذه، كانت مدينة تدمر التاريخية تحتضن مهرجانا سنويا حول طريق الحرير.

٢. خط دمشق ـ القاهرة

إن عملية التنمية الحيوية الجارية في مصر الآن، التي ستتوج ببناء مناطق صناعية ضخمة جديدة على ضفاف قناة السويس الجديدة، ستصل إلى سوريا حينما يتم ربط منطقة السويس بالعقبة وعمان عبر سيناء التي بدورها ستنمو. ويجب إعادة بناء سكة حديد دمشق ـ عمان وشمالا عبر المدن السورية الكبيرة حمص وحماة وحلب. بهذه الطريقة سيتم ربط منطقة البحر الأحمر بشبكة بنية تحتية بسوريا والعراق والشاطيء الشرقي للبحر المتوسط. كما أن المشاريع المستقبلية لمصر مثل ممر التنمية أو الممر الأفريقي لربط دول حوض النيل عبر السودان وأثيوبيا وكينيا ودول البحيرات العظمى، سيقرب أفريقيا بأكملها من المشرق العربي.

كما ينبغي إستئناف مشروع ربط شبكة الغاز الطبيعي العربي من مصر إلى سوريا ولبنان الذي سيرتبط عند حمص بخط الغاز العراقي الأيراني مشكلا شبكة غاز شرق أوسطية موحدة ستكون مصدرا للطاقة والمواد الأولية لمختلف الصناعات الحديثة في سوريا وجاراتها، هذا بالإضافة إلى فتح بوابة تصدير إلى أوربا عبر الموانئ السورية. وستستفيد سوريا مرتين، مرة باستخدام هذا الغاز ومرة بالحصول على أجور العبور (الترانزيت) لهذا الغاز المصدر إلى اوربا.

٣. الرابط الشمالي من أوربا، البحر الأسود وروسيا.

حينما تفتح الحدود السورية التركية مجددا، سيصبح الشمال السوري مركز تقاطع الطرق لسكك الحديد عالية السرعة بين أوروبا وآسيا وأفريقيا. هذه الحقيقة ستجلب طاقة جديدة الى المناطق المدمرة بالحرب في الشمال السوري مثل الحسكة وقامشلي وحلب وحمص وحماة. في كل واحدة من هذه المدن يمكن بناء منظومة نقل جديدة بسرعة باستخدام أحدث تقنيات سكك الحديد مثل القطار المغناطيسي (ماجليف). كما أنها يمكن بنائها على جسور ترتفع عن الأرض على أعمدة لتجنب التقاطع مع حركة الطرق وغيرها من شبكات البنية التحتية على الأرض وكذلك تجنب حفر وتدمير الآثار التاريخية المطمورة تحت سطح الأرض في حال بناء شبكة مترو انفاق مثلا. إن شبكة النقل المحلية وغيرها من البنى التحتية الأساسية ستدمج المدن هذه وأريافها في ممر تنمية شمالي ـ جنوبي عبر غرب سوريا كلها مستفيدا من حركة النقل بين اوروبا وافريقيا. كما سيرتبط البحر الأسود بسوريا عبر ميناء سامسون في شمال تركيا الذي يعتبر المحطة النهائية «لخط الفايكينج» الجديد المزمع بناؤه الآن والممتد من ميناء

كلايبيدا في لتوانيا على بحر البلطيق والذي سيجلب التجارة من السويد واسكندنافيا ومنطقة بحر البلطيق الى البحر الأسود وجنوب غرب آسيا.

٤. رابط البحر المتوسط

بعد افتتاح قناة السويس الجديدة في شهر أغسطس من هذا العام، ستتمكن السفن العملاقة من جلب شحنات هائلة من السلع التجارية من الصين وشرق آسيا على «طريق الحرير البحري» إلى منطقة شرق البحر المتوسط. ويتم الآن التخطيط وبناء سلسلة موانيء عملاقة جديدة في الشاطيء الاوربي للبحر المتوسط مثلا في بيرايوس في اليونان وكروتون وجيويا في جنوب ايطاليا، لاستيعاب هذا الحجم الجديد من التجارة، حيث يتم بناء سكك حديد عالية السرعة من جنوب أوربا عبر جبال الألب إلى شمال اوربا وعبر دول البلقان أيضا، مثلا بواسطة سكة حديد من ثيسالونيكي على طول نهر أكسيوس/ فاردار ودرينا شمالا حتى يصل إلى الشريان الرئيسي للنقل النهري الاوربي على نهر الدانوب. ويستوعب ممر الدانوب جزءا من حركة التجارة والنقل الهائلة مع منطقة نهر الراين الكبرى في المانيا وهولندا. يمكن أن تستفيد سوريا من جزء من هذه التجارة الهائلة عبر مينائي طرطوس واللاذقية اللذين ينبغي توسيعهما وتحديثهما.

ينبغي أن تتحول كل منطقة حوض البحر المتوسط إلى منطقة تنمية اقتصادية لمواجهة الأزمة الاقتصادية العالمية والبطالة المستشرية في جنوب اوربا وشمال افريقيا. ولتمكين ذلك قام فريق عمل من مؤسستنا «إكزكتف إنتلجنس ريفيو» بوضع خطة مارشال جديدة للمنطقة بعنوان «برنامج لتحقيق معجزة اقتصادية في جنوب أوربا ومنطقة البحر المتوسط وأفريقيا» (راجع الجزء التاسع).

خلاصة القول

لأجل وقف الحرب المدمرة في سوريا والعراق وليبيا ووقف الهجرة الجماعية، لا بد من أن تذعن اوربا والولايات المتحدة للحاجة الملحة للتعاون مع دول البريكس حول هذه البرامج الانمائية. بهذه الطريقة ستتمكن الدول الغربية ذاتها من البدء بإعادة بناء اقتصادياتها المأزومة نفسها، بدلا من الوقوع في فخ الحروب الأقليمية والعالمية والانهيار الاقتصادي التام بسبب إفلاس النظام المالي والمصرفي الغربي. إن هذه الخطة ليست مجرد مساعدة من الخارج لسوريا أو دول المنطقة، بل هي عملية موجهة لإحداث نقلة نوعية في طبيعة النظام العالمي الاقتصادي والسياسي على حد سواء، بحيث تستفيد جميع الأطراف كما عبر عن ذلك الرئيس الصيني شي جينبينج بوصفه برنامج «حزام واحد، طريق واحد» بقوله أنه يمثل سياسة «رابح ـ رابح» حيث تستفيد جميع الأطراف من التعاون، وبخلافه تخسر بسبب التنازع.

الجزء السابع

المساهمات الأساسية لشرق وجنوب شرق آسيا

على اليابان أن تعود إلى قيادة القطاع النووي

مايكل بيلينجتون
By Michael Billington

سبتمبر ٢٠١٤

أصبحت اليابان بعد الحرب العالمية الثانية، مثلها مثل ألمانيا، أمة رائدة في التنمية الصناعية والتكنولوجية المتقدمة والتي تتمثل في إنجازاتها الهندسية الإستثنائية في مجال صناعة المكائن والآلات الصناعية. وتمكنت اليابان على وجه الخصوص من بناء صناعة توريد مكونات التكنولوجيا النووية، في الوقت الذي تركت أمم أخرى امكانياتها الصناعية في ذات المجال تتأخر وتندثر. وأصبحت اليابان جزءا لا يمكن التخلي عنه لقطاع الطاقة النووية العالمي. فإذا تم تنفيذ الرؤية التي طرحتها دول البريكس لتأسيس نظام اقتصادي عالمي جديد، فسيكون قطاع الصناعة النووية الياباني مكونا أساسيا وضروريا من ذلك النظام.

لكن مع ذلك، أغلقت جميع المفاعلات النووية في اليابان أبوابها اليوم وتوقفت عن العمل، وبهذا أصبحت الصناعات الداعمة لها في خطر.

فبعد الهزة الأرضية الكبرى التي ضربت اليابان في مارس ٢٠١١ والتي تبعها طوفان التسونامي الذي قتل أكثر من ١٥ ألف شخصا، قررت حكومة اليابان التي كان يقودها الحزب الديمقراطي الياباني "الأخضر"، أن تركز أقل على كارثة التسونامي الكبرى وتضع بدلا من ذلك كل اهتمامها على الأضرار التي لحقت ببعض مفاعلات محطة فوكوشيما النووية. وبالرغم من أن الأضرار التي لحقت بالمفاعلات النووية أجبرت الآلاف من المواطنين على الانتقال إلى أماكن أخرى إحتياطا، إلا أن عدد ضحايا تلك الحادثة لم يتجاوز الصفر. وتم إغلاق كل المفاعلات الخمسين في اليابان. وعلى الرغم من جهود الحكومة الجديدة التي يقودها الحزب الليبرالي ورئيس الوزراء شينزو آبي لإعادة فتح بعض هذه المفاعلات، إلا أنها بقيت كلها مغلقة حتى موعد كتابة هذا التقرير في سبتمبر ٢٠١٤.

في ذات الوقت، تسعى الحكومة الخضراء في ألمانيا بقيادة المستشارة أنجيلا ميركل إلى القضاء نهائيا على برنامج الطاقة النووية في البلد الذي يعتبر القوة الصناعية الأكبر في كل أوربا. ولم تتمكن المعارضة القوية لهذه السياسة غير الحكيمة في كل من اليابان وألمانيا من تغيير سياسات حكومتي البلدين.

لكن الظروف الجديدة التي برزت نتيجة لجهود دول البريكس توفر اليوم منفذا جديدا لاستعادة اليابان لدورها المهم في هذا المجال.

يابان واحدة أم إثنتان

Japanese Steel Works

مثال على القطع الفولاذية المطروقة وهي من المكونات المطلوبة لمفاعلات الانشطار النووي، والتي تصنعها شركة الصناعات الفولاذية اليابانية.

لقد أصر ليندون لاروش دوما على أهمية أن يفهم العالم أن هناك يابانين ـ إحداهما هي اليابان التي تأثرت تأثرا كبيرا بالنظام الاقتصادي الأمريكي، والأخرى تأثرت بنظام الإمبراطورية البريطانية. فبعد إصلاحات مايجي (Meiji Restoration) في عام ١٨٦٨ شهدت اليابان تحولا جذريا نحو العصرنة وهو ما تم تنفيذه بالتعاون مع بعض أهم مناصري النظام الأمريكي للاقتصاد السياسي المرتبطين بالرئيس أبراهام لينكولن. لكن البريطانيين كانوا أيضا يتمتعون بتأثير قوي في اليابان، حيث حاولوا إقناع قادة اليابان أن بلدهم، مثله مثل بريطانيا، هي دولة جزيرة لا تملك الكثير من الموارد وأن عليها أن تتبع نموذج الإمبراطورية البريطانية العسكري الإستعماري الذي يعتبر الغزو والاستعمار الوسيلة الضرورية للحصول على الموارد الأولية التي تحتاجها لتطوير اقتصادها الصناعي.

لكن قادة اليابان في عهد إصلاحات مايجي اختاروا نموذج النظام الأمريكي للتعاون السلمي بين الأمم، والإئتمانات الموجهة والتعليم العام، بحيث تحولت اليابان إلى دولة صناعية حديثة خلال بضعة عقود فقط. لكن في تسعينات القرن التاسع عشر إزداد النفوذ البريطاني في اليابان بسرعة كبيرة. وبالرغم من أن بريطانيا كانت تتحكم بالصين واقعا (عبر إخضاعها بعد حربي الأفيون اللتين شنتهما بريطانيا على الصين خلال القرن التاسع عشر)، إلا أنها كانت في ذات الوقت تهيئ اليابان بسرعة لشن حرب على الصين، وتضمنت تلك التحضيرات قيام بريطانيا بتوفير معلومات استخبارية كاملة حول قدرات الصين العسكرية ونقاط ضعفها. وفي عام ١٨٩٤ تمكنت اليابان من تدمير الأسطول البحري الشمالي للصين بالكامل في البحر الأصفر، وذلك في سياق حرب اليابان ضد الصين لانتزاع سيطرتها على كوريا. وتوجه البريطانيون بعد ذلك إلى تأسيس تحالف عسكري مع اليابان، والذي كان غرضه وقف توجه روسيا الفعال نحو فتح طريق بري إلى آسيا عبر سكة الحديد السيبيرية التي كانت تهدد بإضعاف سيطرة بريطانيا على آسيا من خلال سيطرتها على طرق التجارة البحرية. وكما ورد في الجزء الرابع، كانت فكرة بناء سكة الحديد القارية ذاتها نابعة من استلهام قادة روسيا لفكرة النظام الاقتصادي الأمريكي في القرن التاسع عشر.

وشنت اليابان بالفعل الحرب على روسيا في عام ١٩٠٥، وفي هذا السياق أسست وجودا عسكريا دائميا في المقاطعات الشمالية الشرقية للصين، وهكذا قطعت آخر رابط عبر سكك الحديد بين منشوريا في الصين وسكة الحديد السيبيرية الروسية. وفي الثلاثينات من القرن العشرين، شنت اليابان حربا شاملة على الصين، وبهذا دخلت فعليا في الحرب العالمية الثانية بدعم ظاهر من الإمبراطورية البريطانية وعملائها في أمريكا في المؤسسات المصرفية في وول ستريت وعلى رأسهم توماس لامونت (Thomas Lamont) من بنك "جي بي مورغان"، الذي مول حملات ترويج سياسية لحث الولايات المتحدة على تأييد الحرب اليابانية على الصين.

ولم ترجع اليابان إلى مظلة النظام الاقتصادي الأمريكي الحقيقي، إلا بعد الحرب العالمية الثانية المدمرة وارتكاب جريمة الإبادة الجماعية بحق الشعب الياباني عن طريق إلقاء قنبلتين نوويتين على هيروشيما وناجاساكي (وهو ما لم يكن ضروريا من الناحية العسكرية) بقرار من الرئيس هاري ترومان المتعاطف مع الإمبراطورية البريطانية، وكل ذلك حدث بعد وفاة

الرئيس فرانكلن روزفيلت. لكن عودة اليابان إلى النظام الأمريكي كانت تحت قيادة الجنرال الأمريكي دوجلاس ماك آرثر (Douglas McArthur) حيث أصبحت اليابان إحدى أكبر القوى الصناعية على وجه الأرض، ودولة رائدة في مجال الطاقة النووية للأغراض السلمية.

ولكن الآن أصبح الدور القيادي لليابان في مجال الطاقة النووية السلمية في حالة من الفوضى والإرتباك، في اللحظة التي يشن فيها رئيس الوزراء آبي هجوما عنيفا على الدستور الياباني السلمي الذي كان دليل اليابان منذ نهاية الحرب العالمية الثانية، حيث يريد آبي "إعادة تفسير" الدستور للسماح بفكرة "الدفاع الجماعي" كوسيلة للمشاركة مع الولايات المتحدة في حرب محتملة على الصين.

International Nuclear Safety Center at ANL

ينعكس موقع اليابان باعتبارها مركزا رئيسيا للتكنولوجيا النووية في المواقع النووية العشرين العاملة في عام ١٩٩٩ عندما تم رسم هذه الخريطة.

العالم بحاجة إلى يابان مسالمة ومنتجة

تعاني اليابان اليوم من سياستها المعادية للطاقة النووية، بحيث تضطر إلى استيراد كميات هائلة من الوقود الأحفوري للمحافظة على انتاجها من الطاقة الكهربائية. لكن هذه السياسة تهدد أيضا الدول التي تعتمد على صناعات المكونات النووية اليابانية، بالإضافة إلى حاجة العالم إلى مساهمة اليابان في إحداث الطفرات الضرورية في مجال طاقة الدمج النووي.

في واقع الحال، هناك خطط موضوعة لإعادة تشغيل بعض المحطات النووية، لكن يتم تأخير موعد ذلك باستمرار. في عام ٢٠١٣ أعلنت شركة آريفا الفرنسية وهي من كبريات الشركات الموردة للمكونات المستخدمة في محطات الطاقة النووية اليابانية، أن طوكيو تخطط لإعادة تشغيل ٦ مفاعلات بحلول نهاية عام ٢٠١٣. وقال المدير التنفيذي لشركة آريفا، لوك اورسيل، "بإعتقادي ستتم إعادة تشغيل ثلثي المفاعلات" خلال بضعة شهور. لكننا الآن في خريف عام ٢٠١٤ ولا زلنا نسمع الوعود بإعادة تشغيل بعض المفاعلات في نهاية العام. ولا يزال رئيس الوزراء آبي ملتزما باستعادة قدرات اليابان لتصدير المفاعلات النووية للخارج، ولكن لم ينتج عن ذلك توقيع أية عقود.

إن أكبر خطر يواجه قطاع صناعة الطاقة النووية الياباني - أي الصناعات الهندسية الثقيلة والبحث والتطوير - هو أن كوادره تتناقص بشكل كبير وتتضائل قدراته التكنولوجية. ولن تستطيع مصادر الطاقة "الخضراء" الأخرى ذات الكثافة الواطئة من تدفق الطاقة مثل طاقة لرياح والطاقة الشمسية وغيرها من أنواع ما تسمى الطاقة المتجددة أبدا تلبية احتياجات اليابان المتزايدة من الطاقة. وتوفر الحقائق التالية أمثلة على اعتماد الصناعة النووية العالمية على اليابان:

لا تزال شركة "الصناعات الفولاذية اليابانية" (Japan Steel Works- JSW) اليوم الشركة الأشهر والأكثر تنوعا في منتجات الفولاذ المطروق عالميا، وقادرة على تصنيع ١٢ منظومة طاقة نووية في العام. وتنتج هذه الشركة قوالب مطروقة (forgings) لأوعية الضغط للمفاعلات النووية، ومولدات الطاقة البخارية، والقضبان المحورية (shafts) للتوربينات، وتسيطر على ٨٠٪ من السوق العالمية لقطع المفاعلات النووية المطروقة الكبيرة الحجم. وتنتج شركة "الصناعات الفولاذية اليابانية" المكونات والقوالب المطروقة التي تتوافق مع اللوائح التنظيمية للجنة الأمريكية للطاقة النووية منذ عام ١٩٧٤، وتوجد ١٣٠ من الأوعية الفولاذية للمفاعلات التي صنعتها هذه الشركة في مفاعلات نووية قيد التشغيل اليوم في

مختلف دول العالم. لا تمتلك الولايات المتحدة اليوم أية إمكانيات لصناعة مثل هذه المكونات المطروقة. وتصنع روسيا أوعية مفاعلاتها بنفسها، لكنها ذات تصميم مختلف، ولا يمكن إستخدامها إلا في المفاعلات التي تبنيها روسيا. إن الصناعة النووية العالمية صناعة مترابطة ومتداخلة ومعتمدة على المنتجات الهندسية اليابانية. على سبيل المثال، لدى الهند خطة لبناء مجموعة مفاعلات بطاقة إجمالية قدرها ٩٩٠٠ ميجاواط في جايتابور في ولاية ماهاراشترا، والتي ستصبح أكبر مجمع من المفاعلات النووية في العالم. وحصلت شركة آريفا الفرنسية على عقد من الهند لتوريد مفاعلين بسعة ١٦٠٠ ميجاواط لنصبهما في محطة جايتابور. لكن آريفا لا تستطيع أن تنتج أوعية الضغط الضخمة هذه، والتي يجب طرقها في مصانع شركة "الصناعات الفولاذية اليابانية". علاوة على ذلك، لدى الهند خطط لبناء ما سعتها ٢٠ جيغاواط من المحطات النووية خلال ١٠-١٥ عام. ويجب بناء بعض أوعية الضغط لهذه المفاعلات بطريقة الطرق البارد في مصانع شركة "الصناعات الفولاذية اليابانية"، بغض النظر عن أي الشركات الغربية ستحصل على عقد بناء هذه المحطات. فإذا لم تتمكن حكومة آبي من إعادة إحياء الصناعة النووية في اليابان وتحل أزمة الطاقة الحالية في البلد، فمن المستبعد أن تستطيع شركة "صناعات الفولاذ اليابانية" من توريد أي من أوعية الضغط للهند أو الصين أو أية أمة أخرى خلال الأعوام القادمة.

بالإضافة إلى الشركة السابق ذكرها، تعتبر "شركة آي إتش آي" (IHI Corporation) من الشركات الصناعية اليابانية الرائدة التي تساهم مساهمة مهمة في صناعة المفاعلات النووية. وفقا لموقع الشركة على شبكة الانترنيت، تصنع الشركة أوعية المفاعلات، وحاويات العزل الأولية للمفاعلات، ومنظومات الأنابيب. تستخدم هذه المكونات في المفاعلات التقليدية والمتقدمة التي تستخدم الماء المغلي. وقد بدأت الشركة مؤخرا بتوريد مكونات مفاعلات الماء المضغوط أيضا. وأسست الشركة في عام ٢٠١١ شركة استثمارية مشتركة مع "شركة توشيبا" لصناعة أجزاء التوربينات البخارية لمحطات الطاقة النووية المحلية ولغرض التصدير أيضا. إسم الشركة الاستثمارية المشتركة الجديدة هو (Toshiba IHI Power Systems Corporation). كما أن شركة "آي اتش آي" هي من حاملي الاسهم في شركة ويستنجهاوس الأمريكية.

من الشركات اليابانية الأخرى التي توفر أوعية الضغط وأوعية الحاويات الأولية للمفاعلات هي شركة "بابكوك - هيتاتشي كي كي" (Babcock-Hitachi KK) والتي يقع مقرها في مدينة يوكوهاما. تستخدم أوعية الضغط التي تنتجها هذه الشركة في مفاعلات الماء المغلي. خلال الاربعين عام من عمر وجودها أنتجت هذه الشركة ١٥ وعاء لمفاعلات من هذا النوع. بالإضافة إلى ذلك، وفرت الشركة معدات لمفاعلات أستنسالية سريعة والمفاعلات ذات الحرارة العالية (HTR) المبردة بالغاز، علاوة على مفاعلات الماء الخفيف.

وتطول قائمة هذه الشركات اليابانية بحيث لا يمكن حصرها هنا. وبالإضافة إلى قدرات الهندسة الثقيلة اليابانية التي تجعل العديد من الشركات ذات الرأسمال الكبير في اليابان وأوربا والولايات المتحدة قادرة على استلام طلبات لبناء مفاعلات نووية في كل أرجاء العالم، فإن اليابان قد أنجزت قدرا هائلا جدا من عمليات البحث والتطوير في حقل التكنولوجيا النووية. وفي واقع الحال كانت اليابان رائدة في البحث والتطوير منذ الثمانينات في مجال طاقة الدمج النووي الحرارية، وهو مصدر الطاقة الضروري للمستقبل. وهي شريكة في برنامج توكاماك "المفاعل الحراري النووي التجريبي العالمي" (ITER) في مجال بحوث الدمج المغناطيسي (magnetic fusion). ويتضمن هذا البرنامج دولا مثل الولايات المتحدة وروسيا والهند والاتحاد الاوربي وكوريا الجنوبية والصين. ومن ضمن أهم مساهمات اليابان في حل أهم تحديات طاقة الدمج النووي، تولي اليابان موقع القيادة في تطوير "المنشأة الدولية لتشعيع مواد

الدمج" (International Fusion Materials Irradiation Facility). وجرت عمليات تحديث دورية على مفاعل التوكاماك ٦٠ الياباني (JT-٦٠ Tokamak) منذ افتتاحه في عام ١٩٨٥، بينما سيحتوي النموذج الجديد من المفاعل (JT-٦٠AS) المتقدم جدا والذي يتم بناؤه حاليا على مغناطيسات فائقة التوصيل. كما تميزت اليابان في بحوث الدمج النووي بطريقة "حصر القصور الذاتي" (inertial confinement fusion).

كما تم تحديث منشأة بحوث الليزر في جامعة أوساكا (GEKKO XII)، والتي تأسست في عام ١٩٨٣، من أجل دفع عملية الدمج باستخدام الليزر إلى مرحلة انتاج الطاقة. هذه هي اليابان التي يحتاجها العالم، والتي يجب أن تعود مرة أخرى كدولة قيادية في مجالات التكنولوجيا النووية لكل الجنس البشري.

ساهم رامتانو مايترا في إعداد هذا الفصل

مشروع تنمية نهر ميكونج
مشروع وادي تينيسي جديد في جنوب شرق آسيا

بقلم: مايكل بيلينجتون
By Michael Billington

أغسطس ٢٠١٤

مباشرة بعد انتهاء الحرب العالمية الثانية، تم اعتبار نهر ميكونج (Mekong) العظيم كواحد من الأولويات لمشاريع التنمية المشابهة لما طبقه الرئيس الأمريكي فرانكلن روزفيلت في خطته لتنمية وادي نهر تينيسي الذي حوّل إحدى أفقر مناطق الولايات المتحدة وأقلها تنمية إلى مركز أساسي للصناعات والزراعة والبحث العلمي. ينبع نهر ميكونج من هضبة التبت ويجري عبر الصين وميانمار ولاوس وتايلند وكمبوديا وفيتنام لمسافة اجمالية (للنهر وروافده) طولها ٥٠٠٠ كلم حتى يصب في بحر الصين الجنوبي، وتبلغ مساحة حوضه حوالي ٨٠٠ ألف كلم مربع. قامت الأمم المتحدة بإجراء عدة دراسات حول المشروع في الخمسينات، وتم في عام ١٩٥٧ تأسيس "هيئة ميكونج". وقام مهندسون وخبراء من "هيئة مشروع وادي تينيسي" (Tennessee Valley Authority) وفيلق الهندسة العسكرية للجيش الأمريكي ومكتب إستصلاح الأراضي الأمريكي بإجراء دراسات حول المنطقة، وقادت تلك الدراسات إلى خطط لبناء سلسلة من السدود المتتالية في هيئة شلالات على نهر ميكونج وروافده الرئيسية. وأفرزت "الخطة البيانية للحوض" (Indicative Basin Plan) للفترة ما بين عام ١٩٧٠-٢٠٠٠ اقتراح استثمار ١٢ مليار دولار في مشروع طويل الأمد لتوليد ١٧ ألف ميجاواط من الطاقة الكهرومائية وتوفير عشرة أضعاف القدرات الإروائية خلال الموسم الجاف لستة ملايين هكتار من الأراضي الزراعية، وزيادة انتاجية الأراضي الزراعية بمعدل ضعفين إلى ثلاثة أضعاف.

تم إجراء هذه الدراسات بعد الحرب الاستعمارية الفرنسية ضد فيتنام والتي انتهت بهزيمة فرنسا في "ديان بيان فو" (Dien Bien Phu) في عام ١٩٥٥. كانت تلك الفترة فترة تفاؤل كبيرة، إذ عقدت المستعمرات السابقة مؤتمرا عالميا في باندونج في إندونيسيا عام ١٩٥٥ (بدون حضور القوى الاستعمارية الأوربية)، ونتج عن ذلك المؤتمر تأسيس "حركة دول عدم الانحياز". وفي الولايات المتحدة، انتعشت الآمال عند انتخاب جون كيندي رئيسا في عام ١٩٦٠ بعودة سياسات التنمية العالمية التي كانت في نية سلفه الرئيس فرانكلن روزفيلت تنفيذها بعد انتهاء الحرب العالمية الثانية. وحاولت إدارة الرئيس كيندي (بدون نجاح) أن تجند ديفيد ليلينثال (David Lilienthal) الذي كان يرأس هيئة مشروع وادي تينيسي، ليقود مهمة دبلوماسية "لخلق جو سياسي وقوة دفع لتنمية نهر ميكونج، وهو بمثابة مشروع وادي تينيسي عظيم في جنوب شرق آسيا"، حسب تعبير نائب وزير الخارجية تشيستر باولز.

لكن أي من هذا لم يحصل. فلا يزال نهر ميكونج إلى اليوم آخر حوض نهر في العالم لم يتم ترويضه أو تنميته بعد (أو كما يقول "الخضر" أنه حوض نهر لم تعبث به يد الإنسان بعد). ماكان هذا ليحدث لولا تدخل القوى الإستعمارية بالحروب المدمرة في المنطقة من الستينات إلى الثمانينات، والتي تلتها خطة وجهود منسقة قادتها الإمبراطورية البريطانية عبر الحركة البيئية المصطنعة (الخضر) لتخريب عملية التنمية في كل مرحلة من مراحلها.

يعترف آخر تقرير صادر من "لجنة نهر ميكونج" حول هذه المنطقة بأن "إدارة وتنمية النهر لا زالت محدودة إليوم، ويرجع ذلك من ناحية إلى عدم تنظيم انسياب مياه النهر. وتبقى السهول الفيضانية الشاسعة في كمبوديا بدون تنمية ولم يتم استغلال سوى جزء بسيط من إمكانيات الري والطاقة الكهرومائية والملاحية في الحوض. لا يزال النهر إلى حد بعيد في حالته الطبيعية الأولى". وتشير الهيئة إلى انه بالرغم من أن التنمية الإقتصادية، خاصة في تايلند وفيتنام، قد خففت مستوى الفقر، إلا أن الإقليم "يبقى بين أكثر أقاليم العالم فقرا. ويعيش ٨٥٪ من سكانه في المناطق الريفية. ولا تصل المياه الآمنة الصالحة للشرب والطرق المفتوحة طوال العام سوى إلى ٥٠٪ من الأسر، ولا يتجاوز معدل استهلاك الطاقة الكهربائية أكثر من ٥٪ من استهلاك الدول الصناعية. وتتسبب الفيضانات في فقدان حياة البشر والإضرار بالممتلكات وتؤدي إلى خسائر إقتصادية كبيرة".

Stimson Center

تكشف هذه الخريطة لدلتا ميكونج حقيقة أن السدود الضرورية قد بنيت في الصين فقط، او هي تحت الانشاء.

لماذا؟

أدى اغتيال الرئيس كينيدي في عام ١٩٦٣ مباشرة إلى اندلاع "الحرب الهندوصينية الثانية" (حرب فيتنام) التي كانت كارثية بنتائجها على المنطقة وعلى الولايات المتحدة. وغطت خطط تنمية حوض نهر ميكونج في سبات عميق لأكثر من ٣٠ عام، بعد أن نشرت الحروب الإستعمارية البؤس والفقر في أعقابها. وبالرغم من أن الرئيس ليندون جونسون كان قد اقترح استثمار مليار دولار في حينه لتنمية نهر ميكونج "التي ستقزم حتى مشروعنا في وادي تينيسي"، إلا أنه كان يعتقد أن الزعيم "هو تشي منه" سيستسلم مقابل مثل هذا العرض للتنمية ـ وهذا من أمثلة الفشل المعتادة بسبب عدم فهم الولايات المتحدة لآسيا ومسألة السيادة الوطنية فيها. وتبخرت خطط التنمية الكبرى لبناء السدود والطرق وسكك الحديد والمدن بفعل نيران قنابل النابالم والقصف التمشيطي واسع النطاق في كل أرجاء المنطقة.

حينما توقفت الحروب أخيرا، كان العالم قد بدأ يصاب بوباء الأيديولوجيا البيئية "الخضراء". وقد نشر "مركز ستيمسون" (Stimson Center) في عام ٢٠١٠ تقريرا يهاجم بشراسة فكرة تنمية حوض نهر ميكونج ـ ودعمته في ذلك إثنتان من المؤسسات البريطانية الفاشية والمعادية للجنس البشري هما "صندوق الحياة البرية" (WWF) و "شبكة الأنهار العالمية" (IRN) ـ وقدم فيه خارطة (انظر الخارطة في الصفحة التالية) للسدود التي يتم بناؤها أو التخطيط لها على نهر ميكونج: ٨ منها في الصين و ١١ سدا في أسفل نهر ميكونج في لاوس وتايلند وكمبوديا. وبينما تم إنجاز بناء خمسة من السدود الثمانية في الصين ذاتها، وبقية الثلاثة هي تحت الإنشاء، لم يتم بناء أي من السدود الأحد عشرة المخطط لها في الدول الأخرى في جنوب شرق آسيا. وتعتبر القوى الامبريالية البريطانية التي تقف وراء الحركة البيئية إكمال بناء السدود في الصين كارثة كبرى، وتستنكر وتدين هذه القوى الصين ليس فقط بسبب بنائها السدود في داخل حدودها، بل وأيضا بسبب عرض الصين تمويل وبناء عدد من السدود في الدول الأخرى أسفل حوض نهر ميكونج.

وأكثر ما يثير الإهتمام في تقرير "مركز ستيمسون" اعترافه بأن هذه الخطط الحالية، التي يطالب المركز بوقفها، شبيهة جدا بالمشاريع التي تم اقتراحها في عام ١٩٧٠ من قبل "هيئة ميكونج" التي كانت تقودها الولايات المتحدة. ويذكر كتاب التقرير أن فريق الخبراء الأمريكي اقترح في ذلك الوقت "بناء مشروع عظيم لاستغلال القدرات الكهرومائية الكامنة في الحوض لتعزيز التنمية الاقتصادية وردع انتشار الشيوعية"، وتحويل حوض نهر ميكونج إلى "نسخة أكبر بكثير من مشروع وادي تينيسي الذي دعم التنمية الاقتصادية في واحدة من أكثر مناطق الولايات المتحدة فقرا".

ماذا جرى لمشروع ميكونج؟

أثناء الحرب الهندوصينية الثانية، كانت معظم دول العالم تبني السدود ومشاريع إدارة المياه. وبالرغم من أنه تم وقف مشروع "تحالف المياه والطاقة الشمال أمريكي" (NAWAPA) الهائل في كندا والولايات المتحدة (راجع الجزء الحادي عشر الفصل الثاني) بعد مقتل الرئيس كيندي، والذي تدفع الولايات المتحدة ثم إيقافه بحلول الجفاف في كاليفورنيا وتكساس، إلا أنه توجد في الولايات المتحدة ٨٠٠٠ سد كبير وثمانين ألف سد من مختلف الأحجام [هذه الأرقام ليست خطأ مطبعيا - المترجم]، بينما لم يتم بناء سد واحد على نهر ميكونج. بعد هزيمة الولايات المتحدة في فيتنام في عام ١٩٧٥، أوقفت الولايات المتحدة جميع المساعدات لمشروع ميكونج، وبالرغم من أن فيتنام أنهت حكم "الخمير الحمر" الإجرامي في كمبوديا، إلا أن الولايات المتحدة اختارت أن تؤيد سيطرة "الخمير الحمر" على السلطة في عام ١٩٧٩، ورفضت تقديم أي عون لفيتنام حتى عام ١٩٩٢. لكن عندما جاء ذلك العام، كانت الفرصة قد فاتت، لأن الخضر سيطروا على الوضع.

تمت في عام ١٩٩٥ أخيرا إعادة تشكيل "هيئة ميكونج" تحت إسم جديد هو "هيئة نهر ميكونج" (Mekong River Commission) بمشاركة تايلند ولاوس وكمبوديا وفيتنام. لكن الاتفاقية الجديدة شحيحة التفاصيل، ولم يتم الاتفاق على برنامج عمل واضح إلا في عام ٢٠٠١، والذي أعتبره أحد المحللين "تحولا من التوجه المركز على المشاريع إلى تركيز على إدارة الموارد الموجودة والمحافظة عليها". وقد أزالت هذه الاتفاقية الجديدة جميع خطط بناء السدود الرئيسية وكل مشاريع تنمية البنية التحتية الكبرى. وجاءت الضغوط على هذه الدول لإجراء هذا التحول الكارثي من القوة الضاربة البيئية الجديدة المسماة (Global Environmental Facility) التي أسسها البنك الدولي وتحولت من بعد إلى هيئة مستقلة في عام ١٩٩٢ في "قمة الأرض في ريو".

وجاءت الضربة التالية لمشروع ميكونج في عام ١٩٩٧، حينما وحد البنك الدولي جهوده مع "الإتحاد العالمي للمحافظة على الطبيعة" (IUCN) - وهو قد يكون أول مؤسسة خضراء فاشية علنا أسسها السير جوليان هكسلي في عام ١٩٤٨ لإعادة إحياء أفكارجمعية النقاء العرقي العنصرية (Eugenics Society) السائدة قبل الحرب العالمية الثانية، لكن تحت غطاء جديد. قام البنك الدولي وهذا "الإتحاد" معا بخلق "الهيئة العالمية حول السدود" (World Commission on Dams). وكما يذكر تقرير "مركز ستيمسون" متفاخرا، أدى هذا الجهد المشترك إلى "تخلي البنك الدولي وبنك التنمية الآسيوي عن تمويل بناء السدود الكبيرة في حوض نهر ميكونج، واقتصار دورهما في على تخفيف التأثيرات البيئية وإعادة التوطين، وتمويل البحوث العلمية [ويعني بذلك دراسات الإحترار العالمي وغيرها من أنواع الدجل غير العلمي]، وفي بعض الحالات توفير تأمينات المخاطر للقروض التجارية التي تعتمد على تقييم التأثيرات البيئية والتأثيرات الاجتماعية".

الكذبة الرئيسية التي يستخدمها هؤلاء الفاشيون الخضر هي أن السدود وغيرها من مشاريع البنية التحتية الكبرى ستكون ضارة لأكثر السكان فقرا من الأسر التي تعتمد على الزراعة وصيد السمك في المنطقة. لكنهم مع ذلك يعترفون بأن هذه المنطقة هي من أكثر مناطق العالم فقرا، ولكن بدون الاعتراف أن الفقر ناتج كليا من انعدام عملية التنمية التي سخر هؤلاء أنفسهم لوقفها. يقول تقرير "مركز ستيمسون" في معرض إشارته إلى الجهود المستمرة التي تبذلها دول حوض نهر ميكونج لتطوير اقتصادها مايلي: "إن حكومات ميكونج تتخذ اليوم قرارات تنمية إقتصادية من شأنها، إن لم تتم إعادة النظر فيها قريبا جدا على أساس دراسات حذرة جديدة، أن تؤدي إلى المخاطرة بالأمن الغذائي وحيوية المجتمع، وتهديد الاستقرار السياسي محليا، وتضع كما كبيرا من الضغط على العلاقات الإقليمية التي لا تزال تتصف بانعدام الثقة".

إستهداف الصين

ويذكر تقرير "مركز ستيمسون" أيضا ما يلي: "إن التهديد الأكبر يأتي من قيام الصين ببناء ما مجموعه ١٥ سد كبير وكبير جدا لتوليد الطاقة الكهرومائية على المجرى الرئيسي للنهر في مقاطعة التبت والمناطق الجبلية لمقاطعة يونان، ومنح دول جنوب شرق آسيا أسفل مجرى النهر تراخيص للشركات الصينية والأجنبية لبناء ١١ سد على القسم السفلي من النهر ذاته".

وتعترف "هيئة نهر ميكونج" نفسها على الأقل بأنه بينما "تحولت القيم الاجتماعية" نحو الفكر البيئي المعادي لسياسات النمو الاقتصادي في الغرب بعد ان حققت تلك الدول الغربية تنمية بنيتها التحتية الاساسية، "إلا أن الوضع في الدول الأكثر فقرا مختلف كثيرا، وخاصة في الجزء الأسفل من حوض ميكونج بسبب التاريخ الفريد الذي عاشته المنطقة في القرن العشرين. مع ذلك، تفرض اليوم ضغوط كبيرة على دول الجزء الاسفل من حوض نهر ميكونج لكي تتبنى مسارا مختلفا نحو التنمية غير ذلك الذي اتبعته الدول الصناعية".

أسس بنك التنمية الآسيوي في عام ١٩٩٢ مؤسسة منفصلة تحت إسم "إقليم ميكونج الأكبر الثانوي" (Greater Mekong Subregion - GMS) والتي تضمنت، بالإضافة إلى الأعضاء الأربعة في "هيئة نهر ميكونج"، كلا من ميانمار والمقاطعات الجنوبية للصين، يونان وجوانجشي.

تركز هذه المؤسسة الجديدة بشكل أقل على تنمية موارد المياه على نهر ميكونج ذاته، وتشدد بشكل أكبر على خلق البنية التحتية للمنطقة ككل، وحققت تقدما أكبر بكثير خاصة في مجال النقل مما حققته "هيئة نهر ميكونج" في مجال تنمية موارد المياه. فقد ربط خط الطرق السريع بين الشرق والغرب (EastWest Highway) بين ساحل فيتنام الشرقي ولاوس وتايلند والحدود مع ميانمار. وتوضع الخطط حاليا لتوسيع الطريق عبر ميانمار إلى بنغلاديش والهند.

في هذه الأثناء، تبني الصين خط قطار "الشرق السريع" من كونمينج إلى سنغافورة. كما صادقت الحكومة التايلندية في سبتمبر ٢٠١٤ على خطة تقوم الصين وفقها ببناء خطوط سكك قطارات عالية السرعة لوصل العاصمة بانكوك بشمال وشمال شرق تايلند، بينما تتفاوض لاوس مع الصين حول بناء الجزء المار بلاوس من الخط الشمالي الجنوبي.

قناة كرا التايلندية ـ حجر الأساس للتنمية في جنوب آسيا

بقلم: مايكل بيلينجتون
By Michael Billington

أغسطس ٢٠١٤

عقدت مؤسسة «إكزكتف إنتلجنس ريفيو» و «فيوشن فاونديشن» (Fusion Foundation) اللتان أسسهما ليندون لاروش، مؤتمرا في بانكوك في أكتوبر عام ١٩٨٣ برعاية وزارة النقل التايلندية وصندوق البنية التحتية العالمي (Global Infrastructure Fund) وهو جزء من معهد ميتسوبيشي الياباني للبحوث، وذلك للترويج لبناء قناة بحرية عبر برزخ كرا (Kra Isthmus) في جنوب تايلند. وعقد مؤتمر ثاني حول ذات الموضوع في بانكوك أيضا في أكتوبر عام ١٩٨٤. كان إطلاق هذا المشروع العظيم، الذي سيمثل حجر الأساس للتنمية الاقتصادية في كل أرجاء منطقة المحيط الهادئ، على وشك التحقق.

لكن تم تخريب هذه العملية بواسطة تكاتف التدخلات الأجنبية مع المعارضة من قوى مؤثرة داخل تايلند. لكن مع ذلك، وبرغم حالة عدم الاستقرار السياسي الشديدة في تايلند الآن، والتي تضمنت تدخل الجيش التايلندي للسيطرة على الحكم في مايو ٢٠١٤، عاد هذا المشروع ليطرح على طاولة النقاش بقوة وبدعم مهم هذه المرة من الصين واليابان.

القناة

بالرغم من أن المسافة التي ستوفرها هذه القناة لسفن الشحن لا تقارن بما توفره القنوات الكبرى الأخرى مثل قناة السويس وقناة بنما ـ حيث ستختصر هذه القناة مسافة الرحلات البحرية من المحيط الهندي إلى بحر جنوب الصين بحوالي ١٤٥٠ كلم ـ إلا أنها ستحمل من الحمولات ما يوازي ما يمر عبر كل من القناتين المذكورتين، نظرا لقصر المسافة وأيضا بسبب ازدحام حركة النقل البحري في مضيق ملقا. كان عدد السفن المارة بالطريق البحري عبر مضيق ملقا ٥٠ ألف سفينة في عام ١٩٨٣. لكن تقديرات إكزكتف إنتلجنس ريفيو في ذلك الحين أشارت إلى أن النمو الاقتصادي في الصين والهند سيتطلب بالضرورة بناء خط بحري إضافي عبر قناة بحرية جديدة.

لكن المفهوم الكامن وراء قناة كرا يذهب إلى ما هو أعمق من مجرد تسهيل حركة السفن التجارية، حيث قال لاروش في مؤتمر بانكوك عام ١٩٨٣: «إن المنظور المستقبلي لبناء خط نقل بحري عبر قناة بحرية في برزخ كرا في تايلند يجب اعتباره ليس فقط تطورا مهما للبنية التحتية الاقتصادية الأساسية لتايلند والأمم المتعاونة معها في المنطقة، بل أن هذه القناة

المقترحة يجب أن ينظر إليها باعتبارها حجر الأساس الذي ستبنى حوله عملية تنمية صحية ومتوازنة لما هو مطلوب من البنية التحتية الأساسية على وجه العموم».

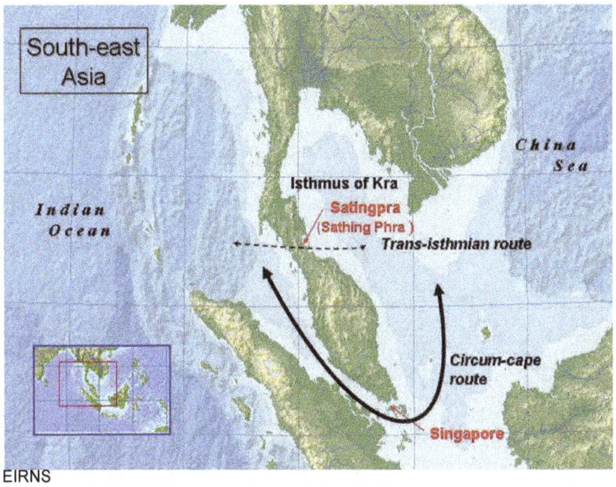

EIRNS
الموقع المقترح لقناة كرا (الخط المنقط)

قدم هذا المؤتمر الذي عقد تحت شعار «تنمية حوضي المحيطين الهادئ والهندي» مشروع قناة كرا مع ما يرافقها من موانيء للمياه العميقة في كل جانب من جانبي القناة ومناطق صناعية في محيط القناة لتكون محورا مركزيا لتحرك تنموي آسيوي شامل مبني على أساس مشاريع كبرى مثل تنمية حوض نهر ميكونج ومشاريع السيطرة على المياه وإدارتها في الصين ومشاريع طاقة ومياه في منطقة حوض نهري الغانج ـ براهمابوترا في الهند. كان هذا بدوره جزء من خطة للترويج «للمشاريع الكبرى» في العالم اشترك فيها لاروش ومعهد ميتسوبيشي للبحوث.

كما أطلق المؤتمر تحذيرات قوية من أن الفشل في بناء قناة كرا والمناطق الصناعية المرتبطة بها سيقود لا محالة إلى زعزعة استقرار أقليم جنوب تايلند الذي يعاني مسبقا من انعدام التنمية والتوتر العرقي بين السكان البوذيين والمسلمين. علاوة على ذلك، تم التحذير من أن اكتضاض حركة النقل في مضيق ملقا سيخلق أزمة استراتيجية لأن هذا المضيق يشكل عنق زجاجة لحركة نقل النفط وغيره من السلع التجارية نحو الشرق الاقصى، وبالذات الصين التي بدأ اقتصادها بالنمو، بحيث يصبح هدفا سهلا للتخريب والقرصنة.

أبعاد المشروع

يمكننا مقارنة أبعاد قناة كرا مع القنوات الأخرى المعروفة. يبلغ عرض برزخ كرا (وليس القناة) في أضيق نقطة فيه حوالي ٤٣ كلم، مقارنة بعرض منطقة قناة بنما التي تبلغ ٧٧ كلم. كما يتراوح طول المواقع المختلفة المقترحة لبناء قناة كرا بين ٤٨ و ٨٠ كلم. للمقارنة، يبلغ طول قناة السويس ١٩١ كلم.

ويبلغ أرتفاع سلسلة الجبال الداخلية التي يفترض أن تبنى قناة كرا عبرها حوالي ٧٥ مترا. للمقارنة، يبلغ ارتفاع مقطع جاليارد في قناة بنما ٦٤ مترا.

إن مياه مضيق ملقا ليست بالعمق الكافي لمرور العديد من سفن الشحن الكبيرة. فالمضيق يبلغ طوله ٨٠٠ كلم لكنه ضيق جدا، حيث تصل أضيق نقطة فيه إلى أقل من ٢,٨ كلم وعمقه عند أكثر نقطة ضحالة هو ٢٤ مترا فقط. يتطلب هذا من أكبر السفن أن تبحر جنوبا، إلى مضيق لومبوك قرب جزيرة جاوا، حيث يبلغ عمق المياه ٢٤٩ مترا. ستوفر قناة كرا ١٩٣٠ كلم لحركة النقل البحرية في آسيا، وسيبلغ عمقها حسب المقترحات في الدراسات الهندسية حوالي ٣٣,٥ مترا.

EIRNS
ليندون لاروش يلقي خطابه في مؤتمر مؤيد لبناء قناة كرا، في بانكوك، تايلند في اكتوبر ١٩٨٣.

إن مضيق ملقا هو من كثر ممرات النقل البحري الاستراتيجية العالمية ازدحاما حيث تزيد حركة النقل فيه بضعف ما يمر في قناة السويس وبنما مجتمعتين. وحسب آخر التقديرات، يمثل ما يمر عبر مضيق ملقا خمس حركة التجارة العالمية. إن تباطؤ الحركة أو إعاقتها في هذا المضيق سواء أكان ذلك عرضيا أم متعمدا سيؤدي إلى ارتفاع كلفة النقل في العالم بشكل دراماتيكي، وسيشكل خطرا كبيرا على اقتصاديات أمم شرق آسيا بسبب اعتمادها على واردات النفط من منطقة الخليج.

السلام عبر التنمية

وتطرق التقرير الذي نشرته مجلة «فيوشن» (عدد يوليو/أغسطس ١٩٨٤) حول مؤتمر بانكوك ١٩٨٣ إلى المخاوف الأمنية لتايلند: «يوجد عامل استراتيجي آخر يستحق إهتمام صانعي السياسة التايلنديين، وهو أنه بخلاف بعض الآراء المنشورة في الإعلام والتي تعرب عن قلقها من أن القناة التي ستمر عبر الجزء الجنوبي من «شبه الجزيرة الذهبية» ستكون لها عواقب أمنية سلبية لأنها ستفصل القسم الجنوبي الذي لم تندمج فيه الجماعات الإثنية والدينية بشكل جيد عن بقية أجزاء تايلند، سيكون لهذه القناة تأثير معاكس لما يخشى منه. إن مجمع القناة باعتباره منطقة نمو صناعية كبرى ستكون بمثابة عامل توحيد ودمج للجماعات المختلفة، وسترتبط بين المقاطعات الجنوبية والوسطى والشمالية في مبادرة جماعية مشتركة قادرة على إلهام الأمة بأكملها، رافعة الظروف الاقتصادية لسكان الجنوب بحيث تخفض مستوى التذمر والرغبة في الإنفصال».

وكما قال الجنرال سيود كيردبول (Saiyud Kerdphol)، القائد الأعلى السابق للقوات المسلحة التايلندية في خطابه أمام مؤتمر بانكوك عام ١٩٨٤: «يجب أن تسير التنمية والأمن جنبا إلى جنب كجهد منسق. علينا أن ندرك أن التنمية الاقتصادية والسياسية والاجتماعية تساهم كلها في استقرار الأمن ـ لكن الأمن بحد ذاته ليس تنمية».

وتطرق لاروش إلى أهمية قناة كرا لكل منطقة آسيا والمحيط الهادئ في مقابلة أجرتها معه صحيفة «فورتشن تايمز» (Fortune Times)، وهي صحيفة صادرة باللغة الصينية في سنغافورة، في شهر مايو ٢٠١٤، حيث قال أن لديه «معرفة احترافية ومحددة في ما يخص أهمية وجدوى مثل هذه المبادرات وتأثيراتها الكبرى على كل المنطقة المجاورة مثل الصين والهند على سبيل المثال، ولكن أيضا تأثير التنمية الصينية الهندية على كل منطقة المحيط الهادئ عموما.

«قم بتقسيم المنطقة البحرية في شرق وجنوب آسيا إلى ثلاثة فئات رئيسية: الصين، عملاق: الهند، عملاق آخر، والمنطقة البحرية الرابطة بينهما اليوم في جنوب شرق آسيا. أضف إلى ذلك تأثير مثل هذا المثلث البحري وغيره من نقاط الربط على العلاقات الاقتصادية الفيزيائية مع الأمريكتين في الشرق، والشرق الأوسط الحساس وأفريقيا. حينها ستتضح قوة قناة كرا ليس فقط باعتبارها من الظواهر المهمة المحسوسة، بل كقوة سياسية ـ إقتصادية لكل الكوكب.

«إن أكبر معارضة معروفة لمشروع قناة كرا من داخل الإقليم ذاته تأتي من سنغافورة. إن أهم مصدر للمعارضة السنغافورية ضد هذا المشروع تأتي بشكل كامل من مصالح أمبريالية عسكرية واستراتيجية بريطانية. إن إنشاء قناة كرا ليس صعبا تقنيا حينما نأخذ بنظر الإعتبار الفوائد الهائلة لمثل هذا المشروع، لكن العائق الرئيسي أمام المشروع كان ولا يزال في العصر الحديث هو المصالح الامبريالية والاستراتيجية البريطانية المهيمنة في منطقة المحيط الهندي. توجد أمتان عظيمتان حقا في آسيا: الهند، والصين الأكثر منها سكانا. إن مجرد النظر إلى حجم التجارة البحرية الهائل بين هاتين الأمتين العظيمتين وارتباطاتهما عبر مناطق جنوب آسيا البحرية تمثل بمجملها مشروعا متكاملا وناجحا بحد ذاته لكل منطقة المحيط الهادئ والمحيط الهندي، ولكل عملية التنمية على كوكب الأرض ككل. لا تزال المياه واسطة النقل الأقل كلفة بين مناطق العالم المختلفة.

«أما ما يخص سنغافورة على وجه التحديد: ستكون سنغافورة، عندما تتحرر من القيود الاستراتيجية البريطانية، من المستفيدين من نجاح تنمية قناة كرا، وبخلافه لن تستفيد سنغافورة من أي أمر آخر كما ستستفيد من قناة كرا».

يعود الدور البريطاني في منع بناء قناة كرا إلى عام ١٨٩٧، وذلك حينما عقد البريطانيون اتفاقية سرية مع سيام (تايلند) تنص على تحريم بناء قناة عبر برزخ كرا بدون موافقة بريطانيا. كما منحت الاتفاقية حقوقا حصرية لبريطانيا للتجارة في المناطق االخاضعة لسيطرتها. إن هذه السياسة الإستعمارية، «سياسة اللاتنمية»، استمرت عبر سنين القرن العشرين. في نهاية الحرب العالمية الثانية، فرضت على الحكومة السيامية، التي سمحت من قبل لليابان باحتلال أراضي بلدها، قيود أكثر تشددا لتقييد تنميتها الاقتصادية، ناهيك عن تعويضات الحرب الباهضة والمنهكة التي فرضت عليها.

ينص البند السابع من الاتفاقية البريطانية التايلندية الموقعة عام ١٩٤٦ على أن:

تتعهد الحكومة السيامية بعدم بناء أية قناة تربط ما بين المحيط الهندي وخليج سيام عبر الاراضي السيامية بدون الموافقة المسبقة من حكومة المملكة المتحدة.

وبالرغم من إلغاء هذه المعاهدة الإمبريالية في ما بعد، إلا أن القاعدة البريطانية المالية المتقدمة في المنطقة، سنغافورة المدينة الدولة، بقيت كعائق أساسي أمام بناء قناة كرا. لكن وافقت سنغافورة أخيرا في أغسطس عام ٢٠١٤ على أن تكون من الأعضاء المؤسسين للبنك الآسيوي لاستثمارات البنية التحتية الذي أنشأته الصين لتأمين مصدر جديد لتمويل مثل هذا النوع بالذات من مشاريع البنية التحتية الإقليمية، وهو ما قد يدفع سنغافورة إلى سحب اعتراضاتها على المشروع.

قرون من التخطيط

صدرت أول دعوة لبناء قناة في كرا من الملك التايلندي راما الأول (King Rama I) في عام ١٧٩٣، واقترح فيها بناء قناة من سونخلا (Songkhla) على خليج تايلند إلى المحيط الهندي على الشاطي الغربي من تايلند على المحيط الهندي شمال مضيق ملقا. وتم تداول الفكرة مجددا في ١٩٥٠ و مرة أخرى في عام ١٩٧٠، ولكن الوضع السياسي غير المستقر داخليا وفي المنطقة أيضا بسبب الحرب الهندوصينية المشتعلة آنذاك منعت بروز أي تعاون إقليمي.

لكن مع ذلك تم وضع دراسة جدوى في عام ١٩٧٣ بتمويل من كي واي تشاو (K. Y. Chow) صاحب شركة تكرير النفط التايلندية وقامت بوضعها شركات الإستشارات الهندسية الامريكية «تامس» (Tippetts-Abbett-McCarthy-Stratton) وشركة «روبرت ناثان وشركاءه» بالتعاون مع «مختبر لورنس ليفرمور القومي». وقامت مؤسسة «فيوشن فاونديشن» بتحديث الدراسة تحضيرا لمؤتمر عام ١٩٨٣ في بانكوك.

المتفجرات النووية السلمية

إن من أهم مميزات عملية التخطيط الأصلية لمشروع قناة كرا هي تناولها للفوائد المحتملة من استخدام المتفجرات النووية السلمية (PNE) لتنفيذ عمليات الحفر في أصعب المناطق تضاريسا. لكن اليوم أزيلت مسألة استخدام هذه المتفجرات كليا من النقاشات الدائرة حول قناة كرا نظرا للهستيريا المثارة من قبل أعداء التنمية الذين يعارضون أي شيء له علاقة من قريب أو بعيد بالتكنولوجيا النووية. لم يكن هذا النوع من غسيل الدماغ المضاد للعلم مستشريا كثيرا في زمن انعقاد مؤتمر بانكوك في عام ١٩٨٣، وبرهنت المناقشات على الفوائد العظيمة التي ستجنيها تايلند من استخدام هذا النوع من المتفجرات النووية الآمنة والمسيطر عليها.

سيمكن اختصار مدة بناء القناة الى النصف باستخدام المتفجرات النووية السلمية. علاوة

على ذلك سيؤدي جمع القدرات البشرية الهندسية والعلمية النووية المطلوبة للمشروع إلى تسهيل تطوير الصناعات المرتبطة بالتكنولوجيا النووية، ومحطات الطاقة النووية. واقترح أحد خبراء مختبر لورنس ليفيرمور الذين حضروا في مؤتمر بانكوك بناء محطة كبيرة لفصل النظائر النووية كجزء من المجمع الصناعي لقناة كرا.

بينما تم تحقيق بعض التقدم الصناعي في مناطق عديدة من آسيا في الثمانينات والتسعينات، انتقلت الأموال الساخنة من المضاربات في نظام «العولمة» إلى آسيا في التسعينات ـ حيث حلت المضاربات المالية والصناعات التجميعية محل تنمية البنية التحتية الأساسية ـ إلى أن سحب المضاربون الغربيون أموالهم وأرباحهم فجأة في فترة انهيار الأسواق الآسيوية بين عامي ١٩٩٧ و ١٩٩٨، مما أدى إلى انهيار الاقتصاد التايلندي تحت ضغط عمليات النهب التي مارستها صناديق التحوط (hedge funds)، والشروط التي فرضها صندوق النقد الدولي على حكومة البلد.

كان رئيس الوزراء السابق والجنرال المتقاعد تشافاليت يونجتشيود (Chavalit Youngchiyudh) من بين أكثر المؤيدين المتحمسين لمشروع قناة كرا، وهو مؤسس الجمعية الإقتصادية والثقافية الصينية التايلندية. لقد خلق التعاون الوثيق بين تايلند والصين، والذي أصبح أقوى بكثير الآن مما كان عليه في الثمانينات، اهتماما متجددا بالمشروع، لأن الصين تعتبر الإستثمارات في البنية التحتية في البلدان الأجنبية وخاصة في المنطقة الآسيوية على أنها ذات فائدة متبادلة على المدى البعيد ـ وهذه هي طبيعة «البنك الآسيوي لاستثمارات البنية التحتية» الذي اقترحته الصين والذي وافقت تايلند على الإنضمام إليه كعضو مؤسس ـ بدلا من تركيز الاستثمارات فقط على المشاريع التي تعطي مردودا مباشرا في المدى القصير. وتهيمن طريقة التفكير الأخيرة هذه على سياسات مجموعة الدول الصناعية السبعة الكبرى اليوم.

في اليابان ذاتها، لا يزال «صندوق البنية التحتية العالمي» لمؤسسة ميتسوبيشي ملتزما بالمشروع، بينما يتزايد اهتمام عدد كبير من الاقتصاديين اليابانيين بالموضوع. ويشدد دايسوكي كوتيجاوا (Daisuke Kotegawa)، المسؤول السابق في وزارة المالية اليابانية وممثل اليابان في صندوق النقد الدولي سابقا، على أهمية التعاون الياباني الصيني مع تايلند في بناء قناة كرا التي سيكون لها منافع مشتركة كبيرة للعملاقين الإقتصاديين الآسيويين. كما ويمثل هذا المشروع برأيه النوع الصحيح تماما من المشاريع التي يجب تنفيذها بصورة مشتركة كوسيلة لتخفيف مستوى التوتر المتصاعد بين البلدين.

وبانتخاب ناريندرا مودي رئيسا لوزراء الهند، أصبح من المحتمل جدا أن تصبح الهند هي الأخرى مهتمة بالمشاركة في مشروع قناة كرا. كان شعار مودي في الانتخابات هو «التنمية، التنمية، التنمية»، وينوي أن يبني علاقات اقتصادية وطيدة جدا مع الصين واليابان والتي مهد لها بنفسه من قبل من موقعه كوزير أول لولاية كوجارات. هكذا ستصبح قناة كرا ذات أهمية متصاعدة للتجارة الآخذة بالإتساع بين شرق وجنوب آسيا.

ربط إندونيسيا بالقارة الأوراسيوية

مايكل بيلينجتون
By Michael Billington

أغسطس ٢٠١٤

ينبغي أن يكون ربط إندونيسيا، وهي أكبر اقتصاد في جنوب شرق آسيا، بشبه جزيرة مالاي من ناحية وكذلك ربط أكبر جزيرتين فيها وهما سوطرة وجاوة، من البديهيات. إن عدم وجود طرق نقل برية تربط أجزاء البلد هو من معوقات التنمية الإقتصادية ليس فقط لإندونيسيا وحدها بل ولكل منطقة جنوب شرق آسيا والصين والهند. لقد كانت مشاريع بناء هذه الروابط البرية موضع نقاش لعدة عقود، لكن يبدو الأن أنها عادت إلى طاولة البحث الجاد.

تنتشر إندونيسيا، وهي رابع أكثر دولة سكانا في العالم، على أكثر من ١٧ ألف جزيرة، تمتد لأكثر من ٤٨٠٠ كلم. بالرغم من أن المياه تفصل إندونيسيا عن البر الأوراسيوي، إلا أنه يمكن ربط أكثر جزيرتين سكانا، جاوة وسومطرة، بسهولة بالبر الرئيسي لماليزيا بطرق السيارات وسكك القطارات عبر جسور على مضيق ملقا أو نفق تحته. ويمكن ربط هاتين الجزيرتين مع بعضهما البعض عبر جسر أو نفق في مضيق سوندا. يعتبر موقع هذين المضيقين من بين أكثر الممرات البحرية اهمية من الناحية الاستراتيجية في العالم، حيث يربطان ما بين شرق آسيا وجنوبها وأفريقيا والخليج العربي بحرا.

يمكن بناء روابط أخرى مستقبلا بواسطة الجسور والأنفاق للنقل البري بين جزيرة جاوة وبالي وغيرهما من الجزر الإندونيسية وصولا إلى تيمور.

Fusion Energy Foundation

مواقع الجسور المقترحة لمضيق مالقة لربط ماليزيا باندونيسيا، ومضيق سوندا بين الجزيرتين الاندونيسيتين سومطرة وجاوة. و موقع قناة كرا.

جسر مضيق ملقا

تشارك الدنمارك والصين بشكل نشيط في التخطيط لبناء الجسر البالغ طوله ١٢٧ كلم على مضيق ملقا، ويتضمن بناء طريق من مدينة ملقا في ماليزيا إلى مدينة دوماي في مقاطعة رياو في سومطرة (عبر جزيرة روبات الواقعة وسط المضيق تقريبا). ووجدت دراسة أجريت في عام ٢٠٠٦ أن المشروع

مجدي وقابل للإنجاز بكلفة قدرت بحوالي ١٢,٥ مليار دولار. وفقا لذلك تقوم ماليزيا ببناء ٤٨ كلم من الجسر على طول المضيق من ملاقا الماليزية، بينما تقوم إندونيسيا ببناء الطريق الواصل بين الجسر ومدينة دوماي (عبر جزيرة روبات) والبالغ طوله ٧٩ كلم.

سيكون جسر المضيق بكيلومتراته الثمانية وأربعين أطول جسر عابر للبحر في العالم.

وافق بنك الصادرات والواردات الصيني (Exim Bank) في أكتوبر ٢٠١٣ على تمويل ٨٥٪ من المشروع، حسب ما ذكرته هيئة "مالقا بلانرز" وهي الهيئة التي اختارتها الحكومة الإقليمية لتكون المخطط والمنفذ الرئيسي للمشروع، لكن لم يصدر أي إعلان جديد عن التفاصيل منذ ذلك الحين. في يناير ٢٠١٤ أعلنت الدنمارك عن اهتمامها بالمشروع. وذكر السفير الدنماركي نيكولاي روجا (Nicolai Ruge) أن الدنمارك تمتلك الخبرة والقدرات الهندسية لتنفيذ هذا المشروع، وذلك بناء على تجربتها في بناء جسر ونفق اوريسوند (Øresund) لربط العاصمة الدنماركية كوبنهاجن بمدينة مالمو السويدية. قد يساهم تأسيس "البنك الآسيوي لاستثمارات البنية التحتية" بمبادرة من الصين في جعله مصدرا لتمويل هذا المشروع الحيوي.

جسر مضيق سوندا

لقد جعلت حكومة الرئيس السابق سوسيلو بامبانج يودويونو بناء جسر عبر مضيق سوندا من الأولويات الوطنية، وذلك لربط جزيرة جاوة بجزيرة سومطرة، وذلك عندما صادقت على المشروع في عام ٢٠٠٧. سيعني المشروع بناء ممر لسكك الحديد وطرق السيارات بطول ٢٧ كلم، وتضاف إليه أنابيب المياه والنفط والغاز وكابلات الألياف البصرية. ويتضمن المشروع بناء جسرين معلقين يمتدان على جزيرتين صغيرتين تقعان في المضيق، وسيكلف المشروع ١٠ مليارات دولار. هنا أيضا قد يأتي دور "البنك الآسيوي لاستثمارات البنية التحتية" من ناحية التمويل.

في شهر مارس عام ٢٠١٤، أعلنت الحكومة عن أن المشروع سيستمر بالرغم من تغيير الحكومة في أكتوبر الماضي. وقد اجتاز حوالي ٢٠ مليون مسافر مضيق سوندا في عام ٢٠٠٦ بالعبارات بشكل رئيسي، ويتوقع أن يتضاعف ذلك العدد بحلول عام ٢٠٢٠، وربما أكثر من ذلك إذا تم بناء الجسر. إن جزيرة جاوة بسكانها البالغ عددهم ١٤١ مليون نسمة هي أكبر جزيرة مأهولة بالسكان في العالم، وتأتي سومطرة في المرتبة الخامسة عالميا حيث يبلغ سكانها ٥٠ مليون نسمة.

حينما يتم بناء جسور مضيقي ملقا وسوندا سيصبح للمدن الكبرى في جاوة منفذا بريا بالطرق وسكك الحديد إلى كل أجزاء جنوب شرق آسيا والصين، بحيث يؤدي ذلك إلى توسع التجارة والاتصالات بشكل هائل.

الجزء الثامن

أستراليا محرك التنمية في المحيط الهادئ

رؤية لدمج أستراليا في عملية بناء الجسر البري العالمي

روبرت بارويك
By Robert Barwick

أغسطس ٢٠١٤

أستراليا هي القارة الخالية التي فرض عليها أن تكون أرضا بورا بعد قرنين من الاستعمار البريطاني الذي ظهر مجددا في العقود الأخيرة بلباس جديد هو الفكر البيئي. لكن في أستراليا حركة سياسية نشيطة ومتنامية إسمها "مجلس المواطنين الإنتخابي" * وهي حركة متحالفة مع هيلجا وليندون لاروش، وتمتلك رؤية لتطوير أستراليا وتوطين الناس في كل أرجاء هذه القارة الفسيحة. إذا بعثت هذه الرؤية إلى الحياة، فإنها ستساهم مساهمة حاسمة في مستقبل عملية النمو في كل المنطقة المطلة على المحيط الهادئ.

إن الرؤية التي يمثلها "مجلس المواطنين الإنتخابي" تتضمن إعادة إحياء قدرات أستراليا الصناعية والزراعية التي كانت عظيمة يوما ما، والتي تم تطويرها أثناء فترة الطوارئ التي فرضتها الحرب العالمية الثانية. وكانت أستراليا مابعد الحرب العالمية ولعدة عقود تتفاخر بقدراتها الصناعية والهندسية المتقدمة المتمركزة حول قطاع صناعة الآلات المكنية (machine tools) الذي كان على مستوى عالمي، وكان يتميز بيد عاملة عالية المهارة ومرتفعة الأجور. وقد جعل القطاع الصناعي البلد مصدرا للمهارات والسلع الرأسمالية للأقاليم والإقتصاديات النامية المحيطة بأستراليا.

لكن منذ الثمانينات وإلى الآن، تسببت الحركة العالمية المتوجهة نحو تحرير القيود والقوانين المنظمة للقطاع المالي والتجارة الحرة في اكتساح أستراليا وسلبها قدراتها الاقتصادية بشكل ممنهج. وقضت التجارة الحرة على الصناعات الأسترالية، واختزلت أستراليا وحولتها إلى مجرد مقلع حجارة للمواد الخام. وحولت سياسة رفع القيود التنظيمية المالية النظام المالي إلى كازينو مقامرة بالديون والمشتقات المالية. يهدف برنامج "مجلس المواطنين الانتخابي" التنموي إلى إستعادة تلك القدرات المفقودة حتى تتمكن أستراليا ليس فقط من تغيير قارتها فحسب، بل والمساهمة بمواردها ومنتجاتها الصناعية المتقدمة ومهاراتها في عهد جديد من التنمية في منطقة آسيا والمحيط الهادئ.

يوجد في أستراليا اليوم ٣ افراد فقط لكل كيلومتر مربع من الأراضي - إذ يعيش ٢٣ مليون فرد على مساحة ٧,٦ مليون كلم مربع. بالمقارنة مع ذلك، تبلغ الكثافة السكانية في الولايات المتحدة وألاسكا حاليا ٢٣ فرد لكل كلم مربع، وتتمتع ولاية كاليفورنيا بكثافة سكانية تبلغ ٨٩ فرد لكل كلم مربع.

حتى منذ بداية عهدها الإستعماري، كان في أستراليا أناس يتمتعون بحافز قوي نحو

التنمية. وباستثناء بعض الحالات الفريدة، قامت بريطانيا بكبت هذا الحافز، حيث منحت مساحات شاسعة من الأراضي لأسر تشتغل بالرعي وتسيطر عليها المصالح المالية في لندن، وكانت تركز على تربية الأغنام لانتاج الصوف باستخدام العمالة الرخيصة. وكانت لكل من المستعمرات البريطانية الستة التي اتحدت في عام ١٩٠١ لتأسيس الأمة الأسترالية مقاييس سكك حديد مختلفة عن بعضها البعض، مما جعل توحيد شبكة سكك الحديد في الأمة الوليدة مهمة مستحيلة. كما تمسكت بريطانيا بسيطرتها على كيس أموال البلد، لأن المستعمرات كانت معتمدة اعتمادا كاملا على لندن للحصول على رأس المال. من بين مشاريع التنمية البريطانية القليلة جدا، يبرز مشروع أنبوب المياه من بيرث (Perth) إلى كولجاردي (Coolgardie) لنقل المياه إلى منجم الذهب الكبير في كالجورلي (Kalgoorlie) في وسط الصحراء الأسترالية الغربية.

صناعة الآلات المكنية

نجحت استراليا في عهد رئيس الوزراء جون كورتين، يظهر هنا (على اليمين) مع الجنرال دوجلاس ماك ارثر، في بناء صناعة الات مكنية ذات مستوى عالمي، وهي من الصناعات التي تشتد الحاجة اليها اليوم.

إن مساهمة أستراليا في الجسر البري العالمي يجب أن تتمحور حول إحياء قدراتها على تصنيع الآلات المكنية ذات المستوى العالمي والتي طورتها الأمة من لا شيء تقريبا أثناء الحرب العالمية الثانية. إن قصة تطوير صناعة الآلات المكنية الأسترالية هو برهان ملهم على أن التقدم الاقتصادي يمكن أن يكون سريعا وذا قدرة قوية على تغيير حالة المجتمع.

كان اقتصاد أستراليا قبل الحرب العالمية الثانية اقتصادا استعماريا فلاحيا منعزلا. لم يكن ذلك الإقتصاد مهيئا لخوض أية حرب، ناهيك عن حرب وجود وطنية. سجل الجنرال الأمريكي دوجلاس ماك آرثر في مذكراته أنه حينما وصل إلى أستراليا في عام ١٩٤٢ ليقوم بتنظيم قوة دفاع الحلفاء في المحيط الهادئ، كانت قدرة أستراليا العسكرية والاقتصادية الهزيلة "أكبر صدمة عاشها أثناء الحرب". أجبرت مسألة خطر فناء أستراليا فعليا الحكومة على إطلاق حملة تعبئة اقتصادية تمكنت من تغيير معالم الأمة بسرعة كبيرة إلى أمة منتجة ومركز للطاقات، وذلك بشكل لا يختلف كثيرا عن ما حققه الرئيس فرانكلن روزفيلت في الولايات المتحدة.

وبسبب الحاجة الماسة إلى الأسلحة والعتاد أصبحت صناعة الآلات المكنية إحدى أهم مجالات التعبئة الاقتصادية. كان يوجد في بداية الحرب ثلاثة مصانع فقط للآلات المكنية في البلد، ولم يكن سوى ١٥٪ من هذه القدرات الصناعية في أستراليا من نوعية مناسبة لإنتاج العتاد. وتسجل رواية تاريخية رسمية حول حملة التعبئة بعنوان "دور العلوم والصناعة" بقلم دي بي ميلور (D. P. Mellor) النتائج الباهرة لتلك التعبئة:

"شهدت الأعوام ١٩٤٢-١٩٤٣ ارتفاعا مذهلا في عدد ونوعية المكائن الصناعية المصنعة محليا. كما كان هناك كم هائل من الإرتجال الإبتكاري في استخدام المكائن الموجودة من قبل. وأصبحت الآلات المكنية ذات الدقة العالية - التي كان انتاج مثل نوعيتها محليا يعتبر في السابق ضربا من المستحيل - شائعة الاستخدام الآن. حينما وصل هذا القطاع الصناعي إلى قمة إنتاجيته في عام ١٩٤٣ كان يوجد ٢٠٠ مصنع تشغل حوالي ١٢ ألف عامل وتنتج ١٤٠٠٠ آلة مكنية في العام. في منتصف عام ١٩٤٤ تحول ما كان يعتبر في السابق أكبر نقاط الضعف التكنولوجية لأستراليا إلى أكبر مصدر من مصادر قوتها".

وتمكنت أستراليا بسرعة من تلبية احتياجاتها المحلية من الآلات المكنية وبدأت بالتصدير إلى مصر وجنوب أفريقيا ونيوزلندا والهند. لاحظ أحد المراقبين في عام ١٩٤٤ أن ٧ من ١٠ من الآلات المكنية المعقدة البالغ عددها ٥٢ ألفا التي كانت تعمل في أستراليا مصنوعة محليا.

وتباهى رئيس برنامج التعبئة الكولونيل ثورب (Colonel Thorpe) في عام ١٩٤٣ قائلا أنه "لا توجد آلة مكنية كبيرة إلى درجة أو معقدة ودقيقة إلى درجة بحيث لا يقدر المهندس الأسترالي على التعامل معها".

مكن الاقتصاد الأسترالي، الذي عاش ثورة تقنية وصناعية، الحكومة من متابعة خطط إعادة الإعمار والتنمية الصناعية بعد الحرب على نطاق لم يكن متخيلا من قبل، وهو ما عزز مجددا القدرات الجديدة للأمة في مجال الهندسة والصناعات. وفي عام ١٩٤٨ أسس رئيس الوزراء تشيفلي (Chifley) صناعة سيارات محلية معتمدة بشكل مكثف على صناعة الآلات المكنية بالشراكة مع مصنعي السيارات الأمريكيين. في العام التالي بدأ العمل في مشروع "خطة سنووي ماونتن" (Snowy Mountain Scheme). ودعمت الصناعات الأسترالية تطوير تكنولوجيا الصواريخ التي دأب الأمريكان والبريطانيون على تجربتها في قاعدة لإطلاق الصواريخ في منطقة معزولة في جنوب أستراليا. بحلول عقد الستينات كانت أستراليا قادرة على إطلاق صواريخ تحمل أقمارا صناعية إلى مدار الأرض من على أراضيها، حيث كانت ثالث أمة في العالم تتمكن من إنجاز ذلك. في ذلك العقد كانت الزراعة والإنتاج الصناعي يمثلان ٤٠٪ من الناتج الإقتصادي للأمة ويشغلان ٥٠٪ من اليد العاملة.

لكن ابتداء من نهاية الستينات بدأ كل ذلك بالتهاوي تحت ضربات هجمة مزدوجة مكونة من سياسات التجارة الحرة والحركة البيئية. إذ فقد منتجو الآلات المكنية في عام ١٩٦٧ الحماية التي كانت توفرها التعرفة الجمركية لهم، وبدأت الآلات المكنية الرخيصة المستوردة من الهند تحل محل الانتاج الأسترالي بالتدريج. ووجّه التاج البريطاني صعود الفاشية الخضراء التي بدأت تحكم سيطرتها على كل نواحي الحياة السياسية والاجتماعية والاقتصادية الأسترالية، ووضعت نهاية لكل مشاريع البنية التحتية الكبرى مثل مشروع "خطة سنووي ماونتن". وتبنت أستراليا في بداية الثمانينات برنامجا راديكاليا لرفع القيود التنظيمية المالية والخصخصة والتجارة الحرة التي قضت تماما على الصناعات، وأنعشت في ذات الوقت المضاربات المالية، بحيث إنكمشت الزراعة والصناعة وأصبحتا لا تمثلان سوى ١٠٪ من إجمالي الناتج المحلي في بداية الألفية الثانية، بينما تضخمت الخدمات المالية لتصل إلى نسبة ٢٠٪ من إجمالي الناتج المحلي بعد أن كانت أقل من ٥٪ في الستينات. ثم قامت الحكومة في نهاية التسعينات بإيقاف "منحة" الآلات المكنية التي كانت تمثل آخر محفزات الانتاج المحلي مما أدى إلى وقف كل أشكال الصناعات المفيدة في أستراليا. وفقدت أستراليا في عام ٢٠١٣ أكبر مجمعاتها لصناعة الآلات المكنية ومشغلي المكائن الماهرين عندما أعلنت شركة فورد أولا وتلتها جنرال موتورز ومن بعد تويوتا عن وقف كل نشاطاتها لانتاج السيارات في أستراليا.

يتكون الاقتصاد الاسترالي اليوم من مناجم المواد الخام، حيث تشحن جبال من خام الحديد والفحم إلى آسيا، وقطاع مالي مدمن على المشتقات المالية، وفقاعة مضاربية في سوق العقارات. لكن تجربة أستراليا ذاتها في الحرب العالمية الثانية تثبت كيف يمكن عكس منحى هذا الإنحلال الصناعي بسرعة حينما يستدعي وجود الأمة وبقاؤها ذلك.

مستلزمات التنمية

إن أول ما هو مطلوب لكي تلعب أستراليا دورها الطبيعي في عملية التنمية العالمية هو أن تستعيد سيادتها. يعني هذا الخروج من رابطة الكمنويلث البريطانية، وتتحول إلى دولة جمهورية وتأمم احتياطياتها الهائلة من المواد الخام المعدنية التي تعتبر من اكبر احتياطيات العالم وتنتزعها من كارتيلات التاج البريطاني مثل ريو تينتو (Rio Tinto) وبي اتش بي بيليتون (BHP Billiton).

الشكل ١

مخطط سنووي ماونتن

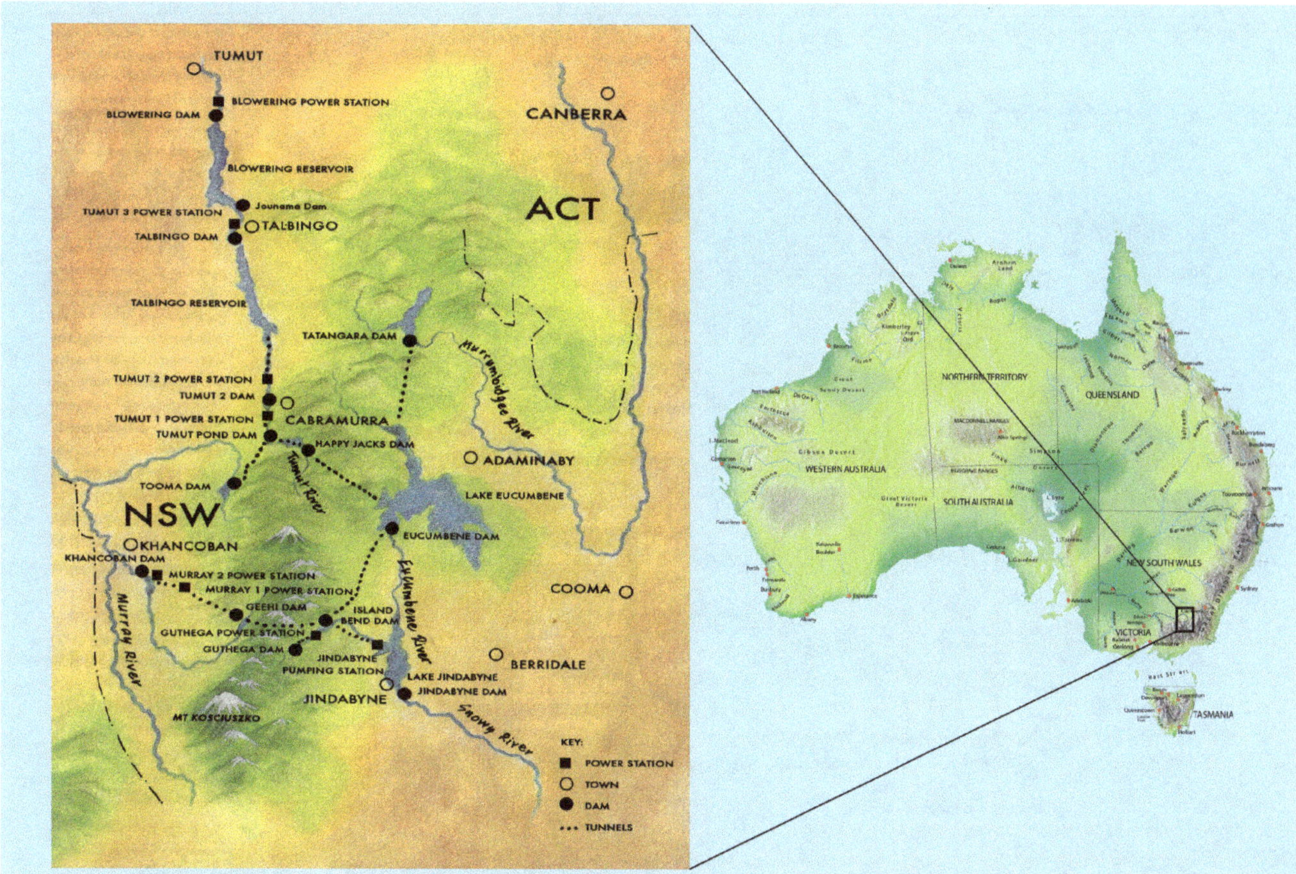

Credit: CEC

مخطط سنووي ماونتن هو مصدر كبير للمياه للري وتوليد الطاقة، تم بناؤه على نموذج مشروع وادي تينيسي الامريكي.

بالإضافة إلى ذلك، على أستراليا أن تعود إلى النظام البنكي الوطني، الذي كان قد أدخله إلى أستراليا في عام ١٩١١ مواطن مهاجر من الولايات المتحدة أسمه كينج أومالي (King O'Malley). صمم أومالي اقتراحه للبنوك على نمط "بنك الولايات المتحدة الأول" الذي اسسه أليكساندر هاملتون (راجع الجزء الثاني)، حينما أعلن في خطاب ألقاه في عام ١٩٠٩ أمام البرلمان: "أنا أليكساندر هاملتون الأسترالي. لقد كان هاملتون أعظم عبقري مالي يمشي على وجه الأرض، وأفكاره لم تجد من يضيف إليها شيئا أحسن". بفضل أومالي أصبح النظام البنكي الوطني جزءا من برنامج حزب العمال الاسترالي لعدة عقود، وبقي فاعلا ليوفر الإئتمانات لأكبر مشروع بنية تحتية عرفته الأمة وهو مشروع "سنووي ماونتن" للطاقة الكهرومائية والري (الشكل ١).

إن هذا المشروع، الذي بدأ العمل في بنائه في عام ١٩٤٧ وأكتمل في عام ١٩٧٥، قد غير معالم القارة الأسترالية، حيث خلق سلة خبزها الزراعية، ولا زال المشروع نموذجا لما يجب على أستراليا فعله على نطاق أكبر بكثير حتى من ذلك. في عام ١٩٦٧ إمتدحت جمعية المهندسين الأمريكية "خطة سنووي" ووصفتها على أنها "إحدى عجائب الهندسة السبعة" في العالم المعاصر. يغطي المشروع مساحة تبلغ ٧٧٨٠ كلم مربع ويحتوي على ١٦ سد وسبعة محطات طاقة و ١٤٥ كلم من الأنفاق و ٨٠ كلم من الجسور. يحول المشروع مياه منابع "نهر

الشكل ٢

استراليا ومشاريع المياه التي تحتاج اليها

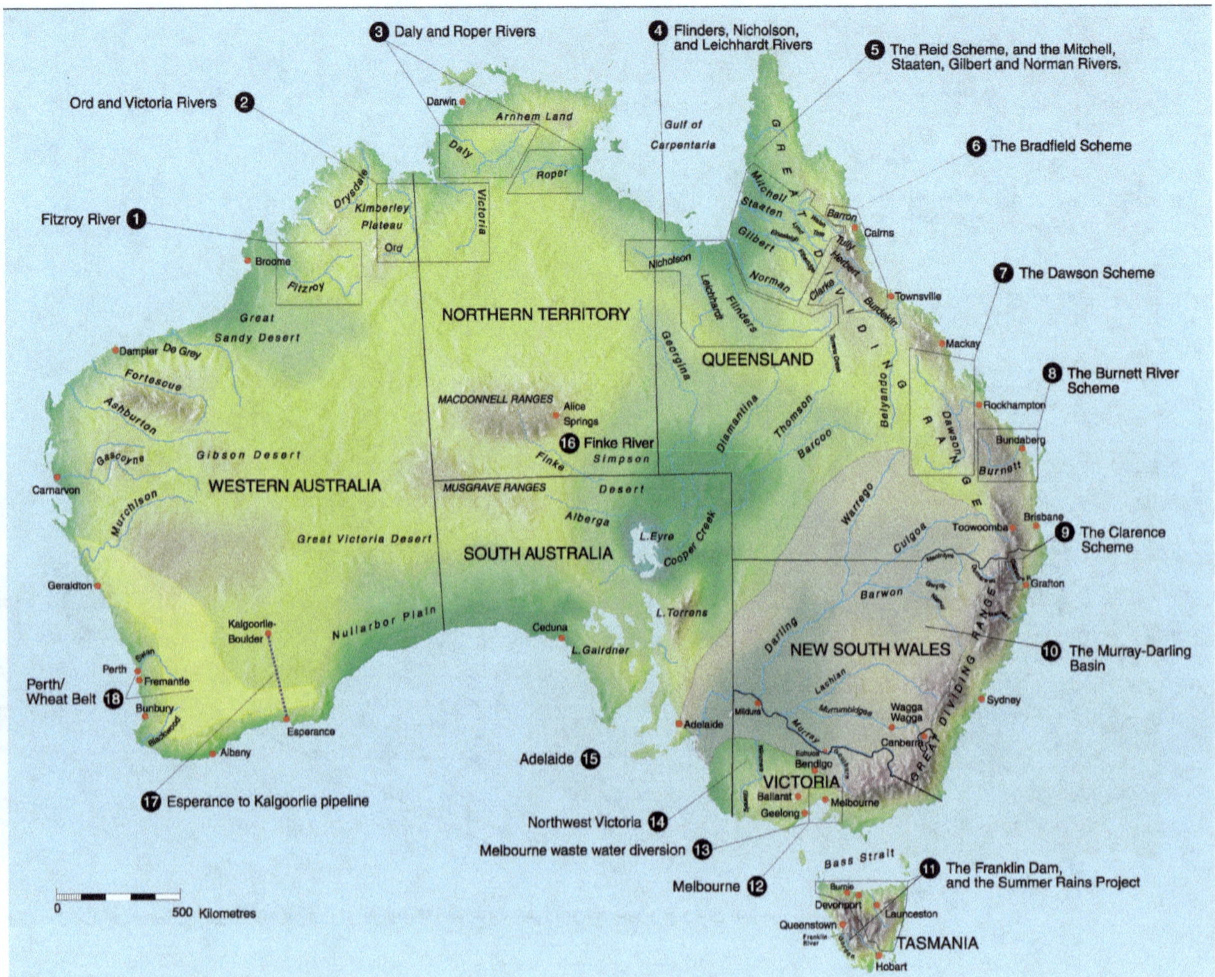

Credit: CEC

هذه الخارطة هي النقطة المركزية في خطة "مجلس المواطنين الانتخابي" والمعنونة "طريق البنية التحتية الى احياء الاقتصاد"، وتم وضعها بالتعاون مع المهندس لانس اندرزبي.

سنووي" ونهرين آخرين نحو الغرب عبر "جبال الألب الأسترالية" إلى المناطق الإروائية لنهري موراي ومورومبيجي، وبهذا يكون المشروع قد خلق واحدة من أكثر المناطق المروية إنتاجية في العالم ـ حوض موراي دارلينج (Murray-Darling Basin).

إن "مشروع سنووي"، الذي تم تطويره على يد مهندسين تدربوا في الولايات المتحدة وبالتعاون مع الأمريكان، هو نموذج لسلسلة من المشاريع الأخرى التي يبلغ عددها ١٨ مشروعا، والتي تشتد الحاجة إليها اليوم لتشجير الصحراء وتوفير ما يكفي من المياه للقارة كلها. حينما يتم إنجازها، ستقوم هذه المشاريع بتحويل المياه من الأنهار التي تجري في السلاسل الجبلية الساحلية، مثل نهر كلارنس في نيو ساوث ويلز على الساحل الشرقي، ونهر فيتزروي في الغرب (ويصب كلاهما مياهه في البحر)، إلى المناطق الجرداء في وسط القارة.

خطة برادفيلد

إن أحد أكثر هذه المشاريع إثارة هو "خطة برادفيلد" (Bradfield Scheme) لري المناطق الداخلية للقارة (الشكل ٢). تم تصميم المشروع في عام ١٩٣٨ من قبل الدكتور جي جي سي برادفيلد المهندس العبقري الذي بنى جسر ميناء سدني الشهير. تم تحديث التصميم في عام ١٩٨٠، بعد أن كان هذا التصميم الذكي يتراكم عليه الغبار على رفوف المكاتب لعدة عقود. سنأخذ هذا المشروع كدراسة نموذجية لما ينبغي إنجازه.

تقع أعلى منطقة لهطول الأمطار في أستراليا في منطقة شمال كوينزلاند الإستوائية، حيث يرتفع الهواء المشبع بالرطوبة من المحيط الهادئ ويتم دفعه بشكل عمودي تقريبا بواسطة "سلسلة الجبال الفاصلة العظيمة" (Great Dividing Range) التي تمتد على طول شرق أستراليا. يحمل نهرا "تولي" و "هربرت" (اللذان لا يتجاوز طولهما ١٢٣ كلم و ٣٤٠ كلم) مياه هذه الأمطار مباشرة إلى البحر من جديد. إقترح المهندس برادفيلد بناء سلسلة من السدود والأنفاق لتحويل مياه النهرين عند منبعهما عبر "سلسلة الجبال الفاصلة" وانحدارا نحو السهول الخصبة، لكن الجافة، في وسط كوينزلاند وانتهاءا ببحيرة الملح الأسترالية الداخلية، بحيرة آير في جنوب وسط أستراليا.

لم يتصور برادفيلد فقط تحويل مياه الأنهار للري، بل وأيضا تغيير مناخ المناطق الجرداء الداخلية من خلال خلق غطاء أخضر ودورة ماء طبيعية متزايدة تساعد على هطول الأمطار.

سكك القطارات السريعة: قطار آسيا إكسبريس

إن أستراليا في حاجة ماسة أيضا إلى تحديث منظومة نقلها. صمم المهندس الأسترالي الرائد البروفيسور لانس إندرزبي (Lance Endersbee)، قبل وفاته في عام ٢٠٠٩، برنامجا سماه "آسيان إكسبريس".

تتكون منظومة "آسيان إكسبريس" من شبكة من سكك القطارات السريعة بين كبريات المدن الأسترالية بالتوازي مع شبكة سكك عالية السرعة لأغراض شحن البضائع. وستضع منظومة "آسيان إكسبريس" أي بقعة في أستراليا على بعد أربعة أيام فقط من أي جزء من آسيا، حيث سترتبط بأكبر مينائين في العالم في سنغافورة وهونج كونج، وغيرهما من الموانئ الكبرى في آسيا (الشكل ٣). بدأت فكرة هذه المنظومة تتطور إنطلاقا من مشروع قطار الشحن السريع بين ملبورن وداروين، والذي كان مقررا أن ينقل منتجات البستنة عالية القيمة من الولايات الجنوبية في أستراليا إلى الموانئ الواقعة في أقصى الشمال خلال ٢٤ ساعة فقط. ووضح البروفيسور إندرزبي أن مشروع قطارات "آسيان إكسبريس" سيقهر "جبروت المسافات" التي شكلت دائما عائقا جبارا أمام الإنتاج الزراعي في المناطق الواقعة على طول مسار الخط، حيث اقتصر النشاط الزراعي على المنتجات ذات العمر التخزيني الطويل مثل الصوف والحبوب واللحوم البقرية والفواكه المعلبة أو المجففة. لكن خدمات الشحن السريعة ستفتح المجال أمام الأراضي الواقعة بالقرب من مسار خط سكة الحديد للإستثمار في المنتجات الزراعية ذات القيمة الأعلى ومنها منتجات الألبان والبساتين لتوفير الغذاء لسكان أستراليا.

ثم وسع البروفيسور إندرزبي مفهومه ليشمل سكة الحديد الدائرية الأسترالية (Australia Ring Rail) للإلتفاف حول القسم الأعلى من القارة وربط بيرث مع سكة الحديد الأسترالية الموجودة بين الشرق والغرب والمحيطين الهندي والهادئ.

ولتحقيق كل الإمكانيات الكامنة لهذا المشروع يجب على أستراليا أن تؤسس خدمة شحن

الشكل ٣
موانئ الحاويات في اسيا

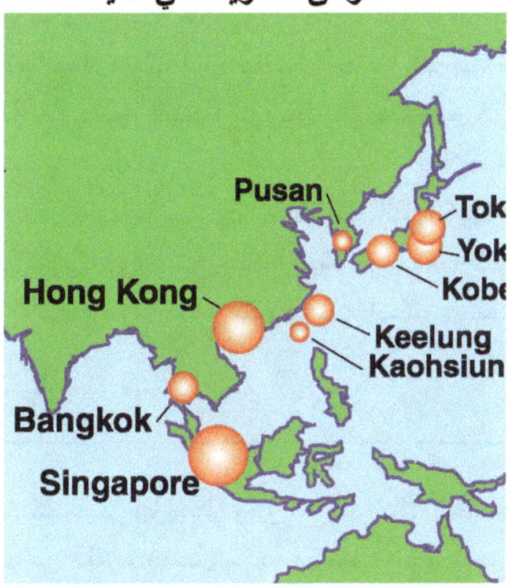

Credit: CEC

بوجود سكك الحديد السريعة المرتبطة بالشحن البحري، ستكون جميع موانئ الحاويات الاسيوية الكبرى على بعد 4-1 ايام من جميع المصانع والمزارع الاسترالية.

بحرية عالية السرعة إلى جنوب شرق آسيا. إن المسافة من داروين إلى سنغافورة تساوي طول البحر المتوسط، وباستثناء موسم الأمطار (المونسون) تكون حالة البحر هادئة عموما، مما سيسهل حركة سفن الشحن السريعة من داروين إلى الموانئ العملاقة في سنغافورة وجاوة وهونج كونج وكواهسيونج في تايوان. تعتبر أستراليا من الدول الرائدة في العالم في صناعة سفن الكاتامران (catamarans) السريعة، حيث حققت سفن شركة "إنكات" (Incat) المصنوعة في تاسمانيا وسفن "أوستال" (Austal) في غرب أستراليا أرقاما قياسية عديدة من ناحية السرعة، ومنها أسرع رحلة إبحار عبر المحيط الأطلسي وأطول مسافة تقطعها سفينة نقل ركاب تجارية في يوم واحد. وقد طورت كلتا الشركتان سفن كاتامران لنقل المسافرين والبضائع وحولتها إلى سفن سريعة باستخدام الحاويات وتقنية دخول وخروج المركبات والحاويات إلى السفن ومنها بدون استخدام رافعات.

الطاقة النووية

تحتوي أراضي أستراليا على ربع الاحتياطي العالمي المعروف من اليورانيوم - أي أكثر من أية أمة أخرى - وربع احتياطات الثوريوم بالتساوي مع الهند. هكذا تمثل أستراليا موردا أساسيا لتطوير شبكة طاقة نووية قادرة على توفير كميات كبيرة من الطاقة الرخيصة والمياه المحلاة للأمة. تمتلك أستراليا حاليا مفاعلا تجريبيا صغيرا واحدا، وحركة خضراء مسعورة عازمة على خنق الطاقة النووية. لكن هناك حركة متنامية في الأوساط الجامعية لتدريب المهندسين والعلماء على تقنيات الإنشطار والإندماج النووي. بوجود الإحتياطيات المحلية الوفيرة من الوقود النووي، تمتلك أستراليا إمكانية تطوير نشاط اقتصادي هائل عبر توليد الطاقة النووية، ومن شأن ذلك أن يساهم مساهمة كبيرة في إحداث إختراقات علمية في مجال طاقة الإنشطار والإندماج النووي على المستوى العالمي.

الفضاء

شاركت أستراليا بشكل وثيق مع الولايات المتحدة في "مهمة الفضاء أبولو" لإرسال رواد فضاء إلى القمر، وتحتل مكانة مناسبة تؤهلها للعب هذا الدور مجددا. ففي أعوام الستينات والسبعينات تم إطلاق أكثر من ٢٠٠٠ صاروخ أمريكي وبريطاني وأوربي من موقع وومبرا (Woomera) في أستراليا. لكن توقف الموقع عن العمل في عام ١٩٧٦، ومنذ ذلك الحين لم تتمكن القيادات السياسية من الإرتقاء إلى مستوى ما تمتلكه أستراليا من إمكانيات كقاعدة لإستكشاف الفضاء.

توجد عدة مواقع قادرة على المنافسة الجادة لإستضافة قواعد فضائية. فبالرغم من أن موقع وومبرا قد تم اختباره، إلا أنه ليس قريبا بما يكفي من خط الإستواء بالمقارنة بالخيارات الأخرى. إن قرب أية قاعدة فضائية من خط الإستواء يساعدها على الإستفادة من قوة الطرد المركزي التي تخلقها الكرة الأرضية أثناء دورانها، مما يسهل إطلاق المركبات ذات الحمولات الثقيلة.

تعتبر شبه جزيرة كاب يورك (Cape York) في أقصى شمال كوينزلاند خيارا ممتازا، لأنها تقع على بعد ١٢ درجة فقط جنوب خط الإستواء. لقد اقترح العديد من السياسيين على مر السنين تطويرها لتحتضن قاعدة فضائية، لكن لم تنتهز الحكومة هذه الفرصة بشكل جاد.

لقد جاء الإقتراح الأكثر إثارة مؤخرا من الوكالة الروسية للطيران والفضاء (Aviation and Space Agency) التي أعربت عن اهتمامها بتطوير منشأة إطلاق صواريخ تجارية

على الأراضي الأسترالية في جزيرة كريسماس آيلاند (Christmas Island) في المحيط الهندي. تنجذب روسيا للفكرة بسبب قرب الجزيرة من خط الإستواء. وقد حصلت شركة إستثمارية مشتركة بإسم "مركز فضاء آسيا والمحيط الهادئ" (Asia Pacific Space Centre)، وتتضمن مستثمرين من أستراليا وكوريا الجنوبية، حصلت على تعهد من الحكومة الأسترالية في يونيو عام ٢٠٠٠ للمساهمة بإثنين وخمسين مليون دولار للمشروع عبر تطوير البنية التحتية للنقل على الجزيرة.

[* "مجلس المواطنين الانتخابي" الأسترالي (Citizens Electoral Council). موقع الحركة هو: www.cecaust.com.au]

الجزء التاسع

أوربا
القطب الغربي
لطريق الحرير الجديد

مشاريع البنية التحتية الكبرى في حوض البحر المتوسط

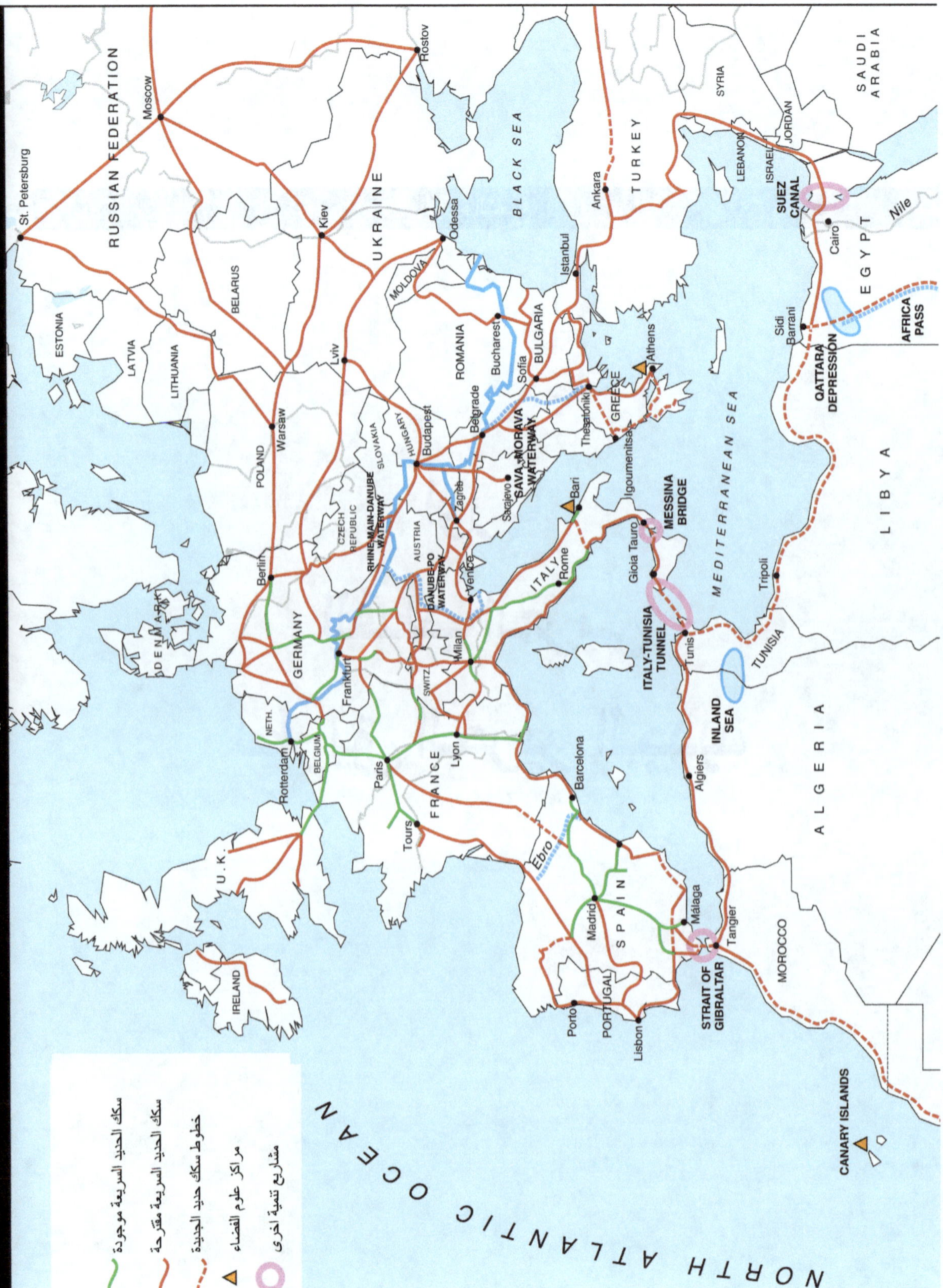

ألمانيا: مفتاح دمج أوربا في طريق الحرير الجديد

بروس دايريكتر
By Bruce Director

أغسطس ٢٠١٤

إن مفتاح دمج أوربا بممر تنمية طريق الحرير الجديد هو جمهورية ألمانيا الإتحادية، التي كانت منذ العصر الروماني مركز التجارة والتنمية الثقافية بين آسيا وأوربا. كان الطريق التجاري القديم بين الشرق والغرب في أوربا، "الطريق الملكي" (Via Regia) والممتد من إسبانيا إلى كييف، يمر عبر ألمانيا، وكان يتصل بطريق الحرير عبر روسيا وآسيا الوسطى إلى الصين. أما الطريق من الشمال إلى الجنوب من بحر البلطيق إلى ايطاليا فكان هو الآخر يمر عبر ألمانيا. هكذا أصبحت مدن ألمانية مثل لايبتزج وفرانكفورت مراكز تجارية عالمية. كما كانت مراكز التعدين والصناعة والثقافة والتعليم الألمانية تاريخيا بوتقة صهر للتعاون بين أوربا وروسيا وآسيا. وعندما أصبحت ألمانيا دولة صناعية تحت قيادة بسمارك (Bismarck) تحولت إلى مركز استراتيجي للتنمية الاقتصادية في كل أرجاء القارة الأوراسيوية، وهو ما أثار عليها غضب الإمبراطورية البريطانية التي تآمرت لعزل بسمارك وأدخلت ألمانيا في قرن من الحروب من عام ١٨٩٥ إلى سقوط جدار برلين قبل ٢٥ عام.

منذ عام ١٩٨٩، تحولت ألمانيا ـ التي كانت معجزتها الإقتصادية بعد الحرب العالمية الثانية مبنية على أساس تطوير وتصدير المنتجات ذات التكنولوجيا العالية جدا مثل الآلات المكنية والمنتجات الصناعية ـ تحولت إلى السياسات البيئية والنقدية الفاسدة التي تنادي بنمو بدرجة صفر، وهي ذات سياسات الإمبراطورية البريطانية. لقد تم دمج المؤسسات المالية الألمانية في مدينة أعمال لندن وول ستريت، وأنضمت بنوكها إلى منتدى البنوك العالمية التي أصبحت مثل "الزومبي" الميت الحي والتي تعتبر "أكبر من يسمح لها بالفشل" (too big to fail). كما أغلقت ألمانيا محطاتها للطاقة النووية وخربت ريفها بمراوح الرياح المضحكة والتي لا تنتج ما يجدر ذكره من الطاقة. كما أنها توقفت عن تطوير التقنيات الرائدة من قطارات الرفع المغناطيسي (Maglev)، وتنظر من بعيد فقط إلى الحدث السعيد المتمثل بتبني الصين لهذه التكنولوجيا واستخدامها. وبينما كانت ألمانيا تمثل قمة صرح الثقافة الكلاسيكية، وهي الأمة التي ولدت باخ وبيتهوفن وبرامز وشومان وشيللر، أصبحت مسارحها الأن مستعمرة من قبل "مسرح المخرج" (Regietheater) الذي ابتدعه بيرتولد بريخت [يختار المخرج تغيير النصوص الكلاسيكية للمسرح أو الأوبيرا ويخرجها كما يشاء دون الإلتزام بالأصل ـ المترجم]، والمسرح المعاصر وما هو أسوأ من ذلك.

مشهد عام لمسارات السكك الرئيسية

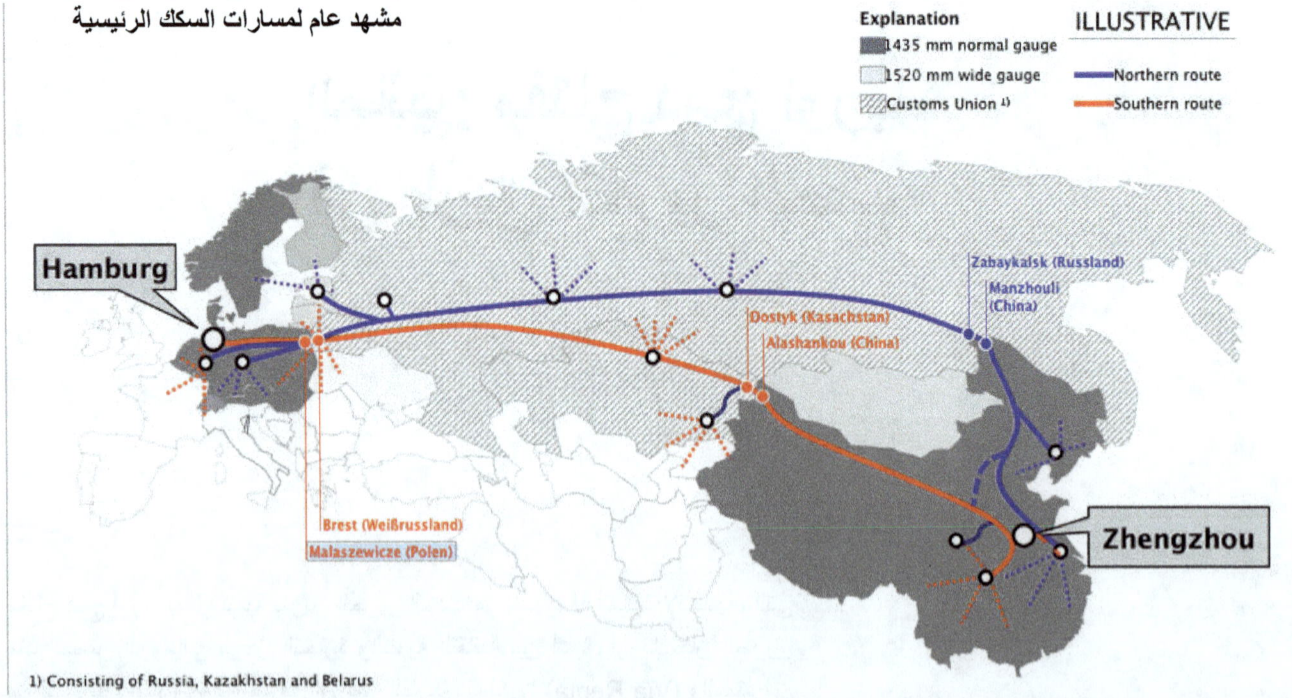

Source: Railway Gazette

توضح هذه الخريطة المسارين الرئيسيين لسكك الحديد بين المانيا والصين. بالاضافة الى هامبورج، المحوران الاخران لسكك الحديد في المانيا هما دوزبورج في منطقة الرور، ولايبتزج كما هو موضح في النص.

لكي تستطيع ألمانيا أن تتخذ موقعها الصحيح باعتبارها مكونا أساسيا من مكونات "الجسر البري العالمي"، عليها أن تغير مسار هذه السياسات الكارثية وتطبق الإصلاحات التالية:

١. تطبيق قانون جلاس ستيجال (Glass-Steagall) لفصل المنظومة البنكية

مثلما فعل الرئيس فرانكلن روزفيلت باستخدامه القانون الأصلي جلاس ستيجال في عام ١٩٣٣ وتقييد سلطة بنوك وول ستريت لكي يدافع عن الصالح العام للأمة، يجب علينا اليوم فصل وعزل نشاطات البنوك التجارية العادية بشكل كامل عن البنوك الإستثمارية. هكذا سيتحمل ممارسو المضاربات المالية لوحدهم الخسائر في مضاربات أسواق المال، بينما تتم حماية المودعين ودافعي الضرائب بتحريرهم من أعباء هذه الخسائر، وذلك على العكس مما يحصل الآن إذ يتحمل الأخيرون تبعات "إنقاذ البنوك داخليا" بأموال المودعين (bail-in) والتي تم إدراجها في قوانين ألمانيا ودول الإتحاد الأوربي. وتلتزم وزارة المالية الألمانية حاليا بهذه السياسة.

٢. وقف عمليات "إنقاذ البنوك داخليا" ـ ووقف مصادرة مدخرات المودعين والطبقة الوسطى

إن مصادرة جميع الحسابات المصرفية التي تزيد على ١٠٠ ألف يورو (كما حصل في قبرص في عام ٢٠١٣) لن يؤذي فقط المدخرين، بل وأيضا البلديات والشركات الكبرى ـ أي كل الجهات والشركات التي تكون بحاجة إلى السيولة لسداد نفقاتها الجارية (دفع أجور العمال والموظفين والموردين وغير ذلك من التكاليف).

٣. تحمل الدولة مسؤولية خلق الإئتمانات بواسطة تأسيس "بنك وطني" وبنوك محلية إئتمانية

إن كانت ألمانيا تريد أن تحقق تشغيلا كاملا وإنتاجيا لليد العاملة التي لديها، فستكون بحاجة

إلى نظام إئتماني لتوفير إئتمانات بأسعار فائدة منخفضة لبناء البنية التحتية ولتمويل البحث والتطوير (كما سيأتي أدناه). بخلاف الممارسات الحالية للبنوك المركزية المتمثلة بطباعة النقود في محاولة فاشلة لإنقاذ البنوك المتعثرة، سيكون هذا النوع من التوسع في إصدار الإئتمانات غير تضخمي لأن الأموال ستكون مرتبطة بالقدرات الإنتاجية وبهذا ترفع العائد الضريبي. إذا تمت إعادة بناء "مؤسسة الإئتمانات لإعادة الإعمار" (Kreditanstalt für Wiederaufbau) مجددا، والتي تمثل النسخة الألمانية "للشركة المالية لإعادة الإعمار" الأمريكية، فإنها ستكون قادرة كما فعلت في الخمسينات على بناء المعجزة الإقتصادية الألمانية وعلى توفير القروض الطويلة الأمد وذات الفائدة المنخفضة عبر بنوك الولايات الألمانية المختلفة لتمويل مشاريع محددة. تمتلك بعض الولايات، مثل ولاية ساكسوني، في واقع الحال مثل هذه البنوك حاليا، وكان بنك ولاية ساكسوني بعد تأسيسه في عام ١٩٩١ يمتلك مثل هذه الرؤية.

٤. التركيز على البنية التحتية والقطاعات الصناعية ذات التكنولوجيا المتقدمة

إن البنية التحتية الأساسية والتكنولوجيا المتقدمة ترفع انتاجية المجتمع ككل وبالمعايير الفيزيائية (كمية الانتاج مقسومة على كيلومترات مربعة)، ومن منظور الصالح العام. تتضمن هذه المشاريع ذات الأولوية مشاريع البنية التحتية لربط ألمانيا بطريق الحرير الجديد والجسر البري الأوراسيوي، بالإضافة إلى المشاريع العلمية والتقنية التي ستحاول تجاوز الحدود المعرفية الحالية للمجتمع الإنساني وتفتح المجال أمام رفع قدراته لمعرفة الكون (مثل طاقة الاندماج النووي، وفيزياء البلازما ورحلات الفضاء).

٥. حوار الحضارات والنهضة الثقافية

إن حالة الإتحاد التي يخلقها التعاون الإقتصادي والعلمي والثقافي هي أفضل ضمان لتحقيق السلام الدائم. بمقدور ألمانيا المساهمة مساهمة هائلة في ذلك نظرا لثراء تاريخها الثقافي، وهو ميراث من الواجب إعادة إحيائه اليوم. ففي ولاية ساكسوني وحدها عاش عظماء العلوم والثقافة مثل العبقري الموسوعي غوتفريد فيلهلم لايبنتز (G. W. Leibniz) الذي كان من أكثر الألمان تأثيرا على روسيا والصين والولايات المتحدة. وفريدريش شيللر (Friedrich Schiller) "شاعر الحرية" كما كان يصفه فريدريك دوجلاس الأمريكي المستعبد سابقا وصديق الرئيس أبراهام لينكولن. عاش شيللر في ساكسوني وترك بصماته على التاريخ الإنساني هناك. هذا بالإضافة إلى ميراث الموسيقى الكلاسيكية ليوهان سباستيان باخ وفيلكس مندلسون بارتولدي وروبرت شومان وزوجته كلارا شومان ويوهانس برامز ، وهو الميراث الذي لا يزال يمثل قوة توحد الجنس البشري، وينبغي الترويج له بشكل أكبر. على هذا الأساس تتحمل ألمانيا مسؤولية من نوع مميز لتحقيق هوية ورؤية للإنسان تضع قدراته الإبداعية في المركز وتساهم في السعي الكوني "لطلب السعادة".

متطلبات البنية التحتية للنقل

لكن لن تستطيع ألمانيا أن تساهم مساهمة فعالة إذا لم تكن الشرايين الفيزيائية من البنى التحتية الضرورية في حالة جيدة، أو أن يتم خلقها من جديد. تحتاج طرق السيارات وسكك الحديد والمجاري المائية في ألمانيا الى الترميم والصيانة بشكل عاجل. إذ تحذر "الجمعية الألمانية العامة للسيارات" (ADAC) وغيرها من المؤسسات كل عام من أن كل الشبكة الألمانية للطرق والجسور قد أصبحت قديمة وبالية وبحاجة إلى الترميم والتحديث. وعملية

خطة التنمية لحركة لاروش الالمانية، مع مراكز التنمية الرئيسية محددة بدوائر.

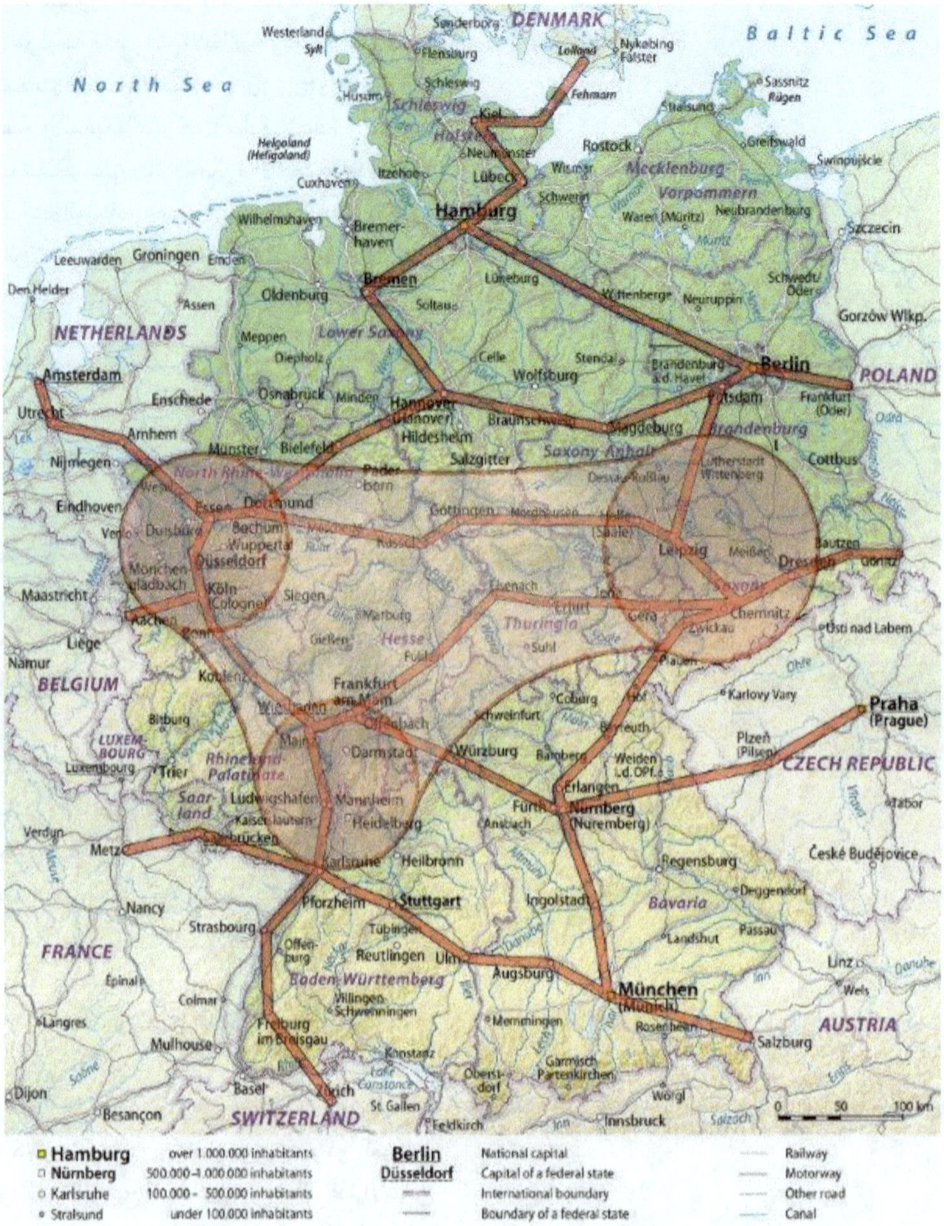

إغلاق محطات القطارات وخطوط سكك الحديد المتكررة معروفة للجميع. كما أن هناك درس بليغ يجب الإستفادة منه ويتمثل في الفيضانات الكبرى المتكررة التي ألحقت أضرارا فادحة ببعض الولايات الألمانية منذ عام ٢٠٠٢ ـ ولأن الأنهار لا تتم صيانتها الآن بشكل معقول، فقد انخفضت سعة التصريف فيها وأصبحت غير قادرة على استيعاب كميات المياه الجديدة كالسابق. لذلك توجد حاجة ماسة للتعامل مع هذه المشكلة في سياق المشاريع الدولية لإدارة المياه.

يشكل قطاعان إثنان أهمية قصوى في هذا الباب ـ شبكة سكك الحديد التي ستلعب دورا مهما على وجه خاص في الجسر البري الأوراسيوي وخصوصا بدخول تقنية سكك قطارات

الرفع المغناطيسي، والتوسع الضروري لمجاري الأنهار.

١. بناء وتحديث النقل بسكك الحديد

توجد منذ عام ٢٠٠٨ شبكة "اللوجستيك الأوراسيوية" (Trans Eurasia Logistics - TEL) وهي عبارة عن مشروع مشترك بين شركة سكك الحديد الألمانية (Deutsche Bahn AG) وشركة سكك الحديد الروسية (RZD). برزت هذه الشبكة اللوجستية بالتزامن مع افتتاح سكة الحديد التي تمتد من دوزبورج إلى بكين، بحيث يمكن اليوم شحن البضائع وتوزيعها على سبعة مسارات لسكك الحديد عبر قارة أوراسيا:

- ثلاثة مسارات بين أوربا وروسيا: خطوط موسكو وتوبيتايكا وماتروشكا

مسارين بين أوربا والصين: طريق الحرير الجديد والقطار النمر (Tiger Train)

- مسارين بين روسيا والصين: الشبكة الروسية الصينية المتعددة (Multinet) وخط "آسيا الوسطى إكسبريس"

قناة الراين والماين و الدانوب

Source: EIR, 1992.

تم تصور بناء قناة بين نهري الراين والماين من قبل شارلمان في القرن التاسع، وقد تم اكمالها في عام ١٩٩٢. تعتبر هذه القناة محوراً رئيسياً للتنمية و النقل انطلاقاً من المثلث الانتاجي الاوروبي.

تتواجد كل هذه المسارات على طريقين رئيسيين: أحدهما في الشمال على سكة الحديد السيبيرية، والآخر في الجنوب عبر كازاخستان. هذان هما ممرا البنية التحتية الرئيسيان على الجسر الأوراسيوي: الممر ألف (Corridor A) في الشمال يعمل بشكل كامل حاليا، والجزء الآسيوي للمر باء (Corridor B) وقد أصبح جاهزا للإستخدام الآن.

يمكن قطع مسافة المسار الشمالي البالغة ١٢ ألف كلم خلال ١٩ يوم، ويمكن قطع مسافة ١٠ آلاف كلم التي يمثلها المسار الجنوبي خلال ١٨ يوم. يعتبر النقل بسكك الحديد بكلفة ٢٢٠٠ يورو لكل حاوية ٤٠ قدم أغلى قليلا بنسبة الثلث من النقل بالسفن، لكن سرعة النقل بالقطارات هي ضعف سرعة السفن.

منذ عام ٢٠١١ يغادر قطار واحد يحمل ٣٦ حاوية كل يوم من محطة لايبزج ـ فارين الألمانية إلى شينيانج (Shenyang) في الصين. في بداية تشغيل هذا الخط كانت القطارات تنقل كميات تساوي ٨ آلاف قطعة من شركة "بي أم في" (BMW) إلى مصنعها الجديد للسيارات في الصين. لكن بمقدور هذه القطارات حمل ٥٠ حاوية أيضا. إحتاجت شركة "بي أم في" في هذا السياق إلى بناء مركز لوجستيات بمساحة ٦٣ ألف متر مربع، وخلقت بذلك ٦٠٠ فرصة عمل. وصف مدير مجلس إدارة شركة النقل واللوجستيات التابعة لسكك الحديد الألمانية الدكتور كارل فريدريش راوش (K. F. Rausch) هذا الرابط باعتباره "من أهم حوافز الجسر البري الأوراسيوي".

وذكر فلاديمير ياكونين، رئيس شركة سكك الحديد الروسية، أن ٨٠٪ من حجم التجارة الحالية ينتقل من الشرق إلى الغرب. ورحب ياكونين بتأسيس مركز اللوجستيات في لايبزج لأنه يمثل أول خطوة في سبيل إجراء التحسينات لتغيير هذه النسبة. إن زيادة حجم صادرات السلع من الغرب إلى الشرق ستمثل دفعة قوية للإقتصاد الألماني.

ستصبح منطقة لايبزج في سياق هذه التطورات مركزا أوربيا رئيسيا للوجستيات،

وستتحول لهذا السبب إلى بوابة مهمة إلى الشرق. يتناسب مثل هذا الدور مع طبيعة مدينة لايبزج كثيرا لأنها كانت على مدى قرون عديدة مدينة حاضنة للمعارض التجارية، أكثر من دورها الحالي كمدينة تسوق مابعد صناعية.

بالإضافة إلى ذلك، يمكن بناء ممر سكك حديد من دريسدن إلى براغ وبراتسلافا وأوزورود ولفيف وكييف. يربط هذا الممر ألمانيا ليس فقط بأوديسا على البحر الأسود، بل وأيضا بشبه جزيرة القرم. من هناك يمكن أن يولد مسار جديد مهم لطريق الحرير الجديد بواسطة الجسر الذي تعتزم روسيا بناءه عبر بحر آزوف، واستمرارا إلى مركز النمو الإقتصادي الروسي في كراسنودار، ومن هناك شرقا ثم جنوبا على طول ساحل بحر قزوين الشرقي إلى كازاخستان وغرب الصين.

ستستفيد روسيا، التي أعلن رئيس شركة سكك حديدها ياكونين في مايو عام ٢٠١٤ في سان بطرسبيرج عن نيتها بناء سكة حديد سيبيرية جديدة لقطارات عالية السرعة من موسكو إلى فلاديفوستوك، ستستفيد كثيرا من هذا المسار الثاني عبر كراسنودار. ستقدر جميع المناطق الواقعة على هذا المسار على الإستفادة من حقيقة أن حاويات البضائع تستطيع التنقل بسرعة ٢٠٠ كلم في الساعة على أقل تقدير باستخدام قطارات الرفع المغناطيسي، مقارنة بثمانين كيلومتر في الساعة وهي أقصى سرعة لمركبات الشحن على طرق السيارات ولمسافات طويلة جدا.

تدور النقاشات الآن في الصين وروسيا حول أهمية التركيز على استخدام تكنولوجيا القطارات المغناطيسية في المستقبل بدلا من القطارات التقليدية. على ألمانيا أن تعود إلى هذه التكنولوجيا وإدخالها في المشاريع المقترحة أينما اقتضت الحاجة والجدوى الاقتصادية ذلك. قد تصبح مدينة جورليتز (Görlitz)، التي تعتبر منطقة بناء القاطرات وعربات القطارات الرئيسية في ولاية ساكسوني، مركزا رئيسيا لصناعة قطارات ترانسرابيد (Transrapid) المغناطيسية، حيث سيكون ذلك مناسبا جدا في حال بناء خط سكك الرفع المغناطيسي إلى دريسدن، وحتى تستطيع القطارات المصنعة في جورليتز أن تذهب مباشرة إلى الشبكة الجديدة للشحن واستخدامها مستقبلا في المسارات بين دريسدن وبراغ، ودريسدن وكييف، وكراكوف ودريسدن، وفي المثلث بين برلين ولايبزج ودريسدن.

٢. تطوير ممرات النقل المائي

تجري حاليا في جمهورية التشيك وبولندا مناقشة مسألة بناء قناة بين انهار الدانوب ـ ايلبه ـ أودر (Danube-Elbe-Oder). يجب على ألمانيا المشاركة في هذه النقاشات. وفي ذات الوقت، ينبغي توسيع نهر ايلبه، ولتنفيذ ذلك يجب تنظيم مستوى المياه في دريسدن عبر سلسلة من القناطر وبوابات التحكم بالمياه وأهوسة (locks) بحيث تكون المياه عالية حتى في فصل الصيف بما يكفي للسماح بمرور السفن. ستنمو في كل الدول الثلاثة بولندا وألمانيا والتشيك ظروف جديدة مؤاتية لإزدهار الصناعة ورفع إنتاجية السكان ومستواهم المعيشي.

أحد أهم مشاريع المياه الألمانية الأخرى هو إكمال بناء قناة ايلستر ـ زاله (Elster-Saale) لنقل المسافرين والبضائع. توقف العمل في شق هذه القناة ـ التي يعود اقتراح بنائها إلى عام ١٨٥٦ ـ في عام ١٩٤٢ بسبب الحرب. لكن يجب إكمال بنائها الآن. لهذا الغرض ينبغي بناء ميناء جديد وقناة بطول ٨ كلم إلى نهر زاله، حيث يجب تشييد هويس وسد. سيتطلب ذلك بناء ٣ أهوسة عند كل من مدن هالّة (Halle) وبلانينا وفيردر (ميرسبورج)، وتقويم مجرى المياه عند مدينة كالبه.

هكذا وعبر استثمار ١,٢ مليار يورو وتقسيمها بين ولايتي ساكسوني وساكسوني ـ آنهالت،

سيمكن ربط لايبزج بنهر إيلبه عبر نهر زاله. إن لايبزج هي من الآن من العوامل الرئيسية في حركة التجارة الأوراسيوية من خلال شبكة سكك الحديد التي تربطها بالصين. لكن سيزداد تعزيز موقعها هذا بشكل أكبر عبر هذه القناة التي ستساهم في ازدهار النشاط الصناعي في إقليم هالّة - لايبزج.

اليونان وخطة مارشال للبحر المتوسط

دين أندروميداس ومارشا ميري بيكر
by Dean Andromidas and Marcia Merry Baker

تم اقتباس هذا الفصل من الدراسة الخاصة "معجزة إقتصادية في جنوب أوربا والبحر المتوسط" الصادرة من مؤسسة إكزكتف إنتلجنس ريفيو

سبتمبر ٢٠١٤

يكمن مستقبل اليونان وكل دول منطقة البلقان في إستفادتها من موقعها الجيوستراتيجي في شرق المتوسط، لتصبح بوابة التنمية الإقتصادية إلى أوراسيا في الشمال الشرقي، وإلى جنوب غرب وجنوب آسيا في الشرق، وإلى أفريقيا في الجنوب. بالنسبة لليونان سيكون هذا دورا تاريخيا. أما لدول البلقان، فستكون هذه مهمة حساسة حيث سيكون دورها دور ممر للسلام والتنمية ولرفع هذه المنطقة المتأثرة بالحروب والممتدة من شمال البحر الأدرياتيكي شرقا إلى أوكرانيا، وإلى الجنوب الشرقي عبر منطقة جنوب غرب آسيا.

إلتقى رئيس الوزراء الصيني لي كيقيانج في أثينا في ١٩ يونيو عام ٢٠١٤ برئيس الوزراء اليوناني أنتونيس ساماراس، وأعلن بعد الإجتماع عن عدة مشاريع إقتصادية مشتركة، لكنه شدد على أن هاتين الحضارتين العريقتين من الشرق والغرب ـ أي الصين واليونان ـ تتمتعان بتاريخ وثقافة مجيدين. وقد قدمت هاتان الحضارتان مساهمات خاصة إلى الحضارة الإنسانية، وستتعاونان اليوم من أجل المستقبل. وتم على وجه التحديد ذكر مشروع بناء ميناء بيرايوس معا وتحويله إلى مركز ترانزيت عالمي وممر للتجارة مع كل أوربا.

إن الأحزمة القارية الناقلة الرئيسية التي تربط هذه المنطقة بالعالم واضحة في "الممرات الثلاثة" المعروضة في تقرير مؤسسة "إكزكتف إنتلجنس ريفيو" الصادر عام ١٩٩٧ حول الجسر البري الأوراسيوي (راجع الجزء الأول). تقع منطقة البلقان عند تقاطع هذه المسارات الثلاثة مع حوض البحر المتوسط. وإذا تمت تنمية البنية التحتية المتعددة الوسائل للتجارة والترانزيت ـ مثل سكك الحديد والطرق والممرات المائية والخطوط الجوية والموانئ والنقل البحري ـ فإن الموقع الجيوسياسي الحساس لليونان ودول البلقان سيبلغ أقصى مستويات إمكانياته الكامنة لفائدة الجميع.

نتفحص أولا وبشكل دقيق هذه الممرات، ومن ثم نتابع بإختصار بعض الممرات الإقليمية ذات الأولوية في شبه الجزيرة ذاتها.

ترتبط اليونان ومنطقة البلقان شمالا بممر التنمية الأوراسيوي المتجه من الشرق إلى الغرب. أما من جهة الغرب وعبر "قناة الراين والماين" النهرية، ترتبط المنطقة بالموانئ العالمية في أنتويرب وروتردام وهامبورج. أما باتجاه الشرق، وعبر ممر نهر الدانوب، تستطيع المنطقة الإرتباط بحوض البحر الأسود. يستمر هذا الرابط شرقا إلى نهر دنيبر وإلى القناة بين نهري "دون" و "فولجا"، ومن هناك إلى عمق آسيا الوسطى وغرب سيبيريا وبحر قزوين. هكذا ستندمج اليونان ومنطقة البلقان في ممرات التنمية الأوراسوية الممتدة على

طول أراضي القارة.

ترتبط اليونان ومنطقة البلقان أيضا بتركيا عبر ممرات سكك الحديد المتجهة شرقا إلى هضبة الأناضول، ومن هناك جنوبا إلى العراق وإيران وشرقا إلى شبه القارة الهندية.

يتفرع المسار الممتد عبر هضبة الأناضول عبر فرع آخر إلى الجنوب الغربي باتجاه سوريا وحوض نهر الأردن وعبر شبه جزيرة سيناء إلى شمال أفريقيا وشرقها. أما الرابط البحري عبر البحر المتوسط وإلى بقية أرجاء العالم فهو من البديهيات، لكن تم فتح آفاق جديدة كليا للنقل والتجارة من خلال مشروع توسيع قناة السويس الجاري العمل على انجازه حاليا.

ممرات شبه الجزيرة ذات الأولوية

يمكننا أن نحصل على استعراض سريع لممرات التنمية / النقل عبر منطقة البلقان واليونان إذا بدأنا بالصورة كما طرحت قبل عشرين سنة، حيث تم تحديد ما سميت حينها "الممرات ذات الأولوية" لخطوط سكك الحديد الحديثة (وما يرافقها بطبيعة الحال من الطرق وممرات النقل المائية ومشاريع المياه وغير ذلك من البنى التحتية) التي حددها وزراء نقل السوق الأوربية المشتركة في مايو عام ١٩٩٤ في "المؤتمر الثاني للنقل في أوربا" الذي عقد في جزيرة كريت. وقد تم تحديد ١٠ ممرات أوربية في المؤتمر، تمر أربعة منها عبر اليونان و / أو منطقة البلقان.

خارطة ١
ممرات النقل الاوربية

Wikimedia commons

توجد 9 من اصل 10 ممرات التي تم تحديدها في عام 1994، في الخارطة. لكن القليل منها فقط تم اكماله.

الخارطة ١ توضح ما تم عرضه في مؤتمر السوق الأوربية المشتركة في مايو ١٩٩٤ باعتبارها خارطة البنية التحتية للنقل وتحدد فيها "الخطة العامة لشبكة قطارات أوربية سريعة ـ ٢٠١٠". وبالإضافة إلى خط سكك قطارات سريعة إلى اليونان كما هو موضح، توجد خطوط أخرى ثانوية متجهة نحو مناطق أخرى في دول البلقان والتي كان يفترض العمل على تطويرها.

لا حاجة لنا إلى القول بأنه لم يتم إنجاز سوى القليل مما تم تصوره في خارطة "٢٠١٠". ويمكن إعتبار الإنجاز التاريخي المتمثل بإكمال بناء القناة الرابطة بين أنهار الراين والماين والدانوب إستثناء من القاعدة، إذ فتحت هذه القناة ممرا مائيا للنقل عبر كل أوربا من البحر الاسود إلى بحر الشمال، كما تصورها لأول مرة الإمبراطور شارلمان قبل أكثر من ألف عام (راجع الفصل السابق الخاص بألمانيا).

أما اليوم فمن الواجب إستعادة تلك الرؤية التنموية وتنشيطها على أساس طارئ. إن ممرات النقل ذات الأولوية التي تخص منطقة البلقان، كما تم اقتراحها في المؤتمر الأوربي المذكور عام ١٩٩٤، والتي هي جزء من الممرات العشر التي تم اقتراحها، هي كالآتي:

الممر ٤. يقع على خط الربط الممتد بين غرب وشرق أوربا، من برلين إلى إسطنبول (برلين / نورمبيرج ـ براغ ـ براتسلافا ـ جيور ـ بودابست ـ آراد كرايوفا ـ صوفيا ـ

إسطنبول). كما يجب بناء فرع من صوفيا إلى ثيسالونيكي في اليونان.

الممر ٥. يقع على خط الربط الأكبر بين الغرب والشرق بين شمال ايطاليا وأوكرانيا، وتوجد فروع ثانوية لهذا الممر تمتد إلى البلقان. الممر الرئيسي يمتد من البندقية وتريست / كوبر ـ ليوبليانا ـ بودابست ـ أوزجورود وامتداداته إلى ريجيكا ـ زغرب ـ بودابست، وإلى بلوتشي ـ سارابيفو ـ اوسيجيك ـ بودابست.

الممر ٨. بين البحر الأدرياتيكي والبحر الأسود، من ألبانيا إلى موانئ فارنا وبورجاس على البحر الأسود (دوريس ـ تيرانا ـ سكوبيه ـ صوفيا ـ بلوفديف ـ بورجاس ـ فارنا).

الممر ٩. يمتد من اليونان إلى العاصمة الروسية موسكو، ابتداءا من المدينة اليونانية الساحلية ألكساندروبولي إلى ديميتروفجراد ـ بوخارست ـ تشيسيناو ـ ليوباسكيفا ـ كييف ـ موسكو.

الممر ١٠. يمتد من سالزبورج إلى ثيسالونيكي (سالزبورج ـ ليوبليانا ـ زغرب ـ بلغراد ـ نيش ـ سكوبيه ـ فيليس ـ ثيسالونيكي)

المحور الشمالي الحنوبي بين بحر إيجه والأدرياتيكي

إذا اتجهنا من اليونان شمالا، سيبدو من البديهي وجود محورين للتنمية ـ بحر إيجه إلى الشرق، والبحر الأدرياتيكي إلى الغرب.

يشمل المحور الشمالي الجنوبي المسارات المذكورة أعلاه في الممر ٤ و ١٠، ويبدأ في الجنوب عند ميناء بيرايوس ويستمر شمالا عبر ثيسالونيكي (ثاني أكبر مدن اليونان) وإلى وادي نهر الدانوب. ويعتبر هذا المحور مركزا مهما للتنمية الصناعية.

كان ميناء بيرايوس قرب أثينا، إلى ما قبل الانهيار الإقتصادي الأخير، عاشر ميناء حاويات في أوربا وأكبر ميناء لنقل المسافرين فيها. لغاية الآن كان ميناء بيرايوس يعتبر أكبر موانئ اليونان لكن لا تجري فيه عمليات إعادة تصدير تذكر. لكن إمكانيته لأن يتحول إلى مركز عالمي لإعادة التصدير واضحة جدا. لقد قامت شركة الشحن البحري الصينية العملاقة كوسكو (Cosco) باستئجار إحدى محطتي الحاويات في الميناء لمدة ٣٥ عام. يوفر ميناء بيرايوس محطة مركزية لإعادة تصدير المنتجات الصينية إلى وسط وشرق أوربا.

إن الحوافز التي خلقتها مجموعة دول البريكس ألقت الكثير من الضوء على الحاجة إلى تحديث كل شبكة الطرق وسكك الحديد في اليونان والبلقان، لفتح المجال بالكامل أمام حركة النقل بالوسائل المتعددة (intermodal). سيرتد هذا الأمر في وجه النوايا القاتلة لسياسة التقشف التي فرضتها الترويكا الأوربية عام ٢٠١٢ على اليونان وأوامرها لليونان بإغلاق خدمات النقل بسكك الحديد إلى خارج حدود البلد!

هناك حاجة إلى جعل كل خط سكة الحديد بين أثينا وثيسالونيكي بمسار مزدوج، وهو ما يتطلب بناء عدة أنفاق عبر المناطق الجبلية. ستقلص القطارات السريعة مدة السفر بين المدينتين من ست ساعات إلى أقل من ثلاث.

يستمر ممر التنمية شمالا من ثيسالونيكي بالتوازي مع نهر أكسيوس الذي يتحول إلى نهر فاردار في جمهورية مقدونيا اليوغسلافية السابقة. ثم يتجه هذا الممر شمالا على طول مسار نهر مورافا إلى مدينتي نيش وبلغراد في صربيا. من جهة الشرق سيسهل وجود ممر يمتد من ثيسالونيكي قدرة صوفيا (بلغاريا) على الوصول بشكل أسهل إلى البحر المتوسط مما يوفره ميناءا بورجاس وفارنا على البحر الأسود.

ويوجد في الإتجاه الغربي المحور المعروف بالممر الأيوني / الأدرياتيكي المتعدد الوسائل (الموضح في الخريطة رقم ٢). كما تحدد الخطة الأوربية العامة مسار الممر ٧ (في الخارطة

١) باعتباره من الأولويات لتحديث سكك الحديد لربط هذا الإقليم بباقي قارة أوراسيا.

يقع ميناء إيجومينيتسا على الساحل الأدرياتيكي لليونان، وهو من أهم موانئ تلك المنطقة. يوجد مشروع تحت الإنشاء حاليا لتطوير حلقة الوصل بين ميناء تارانتو وهو ثاني أكبر موانئ ايطاليا، وميناء إيجومينيتسا، ومن بعد ذلك عبر الطريق السريع بين إيجناتيا وأودوس، وشمال اليونان بحيث يصل إلى موانئ ثيسالونيكي وكافالا وأليكساندروبولي، ومن بعد إلى إسطنبول. هكذا سيوفر المشروع منفذا لجميع دول البلقان وبضمنها ألبانيا ومقدونيا وحتى بلغاريا.

أما من جهة الجنوب فيوجد ميناء باتراس في شبه جزيرة بيلوبونيس والميناء الجنوبي الذي تم افتتاحه مؤخرا ويتمتع بموقع استراتيجي لخدمة حركة الشحن الجديدة التي ستنتج عن توسيع قناة السويس.

الخارطة 2

محور سكك الحديد للمر الايوني / الادرياتيكي لوسائط النقل المتعددة

Source: EU.

الطاقة والمياه والصناعات الزراعية

بالترافق مع تطوير البنى التحتية للنقل المذكورة أعلاه، تظهر بوضوح أهمية تطوير موارد الطاقة والمياه والرعاية الصحية وغيرها من البنى التحتية الاساسية. وتقف الطاقة النووية على رأس سلم الأولويات. لا توجد أية مفاعلات نووية في اليونان ولا في أي من جمهوريات يوغسلافيا السابقة. هناك حاجة جلية إلى التحلية النووية في الجزر العديدة لليونان. ستفيد هذه المنصة الإقتصادية في تلبية التحسينات المطلوبة في قطاع الصناعات والزراعة. ومن المشاريع المعلقة مشروع "السيل الجنوبي" لأنابيب نقل الغاز الذي تشجع روسيا على بنائه والذي سيمر عبر قاع البحر الأسود وتصدر من خلاله روسيا الغاز إلى جميع دول البلقان، وكذلك إلى ايطاليا وغرب أوربا.

يجب في أقرب وقت إنهاء إعتماد اليونان ودول البلقان على إستيراد الأغذية. نتجت هذه الحالة من فرض العولمة على القطاع الزراعي تحت حكم نظام الإتحاد الأوربي ومنظمة التجارة العالمية، وإملاءات الترويكا. تستورد اليونان ٤٠٪ من الأغذية التي تحتاجها. ومن الأمور السياسية التي يجب البت بها بسرعة هو مسألة تحويل زراعة القطن اليونانية المخصصة للتصدير إلى زراعة محاصيل غذائية.

يمكن اعتبار ٢٠٪ من مجمل الأراضي اليونانية صالحة للزراعة، كما توجد مراعي ومزارع على التلال، وسهول زراعية في المناطق الساحلية أيضا، وكلها قابلة لزيادة الإنتاج فيها. من الضروري الإستفادة في هذا المجال من تقنيات الفضاء للزراعة بدقة ـ بالإضافة إلى تطبيق كل مكونات المككنة الزراعية. لقد أدى الخبراء الزراعيون اليونانيون كل ما يلزم من تطوير للمنتجات الزراعية في المختبرات، لكن المطلوب تطبيق هذه الإنجازات بشكل كامل في المزارع وعلى الأرض.

اليونان: من الملاحة البحرية إلى الملاحة في الفضاء

تمتلك اليونان أكبر أسطول تجاري في العالم. وبالإضافة إلى ما يعنيه هذا الأمر بالنسبة للنشاطات الإقتصادية العامة، فإنه يدل على وجود مورد ثمين لليد العاملة الماهرة في المجال البحري والصناعي وقطاع الآلات المكنية وصناعة السفن القابلة للإستخدام في المهام التقنية الأعلى. هذا المورد مهم جدا لعملية التنمية المتوسطية على وجه العموم.

لكن علينا تحديد أحد العيوب الرئيسية لصناعة السفن اليونانية. إن هذا القطاع مرتبط تاريخيا ارتباطا وثيقا بالمجمع المالي لمدينة أعمال لندن، وهو يعمل في خدمة الإمبراطورية المالية البريطانية لعقود. لكن الآن وبانهيار النظام المالي النقدي، يعيش هذا المحور البريطاني المكون من شركات التأمين والنقل البحري والسيطرة على أسعار السلع الأساسية في حالة من الفوضى.

تحت مظلة خطة مارشال لمنطقة حوض البحر المتوسط (كما هو مقترح هنا) ـ وفي سياق الديناميكية العالمية التي خلقتها مجموعة البريكس، سيمكن تغيير توجهات قدرات قطاع النقل البحري اليوناني نحو الصناعات والمهام الثقيلة من أجل التنمية.

وآخر ملاحظة عن اليونان هو أن مستقبلها في عالم الإبحار يمتد إلى الفضاء. كان اليونانيون القدماء هم "شعوب البحر" الأصليون كما خلد هذا الأمر الشاعر هوميروس في إلياذته، لكن يمكن التعبير عن ذلك الميراث من خلال تحويل أمة البحارة إلى أمة رواد فضاء.

على سبيل المثال، يقوم حوض السفن في اليفيس (Elifis) ليس فقط ببناء السفن على احدث طراز وعربات القطارات وغيرها من المنتجات الصناعية، لكنه أنجز أيضا بناء المنصة البحرية ذاتية الدفع "دلتا بيرينايكي" (Delta-Berenike) التي تستخدم كمنصة لنصب "تلسكوب النيوترينو الكيلومتر المكعب" (KM٣NeT)، وهو واحد من أربعة تلسكوبات من هذا النوع في العالم. لقد تم نصب التلسكوب على عمق ٥٢٠٠ متر تحت سطح البحر، في أعمق نقطة في البحر المتوسط. يقع موقع التلسكوب ١٧ كلم عن ساحل البيلوبونيس. ويقع مقر هذا المشروع العلمي في المدينة الصغيرة بايلوس (Pylos) على خليج نافارينو. يوجد في بايلوس التاريخية، التي تقع على مسافة بضعة كيلومترات عن المدينة المعاصرة، موقع قصر نسطور المعروف في ملحمة الإلياذة، ولذلك أطلق إسم نسطور على المشروع العلمي.

بمقدور اليونان ودول البلقان أن تتحرك إلى الصفوف الأمامية لحركة إستكشاف الفضاء العالمية. فالمؤسسات المطلوبة موجودة، بالرغم من أنها تحت نيران هجمات الاتحاد الأوربي والترويكا إلى درجة أن ١٢ ألف باحث وعالم يوناني اضطروا إلى هجر بلدهم للعمل في الخارج. إن إستعادة رسالة التنمية ستعني أن اليونان ستكون في موقع ممتاز لإدامة البحث العلمي بالمشاركة مع علماء من كل المنطقة. وتوجد في اليونان مراكز علمية في المرصد الفلكي في أثينا والمركز الوطني للبحث العلمي في ديموكريتوس، ومعاهد عديدة في جامعات أثينا وثيسالونيكي، وبعض المدن الأخرى. إن أحد الإختصاصات المعروفة هو الإستشعار عن بعد لمراقبة الهزات الأرضية.

تم تأسيس المركز الوطني للبحوث في عام ١٩٥٥ تحت مسمى "مركز البحوث النووية" في ديموكريتوس، بدعم من برنامج "الذرات من أجل السلام" الأمريكي الذي قدم مفاعلا تجريبيا للمركز. أدى تأسيس هذه المؤسسة الوطنية إلى موجة إعادة توطين لعشرات من العلماء المغتربين في ذلك الوقت، والذين كانوا يمارسون الأبحاث في الخارج بسبب عدم وجود فرص القيام بذلك في اليونان. أما اليوم، وبوجود مبادرات البريكس، ستصبح العودة إلى هذه المهمة العلمية ممكنة لتحقق إنجازات لم يكن يحلم بها أحد من قبل.

ايطاليا ـ بناء إقليم الميتسوجورنو (جنوب ايطاليا) وعصر النهضة الجديد

كلاوديو تشيلاني
by Claudio Celani

تم اقتباس هذا الفصل من الدراسة الخاصة "معجزة إقتصادية في جنوب أوربا والبحر المتوسط" الصادرة من مؤسسة إكزكتف إنتلجنس ريفيو

حينما يتحدث المرء عن "خطة مارشال" لجنوب أوربا، يستحضر الذهن مباشرة خطة مارشال الأصلية التي، وإن كانت مجرد نسخة بسيطة لما كان الرئيس فرانكلن روزفيلت ينوي إنجازه في عالم ما بعد الحرب العالمية الثانية، إلا أنها وفرت الإئتمانات المطلوبة لإعادة إعمار أوربا. يرجع الفضل في حملة إعادة إعمار ايطاليا إلى هذه الإئتمانات، ولكن أيضا إلى كفاءة الطبقة الحاكمة آنذاك والتي كانت قادرة على إستخدام تلك الإئتمانات لتأسيس سياسات ومؤسسات مصممة وفق أحسن التجارب التي أفرزتها خطة (New Deal) التي خطها روزفيلت لإعادة بناء اقتصاد الولايات المتحدة قبل الحرب.

كان "صندوق تنمية جنوب ايطاليا" (Cassa per il Mezzogiorno)، الذي تأسس عام ١٩٥٠، أقرب تجربة لمشروع (New Deal) على المستوى الاوربي. لا يزال "الصندوق" إلى اليوم نموذجا رائعا للتنمية في جنوب ايطاليا وغيره من الأقاليم غير النامية في منطقة المتوسط.

إن إقليم جنوب ايطاليا بسكانه العشرين مليون يتضمن مقاطعات موليزي وكامبانيا وباسيليكاتا وبوليا وكالابريا وجزيرتي صقلية وساردينيا.

شهد هذا الإقليم تنمية مستدامة من عام ١٩٥٠ إلى ١٩٦٥، ولكن هبط مستوى تلك التنمية لغاية عام ١٩٧٥ حينما تم اعتراض عملية التنمية تلك. كان يفترض أن تكون ايطاليا أكثر دولة إنتاجية في أوربا، حيث يساوي مستوى إنتاجية إقليم شمال ايطاليا مستوى الإنتاجية في ألمانيا، لكن مستوى الإنتاجية في جنوب ايطاليا هو أقل من ربع تلك النسبة الموجودة في الشمال. وفقا لهذا، وبينما تبلغ نسبة البطالة في شمال ايطاليا ١٠٪، تصل هذه النسبة إلى أكثر من ٢٥٪ في الجنوب. إن إعادة إحياء أقليم جنوب ايطاليا ـ "الميتسوجورنو" ـ سيعني إعادة إحياء ايطاليا.

إنطلقت عملية التنمية في جنوب ايطاليا في السابق بفضل "الصندوق" حيث عاشت المنطقة عقدا كاملا من التنمية (١٩٥٠-١٩٦٠) إرتفع فيه دخل الأسر الجنوبية لأول مرة بشكل متواصل بذات مستوى دخل الأسر في الشمال.

وظهرت الملكية الفردية للأراضي الزراعية، وشخصية "الفلاح المستقل"، لأول مرة في عام ١٩٥٠ عندما تم تطبيق خطة رئيس الوزراء دي جاسبيري[1] لإصلاح الأراضي والتي أعادت تقسيم ٣٠٪ من أراضي ملاك الأراضي الإقطاعيين على الفلاحين.

كان "صندوق التنمية" عاملا أساسيا في ضمان حصول الفلاحين المستقلين الجدد على الإئتمانات والوسائل المطلوبة لإجراء تحسينات على عملية الإنتاج الزراعي مثل شبكات الري والبذور والمكائن والماشية.

كان عمل "الصندوق" في العقد الممتد من ١٩٥٠ إلى ١٩٦٠ مترافقا مع عمل الشركة

الحكومية الكبرى المتعددة الأنشطة "مؤسسة إعادة بناء الصناعات" (IRI) في مجال بناء البنية التحتية الاساسية والصناعات في كل أرجاء ايطاليا، وكذلك مع شركة النفط الوطنية (ENI) التي وفرت الطاقة الرخيصة بعد اكتشاف احتياطيات كبيرة من الغاز الطبيعي في سهل "بو" (Po). كان يطلق على نسبة النمو البالغة ٧٪ سنويا وصف "المعجزة الإقتصادية"، حيث تم التخلص من التضخم الذي وصل حتى إلى مستويات سالبة لبعض الوقت. وعرفت العملة الوطنية الليرة عالميا بثباتها. وتم تحقيق التشغيل الكامل لليد العاملة في عام ١٩٥٩.

حينما تم تحجيم دور الصندوق فجأة في عام ١٩٧٥ عبر تحويل المسؤولية القانونية للإستثمارات الطويلة الأمد إلى الحكومات المحلية، كان الصندوق لغاية ذلك التاريخ قد خلق ٢ مليون هكتار من الأراضي الزراعية المروية، وبنى ٦٢ سدا، و٥٢ قناة مياه، والعديد من مشاريع الصرف الصحي، وحدّث ٢٠ ألف كيلومتر من الطرق، وبنى ٦٠٠٠ كلم من الطرق الجديدة، وجعل سكك الحديد تستخدم الكهرباء في تشغيلها وأسس مراكز صناعية عديدة. لكن مع كل ذلك كانت عملية التنمية لا تزال في منتصف الطريق.

وعملا بنموذج مشروع تنمية وادي تينيسي والخطة الإقتصادية الجديدة في منطقة أبالاتشيا الأمريكية، تم منح "الصندوق" قدرات وخبرات تقنية غير مسبوقة، ومن ضمن ذلك تمويل خطة عشرية (١٠ سنين) تم تصميمها وتنفيذها من قبل الصندوق ذاته وفق ترخيص من لجنة حكومية خاصة تم تشكيلها من وزير شؤون جنوب ايطاليا ووزراء المالية والخدمات العامة والعمل.

بالإضافة إلى المشاريع الطويلة الأمد التي خطها قادة الصندوق بطريقة متكاملة، كان يتم تبني مشاريع جديدة سنويا حسب تغير الوضع الإقتصادي بسبب تطبيق تلك المشاريع. كانت تركيبة الصندوق تسمح له بتحويل الأموال من المشاريع المحددة سلفا إلى مشاريع جديدة إذا اقتضت الضرورة والأولويات ذلك. وتم إجبار السلطات المحلية على التعاون مع الصندوق ووضع إمكانياتها وكفاءاتها في خدمة الصندوق. وكما كان رئيس الصندوق جابريلي بيسكاتوري (Gabriele Pescatore) يقول باستمرار، فإن هدف الصندوق هو خلق "عملية تراكم رأسمال ذاتية الإستدامة".

لكن عملية التفكك الإقليمي التي بدأت عام ١٩٧٥، والتي أدت إلى التحول من الطريقة الموحدة والمتكاملة في التعامل مع مشاريع تنمية البنية التحتية لكل إقليم جنوب ايطاليا، إلى أساليب ووجهات النظر المحلية والمناطقية التي قضت على الفكرة الموحدة وأنهت عملية التنمية وجعلتها فريسة للمناطقية والمحسوبية.

يجب اليوم إعادة العمل بالمفهوم الأصلي والطريقة الصحيحة لعمل "صندوق تنمية جنوب ايطاليا" إذا كنا نريد بعث جنوب ايطاليا من جديد وتحويله إلى قاطرة إقتصادية لجر الإقتصاد الايطالي وحتى اقتصاديات منطقة البحر المتوسط نحو التنمية.

منصة انطلاق نحو تنمية شمال أفريقيا

إذا أردنا التخطيط لبعث إقليم جنوب إيطاليا من جديد فعلينا الإنطلاق من موقعه الجغرافي ودوره في وسط البحر المتوسط، وإمكانياته الكامنة للربط البري من وسط أوربا عبر شبه الجزيرة الايطالية إلى أفريقيا.[٢]

تمتد إيطاليا من شمالها الشرقي إلى أبعد نقطة لها في جزيرة لامبيدوسا في البحر المتوسط، لمسافة ١٢٩١ كلم "كجسر" طبيعي بين شمال أفريقيا ووسط أوربا. ويبعد البر الايطالي مسافة ١٤٠ كلم من شواطئ تونس وسبعين كلم من شاطئ ألبانيا. وتوجد خطط لمشاريع ربط أحدى هاتين المسافتين على الأقل بواسطة نفق تحت قاع البحر.

إن ايطاليا هي البلد الوحيد في "جنوب أوربا" الذي يمتلك قدرة الإكتفاء الذاتي الصناعي، حيث تستطيع توفير السلع الرأسمالية لنفسها والدول الأخرى. تمتلك ايطاليا ثاني أكبر قطاع صناعي في أوربا بعد ألمانيا. لكن المشكلة هي أن هذه القاعدة الاقتصادية مركزة في شمال ايطاليا، والقليل منها في وسط ايطاليا، بينما يبقى إقليم جنوب ايطاليا متخلفا اقتصاديا.

لقد تم كبت الإمكانيات الصناعية لايطاليا اليوم لأنها فقدت سيادتها. إذ يستخدم نظام اليورو الفيتو ضد خلق الإئتمانات من أجل التنمية، ويجبر الشركات الصناعية على تحويل انتاجها إلى الخارج واستخدام طريقة التعهيد (outsourcing). لذا يجب التخلص من هاتين المشكلتين الرئيسيتين من خلال إعادة تأسيس السيادة النقدية والإئتمانية وتطبيق إجراءات حمائية في مجال التجارة.

الخارطة ١

ايطاليا ومشروع النقل الاوربي

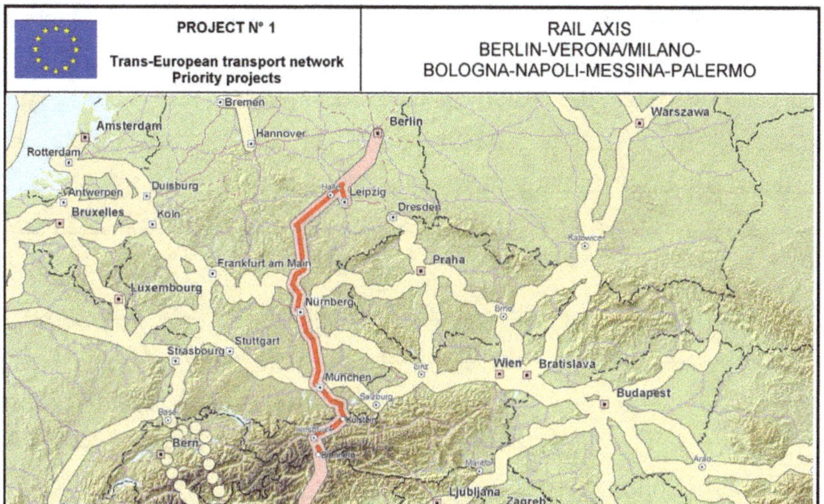

Source: EU

إذا تم ذلك، ستتمكن ايطاليا من العودة إلى نمط سياسات الرئيس روزفيلت التي استخدمت بشكل ناجح في عملية إعادة الإعمار بعد الحرب العالمية، وستستطيع استخدام قدراتها العلمية الصناعية الهائلة في تطوير القسم الجنوبي من البلد، وفي ذات الوقت مساعدة دول الجوار مثل اليونان واسبانيا والبرتغال وشمال أفريقيا.

إذا وسعت إيطاليا قدراتها الصناعية إلى إقليم جنوب ايطاليا، ستتمتع الصناعات الايطالية في الشمال بالميزة الفريدة المتمثلة بقربها أكثر من أي منافس آخر من سوق صادراتها. يجب أن يتحول الجنوب الايطالي إلى موقع لإنتاج السلع الرأسمالية لنفسها ولكل منطقة البحر المتوسط.

دحر المرتزقة البيئيين

إن على أي برنامج تنمية في ايطاليا التعاطي مع مشكلة وجود قوة محتلة اسمها الحركة البيئية. نجح البيئيون منذ عام ١٩٨٧ ولمدة عقدين من الزمن من منع بناء أي مشروع بنية تحتية كبير الحجم في ايطاليا، ونشروا حالة من الهستيريا المضادة للعلوم والتكنولوجيا في أوساط الشعب الايطالي. ولم تنجح محاولة الحكومة للإلتفاف على هذه المشكلة إلا جزئيا في عام ٢٠٠١ ـ من خلال سن "القانون الموضوعي" (Legge Obiettivo) الذي جعل الرفض المحلي للمشاريع غير ملزم للبدء ببناء قائمة من مشاريع البنية التحتية الإستراتيجية. لهذا السبب يجب أن تتضمن أية خطة لإعادة إنعاش الاقتصاد الايطالي حربا ضد قوة الإحتلال الخارجية هذه، وهي الحركة البيئية الموجهة من لندن. يجب تنفيذ هذه الحرب على المستوى الثقافي عن طريق بث التفاؤل في أوساط الشعب عبر الثقافة واسترجاع القيم الحقيقية لعصر النهضة الإيطالي في القرن الخامس عشر، وأيضا على المستوى المعلوماتي والسياسي بحيث يتم كشف وتدمير الشبكات الاستخباراتية الأجنبية

التي تنظم وتحرك الجماعات البيئية.

هذه هي أهم المشاريع التي ينبغي تطبيقها.

الطاقة

إن الطاقة هي عامل العجز الرئيسي في ميزان المدفوعات الايطالي، إذ تستورد ايطاليا ٧٨٪ من الطاقة التي تستهلكها، سواء كطاقة كهربائية أو وقود للاستهلاك الصناعي والمحلي. تستورد ايطاليا من مجمل استهلاكها من الطاقة الكهربائية ١٢٪ (٤٣ تيراواط في الساعة) من فرنسا وسويسرا وسلوفينيا. أما الطاقة الكهربائية المنتجة محليا فتأتي ٦٦٪ منها (٢٣٠ تيراواط في الساعة) من الغاز الطبيعي المستورد. ويشكل الفحم ١٨٪ من الواردات والنفط ١٦٪ منها.

يؤدي هذا إلى جعل تكاليف الطاقة بالنسبة إلى الإنتاج أعلى بمعدل ٣٠٪ مما يكلف منافسي ايطاليا الصناعيين. وحتى يبقى المنتجون الايطاليون في السوق في ظل النظام العالمي المجنون للتجارة الحرة والعولمة، يضطر هؤلاء إلى خفض تكاليف اليد العاملة. لهذا السبب، وأيضا بسبب الضرائب المرتفعة (أكثر من ٥٠٪ من إجمالي الأجر)، تعتبر الأجور في ايطاليا بين الأوطأ في كل أوربا.

هذه هي نتيجة لتدمير القدرات النووية لايطاليا التي كانت في عام ١٩٦٦ ثالث أكبر قوة نووية بعد الولايات المتحدة وبريطانيا. كانت إيطاليا لغاية إغلاق آخر القدرات النووية في عام ١٩٨٧، الدولة الرائدة في مجال التكنولوجيا النووية في أوربا. إن حل مشكلة الطاقة في ايطاليا يمكن أن يأتي من العودة بشكل واسع إلى الطاقة النووية.

يعود الميراث النووي الايطالي إلى اينريكو فيرمي (Enrico Fermi) الأب المؤسس لأول مفاعل نووي في التاريخ والذي تم بناؤه في شيكاغو عام ١٩٤٢. وبنى اينريكو ماتاي (Enrico Mattei) أول مفاعل نووي تجاري في ايطاليا سنة ١٩٥٨. بعد أزمة النفط الأولى كانت ايطاليا تمتلك أربعة محطات نووية عاملة، وشجعت الحكومة على إنجاز خطة لبناء ستة مفاعلات جديدة. لكن الحملة الاقتصادية والسياسية الهائلة التي قادتها بريطانيا ضد ايطاليا، باستخدام الحركة البيئية الوليدة، نجحت في وقف البرنامج النووي في بادئ الأمر ومن ثم إغلاقه نهائيا عبر استفتاء وطني أجري في عام ١٩٨٦ باستغلال الصدمة النفسية التي أحدثتها حادثة تشيرنوبيل.

وعندما حاولت الحكومة إعادة العمل بالبرنامج النووي والتخطيط لبناء ثمانية مفاعلات من أجل انتاج ٢٥٪ من احتياجاتها من الكهرباء بواسطة الطاقة النووية، قامت نفس القوى بتنظيم استفتاء جديد في عام ٢٠١١. كان من سوء الأقدار أن يترافق موعد الاستفتاء مع حادثة المحطة النووية اليابانية في فوكوشيما بعد طوفان التسونامي في فبراير ٢٠١١. وقد نتج عن الحملة المسعورة في وسائل الإعلام المليئة بالأكاذيب والتضليل تصويت الشعب ضد الطاقة النووية، وبهذا تم إلغاء البرنامج النووي مجددا.

يفترض بناء المفاعلات النووية الجديدة في جنوب ايطاليا بمعدل مفاعل واحد لكل مقاطعة ـ كامبانيا وباسيليكاتا وبوليا وكالابريا وصقلية وسردينيا. يمكن الوصول إلى معدل انتاج ١٠ آلاف ميجاواط بواسطة استخدام مزيج من مفاعلات الماء المضغوط الأوربية (EPR) والمفاعلات ذات الحرارة العالية (HTR). قد تقود الدراسات الزلزالية في بعض الحالات إلى الإضطرار لبناء المفاعلات على منصات عائمة في شواطئ البحر. يمكن في ذات الوقت بناء أربعة محطات نووية في المناطق الوسطى والشمالية لايطاليا في ترينو فيرتشيلليسي ولاتينا

وكاورسو ومونتالتو دي كاسترو، على ذات مواقع المفاعلات القديمة، لانتاج ما يقارب ١٦ جيغاواط. يمكن مضاعفة هذه السعة في مرحلة ثانية من البرنامج.

وبسبب الحظر على الطاقة النووية، لم تتمكن الصناعات الايطالية من بناء أية محطة نووية منذ عام ١٩٨٧، لكن شركات مثل اينيل وايني وأنسالدو (Finmeccanica Group) استمرت في المشاركة في مشاريع عالمية مشتركة للمحافظة على القدرات المعرفية والتقنية في هذا المجال. هذا يعني أن الصناعات الايطالية ستكون قادرة على تصدير المفاعلات النووية إلى الخارج بعد إكمال المرحلة الأولى في ايطاليا.

شبكات النقل

إن إحداث ثورة في مجال النقل أمر لا مناص منه بالنسبة لايطاليا، وهو ما سينتج طفرة كبيرة في إنتاجية الاقتصاد. في اللحظة الراهنة يتم نقل ١٠٪ من البضائع التجارية فقط بواسطة سكك الحديد، و ٠,١٪ بالقوارب النهرية، ٠,٦٪ عبر المياه البحرية وذلك بالرغم من تمتع ايطاليا بساحل طوله ٧٧٥٠ كلم. أما بقية الكمية الهائلة من البضائع فيتم نقلها بمركبات الشحن على الطرق بكلفة عالية جدا للوقود والمطاط، والتي تسبب في ذات الوقت اختناقات مرورية كبيرة. لا يستخدم المصنعون سكك الحديد لنقل منتجاتهم لأنها بطيئة ومتدنية الكفاءة. فعلى سبيل المثال يستغرق نقل حاوية بين ميلانو وبرلين وقتا أقصر مما يستغرقه نقلها بين باليرمو وروما. يجب بذل جهد لتغيير هذا الواقع بتحديث شبكة سكك الحديد وجعلها أسرع وأكثر كفاءة.

تقوم ايطاليا حاليا بإكمال الأجزاء المارة بأراضيها من الممرات الأوربية بسكك القطارات السريعة التي تربط معظم مدنها الكبيرة ببعض: الممر ٦ (ليون ـ كييف) والممر ١ (برلين ـ باليرمو)، والممر ٢٤ (جنوة ـ روتردام). لقد بدأ تشغيل خط ميلانو ـ ساليرنو الذي هو جزء من الممر ١ (الخارطة ١)، بعد أن تطلب ذلك جهدا هندسيا عظيما في الجزء الواقع بين بولونيا وفلورنسه بسبب الحاجة لبناء ٧٣ كلم من الأنفاق حين مروره بسلسلة جبال آبينيني. وشارف خط تورين ـ البندقية الذي هو جزء من الممر ٦ على الإكتمال. ويتم حاليا تطوير الخط بين ميلانو وجنوة الواقع ضمن الممر ٢٤.

وتعارض الحركة البيئية بناء القسم الايطالي من الممرين ٦ و ٢٤ بأساليب عادة ما تكون عنيفة وبدعم من وسائل الإعلام. وتطورت الإحتجاجات على بناء خط سكة حديد تورين ـ ليون الذي يتضمن بناء نفق بطول ٥٧ كلم تحت جبال الألب، إلى إشتباكات عنيفة مع قوات الشرطة وضد العمال في موقع العمل. قام المدعي العام في تورين مؤخرا باعتقال ٢٤ من قادة حركة التمرد هذه ووجد بينهم عضوين سابقين من أعضاء جماعة "الألوية الحمراء"

الخارطة ٢

ايطاليا: جسر ونفق ميسينا الى تونس

Source: Movisol

الإرهابية.

وتعارض نفس هذه الجماعات بناء مشروع جنوة ـ ميلانو لسكك حديد القطارات السريعة.

لكن حتى عند اكتمال بناء هذه الخطوط الثلاثة فلن تكون هذه كافية بحد ذاتها. تمتلك ايطاليا ٥٥,٤ كلم من سكك الحديد لكل ١٠٠٠ كلم مربع من مساحتها، وهذه هي نصف كثافة سكك الحديد الألمانية (٩٤,٥ كلم لكل ألف كلم مربع). ويعني هذا وجود ٢٣٨ كلم من السكك لكل مليون فرد من السكان، مقارنة بـ ٤٨١ في فرنسا و ٤١٢ في ألمانيا. ولا يتجاوز طول سكك القطارات السريعة أكثر من ١٢ كلم لكل مليون فرد، مقارنة بـ ١٦ في ألمانيا و ٣٠ في فرنسا و ٣٥ في إسبانيا. علاوة على ذلك، إذا أخذنا السكك التقليدية فسنجد أنه لا يتجاوز ما هو مشغل منها بالطاقة الكهربائية أكثر من ٢٢٩٣٥ كلم، و ٩٢١٣ كلم منها بمسار واحد. الحالة الأخيرة شائعة أكثر في صقلية على سبيل المثال.

إن هذه الأرقام التي أصدرتها شركة سكك الحديد الوطنية لا تكشف حقيقة أن قسما كبيرا من الخطوط الثانوية هي في حالة اهتراء. يتعلق هذا الأمر بالخطوط الموجودة بين المراكز السكانية الأصغر وشبكات النقل الحضري.

هكذا سيكون ما يعنيه جهد إعادة بناء منظومة سكك الحديد الايطالية هو جعل المسارات المفردة مسارات مزدوجة وكهربة كامل الشبكة الحالية ومضاعفة حجمها على نطاق وطني.

أما في منطقة جنوب ايطاليا فيجب بناء أربعة أضعاف ما هو موجود حاليا، وتمديد سكك حديد القطارات السريعة لما هو أبعد من المحطة النهائية الحالية في ساليرنو، لتصل إلى مقدمة "الجزمة" الجغرافية لتعبر من هناك عبر جسر ميسينا في المستقبل إلى باليرمو في صقلية.

من باليرمو سيستمر الخط إلى المدينة الصغيرة بيتزولاتو (Pizzolato) في مقاطعة تراباني، حيث سيمتد نفق تحت البحر في المستقبل إلى "الرأس الطيب" (Capo Bon) في تونس.

سيكون مشروع جسر مضيق ميسينا من الأعمال الهندسية الجبارة، إذ سيكون بباعه المفردة التي طولها ٣,٣ كلم أطول جسر معلق في العالم (الخارطة ٢).

سيربط هذا الجسر بين مدن ميسينا ومقاطعة كالابريا، بحيث يخلق تجمعا سكانيا كبيرا يعيش فيه أكثر من مليوني شخص. سيرتبط هذا المركز السكاني بوسط وشمال ايطاليا من خلال سكة حديد قطارات عالية السرعة، ومن خلال ذات الخط سيربط وسط أوربا بصقلية ونفق تونس إلى كل شمال أفريقيا.

يقع ميناء جيويا تاورو (Gioia Tauro) في هذا المركز السكاني في جانب مقاطعة كالابريا من المضيق. وقد يصبح ميناء جيويا تاورو الميناء الرئيسي لاستقبال سفن الشحن القادمة من قناة السويس. تمر حاليا ٣٠ مليون حاوية في العام (حاويات بقياس ٢٠ قدم) عبر البحر المتوسط، ولا تستقبل ايطاليا سوى أقل من ٤ ملايين حاوية منها، ولكن تشحن ٣ ملايين من هذه الحاويات عبر ميناء جيويا تاورو. تتوجه ٢٠ مليون من هذه الحاويات على السفن نحو مضيق جبل طارق، ثم تلتف حول شبه الجزيرة الايبيرية لترسو في ميناء روتردام لكي تنقل من هناك إلى وسط أوربا. سيكون أسهل بكثير تنزيل الحاويات والسلع الأخرى في ميناء جيويا تاورو ومن ثم وضعها على قطارات وشحنها إلى الشمال. لكن هذا المسألة غير مناسبة حاليا نظرا لعدم كفاية خطوط سكك الحديد.

بعد أن يتم ربط ميناء جيويا تاورو بسكك الحديد بشكل كافي، ابتداء بجعل سكك الحديد التقليدية الحالية أكثر كفاءة، بينما يتم بناء سكك حديد عالية السرعة، سيستغرق نقل البضائع إلى برلين أقل من ٣٠ ساعة، مقارنة بالمدة الحالية التي تبلغ أسبوعا.

يجب تمديد خدمة سكك القطارات السريعة عبر جسر ميسينا إلى باليرمو وما بعدها، بحيث يصبح الممر ١ امتدادا طبيعيا إلى أفريقيا.

سيمكن تحقيق ذلك عند بناء نفق إلى تونس، وهو أحد مشاريع مؤسسة البحوث الوطنية الايطالية (ENEA). تبلغ المسافة بين الشاطئين حوالي ١٥٥ كلم، ويمكن قطعها عبر خمسة أنفاق يتم بناؤها بين أربعة جزر وسطية إصطناعية سيتم تشييدها بواسطة الركام الصخري الذي سينتج عن حفر الأنفاق

بالتوالي. سيكون هناك نفقان، واحد في كل اتجاه وبينهما نفق للخدمات.

سيوفر هذا النفق خطا تجاريا سريعا لسكك لحديد لتصدير السلع الرأسمالية لتنمية شمال أفريقيا، ليس فقط من ايطاليا وحدها، بل وأيضا من وسط أوربا (الخارطة ٢).

الماجليف

أصاب الوهن صناعة سكك الحديد الايطالية بسبب تناقص الطلب نتيجة تباطؤ حركة العصرنة خلال العقدين الماضيين. لهذا باعت شركة "فيات" قسمها الخاص بإنتاج القطارات (Fiat Ferroviaria) للشركة الفرنسية آلستوم (Alstom)، وهكذا أصبحت شركة "أنسالدو ـ بريدا" (Ansaldo-Breda) الشركة الوحيدة القادرة على انتاج القاطرات الحديثة في ايطاليا. لكن الحكومة الحالية تعتزم خصخصة هذه الشركة أيضا لأن ميزان مدفوعاتها سالب. وتنتج شركة أنسالدو ـ بريدا أحدث نسخة من القطارات الايطالية عالية السرعة (ETR-٥٠٠) التي تم تصميمها في الثمانينات.

وتم السماح الآن للشركة الفرنسية الايطالية المشتركة "إن تي في" (NTV) بإدارة خط القطارات الايطالي السريع باستخدام آخر طراز من القطارات السريعة الفرنسية (TGV) التي تتمتع بأداء أفضل من القطارات الايطالية السريعة. هكذا يبدو مستقبل صناعة القطارات الايطالية حالكا نوعا ما.

لكن بمقدور الايطاليين التغلب على هذه المشاكل من خلال التوجه مباشرة إلى صناعة قطارات الرفع المغناطيسي (Maglev) وفق النموذج الصيني. لقد حصل الصينيون على ترخيص لبناء خطوط قطارات الترانسرابيد المغناطيسية (Transrapid) وهي من تقنيات شركة سيمنز الألمانية، بشرط أن لا تبيع الصين هذه التقنية في الخارج.

الممرات المائية

تمتلك ايطاليا منظومة نقل نهري هزيلة. في الواقع يعتبر نهر بو (Po) النهر الوحيد الصالح للإبحار بشكل جزئي، بالإضافة إلى شبكة القنوات في مقاطعة فينيتو ـ ايميليا رومانيا التي تعود إلى عهد جمهورية البندقية.

لكن مقاطعة لومباردي تدرس حاليا خططا لجعل نهر بو قابلا للإبحار بشكل كامل من البحر الأدرياتيكي وإلى ميلانو.

يمكن في ذات الوقت فتح ممر مائي كبير في اتجاه الشمال الشرقي بواسطة ربط نهر أديجي (Adige) بنهر "إن" (Inn) بحيث يتم خلق ممر مائي من البندقية إلى باساو (Passau) في ألمانيا، وهكذا تتصل شبكة النقل النهري الشمالية في ايطاليا بكل منظومة النقل النهري في أوربا.

ويتصور هذا المشروع، الذي صممته شركة "تيرول ـ أدريا"، بناء نفق مائي بين نهر "إن" في النمسا ونهر أديجي في ايطاليا واللذان يبعدان عن بعضهما البعض مسافة ٧٠ كلم في السهل. سيكون النفق القناة بطول ٧٨ كلم، وعريضا بما يكفي لمرور مراكب النقل النهري من المقياس الأوربي (V). سيتم ضخ المياه إلى النفق لخلق تيار اصطناعي يدفع السفن بحيث يتم تفادي استخدام المحركات وتلويث النفق. يتم انتاج الطاقة لعملية ضخ المياه من محطات طاقة كهرومائية منصوبة على نهر "إن".

الفضاء

تمتلك ايطاليا تاريخا حافلا في مجال الصناعات الجوية ، حيث بدأ ذلك منذ أن درس ليوناردو دافنتشي حركة طيران الطيور، إلى مدرسة الديناميكا الهوائية في الثلاثينات من القرن العشرين، وإلى المراحل الأولى من البرنامج الفضائي الايطالي في الستينات. كانت إيطاليا ثاث دولة في العالم تضع قمرا إصطناعيا من صنعها في مدار الأرض، وذلك في عام ١٩٦٤، بعد الاتحاد السوفيتي والولايات المتحدة. وأطلقت ايطاليا مشروع "سان ماركو" المكون من خمسة أقمار صناعية، باستخدام منصة عائمة بنيت في المياه الدولية في المحيط الهندي بالقرب من خط الإستواء. وقد تم وضع الاقمار الصناعية في مدار الارض بفضل إحداثيات المسارات التي وفرتها وكالة ناسا للفضاء.

كان مصمم البرنامج هو لويجي بروليو (Luigi Broglio) مؤسس "قسم الهندسة الفضائية" في جامعة روما عام ١٩٥٦.

دأبت ايطاليا منذ ذلك الحين على تطوير صناعتها الفضائية والتي هي اليوم جزء من الشركة الحكومية "فينميكانيكا" (Finmeccanica). كما أسست في عام ١٩٨٨ وكالة الفضاء الخاصة بها (Agenzia Spaziale Italiana). ساهمت وكالة الفضاء الايطالية مع وكالات أخرى في بناء أجزاء كبيرة من محطة الفضاء العالمية (ISS). وشارك رواد الفضاء الايطاليين في برامج وكالة الفضاء الأوربية، كما كانوا على متن مكوك الفضاء الأمريكي في عدة مهمات فضائية.

أكملت وكالة الفضاء الأوربية مؤخرا مشروع مركبة الفضاء الأوربية "فيغا" (Vega) بتصميم ايطالي ومشاركة ايطالية بلغت ٦٣٪ من المشروع، تتويجا لرؤية لويجي بروليو الأصلية. تعتبر مركبة فيغا، القادرة على نقل حمولة ١٥٠٠ كيلوغرام إلى المدار الأدنى للأرض، واحدة من ثلاث مركبات إطلاق متوفرة عالميا اليوم، بالإضافة إلى صاروخ "آريان ٥" الفرنسي ومركبة سويوز الروسية.

لهذا السبب لا تزال ايطاليا مهيأة للعب دور قيادي في الجهد الأوربي ـ الروسي ـ الأمريكي ـ الصيني لاستيطان القمر والفضاء الخارجي.

[١] تولى ألتشيدي دي جاسبيري (١٨٨١-١٩٥٤) منصب رئيس الوزراء خلال الفترة ١٩٤٥-١٩٥٣، وكان قبل ذلك وزيرا للخارجية والداخلية.

[٢] راجع البحث:

Dr. Nino Galloni, ``The Sicily-Tunisia Tunnel: Link to Africa,'' EIR, Feb. 25, 2011

إسبانيا ـ معبر الجسر البري العالمي إلى تنمية أفريقيا

دينيس سمول
by Dennis Small

تم اقتباس هذا الفصل من الدراسة الخاصة «معجزة إقتصادية في جنوب أوربا والبحر المتوسط» الصادرة من مؤسسة إكزكتف إنتلجنس ريفيو

يرتبط إسم إسبانيا اليوم بكونها بؤرة مركزية لعملية إنهيار المنظومة البنكية الأطلسية، وأيضا بواقع وجود أعلى نسبة للبطالة في أوربا ـ نسبة البطالة الرسمية ٢٤,٤٪ عموما، ولكن البطالة بين الشباب هي الصدمة الحقيقية إذ تبلغ ٥٠٪ (الشكل ١). لكن أسبانيا الغد ستكون أحد أهم الجسور الاقتصادية من أوربا إلى أفريقيا، في ظل اقتصاد عالمي في طور التعافي. ستلعب أسبانيا دورا محوريا في توفير البرامج ذات المحرك العلمي، والبنية التحتية والقدرات الهندسية والسلع الرأسمالية لشمال أفريقيا على وجه الخصوص، وستوفر في ذات السياق فرص العمل لعمالتها المعطلة أو سيئة التوظيف، وخاصة بين الشباب.

FIGURE 1
Economically Active Population (EAP) and Employment
(millions)

	2008	2009	2010	2011
TOTAL EAP	22.8	23.0	23.1	23.1
Employed	20.3	18.9	18.5	18.1
Productively Employed	10.7	9.7	9.4	9.0
—Productively Employed as % EAP	47%	42%	41%	39%
YOUTH EAP (16-24)	2.4	2.2	2.0	1.9
Employed	1.8	1.4	1.2	1.0
Productively Employed	0.8	0.6	0.5	0.4
—Productively Employed as % EAP	35%	27%	24%	20%

Sources: INE, EIR

في سبيل خلق ١٠ ملايين فرصة عمل منتجة جديدة في إسبانيا، وفي ذات الوقت المساهمة في خلق ملايين أخرى من فرص العمل في كل حوض البحر المتوسط ـ بالتعاون مع أختها في الجزيرة الايبيرية البرتغال ـ على إسبانيا أن تطور مشاريع كبرى في هذه المجالات:

• **سكك الحديد:** يجب على إسبانيا بناء ممرات صناعية ذات تكنولوجيات عالية على جانبي ١٥ ألف كلم من سكك الحديد عالية السرعة (وبضمنها منظومات قطارات الرفع المغناطيسي) والتي سوف تمتد في كل الاتجاهات في إسبانيا والبرتغال، ولكي ترتبط بالجسر القاري العالمي عبر جنوب فرنسا.

• **نفق مضيق جبل طارق:** وهو نفق بطول ٤٠ كلم سيتم بناؤه تحت مضيق جبل طارق من إسبانيا إلى المغرب، سيسمح لممرات النقل الأوربية بسكك الحديد بالارتباط بمنظومة سكك الحديد المستقبلية في شمال أفريقيا. سيكون هذا المشروع بنفس أهمية مشروع مضيق بيرينج أو مشروع "ثغرة داريان"، لأنه مثله مثل هاذين المشروعين سيقوم بربط قارتين بأكملهما بمشروع الجسر البري العالمي.

• **المياه:** ستنفض إسبانيا الغبار عن مشاريع نقل المياه القابلة للتطبيق، مثل مشروع نهر ايبرو (Ebro)، لتحويل حوالي مليار متر مكعب من المياه في العام إلى ساحل البحر المتوسط شبه الجاف. كما ستقوم إسبانيا بإنتاج حوال ١,٥ مليار متر مكعب عبر تحلية مياه البحر باستخدام محطات التحلية النووية.

• **الطاقة النووية:** بالإضافة إلى المحطات النووية المطلوبة لتحلية المياه، على إسبانيا بناء محطات طاقة نووية حديثة لأنتاج حوالي ثاثة أضعاف ما تنتجه الآن وهو ٧٥٠٠ ميجاواط من مفاعلاتها النووية الثمانية القديمة. سيساعد هذا الأمر إسبانيا على التخلص من تركيزها التدميري إقتصاديا (وغير الصحيح علميا) على طاقة الرياح والطاقة الشمسية، والتي فرضت عليها فرضا من قبل الحركة البيئية الفاشية التابعة للتاج البريطاني والتي يتقدمها "صندوق الحياة البرية (WWF). أين أنت يا دون كيخوته عندما نحتاجك؟

• **علم الفضاء:** تعتبر جزر الكناري موقعا مثاليا لتأسيس مركز فضاء أفريقي أوربي، يتضمن منشأة إطلاق أقمار صناعية ومدينة علمية مرتبطة بها. سيتم تنسيق ذلك مع البحوث العلمية الدقيقة التي تجري في اليونان وايطاليا حول برنامج استشعار الهزات الأرضية واكتشاف المذنبات والنيازك الكبيرة التي قد تشكل خطرا على كوكب الأرض، وتشكيل مبادرة دفاع استراتيجية عن كوكب الأرض والمحافظة على الأهداف المشتركة للجنس البشري.

لن تكون تلك المرة الأولى في تاريخ إسبانيا تلعب فيها هذه الأمة دورا محفزا عند تقاطع الطرق بين الحضارات. ففي ظل حكم الملك ألفونس العاشر "الحكيم" ملك قشتالة وليون بين عامي ١٢٥٢-٨٢، تحولت العاصمة القشتالية طليطلة إلى أهم مركز علمي في أوربا في ذلك الوقت وملتقى لتبادل العلوم والفلسفة اليونانية وأرفع ما أنتجه عصر النهضة العربي في قارة أوربا. كان ألفونسو معروفا بحبه لعلم الفلك ورعايته لمدرسة الترجمة في طليطلة التي جمعت أهم العلماء من الأديان الكبرى في ذلك الوقت ـ الإسلام والمسيحية واليهودية ـ لترجمة وشرح النصوص العلمية والدينية المتقدمة لكل واحدة من هذه الديانات إلى اللغات المختلفة.

إن إسبانيا بحاجة إلى "ملك حكيم" اليوم.

مشاريع المياه الكبرى

تنتج الهطولات المطرية في إسبانيا حوالي ١١٢ كلم مكعب من المياه سنويا، وتترجم هذه الكمية إلى ٢٧٠٠ متر مكعب لكل فرد في العام. يمكن مقارنة هذه الكمية مع ما معدله ١٠٦٠٠ متر مكعب في بقية أوربا ككل. لكن من كل الكمية المتوفرة يبلغ ما يتم استخدامه فعليا ٨٧٥ متر مكعب للفرد في العام، وهو رقم يتساوى تقريبا مع معدل الاستهلاك في بقية أوربا. لكن مصطلح "المعدل" يخفي وراءه حقيقة أن السهول الوسطى والمناطق الواقعة على ساحل البحر المتوسط تعاني نقصا شديدا في المياه. نتيجة لذلك يتم استغلال خزانات المياه الجوفية بشكل مفرط في هذه الأقاليم الجافة.

تبلغ نسبة هطول الأمطار السنوية في كل إسبانيا ٦٥٠ ملمتر في العام، لكن نسبة التساقطات المطرية في السهول الوسطى وساحل البحر المتوسط تكون عادة تحت ٥٠٠ ملمتر، وحتى تحت ٣٠٠ ملمتر في العديد من هذه المناطق (الخارطة ١). تعتبر منطقة الميريا في الأندلس من أكثر مناطق أوربا جفافا، حيث لا تسقط على منطقة "كابو دي جاتا" الساحلية سوى ١٢٥-١٥٠ ملم من الأمطار في العام. (تصنف المناطق الجرداء أو الصحراوية على أساس أن تساقطات الأمطار فيها تكون بين ٠-٢٥٠ ملمتر في العام. أما المناطق شبه الصحراوية

فيكون معدل الهطولات فيها ٢٥٠-٥٠٠ ملم في العام).

لقد بنت إسبانيا عددا كبيرا من السدود، حيث إرتفع عدد السدود من ٦٠ سد في بداية القرن العشرين إلى ١٠٠٠ اليوم، ولديها خزانات قادرة على حفظ حوالي ٥٤ مليار متر مكعب من المياه ـ وهو حوالي نصف تصريف مياه الأنهار والجداول السنوي. ويتم استخدام ٨٠٪ من كميات المياه التي يتم سحبها في الزراعة، وخاصة في المناطق الأكثر إنتاجية في الجنوب الشرقي. وتبلغ الاراضي المروية اصطناعيا ٢٠٪ من الأراضي كل الاراضي الزراعية، وتشير التقديرات إلى أن هذه الاراضي تنتج حوالي نصف حاجات البلد من الغذاء.

يتمتع نهر ايبرو بأكبر معدل تصريف مياه من بين كل أنهار إسبانيا. بلغ معدل تصريف مياه النهر بين عامي ١٩٦٠-١٩٩٣، ١٣,٨ مليار متر مكعب في العام. لكن هذه الكمية تضاءلت عبر السنين بسبب ضخ واستخدام كميات كبيرة من المياه في أعالي النهر، بحيث اصبح معدل التصريف في أسفل النهر بين عامي ٢٠٠٠-٢٠٠٨ حوالي ٨,٨ مليار متر مكعب فقط.

الخارطة 1

اسبانيا: معدل الهطولات المطرية، والخطة المائية الوطنية.

معدل الامطار في المناطق الصفراء دون 500 ملم سنويا.

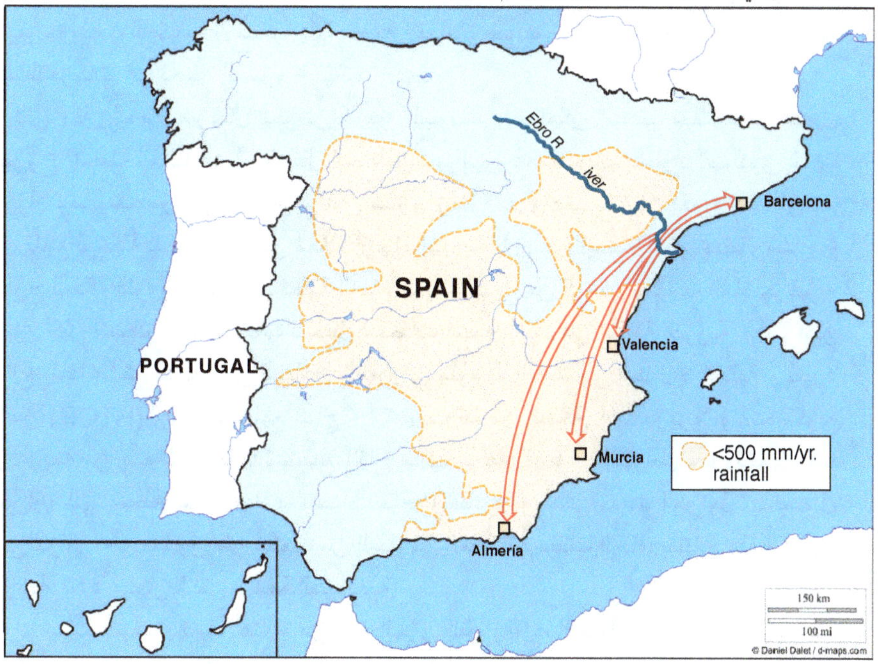

Sources: INE (Spain); EIR

لقد تم بناء ١٣٨ خزان مياه منذ الثلاثينات في حوض نهر ايبرو بسعة ٦,٨ مليار متر مكعب، وتعادل هذه الكمية نصف معدل التصريف السنوي في النهر بين عامي ١٩٦٠-١٩٩٠.

كانت الفكرة وراء "الخطة المائية الوطنية" (NHP) ـ الخارطة ١ـ هي تحويل مليار متر مكعب من مياه نهر ايبرو (أو ١٢٪ من معدل التصريف السنوي للنهر) شمالا إلى برشلونة (١٩ مليون متر مكعب) وجنوبا إلى فالينسيا (٣١٥ مليون متر مكعب) ومورثيا (٤٥٠ مليون متر مكعب) وألميريا (٩٥ مليون متر مكعب). كان يفترض بناء ١٢٠ سد جديد بالإضافة إلى عدة قنوات و ١٠ محطات ضخ. وباستثناء المياه المحولة إلى برشلونة، كان الغرض الرئيسي من تحويل المياه إلى الجنوب هو استخدامها في الزراعة بالدرجة الأولى.

لكن بحلول عام ٢٠٠٤، قررت حكومة رئيس الوزراء لويس رودريجيز زاباتيرو تجميد مشروع "الخطة المائية الوطنية"، واستعاضت عنه بمشروع توفير كمية أقل من المياه لمناطق ساحل البحر المتوسط (٧١٥ مليون متر مكعب) عن طريق تحلية مياه البحر ـ ولكن كان من السهل التخمين أنه حتى هذا المشروع الأخير لن يتحقق. كانت القوة المحركة الرئيسية وراء تخريب مشروع "الخطة المائية الوطنية" هو "صندوق الحياة البرية"، الذي يعارض بصراحة أي مشروع لنقل المياه من حوض نهر إلى آخر في أي مكان في العالم.

نشر "صندوق الحياة البرية" تقريرا في عام ٢٠٠٤ صنف فيه إسبانيا باعتبارها أحد أسوأ ثلاثة دول في أوربا في مجال إدارة المياه، وفي بيان صحفي أصدره الصندوق تحت عنوان "سبعة أسباب لإيقاف الخطة المائية الوطنية الإسبانية" أدان المشروع باعتباره "غير قانوني

حسب تشريعات الاتحاد الأوربي" و "غير مبرر اقتصاديا" وأيضا ـ بطبيعة الحال ـ "مضر بالبيئة". نتج عن هذا التحرك من قبل "صندوق الحياة البرية" إجراء تحقيق برلماني أوربي (بمعنى أدق محكمة تفتيش)، شبّه فيه هذا المشروع "بأسلوب الاتحاد السوفيتي في إدارة المياه"، وطالب الحكومة الإسبانية بالإستجابة لاتهامات صندوق الحياة البرية. كانت نتيجة كل هذه التحركات هي تجميد المشروع نهائيا.

لكن وفق "خطة مارشال لحوض البحر المتوسط"، ستتمكن إسبانيا مباشرة من تفعيل مشروع "الخطة المائية الوطنية" لنقل المياه من نهر ايبرو، مما سيتطلب طرد "صندوق الحياة البرية" وما يمثله من نفوذ من البلد. لكن مشروع نهر ايبرو بحد ذاته لن يكون كافيا لوضع حل ناجع لمشكلة نقص المياه في معظم أرجاء إسبانيا، بل يجب ايضا الشروع ببناء مشروع طموح للطاقة النووية لأغراض تحلية المياه، بحيث يصبح من الممكن صناعة الماء حرفيا.

إن أكثر مصادر الطاقة كفاءة لتشغيل محطات تحلية المياه هي الطاقة النووية. وأحد أكثر أنواع المفاعلات حداثة، هو المفاعل المعياري متوسط الحجم ذو الحرارة العالية والمبرد بالغاز (HTGR) والذي يستطيع انتاج ٣٥٠ ميجاواط من الطاقة. إن "جزيرة" واحدة مكونة من أربعة من هذه المفاعلات تستطيع إنتاج ما مجموعه ١٤٠٠ ميجاواط. حين تحويل هذه الحرارة إلى محطة تحلية مياه باستخدام تقنية "التقطير الومضي متعدد المراحل" سنحصل على حوالي ١٤٥ مليون متر مكعب من المياه في العام. إلى جانب المياه، ستنتج هذه الجزيرة النووية ٤٤٦ ميجاواط من الطاقة الكهربائية.

إذا بدأت إسبانيا بإنشاء عشرة من هذه الجزر النووية، على طول ساحل البحر المتوسط بشكل رئيسي، بحيث ترتبط كل منها بمحطة تحلية مياه، فإنها ستنتج حوالي ١,٥ مليار متر مكعب من المياه العذبة الجديدة سنويا. وتمثل حوالي ضعف المياه التي سيتم تحويلها من نهر ايبرو. سيسمح هذا الأمر للزراعة ذات التقنية العالية من التجذر في البلد بشكل فعلي، بالتوازي مع الصناعات المرافقة لمثل هذا النوع من النشاط الاقتصادي.

بهذه الطريقة ستصبح إسبانيا مصدرا صافيا للمنتجات الزراعية إلى أوربا وحتى إلى أفريقيا.

التوجه نحو الطاقة النووية

لن تتطور إسبانيا إلا إذا خلّصت نفسها من الايديولوجيا الخضراء للإمبراطورية البريطانية التي تسيطر على البلد، خاصة على الشباب، مما حول إسبانيا إلى البلد الريادي في العالم في تطبيق السياسة الجنونية لبناء الألواح الشمسية ومراوح الهواء.

كانت لإسبانيا بداية جيدة مع الطاقة النووية، حيث بدأت ببناء أول محطة نووية في عام ١٩٦٤ والتي باشرت العمل في عام ١٩٦٨. وتم بناء وتشغيل ثمانية محطات نووية خلال عقد السبعينات وبداية الثمانينات. لكن في عام ١٩٨٣ قامت حكومة رئيسا الوزراء فيليبي غونزاليس (١٩٨٢-١٩٩٦) بإتخاذ قرار رسمي يقضي بوقف بناء أية محطات نووية جديدة، ثم عادت وجددت ذلك القرار في عام ١٩٩٤ حيث جمدت العمل في خمس وحدات كانت تحت الإنشاء في ذلك الوقت.

لهذا توجد اليوم في البلد ثمانية محطات نووية عتيقة، توفر ٢١٪ من الطاقة الكهربائية (عام ٢٠١٠). ويولد الغاز الطبيعي ٣٢٪ من الطاقة، والفحم ٩٪ بينما تولد مراوح الهواء ١٥٪ والالواح الشمسية ٥٪. بمعنى أخر تولد طاقتا الرياح والشمسية برغم كثافة تدفق الطاقة الضعيفة فيهما، مثل ما تولده المحطات النووية من طاقة كهربائية في إسبانيا! لكن كان ذلك الإرتفاع نتيجة للدعم المالي الحكومي الهائل الذي تم تقديمه لقطاع طاقة الرياح والطاقة

الخارطة ٢

اسبانيا والبرتغال: سكك القطارات السريعة (مشروع الاتحاد الاوربي رقم ١٩)

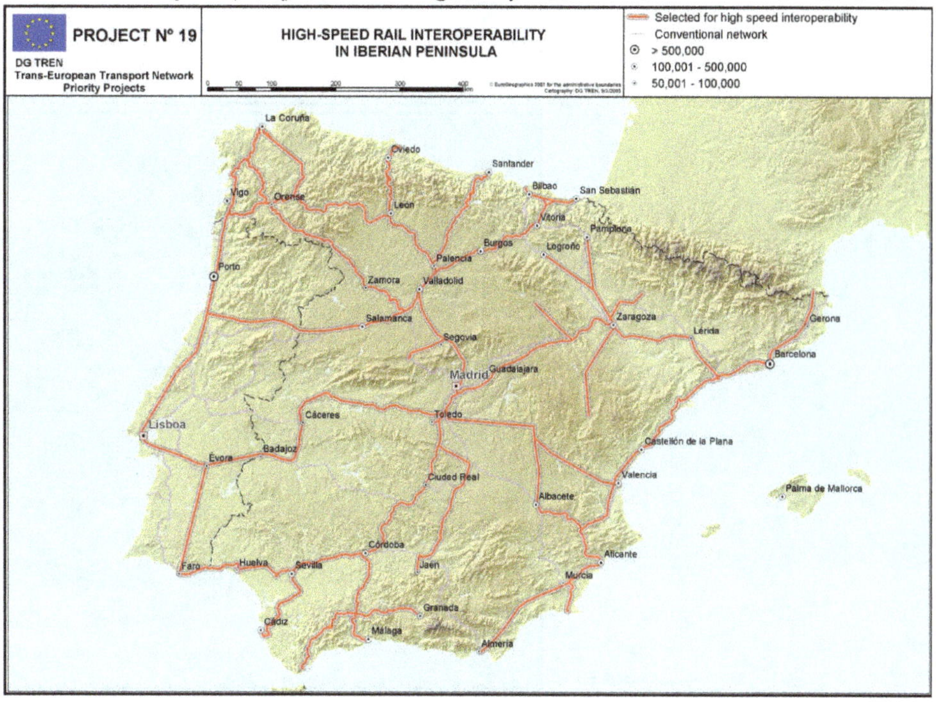

Source: EU

الشمسية في الأعوام الماضية وليس نتيجة لجدواها الإقتصادية أو ربحيتها. لكن في عام ٢٠١٠ تراجعت الحكومة عن وعودها بالإستمرار بتقديم ذلك الدعم للطاقة الشمسية بعد أن أصبحت سياسة التقشف (بعد الأزمة المالية والاقتصادية) هي الحكم في كل الأمور.

كان إجمالي استهلاك الطاقة الكهربائية في إسبانيا في تصاعد حتى عام ٢٠٠٨، لكنه أنخفض منذ ذلك الحين ليصل إلى المعدل الحالي الذي يبلغ ٥٦٠٠ كيلوواط في الساعة لكل فرد. ووصل إجمالي استهلاك جميع أنواع الطاقة إلى قمته في عام ٢٠٠٧، ولكن بدأ بالانخفاض منذ ذلك العام بنسبة ١٥٪ لكل فرد. أما من ناحية الإكتفاء الذاتي فإسبانيا معتمدة بشكل مفرط على واردات النفط والغاز، إذ يمثل النفط ٤٧٪ من كل استهلاك الطاقة والغاز الطبيعي ٢٣٪، وكلاهما يتم استيراده بالكامل. أما الطاقة النووية فتمثل ١٢٪ من الاستهلاك، لكنها تنتج ١٠٠٪ داخل إسبانيا. على العموم، لا تنتج إسبانيا سوى ربع ما تستهلكه من الطاقة.

إن الجزر النووية العشر المقترحة أعلاه المطلوبة لتحلية المياه هي بداية جيدة لتغيير هذه الوضعية، إذ ستنتج ١٤ ألف ميجاواط، مما يعني مضاعفة الانتاج الحالي من الطاقة النووية. وحينما يتم تخصيص ٩٥٠٠ ميجاواط لأغراض تحلية المياه ستتبقى ٤٥٠٠ ميجاواط من الطاقة الكهربائية. إذا تم بناء عشرة مفاعلات نووية عالية الحرارة في المناطق الداخلية من اسبانيا سيعني ذلك إضافة أكثر من ٢٠ ألف ميجاواط في العام. سيمكن هذا الامر إسبانيا من إغلاق مشاريع مراوح الهواء والطاقة الشمسية غير المجدية، وأن تقلص تدريجيا اعتمادها على واردات النفط والغاز.

بناء جسر إلى أفريقيا

إن أحد الأمور الباعثة على التفاؤل في الاقتصاد الإسباني هو قطاع سكك الحديد، سواء من ناحية وجود البنية التحتية أو من ناحية توفر القدرات الهندسية والصناعية ذات المستوى

الخارطة ٣
اسبانيا والبرتغال: سكك قطارات الشحن السريعة (مشروع الاتحاد الاوربي رقم ١٦)

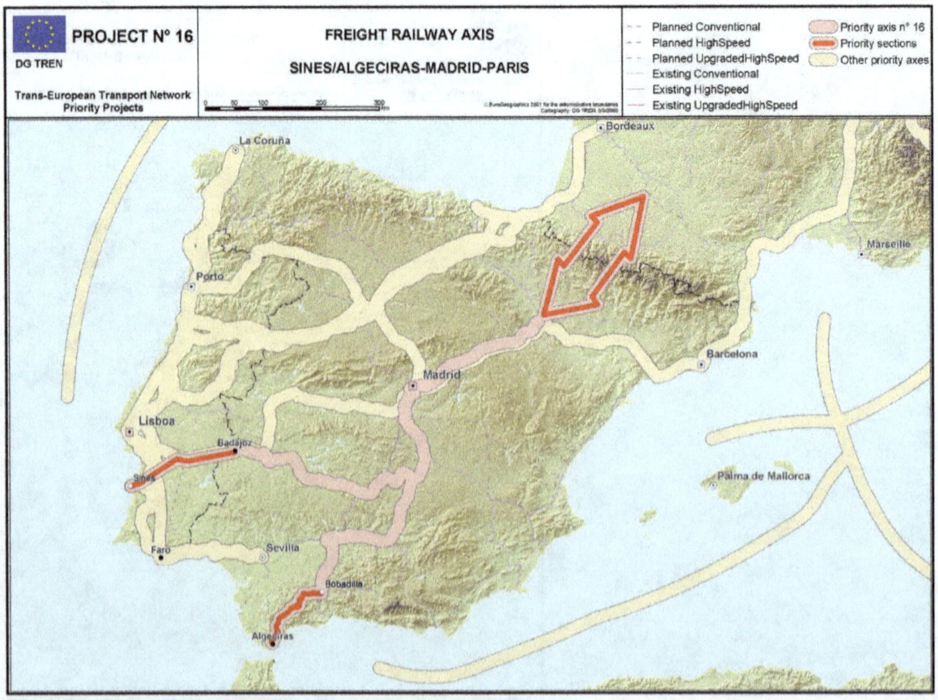

Source: EU

العالمي في البلد. وتسير القطارات السريعة على شبكة مكونة من ٢٦٠٠ كلم من السكك، وتوجد خطوط عديدة أخرى تحت الإنشاء الآن. تتضمن خطة الحكومة الحالية ـ التي سيستحيل تنفيذها في ظل السياسات المالية الحالية للاتحاد الاوربي والعملة الموحدة ـ بناء ١٠ آلاف كيلومتر أضافية من سكك حديد القطارات السريعة بحلول عام ٢٠٢٠.

قررت إسبانيا في عام ١٩٩٨ بناء جميع ممرات سكك قطاراتها السريعة على أساس المقياس الأوربي للسكك (UIC). وتوجد حاليا أربعة ممرات رئيسية لسكك القطارات السريعة هي: مدريد ـ برشلونة، ومدريد ـ فالينسيا، ومدريد ـ بلد الوليد، ومدريد ـ إشبيلية / مالقة (الخارطة ٢).

توجد مجموعة من الشركات الإسبانية المشاركة في بناء سكك الحديد السريعة اليوم، ومنها "تالجو" و "رينفي" و "كاف" (CAF)، و "أفي" (AVE). وقعت شركة "كاف" مؤخرا عقدا لبناء خمسة خطوط سكك للقطارات السريعة في تركيا. وتقوم شركة "تالجو" ببناء وتشغيل خطوط سكك حديد في كازاخستان والأرجنتين والولايات المتحدة الأمريكية، بالإضافة إلى ممر البرتغال ـ إسبانيا ـ فرنسا ـ سويسرا ـ إيطاليا. كما باعت الشركة مؤخرا ١٧ عربة قطار وقاطرة واحدة لشركة سكك الحديد الروسية والتي ستكون قادرة على السفر بين موسكو وبرلين على نفس قياس السكة (UIC). توجد حاليا سكك قطارات سريعة تمتد بين برلين وباريس وبيربينيان، ومن هناك ستستمر في المستقبل تحت جبال البيرينيز عبر نفق جديد جنوبا إلى برشلونة ومدريد.

إن نجاح خطة مارشال لحوض البحر المتوسط بكاملها سيكون منوطا بتولي إسبانيا دور قيادي في مجال تطوير وصناعة وتصدير منظومات سكك الحديد عالية السرعة. وستتمكن من خلال ذلك من تطوير صناعات مرافقة مثل البناء والإنشاءات وصناعة الفولاذ وتصنيع المعادن وصناعة المكونات الكهربائية والألكترونية والاتصالات. إن فرص العمل الجديدة

ذات المهارة والتقنية العالية التي سيتم خلقها بهذه الطريقة ستلعب دورا محسوسا في حل مشكلة البطالة المستشرية اليوم.

توجد بعض الممرات التي تربط إسبانيا والبرتغال ببقية أرجاء أوربا حاليا، وسيتم توسيع وتحديث هذه الممرات (الخارطة ٢). فبالإضافة إلى ممر مدريد ـ برشلونة (الذي هو قيد التشغيل اليوم)، ستتضمن هذه الممرات:

فرع أطلسي: مدريد ـ بلد الوليد (مشتغل) ـ بلباو / سان سيباستيان ـ داكس ـ بوردو ـ تور (باريس).

فرع ايبيري: مدريد ـ لشبونة ـ بورتو. في ذات الوقت يربط المشروع المقترح من قبل السوق الأوربية لبناء المشروع رقم ١٦ ذي الأولوية لممر قطارات شحن البضائع من سينيس (جنوب البرتغال) والجزيرة الخضراء "الخزيرات" (جنوب إسبانيا على مضيق جبل طارق)، بوسط أوربا (الخارطة ٣). يتطلب هذا المشروع بناء ممر سكك حديد لقطارات الشحن السريعة، ويدخل ضمن ذلك بناء خط سكك عبر جبال البيرينيز بواسطة نفق طويل عبر هذه السلسلة الجبلية.

بالرغم من أن هذه المشاريع الأوربية هي مشاريع ذات جدوى من الناحية الاقتصادية والتقنية، إلا أنها مجمدة من الناحية المالية والسياسية من قبل الاتحاد الاوربي، ولن يمكن تطبيقها تحت إملاءات معاهدة ماستريخت التي تتحكم بدول الاتحاد الأوربي.

إن النقطة الواقعة في أقصى جنوب هذه الشبكة في إسبانيا هي الجزيرة الخضراء (الخزيرات). من هنا سيتم بناء خط سكك حديد سريعة إلى طريفة وقادس الإسبانيتين، لأن طريفة ستصبح منتهى الشبكة الإسبانية وبداية النفق الذي سيمر تحت مضيق جبل طارق إلى طنجة في المغرب، ومن هناك سترتبط بالذراع الأفريقية للجسر البري العالمي.

ورد اقتراح بناء رابط عبر مضيق جبل طارق لأول مرة في عام ١٩٣٠، ومنذ ذلك الحين تم التفكير في عدة خيارات، ومن ضمنها بناء جسر ثابت (وقد تم استبعاد ذلك فيما بعد بسبب استحالة بناء الركائز الداعمة للجسر على عمق ٣٠٠ متر)، وبناء جسر عائم (الغيت هذه الفكرة أيضا بسبب التيارات المائية القوية في المضيق)، وكذلك بناء نفق إنبوبي مثبت على قاع البحر (غير قابل للتنفيذ لسببين: التيارات القوية وعدم استقرار أرضية البحر في تلك المنطقة).

وافقت المغرب وإسبانيا في عام ٢٠٠٣ على دراسة فكرة بناء نفق ثابت تحت قاع البحر، وفي عام ٢٠٠٦ قامت الشركتان الحكوميتان "الشركة الإسبانية لدراسة الربط القاري عبر مضيق جبل طارق" (SECEGSA) و "الشركة المغربية الوطنية لدراسة مضيق جبل طارق" (SNED) بتكليف شركة هندسة الأنفاق السويسرية المعروفة لومباردي (Lombardi) بوضع مسودة تصميم للمشروع. وتم في عام ٢٠٠٩ تقديم مقترح شركة لومباردي للمشروع أمام الإتحاد الأوربي ـ ولكن بعد ذلك لم يتم فعل أي شيء على الإطلاق، لأن كل منطقة اليورو والمنظومة المالية العالمية بدأت بالإنهيار.

بدأت شركة لومباردي بتصور خيار بناء جسر عند أضيق نقطة بين القارتين (١٤ كلم) ولكن بسبب كون قاع البحر في تلك المنطقة يهبط إلى عمق ٩٠٠ متر، تم اعتبار ذلك الخيار غير قابل للتطبيق. لذلك يأخذ النفق المقترح مسارا يبعد أكثر إلى الغرب من المضيق عند مدينة طريفة وإلى مدينة طنجة وهو مسار يكون عمق المياه فيه ٣٠٠ متر فقط ـ مما سيجعل هذا النفق أعمق نفق تحت قاع البحر في العالم. سيكون الطول الإجمالي للنفق ٤٠ كلم، والجزء الواقع تحت قاع البحر ٢٧ كلم. سيتكون النفق من أنبوبين مخصصين لسكك القطارات للمسافرين وشحن البضائع، ويتوسطهما أنبوب للخدمات والطوارئ.

قدرت شركة لومباردي مدة بناء المشروع بـ ١٥ سنة، نظرا للصعوبات الهندسية التي يجب حلها ـ ومن ضمن ذلك التعامل مع مشكلة مرور النفق في منطقة زلزالية نشيطة (صدع

الخارطه 4

النفق المتوقع بناؤه تحت مضيق جبل طارق

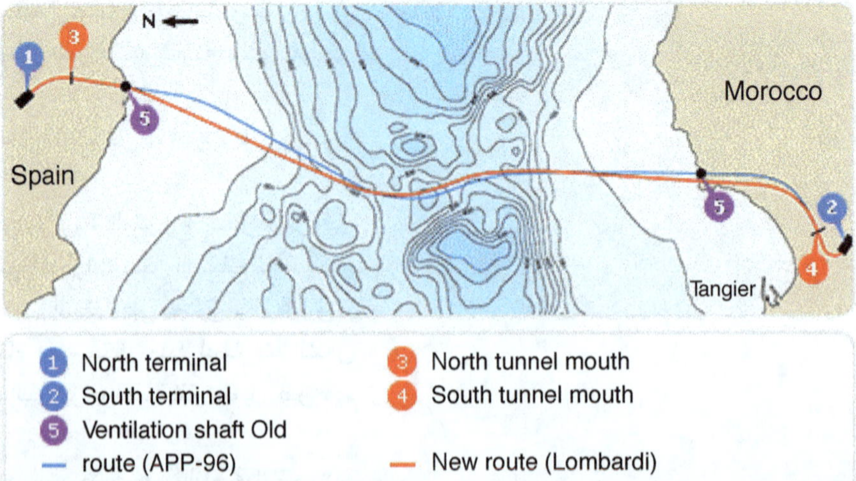

Source: SECEGSA (Spain)

الأزور وجبل طارق) وصعوبة تحديد طبيعة طبقات الأرض أسفل قاع البحر والتي توصف على أنها "كوكتيل (مزيج) من الرمال والطين والتي تعتبر كابوسا لحفاري الأنفاق". في الواقع، إضطر المهندسون إلى اختراع طرق جديدة للحفر (أثناء قيامهم بالحفر الاستكشافي لدراسة المشروع) نظرا لنوعية الصخور وسرعة التيارات المائية العاتية في أعماق البحر.

لغرض إعطاء تصور عن أبعاد المشروع يمكن مقارنته بمشروع نفق القنال (الإنجليزي) الذي يقع بعمق ٥٠ متر فقط تحت قاع البحر، ويبلغ طوله ٤٩ كلم. كما سيكون نفق مضيق بيرينج إذا تم بناؤه بذات العمق تقريبا (٥٤ متر) ولكن إجمالي طوله سيكون ٨٥ كلم، لكنه سيستفيد من جزيرتي ديوميد الكبرى وديوميد الصغرى الواقعتان وسط المضيق "كحجر عبور" بحيث تصبح أطول مسافة يقطعها النفق تحت البحر ٣٥ كلم.

حالما يتم إكمال حفر نفق جبل طارق وربطه بسكك الحديد عالية السرعة، تتوقع الشركتان الإسبانية والمغربية القائمتان على المشروع أن تكون مدة السفر بالقطار من الدار البيضاء إلى طنجة ساعة ونصف، والعبور من طنجة إلى طريفة ٣٠ دقيقة، ومن هناك إلى مدريد في أقل من ثلاث ساعات ونصف، ومن مدريد إلى برشلونة ساعتين ونصف. بمعنى آخر ستستغرق الرحلة بالقطار من الدار البيضاء إلى برشلونة أقل من ٨ ساعات!

يختصر الموقع الرسمي للشركتين الإسبانية والمغربية (SECEGSA/SNED) مفهوم المشروع في الجملة التالية: "إن الرابط الثابت عبر مضيق جبل طارق يمكن اعتباره نقطة الربط الحاسمة بين قارتين وبين بحرين عظيمين، والذي من شأنه أن يؤسس منظومة غير معروفة بعد للنقل بين أوربا وأفريقيا والمناطق المحيطة بالبحر المتوسط".

في هذا السياق، سيكون من المناسب إعادة مستعمرة جبل طارق للسيادة الإسبانية، بعد أن سرقتها بريطانيا في القرن الثامن عشر ولا تزال تحتلها.

سيساعد نفق مضيق جبل طارق على الجانب المغربي في ربط شبكة سكك الحديد في شمال أفريقيا. ويساعد الفرنسيون حاليا في بناء خط سكة حديد للقطارات عالية السرعة في المغرب، ويعتبر مشروع سكك الحديد في شمال أفريقيا فرصة فريدة للتعاون الفرنسي الإسباني لتجاوز الماضي الإستعماري.

ومن هناك إلى الكواكب الأخرى...

لكن إنجاز هذه المشاريع الطموحة على كوكب الأرض سيتطلب إلهام الأجيال الصاعدة من الشباب بماهية الرسالة الحقيقية للجنس البشري، أي واجب إستكشاف الكون ما وراء كوكب الأرض. إن الإختراقات العلمية وما سيترافق معها من التفاؤل الثقافي والتي نفتقدها كثيرا اليوم، ستأتي فقط مع مثل هذا التوجه ومثل هذه المهمة.

إذا أخذنا ذلك في الحسبان، سيتضمن مشروعنا لخطة مارشال في حوض البحر المتوسط بناء "ميناء فضائي" أفريقي ـ أوربي من أحدث طراز ومدينة علمية مرتبطة به على جزر الكناري. يعتبر هذا الموقع، على بعد ١٠٠ كلم من الساحل المغربي وعلى ذات خط العرض الذي تقع عليه قاعدة الفضاء كاب كيندي / كاب كانافيرال الأمريكية، موقعا مثاليا لمثل هذا المشروع.

تجري في واقع الأمر حاليا أبحاث علمية متقدمة في جزر الكناري، إذ توجد على هذه الجزر مجموعة من المراصد الفلكية، وأخرها وأكبرها هو التلسكوب الشمسي جريجور (GREGOR) الذي تم افتتاحه في ٢١ مايو ٢٠١٢ في تينريفا. يقبع هذا التلسكوب، وهو الأكبر في أوربا، على الهضبة الواقعة عند جبل تايدا البركاني بقمته التي تبلغ إلى ٣٧١٨ مترا. ويدير مشروع التلسكوب تحالف من العلماء والباحثين من معهد كيبنهوير (Kiepenheuer) للفيزياء الشمسية ومعهد الفيزياء الفلكية في بوتسدام (Potsdam) ومعهد الفيزياء الفلكية في جوتنجين (Göttingen) ومعهد ماكس بلانك لبحوث المنظومة الشمسية وعدد آخر من الشركاء الدوليين، والذين بدأوا ببناء تلسكوب "جريجور" الشمسي هناك في عام ٢٠٠٠.

لن ينظر العلماء في تلسكوب جريجور مباشرة إلى الشمس، بل ستقوم بهذه المهمة مجموعة أجهزة مثل جهاز تحليل الطيف الشمسي، وجهاز قياس قطبية الضوء، ومقياس التداخل، والكاميرات. تعكس مرآة تلسكوب جريجور المتحركة الشعاع المتجمع الذي تولده منظومة المعدات البصرية نحو الأجهزة المختلفة. الغرض من ذلك هو قياس المعطيات الفيزيائية الشمسية المتنوعة بدقة غير مسبوقة، وعلى وجه الخصوص، الحقل المغناطيسي للشمس، وهكذا يستطيع العلماء كشف البنى والتركيبات الصغيرة جدا على سطح الشمس لغاية ٧٠ كيلومتر عن الشمس ـ وهذه دقة مدهشة ـ نظرا لأن الشمس تقع على بعد ١٥٠ مليون كيلومتر عن الأرض.

إن تينريفا هي من الآن مركز للعديد من المراصد الفلكية، وستصبح مقرا لمجمع علمي أكبر ومدينة فضائية في المستقبل القريب والتي سترتبط بالمطار الموجود على الجزيرة بواسطة سكة قطار مغناطيسي، لأن التضاريس الجبلية الصعبة غير مناسبة لمنظومة سكك القطارات التقليدية. لقد تم إجراء دراسة جدوى لخط قطار بالرفع المغناطيسي لربط جنوب الجزيرة بشمالها وقام بتلك الدراسة معهد بحوث سكك الحديد في برلين.

أما جزيرة لانزاروتي، وهي جزيرة تهيمن عليها التضاريس البركانية الشبيهة بسطح القمر والمريخ، فقد تكون موقعا مناسبا لاختبارات لرحلات الفضاء للمهمات الأفريقية الأوربية المشتركة المستقبلية ـ وذلك هو قدر الإنسانية الحقيقي.

الجزء العاشر

أفريقيا

إمتحان التقدم العالمي

بناء منصة بنية تحتية على أساس الطاقة النووية أمر ضروري لمستقبل أفريقيا

لورنس فريمان
By Lawrence K. Freeman

أغسطس ٢٠١٤

تُصرّ هيلجا لاروش دوما على القول أن أفريقيا هي ضمير العالم. فإذا سمحت أمم الأرض باستمرار جرائم الإبادة الجماعية التي تدمر أرجاء واسعة من أفريقيا اليوم، فإن تلك الأمم ذاتها وبقية أرجاء الكوكب ستلحق أفريقيا عاجلا أم آجلا إلى ذات المصير.

إن عملية الإبادة الجماعية مكتوبة بالخط العريض اليوم عبر اندلاع وباء إيبولا في غرب أفريقيا، الذي هو نتيجة طبيعية لآفة الفقر والتخلف الاقتصادي والحروب التي أثارت الخراب بشكل مستمر في هذه القارة، بالرغم من حصولها إسميا على "الإستقلال"، بحيث أصبح هذا الأمر يشكل تهديدا للعالم أجمع.

لكن اليوم، وبفضل الديناميكية التي خلقتها البريكس، يلوح في الأفق مستقبل بديل لأمم أفريقيا. يتمثل هذا التطور في التوجه الذي تبناه الرئيس المصري عبدالفتاح السيسي نحو الشروع ببرامج عاجلة لبناء مشاريع البنية التحتية الكبرى، والتي من شأنها ليس فقط رفع الظروف الإقتصادية للشعب المصري، بل وأيضا دمج أفريقيا بالقارة الأوراسيوية. من ناحية أخرى يوفر التزام جمهورية جنوب أفريقيا، العضو الخامس في مجموعة البريكس، بتطوير الطاقة النووية مخرجا آخر لأفريقيا من هذا المنعطف الفتاك.

الرئيس المصري عبدالفتاح السيسي

سنراجع في الصفحات التالية الإحتياجات الأساسية من البنية التحتية للقارة الأفريقية، بالترافق مع بعض الأمثلة لمشاريع أساسية بقي الكثير من تصاميمها على لوحة التخطيط لعقود دون تنفيذ. نشدد هنا على أن الطريقة الوحيدة للتغلب على العجز الرهيب في استثمارات البنية التحتية في أفريقيا في القرون الماضية هي تحقيق طفرة نحو منصة اقتصادية مبنية على أساس التكنولوجيا النووية، فورا.

إستعراض عام

تمتلك الأمم الأربع وخمسون الأفريقية من السكان ما يقارب ١,٢ مليار نسمة، ويتوقع تضاعف هذا العدد خلال أقل من جيلين، أي بحلول عام ٢٠٥٠، نظرا لارتفاع نسبة الخصوبة في أفريقيا جنوب الصحراء بوجه خاص. وفقا للتقديرات هذه سيعيش في أفريقيا ٢٥٪ من سكان العالم، وستكون موطنا لمليار إنسان تحت سن ١٨ سنة، وستكون القارة الأكثر شبابا بمعدل

عمر وسطي يبلغ ٢٥ سنة.

يعتبر متوسط العمر المتوقع في أفريقيا الأوطأ في العالم، وهو ٥٨ سنة. ولدى أفريقيا أوطأ نسبة صادرات صناعية في العالم (١,٥٪)، وأقل مساهمة في التجارة العالمية حيث لا تتجاوز ٢٪. كما يوجد في أفريقيا ٢٥٥ مليون شخص لا يملكون ما يكفي من الغذاء ـ أي ٢٥٪ من سكانها، وهي أكبر نسبة من السكان الجياع في العالم على الإطلاق. كما توجد أعلى نسبة من وفيات الأطفال ووفيات الأمهات عند الولادة في أفريقيا. ولا تزال أفريقيا، بشكل مفزع، القارة الوحيدة في العالم التي لا يزال وباء الكوليرا مستوطنا فيها.

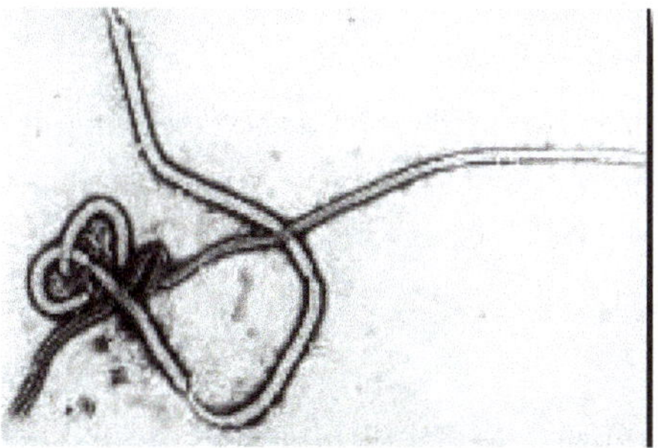

صورة بمجهر الالكترون لفايروس ايبولا الذي انتشر في اجزاء من افريقيا

تعاني أفريقيا من نقص كارثي في كل أشكال البنية التحتية الصلبة منها والناعمة ـ الطاقة وإدارة المياه والنقل بسكك الحديد والتعليم والصحة والخدمات الإجتماعية.

مما يكذب الدعاية الإحصائية عديمة المعنى والصادرة من صندوق النقد الدولي وغيره من المؤسسات الغربية والتي يتم اجترارها بدون تفكر في وسائل الإعلام ومن قبل السياسيين في العواصم الغربية، والقائلة أن أفريقيا تزدهر اليوم بنفس سرعة بعض أسرع الاقتصاديات في العالم، يكذبها الواقع المرعب المتمثل بإندلاع وباء فيروس الأيبولا (Ebola) في غرب أفريقيا الذي حصد حصد أرواح أكثر من ٢٠٠٠ ضحية لحد كتابة هذا الفصل (أغسطس ٢٠١٤)، ويرقد الآلاف من المصابين بالعدوى على سرير المرض. إن تفشي هذا الوباء هو تذكير قوي وفتاك بواقع فشل عملية بناء اقتصاديات أفريقية مستقرة وصحية بعد تحقيقها الاستقلال عن القوى الإستعمارية الأوربية. إن الدول الفقيرة التي لا تمتلك أية بنية تحتية للرعاية الصحية وتفتقر إلى المستشفيات وفيها نقص حاد في الأطباء، وحيث يعيش معظم سكانها في فقر مدقع، كلها أدلة على انعدام التنمية الإقتصادية في معظم دول أفريقيا في نصف القرن الأخير.

لا توجد أية معوقات موضوعية أمام إمكانيات أفريقيا. لا يوجد اليوم، ولم يوجد في أي وقت مضى، أي سبب موضوعي مشروع لفناء الملايين بسبب الأمراض والجوع والحروب، وحيث يموت ٤ ملايين طفل كل عام. فما تمتلكه أفريقيا من تربة خصبة هائلة ومنظومات مياه غير مستعملة يكفي ليس فقط لإشباع حاجات سكانها من الغذاء فحسب، بل ولتحويل أفريقيا إلى سلة غذاء لكل العالم.

ونظرا للإنفجار السكاني الجاري حاليا، وخاصة الأعداد الهائلة من الشباب الداخلين في سن قوة العمل، فإن أفريقيا ستواجه أزمة وجودية إن لم تبدأ بالعمل على برنامج بنية تحتية بمحرك علمي وتركيز على الطاقة النووية. فقط المشاريع التحولية الكبرى للبنية التحتية القارية والإقليمية ستكون قادرة على توفير العدد الكبير من فرص العمل الجديدة المنتجة وذات المهارة العالية لاستيعاب القوة العاملة الأفريقية الآخذة بالاتساع، وتوفير الطاقة والنقل وتنظيم جريان المياه لزراعة الأغذية الضرورية لسد احتياجات السكان والقضاء نهائيا على المجاعة ونقص الغذاء.

لدى أفريقيا جنوب الصحراء أكبر نسبة من العجز في العالم من ناحية البنية التحتية نسبة إلى السكان ومساحة الأراضي. إن البنية التحتية هي المنصة التي يقف عليها أي اقتصاد فيزيائي ناجح ـ بمعنى إقتصاد ينمو باطراد. على الرغم من هوس القادة السياسيين والمؤسسات المالية في الغرب بإلقاء اللوم لعدم وجود التنمية في أفريقيا على انعدام "الحوكمة الصحيحة" و "الشفافية" و "المسائلة" و "الانفتاح على قطاع الأعمال"، إلا أنه حتى البنك الدولي قد أجبر في تقريره الصادر عام ٢٠١٣ على الإعتراف بأن "التأثير السلبي للنقص في البنية التحتية هو على أقل تقدير بذات حجم التأثير السلبي للفساد والجريمة والقيود المفروضة على الأسواق المالية."

يظهر هذا الأمر في أحلك صوره في نقص الطاقة ومعدل وصول الكهرباء إلى الأفراد

والصناعات في كل قارة أفريقيا.

الطاقة

يفتقر نصف سكان القارة (٦٠٠ مليون فرد) إلى وسيلة للوصول إلى الطاقة الكهربائية. أما بالنسبة لأولئك الذين تصلهم الكهرباء، فإن انقطاع التيار الكهربائي باستمرار هو من الأمور الدارجة. يقدر استهلاك ٤٨ دولة أفريقية جنوب الصحراء من الطاقة الكهربائية ٧٠ ألف ميجاواط، وتستخدم جنوب أفريقيا لوحدها نصف هذه الكمية تقريبا. هذا يعني أن معدل استهلاك الفرد في معظم هذه الدول هو أقل من ١٠٠ واط، وفي حالات مثل نيجيريا يصل المعدل إلى ٢٠-٢٥ واط لكل فرد من السكان، مقارنة بمعدل استهلاك الفرد الأمريكي الذي يصل إلى ١٤٠٠ واط. إذا كان الهدف أن يتمتع كل مواطن أفريقي بمعدل استهلاك للكهرباء مساو للمواطن الأمريكي، فإن أفريقيا بحاجة لتوليد ١٦٨٠ جيغاواط (١,٦٨٠,٠٠٠ ميجاواط).

ونظرا لوجود منظومات نهرية عديدة في أفريقيا، يتم عمل الكثير حاليا لتوليد الطاقة الكهرومائية من السدود. فعلى سبيل المثال، يولد سد مروي في السودان، الذي تم إكماله في عام ٢٠٠٩، ١٢٥٠ ميجاواط، وسد "جيبه ٣" (Gibe III) الاثيوبي المتوقع إكماله في عام ٢٠١٥ سيولد ١٨٧٠ ميجاواط. أما المشاريع الكبرى مثل "سد النهضة" الأثيوبي والذي يتوقع منه توليد ٦٠٠٠ ميجاواط بحلول عام ٢٠١٧، والخطط الحالية لبناء "سد إنجا العظيم" (Grand Inga Dam) على نهر الكونجو والذي يتوقع أن تكون قدرته التوليدية ٤٠ ألف ميجاواط. كل هذه المشاريع هي مشاريع ضرورية ومثيرة للإهتمام. لكن هذه الجهود لوحدها لن تكون كافية لنقل أفريقيا إلى القرن الحادي والعشرين ولتوفير مستوى معيشي متقدم للأجيال الحالية والمستقبلية بما يتناسب مع مجتمع زراعي صناعي تقدمي. يمكن إنجاز ذلك فقط عبر اقتصاد مسير بواسطة برنامج طاقة نووية (تقنية الإنشطار)، ليتبعه من بعد المستوى القادم من تكنولوجيا الطاقة، طاقة الإندماج النووي.

إن جمهورية جنوب أفريقيا هي الدولة الوحيدة، من بين الدول الأربعة والخمسين الأفريقية، التي تستخدم الطاقة النووية في شبكتها من انتاج الطاقة، وهي الدولة الوحيدة التي وضعت الطاقة النووية في ضمن خياراتها المستقبلية، كما أعلن الرئيس جاكوب زوما ذلك بوضوح في القمة الأفريقية الأمريكية التي عقدت في العاصمة واشنطن في ٤-٦ أغسطس عام ٢٠١٤.

تخوض جمهورية أفريقيا الجنوبية، التي لديها أكبر معدل من استهلاك الطاقة في القارة الأفريقية، حاليا مفاوضات مع هيئة الطاقة الذرية الروسية (روساتوم) لبناء وتمويل ستة محطات نووية بقدرة توليدية ستبلغ ٩٦٠٠ ميجاواط. إن هذه مبادرة مهمة جدا، لأن العديد من القادة الأفريقيين قد تم إقناعهم بقبول وجهة النظر القائلة بأن الطاقة النووية متقدمة أكثر من اللازم أو أنها غير ضرورية. [إنضمت مصر مؤخرا إلى جمهورية جنوب أفريقيا، حيث وقعت مصر وروسيا اتفاقية في عام ٢٠١٥ لبناء أول محطة نووية مصرية في منطقة الضبعة في غرب مصر على ساحل البحر المتوسط - المترجم]

وأعرب ايسوفو محمدو، رئيس دولة النيجر التي تتكون ٧٥٪ من أراضيها من صحراء، علنا عن دعمه للطاقة النووية لضمان الطاقة الكهربائية في الشبكة المستقبلية للبلد. إن الطاقة النووية، بخلاف الطاقة الكهرومائية، لا تحتاج إلى المياه والسدود. ينبغي على كل بلد في أفريقيا أن يجعل الطاقة النووية جزءا من اقتصاده المستقبلي. بوجود ألف محطة طاقة نووية تنتج كل واحدة منها ألف ميجاواط من الطاقة، ستكون أفريقيا قادرة على تحقيق تقدم كبير جدا

في ضمان تلبية احتياجات الأعداد المتنامية من سكانها للطاقة.
كان العالم السنغالي "شيخ أنتا ديوب" (Cheikh Anta Diop) يطالب في الستينات والسبعينات أن يتم توفير الطاقة للأقتصادات الأفريقية من خلال الطاقة النووية الإنشطارية وطاقة الإندماج النووي، وأراد تأسيس مركز بحوث أفريقي للتدريب على هذه التقنيات وإتقانها.
كتب ديوب في عام ١٩٧٨ ما يلي: "إذا أصبح ذلك النوع من السيطرة على الطاقة (الإندماج) متوفرا، بقدرة كاملة للسيطرة على طاقة التفاعلات النووية الحرارية (thermonuclear)، فإن حاجات الكوكب من الطاقة ستتم تلبيتها لمدة مليار عام، أكرر مليار عام. إن الأدوات المستقبلية التي ستقدر على إنتاج هذه الطاقة، سواء سميناها مفاعلات نووية حرارية أو توكوماك، سيتم تلقيمها في مراحلها التشغيلية النهائية بوقود الهايدروجين الثقيل، الذي يمكن الحصول عليه ببساطة عبر التحليل الكهربائي (electrolysis) لمياه البحر".
أما عن رؤيته المستقبلية، فقد طالب ديوب أن تتم دراسة الطاقة النووية الحرارية في أفريقيا، ودعا إلى تأسيس "مركز تجريبي لطاقة الإندماج في بلد أفريقي مناسب، ويكون المركز مفتوحا لجميع الباحثين الأفريقيين من ذوي الكفاءة الذين يرغبون في البحث في هذا المجال".

النقل

إن النقص الرهيب في طرق النقل بسكك الحديد، ناهيك عن سكك الحديد عالية السرعة، في أفريقيا في العقد الثاني من القرن الحادي والعشرين أمر مروع حقا. كما أنه يؤثر سلبا في إقتصاد جميع أمم القارة. إن بناء شبكة خطوط سكك للقطارات عالية السرعة على نطاق قاري أمر واجب. إن هذا المطلب يتجاوز مجرد بناء شبكات سكك حديد وطرق معبدة داخل الدول والمناطق الحدودية بينها. فقد شدد رئيس الوزراء الصيني لي كيقيانج في خطابه الذي ألقاه في مقر الإتحاد الأفريقي في أديس أبابا في ٥ مايو ٢٠١٤، على أن أحد أهداف الصين هي المساعدة على ربط جميع العواصم الأفريقية بسكك حديد القطارات السريعة. سيساعد

سكك الحديد المقترحة لافريقيا

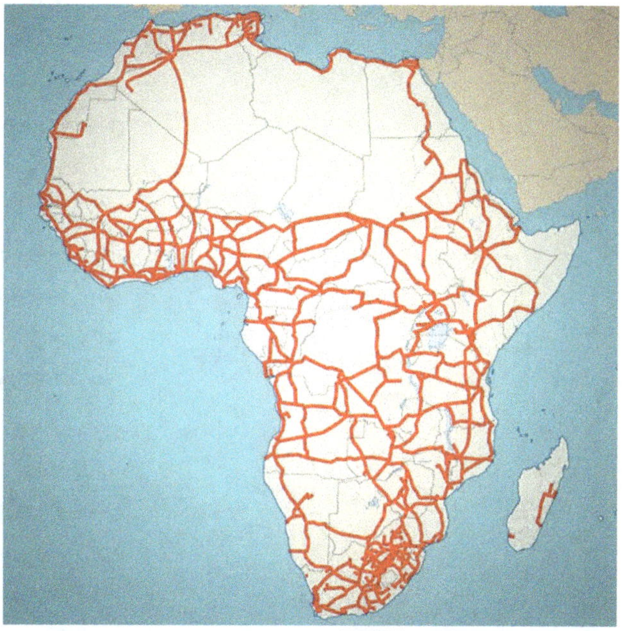

سكك الحديد الموجودة في افريقيا

EIRNS/Fusion Energy Foundation, 1980

هذا المشروع بطبيعة الحال على دفع العديد من النواحي الأخرى للتنمية. وحتى يمكن جلب الرفاهية إلى جميع الأمم الأفريقية سيكون من الضروري بناء هذه المنظومة المتداخلة لشبكات النقل على طول القارة وعرضها. وسيتطلب بناؤها تشغيل "جيش جبار" من الشباب العاطلين عن العمل حاليا لكي يتم نصب السكك على طريق هذه الشبكة لآلاف الكيلومترات.

وتوجد مشاريع نقل تحويلية أخرى قيد الدراسة أو التنفيذ حاليا.

كان رئيس جنوب أفريقيا ولا يزال يقود جهود بناء ممر نقل من جنوب القارة إلى شمالها، من دوربان (Durban) على الساحل الشرقي لجنوب أفريقيا وإلى دار السلام في تنزانيا ومن هناك باتجاه الشمال إلى القاهرة والإسكندرية في مصر، وهو ما سيؤثر على كل النصف الشرقي من القارة الأفريقية إيجابيا. يتكون ممر سكك الحديد والطرق "رأس الرجاء الصالح - القاهرة" من ٢٠٤ مشروع، ومنها ٨١ مشروع طرق يتم العمل على إنجازها في مراحل مختلفة، و ٤٨ مشرع سكك حديد، وستة مشاريع جسور كبيرة.

قبل عام من الإفتتاح الرسمي "لبنك التنمية الجديد" التابع لدول البريكس، جعل الرئيس زوما تمويل هذا المشروع القاري موضوعا خاصا للنقاش في أول اجتماع "لمجلس أعمال البريكس" في جوهانسبورغ في ٢٠ أغسطس عام ٢٠١٣ حيث قال: "أدعوكم بحرارة للتعاون معنا في تحقيق بناء البنية التحتية في القارة... إننا نقود على وجه التحديد الممر الجنوبي الشمالي وما يركز عليه بوجه خاص من البنى التحتية للطرق وسكك الحديد، حيث سيبدأ أولا من دوربان إلى دار السلام وفي النهاية من رأس الرجاء الصالح إلى القاهرة. هناك مجال واسع جدا للشراكة ذات المنفعة المشتركة مع مجموعة البريكس، والتي ستساعد على بناء البنية التحتية التي تشتد الحاجة إليها في أفريقيا". تكرر هذا الموضوع عندما تحدث الرئيس زوما في المنتدى الإعلامي الوطني في واشنطن في ٤ أغسطس ٢٠١٤.

من مشاريع البنية التحتية الكبرى الأخرى هو مشروع خط سكة حديد بورسودان - دكار، والذي صادقت عليه منظمة المؤتمر الإسلامي في عام ٢٠٠٩.

إن هذا الخط، الذي ولدت فكرته قبل قرن من الزمان (بإسم جيبوتي - دكار)، سيمر من دكار في السنغال على المحيط الأطلسي عبر أراضي القارة شرقا إلى بورسودان على البحر الأحمر. سيعبر هذا الخط السودان وتشاد والنيجر ومالي والسنغال، وستكون له فروع إلى أثيوبيا وجيبوتي وكينيا وليبيا وأوغندا والكاميرون ونايجيريا وبوركينا فاسو بحيث يرتبط المحيط الهندي بالمحيط الأطلسي والبحر المتوسط. سيكون طول هذه الشبكة الرئيسية حوالي ١٤٠٠٠ كلم وستحدث تحولا اقتصاديا ثوريا في جميع الدول المشاركة فيه، بحيث سيصبح ممكنا ترويض الأراضي الصحراوية الشاسعة. إن جدوى هذا المشروع واضحة، لكن كل ما يتطلبه هو الإرادة السياسية لتمويله.

مشروع النقل الثالث هو "الممر الأفريقي" الذي طوره المهندس المصري أيمن رشيد، ويدعو إلى بناء سكة حديد وطريق سريعة حديثة من ميناء "سيدي براني" في شمال غرب مصر على البحر المتوسط إلى الجنوب في خط مستقيم عبر السودان (دارفور) وجنوب السودان ورواندا وبوروندي وأوغندا، بحيث يتفرع أيضا نحو جمهورية أفريقيا الوسطى وجمهورية الكونغو الديمقراطية (راجع الملحق ٢ في نهاية هذا الجزء).

ولكي يتم ربط منظومة سكك الحديد الأفريقية الموسعة هذه مع الجسر البري الأوراسيوي، ينبغي بناء نفق مضيق جبل طارق ونفق تونس - صقلية (انظر الجزء السابق)، ونفق أو جسر بين سيناء والأردن والسعودية، ونفق أو جسر عبر مضيق باب المندب إلى اليمن والجزيرة العربية. حتى بالنسبة لمشاريع الربط هذه، توجد دراسات جدوى وحتى دراسات هندسية،

لكن كل ما مطلوب هو الإرادة السياسية والطرق الصحيحة لإصدار الإئتمانات لتمويل هذه المشاريع.(*)

المياه

تمثل منظومات الأنهار الكبرى في أفريقيا موردا مهما جدا. يجري نهر النيجر في غرب أفريقيا من غينيا على شاطئ المحيط الأطلسي إلى الشمال الشرقي نحو مالي وجنوبا إلى النيجر ومن ثم يشكل دلتا النيجر في خليج بنين. بالرغم من أن نهر النيجر نهر طويل، إلا أنه لا يعتبر نهرا كبيرا من ناحية كمية المياه الجارية فيه. ويعتبر نهر النيل أطول نهر في العالم، لكنه ليس أكبر نهر من ناحية كمية المياه، يضاف إلى ذلك أن عليه توفير المياه للعديد من الدول. أما نهر الكونغو فهو ثاني أضخم نهر في العالم، من ناحية كمية المياه التي يفرغها في البحر.
وتتمتع أثيوبيا بعدة منظومات أنهار والتي يجري معظمها إلى السودان ومصر. وبالرغم من أن هناك الكثير مما يمكن إنجازه في مجال إدارة المياه ونقلها من المناطق الغنية بالمياه إلى المناطق الجافة في القارة، إلا أن استخدام الطاقة النووية لتحلية المياه أمر لا بد منه للعديد من المناطق الساحلية الجافة في السودان ومصر وشمال أفريقيا عموما.
إن "مشروع ترانس أكوا" الذي قامت بتصميمه شركة الهندسة الايطالية بونيفيكا (Bonifica) هو مشروع عظيم للبنية التحتية للمياه، والذي تتم دراسته منذ عام ١٩٨٠. ولو كان تم بناء هذا المشروع قبل بضعة عقود، لأحدث تغييرا جذريا في الوضع في منطقة البحيرات الكبرى، ومنع أيضا انحسار بحيرة تشاد. تتلخص فكرة المشروع في عملية نقل ١٠٠ مليار متر مكعب من المياه في العام، أي ٥٪ من مياه نهر الكونغو التي تبلغ ١٩٠٠ مليار متر مكعب والتي تصب في المحيط الأطلسي سنويا، وذلك عبر قناة اصطناعية تنساب بفعل الجاذبية باتجاه الشمال من مرتفعات شرق الكونجو عبر جمهورية أفريقيا الوسطى إلى نهر تشاري الذي يصب بدوره في بحيرة تشاد التي توشك على التبخر والإختفاء. بالإضافة إلى إعادة ملئ بحيرة تشاد التي تعتمد عليها حياة ٣٠ مليون إنسان من الفلاحين وصيادي الأسماك من النيجر والكاميرون وتشاد ونايجيريا، ما سيفعله "مشروع ترانس أكوا" هو وقف زحف الصحراء في منطقة الساحل، وسيخلق نهضة اقتصادية لجميع الدول في المنطقة (راجع الملحق ١ في نهاية هذا الجزء).
الخاصية الثانية لمشروع "الممر الأفريقي" للمهندس المصري أيمن رشيد والذي يسير بالتوازي مع "ترانس أكوا"، هو بناء قناة بطول ٣٨٠٠ كلم من منطقة البحيرات العظمى ومنابع النيل في رواندا وبوروندي، لتمر عبر جمهورية أفريقيا الوسطى إلى جنوب السودان والسودان ثم مصر ومنخفض القطارة.
يستخدم المشروعان ذات المبدأ ـ يتدخل الإنسان لتحسين وضعية الطبيعة لفائدة البشر عبر نقل المياه من المناطق الرطبة إلى المناطق الجافة، وفي ذات الوقت يخلق ثروات اقتصادية جديدة.

الغذاء

كما مر ذكره أعلاه، يمكن أن تصبح أفريقيا سلة الغذاء العالمية. نورد بعض الأمثلة التي تدلل على ذلك.
بدأت جمهورية الكونغو الديمقراطية في الآونة الأخيرة، وبعد مرور ستة عقود من حصولها

على الإستقلال من المستعمر البلجيكي، بتطبيق برنامج إنتاج زراعي نشيط لزراعة مناطق واسعة من أراضيها غير المستغلة، وذلك بالإستفادة من الموارد الوفيرة من المياه. وفقا لتقرير صدر من مدرسة الأعمال في جامعة هارفارد في ديسمبر عام ٢٠١٣، تمتلك جمهورية الكونغو الديمقراطية ٨٠ مليون هكتار من الأراضي الصالحة للزراعة، لم تستغل منها سوى ١٪ في الزراعة. لكن جمهورية الكونغو الديمقراطية هي واحدة من أكثر دول العالم نقصا في البنية التحتية الأساسية بالنسبة لكل فرد من السكان وكل كيلومتر مربع من الأراضي، وستحتاج إلى استثمارات هائلة في مجال الطاقة والنقل والرعاية الصحية والتعليم حتى تستطيع تحقيق امكانياتها الكاملة في مجال إنتاج الأغذية.

من الحقائق المعروفة منذ عقود هي أن تركيز الأراضي الخصبة في السودان وجنوب السودان وبما يتوفر فيها من أنهار، تستطيع لوحدها سد حاجات ٧٥٠ مليون إلى مليار إنسان من الغذاء. أليست جريمة ضد الإنسانية أن يعيش الشعب السوداني في مثل الظروف الصعبة الحالية والمعاناة من الجوع، في حين يستطيع هذا الشعب أن يشتغل في زراعة وانتاج الغذاء لكل القارة؟ منذ أن تحرر السودان من الإستعمار البريطاني في عام ١٩٥٦، لم توجد أية استراتيجية لتنمية أكبر بلد في أفريقيا (قبل تقسيمه في ٩ يوليو ٢٠١١).

يعتبر "الدلتا الداخلي" لجمهورية مالي أكبر منظومة مائية في منطقة الساحل، حيث يشتق مياهه من نهر النيجر شمال مدينة سيجو ثم يمتد إلى تمبكتو. لكن "جوهرة الصحراء" هذه غير مستغلة على الإطلاق. عندما سيطر الفرنسيون على "مكتب النيجر" قبل استقلال مالي، كانت دراساتهم التقديرية تشير إلى أن ١,٩ مليون هكتار من الأراضي المسقية قد تعطي ناتجا محتملا من الرز يبلغ ٢,٥ مليون طن. لكن اليوم لا تتم زراعة سوى ١٠٠ ألف هكتار (٥٪ مما هو متوفر من أراضي).

الموارد الطبيعية الخام

بعد أن دق الرئيس الأمريكي نيكسون في أغسطس عام ١٩٧١ المسمار الأخير في نعش نظام بريتون وودز الذي أسسه الرئيس فرانكلن روزفيلت، قام هنري كيسنجر، مستشار الأمن القومي والعميل البريطاني بالتأثير، بتعميم أن سياسة الولايات المتحدة هي عدم تنمية دول "العالم الثالث" تنمية اقتصادية، بل أن سياستها هي أن تكون للولايات المتحدة يدا تصل بدون عوائق إلى الموارد الطبيعية لتلك الدول، ومحاولة إيجاد طرق فعالة لتقليل نسبة نمو سكانها. يشدد التقرير الذي وضعه كيسنجر في ديسمبر ١٩٧٤ بعنوان "مذكرة دراسة الأمن القومي ٢٠٠ ـ تأثير النمو السكاني العالمي على أمن الولايات المتحدة ومصالحها عبر البحار" (NSSM-٢٠٠) بشكل فاضح على أن سياسة الولايات المتحدة في العقود الأربعة الماضية هي:

"مهما تم وضعه من إجراءات لدرء أخطار إعاقة وصول الإمدادات وهما تم تطويره من البدائل المحلية، فإن اقتصاد الولايات المتحدة سيبقى في حاجة إلى كميات كبيرة ومتزايدة من المعادن من الخارج، وخاصة من الدول الأقل نموا. هذه الحقيقة تجعل من مصلحة الولايات المتحدة الإهتمام بالاستقرار السياسي والاقتصادي والاجتماعي في الدول المصدرة. متى ما ساهم تقليل الضغط السكاني بواسطة تقليل نسبة الولادات في تعزيز مثل هذا الإستقرار، تصبح السياسة السكانية ذات أهمية مترابطة مع إمدادات الموارد ومع مصالح الولايات

المتحدة الاقتصادية".

تضمن هذا التقرير (NSSM-٢٠٠) قائمة تضم ١٣ بلدا أصبحت هدفا خاصا لهذه السياسة، نظرا للارتفاع السريع في نسبة النمو السكاني فيها. كان من ضمن القائمة ٣ دول أفريقية هي مصر وأثيوبيا ونايجيريا.

لم يتم في واقع الحال ولحد الآن إستنكار وترك سياسة كيسنجر وبريطانيا المضادة للسكان.

وإذا عرفنا أن هذه هي السياسة القائمة، فلا ينبغي أن نستغرب لماذا بقيت أفريقيا مجرد مُصدّر للمواد الخام بشكل رئيسي. فمن الإحصائيات الدالة على هذه الحقيقة هو أنه في عام ٢٠١٢ كانت قيمة صادرات منطقة أفريقيا جنوب الصحراء ٤٠٠ مليار دولار، شكلت صادرات النفط والغاز والمعادن الثمينة والألماس المستخرجة ٣٠٠ مليار دولار منها.

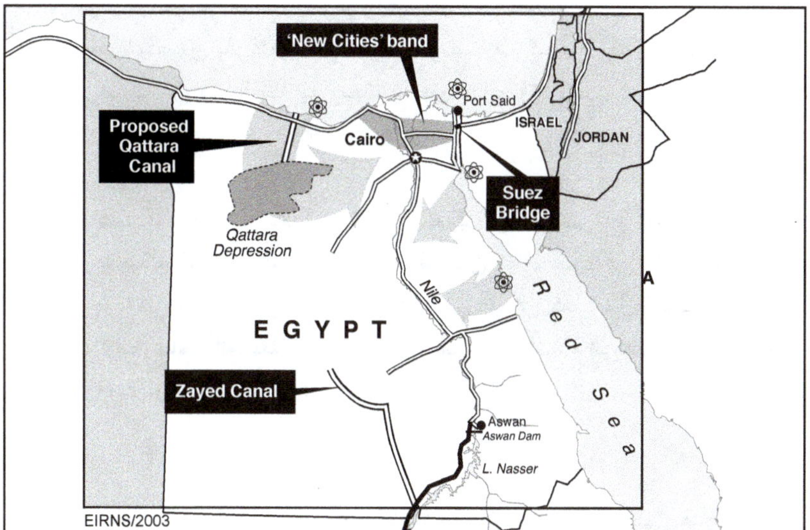

يبين هذا الرسم التخطيطي مجموعة من المشاريع الكبرى المقترحة لتغيير اقتصاد مصر. قناة الشيخ زايد، وهي جزء من مشروع توشكى، تم اكمال اعمال الحفر فيها لمسافة 50 كلم قبل عدة سنين.

النموذج المصري

خضع عدد كبير من مشاريع البنية التحتية الإقليمية على مدى عقود عديدة وبشكل مبالغ فيه للمناقشات والمراجعات والدراسات، ثم تم وضعها في مرحلة التخطيط من قبل الإتحاد الأفريقي والهيئات الإقليمية التابعة له. كان من بين هذه المشاريع المبكرة "خطة عمل لاجوس" لمنظمة الوحدة الأفريقية والتي تم تبنيها في أبريل عام ١٩٨٠. لكن محتوى هذه الخطة دفع عالم الاقتصاد ليندون لاروش ومؤسسة إكزكتف إنتلجنس ريفيو إلى كتابة دراسة نقدية بحجم كتاب.

كانت في "خطة لاجوس" أخطاء فادحة، ومنها ترويجها لما سمتها "التقنيات الناعمة" و "مصادر الطاقة البديلة"، والاعتماد على "الدور الإيجابي" للبنك الدولي وصندوق النقد الدولي.

وتفاوتت الخطط عبر السنين في نوعيتها، ولكن أحسنها كان يفتقر إلى الدعم السياسي الضروري للدفع في اتجاه تنفيذها في وجه المعارضة الشديدة من جهة المؤسسات المالية العالمية، وأيضا عمليات التخريب الداخلية.

لكن الحالة الاستثنائية في أفريقيا اليوم هو ما يجري في مصر. فقد قام الرئيس عبدالفتاح السيسي، بشكل يذكرنا بجمال عبدالناصر مؤسس مصر الحديثة، بالإعلان في ٥ أغسطس عن أن عهد المشاريع العظيمة لبناء الأمة قد بدأ. وأعلن عن بدء العمل ببناء قناة السويس الجديدة، وعن نية الحكومة إكمال مشروع الوادي الجديد والمشاريع الزراعية في الصحراء، وأيضا عن عزم مصر بناء أول محطة طاقة نووية بطاقة ٢٥٠٠ ميجاواط في موقع الضبعة خلال خمسة أعوام.

لم ينتظر الرئيس السيسي الحصول على ترخيص من أي شخص أو جهة حتى يبدأ المشروع الذي يقبع على رفوف مكاتب التخطيط منذ عقود. بعد يوم واحد فقط من خطاب الرئيس، أي في ٦ أغسطس بدأت وحدات الهندسة العسكرية بحفر الارض للتمهيد لبناء القناة الجديدة، وطلبت من كل الشباب والرجال القادرين على العمل تقديم طلبات للحصول على وظائف شاغرة في المشروع. والأهم من ذلك كله هو أن الرئيس السيسي أصر على أن يتم تمويل

المشروع داخليا بأموال مصرية، عن طريق بيع سندات حكومية خاصة بالمشروع ويسمح للمواطنين المصريين فقط بشرائها. هكذا أصبح المشروع بعيدا عن محاولات التخريب الخارجية، وتحول إلى مشروع وطني يستثمر فيه مواطنو البلد.

إن هذا المثلث (مشروع قناة السويس، والوادي الجديد والطاقة النووية) المكون من المشاريع الكبرى هذه سيكون القلب المحرك لشبكة من المشاريع الأخرى مثل الطرق وسكك الحديد والموانئ والمراكز الصناعية والزراعية الجديدة المصممة لتغيير وضعية مصر جذريا وجعل مواطنيها ينعمون بالرفاهية. لقد نشرت مؤسسة إكزكتف إنتلجنس ريفيو سلسلة من المقالات والدراسات عن هذه المشاريع وسيتم تحديثها تباعا (*١).

[* وافقت الصين في عام ٢٠١٥ على تمويل وبناء مشروع "ممر لابستيت" ويتكون من خطوط سكك الحديد والطرق وأنابيب نفط بين ميناء جديد في لامو شمال الساحل الكيني، إلى جوبا في جنوب السودان، وأديس أبابا في أثيوبيا. كما تمول الصين وتبني مشاريع سكك حديد لربط ساحل المحيط الهندي من مومباسا ودار السلام إلى الدول الحبيسة أوغندا ورواندا وبوروندي وشرق الكونغو.]

[*١: صدرت في آخر عام ٢٠١٤ سلسلة مقالات حول التنمية في مصر وحوض نهر النيل في المجلة الأسبوعية إكزكتف إنتلجنس ريفيو:
http://www.larouchepub.com/other/2014/4140egypt_role_afr.html

للاطلاع اكثر

"The Rebirth of Africa," *EIR*, January 1, 1993, which includes Lyndon LaRouche's ``Critique of the Lagos Plan: Stop Club of Rome genocide in Africa."

"Peace through Development in Africa's Great Lakes Region," Proceedings of a Seminar in Walluf, Germany, April 26-27, 1997, *EIR* Special Report.

ملحق ١

مشروع ترانس أكوا

"إن مقياس تكاليف الإستثمار لا يكمن فقط في الملايين من الدولارات، بل وأيضا في التحرر من الحروب وإنقاذ ملايين البشر من الموت جوعا، وفي تحقيق السلم الإجتماعي، وفي إحياء الضمير العالمي".

الدكتور مارتشيلو فيكي (Dr. Marcello Vichi) ١٩٩٢ ـ صاحب فكرة مشروع "ترانس أكوا"

مثال: مشروع ترانس أكوا

ستقوم قناة "ترانس اكوا" بجلب حوالي 100 مليار متر مكعب من المياه العذبة من حوض نهر الكونجو عبر قناة صالحة للملاحة بطول 2,800 كلم الى بحيرة تشاد.

كان هذا المشروع، الذي تعود فكرته إلى السبعينات ـ جزءا من رؤية للتنمية لمنطقة الساحل في أفريقيا والتي تتضمن مشاريع كبرى لإدارة المياه التي تتقاطع مع ممرات النقل العابرة للقارة لتوفير البنية التحتية اللازمة لعصرنة اقتصادات جميع دول وسط أفريقيا والقضاء على الظروف المعيشية التي تسبب الإبادة الجماعية والتي فرضتها قرون من القهر الإستعماري. أما مشروع "ترانس أكوا" على وجه التحديد فيتعلق بنقل ١٠٠ مليار متر مكعب في العام من المياه العذبة لروافد النهر النابعة من المرتفعات في شرق الكونغو وتحويلها لإعادة إنعاش بحيرة تشاد. تمثل كمية المياه هذه ٥٪ فقط من مجمل مياه حوض نهر الكونغو. يتضمن المشروع بناء قناة مناسبة للملاحة بطول ٢٨٠٠ كلم وعرض ١٠٠ متر وعمق ٢٥ متر، وبناء ميناء نهري وسلسلة من محطات الطاقة الكهرومائية التي ستولد حوالي ٤ جيغاواط من الطاقة الكهربائية. وتتقاطع هذه القناة مع الطريق السريع لاجوس ـ مومباسا الذي سيربط بين جهتي المحيطين الأطلسي والهندي من القارة، وبناء رابط إلى البحر المتوسط عبر الطريق السريع لاجوس ـ الجزائر (أنظر الخارطة). حالما تصل المياه إلى بحيرة تشاد، سيمكن نقلها إلى الشمال أيضا لتوفير المياه لري ما يقدر بـ ٥-٧ مليون هكتار من الأراضي الصالحة للزراعة في منطقة الساحل، وللمساعدة

على وقف توسع الصحراء باتجاه الجنوب، وتوفير الغذاء لحوالي ٢٠ مليون مواطن أفريقي في المنطقة والذين أصبح وجودهم مهددا إذا لم يتوقف توسع الصحراء باتجاه أراضيهم.

قارن بين انتاجية الزراعة الأفريقية التي تقدر في أقصى حد بحوالي ٥٠٠ كيلوغرام لكل هكتار، بالإنتاجية الأوربية التي تبلغ ١٠,٠٠٠ كيلوغرام للهكتار! إن حالة التفاوت هذه هي ناتجة بالكامل عن نقص البنية التحتية ـ منظومات الري والطرق، والمعدات الزراعية، والأسمدة والبذور المحسنة وغير ذلك. سيضع مشروع ترانس أكوا ومشروع الممر الأفريقي وغيرهما من المشاريع القواعد الأساسية لمستقبل يعمه الرفاه لكل شعوب أفريقيا، وستمنح الجنس البشري كله الإكتشافات التي ستنتج لا محالة من قارة تعيش فيها نفوس سعيدة ومنتجة.

يذكر إليوت روزفيلت (Elliot Roosvelt) في كتابه (As He Saw It) والصادر عام ١٩٤٥، أن والده الرئيس فرانكلن روزفيلت، بعد نقاشاته الساخنة مع رئيس الوزراء البريطاني ونستون تشرتشل في الدار البيضاء أثناء الحرب العالمية الثانية قال: "حوّل هذه المياه إلى أغراض الري! وستجعل وادي أمبيريال فالي في كاليفورنيا يبدو وكأنه مزرعة خس صغيرة بالمقارنة! ستزدهر الصحراء لمئات الأميال .... هذه هي الثروة! إن المستعمرين لا يدركون ما بمقدورهم فعله، وما يستطيعون خلقه. لقد نهبوا المليارات من هذه القارة، وكل ذلك لأنهم قصيروا النظر إلى درجة أنهم لا يفهمون أن ملياراتهم هذه هي مجرد بنسات قليلة، مقارنة بما يمكن تحقيقه من إمكانيات! إمكانيات لا بد وأن تتضمن حياة أفضل للشعوب التي تسكن على هذه الأرض..."

ملحق 2

الممر الأفريقي

إن خطة "الممر الأفريقي" (Africa Pass) فيها من الأمكانيات ما من شأنه إحداث ثورة في إقتصاديات العديد من دول أفريقيا جنوب الصحراء والعلاقات بين دول القارة، وحتى عبر البحر المتوسط والعلاقة مع أوربا. هذا بالإضافة إلى الأثر الإيجابي العميق للخطة على اقتصاد مصر وموقعها كجسر بين البحر المتوسط وباقي دول القارة جنوبا، خاصة الدول الحبيسة في منطقة البحيرات العظمى. قدم المهندس المصري أيمن رشيد (Aiman Rsheed) هذه الخطة لأول مرة في وسائل الإعلام بعد ثورة يناير 2011 في مصر، وقدم مسودة الخطة إلى مكتب رئيس الوزراء كمال الجنزوري في فبراير 2012.

ملخص المشروع

سيتضمن مشروع الممر الأفريقي المكونين الأساسيين التاليين:

النقل: تتضمن الخطة في المرحلة الأولى بناء ميناء كبير وحديث في سيدي براني في شمال غرب مصر قرب الحدود المصرية الليبية. سيتم ربط هذا الميناء بدول منطقة البحيرات العظمى (رواندا وبروندي وأوغندا وجمهورية الكونغو الديمقراطية، وأيضا جمهورية أفريقيا الوسطى وجنوب السودان والسودان) بواسطة سكة حديد للقطارات السريعة وطريق سريعة للسيارات (الخارطة ١). في المرحلة الثانية سيتم ربط الصومال وأثيوبيا وكينيا بهذا الخط. أما

الخارطة 1

الممر الافريقي: اربع مراحل لممر النقل

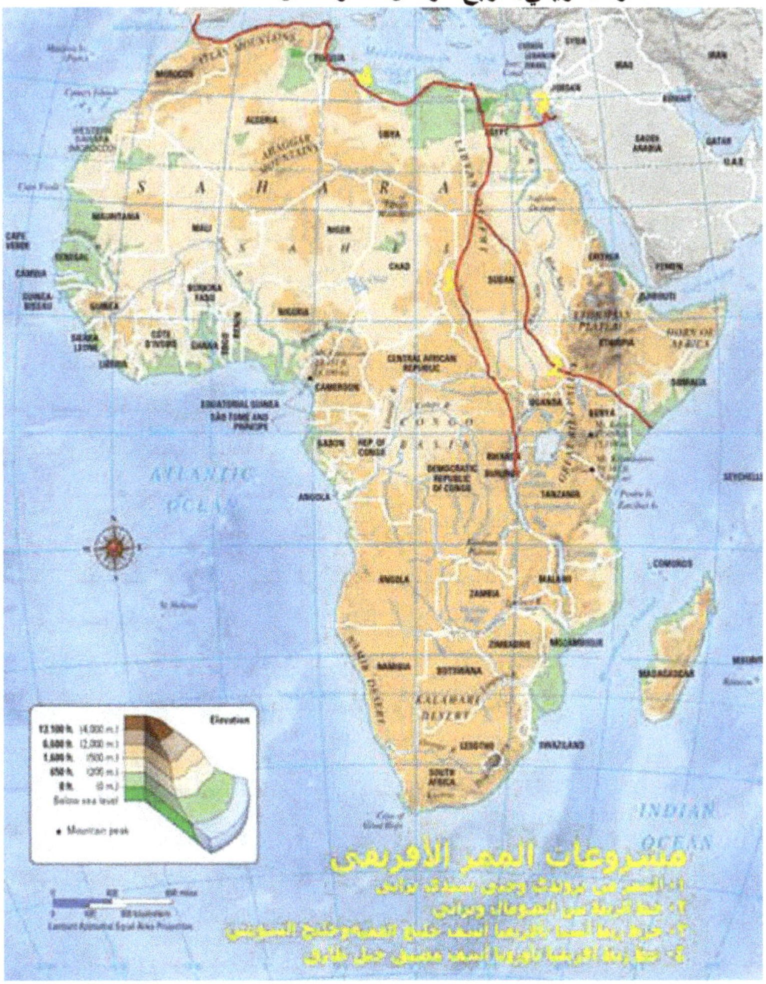

في المرحلة الثالثة سترتبط مصر بآسيا عبر نفق تحت مضيق تيران في جنوب خليج العقبة. وفي المرحلة الرابعة سيمتد خط سكة حديد للقطارات السريعة من مصر إلى جميع دول شمال أفريقيا غربا وإلى أوربا عبر نفق مضيق جبل طارق المزمع بناؤه (التفاصيل في الفصل الرابع من الجزء التاسع).

في داخل مصر وحدها، يتصور مشروع الممر الأفريقي بناء خمسة مدن يتم بناؤها في شكل سلسلة على طول مسار الممر بفاصل ٢٥٠ كلم بين مدينة وأخرى، لإعمار المنطقة التي هي مجرد صحراء الآن.

تعتبر الخطة بناء ميناء سيدي براني بمحطة لشحن الحاوليات ومركز صناعي على البحر المتوسط ومطار دولي جديد، كأول وأسهل خطوة في المشروع. ستجتذب المنطقة الصناعية وكذلك المنطقة السياحية بالقرب منها الشركات الصناعية واليد العاملة الماهرة والمستثمرين، بحيث يتم توفير فرص عمل لأعداد كبيرة من المصريين العاطلين عن العمل حاليا.

المياه: إن مشروع المياه المثير الذي يقدمه المهندس أيمن رشيد يشابه إلى حد بعيد مشروع "ترانس أكوا" للمهندس الايطالي مارتشيللو فيكي، والذي تم وصفه أعلاه. تتضمن خطة الممر الأفريقي بناء قناة مياه بعرض ٤٠ متر وعمق ١٥ متر وبطول ٣٨٠٠ كلم من مرتفعات منطقة البحيرات العظمى ومنابع النيل نحو جمهورية أفريقيا الوسطى وجنوب السودان والسودان إلى مصر لتصب في منخفض القطارة غرب القاهرة (الخارطة ٢). وستقوم ٧ محطات هيدروليكية بحصاد الطاقة الكهربائية من القناة عند انسياب المياه من الجنوب بارتفاع ١٥٠٠ متر فوق مستوى سطح البحر وهبوطا إلى منخفض القطارة الذي يبلغ معدل عمقه ٨٠ مترا تحت مستوى سطح البحر.

سيتم بناء القناة بالتوازي مع خطوط سكك الحديد والطرق. ستترافق مع القناة وطرق النقل خطوط لنقل الطاقة والإتصالات الالكترونية لخدمة المدن الواقعة على طول الممر الأفريقي. يمكن إضافة أنابيب النفط لمساعدة الدول الحبيسة مثل جنوب السودان على تصدير نفطها عبر البحر المتوسط. ستسهل القناة زراعة ملايين الأفدنة حول منطقة منخفض القطارة والمناطق الصحراوية الممتدة على طول الممر، وستستطيع مصر أن تتحول إلى سلة غذاء بدلا من وضعيتها الحالية حيث تعتمد على استيراد معظم ما تحتاجه من الغذاء. سيكون لبحيرة المياه العذبة في منخفض القطارة والمناطق الخضراء الجديدة حواليها تأثيرات هيدرولوجية ومناخية إيجابية كبيرة جدا، حيث ستلطف مناخ المنطقة وتساعد على خلق دورة مياه طبيعية فيها مع ما يمكن أن يترافق مع ذلك من هطول الأمطار بنسبة أكبر من السابق، كما ستساعد على تحجيم الصحراء.

أهداف المشروع

١. تنمية ٩ دول أفريقية عبر مشاريع تنموية حقيقية.

٢. تحويل مصر والدول الأخرى التي يمر بها الممر الأفريقي إلى دول صناعية جاذبة لليد العاملة بدلا من مناطق تهاجر منها اليد العاملة والخبرات.

٣. فتح منفذ لصادرات المنتجات الزراعية من أمم منطقة البحيرات العظمى، والتي تتلف منتجاتها بسبب انعدام منشآت التبريد ووسائل النقل السريعة إلى الأسواق. تشير التقديرات الخاصة بالخطة إلى أن المنتجات الزراعية وغيرها ستكون جاهزة للشحن من مصدرها إلى ميناء سيدي براني خلال يومين بمساعدة قطارات الشحن السريعة. سيفتح هذا المشروع قطاعات زراعية جديدة تماما في هذه الأقاليم التي بقيت معزولة لقرون، إذ سيصبح ممكنا استغلال الأراضي الخصبة والمياه الوفيرة فيها وأيضا في بعض مناطق السودان لإنتاج اللحوم والألبان. سيساعد المشروع ايضا في القضاء على مأساة الجوع في أجزاء عديدة من أفريقيا.

٤. إعادة توزيع السكان، خاصة في مصر، في مدن وبلدات جديدة بخدمات ونشاطات اقتصادية جديدة، وبيئة مثالية تطمح للنمو.

٥. إستعادة دور مصر القيادي وارتباطها الطبيعي بالقارة الأفريقية، وتعزيز علاقاتها الاقتصادية والدبلوماسية التي شرعت الحكومة الجديدة ببنائها بعد الثورة.

٦. تطوير الموارد المائية لجميع الأمم الداخلة في المشروع وضمان انتاج كميات كبيرة من الطاقة الكهرومائية النظيفة. في داخل مصر نفسها سيكون مشروع الممر الأفريقي مكملا "لمشروع الوادي الجديد" الذي يبدأ من توشكي جنوب غرب أسوان ويتجه شمالا بخط موازي لنهر النيل، بحيث يتم فتح مناطق جديدة للانتاج الزراعي والصناعي والتعدين في الصحراء.

٧. زراعة ملايين الأفدنة الجديدة حول منطقة منخفض القطارة وتوليد الطاقة.

الخارطة 2

الممر الافريقي: قناة من منطقة البحرات العظمى الى منخفض القطارة

الجزء الحادي عشر

دعوة نصف الكرة الأرضية الغربي لركوب قطار طريق الحرير

إعادة إكتشاف الأمريكتين

دينيس سمول

by Dennis Small

سبتمبر ٢٠١٤

لعب الكردينال نيكولاس كوزانوس (Nicolaus of Cusa)، الفيلسوف الثوري في القرن الخامس عشر ومؤسس العلم الحديث، دورا حاسما في المشروع العلمي الذي قاد إلى "إكتشاف أمريكا" في عام ١٤٩٢ على يد كريستوفر كولومبوس، إذ اعتمد الأخير على خرائط حصل عليها باولو دال بوتزو توسكانيللي (Paolo dal Pozzo Toscanelli) من دوائر مقربة من كوزانوس. كما كان كوزانوس هو صاحب القول الشهير أيضا في كتابه الصادر عام ١٤٥٠ بعنوان "رجل من العامة" (The Layman)، حول العقل: "العقل هو جوهر حي... ودوره في هذا الجسد هو لمنحه الحياة، ونتيجة لهذا يسمى الروح. فالعقل هو نوع من القوة الفعلية".

إذا كان المرجو أن يتم إنقاذ الأمريكتين، مثل بقية أرجاء العالم، من الانهيار الاقتصادي وعصر الظلام الجديد، فسوف يتحتم أن يتم ذلك على أساس إعادة اكتشاف وإعادة بناء الأمريكتين على أساس تطبيق ذلك "النوع من القوة الفعلية" التي استحضرها كوزانوس. إن تلك العملية تجري الآن عبر اجتماعات القمة التاريخية الجارية منذ ١٥-١٦ يوليو ٢٠١٤ بين دول البريكس ومجموعة "اتحاد دول أمريكا الجنوبية" (UNASUR)، والتي كانت تتويجا للنضال الشجاع الذي خاضته الأرجنتين مؤخرا ضد صناديق المال المفترسة الإجرامية.

إن كل المنطقة الأمريكية، من أبعد نقطة في آلاسكا في الشمال إلى "تيرا ديل فويجو" في الجنوب، تمثل تحديات هائلة للهندسة البيوسفيرية (هندسة المجال الحيوي) والتي سيتطلب التغلب عليها اختراقات علمية وتكنولوجية كبرى. ففي أقصى الشمال يوجد نفق مضيق بيرينج (الشكل ١) الذي قد يكون أهم مشروع حاسم في كل خطة الجسر البري العالمي، لأنه سيربط ليس فقط روسيا والولايات المتحدة الأمريكية، بل وأيضا سيربط في واقع الحال كل القارة الأوراسيوية بكل القارتين الأمريكيتين.

الشكل ١

الامريكتان: الممرات ذات الاولوية

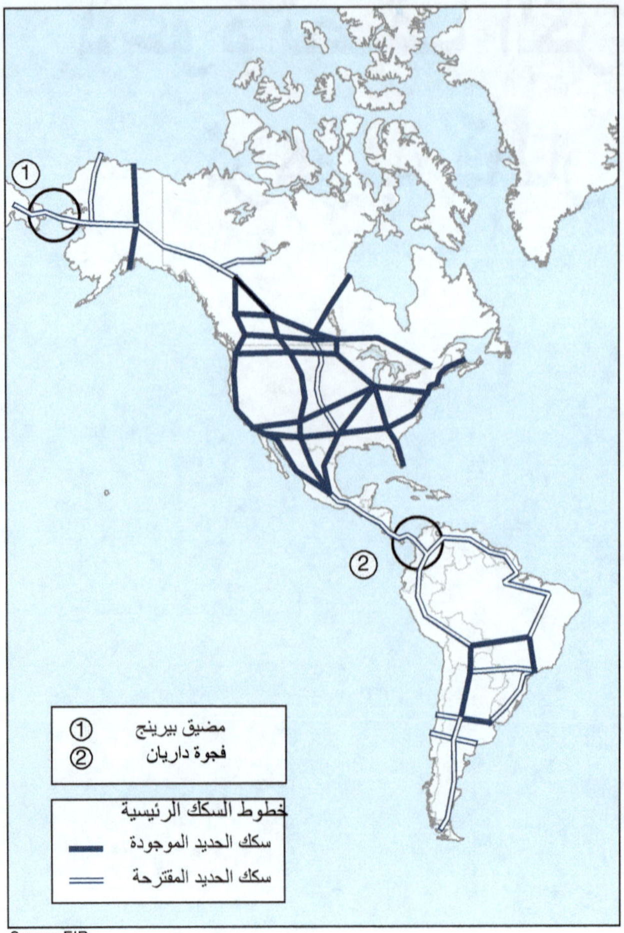

Source:EIR.

بالتحرك نحو الجنوب ستواجهنا الصحراء الأمريكية الكبرى (الشكل ٢)، وهي مساحة من الأراضي الجرداء وشبه الجرداء التي تغطي مساحة كبيرة من أراضي الولايات المتحدة وكندا والمكسيك، والتي لن يمكن إحياؤها إلا بالإستخدام الواسع النطاق لهندسة المجال الحيوي إبتداءا من التحكم بجريان المياه ليس على سطح اليابسة فحسب، بل وفي الجو أيضا

(راجع الجزء الثاني). ثم هناك "ثغرة داريان" (Darien Gap) (الشكل ١) التي تقع بين وسط وجنوب أمريكا حيث لا يوجد لحد الآن أي طريق، ناهيك عن وجود سكك قطارات سريعة، والتي يجب بناؤها للتنقل عبر الغابات والأحراش وربط الأمريكتين ببعضهما البعض، وتوفير رابط مستمر لسكك الحديد من أمريكا الجنوبية إلى كل قارة أوراسيا.

يوجد في أمريكا الجنوبية أعظم نهر في العالم، هو نهر الأمازون، الذي تحيط به غابات الأمازون العظيمة ومواردها التي لا تعد ولا تحصى وغير المستغلة بعد. وهناك جبال الأنديز، وهي سلسلة الجبال التي تمتد على طول القارة إلى الشرق من ساحلها على المحيط الهادئ ـ وتمثل عائقا جبارا أمام بناء شبكة سكك حديد قارية ضرورية في كل أرجاء أمريكا الجنوبية. لكن هذا المشروع قد تمت الموافقة على تنفيذه أخيرا عبر الاتفاقية الثلاثية بين البرازيل وبيرو والصين في قمة البريكس، وذلك جواب مناسب لما قاله أحد مواطني بيرو الذي وصف بلده قائلا: "أن بيرو هي تحدي الله للمهندسين".

الشكل ٢

الصحراء الامريكية الكبرى

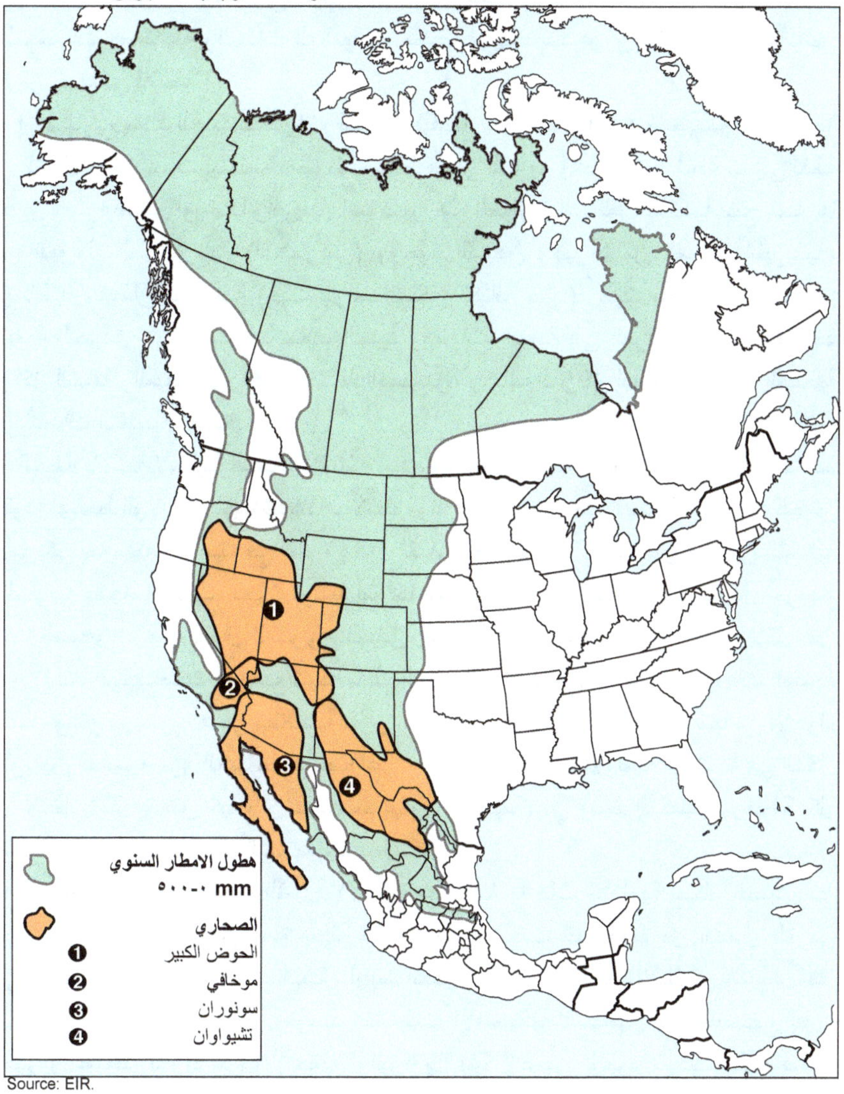

Source: EIR.

إن الرؤيا المطلوبة هي الرؤيا التي عبر عنها القائد الوطني البيروفي مانويل باردو (Manuel Pardo) الذي قاد، من موقعه كرئيس للدولة بين عامي ١٨٧٢-١٨٧٦ وبالتحالف مع الشبكات المقربة من الرئيس أبراهام لينكولن في الولايات المتحدة، حملة لبناء منظومة وطنية لسكك الحديد تتضمن عبور سلسلة جبال الأنديز. كان أعداؤه يسخرون منه بتسميتهم للمشروع "سكة الحديد إلى القمر". لكن باردو كان يعلم منذ عام ١٨٦٠ الدور الهام جدا الذي تلعبه سكك الحديد في الاقتصاد:

"إربط الخطوط المركزية الثلاثة بخط رابع، ثم احكُم خلال عشر سنين إذا لم تحدث ثورة في بيرو، ثورة واحدة فيزيائية وأخلاقية في ذات الوقت، لأن القاطرة ـ التي ستغير كالسحر وجه البلد الذي ستمر عبره ـ ستنشر الحضارة. وهذه هي ربما أهم فوائدها: إذ تصل المجتمعات بعضها ببعض. إنها تفعل ما هو أكثر من نشر الحضارة، فهي تُعَلّم. كل المدارس الابتدائية في بيرو ستعجز عن تعليم ما ستقوم به هذه القاطرة في عشر سنين."

مشاريع سكك الحديد تربط الأمريكتين بالجسر البري العالمي

إن مساحة أراضي أمريكا الشمالية والجنوبية مجتمعتين هي ٤٢,٢١٥ مليون كيلومتر مربع، وهي تقترب من مساحة آسيا التي تعتبر أكبر قارة بمساحة تبلغ ٤٥,٠٦٥ مليون كلم مربع. إن القدرات الكامنة للتنمية الاقتصادية في الأمريكتين واسعة جدا من ناحيتين، ناحية قاعدة الموارد الطبيعية الموجودة، والموارد "الطبيعية" التي يصنعها البشر من خلال

بناء مشاريع البنية التحتية الاساسية. إن الخرائط المعروضة هنا هي مسح مختصر لبعض المشاريع الأساسية المنتخبة التي روجت مؤسسة "إكزكتف إنتلجنس ريفيو" لبنائها على مدى عقود، والعديد من هذه المشاريع موجود منذ عقود على طاولة التخطيط للحكومات المختلفة والمؤسسات الصناعية والهيئات العالمية، وبعضها موجود منذ قرون حتى ـ وكلها بانتظار القرار السياسي للإنطلاق.

إن مشاريع سكك الحديد للقطارات السريعة (بفضل بناء القطارات المغناطيسية) الموضحة في الشكل ١ هي ليست ببساطة خطوط لوسائط السفر السريع والمريح من نقطة ما إلى نقطة أخرى وبروابط إلى أوراسيا وأفريقيا. إنما تشير هذه الخطوط إلى ممرات تنمية ينتج مسارها عن العوامل الطبوغرافية (التضاريس) ووجود المعادن وغيرها من الموارد الفيزيائية، وأنماط الإستيطان التاريخية (حيث يتواجد السكان بكثافة حاليا) وحيث يفترض بناء مناطق التنمية الجديدة. تشير مسارات سكك الحديد وممرات التنمية إلى المواقع المقترحة لتواجد مراكز للطاقة والمياه والزراعة والنشاط الصناعي، وكذلك المراكز الجديدة للرعاية الصحية والنشاطات التعليمية والثقافية.

الخطة بالنسبة لأمريكا الشمالية بسيطة. نبدأ أولا ببناء الخطوط القارية التي خطط لها منذ عقود: أي خط الولايات المتحدة ـ كندا ـ آلاسكا، والذي وضعت وحدة الهندسة العسكرية للجيش الأمريكي خارطته ودراسته في عام ١٩٤٢. ثانيا، بناء خط سكك الحديد بين القارتين الشمالية والجنوبية باتجاه الجنوب، بحيث ترتبط أمريكا الجنوبية عبر أمريكا الوسطى بشمال أمريكا، وهذا المشروع، حاله كحال المشروع السابق، مخطط له منذ عقود، وفي الحقيقة لأكثر من قرن. ثالثا، نقوم بتحديث وتوسيع شبكة سكك الحديد الموجودة في المكسيك والولايات المتحدة وكندا، والتي تم تطويرها في منتصف القرن العشرين ولكن يتم تفكيكها وتحجيمها في الأعوام الأربعين الماضية من "العهد مابعد الصناعي". إن الخطوط ذات الأولوية موضحة في الشكل ١. لاحظ بشكل خاص كيف أن مدينة مكسيكو (العاصمة) في وسط المكسيك مرتبطة بكل الشبكة المتجهة شمالا وتلك المتجهة جنوبا أيضا.

في أمريكا الجنوبية، يبين الشكل ٣ المشاريع الأساسية ذات الأولوية لسكك الحديد التي يجب بناؤها لتحقيق أمرين: خلق حلقة محيطة بالقارة حيث يبدأ الخط من الشمال الغربي من سلسلة جبال الأنديز وعبر الجبال لربط المحيط الهادئ بالمحيط الأطلسي. سيعمل هذا النوع من الشبكات على دمج وتوحيد النشاطات الاقتصادية المتنامية. منذ منتصف القرن العشرين تمتعت أجزاء من الأرجنتين والبرازيل بشكل نسبي بوجود شبكات كثيفة لسكك الحديد، لكنها أهملت في العقود الأربعة الأخيرة. ولم يتم بناء شبكة قارية عابرة للحدود على الإطلاق. الخطوط القليلة الموجودة هي تلك الموضحة في الخارطة (باللون الأسود)، وهي تعكس التوجه الإستعماري النمطي لبناء سكك الحديد فقط من المناجم إلى الموانئ، بحيث يمكن تصدير المواد الخام مقابل العملة الصعبة التي تستخدم بدورها لسداد الديون الخارجية المتعاظمة بشكل مستمر.

حصل هذا المخطط العام لسكك الحديد على دفعة قوية جدا في قمة البريكس في يوليو ٢٠١٤، حيث تمت مناقشة فكرة تحقيق ما تحلم به القارة لقرنين من توحيد لأراضيها عبر شبكة سكة حديد قارية تربط شواطئ المحيط الأطلسي والهادئ في أمريكا الجنوبية بين البرازيل وبيرو والصين في محادثات جرت بين الرئيس الصيني شي جينبنج ورئيس بيرو أولانتا هومالا ومن بعد مع رئيسة البرازيل ديلما روسوف. وتم التوصل إلى اتفاقية لفتح مناقصة أمام الشركات الأجنبية ومنها الصينية للمشاركة في بناء أحد الأجزاء الحساسة جدا من المشروع وهو المسار الذي يشبه حرف (T) بين بالماس ـ أنابوليس / كامبينورتي ـ لوكاس في وسط البرازيل.

الشكل ٣

امريكا الجنوبية: سكك الحديد القارية

EIRNS

تتضح أهمية ذلك الجزء من الخط ـ ضمن الدراسة الشاملة التي قدمتها مؤسسة إكزكتف إنتلجنس ريفيو ـ من معاينة الشكل ٣، وفيه خطة بيانية نشرتها إكزكتف انتلجنس ريفيو في عام ١٩٨٨. تقع المحطة النهائية الشمالية للخط في بالماس على مرمى حجر من مشروع "كاراخاس" (Carajás) في وسط غابات الأمازون، وهو أكبر وأنقى خزين لخام الحديد في العالم والذي يرتبط الآن بسكة حديد إلى ميناء في المحيط الأطلسي فقط، هو ميناء سان لويس. حينما يتم بناء بقية الخط باتجاه الغرب، ستكون المحطة النهائية للخط في لوكاس عند منتصف الطريق بين حدود البرازيل وبيرو، ومن هناك سترتبط سكة الحديد المقترحة بالفرع البيروفي للسكة والذي سيعبر جبال الأنديز عند ساراميريسا (Saramirisa) ـ وهو أوطأ ممر في سلسلة الجبال العملاقة ـ ومن هناك إلى واحد أو أكثر من الموانئ البيروفية لشحن الحديد عبر المحيط الهادئ. سيساعد هذا الخط في تقليص مدة الشحن وتكاليفه من البرازيل

إلى الاقتصاديات النامية الأوراسيوية مثل الصين والهند.

وسيمكن تحقيق كفاءة وإنتاجية أكبر حينما تتمكن هذه الشبكة القارية الجنوب أمريكية من الإرتباط مباشرة عبر البر بآسيا ويتم بناء القطارات المغناطيسية شديدة السرعة عبر ثغرة داريان ومضيق بيرينج.

وتوجد مسارات عديدة محتملة لشبكة سكك الحديد الجنوب أمريكية. (المسار الذي هو قيد المناقشة بين الصين والبرازيل وبيرو ويركز على الربط بين ساو باولو ـ سانتافي دي سول ـ سويبا ، بورتو فيلهو ـ بوكالبا ـ ساراميريسا ـ بوغوتا ـ بنما، وبوجود معابر عبر سلسلة جبال الأنديز إما عند ديساجواديرو أو بوكالبا أو ساراميريسا). البديل المناسب الآخر هو، والذي تتم دراسته منذ مدة بعيدة، هو ساو باولو ـ سانتافي دي سول ـ سانتا كروز ـ ديساجواديرو ـ ساراميريسا ـ بوغوتا ـ بنما. وفي واقع الأمر، كان قد تم وضع مخططات سابقة لهذا المشروع قبل أكثر من قرن من الزمان من قبل "لجنة سكك الحديد القارية" الأمريكية (Intercontinental Railway Commission) التي أسسها وزير الخارجية الأمريكي جيمس بلاين وتم تكليف وحدة الهندسة العسكرية في الجيش الأمريكي بوضع دراسة مسح جيولوجي لموقع ومسار المشروع لربط الولايات المتحدة مع البرازيل والأرجنتين، حيث قدمت الوحدة خارطة متكاملة للمشروع إلى الرئيس الأمريكي وليام ماكنلي (William McKinley) في عام ١٨٩٨ (الشكل ٤). وقد أثنى الرئيس ماكنلي، الشديد الإلتزام بالنظام الأمريكي الحقيقي، على خطط بلاين باعتبارها مستقبل الإنسانية، وذلك حينما تحدث في عام ١٩٠١ في المعرض الصناعي للأمريكتين في بافالو. لكن تم اغتيال الرئيس ماكنلي بعد ذلك الخطاب في عملية موجهة من بريطانيا.

الشكل ٤

Intercontinental Railway Commission

مقطع من خارطة المسح الذي اجري في عام ١٨٩٨ لسكة الحديد العابرة للقارات. بعد مقتل الرئيس ماكنلي، لم يتم بناء اية سكة حديد او طريق على الاطلاق لغاية اليوم لربط أمريكا الشمالية بامريكا الجنوبية.

ثلاثة قرون من مشاريع المياه الكبرى

يوضح الشكل ٥ المشاريع ذات الأولية لتحسين إدارة المياه في أمريكا الجنوبية وذلك لتسهيل النقل المائي في القارة، بالإضافة إلى مكافحة الفيضانات وتوليد الطاقة والري وغير ذلك من استخدامات المياه. تتنعم القارة بخيرات مائية كبيرة وبأنهار صالحة للملاحة (الخطوط العريضة). وتشكل القنوات المقترحة (الخطوط المنقطة) نقاط ارتباط رئيسية لتكوين ممر مائي متواصل في كل القارة. تعود فكرة هذه القنوات على أقل تقدير إلى المستكشف والعالم الألماني أليكساندر فون همبولت (Alexander von Humboldt) في القرن التاسع عشر، الذي وضع فكرة ربط منظومات الأنهار الثلاثة الكبرى في أمريكا الجنوبية ببعضها ـ اورينوكو والأمازون وريو دي لا بلاتا، وبأمريكا الشمالية كذلك. وتصورهمبولت المسار الذي يمتد من مصب نهر اورينوكو شمالا عبر البحر الكاريبي، وإلى أمريكا الشمالية عبر المسيسيبي وحوض تومبيجبي (Tombigbee) أو عبر الساحل الشرقي، وبهذا يشكل "ممرا مائيا أعظم للأمريكتين".

الشكل ٥

امريكا الجنوبية: مشاريع المياه الكبرى

Source: EIR.

تم مؤخرا، في نهاية القرن العشرين، إطلاق تسمية "الممر المائي العظيم" (Great Waterway) من قبل الخبير البرازيلي فاسكو آزيفيدو نيتو (Vasco Azevedo Neto) على الرابط المائي بين الشمال والجنوب بين منظومتي نهري أورينوكو والأمازون (رقم ٣ في الشكل ٥)، وعلى الرابط بين الأمازون ونهر ريو دي لا بلاتا (رقم ٧). سيرتبط هذا الممر المائي الداخلي أيضا بواسطة منظومة وسائط نقل متعددة (Intermodal) بمشروع سكك الحديد المذكور أعلاه. فعلى سبيل المثال، يمكن جعل نهر الأمازون صالحا للملاحة إلى الغرب لغاية الممر الجبلي ساراميريسا في بيرو، حيث سيمر أحد خطوط السكك القارية المقترحة عابرا جبال الأنديز هناك إلى المحيط الهادئ.

أما منطقة "الإنتاج المكثف" المظللة باللون الأخضر، والتي تمتد عبر أجزاء من البرازيل والأورغواي والأرجنتين، فتشير إلى مراكز التركيز السكاني والصناعي ـ خاصة صناعة الآلات المكنية ـ والمراكز العلمية والبحث والتطوير، ومناطق لجميع أنواع الصناعات

(الطيران، الفولاذ، السيارات، الطاقة النووية، والزراعة ذات التقنيات العالية)، والتي تستطيع توفير التكنولوجيا المطلوبة إلى المناطق الداخلية في كل القارة عبر محاور الأسهم المظللة.

الشكل ٦
قناة نيكاراجوا بين المحيطات

EIRNS

ومن المشاريع الكبرى الأخرى، هو مشروع "القناة العابرة للمحيطات" عبر أراضي نيكاراجوا (الشكل ٦) والذي أعلن عنه الرئيس دانييل اورتيجا في ٩ يوليو ٢٠١٤ قبل التوجه إلى قمة البريكس في البرازيل. وستقوم بتنفيذ المشروع العملاق هذا الشركة الصينية (HKND)، وتوقف الرئيس الروسي فلاديمير بوتين بشكل غير معلن عنه في نيكاراجوا في طريقه إلى القمة حيث أعرب عن دعم روسيا لهذا المشروع أيضا. ستمتد القناة لمسافة ٢٧٨ كلم من مصب نهر بريتو على ساحل المحيط الهادئ في جنوب غرب نيكاراجوا إلى مصب نهر بونتا جوردا من جانب البحر الكاريبي في الشرق. سيتضمن المشروع بناء إثنين من الأهوسة (locks)، وستقع ١٠٤ كلم من ممر القناة عبر بحيرة نيكاراجوا. وستكون مدة مرور السفن عبر كل القناة في التقديرات الحالية حوالي ٣٠ ساعة من الساحل إلى الساحل. ستستطيع كل السفن الكبيرة الحجم البالغ عددها ٥١٠٠ سفينة في كل العالم استخدام هذه القناة.

وذكر مهندسو المشروع أن بناء القناة سيتطلب تشغيل ٥٠,٠٠٠ عامل بناء، وأنه حالما تكون القناة جاهزة للملاحة فإنها ستوفر ٢٠٠,٠٠٠ فرصة عمل، ويتضمن ذلك تشغيل اليد العاملة في المشاريع المرتبطة بالقناة مثل مطار دولي جديد وميناءين ومركز سياحي وغير ذلك من المنشآت والخدمات.

قال الرئيس اورتيجا في خطاب إعلانه عن المشروع أن منظومة نيكارجوا التعليمية يتم تغييرها وتحديثها بالكامل لتستطيع تخريج المهندسين والعمالة الماهرة الذين سيحتاج بناء المشروع إليهم. ورفع الرئيس اورتيجا أثناء خطابه نسخة كتاب تحتوي على دراسات الجدوى لبناء مثل هذه القناة والتي كانت قد انتجتها الحكومة الأمريكية وتبناها الكونجرس الأمريكي في عام ١٨٩٦، وفيها تفصيل للفوائد التي ستجلبها هذه القناة.

لم تفت هذه المفارقة أحد. فالصين اليوم تعمل بنشاط في مشاريع تخلق فرص عمل هائلة في وسط أمريكا ـ "الباحة الخلفية" المجازية للولايات المتحدة ـ بينما ساهمت إدارة أوباما في تدمير هذه المنطقة عن طريق سياسته الداعمة لإباحة بيع وتعاطي المخدرات قانونيا، علاوة على التخريب الإقتصادي الذي سببته عقود من سياسات التجارة الحرة البريطانية.

قادت عملية التدمير الإقتصادي هذه، على سبيل المثال، إلى نزوح ثلث سكان السلفادور في أمريكا الوسطى من بلدهم إلى الولايات المتحدة من أجل البقاء. أما في الدولة الجارة هندوراس فقد وصلت أرقام البطالة الرسمية إلى ٦٠٪، لكن مصادر هندوراسية مطلعة تؤكد أن الرقم الحقيقي هو ٨٠٪. وفي المكسيك اضطر ١٨٪ من إجمالي السكان إلى مغادرة البلد والهجرة إلى الولايات المتحدة على مدى جيلين بسبب اقتصاد غير قادر على توفير أبسط سبل البقاء. وصف البابا فرانسيس ظاهرة البطالة المستشرية في العديد من هذه البلدان على أنها "لا تطاق"، وأضاف: "إننا نقصي جيلا كاملا من الشباب".

زيادة إنتاج الغذاء إلى ثلاثة أضعاف

بوجود البنية التحتية المناسبة، خاصة سكك الحديد ومشاريع المياه، ستكون أمريكا اللاتينية قادرة على رفع انتاجها من الغذاء إلى ثلاثة أضعاف ما هو عليه اليوم خلال عقد واحد. يركز الشكل ٧ على منطقتين تتمتعان بإمكانيات كامنة هائلة في مجال الزراعة: السهول الكولومبية ـ الفنزويلية، ومنطقة سيرادو في البرازيل. وتقع غابات الأمازون بين هاتين المنطقتين.

إن السهول الكولومبية الفنزويلية هي منطقة من الأراضي المتراصة التي تحتوي على ٥٠ مليون هكتار (٣٤١ ألف كلم مربع) من الأراضي الزراعية في حوض نهر اورينوكو. وتتمتع المنطقة بهطولات مطرية كبيرة ـ في واقع الحال أكثر من اللازم في بعض المواسم ـ ويوجد نهران كبيران في المنطقة، هما نهرا "ميتا" وغوافياري. إذا تمت معالجة هذه الأراضي

الشكل ٧

امريكا الجنوبية: مشاريع سكك الحديد والزراعة الكبرى

EIRNS

بالكلس (lime) للتخلص من مشكلة حامضية التربة، فإنها ستكون مناسبة جدا للزراعة. هذه المنطقة نادرة السكان الآن ومتخلفة اقتصاديا وتسيطر عليها جيوش عصابات تهريب المخدرات. على سبيل المثال، يشكل الجزء الكولومبي من هذه الاراضي (التي تمثل ٦٠٪ من مساحة البلدين) حوالي ٢٧٪ من إجمالي أراضي البلد، لكن لا يقطن فيه سوى ٣٪ من مجمل سكان كولومبيا ـ أي ما يعادل ١,٥ مليون نسمة. ولا توجد سوى بضعة طرق للسيارات، وأما سكك الحديد فلا وجود لها.

تساوي مساحة هذه السهول الكولومبية الفنزويلية، بالمقارنة، مساحة ولايات "السهول العظمى" في الولايات المتحدة نيبراسكا وكنساس وآيوا.

ننتقل من بعد ذلك إلى منطقة سيرادو (Cerrado) الهائلة في البرازيل والتي تقدر مساحتها بأربعة أضعاف مساحة السهول الكولومبية، حيث تغطي ٢٠٥ مليون هكتار (١,٢٧٤,٠٠٠ كلم مربع)، وتساوي بالإضافة إلى مساحة الولايات الأمريكية المذكورة أعلاه مساحة ولايات نورث داكوتا وساوث داكوتا واوكلاهوما وتكساس. إن بعض أجزاء سهل سيرادو أحسن حالا من ناحية التنمية الاقتصادية من السهول الكولومبية الفنزويلية، لكن هذه نتيجة لسيطرة كارتيلات الحبوب العالمية على المنطقة حيث تستغل مساحات شاسعة من الأراضي لزراعة فول الصويا المخصص إنتاجه وتصنيعه للتصدير بالكامل تقريبا.

سهل سيرادو هو سهل سافانا إستوائي، وأرض عشبية مرتوية بشكل جيد، وهو يمثل ٢٤٪ من إجمالي مساحة البرازيل البالغة ٨٤٦ مليون هكتار ـ وهذه من ناحيتها أكبر بنسبة ٩٪ من كل مساحة الولايات المتحدة. وتشتق ثلاثة منظومات نهرية مياهها من هذه المنطقة: منظومة أراجوايا ـ توكانتينز (تصب في حوض الأمازن) ومنظومة بارانيا (تتجه جنوبا نحو حوض نهر ريو دي لا بلاتا) ومنظومة سان فرانسيسكو (تصب في المحيط الأطلسي). ومثلها مثل تربة أراضي السهول الكولومبية الفنزويلية، يمكن رفع القدرات الإنتاجية للأراضي في هذه المنطقة بدرجة كبيرة عبر استخدام الكلس والأنواع الصحيحة من الأسمدة. وتسمح درجات الحرارة في منطقة سيرادو بزراعة محصولين في العام أو ثلاثة في أحيانا.

كما هو مشار إليه في الجدول ١، يمكن استخدام حوالي ٥٠ مليون هكتار من مجموع ٢٠٥ مليون الإجمالية في سيرادو لزراعة المحاصيل. سيعطي هذا حوالي ٢١٠ مليون طن من الحبوب في العام. ينطبق ذات الأمر على زراعة ١٥ مليون من مجموع ٥٠ مليون هكتار في السهول الكولومبية الفنزويلية لإنتاج ٦٠ مليون طن من الحبوب.

وإذا أضفنا إلى ذلك الزيادة الهائلة في الاراضي المسقية اصطناعيا وما سيرافقها من زيادة في الانتاج الزراعي، والتي يمكن تحقيقها في المكسيك عن طريق تنفيذ المشاريع الكبرى للمياه مثل "ناوابا" (NAWAPA) وبلينو (PLHINO) وبليجون (PLHIGON)، فسيمكن إنتاج ٢٩٠ مليون طن إضافية من الحبوب في أمريكا اللاتينية. سيعني هذا زيادة الناتج الزراعي الحالي غير الكافي (١٦٠ مليون طن في العام) بمعدل ثلاثة أضعاف. حتى إذا أضفنا العوامل التالية (١) استبدال ما تستورده هذه الدول من الأغذية (٤٠ مليون طن) بالانتاج المحلي، (٢) رفع مستوى إستهلاك الغذاء بحيث يتم القضاء على الجوع ونقص التغذية اللذين يعاني منهما ٤٠-٥٠٪ من السكان اليوم (٦٠ مليون طن أخرى)، و (٣) توفير الغذاء للإرتفاع السكاني بنسبة ٣٪ في العام على مدى عقد من السنين وهي المدة التي سيتطلبها بناء هذه المشاريع (٩٠ مليون طن إضافية)، فإن الحاجة للغذاء التي ستتطلب انتاج ٣٥٠ مليون طن من الحبوب بحلول عام ٢٠١٨، ستمكن تلبيتها عبر الـ ٤٥٠ مليون طن التي سيتم انتاجها. إن إمكانية تحقيق الإكتفاء الذاتي الإقليمي من الغذاء هي هدف قابل للتحقيق بما لا يقبل الشك.

الطاقة من أجل التنمية الإقتصادية

من الأمور المهمة جدا "لإعادة إكتشاف" الأمريكتين هو وجود وفرة من الطاقة الرخيصة، وبوجود منصة اقتصادية تتميز بكثافة تدفق طاقة عالية ومتزايدة في ذات الوقت. ما يعنيه هذا هو استخدام إحتياطيات الوقود الأحفوري بطرق عالية التقنية للإستفادة منها اقتصاديا، ورفع قدرة توليد الطاقة الكهرومائية حيثما تواجدت، والأهم من كل ذلك، وفي كل مكان، البدء بتطوير الطاقة النووية بحيث يقود ذلك مباشرة إلى تعاون دولي لبناء اقتصاد عالمي مبني على أساس طاقة الإندماج النووي.

مباشرة بعد إعلان الرئيس دوايت آيزنهاور برنامج "الذرات من أجل السلام"، أصبحت الارجنتين أول دولة توقع اتفاقية للتعاون في مجال الإستخدامات السلمية للطاقة النووية. وبدأ تشغيل أول مفاعل في الأرجنتين في عام ١٩٧٤، مفاعل أتوتشا ١ (Atucha I)، وتبعه المفاعل الثاني، ايمبالسي (Embalse) في عام ١٩٨٣. وكان قد تم التخطيط لغاية عام ١٩٧٩ لبناء أربعة محطات نووية جديدة لتكون جاهزة للعمل بين عامي ١٩٨٧ و ١٩٩٧، لكن السياسات "الخضراء" للإمبراطورية البريطانية وإملاءات صندوق النقد الدولي التقشفية أوقفت كل هذه البرامج لغاية الأعوام الأخيرة الماضية، حيث دخل مفاعل آتوتشا ٢ الخدمة أخيرا في عام ٢٠١٤.

تم فرض ذات السياسة المعادية للطاقة النووية في البرازيل أيضا بالرغم من أن العلماء كانوا يجرون أبحاثا في مجال الإنشطار النووي هناك منذ الثلاثينات. أما اليوم فتوجد محطتان عاملتان فقط للطاقة النووية، أنجرا ١ (افتتحت عام ١٩٨٢) وأنجرا ٢ (عام ٢٠٠٠).

أما في المكسيك فقد كان الرئيس خوسيه لوبيز بورتيو (Jose Lopez Portillo) الذي تولى منصب الرئاسة بين عامي ١٩٧٦-١٩٨٢، قد وضع خططا لبناء ٢٠ محطة نووية. لكن لا توجد اليوم سوى محطتان وكلاهما في لاجونا فيردي.

توجد في القارتين الأمريكيتين إجمالا ١٢٦ محطة توليد طاقة نووية (عام ٢٠١٤): ١٠٠ محطة منها في الولايات المتحدة، ١٩ في كندا، ٣ في الأرجنتين، وإثنتان في كل من البرازيل والمكسيك. كان المهندسون يكررون العبارة التالية قبل ٥٠ عاما: "٢٠٠٠ في عام ٢٠٠٠" ـ ويقصدون بذلك أن العالم بحاجة إلى ٢٠٠٠ مفاعل نووي بحلول عام ٢٠٠٠. لكن في عام ٢٠١٤ لم يكن يوجد في كل العالم سوى ٤٣٧ مفاعل، وحوالي ٧٠ مفاعل تحت الإنشاء.

ولكن يبرز الآن اهتمام متجدد بالطاقة النووية وحركة نشطة بعد قمة دول البريكس. فالأرجنتين تتحرك بسرعة إلى الأمام لبناء محطات إضافية، وكذلك البرازيل بالتعاون مع روسيا والصين.

لكن قد يكون أكثر أمر إثارة للمشاعر ـ وهو ما يؤشر إلى وجود عملية تحول عميقة في طور الحدوث ـ هو الحماسة التي أبدتها بوليفيا في اختيارها للدخول في عصر التكنولوجيا النووية. ولقد عبر عن ذلك نائب الرئيس ألفارو جارسيا لينيا (Alvaro Garcia Linea) بأقوى تعبير في خطابه في مؤتمر الطاقة في سانتا كروز:

"إن استخدام الطاقة الذرية والتدريب عليها هما من واجباتنا كمجتمع وكدولة. لقد اتخذنا ذلك القرار، وسنسترشد في طريقنا على أساس ذلك القرار. سنقوم في الأعوام القادمة بتنفيذ برنامج للطاقة النووية للأغراض السلمية بأهداف تخص الطب والزراعة، وذلك حسب الظروف، ولكن سيكون لدينا نخبة من العقول التي تنسق مع بقية العالم عبر شبكات تعمل هي أيضا في المجال النووي، وهو ما سيفسح المجال أمام بوليفيا لتتعلم المزيد لكي استخدام نار القرن الحادي والعشرين هذه: الطاقة الذرية...

"إن الطاقة النووية هي نار القرن العشرين والقرن الحادي والعشرين. إنها النار التي كانت لدى أجدادنا قبل ٢٠,٠٠٠ عام، والتي جعلتهم يطورون الفلسفة والعلوم التقنية والثقافة والزراعة. إن المعرفة بالذرة، قوانينها واستخداماتها وكيفية عملها هي حجر الإختبار للقرنين العشرين والحادي والعشرين، والجوهر الأساسي للمعرفة الجديدة والتكنولوجيات الجديدة، والنظريات الجديدة، ووسائل الإنتاج الجديدة....

"إن بوليفيا لا تستطيع أن تبقى على الهامش، إن كانت هذه هي القضية، إن كانت المعرفة بالذرة... هي النار المقدسة للقرن العشرين والحادي والعشرين، كما كانت النار بالنسبة للحضارات ما قبل الزراعية قبل ٢٠,٠٠٠ عام. أما اليوم فإن أي مجتمع محترم، ونحن مجتمع يحترم نفسه، لا يستطيع أن يبقى على الهامش، ونحن لن نبقى على الهامش...

"إن النار بحد ذاتها ليست المدمر. بل قد تكون قوة منتجة وخلاقة في الحياة، أو قد تكون قوة تدمير... إن الطاقة النووية موجودة بشكل مستقل عنا. هي موجودة في الطبيعة وفي جسم الإنسان، وفي العمليات الفيزيائية والكيميائية. السؤال الذي يطرح نفسه هو، إن كانت لدينا القدرة كمجتمع أن نتعلم شيئا عنها، أن نعرفها، وأن نحترم قوتها، وأن نعرف كيف نستخدمها بطريقة جماعية وإنسانية لأغراض نافعة...

"لنكسر القيود الفكرية والإستعمارية: إكسروها! علينا أن نجرؤ على ترك الكهف، كما فعل أجدادنا ذلك قبل ٢٠,٠٠٠ عام. دعونا نتحلى بالجرأة على تحمل مسؤوليتنا أمام العالم، وأمام تاريخنا ومجتمعنا. إن المعرفة بالطاقة النووية هي ألف باء المعرفة بالطبيعة...

"إن الواجب الأخلاقي والتقني والعلمي يحتم على بوليفيا أن تتحمل مسؤولية معرفة واستخدام وفهم والاستفادة من تنمية هذه القوة الأساسية من قوى الطبيعة. لا يهم كم من الوقت سيأخذ ذلك منا. سنفعل ذلك لأننا مقتنعون بأن هذه هي الطريقة التي سنقوي بها أوضاعنا من أجل التنمية التكنولوجية لبوليفيا في الأعوام الأربعمائة إلى الخمسمائة القادمة."

للإطلاع اكثر

- Sept. 3, 1986: Ibero-American Integration: 100 Million New Jobs by the Year 2000!, Schiller Institute. Serialized in *EIR*. http://www.larouchepub.com/eiw/public/1986/eirv13n35-19860905/eirv13n35-19860905_018-ibero_americas_strategy_to_defealar.pdf
- May 9, 2003: Vernadsky and the Biogeochemical Development of North America's Desert, *EIR*. http://www.larouchepub.com/ eiw/public/2003/eirv30n18-20030509/eirv30n18-20030509_004vernadsky_and_the_biogeochemical.pdf
- Sept.26, 2003: Sovereign States of the Americas; Great Infrastructure Projects; *EIR*. http://www.larouchepub.com/ eiw/public/2003/eirv30n37-20030926/eirv30n37-20030926_007-sovereign_states_of_the_americas.pdf
- Aug. 15, 2008: How to Triple Food Production by Developing High Speed Rail, *EIR*. http://www.larouchepub.com/other/2008/3532triple_food_rail.htm

أمريكا الشمالية
إستعادة النظام الأمريكي

الرئيس كندي كان سينضم إلى بناء الجسر البري العالمي

by Paul Gallagher and Marcia Merry Baker
باول جالاجر و مارشا ميري بيكر

أكتوبر ٢٠١٤

إن إقتصاد الولايات المتحدة الأمريكية لم يعد اقتصادا منتجا ـ ولا يمكن قياس إنتاجيته حقا إلا عبر المقارنة بأدائه في الماضي، وعلى هذا المقياس تكون انتاجيته قد هبطت بشكل دراماتيكي خلال مدة مستمرة بلا انقطاع لأكثر من ٥٠ عام منذ أغتيال الرئيس جون إف كيندي.

لهذا السبب تحتاج الولايات المتحدة بشكل عاجل إلى الإنضمام إلى أمم البريكس، وخاصة الصين، في سبيل رسملة بنوك عالمية جديدة مخصصة للبنية التحتية، وتوليد الإئتمانات عبرها لإصدار إئتمانات وطنية أيضا لتنفيذ "مهمات" بناء بنية تحتية حديثة، وهي مهمات من النوع الذي شكل علامات فارقة في التاريخ الأمريكي. لو كان الرئيس كندي حيا اليوم ويشغل منصبه كرئيس لكان يقف في الصفوف الأمامية لقيادة عملية بناء "الجسر البري العالمي" وممراته من البنية التحتية ذات التكنولوجيا العالية ـ ولكان يعمل على دفع عملية استكشاف الفضاء برحلات مأهولة في كل المجموعة الشمسية.

إن البنوك المركزية في أوربا والولايات المتحدة التي تغمر أسواق السندات بطوفان من السيولة منذ عام ٢٠٠٨، تعلن في ذات الوقت بأن هناك حاجة عاجلة لإعطاء الإقتصاديات الحقيقية في تلك الدول "صدمة لإنتاجية العوامل الكلية" (Total Factor Productivity). وهم يربطون هذا الأمر "بالإصلاحات الهيكلية" أو برامج التقشف، بحيث يدفعون العمال إلى إنجاز كمية أكبر من العمل في ذات المدة الزمنية و / أو بأجور أقل. وحتى مع تطبيق هذا المقياس المنحط، لم ترتفع إنتاجية الإقتصاد الأمريكي على مدى ١٤ فصل (ربع عام) الماضية. لكن تتضح حقيقة أن هذا المقياس بحد ذاته هو مقياس عديم الكفاءة إلى درجة إجرامية، من متابعة الأنماط التاريخية "لإنتاجية العوامل الكلية"، والتي تحاول قياس نمو الإقتصاد نتيجة للتقدم التكنولوجي وليس نتيجة إستخدام المزيد من العمل والمزيد من رأس المال.

إن من الضروريات الأساسية جدا أن يتم إنجاز هذا التقدم في الإنتاجية العامة والحقيقية عن طريق إدخال المزيد من منصات البنية التحتية الحديثة والعالية التقنية إلى الإقتصاد. ويستدعي هذا الأمر الدور القوي للإئتمانات الحكومية الوطنية.

إن أكبر معدل لزيادة الإنتاجية في تاريخ الولايات المتحدة (إذا قسناه بهذه الطريقة) كان معدل ٣,٣٠٪ الذي تم تحقيقه في الثلاثينات في ظل خطة (New Deal) التي وضعها الرئيس فرانكلن روزفيلت وبرنامج بناء البنية التحتية الهائل المسمى "الأركان الأربعة" (Four Corners). وتبع ذلك نمو بمعدل ٢,٧٠٪ في الأربعينات، ومرة أخرى في عهد الرئيس كيندي في الستينات. أما اليوم فيقدر معدل إنتاجية العوامل الكلية لاقتصاد الولايات المتحدة

١٪ أو أقل من ذلك وهو المستوى الذي بقيت فيه الانتاجية منذ السبعينات [١].

وما هو السبب الرئيسي؟ السبب هو أن استثمارات الولايات المتحدة في مشاريع البنية التحتية الجديدة كجزء من إجمالي الناتج المحلي، والتي بلغت ٣٪ في عهد كيندي في الستينات، تقبع في أسفل قائمة الدول الصناعية حيث لا تتجاوز اليوم ١,٤٪ من إجمالي الناتج المحلي (الشكل ١). قارن ذلك بما أنفقته الصين (٨,٨٪ سنويا) خلال ٢٢ عام، من ١٩٩٢-٢٠١٤.

الشكل ١

اختفاء الاستثمارات السنوية الامريكية في البنية التحتية

كنسبة من اجمالي الناتج المحلي خلال ٥٠ عام

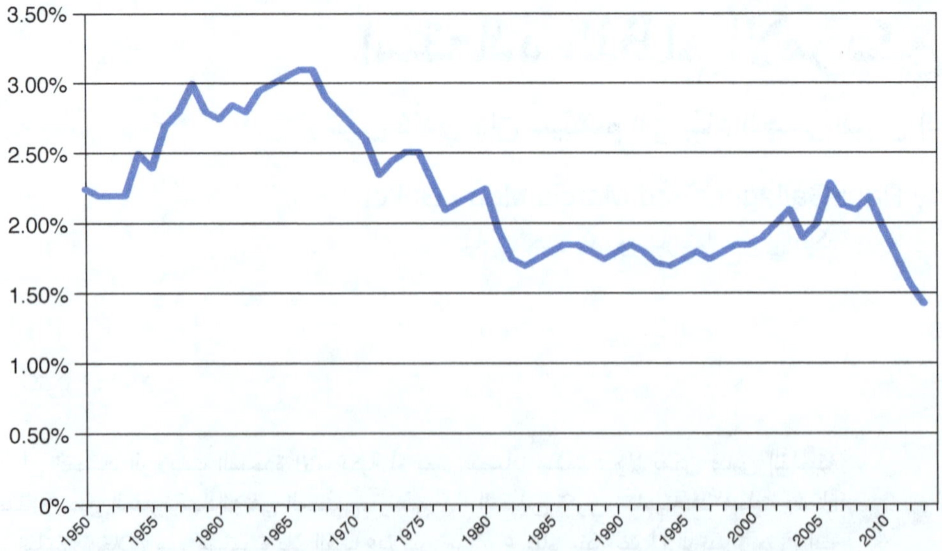

اختفت الاستثمارات الامريكية في البنية التحتية تقريبا بعد ان كانت في اعلى قمتها في عهد الرئيس فرانكلن روزفيلت في الثلاثينات وفي عهد الرئيس كيندي في الستينات ـ اما "قانون التحفيز" في عهد اوباما فقد ساعد على القضاء عليها تماما.

لقد انخفضت حصة الوظائف المنتجة في الإقتصاد الأمريكي ـ بالتعريف العام لمفردة "المنتجة" والتي تتضمن العمل في مجالات الهندسة والنقل والمرافق العامة ـ من ٣٢,٥٪ إلى ١٦,١٪ من مجمل القوة العاملة منذ الستينات، ومن ١٩,٥٪ إلى ١٠,٢٪ من نسبة السكان الذين هم في سن العمل. لقد كانت الولايات المتحدة نموذجا للتنمية إلى سنين ما بعد الحرب العالمية الثانية، حيث جاء في هذه المدة برنامج "الذرات من أجل السلام" لبناء محطات توليد الطاقة الحديثة ومشاريع البنية التحتية الكبرى في كل أرجاء العالم. وتعاونت الفرق الأمريكية في بناء السدود لتوليد الطاقة الكهرومائية والري من هاييتي إلى أفغانستان. وكانت خطط إنتاج الطاقة النووية في مصر وإيران وكل منطقة جنوب غرب آسيا توضع في شركات مثل أديسون ديترويت وويستنجهاوس وغيرهما من الشركات الأمريكية الخاصة، حيث كانت تعمل بالتعاون مع السلك الدبلوماسي الأمريكي. أما في أمريكا الشمالية ذاتها فقد إستمر نموذج "مشروع وادي تسنيسي" في مناطق أخرى مثل "مشروع مياه كاليفورنيا" العظيم (١٩٦٠ إلى ١٩٧٣)، ومشروع حوض نهر ميزوري الأعلى (خطة بيك ـ سلون ١٩٤٤). أما في عام ١٩٥٩ فقد تم إكمال الممر البحري سانت لورنس (St. Lawrence Seaway) وهو ممر نقل بحري يوفر خدمة النقل لكندا والولايات المتحدة معا.

كما استمر العمل في بناء مشروع الطريق السريع الوطني للسيارات بين الولايات الذي بدأ في عهد الرئيس آيزنهاور، وتم توسيعه في عهد الرئيس كيندي. كما قاد برنامج أبولو للفضاء العالم كله إلى سطح القمر. وتم اقتراح مشروع "تحالف المياه والطاقة لأمريكا الشمالية" أو "ناوابا" (North American Water and Power Alliance - NAWAPA) باعتباره أكبر مشروع إدارة مياه في التاريخ، ولخدمة كل القارة الأمريكية. كان نداء الرئيس كيندي هو "أن لا تذهب قطرة من المياه في الغرب إلى المحيط بدون أن تتم إدارتها". كما تم في تلك المدة إنتاج النظائر النووية للأغراض الطبية والعلوم الحيوية، وانطلقت عملية إنتاج محطات الطاقة النووية ومحطات تحلية المياه باستخدام الطاقة النووية.

كما تم بناء منظومة الرعاية الصحية في عموم الولايات المتحدة والتي كانت متمركزة حول المستشفيات العامة، وكذلك القضاء على السل الرئوي وشلل الأطفال وغيرهما من الأمراض. وبشرت الإختراقات في علم جينات المحاصيل الزراعية أثناء "الثورة الخضراء"

بعالم خالي من المجاعات.

الإئتمانات والبنية التحتية

حافظت الولايات المتحدة في السابق أيضا على سيطرتها بشكل أساسي على إصداراتها من العملة والإئتمانات الوطنية منذ عهد الرئيس فرانكلن رزفيلت وتخلت عن نظام "معيار الذهب" (Gold Standandar) البريطاني واستبدلته بنظام "إحتياطي الذهب" (Gold Reserve System) من عام ١٩٣٣ إلى فترة السيطرة القوية على رؤوس الأموال والعملة التي تلت الحرب العالمية الثانية من خلال نظام بريتون وودز الذي أسسه الرئيس روزفيلت أيضا.

لقد كان تأسيس مراكز الأوفشور المالية البريطانية لإصدار ما يسمى اليورودولار من حوالي عام ١٩٦٠ خرقا مباشرا لقواعد نظام بريتون وودز. كانت هذه الحسابات ذات أسعار فائدة عالية وتم تأسيسها لأغراض المضاربة بما تمت تسميته منذ ذلك الحين "تجارة نقل الدولار" (carry trade). قامت مراكز اليورودولار الأجنبية (الأوفشور) بنقل الموارد النقدية الأمريكية إلى خارج الولايات المتحدة بشكل تدريجي، وسلبت من وزارة الخزانة الأمريكية سيطرتها على عملية خلق عملتها الخاصة بها. بحلول عام ١٩٨٠ كان ٨٠٪ من الدولارات الأمريكية يتم تداولها، وحتى خلقها في واقع الحال، خارج الإقتصاد الأمريكي. ومن ثم حل "البترودولار"، أو "دولار لندن" محل الدولار الأمريكي.

كان آخر رئيس يريد وقف عملية التصدير المضاربية للدولار الأمريكي هو الرئيس كيندي، إذ كان الرئيس كيندي ومساعدوه يخططون لإعادة تطبيق ضوابط السيطرة على رأس المال والعملة المنصوص عليها في اتفاقية بريتون وودز. لكن بعد مقتله، تم القبول بهذه العملية التدميرية.

أما الرئيس ريتشارد نكسون فقد حول هذه العملية إلى طوفان مدمر. جاءت نقطة الإنعطاف نحو عملية الإنحطاط هذه في عام ١٩٧١، مباشرة بعد قيام البريطانيين ورئيس مكتب إدارة الميزانية في إدارته ووزير الخزانة جورج شولتز بابتزاز الرئيس نكسون لدفعه إلى الإنشقاق عن نظام بريتون وودز وسياسة الرئيس روزفيلت، و "تعويم" الدولار أمام المضاربات مقابل الذهب والعملات الأخرى. إن ما فعله نيكسون وشولتز قد أدى إلى نمو إنفجاري في أسواق الأوفشور لحسابات المضاربة بالدولار - أي أسواق اليورودولار والبترودولار.

حينما حدث ذلك، تحقق التوقع الذي نشره عالم الإقتصاد ليندون لاروش على نطاق واسع، وبرهن ذلك الحدث على أن توقعه كان دقيقا وتنبؤيا إلى درجة مذهلة. كان لاروش قد طرح هذا التوقع في سلسلة من المقالات والمنشورات في نهاية عقد الستينات، حيث أشار إلى أن سلسلة الأزمات التي لحقت بالباوند الإنجليزي في الستينات يتم تحريكها باتجاه فرض قرار التخلي عن نظام أسعار الصرف الثابتة التي نص عليها مؤتمر بريتون وودز "بحلول نهاية عقد الستينات " حسب ما ذكر لاروش. وكتب لاروش أن نمط السياسات الدارجة حينها سيؤدي إلى إلغاء نظام بريتون وودز، وسيقود تدميره إلى التحول نحو السياسات التقشفية الفاشية ضد اقتصاد الولايات المتحدة.

لكن بعد نصف قرن من الزمان، يحث لاروش على تأسيس بنوك التنمية الجديدة وأثنى على قيام الصين ودول البريكس بذلك. بالإضافة إلى الآثار الإيجابية المباشرة لهذه الديناميكية الجديدة، ستمنح هذه البنوك الولايات المتحدة الرؤية الصحيحة، بعد مرور ٤٠ عام، لاستعادة سيطرتها على عملتها وإصدارات ائتماناتها، واستخدامها لتنمية البنية التحتية العالية التكنولوجيا.

الواقع الحزين اليوم

منذ صدور التوقع الذي قام به لاروش في الستينات، أثبتت عملية الإنهيار البطيئة والمستمرة منذ ٥٠ عام للإقتصاد الإنتاجي الأمريكي وانهيار المستوى المعيشي لسكانها الذين كانوا قوة منتجة في السابق أن التوقع الطويل الأمد المذكور هو أحد أكثر التوقعات صحة في تاريخ علم الإقتصاد. لم تشهد الولايات المتحدة أي نمو اقتصادي حقيقي منذ اغتيال الرئيس كينيدي، وهبط المستوى المعيشي لجيلين كاملين دون مستوى الأجيال التي سبقتهما. ولم يكن للولايات المتحدة أية مهمات وطنية لتحقيق التنمية العلمية والطفرات التكنولوجية ومشاريع البنية التحتية التي تكون تعبيرا عن هذه المهمات.

لقد تم التخلي عن جميع برامج الطاقة النووية ومشروع ناوابا وبرنامج الفضاء والسعي نحو السيطرة على طاقة الإندماج النووي الحراري، أو أهملت لتنزوي في زوايا إنعدام الأهتمام الإقتصادي بها في العقود التي تلت عهد الرئيس كينيدي.

بعد خمسين عام منذ اغتيال كينيدي، يعيش الإقتصاد الأمريكي في حالة مستوطنة من إنخفاض الإنتاجية وانتشار العمالة الرخيصة وإنشغال اليد العاملة في وظائف جزئية أو عدة وظائف في ذات الوقت والتي توصف بشيء من التبرم بوصف "الوضع الطبيعي الجديد". كان متوسط دخل الأسرة الأمريكية الحقيقي في عام ٢٠١٣ أقل بنسبة ١٣,٧٪ من قمته التي وصل إليها في عام ١٩٧٢، بالرغم من تغيير إجراءات "التكلفة المعيشية" منذ عام ١٩٨٠ لتخفيف وطأة تأثيرات التضخم. إذا حسبنا دخل الأسرة من خلال الإجراءات التي كانت موجودة قبل ذلك، سنحصل على دخل أقل بمعدل الخمس، ٢٠,٧٪، من دخل الأسر في عام ١٩٧٢. وتهيمن حالة من انخفاض الأجور الحقيقية وانخفاض دخل الأسر على الواقع الإقتصادي والإجتماعي في الولايات المتحدة اليوم.

لقد تم تدمير قطاعات كاملة من النشاطات الإنتاجية في القارة بالكامل، على سبيل المثال مراكز إنتاج الفولاذ في مونتيري (المكسيك) وبتسبيرج وبينسلفانيا. أما شبكة سكك الحديد الأمريكية فهي مختلة وظيفيا ـ بحيث لا تكون قادرة على نقل حصاد المنتوجات الزراعية من منطقة السهول العليا الأمريكية وكندا. كما تحولت ديترويت وغيرها من المدن الصناعية والثقافية العظيمة إلى أطلال. أما المكسيك، التي كانت بلدا ذا فائض من إنتاج الحبوب في الستينات، فلديها اليوم نسبة رسمية من الجياع تبلغ ٢٤٪ من السكان، وأصبحت معتمدة على واردات الحبوب. وليس لدى ولاية كاليفورنيا بأكملها سوى ١٨ شهر من خزين المياه، إذا لم تحصل معجزة وتهطل الأمطار.

وتعكس خصائص الوضع الديمغرافي لسكان أمريكا الشمالية البالغ عددهم ٥٦٥ مليون نسمة وضعية الإنهيار الإقتصادي، إذ لا يتجاوز عدد سكان كندا ٣٥ مليون نسمة يعيشون في مساحة من الأراضي هي الأكبر في كل الأمريكتين وثاني أكبرها في العالم. أما المكسيك بسكانها البالغ عددهم ١١٩,٧ مليون نسمة ـ أكبر أمة ناطقة باللغة الاسبانية في العالم ـ فقد هرب ١٢ مليون من سكانها إلى الولايات المتحدة خلال العقود الأخيرة بحثا عن لقمة العيش، وذلك بسبب التدمير الإقتصادي الذي لحق بأمتهم. وهبطت حصة السكان الذين هم في سن العمل في الولايات المتحدة (من مجموع ٣١٧ مليون نسمة) والحاصلين على وظيفة ما بنسبة ٥٨,٢٪. كما ويعاني ١٥,٩٪ من سكان الولايات المتحدة من الفقر، وبضمن ذلك واحد من كل خمسة أطفال. ويستمر انخفاض متوسط العمر المتوقع للمواطنين الذين يولدون في أي من المناطق الدائمة الفقر العديدة في ولاية ويست فرجينيا وأوكلاهوما وفي الولايات الجنوبية وغيرها.

لقد تم خرق كل التعاليم المنصوص عليها في "النظام الأمريكي للإقتصاد السياسي" الذي أسسه أليكساندر هاملتون (راجع الجزء الثاني) بشكل ممنهج لعدة عقود: (١) التكنولوجيا المنخفضة بدلا من البحث والتطوير المتقدمين، (٢) العمالة الرخيصة بدلا من العمالة جيدة الأجر وذات الإنتاجية العالية، (٣) القرارات السياسية المبنية على الرأي العام المسيّر، بدلا

من العلم، (٤) خرافة أن المشاريع الصغيرة هي الأفضل، بدلا من مشاريع البنية التحتية الكبرى لخلق إمكانيات جديدة للمستقبل.

مهمة أمريكا الشمالية

هذه هي نقطة الإنطلاق التي علينا أن نبدأ منها لفهم ما يجب القيام به لكي تلحق الولايات المتحدة وأمريكا الشمالية بقاطرة الجسر البري العالمي وما يحفزه من تنمية عالمية.

إن الخطوات الضرورية الأولى تتمثل أولا بإعادة تنظيم البنوك العملاقة تحت وصاية "مبادئ قانون جلاس ـ ستيجال"، لأن هذه البنوك تمتص اليوم كميات هائلة من السيولة بدون أن تقرض أي شيء منها، وثانيا، إعادة تأسيس مؤسسة أمريكية للإئتمانات الوطنية. تم شرح هاتين النقطتين بالتفصيل في الجزء الثاني من هذا التقرير.

يجب استخدام هذه الإئتمانات لتوليد زيادات في الإنتاجية الإقتصادية عن طريق تجديد البنى التحتية للقارة. إن المجالات الأساسية للإستثمار، والتي نشرح أبعادها أدناه، هي النقل والمياه والطاقة والفضاء.

١. النقل من أجل الترابط والإنتاجية

تفتقر قارة أمريكا الشمالية إلى الترابط عبر سكك الحديد ، ناهيك عن سكك حديد القطارات السريعة، بالرغم من أنها كانت أول قارة يبنى فيها ليس ممر واحد فقط بين طرفي القارة الشرقي والغربي بل خمسة ممرات بحلول عام ١٨٩٠. إن الولايات المتحدة القارية غير مرتبطة بالسهول الغربية العظمى في كندا، ولا هي مرتبطة بآلاسكا. وروابط سكك الحديد مع المكسيك لم يتم البدء ببنائها إلا مؤخرا ـ على يد الصين والمكسيك! وتبقى كل أمريكا الشمالية غير مرتبطة بأمريكا الجنوبية، لا بسكك الحديد ولا حتى بالطرق السريعة للسيارات.

إن نتائج حركة الشحن سلبية جدا، حيث تكتظ الخطوط الرئيسية للطرق وتعاني من التدهور البنيوي بسبب كثرة مرور الشاحنات الثقيلة عليها، بينما انخفضت مسافة النقل لكل فرد من السكان بنسبة ٥٠٪ منذ عام ١٩٦٥. أما مسافات سكك الحديد (الدرجة الأولى زائدا قطارات المسافرين أمتراك) لكل فرد من السكان فقد انخفضت من ١٤٤ كلم في عام ١٩٦٥ (وضعف ذلك قبل ١٥ سنة من ذلك التاريخ) إلى ٨٦ كلم اليوم. يمكن القول أن منظومة سكك الحديدة الأمريكية الشمالية هي مختلة وظيفيا على وجه العموم. ففي ربيع عام ٢٠١٤، تأخرت شحنات الأسمدة إلى ما بعد فترة بذر وشتل المزروعات في شمال السهول العليا في الولايات المتحدة وكندا. ثم جاء وقت الحصاد، وعجزت القطارات عن نقل المنتوج.

وواقع الحال هو أن نسبة ٤٨٪ من كل ما يتم شحنه بواسطة سكك الحديد هو ليس الفحم فحسب، بل وأيضا النفط الناتج عن عمليات التصديع الهيدروليكي (fracking) المتزايدة التي روجت لها إدارة الرئيس أوباما وبريطانيا حتى تتحول الولايات المتحدة إلى "سعودية جديدة للنفط والغاز". لكن بالرغم من ذلك هبطت الكمية الإجمالية السنوية للشحن بسكك الحديد من عام ٢٠٠٨ إلى ٢٠١٣، حيث وصلت إلى ١٤,٩٦٠ حمولة عربة قطار، بالرغم من الأرتفاع البالغ ١٠٠٠٪ في شحن منتجات النفط والغاز نتيجة لعملية التصديع.

أ. من مضيق بيرينج جنوبا

إن مشروع مضيق بيرينج، الذي هو حاليا موضوع تعاون بين روسيا والصين والذي ينبغي على الولايات المتحدة أن تنضم إليه فورا، سيقوم بربط كل أراضي القارتين الأمريكيتين بأطواق من الفولاذ بكل أراضي القارة الأوراسيوية، واحتمال امتداد ذلك إلى قارة أفريقيا. سيقوم هذا المشروع باستبدال الطريقة البطيئة والعتيقة والمثقلة لاستخدام النقل البحري بشبكة

من سكك الحديد البرية عالية السرعة. سيمكن نقل المنتجات التي يتم إنتاجها في ولايات وسط الولايات المتحدة إلى الصين أو وروسيا خلال ٧-١٠ أيام، بدلا من الثلاثة أسابيع التي يستغرقها النقل بسكك الحديد القديمة أولا ثم بحرا.

الشكل ٢
سكة حديد الاسكا

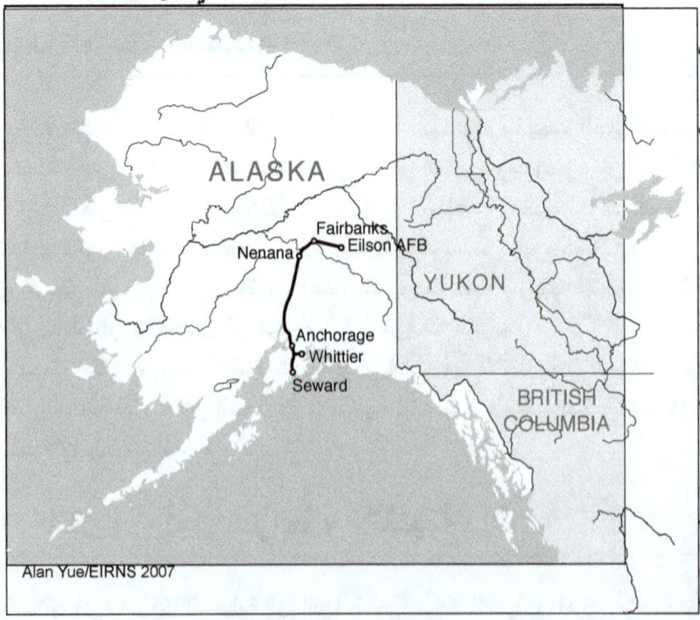

إن من أهم الأجزاء الحساسة لمشروع مضيق بيرينج على وجه العموم هو تطوير وبناء رابط سكك حديد بطول ٤,٨٧٦ كلم بين آلاسكا وكندا، والذي سيساهم في نقل الإقتصاد الفيزيائي في كندا والولايات المتحدة من عملية الانهيار المستمرة منذ عقود إلى طريق جديدة نحو النمو. سيتطلب بناء ٤,٨٧٦ كلم من سكك الحديد (وضعف ذلك إذا تم جعل المنظومة بمسارين) كميات هائلة من السلع التي يتم التعبير عنها عبر "قائمة مكونات" (bill of materials). تمثل هذه الأخيرة طيفا واسعا من السلع والمواد المطلوبة - مثل الفولاذ للسكك والجسور، والخشب لبناء قواعد السكك وهياكل السكك، والإسمنت لبناء مجاري المياه تحت السكك وغيرها من الهياكل، ومواد صناعة الإسمنت وأرضيات الطرق. ستتطلب قائمة مكونات سكة حديد الاسكا - كندا إنتاج ملايين الأطنان من المواد والسلع. سيخلق هذا الأمر ٣٥,٠٠٠-٥٠,٠٠٠ فرصة عمل في مجال بناء السكك، بالإضافة إلى وظائف جديدة في مصانع إنتاج الفولاذ والإسمنت وأسلاك النحاس والألمنيوم ومحطات الطاقة ومصانع القاطرات وغيرها من المكونات الأساسية.

يبين الشكل ٢ كل ما هو موجود حاليا من سكك حديد إلى الشرق والجنوب من معبر مضيق بيرينج، والذي تم بناؤه في الأعوام ١٩١٤-١٩٢٣ من قبل الحكومة الأمريكية. أما الطريق السريع للسيارات بين آلاسكا وكندا (Alcan)، والذي تم بناؤه تحت إشراف الرئيس فرانكلن روزفيلت في عام ١٩٤٢، فيمتد من الولايات الأمريكية الثمانية وأربعين السفلى إلى فيربانكس، ولكنه يتوقف هناك ولا يتجه غربا أكثر من ذلك.

من شأن رابط سكك الحديد بين آلاسكا وكندا، بعد بناء ممر التنمية على كل جانب منه بعرض ٨٠ كيلومتر، أن يغير معالم المنطقة إقتصاديا بشكل جذري. سيتم بناء خطوط الطاقة والألياف البصرية، وأنابيب المياه حيثما اقتضت الحاجة داخل هذا الممر. سيتم دعم المدن والسكان والصناعات والزراعة العلمية وتطويرها في هذا الممر أيضا. وسيصبح من السهل الوصول إلى موارد القطب الشمالي الوفيرة من المعادن والمواد الخام الأخرى غير المستغلة لحد الآن والقريبة من هذه المنطقة عبر سكك الحديد لاستخدامها بحكمة في منطقة الشمال القطبي والعالم.

يوضح الشكل ٣ خطة منظومة الربط بين آلاسكا وكندا بسكك الحديد كما طورها المهندس الإستشاري الدكتور هال كوبر الإبن (Dr. Hal B. H. Cooper, Jr.).

توجد في منظومة سكك الحديد المقترحة هذه مسألتان ينبغي الإنتباه لهما: أولا: تقع مدينة برنس جورج عند نهاية الشبكة الأمريكية الشمالية. تم بناء خطوط السكك في السابق من برنس جورج إلى تشيبمونك وإلى فورت نيلسون على الفرعين الشرقي والغربي على التوالي. تمتلك شركة سكك الحديد الوطنية الكندية الخطين كليهما. لكن بعض جزاء سكة الحديد إلى تشيبمونك قد تم اقتلاعها، وسيحتاج الخطان إلى إصلاحات جذرية وتحديث لكي يصبحا جزءا من خطة رابط سكك الحديد بين آلاسكا وكندا.

ثانيا، من خلال بناء رابط آلاسكا - كندا سنخلق القابلية على نقل البضائع من روسيا والصين وكذلك من آسيا الوسطى وجنوب غرب آسيا وأوربا مباشرة إلى أمريكا الشمالية عبر شبكة سكك الحديد. سيساعد الفرع الغربي للرابط على توصيل هذه المنظومة جنوبا إلى فانكوفر وكولومبيا البريطانية وسياتل وواشنطن، ومن هناك إلى كبرى مدن كاليفورنيا. أما

الفرع الشرقي فسيساهم في نقل البضائع إما من فورت نيلسون إلى شيكاغو أو من دوسون كريك إلى نورث داكوتا ومن هناك إلى ممر سكك مقترح إلى تكساس.

ب . كهربة الشبكة

تبلغ نسبة القطارات المشتغلة بالطاقة الكهربائية من كل شبكة سكك الحديد الأمريكية ١٪ فقط. لهذا السبب، إذا كان المراد رفع كفاءة هذه المنظومة لتصبح واسطة نقل حديثة وذات قدرة عالية لنقل المسافرين والبضائع أيضا بسرعات عالية، فالواجب ليس فقط توسيع المنظومة بشكل كبير وإنما تشغيلها بالطاقة الكهربائية أيضا.

ستساعد ممرات النقل بسكك الحديد عالية السرعة، وخاصة منظومات القطارات المغناطيسية على تحديث كل الإقتصاد الأمريكي، خاصة إذا تم الوصول إلى سرعات ٢٥٠ كلم في الساعة لنقل المسافرين و ١٤٥-١٧٥ كلم في الساعة لنقل البضائع. ولكن تتطلب المنظومتان السريعتان كلاهما أمرا أساسيا واحدا: وهو أن يشتغلا بالكهرباء حصريا. ولكي نستطيع تشغيل سكك الحديد للقطارات السريعة، لا بد من وجود القطارات المشغلة بالطاقة الكهربائية، ووجود شبكات وأسلاك نقل الطاقة الكهربائية إلى القاطرات.

يجب أن يركز المشروع الوطني لكهربة سكك الحديد على بناء وكهربة ٦٨,٠٠٠ كلم من الخطوط ذات الأولوية (الشكل ٤) وعلى مرحلتين: يبدأ المشروع بكهربة خطوط بطول ٤٢,٠٠٠ كلم، ويتم اختيار هذه الخطوط لأنها تشكل قلب منظومة سكك الحديد الأمريكية، وهي تسند بشكل كبير جدا أكبر قدر من عمليات الشحن ونقل المسافرين. وبالرغم من أن هذه المسارات بطول ٤٢,٠٠٠ كلم لا تشكل سوى ٢٩٪ من إجمالي طول شبكة سكك حديد الولايات المتحدة، إلا أنها تحمل في كل عام ٦٥٪ من حمولات الشحن في أمريكا وأكثر من ٧٠٪ من الركاب المسافرين بين المدن.

إن الانتقال إلى سكك الحديد المكهربة سيعني في نهاية الأمر تحويل ما يقارب ثلث عمليات النقل بالشاحنات التي تسد طرق السيارات إلى النقل بالقطارات، واستبدال منظومة السكك الحالية التي تشكل القاطرات المشتغلة بالديزل القوة المحركة لها (والتي تستهلك كميات هائلة من البترول) بقاطرات مشتغلة بالطاقة الكهربائية. أما في حال بناء شبكة قطارات الرفع المغناطيسي عالية السرعة، فسيتم نقل المسافرين والبضائع بسرعة أكبر بثلاث مرات مما

الشكل ٣

رابط مضيق بيرينج - الاسكا المقترح لسكك الحديد الى الولايات الامريكية الاخرى، بالاضافة الى السكك الموجودة حاليا

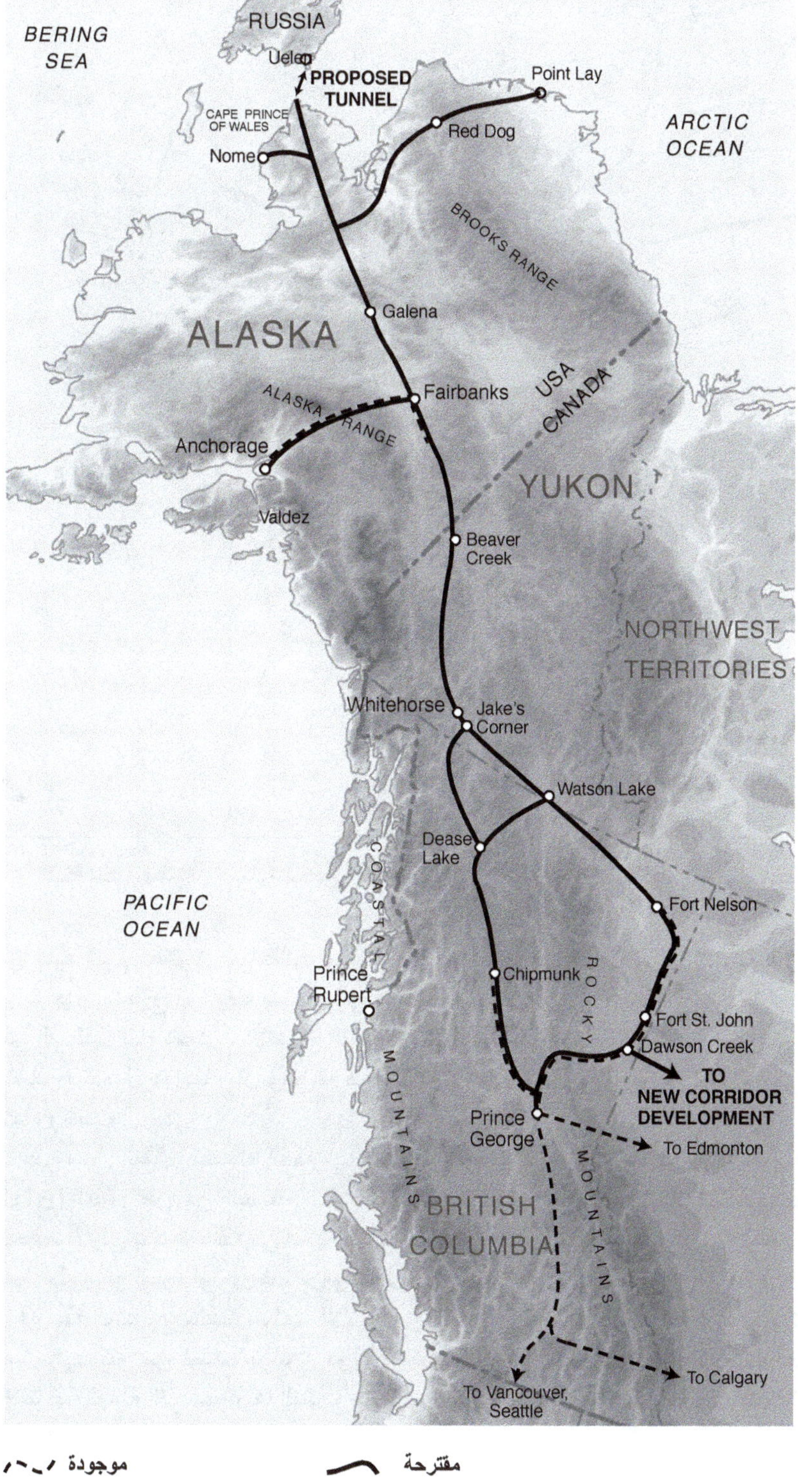

Alan Yue/EIRNS 2007

الشكل 4
الشبكة المقترحة لسكك الحديد الوطنية المكهربة بطول 67.5 الف كلم

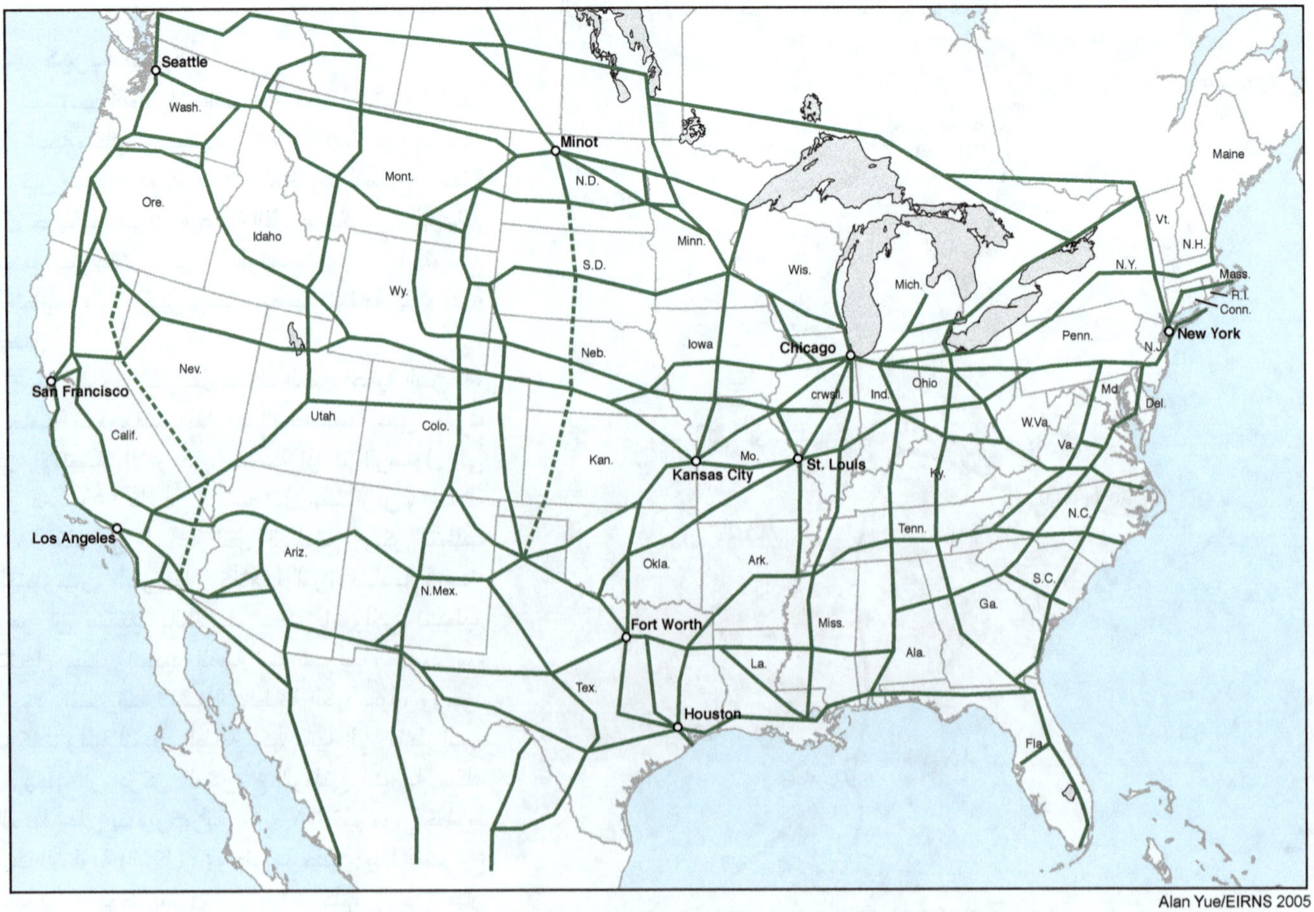

Alan Yue/EIRNS 2005

شبكة سكك القطارات المحلية المكهربة هذه ستقوم بنقل المسافرين والبضائع على خطوط سكك موجودة قبلا (لكن محدثة).

هي عليه اليوم. علاوة على ذلك، سيتطلب عمل ذلك زيادة انتاج الطاقة الكهربائية زيادة كبيرة جدا. ستحتاج الولايات المتحدة إلى بناء محطات طاقة نووية جديدة على نطاق واسع، وفي المستقبل بناء محطات الإندماج النووي، لإنتاج ما يكفي من الطاقة الكهربائية. على هذا الأساس ستتحول سياستا النقل والطاقة في الولايات المتحدة بالتوازي إلى مستويات أعلى من الأداء والسلامة.

على سبيل المثال، تستهلك القطارات المكهربة نصف كمية الوحدات الحرارية البريطانية (BTU) لحمل طن من البضائع لكل كيلومتر مما تستهلكه القاطرات المشتغلة بالديزل، وتحتفظ الأولى بكفاءة عالية في استهلاك الطاقة تتراوح ما بين ٥ إلى ٥٠ مرة مقارنة بالنقل على الطرق أو الجو، أو غيرهما من وسائط نقل البضائع.

إن هذا المشروع سيشغل مئات الآلاف من العمال. وسيتطلب إنجازه ١٥ عام، وبتكلفة تصل إلى أكثر من نصف ترليون دولار، لكن تكلفته لن تمثل سوى جزء بسيط مقارنة بالإنتاجية الهائلة التي سيوفرها المشروع والتي ستعود بالفائدة على اقتصاد الولايات المتحدة وأمريكا الشمالية.

٢. خطة طوارئ للمياه

أ. البنية التحتية لمكافحة الجفاف

أصبح الجزء الغربي من أمريكا الشمالية، وبضمن ذلك معظم أرجاء شمال المكسيك، يخضع في الأعوام الأخيرة لموجة جفاف تهدد الزراعة وإمداداته الغذائية والصناعة، وتهدد حتى القدرة على إستدامة حياة متحضرة في بعض المناطق الأشد تأثرا بالجفاف. ربما لم يصل الجفاف إلى درجة من الشدة كما كانت عليه الحال في الثلاثينات حينما تحولت المنطقة إلى غبراء (Dust Bowl). لكن يتوقع العديد من خبراء الأنواء الجوية في مؤسسات رسمية وخبراء في تاريخ المناخ أن أنماط النشاط الشمسي الحالية قد تجعل هذه الوضعية تستمر عبر كل القرن الحادي والعشرين، ومن المحتمل أن يكون آخر قرن جاف مر على المنطقة هو في واقع الحال "رطبا" مقارنة بالحقب التاريخية السابقة. ومن الجدير بالذكر أن هذا ليس تطورا جديدا أو غير متوقع، لذلك فإن خطط بناء البنية التحتية لإدارة المياه ومكافحة الجفاف على نطاق واسع قد قد مرت عليها عقود وأصبحت خططا ناضجة، وقد تم عرضها في جلسات استماع في الكونجرس، وناقشها الرئيس كنيدي قبل ٥٠ عام.

الشكل 5

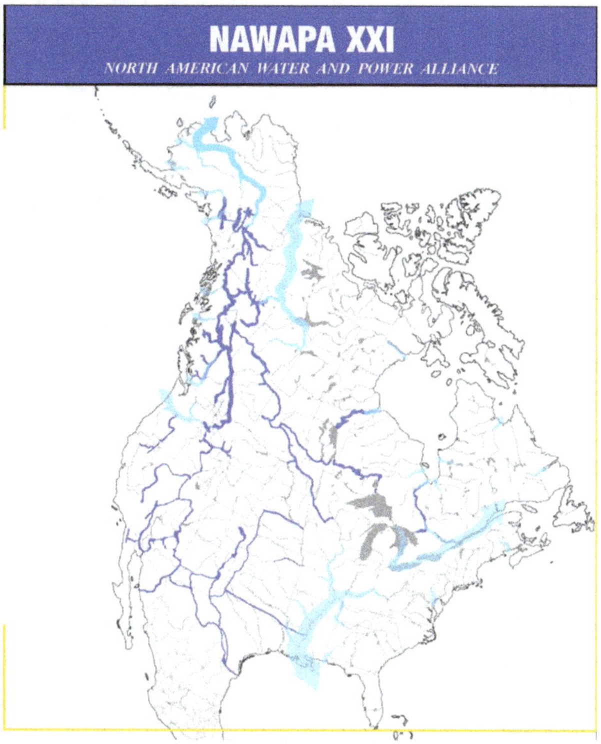

Source: Nuclear NAWAPA XXI; Gateway to the Fusion Economy, 21st Century Science & Technology, Special Report, 2013

ما يظهر على خارطة معدل تصريف الانهار النسبي، هو مخطط الستينات للتحالف الامريكي الشمالي للمياه والطاقة، والذي تم تحديثه في عام ٢٠١٣ باضافة منظومات توزيع جديدة.

إن أعظم هذه المشاريع هو مخطط "تحالف المياه والطاقة الشمال أمريكي - ناوابا" (North American Water and Power Alliance - NAWAPA)، ويسمى أيضا مشروع "الماء من آلاسكا" (الشكل ٥)، الذي تم تجاهله لأكثر من خمسين عام، وقد يمكن ان يتقاطع الآن مع تزايد حدة أزمة الجفاف في اللحظة المناسبة الآن. ومن بين كل احتياجات الولايات المتحدة العديدة، تحتاج هي اليوم وبشكل عاجل إلى الإهتمام بالإستثمار في البنية التحتية لتوفير المياه للأغراض المتعددة في مواجهة الجفاف. يتلخص المشروع في بناء مجموعة ضخمة من السدود والخزانات ومحطات الضخ وأنفاق المياه لنقل المياه من نهري يوكون وماكينزي في آلاسكا واللذان يصبان في المحيط الهادئ، وتحويل جزء منها جنوبا إلى جنوب غرب القارة عبر سلسلة جبال روكي. يعتبر المشروع بحجمه الهائل أسطوريا بكل المقاييس، لكنه قابل للتحقيق.

يوضح الشكل ٦ مدى اتساع وشدة حالة الجفاف في أمريكا الشمالية لغاية سبتمبر ٢٠١٤. إذ يواجه ٩٨ مليون شخص يسكنون في ١١ ولاية في الجنوب الغربي خطر نضوب المياه، وتتأثر جميع الولايات الإثنين والعشرين الواقعة غرب نهر الميسيسيبي بالمشكلة. وتواجه ولاية كاليفورنيا و ٣٧ مليون من سكانها احتمال نضوب مواردهم المائية خلال ١٨ شهر. ويتم تزويد العديد من البلدات بالمياه حاليا عن طريق الصهاريج المنقولة بالشاحنات.

كما إن إمدادات الغذاء في الولايات المتحدة والعالم عموما مهددة، حيث تنتج ولاية كاليفورنيا ٤٠٪ من كل الفواكه والخضر الطازجة المنتجة في الولايات المتحدة، و ٢٠٪ من الحليب، ونسبة أعلى من المنتجات الزراعية الخاصة - مثلا ٩٠٪ من ثمار الجوز تأتي من هذه الولاية، وكذلك ٩٦٪ من الطماطم ومنتجات الطماطم المعلبة. ويوجد في ولاية تكساس وحدها ١٣٪ من كل الماشية في الولايات المتحدة، ولكن قطعانها بدأت بالتناقص الآن. لقد انخفض حجم قطعان الماشية في الولايات المتحدة من ١١١ مليون رأس إلى ٨٧ مليون، وهو أوطأ رقم في الخمسين سنة الماضية.

وتعاني جميع أحواض الأنهار في الجنوب الغربي، في ما تسمى الصحراء الأمريكية الكبرى، من عجز مائي متفاقم. وهبط مستوى المياه في بحيرة ميد (Lake Mead) - الواقعة على منظومة نهر كولورادو التي توفر المياه لـ ٣٣ مليون فرد في ٧ ولايات - إلى أدنى مستوى منذ عام ١٩٣٨ عندما بدأ خزن المياه فيها خلف سد هوفر الشهير. أما في كاليفورنيا فقد شهد عام ٢٠١٤ لأول في التاريخ الحديث انقطاع حصص المياه من منظومتي إدارة المياه

التابعتين لها في حوض ساكرامينتو ـ سان يواكين ـ وهما "مشروع مياه كاليفورنيا" ومشروع "مكتب إستصلاح الأراضي" في سان يواكين. وتعاني مناطق أخرى من هذه الوضعية مثل وادي نهر ريو جراندي (ريو برافو) والحوض العظيم (Great Basin) الذي يشمل عددا من الولايات.

علاوة على ذلك، جاءت موجة الجفاف بعد فترة من انخفاض مناسيب المياه في كل أركان الإقتصاد الأمريكي. يبين الشكل ٧ أن كمية المياه المستخدمة في الولايات المتحدة لجميع الأغراض هي أقل من ناحية الحجم مما كان يستخدم قبل ٣٠ عام، حينما كان عدد السكان أقل من الآن. لقد انخفض استخدام المياه في الري، وانخفض في مجال الصناعة أيضا. لا يرتبط إلا القليل من هذا الإنخفاض بزيادة كفاءة العمليات الأنتاجية (أي إنتاجية أعلى لكل وحدة من المياه). وعوضا عن ذلك أصبح الإستهلاك في الولايات المتحدة معتمدا على استيراد كميات كبيرة من "المياه الإفتراضية" الموجودة في الأغذية والمنتجات الأخرى من الخارج. إن هذا الوضع قابل للإنفجار.

الشكل 6

رصد الجفاف في امريكا الشمالية ـ 30 سبتمبر 2014

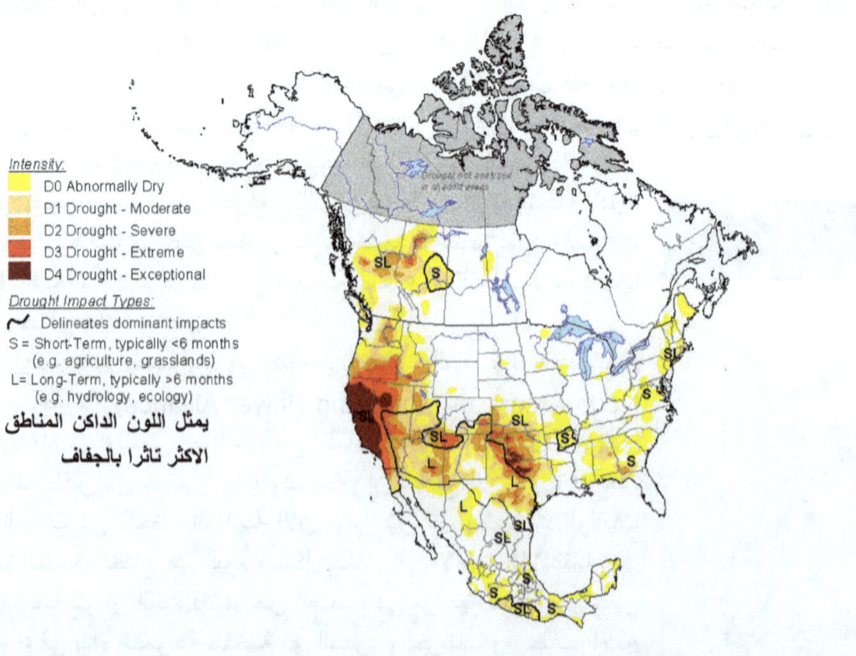

يمثل اللون الداكن المناطق الاكثر تاثرا بالجفاف

National Oceanic and Atmospheric Administration, October 2014

بالنسبة لمشاريع البنية التحتية عالية التقنية لمكافحة الجفاف في أمريكا الشمالية، لم يكن هناك بديل لإكمال بناء مشروع ناوابا ـ والذي يفوق حجمه مشروع وادي تينيسي بعشرة أضعاف ـ بحلول العقد الأخير من القرن الماضي كما كان يدعو لذلك السناتور فرانك موس (Frank Moss) من ولاية يوتاه، وكذلك الرئيس جون كينيدي لكن لفترة قصيرة جدا قبل مقتله. على مر الخمسين سنة الماضية كان هناك ما يكفي من الهطولات المطرية والمياه التي تصبها الأنهار في المحيط الهادئ في أقصى الشمال الغربي لأمريكا الشمالية لكي يتم تحويل جزء قليل منها، ولكانت هذه الكمية القليلة قد خففت حالة العجز المائي السائدة في الجنوب الغربي ومنطقة السهول العظمى والمكسيك. لكن قد لا تكون تلك هي الحالة الآن، ومدة استثمار وبناء مشروع ناوابا الهائل للبنية التحتية لإدارة المياه طويلة جدا.

حتى وإن تم اتخاذ القرار بسرعة لتنفيذ مشروع ناوابا، فإنه يجب إجراء مراجعة للخطة الهيدرولوجية من ناحية التغيرات المتوقعة في دورات نشاط الشمس التي من شأنها أن تغير أنماط توفر المياه في كل الكرة الأرضية، بحيث يتطلب ذلك إعادة تصميم منظومة المياه في القارة كلها.

الشكل 7

انماط سحب المياه الاجمالي في الولايات المتحدة والنمو السكاني، 1950-2005

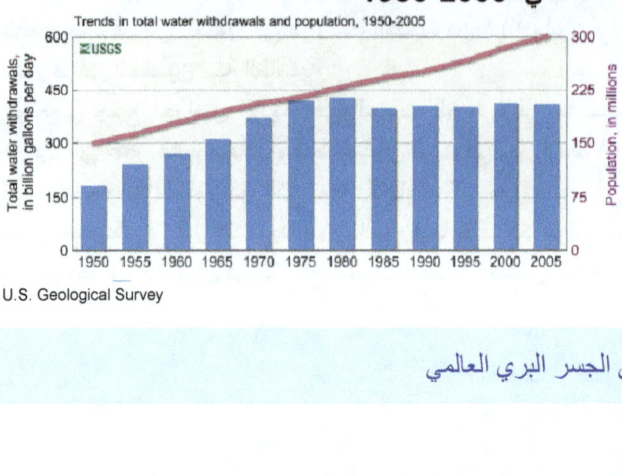

U.S. Geological Survey

ب. تحلية المياه بالطاقة النووية على المدى القصير

تمتلك الولايات المتحدة تجربة تاريخية في التخطيط لاستخدام تقنية تحلية المياه ـ في أكثر أشكالها كفاءة باستخدام التكنولوجيا النووية ـ للتعامل مع مشاكل الصحراء الأمريكية الكبرى، وهذا ما يجعل من الممكن عرض

الشكل ٨، وفيه الخطة الدلالية لأكثر من ٤٠ موقع.

كانت التحلية باستخدام الطاقة النووية من الأهداف الأساسية في برنامج "الذرات من أجل السلام" في الخمسينات. ونفذ "مكتب المياه المالحة" الأمريكي مشاريع تجريبية مع المكسيك لمنطقة الجنوب الغربي الواقعة على المحيط الهادئ. وكلف الرئيس كيندي فريق عمل، لتحديد أي المواقع ستكون ذات أولوية لبناء مشاريع كاملة للتحلية النووية، وقدم الفريق نتائجه في عام ١٩٦٤. أما اليوم، واستجابة لأزمة المياه في الولايات الغربية، فتوجد مشاريع لبناء محطات تحلية، لكن بدون استخدام الطاقة النووية، واعتمادا فقط على الإمكانيات والمبادرات المحلية. من بين المشاريع الخمسة عشر المطروحة اليوم في كاليفورنيا، ستكون منشأة كارلسباد (Carlsbad) الواقعة على ساحل المحيط الهادئ والتي سيتم افتتاحها في عام ٢٠١٦، الأكبر حجما في كل نصف الكرة الأرضية الغربي. لكنها لن توفر سوى ٧٪ من احتياجات مدينة سان دييجو (عدد السكان ١,٤ مليون نسمة). أما في ولاية تكساس، فتبني مدينة سان أنتونيو حاليا أول محطة تحلية مياه فيها، للحصول على هامش إضافي من المياه بالإضافة إلى الخزان الجوفي الواقع تحتها.

الشكل ٨

المواقع المقترحة لنصب ٤٢ محطة نووية للتحلية

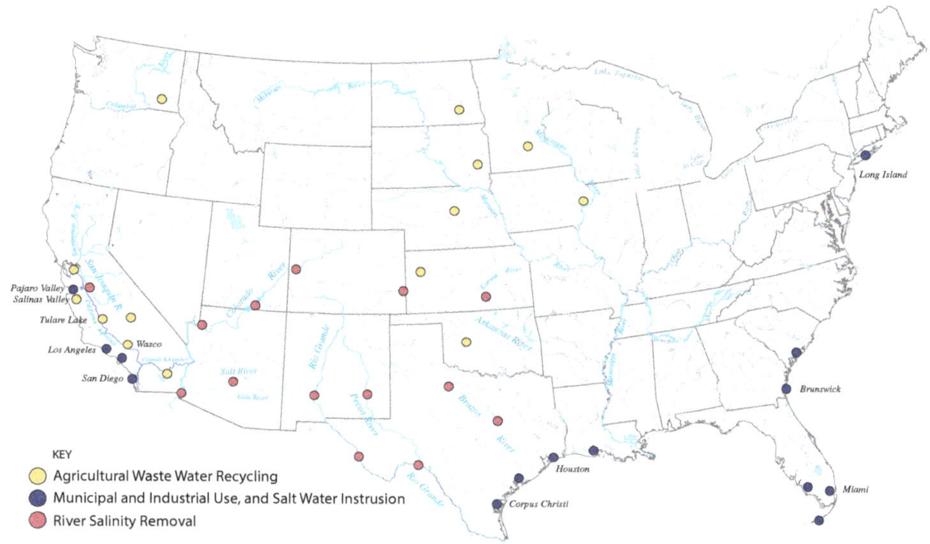

21st Century Science & Technology, 2013

إن من الضرورات الملحة الآن هي العودة إلى البرنامج الفيدرالي الملتزم بالتحلية النووية، وذلك بالتعاون مع المكسيك، وحتى مع الصين التي تدير منشآت تحلية مياه بالطاقة النووية في شمال بحر الصين وتنوي بناء المزيد.

بعد أن تم تجميد التقنية النووية في الولايات المتحدة، أصبحت مسألة نقص المياه أمرا محتوما. فمنذ الستينات لم تعد المسألة مسألة نقص في المياه، إنما نقص في الطاقة النووية. فاليوم يجب علينا بناء ما كان مخططا له في عهد الرئيس كيندي من محطات تحلية مياه بسعة ٥٦٧,٨٠٠ متر مكعب يوميا للمحطة الواحدة، وبشكل فوري.

إن عملية التحلية في المناطق الساحلية لتوفير المياه للأغراض الحضرية والصناعية في المدن سيساعد على تخفيف الضغط عن الموارد المائية للزراعة، ويساعد على حل مشكلة تسرب مياه البحر إلى الخزانات الجوفية العذبة. إن تحلية وتصفية مياه الصرف الزراعي وتحلية المياه الجوفية المالحة سيساعد على رفع انتاجية الزراعة وعلى استصلاح الاراضي التي تركت بسبب ارتفاع نسبة الملوحة فيها بالإضافة إلى نقص المياه. كما سيمكن معالجة مشكلة ملوحة مياه الأنهيار التي تعاني منها جميع أنهار المنطقة الغربية تقريبا.

من الممكن تحسين نوعية المياه في الآلاف من المدن في المناطق الداخلية لأمريكا الشمالية. وحينما تتوفر محطات التحلية كبيرة الحجم، وبعد تلبية احتياجات كل النشاطات المذكورة أعلاه، سيمكن التوجه نحو توفير المياه للأراضي الزراعية الجديدة.

ستستطيع محطات تحلية المياه في جنوب كاليفورنيا وساحل المحيط الهادئ من توفير ما يعادل احتياجات المنطقة كلها أو معظمها والتي تأتي حاليا من نهر كولورادو، بحيث سيمكن "تحرير" جريان مياه النهر ليتم استخدامها في الولايات الواقعة أسفل مجرى النهر وفي المكسيك.

وتحتاج مواقع كثيرة تقع على سواحل المحيط الأطلسي وخليج المكسيك هي الأخرى

لمنشآت للتحلية النووية. ففي الكثير من المناطق الساحلية، أدى ضخ المياه الجوفية الحلوة عبر العقود والقرون إلى انخفاض مناسيب المياه فيها وتسرب مياه البحر المالحة إلى خزاناتها عندما أصبحت كمية إعادة ملأ هذه الخزانات من مياه الأمطار أقل من كميات ما يتم سحبه منها. أما المياه الراكدة فتحتاج إلى استثمارات كبيرة لمعالجتها. كانت هذه المشكلة موضوع دراسات في الكونجرس الأمريكي منذ عام ١٩٧٩.

ستساعد إمدادات المياه من محطات التحلية النووية على تخفيف مشكلة تسرب مياه البحر إلى المياه الجوفية، وتخلق كميات جديدة من المياه للإحتياجات البلدية والصناعية. إن المناطق ذات الأولوية لمثل هذه المشاريع هي سان دييجو ولوس أنجليس وكاليفورنيا وهوستن إلى كوربوس كريستي، وتكساس ولويزيانا وكي ويست وجنوب فلوريدا وجورجيا وساوث كارولاينا ولونج آيلاند ومدينة نيويورك.

في حين يكون غرض الإستخدامات الساحلية للتحلية النووية هو تخفيف الضغط على موارد المياه للزراعة وإعادة التوازن للمياه الجوفية، إلا أن محطات التحلية الكبرى، مثل المحطات المقترحة بقدرة ٨,٣٠٠ ميجاواط والقادرة على انتاج ٣,٠٢٨ مليون متر مكعب من المياه المحلاة في اليوم ستستطيع انتاج المياه بشكل مباشر للزراعة. على سبيل المثال، يستطيع وادي سان يواكين ووادي إمبيريال فالي اللذان يعانيان من جفاف شديد أن يحصلا على المياه من محطات التحلية الساحلية عن طريق ضخ تلك المياه إلى منظومة قنوات كاليفورنيا (California Aqueduct System) ونقلها مباشرة إلى منظومة مشروع مياه كاليفورنيا.

أما بحوث وعلوم ديناميكيات المناخ فيجب أن تستمر وتجرى بشكل عاجل لكي نتمكن من فهم أنماط المناخ وأسبابها، ولتحديد أنماط الإستثمارات "لتحسين" الظروف المناخية. فعلى سبيل المثال، يمكن لهذه التقنيات المساعدة في تحديد المواقع التي يجب أن تنصب فيها منظومات تأيين (ionization) الجو لتحفيز هطول الأمطار فوق أراضي الغرب الجاف، وهي تقنيات ثبتت فاعليتها في تجارب أجريت في المكسيك (راجع الفصل الخاص بحل أزمة المياه في الجزء الثاني).

إن من الأمور الحساسة الضرورية هو أن تتعاون الولايات المتحدة مع الخبراء من الصين، حيث يتضمن برنامج الفضاء الصيني الوطني مهمات رفيعة المستوى لفهم طبيعة المجموعة الشمسية. كما يجب استخدام الاقمار الصناعية بشكل مكثف بالتعاون مع المؤسسات العلمية العالمية لتعزيز قاعدة معارف علوم الأرض والكواكب، والتي قد يتضمن البحث فيها كيفية التدخل لحث المزيد من الأمطار على الهطول أين ما ومتى ما كان ذلك مطلوبا.

٣. الطاقة: التوسع النووي الفوري

تتجاوز حاجة الولايات المتحدة للاستثمار في الطاقة النووية تلبية الإحتياجات العاجلة المطلوبة بإلحاح - أي القدرة الفريدة للتكنولوجيا النووية على دمج انتاج الطاقة مع تحلية مياه البحر على نطاق واسع لمكافحة الجفاف. توقف الارتفاع المضطرد لإنتاج الطاقة الكهربائية لكل فرد من السكان والمستمر لحوالي قرن كامل عندما توقفت عملية إضافة كميات جديدة من الطاقة النووية إلى شبكة الكهرباء الوطنية في منتصف التسعينات، وانخفض معدل الإنتاج من ١٣,٣ ميجاواط للفرد وفي العام إلى ١٢,٤ ميجاواط في ٢٠١٣. أما مؤشر سعر الكهرباء (١٩٨٥ = ١٠٠ ميجاواط في الساعة) فقد تضاعف في تلك المدة، من ١٠٩ في عام ١٩٩٥ إلى ٢٠١ في عام ٢٠١٣. وبالرغم من أن جزءا من هذا الإرتفاع يعود إلى سياسة رفع القيود التنظيمية للأسعار (deregulation) والتضخم، إلا أن السبب الرئيسي لهذا الإرتفاع يعود إلى انخفاض مستوى الإنتاج.

يبين الشكل ٩ الوضعية العامة للإمور (راجع أيضا موضوع "كثافة تدفق الطاقة" في الجزء الثاني). فبينما أدى إدخال كل نوع جديد من الوقود تاريخيا إلى عملية انتاج الطاقة إلى

طفرة في الطاقة المتوفرة لكل فرد من السكان، إلا أن قيام الحركة البيئية بوقف نسبة التوسع المتوقعة من الطاقة النووية أدى إلى إحباط عملية الإرتقاء بالإنتاج في الإقتصاد الأمريكي. وبشكل شبيه بعملية "الخروج من الطاقة النووية" التي تمت في ألمانيا، لكن بنتائج أقل وطأة لحد الآن، قامت الولايات المتحدة باختيار زيادة إنبعاثات ثاني اوكسيد الكاربون، وتسببت في تدهور الوضع البيئي، وخفضت كفاءة انتاج الطاقة، من خلال سياسة "التحول إلى سعودية جديدة" عن طريق البحث عن النفط الغاز بالتصديع الهيدروليكي. إضافة إلى ذلك أوصلت هذه السياسة منظومة سكك الحديد الأمريكية إلى حافة الإنهيار (كما مر ذكره أعلاه) عبر إنهاكها بحمولات النفط والغاز والفحم والرمل والمواد الكيميائية المستخدمة في عملية التصديع.

يجب فوق كل شيء إستثمار الإئتمانات الأمريكية، بالمشاركة مع المختبرات الوطنية والمتعاقدين الرئيسيين معها، في بناء "الجيل الرابع" من المفاعلات النووية، والتي تعمل في وحدات محكمة الإغلاق وغير قابلة للفشل، وذات درجات حرارة عالية، وتكون مبردة بالغاز بدلا من الماء. بوجود الحرارة العالية التي تنتجها المفاعلات من الجيل الرابع، والتي تصل إلى أكثر من ١٠٠٠ درجة مئوية، سيمكن تصميم المجمعات الصناعية المشغلة بالطاقة النووية لتوفير الحرارة المطلوبة لعدد كبير من الصناعات ـ صناعات بحاجة إلى بخار بدرجات حرارة مختلفة، بالإضافة إلى الحرارة المباشرة التي تحتاجها صناعات معينة.

الشكل ٩

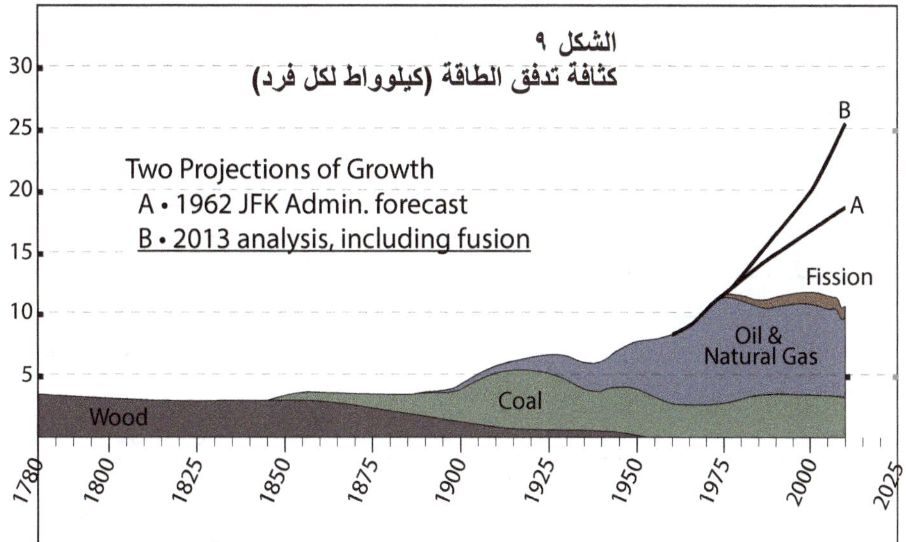

Benjamin Deniston, 2014, from US EIA and "Civilian Nuclear Power, a Report to the President" submitted to JFK by Leland Haworth

يمثل هذا المخطط معدل استهلاك الطاقة لكل فرد في الولايات المتحدة من عام ١٧٨٠ الى ٢٠١٠، مقسومة على المصادر الرئيسية للطاقة. النمط العام للنمو واضح، لغاية عام ١٩٧٠ عندما بدأ الجنون المتمثل بفكرة النمو بمعدل صفر يهيمن على الولايات المتحدة. يشير توقعان محددان في المخطط الى ما كان يمكن وما كان يجب ان يحصل. المنحني (A) هو التوقع الذي وضعته ادارة الرئيس جون كيندي والتي ركزت على الدور المتعاظم لطاقة الدمج النووي. أما المنحنى (B) فهو حساب لما كان ممكنا لو تمت متابعة رؤية كيندي، وما كان سيتبعها من تطوير لطاقة الاندماج الحرارية (بعد ان تم ادراك جدوى تقنية الاندماج في السبعينات). يكشف المنحنيان، حين مقارنتهما مع المستويات الفعلية لاستهلاك الطاقة، الثغرة الممتدة لأربعين عام والتي هي مصدر رئيسي للانهيار الاقتصادي الحالي.

في حين تكون متطلبات حرارة البخار لبعض الصناعات عادة عند مستوى ١٢٠-٥٤٠ درجة مئوية، تكون متطلبات الحرارة المباشرة عند مستويات أعلى بكثير وتصل إلى ٨٠٠-٢,٠٠٠ درجة مئوية. يتطلب إنتاج الفولاذ، على سبيل المثال، درجات حرارة تصل إلى ١,٣٧٠ درجة مئوية، ويتطلب إنتاج الإسمنت ما يقارب ١,٤٥٠ درجة مئوية.

إن الإستخدام الواسع النطاق لهذا الجيل من المفاعلات النووية ذات الحرارة العالية في وحدات الإنتاج سيغير المشهد الصناعي بأكمله. فذلك لن يقتصر على استبدال أنواع الوقود الأقل كثافة بمن ناحية الطاقة مثل الفحم والنفط والغاز المستخدمة في العديد من العمليات الصناعية حاليا، وإنما ما هو أهم من ذلك بحيث سيخلق أنواعا جديدة من الصناعات والمنتجات، بينما يعيد تشكيل الصناعات الحالية ويضاعف إنتاجيتها. على سبيل المثال، من بين الإستخدامات العديدة لهذه الحرارة العالية، هو إنتاج وتوزيع الهيدروجين على نطاق واسع، مما سيختصر ثلثي دورة انتاج الأمونيا التي هي واحدة من أكثر المواد الكيمياوية غير العضوية إنتاجا في العالم.

إن هذه المختبرات الوطنية الأمريكية المشار إليها تستمر في إجراء البحوث في مجال طاقة

الإندماج النووي، من خلال عملية تمويل لم تكن أبدا بمستوى متناغم مع التقدم الحقيقي. كما يتم خفض هذا التمويل باستمرار منذ عقود بحيث يكاد يتوقف تماما اليوم. لقد وصل مستوى الإستثمار في الولايات المتحدة في مجال طاقة الإندماج النووي إلى درجة من الإنحطاط دون المستوى الذي هو عليه في الصين وروسيا واليابان، إلى درجة أن الرئيس باراك أوباما أشار إلى طاقة الإندماج النووي على أنها تكنولوجيا "وهمية وغريبة" لا حاجة للولايات المتحدة بها. لكن العكس هو الصحيح، كما تم توضيحه في الجزء الثاني.

لم تعد الولايات المتحدة تمتلك القابلية الإنتاجية لصناعة المفاعلات النووية، والشركة الأمريكية الوحيدة لتصميم المفاعلات النووية، شركة ويستنجهاوس إلكتريك، هي الآن شركة يابانية في الواقع. لهذا السبب، توجد حاجة أخرى لإستثمار الإئتمانات الوطنية ـ وفرصة أخرى للتنمية ـ في المواقع العديدة السابقة لمصانع السيارات وانتاج قطع غيار السيارات، والتي تم إغلاقها في العقد الأخير. إن إمكانيات صناعة الآلات المكنية في هذه المصانع والتي لا يتجاوز عمر البعض منها ٣٠ عاما، كانت دوما الأعلى في كل الإقتصاد الصناعي الأمريكي، وهو ما جعلها مركز الإنتاج العالمي و "ترسانة الديمقراطية" (أيام الحرب العالمية الثانية) ـ الشكل ١٠. إن تحوير هذه الصناعات لتناسب عملية إعادة بناء الصناعة النووية هو أمر ضروري جدا.

٤ـ إحياء برنامج إستكشاف الفضاء

ليست هناك أولوية أعلى بالنسبة لأي رئيس أمريكي، "كيندي جديد"، يسعى إلى بناء "تحالف جديد من أجل التقدم" مع دول البريكس، من أولوية إعادة إحياء مهمة الولايات المتحدة في إستكشاف المجموعة الشمسية. لقد ساهم "مشروع أبولو" في حينه في جعل الولايات المتحدة الأمة الرائدة في العالم في مجال الفضاء. وكما أشرنا في مطلع هذا الفصل، كانت الستينات التي برز فيها "مشروع أبولو" هي العقد الذي وصل فيه الإقتصاد الأمريكي إلى ذروة نموه، ولم يسبقه في ذلك سوى عهد روزفيلت لإعادة بناء الإقتصاد والتعبئة للحرب العالمية. إن اضمحلال مشروع الفضاء الأمريكي منذ عام ١٩٦٩ هو أمر واضح للعيان، لكن يمكن تغيير هذا المسار من خلال الإستثمار في "الجسر البري العالمي" وتغيير مسار سياسة "الحرب الباردة" الجديدة، واعتناق سياسة التعاون الكامل مع برامج الفضاء القيادية حاليا في الصين وروسيا والهند، بالإضافة إلى البرامج الأوربية.

لغاية عام ٢٠٠٥ كانت وكالة ناسا للفضاء تعمل على اساس خارطة طريق شاملة نحو تطوير التكنولوجيا والإمكانيات لإرسال فريق من أربعة رواد فضاء مجددا إلى القمر، واستهداف القطب الجنوبي للقمر المليء بالجليد باعتباره المحطة النهائية. كان الغرض من برنامج كونستيلايشن (Constellation) هو استبدال برنامج المكوك الفضائي وإحالته على التقاعد في عام ٢٠١٠. وكان الهدف من إغلاق البرنامج المكوكي هو "توفير" الأموال لتمويل برنامج كونستيلايشن بدون زيادة ميزانية وكالة ناسا بشكل عام. وعلى الرغم من إدراك الجميع أن هذه العملية ستخلق ثغرة زمنية لن تتمكن خلالها أي مركبة فضاء أمريكية من إرسال رواد فضاء وإمدادات إلى محطة الفضاء العالمية في مدار الأرض، تم القبول بهذا القرار على أساس أن الولايات المتحدة تهدف إلى إنجاز مهمة أعظم.

في تلك المدة، كان المسؤولون في وكالة ناسا يتحدثون بشكل مؤكد حول وجهة برنامج الفضاء الأمريكي، إذا حصل على الإستثمارات اللازمة، ويتضح هذا من تصريحات تم نشرها في وسائل الإعلام. "أبلغت وكالة ناسا يوم الأربعاء مسؤولين كبار في البيت الأبيض بخططها الرامية لإنفاق ١٠٠ مليار دولار خلال الأعوام الإثنا عشر القادمة لبناء مركبة الفضاء والصواريخ التي تحتاجها لإرسال رواد فضاء مجددا إلى سطح القمر بحلول عام ٢٠١٨."

"وفق تصور وكالة ناسا، سيمكن إنزال فريق مكون من أربعة أشخاص في أي مكان على

الشكل ١٠

مواقع اعادة تحوير الصناعات من اجل تمكين بناء محطات الطاقة النووية على نطاق واسع

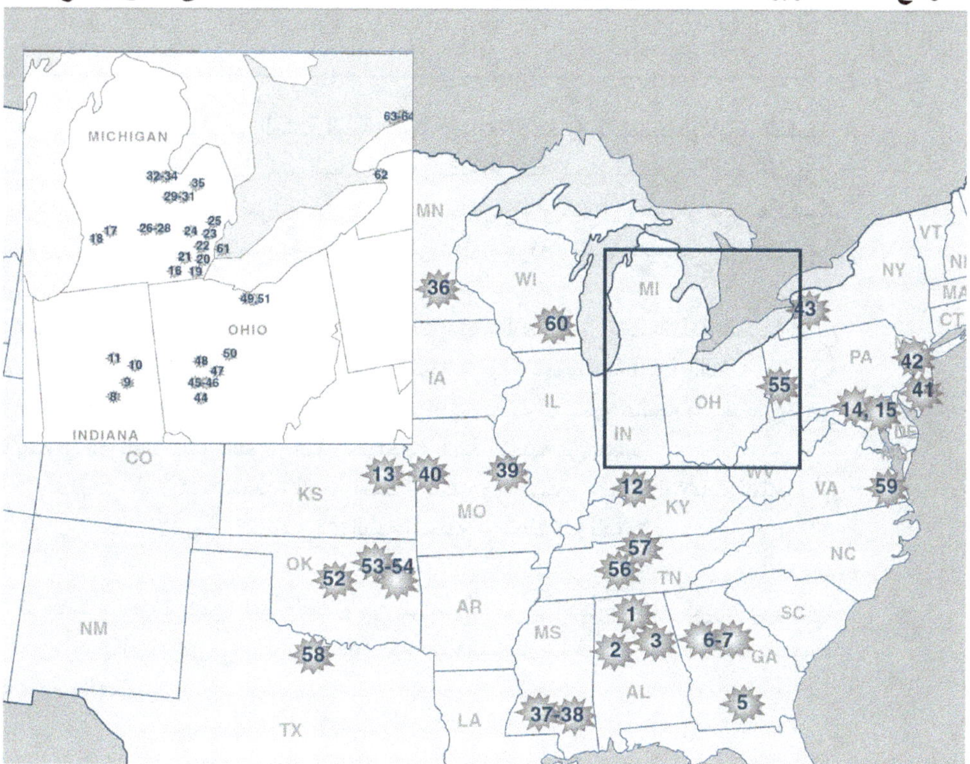

EIRNS, 2006

تبين هذه الخريطة ٦٤ موقعا محددا للانتاج الكبير للمفاعلات النووية، حيث توجد قدرات معطلة في قطاع صناعة السيارات منذ عام ٢٠٠٥ والتي كان يمكن لها ان تتحول الى مواقع مناسبة لمثل هذا التحوير. كان بمقدور هذه المصانع انتاج قضبان الطاقة النووية والرافعات والمضخات والصمامات وغيرها من مكونات محطات الطاقة النووية، وحتى القاطرات الكهربائية ودواليب القطارات السريعة، وكوابس القوالب البلاستيكية والمعدنية، وتصميم الاطارات المعدنية لبوابات المياه والسدود، واجزاء من مكائن الحفر العملاقة، ومحطات الضخ وغيرها من مكونات البنية التحتية.

سطح القمر، وأن تتمكن لاحقا من استخدام هذه المنظومة لنقل أعضاء الطاقم من قاعدة على القمر تنوي بناءها في القطب الجنوبي للقمر وفقا للمخططات ونظرا لارتفاع نسبة الهيدروجين في تلك المنطقة واحتمال وجود مياه متجمدة."

"إن أحد الأسباب التي تدفع وكالة ناسا إلى العودة إلى القمر هو للبرهنة على أنه بمقدور رواد الفضاء "العيش من موارد الأرض" باستخدام الموارد الموجودة على سطح القمر لإنتاج المياه الصالحة للشرب، والوقود وغيرهما من المنتجات المهمة. تعتبر هذه الإمكانيات مهمة جدا وبشكل حاسم لإرسال بعثات بشرية إلى المريخ والتي، بسبب بعد المسافة عنه، ستكون مهمات طويلة قد تتطلب وجود الرواد هناك لأكثر من ٥٠٠ يوم."

والآن يمكن أن تصبح الأهداف أوسع نطاقا.

في عام ٢٠٠٣ و ٢٠٠٤، كان هدف التنمية الصناعية ـ المركزة على إنجاز عملية إستخراج عنصر الهيليوم ٣ على سطح القمر وإرجاعه إلى الأرض باعتباره الإختراق الفعلي في مجال الوقود لإنتاج طاقة الإندماج الحراري النووي ـ قد بدأ يلوح في الافق. وتتنهج الصين اليوم برنامجا نشيطا في هذا المجال، وعلى الولايات المتحدة أن تتعاون معها فيه.

إن البدء ببرنامج عاجل لتطوير منظومات دفع صاروخي نووية ونووية حرارية من أجل السفر في الفضاء قد يترافق مع هذا البرنامج الحالي للعودة إلى القمر، وسيجعل هذا الأمر مسألة السفر إلى كوكب المريخ وما ورائه مسألة ممكنة. وكان العلماء قد بدأوا بالعمل على هذه التقنيات في عهد الرئيس كينيدي، لكن تم التخلي عنها فيما بعد.

لقد اقترح علماء الفضاء الروس مرارا وتكرارا، وخاصة بعد "حادثة تشيليابينسك" (عندما انفجر نيزك كبير فوق هذه المدينة الروسية في فبراير عام ٢٠١٣)، على تشكيل برنامج عالمي "للدفاع الاستراتيجي عن كوكب الارض" (SDE) لحماية الأرض من ضربات الأجرام السماوية الهائمة. سيتطلب هذا أمرين: عددا كبيرا من شبكات المراقبة عبر الأقمار الصناعية

قرب الفضاء المحيط بالارض على وجه الخصوص، وتكنولوجيات الدفع الصاروخي الجديدة القادرة على الإستجابة السريعة للتهديدات.

خاتمة

بوجود مثل هذه الحاجات الماسة للبنية التحتية ورفع الإنتاجية لاقتصاد الولايات المتحدة، يمكن اعتبار ردة فعل الولايات المتحدة الأمريكية السلبية تجاه تأسيس "البنك الآسيوي لاستثمارات البنية التحتية" أمرا إنتحاريا. لقد حاولت إدارة أوباما أن تعيق أو تقتل هذا البنك التنموي العالمي الجديد عن طريق الضغط على دول آسيوية رئيسية للامتناع عن الإنضمام إليه.

ولكن بسبب كون "البنك الآسيوي لاستثمارات البنية التحتية" و "بنك التنمية الجديد" التابع لدول البريكس قد تأسسا على أنهما جهة إقراضية موجهة نحو تنمية البنية التحتية بدون أية شروط، وعلى نطاق واسع، فإنهما قد أصبحا نواة لشبكة بنوك تنمية عالمية قادرة على توفير ما يساوي الترليونات من الدولارات لاحتياجات البنية التحتية في العالم.

إن حاجات الولايات المتحدة للبنية التحتية هائلة وواضحة، وعلى الولايات المتحدة أن تنضم إلى "البنك الآسيوي لاستثمارات البنية التحتية" و "بنك البريكس".

تم اقتباس أجزاء كبيرة لهذا الفصل من مواضيع نشرها الدكتور هال كوبر، وريتشارد فريمان، ومايكل كيرش (المذكورة أدناه). كما ساهمت مارشا فريمان في تحضير البحوث الخاصة بالفصل.

[١] دراسة صادرة من مكتب الميزانية في الكونجرس:

Congressional Budget Office, "Total Factor Productivity Growth Paper) ٢٠١٣ in Historical Perspective," by Robert Shackleton, March (٠١-٢٠١٣

للاطلاع اكثر

"Build the Missing Link: Alaska-North America Rail," Hal B.H. Cooper, Jr., *EIR*, July 27, 2007.

"Infrastructure Corridors Will Transform Economy; Bering Strait Tunnel, Alaska-Canada Rail," Richard Freeman and Hal Cooper, *EIR*, Sept. 27, 2007

"A Plan to Revolutionize America's Transport," by Hal Cooper, *21st Century Science & Technology*, Summer 2005.

"Why Electrified Rail Is Superior," by Richard Freeman and Hal Cooper, *21st Century Science & Technology*, Summer 2005.

"The Nuclear NAWAPA XXI and the New Economy," by Michael Kirsch, in *Nuclear NAWAPA XXI; Gateway to the Fusion Economy,* 21st Century Science & Technology Special Report, 2013.

"The U.S. Economic Recovery Act of 2006," by Lyndon LaRouche, LaRouchePAC.

الجزء الثاني عشر

النضال من أجل التنمية العالمية

سجل لاروش: ٤٠ عام من النضال من أجل التنمية العالمية

يمتلك عالم الاقتصاد الفيزيائي ليندون لاروش، منذ عام ١٩٧٠ وإلى اليوم، سجلا منقطع النظير من الاقتراحات لإصلاح المؤسسات المالية العالمية، ولإطلاق المشاريع التنموية الكبرى التي من شأنها وحدها تغيير مسار انهيار الاقتصاد العالمي. ندرج بعض أهم تلك المبادرات أدناه. يمكن اليوم مشاهدة تأثير هذه الأفكار والنضال السياسي الذي قاده دفاعا عنها في التحركات المثيرة الأخيرة لدول البريكس لبناء هيكلية مالية عالمية جديدة.

الإصلاحات المالية

١٩٧٥: قدم لاروش في ٢٤ أبريل في مؤتمر صحفي عقد في العاصمة الألمانية بون، خطته لتأسيس "بنك التنمية الدولي وفق اتفاقية مشتركة بين القطاعات العالمية الأساسية الثلاث: القطاع الصناعي الرأسمالي، وما يسمى بالقطاع النامي، وقطاع الدول الإشتراكية". وحدد لاروش أن الاولية الأساسية للاستثمارات التي ستنتج عن هذا البنك يجب أن تكون مركزة على مجالي التنمية الصناعية وتوسيع انتاج الغذاء على مستوى عالمي.

١٩٧٦: قامت دول مجموعة الـ ٧٧ للدول النامية المجتمعة في كولومبو، سريلانكا في شهر أغسطس، بإصدار نداء لتأسيس نظام اقتصادي عالمي جديد على أساس احترام السيادة الوطنية ونقل التكنولوجيا إلى العالم الثالث، واقتراحات لمشاريع اقتصادية ذات منفعة متبادلة بين الدول النامية والدول المتقدمة. تبع هذا الإعلان، قيام وزير خارجية غويانا فريد ويلز (Fred Wills) بتقديم دعوة في اجتماع الجمعية العامة للأمم المتحدة في سبتمبر "لتأسيس بنوك تنمية جديدة".

١٩٨٢: تناول لاروش أزمة الديون العالمية التي اندلعت في ذلك العام في اقتراحه المسمى "خطة شواريز" (Operation Juárez) التي حدد فيها خطة لدول امريكا اللاتينية لإعادة تنظيم امورها المالية من أجل التنمية، وذلك بناء على مجموعة مباديء يمكن تطبيقها عالميا.

١٩٨٨: تحت شعار "التنمية هي الإسم الجديد للسلام" نظم معهد شيللر، الذي أسسته هيلجا لاروش، مؤتمرا في نيوهامبشير في الولايات المتحدة في ٣٠-٣١ يناير، وخُصص لشرح ما هو مطلوب لتأسيس "نظام اقتصادي عادل وجديد". وشرح ليندون لاروش في خطابه كيف تستطيع الرئاسة الأمريكية أن تؤسس مثل هذا النظام الجديد والذي سماه في ما بعد "نظام بريتون وودز الجديد".

١٩٩٧: في الرابع من يناير أصدر لاروش نداءا عالميا يدعو فيه لتأسيس "نظام بريتون وودز جديد" على أساس إعادة التنظيم الإفلاسية للاقتصاد العالمي، يتبعها بناء منظومة ائتمانات عالمية لتمويل عملية إعادة التنمية الصناعية على نطاق عالمي. في الشهور التالية نظمت

الشكل ١

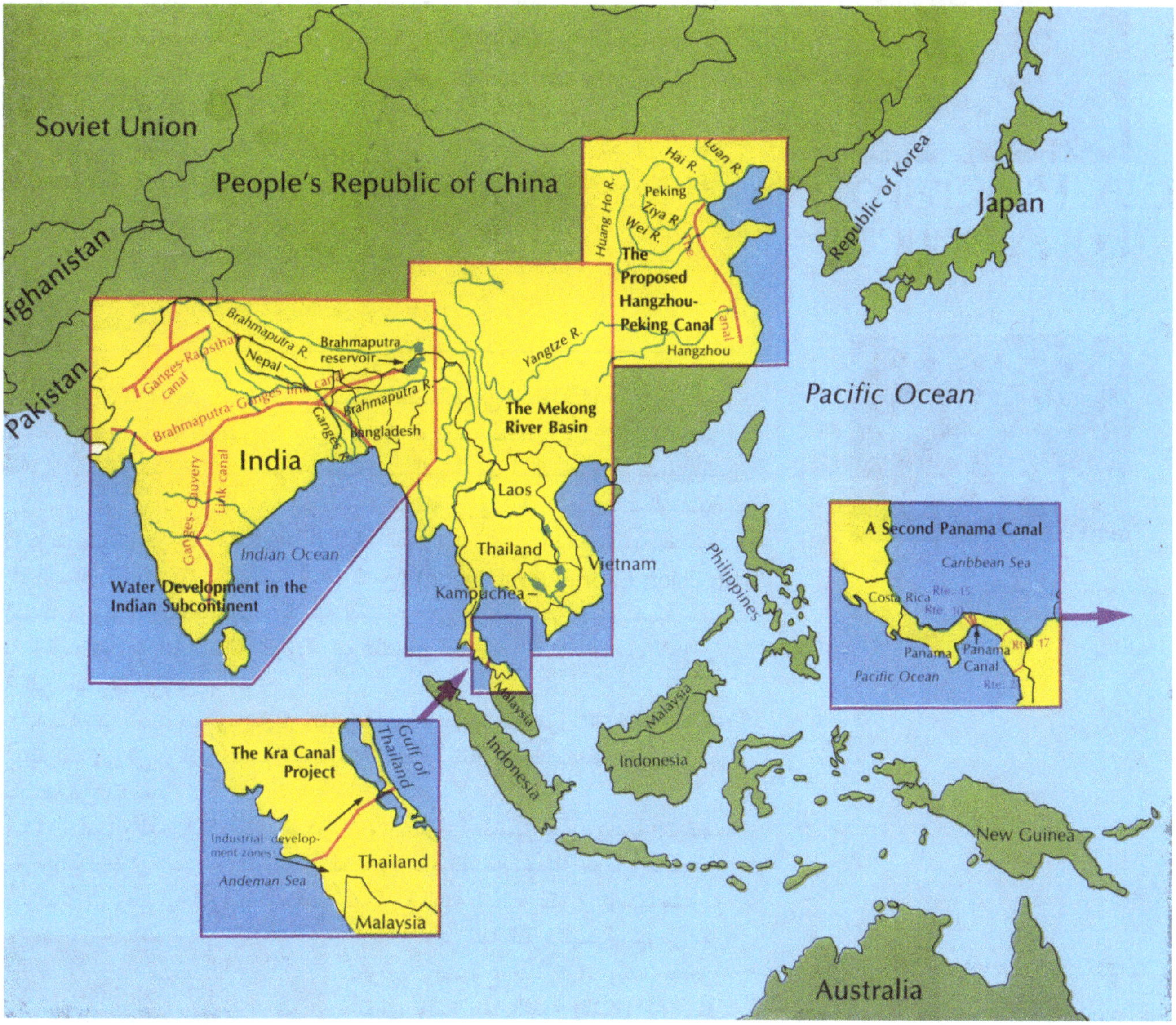

المشاريع الرئيسية المطروحة من قبل ليندون لاروش في التقرير الخاص الصادر من مؤسسة اكزكتف انتلجنس ريفيو عام ١٩٨٣ بعنوان «سياسة تنمية في ٥٠ سنة القادمة لمنطقة حوض المحيطين الهندي والهادئ».

حركة لاروش العالمية حركة نشيطة في العالم شارك فيها اقتصاديون وقادة سياسيون من كل أرجاء العالم وضموا صوتهم لصوت لاروش في المطالبة بهذه الإصلاحات.

٢٠٠٨: بعد اندلاع الأزمة المالية العالمية التي حذر لاروش من وقوعها من قبل، قام لاروش في خريف ذلك العام بالدعوة إلى التطبيق العاجل لمبدأ جلاس ـ ستيجال (راجع الجزء الثاني) على النظام البنكي في كل ارجاء العالم، لكن ابتداء من الولايات المتحدة.

٢٠١٤: في ٨ يونيو، أصدر لاروش منشور "أربعة قوانين جديدة لإنقاذ الولايات المتحدة، حالا!"، وحدد فيه الإجراءات الفورية اللازم اتخاذها من قبل الكونجرس الأمريكي. تضمنت هذه الإجراءات ما يلي:

إعادة العمل فورا بقانون جلاس ـ ستيجال الذي طبقه الرئيس الأمريكي فرانكلن روزفيلت من دون أية تغييرات على النص الأصلي للقانون ومبادئ عمله.

العودة الى نظام بنكي بإدارة مركزية يتم تعريفه على أنه "نظام بنكي وطني". إن النموذج الناجح والمجرب الذي يجب تطبيقه اليوم هو ذلك النموذج الذي تتم إدارته وفق منظومة البنك الوطني التي تم تطبيقها بنجاح من قبل الرئيس أبراهام لينكولن واستخدامه لصلاحياته لخلق عملة صادرة من رئاسة الولايات المتحدة "الجرينباكس" (Greenbacks)، ويكون هذا النظام البنكي والائتماني الوطني تحت إشراف وزير مالية الولايات المتحدة....

غرض منظومة الائتمانات الفدرالية هو توليد انماط من الانتاجية العالية وتحسين ظروف العمل بهدف زيادة الانتاجية الاقتصادية الفيزيائية والظروف المعيشية للأفراد والأسر في الولايات المتحدة...، و

تبني برنامج عاجل لتطوير تقنية الإندماج النووية.

مشاريع التنمية

١٩٧٠ ـ الولايات المتحدة: "كيف تعالج الكساد الإقتصادي في يوم واحد"، هو عنوان أول برنامج إعادة إعمار يصدره ليندون لاروش لاقتصاد الولايات المتحدة. يركز البرنامج على الحاجة إلى الاستثمارات في تنمية البنية التحتية ذات التكنولوجيا المتقدمة، ومن ضمن ذلك طاقة الاندماج النووي. تم تفصيل هذا البرنامج في حملة لاروش في الانتخابات الرئاسية، والتي ركزت على تطوير القدرات العلمية للولايات المتحدة كجزء من برنامج للتنمية العالمية.

١٩٧٩ ـ أفريقيا: أصدرت "مؤسسة طاقة الدمج" (Fusion Energy Foundation) التي أسسها لاروش، برنامجا مفصلا للتنمية الصناعية في أفريقيا، على أساس تنمية البنية التحتية للنقل بالإضافة إلى الطاقة النووية. تبع ذلك في عام ١٩٨١ "خطة عمل لاجوس" البديلة التي أصدرها لاروش.

١٩٧٩ ـ الهند: أصدرت مؤسسة إكزكتف إنتلجنس ريفيو دراسة حول "التنمية الصناعية للهند" بإشراف لاروش، والتي حددت "كيف يمكن للهند أن تنتقل من بلد متخلف اقتصاديا إلى قوة صناعية في ٤٠ عام".

١٩٨٣ ـ آسيا والمحيط الهادئ: أصدر لاروش تقريرا خاصا عبر مؤسسة إكزكتف إنتلجنس ريفيو بعنوان "سياسة للتنمية في الخمسين سنة القادمة لمنطقة حوض المحيطين الهندي والهادئ"، وقدم فيه القواعد المفاهيمية لمشاريع البنية التحتية الكبرى، ومنها مشاريع إدارة المياه في شبه القارة الهندية وحوض نهر ميكونج، ومشروع قناة كرا، وقناة هانجزو ـ بكين، وقناة بنما الثانية (الشكل ١). وقال لاروش أن هذه المشاريع "تمثل محرك التنمية الإقتصادية".

١٩٨٨ ـ أمريكا اللاتينية: أصدر معهد شيللر دراسة في كتاب بعنوان "تكامل أمريكا اللاتينية، ١٠٠ مليون فرصة عمل جديدة لغاية عام ٢٠٠٠!". وحدد الكتاب الأسس الواجب توفيرها لعملية عصرنة صناعية وزراعية متكاملة لكل القارة، ومن ضمنها مشاريع إدارة مياه وسكك الحديد للقطارات السريعة ورفع الانتاجية الزراعية، والطاقة النووية واستثمارات أخرى في قطاع التكنولوجيا المتقدمة.

١٩٨٩ ـ أوربا: قدم ليندون وهيلجا لاروش خطة التنمية المسماة "المثلث الإنتاجي"

لمواجهة احتمال انهيار اقتصاد ألمانيا الشرقية. تم وضع هذه الخطة على أساس المقترح السابق الذي قدمه لاروش في عام ١٩٨٨ وطالب فيه دول أوربا الغربية بتقديم التكنولوجيا الحديثة لمساعدة دول المعسكر الشرقي في التغلب على أزمة الغذاء، والتوجه نحو تطوير ممرات التنمية ذات التكنولوجيا المتقدمة بين برلين وباريس وفيينا - وهي منطقة تتركز فيها أكثر المراكز الصناعية انتاجية في أوربا.

١٩٩٠ ـ جنوب غرب آسيا: أطلق لاروش "خطة الواحة" كأساس للسلام الدائم بين إسرائيل والدول العربية، بناء على برامج التحلية النووية والتنمية الصناعية في كل المنطقة.

التسعينات ـ أوراسيا: بعد انهيار المعسكر السوفيتي قام الزوجان لاروش بتوسيع فكرة "المثلث الانتاجي: لكي يصبح :الجسر البري الأوراسيوي" الذي يربط كل أرجاء قارتي آسيا وأوربا بواسطة ممرات تنمية. وصلت هذه الحملة إلى احدى أعلى قممها في عام ١٩٩٦ أثناء مؤتمر رعته الحكومة الصينية في بكين، وطرحت فيه خطط بناء "طريق الحرير الجديد". وتبع هذا الحدث تنظيم مؤتمرات وندوات ونشاطات عديدة في الأعوام التالية مخصصة لنشر فكرة الجسر البري الأوراسيوي.

٢٠٠٧ ـ روسيا / الولايات المتحدة: شدد لاروش على أهمية "نفق مضيق بيرينج" أثناء زيارة إلى موسكو حيث كان ضيف شرف الأكاديمية الروسية للعلوم عند احتفالها بعيد الميلاد الثمانين للبروفيسور ستانيسلاف مينشيكوف، وهو من علماء الاقتصاد الروس البارزين.

نماذج تنموية

هيئة وادي تينيسي
المشاريع العظيمة تصنع الأمم العظيمة

مارشا فريمان
By Marsha Freeman

أغسطس ٢٠١٤

يواجه ملايين الناس في الأمم الواقعة على مسار طريق الحرير اليوم ظروفا يومية لا تختلف كثيرا عن تلك التي واجهها المواطنون الأمريكيون في جنوب شرقي الولايات المتحدة في فترة الكساد العظيم (Great Depression) حينما أصبح فرانكلن روزفيلت رئيسا في مارس ١٩٣٣، إذ لم يكن لدى الناس الذين يعيشون في الولايات السبعة التي تقع في منطقة وادي نهر تينيسي أية شبكة كهرباء، وكانوا عرضة للفيضانات المتكررة حيث كانوا يشهدون تدمير اراضيهم الزراعية باستمرار، وكانوا يعانون من الأوبئة المستوطنة، ولم يكن لديهم أية وسيلة للحصول على التعليم الحديث أو الرعاية الصحية أو وسائط النقل. ولكن بعد عدة عقود من المحاولات الفاشلة، وقع الرئيس روزفيلت في ١٨ مايو ١٩٣٣ على قانون تأسيس "هيئة وادي تينيسي" (Tennessee Valley Authority - TVA)، من أجل نقل سكان وادي تينيسي الى العصر الحديث، وتحويل الوادي إلى نموذج للتنمية الاقتصادية الاقليمية المتكاملة. إن مشروع هيئة وادي تينيسي ينفع كنموذج للتنمية الاقليمية في أي مكان في العلم اليوم.

مشروع روزفيلت في وادي تينيسي ـ التخطيط والتنمية المتكاملة لأحواض الأنهار

كان غرض إنشاء "هيئة وادي تينيسي"، كما نصت على ذلك تصريحات الرئيس روزفيلت ونص القانون، هو ليس فقط وقف الفيضانات وترويض الانهار، بل وأيضا البرهنة على كفاءة "التخطيط الوطني لحوض نهر كامل يتضمن عدة ولايات والحياة المستقبلية ورفاهية الملايين". إن "هيئة وادي تينيسي"، كما قال الرئيس، ينبغي أن يناط بها "واجب التخطيط... للرفاهية الاقتصادية والاجتماعية العامة للأمة". سيكون هذا المشروع "تجربة عظيمة لفائدة الأجيال القادمة" و "ملايين الأطفال الذين لم يولدوا بعد". وتوقعت قيادة "هيئة وادي تينيسي" (تحت حماية وإشراف روزفيلت شخصيا) منذ بداية تأسيسها أن يصبح مشروع وادي تينيسي نموذجا لتطوير "ألف وادي" في كل بقعة من بقاع الأرض. على مدى الثلاثينات وبعد الحرب العالمية الثانية، كان "مشروع وادي تينيسي" أكثر مشروع أمريكي كبير شهرة في العالم، ومثل طريقة للتعامل مع التنمية الاقتصادية تم تقليدها في اماكن عديدة في العالم بمساعدة خبراء "هيئة وادي تينيسي".

بعد ستة أشهر من تأسيسها فقط كان لدى "هيئة وادي تينيسي" مهندسون وعمال في مواقع العمل يبنون أول مشاريعها ـ سد نوريس (Norris Dam). وعلى مدى العشرين سنة

الرئيس فرانكلن روزفيلت يوقع على قانون تاسيس «هيئة وادي تينيسي»

اللاحقة شيدت "هيئة وادي تينيسي" ٢٠ سد جلبت الطاقة الكهربائية للبيوت والمزارع، وسيطرت على الفيضانات، وسهلت النقل النهري، ووفرت وسائل الاستجمام والترفيه للملايين من المواطنين. ولكن، لكي يتقدم سكان الوادي كانت هناك حاجة إلى رفع مستوى حياتهم المادية والثقافية بشكل كبير. وحتى يتعلم سكان المنطقة كيفية استغلال الطاقة الكهربائية، "العبد الحديث" للجنس البشري، أرسلت "هيئة وادي تينيسي" طلبة الجامعات والصناعيين الى منازل ومزارع السكان ليشرحوا لهم كيفية التعامل معها ومع ادواتها، ووفرت قروض ميسرة بفوائد بسيطة ليتمكنوا من شراء الأجهزة الكهربائية التي حررت الفلاحيين والعوائل من شقاء الحياة الريفية التي كانت لا تزال تعيش في القرن التاسع عشر.

وقامت "هيئة وادي تينيسي" بتطعيم السكان ضد أمراض التايفوئيد والجدري، وعالجت مشكلة الملاريا المستوطنة عن طريق القضاء على البعوض. وفي سبيل خلق قوة عاملة ومجتمع متعلم قامت "هيئة وادي تينيسي" بتأسيس المكتبات داخل الحوانيت ودوائر البريد ومحطات الوقود، ونشرت المكتبات السيارة قرب مواقع بناء السدود وفي انحاء الريف.

كانت عملية استصلاح وإعادة تشجير الغابات المتضررة والأراضي الزراعية المهجورة من الأوليات المهمة في الوادي الذي كان يوما ما منطقة خصبة وكانت الزراعة النشاط الأساسي فيه. ومن أجل رفع معدل استخدام الطاقة والتكنولوجيا في القطاع الزراعي، وبالاستفادة من الطاقة الكهربائية المتوفرة الآن، بدأت فرق من المهندسين الكيميائيين بتشغيل برنامج تابع "لهيئة وادي تينيسي" لانتاج الأسمدة من الفوسفات. وقام ٢٠٠ من خبراء "هيئة وادي تينيسي" بتأسيس الآلاف من المزارع التجريبية لتدريب الفلاحين على تشغيل وإدارة المزارع، حيث قدمت الهيئة الأسمدة التي تنتجها مجانا. بحلول عام ١٩٣٥ انتجت "هيئة وادي تينيسي" ٢٤،٠٠٠ طن من سماد السوبرفوسفات المركز، وارتفع الانتاج إلى ١٣٦،٠٠٠ طن في عام ١٩٥٣. وكان السماد يشحن إلى كل أرجاء الولايات المتحدة، وشكل هذا الانتاج ٢٤٪ من مجمل انتاج الولايات المتحدة من الأسمدة بين عامي ١٩٣٤ و ١٩٥٥. لكن أكبر تأثير أحدثته بحوث "هيئة وادي تينيسي" في مجال الأسمدة كان في دول أخرى في العالم.

تشير التقديرات إلى أن ٢-٣ مليار انسان، أو اكثر من ثلث سكان العالم، على قيد الحياة اليوم نتيجة لتطوير الأسمدة الاصطناعية، والتي تم تطوير ٧٠٪ منها في المركز الوطني لتطوير الأسمدة في ألاباما التابع "لهيئة وادي تينيسي". كان الدكتور نورمان بورلوج (Norman Borlaug) والد "الثورة الخضراء" التي انقذت حياة الملايين من البشر في الدول النامية من الجوع، من أعضاء مجلس إدارة المركز من عام ١٩٩٤ إلى ٢٠٠٣.

ما يريد الزوار مشاهدته

من أول يوم فتحت فيه "هيئة وادي تينيسي" أبوابها، كانت تدعو وتستقبل زوارا من مناطق أخرى ومن دول عديدة، معظمهم من دول يواجه سكانها معاناة تشابه معاناة سكان جنوب شرق الولايات الجنوبية قبل تأسيس "هيئة وادي تينيسي".

كتب رئيس "هيئة وادي تينيسي" ديفيد ليلينثال في عام ١٩٤٤ أنه "من بين الأحد عشرمليون شخص الذين زاروا مشروع هيئة وادي تينيسي في الأعوام الأخيرة" كان هناك مستشار زراعي من نيودلهي وعالم برازيلي، وخبير كهرباء تشيكي، (ورئيس الوزراء الإسرائيلي لاحقا) ديفيد بن غوريون، ورئيس الوزراء الهندي نهرو، ورئيس تشيلي جابرييل جونزاليس

فيديلا. كما زار المشروع مهندسون وخبراء زراعة من الصين، ومهندسون روس يعملون مع مهندسين من "هيئة وادي تينيسي" في محطات الطاقة الكهرومائية. وأرسلت دول عديد نخب مهندسيها ليتعلموا كيفية تغيير أحوال أممهم. وبعد انتهاء الحرب العالمية الثانية كانت أمم كثيرة تستعد لبناء مشاريع "وادي تينيسي" في بلادها. وانتشر مهندسو "هيئة وادي تينيسي" في كل أرجاء المعمورة.

وصممت "هيئة وادي تينيسي" مخططات عامة للتنمية الاقتصادية المتكاملة لوادي نهر النيل ولنهري دجلة والفرات في تركيا وسوريا والعراق وايران. ووضع مهندس المشاريع في "هيئة وادي تينيسي" جيمس هايز (James Hayes) خططا لتنمية نهر هيلماند وروافده وأنهار أخرى في أفغانستان. وتم وضع خطط شاملة للمكسيك وهاييتي وكوستاريكا وبورتوريكو وكولومبيا من قبل مهندسي "هيئة وادي تينيسي".

في منتصف الخمسينات قاد المدير التنفيذي السابق لهيئة وادي تينيسي جوردون كلاب (Gordon Clapp) بعثة تابعة للأمم المتحدة إلى "الشرق الأوسط" لوضع خطة متكاملة للتنمية في المنطقة كلها. كانت نتيجة عمل تلك البعثة اقتراح "مشروع وادي تينيسي على نهر الأردن" والذي تطلب التعاون ما بين سوريا والأردن وإسرائيل ولبنان لبناء سلسلة من السدود في أعالي نهر الأردن وروافده. كان المخطط أن توفر هذه الشبكة الطاقة الكهربائية للمنطقة ومئات الآلاف من الهكتارات من الأراضي الزراعية المسقية. لكن أزمة قناة السويس التي اختلقها البريطانيون بعد عامين من طرح هذا الاقتراح قضت على مبادرة الأمم المتحدة في هذا المجال. في واقع الحال، لا يزال العديد من المشاريع التي اقترحتها "هيئة وادي تينيسي" لحوض نهر الأردن ينتظر التنفيذ الى اليوم.

أما اليوم فإن واحدة من أهم تركات "هيئة وادي تينيسي" هو مشروع "وادي تينيسي على نهر يانجتسي" في الصين. وكان مدير الهيئة ديفيد ليلينثال قد وصف التحدي الذي يشكله العمل في تطوير نهر يانجتسي من قبل بقوله أن "استخدام مفردات مثل أسطوري وعملاق ليست فيها مبالغة لوصف هذه الخطة والتي ستقزم مشروع وادي تينيسي بالمقارنة". وحث الرئيس روزفيلت ديفيد ليلينثال على أن يناقش مع ممثلي الرئيس الصيني قبل انتهاء الحرب العالمية مسألة إعادة الإعمار في الصين في فترة ما بعد الحرب. وعلى الرغم من أن المشروع انتظر عدة عقود ليخرج الى النور ويصبح واقعا ملموسا، إلا أن مشروع "سد الوديان الثلاثة" الصيني هو مشروع تنمية إقليمي مماثل لمشروع وادي تينيسي. فهو يتكون من سلسلة سدود على نهر يانجتسي وروافده للسيطرة على جريان هذا النهر الذي يعتبر ثالث أطول نهر في العالم. كان الهدف الرئيسي من المشروع هو تفادي تجدد المآسي التي سببتها فيضانات مثل فيضان عام ١٩٣١ والذي تسبب في موت ١٤٥,٠٠٠ مواطن صيني.

لكن ما يوفره سد الوديان الثلاثة هو ليس فقط الحماية من الفيضانات، إنما يوفر أيضا الطاقة الكهربائية للمساكن والمصانع الجديدة التي تبنى الآن في مدن جديدة كليا. ومع المدن الجديدة تأتي المدارس ومراكز الرعاية الصحية ووسائل النقل والاتصالات الحديثة. وستتطور الفلاحة من الاعتماد على الأدوات التي تجرها الحيوانات إلى الوسائل التكنولوجية الحديثة، وبمرور الوقت ستحدث عملية تحول اقتصادية واجتماعية شاملة في إقليم يبلغ عدد سكانه أكثر من عدد سكان كل الولايات المتحدة الأمريكية.

وعلى الرغم من أن منتقدي مشروع وادي تينيسي، وما أكثرهم، كانوا يقترحون أنه عندما يتم إكمال بناء السدود والسيطرة على مجاري الأنهار، فإن عمل "هيئة وادي تينيسي" سيكون قد انتهى، إلا أنه في الجهة المقابلة كان يقف اولئك الذين يمتلكون رؤية أوسع تتطابق مع رؤية الرئيس فرانكلن روزفيلت وخططه لعالم ما بعد الحرب العالمية وتغيير أوضاع المستعمرات السابقة في العالم.

نوه الرئيس جون كينيدي في خطاب له في ١٨ مايو ١٩٦٣ - احتفالا بالذكرى الثلاثين لتوقيع الرئيس فرانكلن روزفيلت على قانون تأسيس "هيئة وادي تينيسي" - وألقاه في ماسل

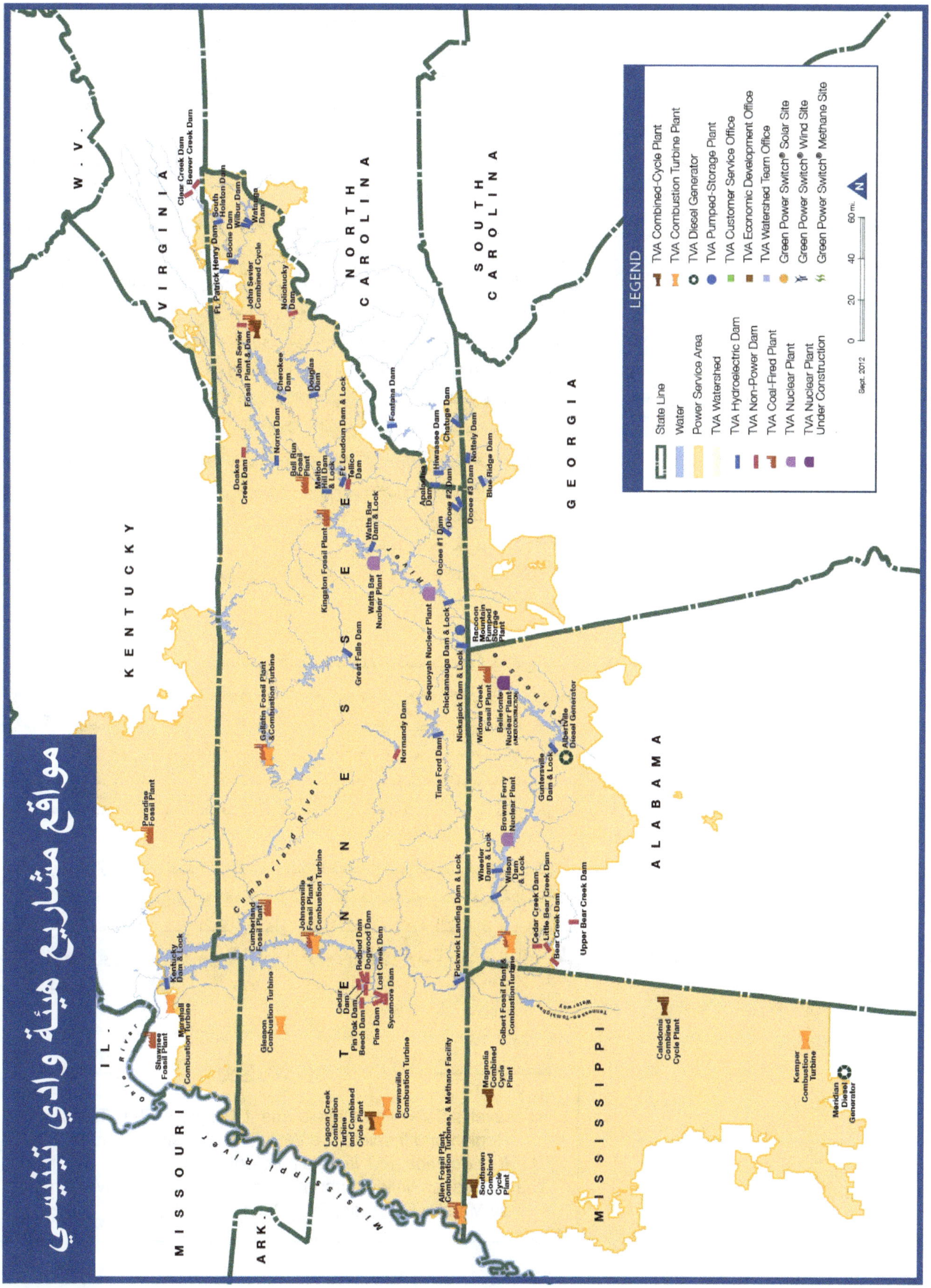
مواقع مشاريع هيئة وادي تينيسي
KENTUCKY
VIRGINIA
W. V.
NORTH CAROLINA
SOUTH CAROLINA
GEORGIA
ALABAMA
MISSISSIPPI
TENNESSEE
MISSOURI
ARK.
IL.
LEGEND
State Line
Water
Power Service Area
TVA Watershed
TVA Hydroelectric Dam
TVA Non-Power Dam
TVA Coal-Fired Plant
TVA Nuclear Plant
TVA Nuclear Plant Under Construction
TVA Combined-Cycle Plant
TVA Combustion Turbine Plant
TVA Diesel Generator
TVA Pumped-Storage Plant
TVA Customer Service Office
TVA Economic Development Office
TVA Watershed Team Office
Green Power Switch® Solar Site
Green Power Switch® Wind Site
Green Power Switch® Methane Site
Sept. 2012

شولز في ولاية آلاباما، إلى أن للمشروع أبعادا وطنية وليست محلية فقط، ووصفه بأنه "كالمد حينما يرتفع فإنه يرفع جميع القوارب". واقتبس الرئيس كيندي من مقولة السيناتور جورج نوريس من ولاية نيبراسكا الذي ناضل لعدة عقود من أجل تنفيذ المشروع، حيث كتب في إهداءه للمشاريع الكبرى التي يفتتحها عبارة "إلى الأجيال التي لم تولد بعد".

مركز للتكنولوجيات الرائدة

على الرغم من أن المفهوم الأصلي لمشروع وادي تينيسي كان مرتكزا على السيطرة على مياه الأنهار وتوجيه مواردها، إلا أنه بحلول منتصف الستينات كان مهندسو وخبراء "هيئة وادي تينيسي" و مختبر أوك ريدج الوطني (Oak Ridge National Laboratory) القريب منها يطورون خططا لإدخال واحدة من أهم تقنيتين برزتا من الحرب العالمية الثانية إلى الاقتصاد المدني ـ الطاقة النووية. وبتطبيق طريقة التخطيط المتكامل للموارد التي كانت أساس عمل "هيئة وادي تينيسي"، طور العلماء مفهوم "النيوبليكسز" (Nuplexes)، أي المجمعات الزراعية الصناعية المعتمدة على الطاقة النووية. وفقا لهذه الفكرة، يتم استخدام الطاقة الكهربائية والحرارية الناتجة عن المفاعلات النووية لبناء مدن جديدة وكانت إحدى النواحي التي ركزت عليها فكرة النيوبليكس هي مسألة إنتاج المياه العذبة عن طريق تحلية المياه المالحة لتلبية واحدة من أهم الاحتياجات العالمية. سافر خبراء من الهيئة في عام ١٩٦٤ إلى الهند وإسرائيل وبورتوريكو وباكستان والمكسيك والاتحاد السوفيتي للمساعدة في وضع خطط لمشاريع تحلية مياه باستخدام الحرارة الناتجة عن المحطات النووية. في ذات الوقت، كان يتم تحضير منطقة مشروع وادي تينيسي لتصبح مقرا لأكبر مشروع لبناء محطات الطاقة النووية في العالم، حيث كان يخطط لبناء ١٧ محطة نووية في ٧ مواقع في ولايات تينيسي وألاباما ومسيسيبي.

لكن رؤية الرئيس روزفيلت لكيفية تغيير العالم بعد انتهاء الحرب العالمية من خلال إزالة الإستعمار وتحرير دول العالم النامية من النظام الاستعماري، لم تتحقق [توفي الرئيس رزفيلت في ١٢ أبريل ١٩٤٥ قبيل انتهاء الحرب ـ المترجم] وتم تخريبها بشكل مباشر أو غير مباشر على يد الإمبراطورية البريطانية التي لم تكن مستعدة للتنازل عن سلطانها في العالم، والتي أصبح جزء مهم من المؤسسات الاقتصادية والعسكرية والسياسية الأمريكية متعاطفا مع فلسفتها اللاإنسانية، بحيث أصبح التحالف "الأنجلوأمريكي" نموذجا جديدا من الإمبراطورية البريطانية القديمة.

أما اليوم، فلا تزال معظم مشاريع "آلاف وديان تينيسي" التي خطط لها في الثلاثينات تنتظر التنفيذ. لكن مع ذلك تبقى طريقة التنمية الاقتصادية وتنمية الموارد الاقليمية المتكاملة، بناء على رفع المستوى المعيشي للسكان وخلق تطبيقات اقتصادية للتكونولوجيا المتقدمة الجديدة، حتى بعد مرور ٧٠ عام، هي الطريقة النموذجية لتغيير أوضاع الأمم الواقعة على طول طريق الحرير.

للاطلاع اكثر

"Roosevelt's TVA: The Development Program That Transformed a Region and Inspired the World," by Marsha Freeman, *21st Century Science and Technology*, Summer 2011.

"The Tennessee Valley Authority: a model for world development," by Marsha Freeman, *EIR*, December 21, 1990

نماذج تنموية

دينج شياوبينج والمعجزة الصينية

جيفري ستاينبيرج
By Jeffrey Steinberg

سبتمبر ٢٠١٤

دينج شياوبينج

بعد موت ماو تسي تونج في ٦ سبتمبر ١٩٧٦، والاعتقالات التي طالت "عصابة الأربعة" بعد شهر من ذلك، رسخ دينج شياوبينج (Deng Xiaoping) موقعه باعتباره "القائد الأعلى" الجديد للصين. وبالرغم من أن أعلى منصب رسمي رفيع تقلده دينج شياوبينج كان رئيس اللجنة العسكرية المركزية، إلا أن رؤيته للصين الحديثة كانت أهم عامل على الإطلاق في حدوث التغيرات الثورية التي مرت على الصين في الخمسة وثلاثين سنة التالية.

يذكر كاتب السيرة الذاتية لدينج، عزرا فوجل (Ezra Vogel)، أنه منذ اللحظة الأولى بعد عودته إلى السلطة أعطى دينج الأولوية الأكبر لتطوير كادر من العلماء والتقنيين، ووضع ذلك فوق كل اعتبار أو مبادرة. وشدد في مناقشاته مع زملائه على أنه، لو تمكنت الصين من تدريب جيل كامل من العلماء والمهندسين على مستوى عالمي، فإنها خلال ٣٠ عام ستكون قادرة على البروز كقوة عالمية.

وفي سبيل تحقيق هذا الهدف، أكمل دينج تطبيع علاقات بلده مع الولايات المتحدة والتي بدأت بالانفتاح الدبلوماسي الذي بدأه كيسنجر ونيكسون في عام ١٩٧٢. واعترفت الولايات المتحدة في ١ يناير ١٩٧٩ رسميا بجمهورية الصين الشعبية باعتبارها الصين الموحدة.

كان دينج مدركا لحجم التحديات التي تواجه الصين. فبعد انطلاق "الثورة الثقافية" في عام ١٩٦٦، تم حرمان جيل كامل من الشباب من أي تعليم عالي. وقادت الحملة التي شنتها "عصابة الأربعة" ضد "المثقفين البرجوازيين" إلى تقييد معدل انخراط الطلبة الذين لم يكونوا ينحدرون من طبقة الفلاحيين أو العمال في الدراسة، وإلى فقدان جزء مهم جدا من الكادر التعليمي الذين وصموا على انهم أصحاب "خلفية برجوازية" وتم نفيهم إلى الريف للقيام بأعمال يدوية شاقة و "لإعادة تعليمهم". وكان الزعيم ماو تسي تونج قد طالب باختصار مدة الدراسة، وأن يعود الطلبة بعد الانتهاء من دراستهم الى المصانع أو المزارع للعمل. وبالرغم من استمرار وجود بعض الجامعات، إلا أن مستوى التعليم فيها قد تدنى إلى مستوى اقل بكثير مما سبق وما سيأتي بعد انتهاء الثورة الثقافية. إستمرت هذه الوضعية ١٠ سنين كاملة.

ثم جاء عام ١٩٧٧ حينما بدأت أول جذور إصلاحات دينج تثبت في الأرض، إذ أعيد فتح العديد من الجامعات، وتم السماح لأول مرة منذ عام ١٩٦٥ للطلبة بإجراء امتحانات القبول إلى الجامعات. وسميت أول دفعة من الطلبة الذين انخرطوا في الدراسة الجامعية "صف ١٩٧٧" (وكان رئيس وزراء الصين الحالي لي كيقيانج من ضمن هذه الدفعة) وأصبحت هذه المجموعة أساس التطور الهائل الذي حصل في الصين منذ ذلك الوقت.

ولكن حتى قبل ذلك، في عام ١٩٧٥، كان دينج قد بدأ بإحياء الأكاديمية الصينية للعلوم،

حيث أعاد عددا كبيرا من الكادر التعليمي إلى وظائفهم من منفاهم في الريف، أو من تبقى منهم لأن العديد من هؤلاء كانوا قد ماتوا أثناء الأيام السوداء للثورة الثقافية.

بعد تطبيق سياسة "الإصلاح والإنفتاح" (gaige kaifang) في ظل قيادة دينج وإعادة العلاقات مع الولايات المتحدة في عام ١٩٧٩، وافقت الصين على أن تصبح مصدرا للعمالة الرخيصة للاقتصاديات الغربية. واعتقد المستثمرون الغربيون، التواقون لخفض أجور العمال وزيادة الأرباح، أنهم سيستمرون في القيام بما كانوا يفعلونه من قبل في المكسيك وفي بقية أرجاء أمريكا اللاتينية حيث خفضوا تكاليفهم من خلال دفع أجور منخفضة جدا لا تزيد كثيرا عن أجور السخرة.

كانت الحكومة الصينية مستعدة للقبول مؤقتا بهذه الشروط، لكن كان لدى دينج استراتيجية بعيدة المدى أيضا. قبلت الصين بشروط غير عادلة، لكنها كانت في ذات الوقت تسعى إلى بناء الوسائل التي ستتيح لها أن تخرج من ربقة هذه الظروف في أسرع ما يمكن، حيث ركزت على قطاعات معينة من العلوم والتكنولوجيا التي كانت تنوي من خلالها أن "تقفز إلى مرحلة أعلى من التنمية".

وأخذت الصين بعض أفكار "مبادرة الدفاع الستراتيجي" الأمريكية، ووضعت في عام ١٩٨٦ "برنامج ٨٦٣ للبحوث والتطوير". واختارت الحكومة ٧ حقول علمية أساسية لتسخر لأجلها كل امكانيات الأمة، وذلك بنيّة إنجاز اختراقات كبرى في العلوم والتكنولوجيا. تضمنت تلك الحقول العلمية: الفضاء، تكنولوجيا الليزر، التكنولوجيا الحيوية، المواد المعدنية الجديدة، التشغيل الآلي (automation)، وتكنولوجيا المعلومات.

بحلول عام ٢٠٠٩ كان "برنامج ٨٦٣" يمول ١١٠ برنامج جديد في مجالات تكنولوجيا المعلومات والمواد الجديدة والموارد الطبيعية والبيئة والأقمار الصناعية لمراقبة الأرض والنقل والعلوم الحيوية والطاقة والزراعة. على وجه الإجمال، إستثمر هذا البرنامج ما قيمته ٢٠٠ مليار دولار في البحث العلمي الذي نتج عنه ٢,٠٠٠ براءة اختراع محلية وعالمية، وظهور قطاع تكنولوجيا معلومات صيني محلي بالكامل والذي يقف من ناحية النوعية في مصاف أرقى التكنولوجيات في العالم.

كما أسست الصين "مؤسسة العلوم الصينية" (National Science Foundation)، على غرار المؤسسة الأمريكية للعلوم. وقامت الصين بتحديث برنامجها للبحث العلمي في عام ١٩٩٧ بإضافة "برنامج ٩٧٣ للبحوث الأساسية". كانت أهداف البرنامج هي كالتالي: (١) دعم البحوث المتعددة الاختصاصات والأساسية ذات العلاقة بالتنمية الاقتصادية الوطنية، (٢) تشجيع البحوث الأساسية في المجالات المتقدمة جدا، (٣) دعم ورعاية المواهب العلمية القادرة على انجاز بحوث أصلية، (٤) بناء المراكز ذات النوعية العالية للبحوث المتعددة الاختصاصات.

ساعدت هذه البرامج الصين في الإنطلاق نحو حقول جديدة من التنمية بخطوات هائلة. فبفضل هذه البرامج طورت الصين أول شبكة هواتف كمية في العالم (light quantum telephone network)، وانتجت أول فأر حي من خلايا جذعية مستحثة ومتعددة القدرات، وصنعت أسرع جهاز حاسوب في العالم (Tianhe ١-A).

وبالرغم من أن نصف سكان الصين لا يزالون يعيشون في ظروف حياتية صعبة، لكنها في تحسن، إلا أن المواطن العادي لم يتم نسيانه. إن مفاهيم مثل "حيوية الشعب" أو "الرفاهية العامة" حسب التعبير الأمريكي، هي جزء أصيل من البرنامج الصيني، وهي قضية يشدد عليها الرئيس الحالي شي جينبينج باستمرار. تبلغ نسبة الحاصلين على الشهادة الجامعية من مجمل قوة العمل الصينية اليوم ٩٪. وينوي الصينيون رفع هذه النسبة إلى ٢٠٪ بحلول عام ٢٠٢٠.

"المسيرة العلمية الطويلة" لدينج شياوبينج

أعلن دينج (مباشرة بعد استعادته لكل مراكزه القيادية في الحزب الشيوعي والحكومة في تصويت الجمعية العامة العاشرة لمجلس الشعب في ١٧ يوليو ١٩٧٧) بشكل صريح عن نيته التركيز على العلوم والتكنولوجيا والتعليم. وشخص بالتحديد مجموعة من البرامج العلمية باعتبارها من الأولويات الرئيسية، وهي: الطاقة النووية، وتكنولوجيا الحاسوب، والمركبات الكيميائية، وأشباه الموصلات، وعلوم الفضاء، والليزر. وقال دينج في أول خطاب له أمام الحزب بعد عودته أن "العلوم والتكنولوجيا هي القوة المحركة للإنتاج".

كان لدى الصين في ذلك الحين ٢٠٠,٠٠٠ عامل علمي وتقني، بينما كان العدد في الولايات المتحدة يصل إلى ١,٢ مليون. وحرص دينج على مقابلة كل الزوار من العلماء الامريكان من أصل صيني، ومن بينهم لي تسونج داو ويانج زينينج وصاموئيل تينج ليناقش معهم خططه بالتفصيل. وأصر دينج على بناء جهاز معجل نووي (accelerator) للبدء في تدريب جيل من علماء الفيزياء والمهندسين الصينيين. وعلى الرغم من أن دينج لم يدرس في جامعة قط، إلا أن زوجته وأبناءه وبناته الخمسة كلهم حاصلون على شهادات في علم الفيزياء من جامعة بكين.

وبعد شهر من عودته، أي في ٣ أغسطس ١٩٧٧، عقد دينج "منتدى للعلوم والتعليم" ليبدأ بإعادة تنظيم وتوسيع المؤسسات العلمية والبحثية. وأصر على أن يكون مدراء هذه المراكز والمؤسسات من العلماء أيضا. وبالإضافة إلى إحيائه للأكاديمية الصينية للعلوم الطبيعية، أسس دينج الأكاديمية الصينية للعلوم الاجتماعية، وأعاد تأسيس الهيئة الحكومية للعلوم والتكنولوجيا، وأمر بوضع مسودة جديدة لخطة علمية سبعية (٧ سنين) جديدة. وعقد دينج مؤتمرا مطولا للعلوم والتكنولوجيا من ١٨ إلى ٣١ مارس ١٩٧٨، وتم اثناءه افتتاح ١٠٨ مشروع بحثي جديد.

وكان دينج يصر على أن يحصل العلماء الصينيون على كل ما يحتاجونه من مختبرات ومنشآت ومرتبات وموارد كافية لإعادة إحياء العمل في العلوم الطبيعية. وقال في ذلك الوقت: "علينا أن نختار بضعة آلاف من خيرة كوادرنا وأكثرهم كفاءة داخل المؤسسة العلمية والتكنولوجية، وخلق الظروف المناسبة التي ستسمح لهم بتكريس كل اهتمامهم وتركيزهم على البحوث. وإذا كان لدى البعض منهم مشاكل مالية فينبغي تقديم المنح والدعم الحكومي لهم... علينا أن نخلق داخل الحزب جوا من احترام المعرفة واحترام الأشخاص ذوي الخبرة. يجب مناهضة التوجه الخاطئ الذي لا يحترم المثقفين والمفكرين. فكل جهد سواء أكان فكريا أم يدويا هو عمل."

وفي سبيل تسريع عملية تقدم العلوم في الصين، أرسل دينج عددا كبيرا من ألمع الطلبة الصينيين في بعثات إلى الخارج للدراسة في أحسن الجامعات العالمية. وكان يعمل بصراحة على تأسيس طبقة نخبة مبنية على أساس الكفاءة. وتم إرسال المسؤولين في مجال التعليم إلى الخارج لجمع النصوص والدراسات الجامعية. وتم تشجيع العلماء الصينيين البارزين في الخارج على العودة والعمل في الصين، أو مجرد الزيارة لتقديم محاضرات. وأصر دينج على أن يتم الإحتفاء حتى بالعلماء الصينيين في الخارج الذين يرفضون العودة إلى بلدهم، باعتبارهم صينيين وطنيين سيساهمون بشكل من الأشكال في تقدم الصين علميا.

ومن النواحي المهمة لعملية التحول التي قادها دينج كان إحياؤه لشخصية وتعاليم الفيلسوف الصيني العظيم كونفوشيوس. ففي عهد ماو تمت مهاجمة وتحريم الفلسفة الكونفوشيوسية، بحجة أنها كانت تمثل "طغيان طبقة ملاك الأراضي". وبدأ دينج حملته لإحياء الكونفوشيوسية في عام ١٩٨٢ ومن ضمن ذلك تنظيم مؤتمرات حول فكر كونفوشيوس برعاية حكومية. واعتبر دينج أن الفكر الكونفوشيوسي هو أساس الثقافة الصينية، وسيكون ذلك مهما جدا لمنظومة التعليم والعلوم الجديدة التي كان يقوم ببنائها.

"بعثة إيواكورا" الصينية

ن احياء التراث الفلسفي لكونفوشيوس (في الصورة) قد ساهم مساهمة عظيمة في التقدم العلمي والتعليمي في الصين.

في المدة ما بين عامي ١٨٧١-١٨٧٣ التي شهدت بداية إصلاحات مايجي في اليابان، سافرت مجموعة من كبار رجال الأعمال والعلماء والاقتصاديين والمسؤولين الحكوميين اليابانيين في رحلات حول العالم. وزارت البعثة المكونة من ٥١ فرد ١٥ بلدا تحت قيادة تومومي إيواكورا (Tomomi Iwakura). عكفت "بعثة إيواكورا"، كما أصبحت تسمى من بعد، لمدة عقد كامل على كتابة تقرير في ١٢ مجلد لخّصت فيه كل ما تعلمه أعضاء البعثة من دروس أثناء أسفارهم في العالم حول تقدم العلوم والتكنولوجيا والإدارة والحكم. وساهم هذا الإنجاز بشكل كبير في الثورة الصناعية التي حدثت في اليابان.

إتبع دينج شياوبينج منهجا مشابها.

قام دينج في عام ١٩٧٥ بزيارة إلى فرنسا استغرقت خمسة أيام، حيث حصل على فرصة ليشاهد بنفسه التقدم العظيم الذي كان يحصل في دول أوربا الغربية. وبين عام ١٩٧٧ و ١٩٨٠، وبينما كان دينج يحضر لانطلاق الاقتصاد الصيني، قام بإرسال بعثات عديدة إلى الخارج لدراسة طرق تحقيق النمو الاقتصادي والتقدم العلمي والتعليم. وبعد أن سمع تقارير البعثات الأولى بعد عودتها، قال دينج: "ألقى رفاقنا مؤخرا نظرة على الوضع في الخارج. وكلما شاهدنا المزيد مما يجري هناك، كلما أدركنا مدى تخلفنا هنا".

في ربيع عام ١٩٧٨ أوفد دينج أربع "رحلات تعليمية" إلى أوربا الشرقية وهونج كونج واليابان وأوربا الغربية (لم يكن تطبيع العلاقات مع الولايات المتحدة قد تم حينها). أهم هذه الرحلات كانت الرحلة التي قادها جو مو (Gu Mu)، وهو عالم اقتصاد مرموق، إلى أوربا الغربية وتضمنت ٢٠ مسؤولا من وزارات مختلفة. وزار الوفد ١٥ مدينة في خمسة أقطار في أوربا الغربية القارية، وركز بشكل شبه كلي على الانتاج الصناعي ومنشآت البحث العلمي ومؤسسات الدولة المسؤولة عن الاقتصاد والإستثمارات. وقد اندهش المشاركون في البعثة من مدى الانفتاح الذي لاقوه. وعاد الوفد حاملا معه عروضا باستثمار أكثر من ٢٠ مليار دولار في الصين. في ٣٠ يونيو ١٩٧٨ إنتهى جو مو من كتابة تقرير البعثة وقدمه للمكتب السياسي للحزب الشيوعي.

وفي ٦ يوليو ١٩٧٨ عقد مجلس الدولة منتدى حول المبادئ التي ستشكل دليلا للنواحي الأربع من العصرنة (العلوم والتكنولوجيا، والزراعة، والصناعة، والدفاع الوطني). وافتتح المنتدى بعرض لتقرير جو مو حول استنتاجات بعثته والبعثات الأخرى. واستمر المنتدى لغاية ٩ سبتمبر بحيث فتح المجال لهذا التقرير والاستنتاجات التي فيه بالإنتشار على نطاق واسع في كل أركان الحكومة والحزب. وترأس المنتدى لي شيانيان (Li Xiannian) المستشار الحكومي الأبرز للسياسات الاقتصادية.

هكذا تم وضع الأسس للنمو الاقتصادي الصيني الباهر من خلال هذه الخطوات التي خطاها دينج شياوبينج، والتي وضعت الشعب الصيني على طريق مكنه من أن يتربع اليوم على قمة الإنجازات العلمية عالميا.

نماذج تنموية

النموذج الكوري الجنوبي
درس في كيفية تحويل أمة فقيرة إلى دولة صناعية

مايكل بيلينجتون
by Michael Billington

أغسطس ٢٠١٤

بارك تشونج - هي (١٩١٧-١٩٧٩) رئيس جمهورية كوريا بين عامي ١٩٦٣-١٩٧٩

تحولت كوريا الجنوبية أثناء عقد الستينات والسبعينات من واحدة من أفقر أمم الأرض، حيث كانت تعاني من تبعات ٣٥ عام من السيطرة الاستعمارية اليابانية قبل عام ١٩٤٥، وثلاثة أعوام من الدمار أثناء الحرب الكورية ١٩٥٠-١٩٥٣، إلى واحدة من أكبر الدول الصناعية في العالم، وأصبح المستوى المعيشي لسكانها في المدن والريف يعتبر من بين الأعلى في العالم. أنجزت كوريا هذا الأمر عبر جهود رجل واحد على وجه الخصوص، هو باك تشونج - هي (Park Chung-hee) الذي شغل منصب رئيس الجمهورية من عام ١٩٦١ إلى يوم اغتياله في عام ١٩٧٩. من الجدير بالذكر هنا، أنه بالرغم من أن الكثيرين قد انتقدوه بشدة داخل بلده، وفعل ذات الأمر الكثيرون من أتباع مذهب التجارة الحرة البريطاني خارج كوريا ونعتوه بوصف الطاغية والدكتاتور، إلا أنه فاز بكل الانتخابات الخمسة التي ترشح لها منذ قيادته للانقلاب العسكري في عام ١٩٦١. وفي عام ١٩٩٨ صوت ٧٥٪ من سكان كوريا الجنوبية في استطلاع وطني للرأي لباك باعتباره أفضل رئيس في التاريخ الحديث لكوريا الجنوبية. وانتخبت ابنته، باك غوون هي، في عام ٢٠١٣ رئيسة للجمهورية، ولا تزال في ذلك المنصب.

إن أهمية دراسة "المعجزة الكورية" هو للبرهنة على أن الطريقة التي استخدمها باك يمكن فهمها بشكل مفيد على أنها تطبيق "للنظام الأمريكي للاقتصاد السياسي"، بالرغم من أن باك عارض بشدة وبشكل متكرر إملاءات واشنطن السياسية. إن النموذج الكوري الجنوبي قد يكون مثالا ودرسا ثمينا جدا للدول الفقيرة والمتخلفة اقتصاديا حول العالم.

النموذج الكوري والنظام الأمريكي

إن النظام الذي بناه "باك تشونج هي" بالتدريج بعد انقلابه العسكري غير الدموي نسبيا على حكومة كوريا الجنوبية في عام ١٩٦١، كان مبنيا على أساس مبادئ شبيهة جدا بمبادئ "النظام الأمريكي" التي طورها أليكساندر هاملتون وطبقها رؤساء أمريكيون مثل جون كوينسي آدامز وأبراهام لينكولن وفرانكلن روزفيلت. شرح الخبير الاقتصادي الكوري كيم جونج كيونج (Kim Joong-Kyung) هذه المبادي في مؤتمر عقد في العاصمة الأمريكية واشنطن في يونيو عام ٢٠١٠ بعنوان "إعادة صياغة النموذج الكوري"[1] ، كالتالي:

- الإئتمانات الموجهة، والدعم الانتقائي للصناعات، وسياسات تجارية داعمة للتصدير.
- استخدام أسلوب العصا والجزرة في ربط الدعم الحكومي بمعايير النجاح والأداء لكل

من القطاعات الصناعية والتنمية الريفية.

- دعم انتقائي للشركات ذات القدرة على التحول إلى شركات متفوقة جدا في مجال الصناعات الثقيلة وصناعة الكيمياويات.
- التركيز على مدارس ومراكز التعليم المهني والتقني.
- الدعم المادي للقطاع الريفي على أساس "الثورة الخضراء" في االعلوم الزراعية، وارتباط ذلك بإمدادات مواد البناء التي توفرها الدولة للقرى التي تساعد نفسها بنفسها ـ ما سميت "حركة القرية الجديدة".

لندع النتائج تتحدث عن نفسها. كانت كوريا الجنوبية في عام ١٩٦١ تحتل المرتبة ١٠١ من ناحية معدل الدخل الفردي من بين ١٢٥ دولة في العالم. ومن المفارقات أن يكون معدل الدخل في كوريا الشمالية (التي كان المستعمرون اليابانيون قد بنوا فيها معظم الصناعات) ثلاثة أضعاف معدل الدخل في كوريا الجنوبية في ذلك الحين. أما اليوم فإن معدل الدخل الفردي في كوريا الجنوبية اليوم هو في المرتبة ١٣ عالميا. وإرتفع إجمالي الدخل القومي في كوريا الجنوبية بشكل انفجاري بين عامي ١٩٦١-١٩٨٠، من ١٢ مليار دولار إلى ٥٧ مليار دولار، بمعدل نمو سنوي بلغ ٨,٥٪ ـ وكان الأسرع في العالم. وازداد توليد الطاقة عشرة أضعاف، بينما ارتفع متوسط العمر المتوقع من ٥٥ إلى ٦٦ سنة. في حين كان يوجد ٤,٥٠٠ مهندس فقط في البلد في عام ١٩٦٠، أصبح هنالك ٤٥,٠٠٠ بحلول عام ١٩٨٠. وجميع المعايير الاقتصادية الأخرى هي على هذا المنوال المدهش.

إن مفهوم "الإئتمانات الموجهة" لغرض رفع مستوى الانتاجية التكنولوجية للسكان هو جوهر "النظام الأمريكي للإقتصاد السياسي". كما أن المبدأ الآخر الذي تشترك فيه سياسات باك والنموذج الكوري مع النظام الأمريكي فهو "النمو المشترك" ـ ويعني ضمان مشاركة جميع أفراد المجتمع سواء في الريف أو المدن وسواء كانوا من أصحاب الأعمال أو العمال في تقدم الأمة عبر رفع انتاجية الأمة ككل.

باك وإصلاحات مايجي

نظم الجنرال باك انقلابا عسكريا وسيطر على الحكم في عام ١٩٦١. وحصلت إدارة الرئيس كينيدي، الذي تولى منصب الرئاسة في ذات الوقت، على تعهد من باك بأن يقوم بتنظيم انتخابات حرة خلال عامين، وما عدا ذلك فقد عرضت الإدارة الأمريكية المساعدة في خطط باك للتنمية، وتمت دعوته لزيارة البيت الأبيض في نوفمبر من العام ذاته.

وأعلن باك عن تأسيس "ديمقراطية إدارية" تتوافق مع واقع كوريا السياسي والإجتماعي، بدلا من الديمقراطية الأوربية الغربية التي اعتبرها غير قابلة للتطبيق في كوريا (كيم هيونج ٢٠٠٤). وشكل باك مباشرة "لجنة إقتصادية لإعادة البناء"، والتي حددت ٦ صناعات أساسية بحاجة للدعم: الإسمنت، الالياف الصناعية، الكهرباء، الأسمدة، الحديد، ومصافي النفط. وشجع باك بقوة تطوير الطاقة النووية التي كان قد بدء ببنائها الرئيس السابق سونجمان ري (Syngman Rhee) في الخمسينات في ظل سياسة الرئيس الأمريكي آيزنهاور المعروفة ببرنامج "الذرات من أجل السلام". وفكر باك في برنامج تسليح نووي، لكنه ترك الفكرة في ما بعد.

تجاهل باك في خطته الخمسية الأولى نصائح صندوق النقد الدولي والعديد من المستشارين الأمريكان الذين حاولوا تشجيع كوريا الجنوبية على التركيز على الأعمال الحرفية اليدوية والزراعة البدائية التي تتطلب يد عاملة كثيرة والصناعات التصديرية الصغيرة، وآثر باك، بدلا من ذلك، التركيز على بناء الصناعات الثقيلة والتقنيات الزراعية المعتمدة على الآلات الحديثة.

بحلول عام ١٩٦٣ كان باك قد أسس نفسه كقائد سياسي ذي كفاءة، واختار أن يستقيل من

الجيش والمشاركة في الانتخابات الرئاسية بصفته المدنية. وفي حين حافظ باك على علاقات متينة مع الرئيس كيندي ورحب بالمساعدات الاقتصادية الأمريكية، إلا أنه أعلن أنه سيشن حملة سياسية ضد "المعارضة الرجعية من العصر الإقطاعي الغابر" من أجل تأسيس "ديمقراطية وطنية" مختلفة عن الديمقراطية الشعبوية على النمط الأوربي. وأعلن كذلك عن سياسة "كوريا أولا" عبر حماية الصناعات الناشئة بالتعرفة الجمركية الحمائية. وعلى الرغم من فوز باك في الانتخابات الرئاسية بهامش بسيط، إلا أن حزبه فاز في الانتخابات البرلمانية بـ ١١٠ مقعد من أصل ١٧٥ في المجلس التشريعي.

بعد تحقيق هذا الانتصار الإنتخابي، بدأ باك بتنفيذ سياساته "للنموذج الكوري" بجد. كانت أولى الخطوات التي اتخذها هو إعادة العلاقات مع اليابان، بالرغم من أن ذلك التحرك أثار موجة عارمة من المعارضة ووقعت مصادمات عنيفة في كل أنحاء كوريا الجنوبية نظرا للغضب التاريخي ضد الاحتلال الياباني الذي تميز بالقسوة الشديدة. وتفاوض باك مع اليابان حول معاهدة في عام ١٩٦٥، وأصبحت اليابان بعدها وبسرعة أكبر شريك تجاري لكوريا الجنوبية وموردا مهما للاستثمارات الأجنبية.

JFK Presidential Library and Museum

الرئيس جون كيندي يلتقي مع الجنرال بارك تشونج - هي في البيت الابيض في ١٤ نوفمبر ١٩٦١.

تضمنت اصلاحات باك توجيه الإئتمانات وتوفير التسهيلات الضريبية بشكل انتقائي للشركات الناجحة. وكما كتب المؤرخ جريج برازينسكي[٢] (*٢): "من خلال تعبئة رأس المال الداخلي وتشجيع الصادرات، تمكنت جمهورية كوريا من رفع معدلات النمو بشكل دراماتيكي، بعد عقدين من فشل الولايات المتحدة والقادة الكوريين في فعل ذلك من قبل".

ولعبت الشركات الكبرى العائلية (مثل هيونداي وسامسونج) دورا قياديا في عملية التنمية، وأما التهم الموجهة ضد باك بالمحسوبية ومحاباة هذه الشركات فهي تهم واهية، لأنه كان يتوجب على هذه الشركات إثبات قدراتها على المنافسة مع أحسن الشركات الأجنبية أو تواجه قطع الإئتمانات التفضيلية عنها. والدليل على ذلك اختفاء ٧ من مجموع ١٠ من هذه الشركات الكبرى التي كانت موجودة في عام ١٩٦٥ بحلول عام ١٩٧٥ [٣](*٣).

النمو المشترك: "حركة القرية الجديدة"

أطلق باك في بداية السبعينات البرامج التي أصبحت من معالم "النموذج الكوري"، وذلك على أساس مفهوم "النمو المشترك". كانت كوريا الشمالية (التي تقع على حدود منشوريا) قد تطورت لتصبح مركزا صناعيا أثناء الاحتلال الياباني، بينما بقيت كوريا الجنوبية منطقة زراعية بشكل عام. لكن أدت التعرفة الحمائية والإئتمانات الموجهة إلى دعم تنمية الصناعات الثقيلة، وخلقت عددا هائلا من فرص العمل في القطاع الصناعي، بينما تم في ذات الوقت إطلاق برنامج استثنائي لتحريك الإقتصاد الريفي الراكد، حيث كان يعيش ٦٣٪ من السكان، ومن أجل دمج القطاع الزراعي بالإقتصاد الصناعي. عرف هذا البرنامج بإسم "حركة القرية الجديدة" أو "سايمول اوندونج" (Saemaul Undong) وهو البرنامج الذي نتجت عنه مضاعفة دخل الفلاحين ورفع الانتاجية الزراعية بنسبة ٥٠٪ خلال عقد واحد.

إن هذه الطريقة هي إحد الأسباب التي تدفع الدول الفقيرة في أفريقيا إلى النظر إلى النموذج الكوري باعتباره أحد سبل هروبها من الفقر المستوطن. وهذا ما يتناقض مع السياسات الغربية الحالية تجاه أفريقيا التي تحافظ على الرائحة الكريهة للعهد الإستعماري، سواء من قبل الحكومات الغربية أو الأمم المتحدة أو صندوق النقد الدولي أو الصناديق والشركات الاستثمارية الكبرى وأصحاب المليارات مثل بيل جيتس وجورج سوروس. فالسياسات الغربية تركز على "مساعدة" صغار الفلاحين عبر القروض المصغرة وخطط تسويق لكي يبيعوا محاصيلهم النقدية في الخارج (محاصيل زراعية مخصصة للتصدير مقابل عملة صعبة مثل التبغ الشاي والقهوة) بحيث يبقى الفلاح وأسرته بذات مستوى الفقر والحجم الصغير. أو يتم شراء أو تأجير أراضي واسعة لانتاج هذه المحاصيل التصديرية (يضاف إليها قصب السكر لانتاج الوقود الحيوي للسيارات في الغرب) بدون بناء البنية التحتية الأساسية. تعتمد هذه المصالح الغربية على فكرة أن مشاريع البنية التحتية الكبرى مثل السدود وسكك الحديد والطرق ومنظومات انتاج الطاقة الكبرى هي ليست تكنولوجيا "مناسبة" للأمم المتخلفة إقتصاديا.

Government of the Republic of Korea

الرئيس بارك تشونج - هي يزور احد مواقع البناء في بلدة في الريف. قادت "حركة القرية الجديدة"، او "سايماول اوندونج" (باللغة الكورية) الى عصرنة القرى وتحديث بناها التحتية.

لكن رؤية باك كانت مختلفة، إذ توفر الحكومة وتبني البنية التحتية الأساسية المطلوبة على نطاق وطني وتمول برنامج "ثورة خضراء" في العلوم الزراعية، ثم تعرض الحكومة على القرى في الريف برنامج "مساعدة الذات" التي تعد الفلاح بتوفير الوسائل اللازمة له ولأسرته للمشاركة في عملية التنمية الوطنية. فتوجهت فرق "حركة القرية الجديدة" لكل واحدة من القرى البالغ عددها ٣٤,٠٠٠ قرية في عام ١٩٧٠ وهي تحمل معها ٣٠٠ كيس إسمنت لكل قرية، وبعض المكائن الأساسية وبعض المستشارين المهنيين لتبلغ الفلاحين أن عليهم استخدام هذه المواد التي وفرتها الحكومة لبناء الطرق ومنظومات الري وغيرها من البنى التحتية المحلية التي تحتاجها القرية. وبعد مرور عام يقوم فريق "حركة القرية الجديدة" بتقييم إن كان هناك أي تقدم في نشاط القرية. فأما القرى التي استخدمت الإمدادات الحكومية السابقة بشكل جيد فإنها تحصل على ٥٠٠ كيس اسمنت جديد، وقضبان التسليح الحديدية ومعدات جديدة. أما القرى التي لم تحقق تقدما فإنها لا تحصل على إمدادات جديدة. وانطبق هذا الأمر أيضا على إمدادات الكهرباء القليلة المتوفرة، لكن الآخذة في الارتفاع، حيث تحصل القرى النشيطة على حصص أكبر من الكهرباء حسب نسبة النجاح المثبت.

وتعلم الجميع بسرعة هذا الدرس. وعلى الرغم من أن نصف القرى فقط نجحت في الإختبار في السنة الأولى للبرنامج، إلا أنه بنهاية العقد تأهلت جميع القرى للحصول على الدعم الحكومي وكانت جميعها تشارك بشكل كامل. بحلول عام ١٩٨٠، كان ٩٧٪ من القرى قد وصلتها الطاقة الكهربائية، مقارنة بنسبة ١٢٪ في عام ١٩٦٤. وارتفع دخل أفقر الأسر الفلاحية بنسبة ٧٦٪ في السبعينات، بينما ارتفع دخل كبار المزارعين بمعدل الضعف. وأنقذت مشاريع إعادة غرس الغابات مساحات كبيرة من الأراضي التي كانت الحرب قد قضت على غطائها النباتي. وارتفع محصول الرز بنسبة ٥٠٪ بين عامي ١٩٧٠-١٩٧٧، بحيث وصلت انتاجية كل هكتار من الأرض المزروعة بالرز إلى مستوى انتاج اليابان. وقفز معدل نمو الانتاج الزراعي من ٣,٤٪ في السنة في الأعوام التي تلت الحرب العالمية الثانية إلى ٦,٨٪ في السنة في عقد السبعينات.

الصناعات الثقيلة والصناعات الكيمياوية

من المعالم الكبرى الأخرى للنموذج الكوري هي سياسة "الصناعات الثقيلة والصناعات الكيمياوية" وهي السياسة التي لم تكتفي بتوجيه الإئتمانات إلى هذه الصناعات، بل وقامت أيضا باستخدام ذات السياسة التحفيزية التي طبقت في "حركة القرية الجديدة" تجاه الصناعات. إن الشركات العائلية الكبرى المعترف بها عالميا اليوم باعتبارها شركات صناعية رائدة في مجال الابتكارات مثل هيونداي وسامسونج، برزت بشكل سريع في ظل برنامج "الصناعات الثقيلة والصناعات الكيمياوية"، بينما تم ترك الشركات التي لم تقدر على المنافسة لتواجه الإفلاس. وكان تركيز البرنامج منصبا على خمسة مجالات صناعية: المكائن، بناء السفن ووسائط النقل، الحديد والفولاذ، الكيمياويات والأسمدة، والأجهزة الألكترونية.

إستفاد باك من التجربة اليابانية في مجال تطوير الصناعات الثقيلة التي تمت في الأعوام ١٩٥٧-١٩٦٧، وحصل على المساعدة من الولايات المتحدة وخاصة في مجال الصناعات الدفاعية التي كانت مرتبطة ببرنامج "الصناعات الثقيلة والصناعات الكيمياوية". لكن مع ذلك كان باك مضطرا لمقاومة المستشارين الأمريكان (وبعض مستشاريه التكنوقراط المتدربين في الولايات المتحدة) لكي يستطيع إنجاز عملية التحول الصناعية في السبعينات. كان المستشارون الأمريكان في البعثة الأمريكية في العاصمة سيؤل قد نصحوا باك أن يروج للشركات الصغيرة والمتوسطة بدلا من الصناعات الثقيلة، باعتبار الاولى "مناسبة أكثر" لحجم الاقتصاد الكوري، وأن يقلل هيمنة الحكومة المركزية على التخطيط الإقتصادي، وكانوا ينصحونه أيضا بخصخصة صناعات القطاع الحكومي (كيم هيونج اي - المصدر السابق).

رفض باك كل هذه النصائح. وخلق بدلا من ذلك "مؤسسة التنمية الكورية" (Korean Development Institute) في عام ١٩٧١، من أجل تشكيل فريق من الخبراء الاقتصاديين المتمسكين بدفع عملية التنمية الصناعية السريعة في البلاد، وأيضا لإغراء بعض الاقتصاديين الكوريين الموجودين في الخارج للعودة بدلا من الانشغال بتعزيز مواقعهم المهنية في الخارج. أما داخل المؤسسة الحكومية فقد شكل باك "ثلاثي الحكم" المكون منه هو وكيم تشونج نيون (Kim Chong-nyon) و أو وونتشول (O Wonchol)، وكان هذا الثلاثي مسؤولا عن متابعة النواحي الدفاعية لعملية التنمية الصناعية.

وتم إدماج العلماء من الجامعات في برنامج "الصناعات الثقيلة والصناعات الكيمياوية" لتحقيق التميز الصناعي. وتم توظيف ٤٦ أكاديمي بارز في مجال الفيزياء والكيمياء ليكونوا مستشارين في وزارة التجارة والصناعة التي تداخلت مهامها مع برنامج "الصناعات الثقيلة والصناعات الكيمياوية". وتم إرسال بعثات إلى الولايات المتحدة واليابان في عام ١٩٧٣ للبحث عن استثمارات لمشروع الصناعات الثقيلة، وأما الشركات الصناعية المحلية التي كانت ترغب في المشاركة في برنامج "الصناعات الثقيلة والصناعات الكيمياوية" فقد كانت مطالبة بتوفير ٣٠٪ على الأقل من الاستثمارات المطلوبة ذاتيا، على أن لا يأتي أكثر من نصف الاستثمارات من مصادر أجنبية.

وابتداء من عام ١٩٧٣، تم تأسيس خمسة مجمعات صناعية كبرى يتركز نشاطها على صناعة المكائن، والبتروكيمياويات، وبناء السفن، والالكترونيات، والفولاذ. كتب الباحث الإسرائيلي آلون ليفكوفيتز أن الشركات العائلية الكبرى كانت قادرة على بناء مشاريع بنية تحتية كبرى في الشرق الأوسط بتكلفة قليلة، وذلك بدعم مالي من الحكومة الكورية"(*٣). ونوه ليفكوفيتز إلى أن هذه المساعدات التنموية تأتي "بدون أية أجندة سياسية محسوسة أو طموحات ايديولوجية للتأثير على حكومات الشرق الأوسط". وتم إطلاق مشاريع كبيرة من هذا النوع في جنوب شرق آسيا.

ونسق باك مع فرنسا في عام ١٩٧٥ لبناء محطة لإنتاج الوقود النووي في كوريا الجنوبية، بالإضافة إلى محطتين نوويتين للطاقة. واعترضت الحكومة الأمريكية، التي كانت قد تخلت عن برنامج الرئيسين آيزنهاور وكيندي "الذرات من أجل السلام"، بشدة على فكرة بناء محطة

Courtesy of Hyundai

شركة هيونداي، احدى الشركات التي تلقت الدعم ضمن برنامج "الصناعات الثقيلة والكيمياوية" في عهد الرئيس بارك تشونج - هي، هي الآن احدى اكبر شركات الصناعة والانشاءات في العالم.

صناعة وقود نووي، بالرغم من معرفتها بأن مثل هذه المحطة أمر ضروري لأي أمة نووية وهو أمر قانوني تماما وفق مقررات جميع الاتفاقيات الدولية للطاقة النووية. وأعربت الولايات المتحدة عن قلقها من أن هذا الأمر سيقرب كوريا الجنوبية من قدرتها على انتاج أسلحة نووية. أجاب باك على هذه الاعتراضات في العلن، بقوله أن كوريا الجنوبية ستكون قادرة بالفعل على انتاج سلاح نووي، لكنها لم تقرر ذلك بعد. وشدد باك على أنه لو رفعت الولايات المتحدة مظلتها النووية التي تحمي كوريا الجنوبية، فإنها ستقوم ببناء سلاح نووي بنفسها.

دفع هذا الأمر المافيا اللاعلمية في الولايات المتحدة إلى حافة الجنون، وهدد وزير الدفاع دونالد رامسفيلد الرئيس باك بقطع جميع المساعدات الامريكية لبرنامج الطاقة النووية الكوري الطموح، وضغطت الولايات المتحدة على فرنسا للتراجع عن صفقة محطة صناعة الوقود النووي. بعد ذلك لجأت كوريا الجنوبية إلى كندا للحصول على مفاعلاتها النووية، وبنت مصنعا خاصا بها لإنتاج قضبان الوقود النووي للماء الثقيل. أسس باك في عام ١٩٧٦ جمعية "المهندسين النووين الكوريين" والتي حلت محل الشركة الأمريكية "بيرنز آند رو" (Burns and Roe) في تقديم الاستشارات النووية، وأسست "شركة تطوير الوقود النووي".

أصبحت كوريا الجنوبية اليوم من الدول الكبرى المصدرة للمفاعلات النووية من تصميمها هي. لكن الإتفاقيات التي أجبرت الولايات المتحدة سيؤل على قبولها في الماضي والتي قيدت حريتها في انتاج دورة وقود نووي كاملة، لا تزال تحرم كوريا الجنوبية من حقها المشروع في أن تكون أمة علمية وصناعية حديثة. ولا يزال الجانب الأمريكي يماطل في المفاوضات الجارية لتسوية هذه الوضعية، ويطيل في أمد المفاوضات.

الإغتيال

بعد اغتيال الرئيس باك على يد رئيس وكالة مخابراته المركزية في عام ١٩٧٩، تم العثور على وثيقة في منزله بعنوان "خطة لإعادة تصميم كوريا للقرن الحادي والعشرين". وعلى الرغم من تنفيذ بعض هذه الخطط على يد الحكومات التالية، إلا أنه، وكما يذكر المؤرخ الكوري كيم هيونج أي، بدأت فلسفة الاقتصاد الكوري في السنين التي تلت عهد الرئيس باك بالوقوع بشكل متزايد تحت تأثير "التكنوقراط النيوليبراليين" المتدربين في الولايات المتحدة.

أما اليوم، فيبدو إن روح النموذج الكوري لا تزال حية وبخير. فكوريا لاعب أساسي في تنمية البنية التحتية والصناعات الثقيلة في كل أرجاء جنوب شرق آسيا والشرق الأوسط، وبشكل متزايد في أفريقيا أيضا، وبدون أن ترتبط بأية شروط سياسية في هذه الدول. لقد درست الصين هي الأخرى النموذج الكوري وتعلمت منه الكثير في ما يخص التنمية في داخل الصين، وأيضا من جهة سياساتها التجارية والاستثمارية في أمم القطاع النامي، بالإضافة إلى كونها شريكا تجاريا مهما لكوريا الجنوبية ذاتها.

[١]. كيم جونج كيونج هو مسؤول في معهد التنمية الكوري الرسمي (KDI) وهو إبن كيم تشونج نيون، رئيس مكتب الرئيس باك أثناء فتراته الرئاسية العديدة، وهو أحد أركان "ثلاثي الحكم" المذكور أدناه.]

[٢]. Brazinsky, Gregg, Nation Building in South Korea— Koreans, Americans and the Making of Democracy, (University of North Carolina Press, ٢٠٠٧).]

[٣]. Kim Hyung-A, "Korea's Development Under Park Chung Hee— Rapid Industrialization", ١٩٦١-٧٩, (Routledge Curzon, ٢٠٠٤).]

[٤]. Levkowitz, Alon, "The Republic of Korea and the Middle East: Economics, Diplomacy and Security," Academic Paper Series on Korea, ٢٠١١, Korea Economic Institute, Washington, D.C.]

الجزء الثالث عشر

الخاتمة

لنتخلص من الجيوبوليتيك، ونصنع مستقبلا يليق بالبشرية

أكتوبر ٢٠١٤

لا بد وأن تكون الصورة قد اتضحت أمامك بعد قراءة صفحات التقرير السابقة: إذ جاءت اللحظة المؤاتية الآن لتأسيس نظام اقتصادي عالمي جديد، والذي سيخلق مستقبلا يليق بطبيعة الجنس البشري بإعتباره نوعا مبدعا.

يتزايد الوعي اليوم، حتى في الأوساط السياسية في أوربا والولايات المتحدة، بحقيقة أن النظام القديم للاقتصاد النقدي والمواجهات الجيوبوليتيكية قد فشل، وبضرورة أخذ مسار مختلف وجديد إذا كنا نريد تفادي الكارثة. إن هذا المسار الجديد يتمثل بأمم البريكس (BRICS) التي أطلقت عملية تعاون جماعي حول المشاريع الكبرى الضرورية التي من شأنها أن تنقذ البشرية من محن الفقر والمجاعة والحرب. لقد نجحت مجموعة الأمم هذه من الآن في جذب أمم أخرى إلى مدارها، وها هي تنشر شعورا بالتفاؤل في كل أنحاء المعمورة. إن مجموعة البريكس والأمم المتعاونة معها تمثل في واقع الأمر أكثر من نصف سكان العالم.

إن من انعكاسات هذا الحراك في المنطقة الأطلسية لإنتهاز هذه الفرصة هو المؤتمر الذ عقد في ١٨-١٩ أكتوبر في مدينة فرانكفورت الألمانية للإحتفال بالذكرى الثلاثين لتأسيس معهد شيللر والذي جمع أكثر من ٣٥٠ من الناشطين والخبراء السياسيين والثقافيين الأوربيين لمناقشة فكرة المؤتمر "طريق الحرير الجديد والبرنامج الصيني لاستكشاف القمر: البشرية هي النوع المبدع الوحيد!"، وتبنى المشاركون في ختام المؤتمر القرار التالي:

تشهد البشرية اليوم أزمة حضارية عميقة، إذ تآكلت الأسس التي تبنى عليها المجتمعات في العديد من بقاع الأرض، وانهارت الأعراف الرصينة للعلاقات الدولية. وفوق كل ذلك، نواجه اليوم أخطارا محدقة وفتاكة قد يستطيع أي منها أن يؤدي إلى فناء الجنس البشري:

فهناك أولا، وباء ايبولا الذي خرج من السيطرة في أفريقيا، والذي لا يوجد علاج له لحد الآن، ويهدد بأن يكون أكثر فتكا من الطاعون الأسود الذي انتشر في القرن الرابع عشر.

ويوجد ثانيا، التهديد الإرهابي الموجه ضد العالم كله، والإبادة الجماعية التي تنتشر في المناطق التي تسيطر عليها ما تسمى "الدولة الإسلامية"، والتي تدل ليس فقط على البربرية المنحطة دون مستوى البشر، بل وإلى التهديد الصريح لدول أخرى بعينها مثل روسيا والصين. وهكذا قد يصبح خطر الإرهاب صاعق القنبلة التي ستفجر كل منطقة جنوب غرب آسيا، مما قد يقود حتى إلى حرب عالمية جديدة.

وهنالك خطر ثالث، وهو الحتمية المؤكدة بأن النظام المالي العبرأطلسي المفلس على وشك الإنهيار التام، وهو ما قد يؤدي إلى إلقاء أجزاء كبيرة من العالم إلى عصر ظلام جديد.

في ضوء هذه التهديدات الثلاث القاتلة، تصبح مسألة إيقاف سياسات الجيوبولوتيك الغير الأخلاقية والرعناء وسياسة المواجهة مع روسيا والصين مسألة حياة أو موت للبشرية. بدلا

Agencia Brasil/Jose Cruz
قادة دول البريكس بعد ان انضم اليهم قادة دول امريكا الجنوبية في فورتاليزاء البرازيل في ١٦ يوليو ٢٠١٤.

من ذلك، علينا أن نغير الأجندة إلى أجندة للأهداف المشتركة للبشرية، وأن نعمل معا مع روسيا والصين والهند والأمم الأخرى من أجل دحر هذه التهديدات الثلاث. إننا ندعو القوى العاقلة في أوربا والولايات المتحدة إلى الإنضمام إلى النظام الاقتصادي الجديد الناشئ عبر أمم البريكس وطريق الحرير الجديد. لنعمل معا من أجل تأسيس نظام سلام يشمل الجميع وبمشاركة كل أمة من أمم كوكب الأرض، نظام سلام للقرن الحادي والعشرين يليق بالبشرية باعتبارها النوع المبدع الوحيد في الكون. دعونا ننضج وندخل سن البلوغ للجنس البشري، حيث تكون المحبة والإبداع والجمال هي العوامل التي تحدد قيم أسرتنا الإنسانية المشتركة.

فبمثل هذا الإلتزام سيقودنا طريق الحرير الجديد إلى منعطف تاريخي جديد لبقاء الحضارة الإنسانية في الأسابيع والأشهر القادمة.